“十二五”普通高等教育本科国家级规划教材

普通高等教育电子信息类专业“十三五”规划教材

电磁场与电磁波(第4版)

冯恩信 编著

西安交通大学出版社
XI'AN JIAOTONG UNIVERSITY PRESS

内容简介

电磁场与电磁波是电子、信息类专业的一门技术基础课。本书介绍了宏观电磁场分布和电磁波辐射及传播的规律，以及电磁场与电磁波工程应用的基本分析和计算方法。本书内容包括电磁场的数学基础、静态场和时变场3个部分，共8章。

本书是在2010年第3版的基础上重新修订而成的。这次修订，吸收了国内外同类教材的优点，继续保持了原来的体系结构和简明的风格，根据电子、信息和通信技术发展对本课程的新要求，以及着重对学生进行能力培养，加强基础和拓宽专业的要求，对各章节内容进行了适当调整，使内容更加符合电子与信息类专业的电磁场与电磁波课程的教学大纲要求。本版被教育部列为"十二五"普通高等教育本科国家级规划教材。

图书在版编目(CIP)数据

电磁场与电磁波/冯恩信编著. —4版.—西安:西安交通大学出版社，2015.8(2025.1重印)
普通高等教育"十二五"国家级规划教材
ISBN 978-7-5605-7649-7

Ⅰ.①电… Ⅱ.①冯… Ⅲ.①电磁场-高等学校-教材 ②电磁波-高等学校-教材 Ⅳ.①O441.4

中国版本图书馆CIP数据核字(2015)第162744号

书　　名　电磁场与电磁波(第4版)
　　　　　Diancichang yu Diancibo(Di-4 Ban)
编　　著　冯恩信
责任编辑　屈晓燕　贺峰涛

出版发行　西安交通大学出版社
　　　　　(西安市兴庆南路1号　邮政编码710048)
网　　址　http://www.xjtupress.com
电　　话　(029)82668357　82667874(市场营销中心)
　　　　　(029)82668315(总编办)
传　　真　(029)82668280
印　　刷　中煤地西安地图制印有限公司

开　　本　787 mm×1092 mm　1/16　**印张** 23　**字数** 557千字
版　　次　1999年12月第1版　2005年9月第2版
　　　　　2010年12月第3版　2016年3月第4版
印　　次　2025年1月第4版第10次印刷
书　　号　ISBN 978-7-5605-7649-7
定　　价　48.00元

如发现印装质量问题，请与本社市场营销中心联系。
订购热线:(029)82665248　(029)82667874
投稿热线:(029)82664954
读者信箱:eibooks@163.com

第 4 版前言

本教材自 1999 年第 1 次出版以来，承蒙广大读者青睐和西安交通大学出版社支持，已进行了 3 次修订。第 3 版被教育部列为普通高等教育“十一五”国家级规划教材，新版被列为“十二五”普通高等教育本科国家级规划教材。本教材获得西安交通大学教材建设项目支持，并被列为学校规划教材。

本版修订保持了上一版的体系和主要特色，但将部分章节进行了调整，使内容更充实丰富，更紧凑流畅。如在第 1 章中增加了曲面坐标系中梯度、散度和旋度，使学生便于理解圆柱坐标和圆球坐标系中梯度、散度和旋度公式；修改了磁链概念部分以及磁路部分，使概念更清晰。对第 6.7 节中平面波垂直投射进多层介质中内容做了调整，将各层边界上的前向波和后向波关系用矩阵形式表示。为了使学生深入理解有关概念，增补了一些例题和习题。每 1 章后习题中的计算题在书后给出了答案，供读者在做题时参考，对于部分章节仍加注“*”号，以便于教师根据学时需要简化和取舍。

本书上一版在使用中，很多读者提出了许多宝贵的意见，这一版出版过程中西安交通大学出版社编辑做了大量的策划和编审工作，作者在此一并表示衷心的感谢。

书中不妥之处，敬请广大读者提出宝贵意见。

作者于西安交通大学

2015 年夏

第 3 版前言

本书是在 2005 年第 2 版的基础上重新修订而成的。这次修订，吸收了国内外同类教材的优点，继续保持了原来的体系结构和简明的风格。根据电子、信息和通信技术发展对本课程的新要求，以及对学生能力培养，加强基础和拓宽专业的要求，对各章节内容进行了适当调整，使内容更加符合电子与信息类专业的电磁场与电磁波课程的教学大纲要求。本版被教育部列为普通高等教育“十一五”国家级规划教材。

电磁场与电磁波是电子与信息类专业的一门技术基础课。随着电子与信息科学技术的飞速发展，尤其是通信传输速率的迅速提高和带宽的不断增加、电子计算机时钟速率以及电子与电力设备密度的不断增加，要求电子、信息技术领域的科技工作者必须具备坚实的电磁场与电磁波理论基础知识。

本书介绍宏观电磁场分布、电磁波辐射和传播的规律，以及电磁场与电磁波工程应用的基本分析和计算方法。这些知识是从事电子与信息类专业的工程技术人员必备的。

本书包括电磁场的数学基础、静态场和时变场 3 个部分，共 8 章。

第 1 部分是第 1 章矢量场，内容包括矢量及矢量场、三种常用坐标系中的矢量场、梯度、矢量场的散度、矢量场的旋度、无旋场与无散场、格林定理、矢量场的唯一性定理，是电磁场的数学基础。

第 2 部分静态场包括静电场、恒定电流场和恒定磁场 3 章。第 2 章静电场包括电场强度、真空中的静电场方程、电位、静电场中的介质与导体、介质中的静电场方程、静电场的边界条件、电位的边值问题与解的唯一性、分离变量法、镜像法、电容和部分电容、电场能量、电场力。第 3 章恒定电流场内容包括电流密度、恒定电流场方程、恒定电流场的边界条件、能量损耗与电动势、恒定电流场与静电场的比拟。第 4 章恒定磁场内容包括磁感应强度、真空中的磁场方程、矢量磁位与标量磁位、媒质磁化、媒质中的恒定磁场方程、恒定磁场的边界条件、磁路、电磁感应定律、电感、磁场能量、磁场力。

第 3 部分时变场包括时变电磁场、平面电磁波、导行电磁波和电磁辐射与天线 4 章。其中第 5 章时变电磁场内容包括麦克斯韦方程组、时变电磁场的边界条件、波动方程与位函数、位函数求解、时变电磁场的唯一性定理、时变电磁场的能量与功率、正弦时变电磁场、正弦时变电磁场中的平均能量与功率、从麦克斯韦方程组到基尔霍夫电压定律。第 6 章平面电磁波内容包括理想介质中的均匀平面波、导电媒质中的均匀平面波、电磁波的群速、电磁波的极化、均匀平面波垂直投射到理想导体表面、均匀平面波垂直投射到两种介质分界面、均匀平面波垂直投射到多层介质中、均匀平面波斜投射到两种介质分界面、均匀平面波斜投射到理想导体表面和电磁波在等离子体中的传播。第 7 章导行电磁波内容包括均匀导波系统中的电磁波、TEM 波传输线、无损耗传输线的工作状态、矩形波导、TE_{10} 波、导波系统中的传输功率与损耗、谐振腔。第 8 章电磁辐射与天线内容包括电流元的辐射场、小电流环的辐射场、对偶原理、发射天线的特性、对称线天线的辐射场、口径天线、天线阵、镜像原理、互易定理、接收天线的特性。

在采用本书作教材时，各章内容可根据学时取舍。下面列出建议的各章学时分配。

内　容	学　　时
导言	1
矢量场	6
静电场	13
恒定电流场	4
恒定磁场	8
时变电磁场	6
平面电磁波	10
导行电磁波	8
电磁辐射与天线	6
总学时	62

本书的出版得到西安交通大学出版社的大力支持，在此表示衷心的感谢。

由于编者学识和水平有限，书中的错误和不妥之处在所难免，敬请使用本书的师生和读者批评指正，提出宝贵意见和建议。

编　者

目　录

第1章 矢量场

电磁理论中所涉及的一些主要物理量，如电场强度、磁感应强度等，都是矢量。每一矢量有其确定的物理意义。电场和磁场分布在空间中形成矢量场。定量地分析矢量场在空间的分布和变化等性质需要借助一些数学工具，如矢量分析和场论等数学知识。为了后面各章学习方便，本章先介绍分析矢量场所需的有关数学基础知识。

1.1 矢量及其矢量场

1. 标量与矢量

只有大小、没有方向的量是**标量**，如温度、电位、能量、长度、时间等。

不但有大小，而且有方向的量称为**矢量**，又称**向量**，如力、速度、加速度等，电磁场中的许多物理量，如电场强度、电流密度、磁场强度等都是矢量。

2. 矢量的表示方法

在本书中，为了与其他量的符号相区别，矢量的数学符号用黑斜体字母表示，如 $\boldsymbol{A}$、$\boldsymbol{B}$、$\boldsymbol{E}$。矢量的大小也叫作矢量的模。矢量 $\boldsymbol{A}$ 的模记作 A 或 $|\boldsymbol{A}|$。矢量的方向可用单位矢量表示，单位矢量是模为一个单位的矢量，它仅表示矢量的方向。矢量 $\boldsymbol{A}$ 的单位矢量记作 $\hat{a}$，即一矢量的单位矢量用对应的小写字母上戴一角表示。任一矢量可以用它的模和单位矢量表示，如矢量 $\boldsymbol{A}$ 可表示为

$$\boldsymbol{A} = A\hat{a} \tag{1.1-1}$$

在几何上，矢量可用一有向线段表示，如图 1.1-1 所示。线段的长度代表矢量的大小，线段的方向表示矢量的方向。

为进一步描述矢量在空间的取向，可建立一正交坐标系，使矢量的始端在坐标原点，这样矢量就可以用它在坐标轴上的投影，即坐标分量来表示。

在直角坐标系中，有 3 个互相垂直的坐标轴，分别记为 x、y、z 轴，用 $\hat{x}$、$\hat{y}$、$\hat{z}$ 分别表示对应 3 个坐标轴方向的单位矢量，如图 1.1-2。正交坐标系有右手坐标系和左手坐标系。对于右手

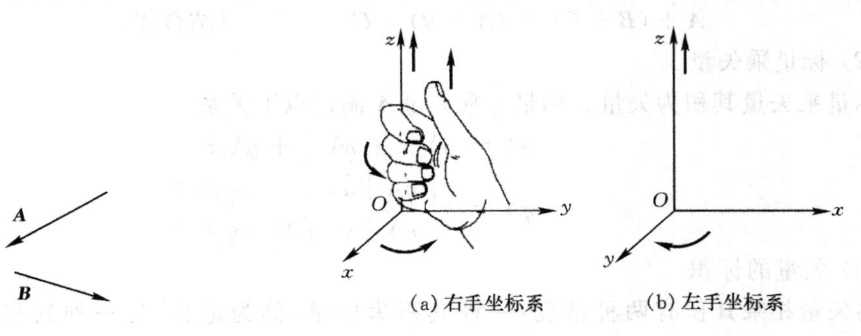

图 1.1-1 矢量的几何表示

图 1.1-2 正交坐标系

坐标系，用右手四指从 x 轴旋转到 y 轴方向，则拇指指向 z 轴方向，如图 1.1－2(a)所示，而如图 1.1－2(b)所示的坐标系符合左手旋转情况。在电磁理论中，习惯采用右手坐标系，因此在本书中均采用右手坐标系。

将矢量 $\boldsymbol{A}$ 放在直角坐标系中，使矢量 $\boldsymbol{A}$ 的起始端在坐标原点，设矢量 $\boldsymbol{A}$ 与 3 个正交坐标轴 x、y、z 轴的夹角(矢量的方向角)分别为 α、β、γ，矢量 $\boldsymbol{A}$ 在 x、y、z 3 个坐标轴上的投影分别为 A_x、A_y、A_z，如图 1.1－3 所示，则在直角坐标系中，矢量 $\boldsymbol{A}$ 可表示为

$$\boldsymbol{A} = A_x\hat{x} + A_y\hat{y} + A_z\hat{z} \tag{1.1-2}$$

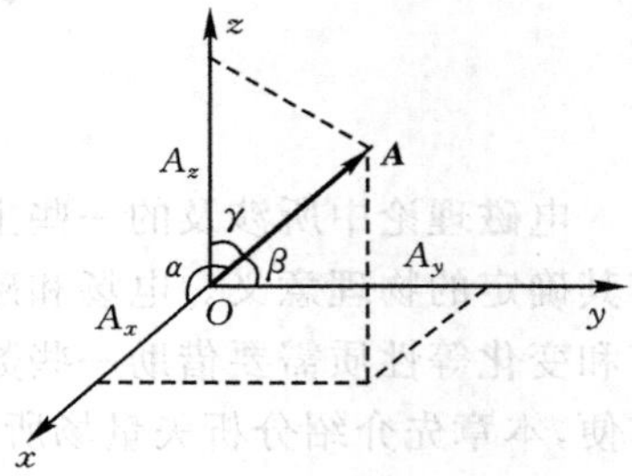

A_x、A_y、A_z 称为矢量 $\boldsymbol{A}$ 的直角坐标分量。显然

$$\begin{aligned} A_x &= A\cos\alpha \\ A_y &= A\cos\beta \\ A_z &= A\cos\gamma \end{aligned} \tag{1.1-3}$$

图 1.1－3　矢量 $\boldsymbol{A}$ 分解为直角坐标分量

将(1.1－3)式代入(1.1－2)式并与(1.1－1)式比较，得

$$\hat{a} = \hat{x}\cos\alpha + \hat{y}\cos\beta + \hat{z}\cos\gamma \tag{1.1-4}$$

上式说明单位矢量可用矢量的方向角余弦表示。

3. 矢量的代数运算

(1) 矢量的加减法

两矢量之和(或差)的直角坐标分量等于两矢量对应坐标分量的和(或差)，即

$$\boldsymbol{A} \pm \boldsymbol{B} = (A_x \pm B_x)\hat{x} + (A_y \pm B_y)\hat{y} + (A_z \pm B_z)\hat{z} \tag{1.1-5}$$

在几何上，两矢量的和矢量与差矢量分别与以两矢量为邻边的平行四边形的两条对角线重合，如图 1.1－4 所示。矢量相加满足交换律与结合律，即

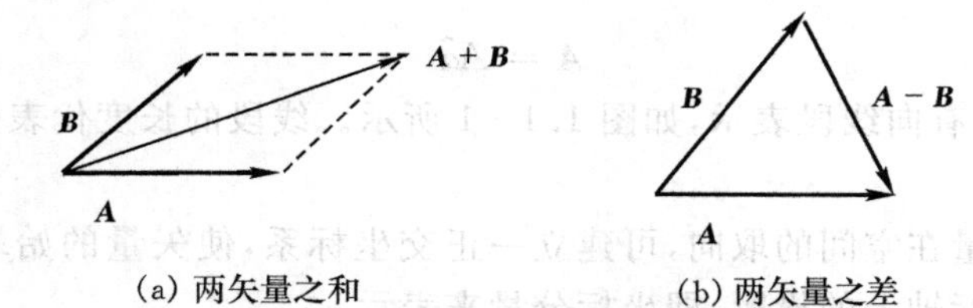

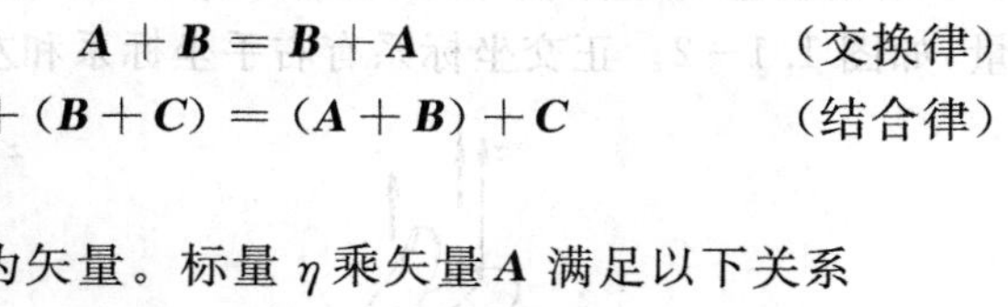

(a) 两矢量之和　　(b) 两矢量之差

图 1.1－4　两矢量的和与差

$$\boldsymbol{A} + \boldsymbol{B} = \boldsymbol{B} + \boldsymbol{A} \quad \text{(交换律)} \tag{1.1-6}$$

$$\boldsymbol{A} + (\boldsymbol{B} + \boldsymbol{C}) = (\boldsymbol{A} + \boldsymbol{B}) + \boldsymbol{C} \quad \text{(结合律)} \tag{1.1-7}$$

(2) 标量乘矢量

标量乘矢量其积为矢量。标量 η 乘矢量 $\boldsymbol{A}$ 满足以下关系

$$\eta\boldsymbol{A} = \eta A_x\hat{x} + \eta A_y\hat{y} + \eta A_z\hat{z} \tag{1.1-8}$$

$$\eta\boldsymbol{A} = \begin{cases} |\eta\boldsymbol{A}|\,\hat{a}, & \eta \geqslant 0 \\ |\eta\boldsymbol{A}|\,(-\hat{a}), & \eta < 0 \end{cases} \tag{1.1-9}$$

(3) 矢量的标积

两矢量相乘其积有两种情况：一种其积为标量，称为标积；另一种其积仍为矢量，称为矢积。

两矢量 $\boldsymbol{A}$ 与 $\boldsymbol{B}$ 的标积记为 $\boldsymbol{A}\cdot\boldsymbol{B}$，因此，标积也称作点积或点乘。两矢量的标积等于两矢量的模之积再乘以两矢量夹角的余弦，即

$$\boldsymbol{A}\cdot\boldsymbol{B}=|\boldsymbol{A}||\boldsymbol{B}|\cos\theta \tag{1.1-10}$$

式中 θ 为两矢量 $\boldsymbol{A}$ 与 $\boldsymbol{B}$ 的夹角。如果作用在某一物体上的力为 $\boldsymbol{A}$，使该物体发生位移，位移矢量为 $\boldsymbol{B}$，则 $\boldsymbol{A}\cdot\boldsymbol{B}$ 表示力 $\boldsymbol{A}$ 使物体位移 $\boldsymbol{B}$ 所做的功。

由(1.1-10)式可以看出，两矢量的标积满足交换律，即

$$\boldsymbol{A}\cdot\boldsymbol{B}=\boldsymbol{B}\cdot\boldsymbol{A} \tag{1.1-11}$$

容易证明两矢量之和与第三个矢量的标积等于两矢量分别与第三个矢量的标积之和，即

$$(\boldsymbol{A}+\boldsymbol{B})\cdot\boldsymbol{C}=\boldsymbol{A}\cdot\boldsymbol{C}+\boldsymbol{B}\cdot\boldsymbol{C} \tag{1.1-12}$$

显而易见，标积不但与两矢量的大小有关，还与它们之间的夹角有关。当两矢量垂直时，$\theta=90°$，其标积为 0；当两矢量平行时，$\theta=0°$，标积的绝对值最大，等于两矢量的模之积。直角坐标系中，3 个直角坐标单位矢量 $\hat{x}$、$\hat{y}$、$\hat{z}$ 的标积为

$$\begin{gathered}\hat{x}\cdot\hat{y}=\hat{y}\cdot\hat{z}=\hat{z}\cdot\hat{x}=0\\ \hat{x}\cdot\hat{x}=\hat{y}\cdot\hat{y}=\hat{z}\cdot\hat{z}=1\end{gathered} \tag{1.1-13}$$

在直角坐标系中，两矢量 $\boldsymbol{A}$ 与 $\boldsymbol{B}$ 的标积可用直角坐标分量表示为

$$\boldsymbol{A}\cdot\boldsymbol{B}=A_xB_x+A_yB_y+A_zB_z \tag{1.1-14}$$

当 $\boldsymbol{A}=\boldsymbol{B}$ 时，由(1.1-14)式，矢量的模与直角坐标分量的关系为

$$A=\sqrt{|\boldsymbol{A}|^2}=\sqrt{A_x^2+A_y^2+A_z^2} \tag{1.1-15}$$

一矢量 $\boldsymbol{A}$ 与单位矢量的标积等于该矢量在单位矢量方向上的分量，即

$$\begin{gathered}\hat{x}\cdot\boldsymbol{A}=|\hat{x}||\boldsymbol{A}|\cos\alpha=A_x\\ \hat{y}\cdot\boldsymbol{A}=|\hat{y}||\boldsymbol{A}|\cos\beta=A_y\\ \hat{z}\cdot\boldsymbol{A}=|\hat{z}||\boldsymbol{A}|\cos\gamma=A_z\end{gathered} \tag{1.1-16}$$

一般地，一矢量 $\boldsymbol{A}$ 和与其夹角为 θ 的单位矢量 $\hat{n}$ 的标积为

$$\hat{n}\cdot A=|\hat{n}||\boldsymbol{A}|\cos\theta=A_n \tag{1.1-17}$$

例 1.1-1　求矢量 $\boldsymbol{A}=4\hat{x}+6\hat{y}-2\hat{z}$，$\boldsymbol{B}=-2\hat{x}+4\hat{y}+8\hat{z}$ 之间的夹角。

解　根据(1.1-10)及(1.1-14)式有

$$\cos\theta=\frac{\boldsymbol{A}\cdot\boldsymbol{B}}{AB}=\frac{A_xB_x+A_yB_y+A_zB_z}{AB}=0$$

$$\theta=90°$$

(4) 矢量的矢积

两矢量 $\boldsymbol{A}$ 与 $\boldsymbol{B}$ 的矢积记为 $\boldsymbol{A}\times\boldsymbol{B}$，因此，矢积也称作叉积或叉乘。矢积是矢量，其大小等于两矢量的模之积再乘以两矢量夹角的正弦，其方向为两矢量所在面的法向，即

$$\boldsymbol{A}\times\boldsymbol{B}=\hat{n}|\boldsymbol{A}||\boldsymbol{B}|\sin\theta \tag{1.1-18}$$

矢积的方向 $\hat{n}$ 符合右手定则，即右手四指从 $\boldsymbol{A}$ 旋转到 $\boldsymbol{B}$，拇指的方向为矢积的方向，如图 1.1-5 所示。可以看出，$\boldsymbol{A}\times\boldsymbol{B}$ 的大小是以两矢量为邻边的平行四边形的面积。由此可以认为，矢积的几何意义为以两矢量为邻边的平行四边形围成的有向面。如果 $\boldsymbol{B}$ 表示作用在一物体上的力，而 $\boldsymbol{A}$ 表示力臂矢量时，则矢积 $\boldsymbol{A}\times\boldsymbol{B}$ 表示作用给物体的力矩。

由(1.1-18)式，矢积不但与两矢量的大小有关，也与它们之间的夹角有关。两矢量平行时，$\theta=0°$，矢积为 0；两矢量垂直时，$\theta=90°$，矢积的模最大。3 个直角坐标单位矢量 $\hat{x}$、$\hat{y}$、$\hat{z}$ 的

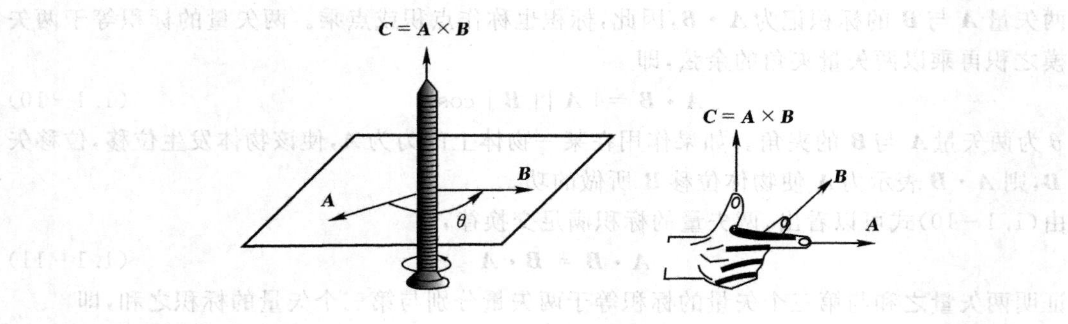

图 1.1-5 矢积的方向

矢积分别为

$$\begin{aligned}\hat{x}\times\hat{y}&=\hat{z}\\ \hat{y}\times\hat{z}&=\hat{x}\\ \hat{z}\times\hat{x}&=\hat{y}\end{aligned} \tag{1.1-19}$$

及
$$\hat{x}\times\hat{x}=\hat{y}\times\hat{y}=\hat{z}\times\hat{z}=\mathbf{0} \tag{1.1-20}$$

在直角坐标系中，两矢量的矢积可用两矢量的直角坐标分量表示为

$$\boldsymbol{A}\times\boldsymbol{B}=(A_yB_z-A_zB_y)\hat{x}+(A_zB_x-A_xB_z)\hat{y}+(A_xB_y-A_yB_x)\hat{z} \tag{1.1-21}$$

通常，上式写成行列式形式，即

$$\boldsymbol{A}\times\boldsymbol{B}=\begin{vmatrix}\hat{x} & \hat{y} & \hat{z}\\ A_x & A_y & A_z\\ B_x & B_y & B_z\end{vmatrix} \tag{1.1-22}$$

由上式可以看出

$$\boldsymbol{A}\times\boldsymbol{B}=-\boldsymbol{B}\times\boldsymbol{A} \tag{1.1-23}$$

即矢积不满足交换律。

例 1.1-2 证明平面三角形的正弦定律。

证 对于如图 1.1-6 所示的由 3 个矢量 $\boldsymbol{A}$、$\boldsymbol{B}$、$\boldsymbol{C}$ 组成的对应内角分别为 α、β、γ 的三角形，可以看出 3 个矢量有以下关系

$$\boldsymbol{B}=\boldsymbol{C}-\boldsymbol{A} \quad 或 \quad \boldsymbol{C}=\boldsymbol{A}+\boldsymbol{B}$$

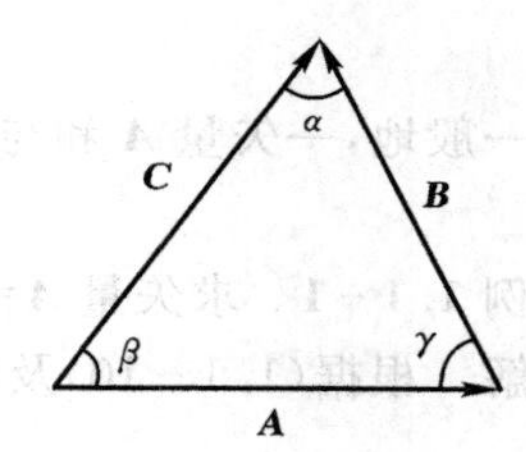

图 1.1-6 边长为 A、B、C，对应内角为 α、β、γ 的三角形

前式等式两边与 $\boldsymbol{B}$ 矢积，后式等式两边与 $\boldsymbol{C}$ 矢积，考虑到矢量与自己的矢积为 0，得

$$\boldsymbol{B}\times\boldsymbol{C}=\boldsymbol{B}\times\boldsymbol{A} \quad 和 \quad \boldsymbol{C}\times\boldsymbol{A}=\boldsymbol{B}\times\boldsymbol{C}$$

由(1.1-18)式得，$BC\sin\alpha=AB\sin(\pi-\gamma)$和 $CA\sin\beta=BC\sin\alpha$

由此得
$$\frac{A}{\sin\alpha}=\frac{B}{\sin\beta}=\frac{C}{\sin\gamma}$$

(5) 矢量的混合运算

矢量的混合运算次序与标量的混合运算次序相同。下面给出一些常用的矢量混合运算恒等式

$$(\boldsymbol{A}+\boldsymbol{B})\cdot\boldsymbol{C}=\boldsymbol{A}\cdot\boldsymbol{C}+\boldsymbol{B}\cdot\boldsymbol{C} \tag{1.1-24a}$$

$$(\boldsymbol{A}+\boldsymbol{B})\times\boldsymbol{C}=\boldsymbol{A}\times\boldsymbol{C}+\boldsymbol{B}\times\boldsymbol{C} \tag{1.1-24b}$$

$$\boldsymbol{A}\cdot(\boldsymbol{B}\times\boldsymbol{C})=\boldsymbol{B}\cdot(\boldsymbol{C}\times\boldsymbol{A})=\boldsymbol{C}\cdot(\boldsymbol{A}\times\boldsymbol{B}) \tag{1.1-24c}$$

$$\boldsymbol{A}\times(\boldsymbol{B}\times\boldsymbol{C})=(\boldsymbol{A}\cdot\boldsymbol{C})\boldsymbol{B}-(\boldsymbol{A}\cdot\boldsymbol{B})\boldsymbol{C} \tag{1.1-24d}$$

4. 标量场与矢量场

在火炉、暖气片等热源周围空间区域存在温度的某种分布，且在该空间区域的每一点上，温度都是确定的，我们说该空间区域存在温度场；在江河等水流区域中，各处水的流速是可确知的，该水流区域中存在水流速的某种分布，我们就说那里存在流速场；在地球周围各点，存在对各种物体的引力，我们说地球周围存在引力场，或者说地面上有重力场；在电荷周围各点，存在对电荷的作用力，我们就说电荷周围有电场……。显然，“场”是指某种物理量在空间的分布。具有标量特征的物理量在空间的分布是标量场，具有矢量特征的物理量在空间的分布是矢量场。例如，温度场是标量场，电场、流速场与重力场都是矢量场。

场是物理量的空间分布，这种物理量还可能随时间变化，因此在数学上，场用表示其特征物理量的空间和时间坐标变量的多元函数来描述，即标量场用空间和时间的标量函数表示，矢量场用空间和时间的矢量函数表示。例如，温度场可表示为 $T(x,y,z,t)$，电位可表示为 $\Phi(x,y,z,t)$，流速场可表示为 $\boldsymbol{v}(x,y,z,t)$，电场表示为 $\boldsymbol{E}(x,y,z,t)$，磁场表示为 $\boldsymbol{B}(x,y,z,t)$。在电磁场中，随时间变化的场称为**时变场**；与时间无关，不随时间变化的场称为**静态场**。也就是说，静态场只是空间坐标的函数。例如，静电场可表示为 $\boldsymbol{E}(x,y,z)$。

为了形象、直观地描述标量场在空间的分布情形或沿空间坐标的变化，可画出其一系列等间隔的等值面。不同等值面的形状及其间隔能较直观地表现标量场的空间分布情况。为了形象、直观地描述矢量场在空间的分布情形或沿空间坐标的变化，常画出其场线(力线)。场线是一簇空间有向曲线，矢量场强处场线稠密，矢量场弱处场线稀疏，场线上某点的切线方向代表该处矢量场方向。在电磁场中，常用等位面形象地表示电位的分布，分别用电力线和磁力线形象地表示电场和磁场的分布。

场是物理量的分布，服从因果律，这里的“因”，称为场源。场都是由源产生的。例如，温度场是由热源产生的，静电场是由电荷产生的。场在空间的分布形式不仅取决于产生它的源，还受周围物质环境的影响。例如，炉膛中的温度分布，不仅取决于火力大小及分布，而且还与炉膛的结构以及材料特性有关。带电体周围的电场分布不仅与带电体的电荷分布与电量有关，也与周围的物质特性有关。场与源和物质的关系可用一组微分方程描述，描述电磁场与其源的关系的方程就是称为麦克斯韦方程组的一组矢量微分方程组。

思考题

1. 什么是零矢量？两矢量满足什么条件才相等？
2. 两矢量点乘可以是负数吗？如果两矢量点乘是负数表示什么意义？
3. 一个矢量在另一个矢量上的投影是唯一的吗？
4. 什么是标量场？什么是矢量场？
5. 矢量场与矢量之间有什么关系？

1.2 三种常用坐标系中的矢量场

矢量场是矢量的空间分布,是空间坐标变量的矢量函数,即在矢量场存在的区域中每一点都有一个对应的矢量。为了定量地分析矢量场,需要建立参考坐标系,以表示空间的位置及矢量的方向。正交曲面坐标系有多种类型,本书采用最常用的三种,即直角坐标系、圆柱坐标系和圆球坐标系。

1. 直角坐标系

直角坐标系是最常用的正交坐标系。在直角坐标系中,矢量场中的空间位置用其三个直角坐标表示,一般记作(x,y,z)。

在直角坐标系中,三个相互垂直的坐标轴,即x轴、y轴和z轴的方向是给定的,在本书中表示直角坐标三个坐标轴方向的单位矢量分别用$\hat{x}$、$\hat{y}$、$\hat{z}$表示。矢量场在每一空间位置点的对应矢量可以用其直角坐标分量表示。例如,某矢量场在任一空间位置(x,y,z)点的矢量$\boldsymbol{A}(x,y,z)$可用其直角坐标分量表示为

$$\boldsymbol{A}(x,y,z)=A_x(x,y,z)\hat{x}+A_y(x,y,z)\hat{y}+A_z(x,y,z)\hat{z} \tag{1.2-1}$$

式中$A_x(x,y,z)$、$A_y(x,y,z)$、$A_z(x,y,z)$表示将坐标系原点平移到空间位置点(x,y,z)形成本地坐标系后,矢量场在该点所对应的矢量$\boldsymbol{A}(x,y,z)$分别在本地三个坐标轴上的投影,称为坐标分量,如图1.2-1所示。以任一空间位置(x,y,z)点的矢量$\boldsymbol{A}(x,y,z)$为代表的分布在空间的这种矢量的全体就称为矢量场$\boldsymbol{A}(x,y,z)$。

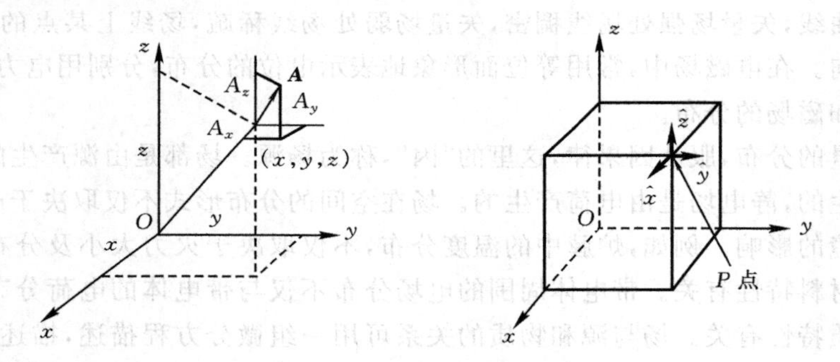

图1.2-1 直角坐标系中的矢量场

从参考坐标原点指向空间位置点(x,y,z)的矢量,称为位置矢量$\boldsymbol{r}$,即

$$\boldsymbol{r}=x\hat{x}+y\hat{y}+z\hat{z} \tag{1.2-2}$$

可以看出,位置矢量$\boldsymbol{r}$包含了该矢量所指空间位置点的坐标,因此也可以代表空间位置点。在电磁场中,空间位置点的坐标常写成位置矢量的形式,即(1.2-1)式常简写作

$$\boldsymbol{A}(\boldsymbol{r})=A_x(\boldsymbol{r})\hat{x}+A_y(\boldsymbol{r})\hat{y}+A_z(\boldsymbol{r})\hat{z} \tag{1.2-3}$$

这里需要说明,$\boldsymbol{A}(\boldsymbol{r})$中的$\boldsymbol{r}$只是表示$\boldsymbol{A}$是$\boldsymbol{r}$所指的空间点坐标的函数,并不意味着$\boldsymbol{A}$的变量是矢量。在本书中,为书写方便,在不会引起混淆的情况下,有时将矢量场在空间位置(x,y,z)点的矢量$\boldsymbol{A}(x,y,z)$或$\boldsymbol{A}(\boldsymbol{r})$进一步简写作$\boldsymbol{A}$,将(1.2-1)式简写为

$$\boldsymbol{A}=A_x\hat{x}+A_y\hat{y}+A_z\hat{z}$$

在空间每一点上的矢量都相同的矢量场称为常矢量场,简称常矢量。直角坐标系中的三

个单位矢量均为常矢量。在直角坐标系中，常矢量的三个直角坐标分量都是常量。例如，$\boldsymbol{A}(\boldsymbol{r})=3\hat{x}$ 是常矢量场，在空间每一点上，不但其矢量场的大小都相同，而且矢量场的方向也相同。$\boldsymbol{B}(\boldsymbol{r})=(x^2+y^2)\hat{y}$ 就不是常矢量场，因为在空间每一点上，尽管矢量场的方向都是相同的，但矢量场的大小不相同。

2. 圆柱坐标系

在圆柱坐标系中，表示空间位置点的三个坐标变量记为(ρ,φ,z)，其中 ρ 表示该点到 z 轴的垂直距离；φ 表示过该点和 z 轴的平面与 xOz 平面的夹角；z 仍然表示该点在 z 轴上的投影值，如图 1.2-2 所示。容易证明，同一空间位置点的圆柱坐标与直角坐标的关系为

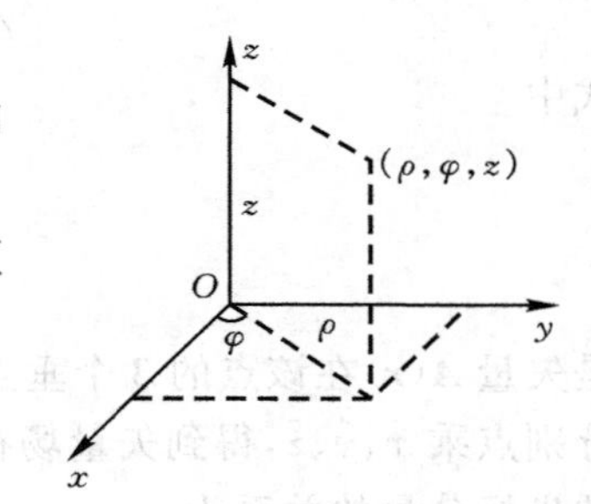

图 1.2-2　圆柱坐标

$$\begin{cases} x=\rho\cos\varphi \\ y=\rho\sin\varphi \\ z=z \end{cases} \tag{1.2-4}$$

$$\begin{cases} \rho=\sqrt{x^2+y^2} \\ \varphi=\arctan\dfrac{y}{x} \\ z=z \end{cases} \tag{1.2-5}$$

在圆柱坐标系中，三个相互垂直的坐标轴单位矢量记为 $\hat{\rho}$、$\hat{\varphi}$、$\hat{z}$。对空间任一位置点(ρ,φ,z)，坐标轴的取向与过该点以 z 轴为轴线的圆柱面的法向和切向一致，如图 1.2-3 所示，其中：

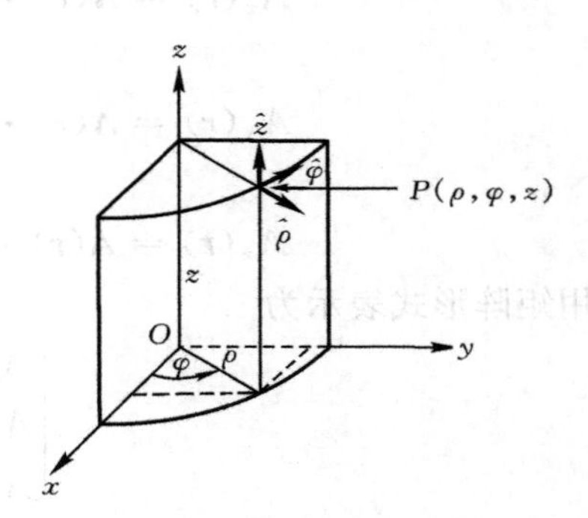

图 1.2-3　圆柱坐标系中的单位矢量

$\hat{\rho}$ 为圆柱面在(ρ,φ,z)点的法线方向；

$\hat{\varphi}$ 为在(ρ,φ,z)点平行于 xy 面且指向 φ 增加一侧的圆柱面切线方向，也是过 z 轴和 xz 面夹角为 φ 的平面在(ρ,φ,z)点的法线方向；

$\hat{z}$ 为圆柱面在(ρ,φ,z)点平行于 z 轴的切线方向，也是过(ρ,φ,z)点平行于 xy 面平面的法线方向。

可见，圆柱坐标系中的坐标轴单位矢量 $\hat{\rho}$、$\hat{\varphi}$ 的方向随空间位置而变，不是常矢量。在空间一点(ρ,φ,z)上直角坐标系坐标轴单位矢量和圆柱坐标系坐标轴单位矢量的关系图 1.2-4 所示，$\hat{x}$ 与 $\hat{\rho}$ 夹角为 φ，$\hat{y}$ 与 $\hat{\varphi}$ 夹角也为 φ。因此有

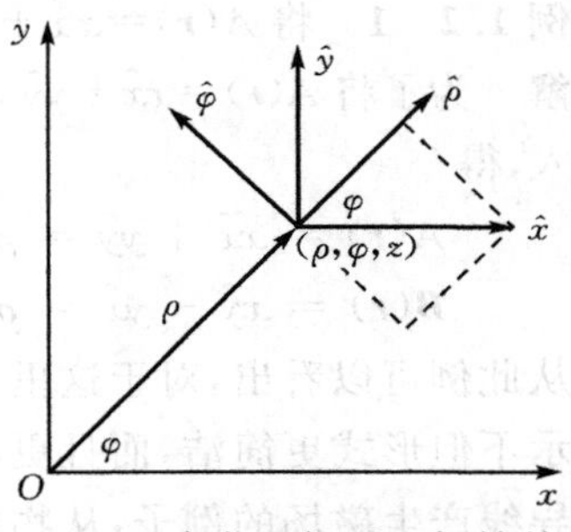

图 1.2-4　直角坐标系坐标轴单位矢量和圆柱坐标系坐标轴单位矢量

$$\begin{cases} \hat{\rho}\cdot\hat{x}=\cos\varphi \\ \hat{\rho}\cdot\hat{y}=\sin\varphi \\ \hat{\varphi}\cdot\hat{x}=-\sin\varphi \\ \hat{\varphi}\cdot\hat{y}=\cos\varphi \end{cases} \tag{1.2-6}$$

圆柱坐标系中的单位矢量与直角坐标系中的单位矢量的关系为

$$\begin{cases}\hat{\rho}=\hat{x}\cos\varphi+\hat{y}\sin\varphi \\ \hat{\varphi}=-\hat{x}\sin\varphi+\hat{y}\cos\varphi\end{cases} \tag{1.2-7a}$$

$$\begin{cases}\hat{x}=\hat{\rho}\cos\varphi-\hat{\varphi}\sin\varphi \\ \hat{y}=\hat{\rho}\sin\varphi+\hat{\varphi}\cos\varphi\end{cases} \tag{1.2-7b}$$

矢量场 $\boldsymbol{A}(\boldsymbol{r})$ 在任一空间位置点 (ρ,φ,z) 的矢量 $\boldsymbol{A}(\boldsymbol{r})$ 可用其圆柱坐标分量表示为

$$\boldsymbol{A}(\boldsymbol{r})=A_\rho(\boldsymbol{r})\hat{\rho}+A_\varphi(\boldsymbol{r})\hat{\varphi}+A_z(\boldsymbol{r})\hat{z} \tag{1.2-8}$$

式中

$$A_\rho(\boldsymbol{r})=\boldsymbol{A}(\boldsymbol{r})\cdot\hat{\rho} \tag{1.2-9a}$$

$$A_\varphi(\boldsymbol{r})=\boldsymbol{A}(\boldsymbol{r})\cdot\hat{\varphi} \tag{1.2-9b}$$

$$A_z(\boldsymbol{r})=\boldsymbol{A}(\boldsymbol{r})\cdot\hat{z} \tag{1.2-9c}$$

是矢量 $\boldsymbol{A}(\boldsymbol{r})$ 在该点的3个垂直坐标轴 $\hat{\rho}$、$\hat{\varphi}$、$\hat{z}$ 上的投影，称为圆柱坐标分量。(1.2-8)式两边分别点乘 $\hat{x}$、$\hat{y}$、$\hat{z}$，得到矢量场在同一空间位置点上直角坐标系中的坐标分量与圆柱坐标系中的坐标分量的关系为

$$\begin{aligned}A_x(\boldsymbol{r})&=\boldsymbol{A}(\boldsymbol{r})\cdot\hat{x}=A_\rho(\boldsymbol{r})\hat{\rho}\cdot\hat{x}+A_\varphi(\boldsymbol{r})\hat{\varphi}\cdot\hat{x}+A_z(\boldsymbol{r})\hat{z}\cdot\hat{x}\\&=A_\rho(\boldsymbol{r})\cos\varphi-A_\varphi(\boldsymbol{r})\sin\varphi\\A_y(\boldsymbol{r})&=\boldsymbol{A}(\boldsymbol{r})\cdot\hat{y}=A_\rho(\boldsymbol{r})\hat{\rho}\cdot\hat{y}+A_\varphi(\boldsymbol{r})\hat{\varphi}\cdot\hat{y}+A_z(\boldsymbol{r})\hat{z}\cdot\hat{y}\\&=A_\rho(\boldsymbol{r})\sin\varphi+A_\varphi(\boldsymbol{r})\cos\varphi\\A_z(\boldsymbol{r})&=\boldsymbol{A}(\boldsymbol{r})\cdot\hat{z}=A_z(\boldsymbol{r})\end{aligned}$$

用矩阵形式表示为

$$\begin{bmatrix}A_\rho\\A_\varphi\\A_z\end{bmatrix}=\begin{bmatrix}\cos\varphi & \sin\varphi & 0\\-\sin\varphi & \cos\varphi & 0\\0 & 0 & 1\end{bmatrix}\begin{bmatrix}A_x\\A_y\\A_z\end{bmatrix} \tag{1.2-10}$$

$$\begin{bmatrix}A_x\\A_y\\A_z\end{bmatrix}=\begin{bmatrix}\cos\varphi & -\sin\varphi & 0\\\sin\varphi & \cos\varphi & 0\\0 & 0 & 1\end{bmatrix}\begin{bmatrix}A_\rho\\A_\varphi\\A_z\end{bmatrix} \tag{1.2-11}$$

例 1.2-1 将 $\boldsymbol{A}(\boldsymbol{r})=x\hat{x}+y\hat{y}$ 和 $\boldsymbol{B}(\boldsymbol{r})=x\hat{y}-y\hat{x}$ 用圆柱坐标分量表示。

解 为了将 $\boldsymbol{A}(\boldsymbol{r})=x\hat{x}+y\hat{y}$ 和 $\boldsymbol{B}(\boldsymbol{r})=x\hat{y}-y\hat{x}$ 用圆柱坐标分量表示，将(1.2-4)及(1.2-7)式代入，得

$$\boldsymbol{A}(\boldsymbol{r})=x\hat{x}+y\hat{y}=\rho\cos\varphi(\hat{\rho}\cos\varphi-\hat{\varphi}\sin\varphi)+\rho\sin\varphi(\hat{\rho}\sin\varphi+\hat{\varphi}\cos\varphi)=\rho\hat{\rho}$$

$$\boldsymbol{B}(\boldsymbol{r})=x\hat{y}-y\hat{x}=\rho\cos\varphi(\hat{\rho}\sin\varphi+\hat{\varphi}\cos\varphi)-\rho\sin\varphi(\hat{\rho}\cos\varphi-\hat{\varphi}\sin\varphi)=\rho\hat{\varphi}$$

从此例可以看出，对于这里 $\boldsymbol{A}(\boldsymbol{r})$ 和 $\boldsymbol{B}(\boldsymbol{r})$ 这样的矢量场，用圆柱坐标系表示比用直角坐标系表示不但形式更简洁，而且更容易理解和想象其空间分布的情况。再看一个真空中无限长载流导线产生磁场的例子：从物理学我们知道，真空中无限长载流导线产生磁场的磁力线是一个个围绕载流导线的同心圆，方向符合右手定则，磁场的大小与到载流导线的距离成反比，与电流强度 I 成正比。对于这个磁场，在圆柱坐标系，取无限长载流导线为 z 轴，其磁感应强度 $\boldsymbol{B}(\boldsymbol{r})$ 的表达式很简单，为

$$\boldsymbol{B}(\boldsymbol{r})=\frac{\mu_0}{4\pi}\frac{I}{\rho}\hat{\varphi}$$

如果在直角坐标系，$\boldsymbol{B}(\boldsymbol{r})$ 的表达式(请读者自己推导)就比较复杂，方向和大小的分布和变化

情况也不直观。

3. 圆球坐标系

在圆球坐标系(见图 1.2-5)中,表示空间位置点的三个坐标变量记为(r,θ,φ),其中 r 表示该点到坐标原点的距离,也就是位置矢量的长度;θ 表示该点的位置矢量与 z 轴的夹角,称为极角或纬度角;φ 表示过该点和 z 轴的平面与 xOz 平面的夹角,称为方位角或经度角。容易证明,同一空间位置点的圆球坐标与直角坐标的关系为

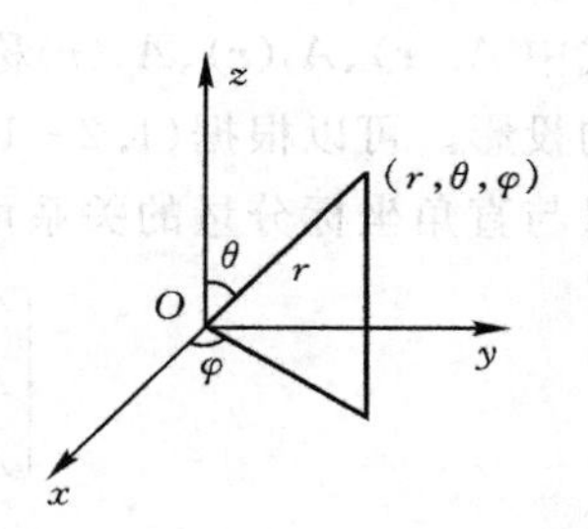

图 1.2-5　圆球坐标

$$\begin{cases} x = r\sin\theta\cos\varphi \\ y = r\sin\theta\sin\varphi \\ z = r\cos\theta \end{cases} \tag{1.2-12}$$

$$\begin{cases} r = \sqrt{x^2 + y^2 + z^2} \\ \theta = \arctan\dfrac{\sqrt{x^2 + y^2}}{z} \\ \varphi = \arctan\dfrac{y}{x} \end{cases} \tag{1.2-13}$$

在圆球坐标系中,三个互相垂直的坐标轴单位矢量记为 $\hat{r}$、$\hat{\theta}$、$\hat{\varphi}$,取向分别与圆球面的法向和切向一致,如图 1.2-6 所示。

$\hat{r}$ 为圆球面在点(r,θ,φ)的法线方向;$\hat{\theta}$ 为在包含点(r,θ,φ)的子午面内且指向 θ 增加一侧的圆球面切线方向,也是和 z 轴夹角为 θ 的圆锥面在点(r,θ,φ)的法线方向;$\hat{\varphi}$ 为在点(r,θ,φ)平行于 xy 面且指向 φ 增加一侧的圆球面切线方向,也是过 z 轴的平面(子午面)在点(r,θ,φ)的法线方向。

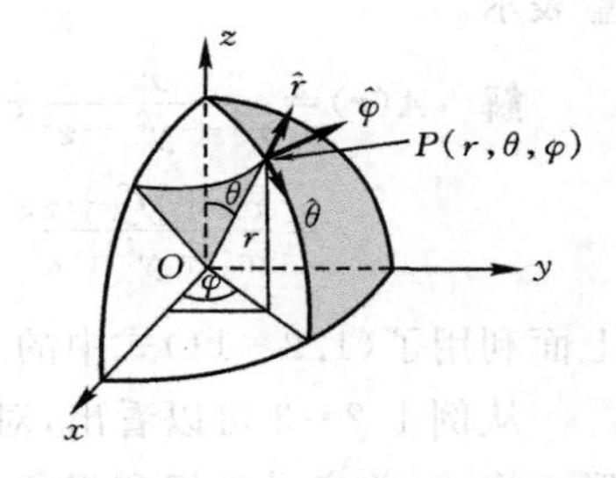

图 1.2-6　圆球坐标系中的单位矢量

可见,圆球坐标系中的坐标轴单位矢量的方向也随空间位置而变,不是常矢量。在空间(r,θ,φ)点,$\hat{r}$、$\hat{\theta}$、$\hat{\varphi}$ 在 $\hat{x}$、$\hat{y}$、$\hat{z}$ 上的投影分别为

$$\begin{cases} \hat{r}\cdot\hat{x} = \sin\theta\cos\varphi \\ \hat{r}\cdot\hat{y} = \sin\theta\sin\varphi \\ \hat{r}\cdot\hat{z} = \cos\theta \end{cases} \quad \begin{cases} \hat{\theta}\cdot\hat{x} = \cos\theta\cos\varphi \\ \hat{\theta}\cdot\hat{y} = \cos\theta\sin\varphi \\ \hat{\theta}\cdot\hat{z} = -\sin\theta \end{cases} \quad \begin{cases} \hat{\varphi}\cdot\hat{x} = -\sin\varphi \\ \hat{\varphi}\cdot\hat{y} = \cos\varphi \\ \hat{\varphi}\cdot\hat{z} = 0 \end{cases}$$

圆球坐标系中的单位矢量与直角坐标系中的单位矢量的关系为

$$\begin{cases} \hat{r} = \hat{x}\sin\theta\cos\varphi + \hat{y}\sin\theta\sin\varphi + \hat{z}\cos\theta \\ \hat{\theta} = \hat{x}\cos\theta\cos\varphi + \hat{y}\cos\theta\sin\varphi - \hat{z}\sin\theta \\ \hat{\varphi} = -\hat{x}\sin\varphi + \hat{y}\cos\varphi \end{cases} \tag{1.2-14}$$

$$\begin{cases} \hat{x} = \hat{r}\sin\theta\cos\varphi + \hat{\theta}\cos\theta\cos\varphi - \hat{\varphi}\sin\varphi \\ \hat{y} = \hat{r}\sin\theta\sin\varphi + \hat{\theta}\cos\theta\sin\varphi + \hat{\varphi}\cos\varphi \\ \hat{z} = \hat{r}\cos\theta - \hat{\theta}\sin\theta \end{cases} \tag{1.2-15}$$

矢量场 $\boldsymbol{A}(\boldsymbol{r})$在任一空间位置点$(r,\theta,\varphi)$的矢量 $\boldsymbol{A}(\boldsymbol{r})$(即 $\boldsymbol{A}(r,\theta,\varphi)$)可用其圆球坐标分量表示为

$$\boldsymbol{A}(\boldsymbol{r}) = A_r(\boldsymbol{r})\hat{r} + A_\theta(\boldsymbol{r})\hat{\theta} + A_\varphi(\boldsymbol{r})\hat{\varphi} \tag{1.2-16}$$

式中 $A_r(\boldsymbol{r})$、$A_\theta(\boldsymbol{r})$、$A_\varphi(\boldsymbol{r})$ 称为圆球坐标分量，是矢量 $A(\boldsymbol{r})$ 在该点的三个垂直坐标轴 $\hat{r}$、$\hat{\theta}$、$\hat{\varphi}$ 上的投影。可以根据(1.2-14)及(1.2-15)式证明，在同一空间位置点上，矢量场的圆球坐标分量与直角坐标分量的关系可用矩阵形式表示为

$$\begin{bmatrix} A_r \\ A_\theta \\ A_\varphi \end{bmatrix} = \begin{bmatrix} \sin\theta\cos\varphi & \sin\theta\sin\varphi & \cos\theta \\ \cos\theta\cos\varphi & \cos\theta\sin\varphi & -\sin\theta \\ -\sin\varphi & \cos\varphi & 0 \end{bmatrix} \begin{bmatrix} A_x \\ A_y \\ A_z \end{bmatrix} \tag{1.2-17}$$

$$\begin{bmatrix} A_x \\ A_y \\ A_z \end{bmatrix} = \begin{bmatrix} \sin\theta\cos\varphi & \cos\theta\cos\varphi & -\sin\varphi \\ \sin\theta\sin\varphi & \cos\theta\sin\varphi & \cos\varphi \\ \cos\theta & -\sin\theta & 0 \end{bmatrix} \begin{bmatrix} A_r \\ A_\theta \\ A_\varphi \end{bmatrix} \tag{1.2-18}$$

例 1.2-2 将矢量场 $\boldsymbol{A}(\boldsymbol{r})=\hat{x}$，$\boldsymbol{B}(\boldsymbol{r})=\hat{y}$，$\boldsymbol{C}(\boldsymbol{r})=\hat{z}$ 分别用圆球坐标分量表示。

解 将 $\boldsymbol{A}(\boldsymbol{r})=\hat{x}$，$\boldsymbol{B}(\boldsymbol{r})=\hat{y}$，$\boldsymbol{C}(\boldsymbol{r})=\hat{z}$ 分别代入(1.2-15)式得

$$\boldsymbol{A}(\boldsymbol{r}) = \hat{x} = \hat{r}\sin\theta\cos\varphi + \hat{\theta}\cos\theta\cos\varphi - \hat{\varphi}\sin\varphi$$

$$\boldsymbol{B}(\boldsymbol{r}) = \hat{y} = \hat{r}\sin\theta\sin\varphi + \hat{\theta}\cos\theta\sin\varphi + \hat{\varphi}\cos\varphi$$

$$\boldsymbol{C}(\boldsymbol{r}) = \hat{z} = \hat{r}\cos\theta - \hat{\theta}\sin\theta$$

例 1.2-3 将矢量场 $\boldsymbol{A}(\boldsymbol{r})=\dfrac{x}{x^2+y^2+z^2}\hat{x}+\dfrac{y}{x^2+y^2+z^2}\hat{y}+\dfrac{z}{x^2+y^2+z^2}\hat{z}$ 用圆球坐标分量表示。

解
$$\boldsymbol{A}(\boldsymbol{r})=\frac{x}{x^2+y^2+z^2}\hat{x}+\frac{y}{x^2+y^2+z^2}\hat{y}+\frac{z}{x^2+y^2+z^2}\hat{z}$$
$$=\frac{x\hat{x}+y\hat{y}+z\hat{z}}{x^2+y^2+z^2}=\frac{\boldsymbol{r}}{r^2}=\frac{\hat{r}}{r}$$

上面利用了(1.2-11)式中的 $r=\sqrt{x^2+y^2+z^2}$ 和位置矢量 $\boldsymbol{r}=r\hat{r}=x\hat{x}+y\hat{y}+z\hat{z}$。

从例 1.2-3 可以看出，对像本例的这种矢量场，用圆球坐标系表示比用直角坐标系表示形式简洁，并容易理解和想象其空间分布的情况。从圆球坐标轴的特点可以看出，当矢量场的方向为某球面的法向或切向时，用圆球坐标系表示其场分布将比较简洁明了。

4. 正交曲面坐标系中的微分线元、面元及体积元

直角坐标系、圆柱坐标系和圆球坐标系是三种最常见的正交曲面坐标系。在直角坐标系中，空间一点的位置(x_0, y_0, z_0)是三个相互正交的平面 $x=x_0$，$y=y_0$，$z=z_0$ 的交点，因此可以说这三个相互正交的平面可以确定空间一点的位置；在圆柱坐标系中，三个相互正交的曲面 $\rho=\rho_0$，$\varphi=\varphi_0$，$z=z_0$ 相交于一点(ρ_0, φ_0, z_0)，可以用这三个相互正交的曲面确定空间一点(ρ_0, φ_0, z_0)的位置；在圆球坐标系中，三个相互正交的曲面 $r=r_0$，$\theta=\theta_0$，$\varphi=\varphi_0$，相交于一点$(r_0, \theta_0, \varphi_0)$，可以用这三个相互正交的曲面确定空间一点$(r_0, \theta_0, \varphi_0)$的位置。一般说来，任意三个相交的曲面均可以确定三维空间中一点的位置。如果三个曲面在空间是处处正交的，则由此建立的坐标系称为正交曲面坐标系。

一个正交曲面坐标系由 $u_1=$常数，$u_2=$常数，$u_3=$常数的三个正交坐标曲面构成，u_1、u_2、u_3 称为坐标变量。令 $\hat{u}_1$、$\hat{u}_2$、$\hat{u}_3$ 分别表示三个坐标变量变化最快方向上的三个单位矢量，那么，这三个单位矢量就分别垂直于相应的三个坐标曲面。由于三个坐标曲面是处处正交的，因此三个单位矢量 $\hat{u}_1$、$\hat{u}_2$、$\hat{u}_3$ 是两两相互垂直的，即

$$\hat{u}_i \cdot \hat{u}_j = \begin{cases} 0, i \neq j \\ 1, i = j \end{cases} \tag{1.2-19}$$

及

$$\hat{u}_1 \times \hat{u}_2 = \hat{u}_3 \tag{1.2-20a}$$

$$\hat{u}_2 \times \hat{u}_3 = \hat{u}_1 \tag{1.2-20b}$$

$$\hat{u}_3 \times \hat{u}_1 = \hat{u}_2 \tag{1.2-20c}$$

在正交曲面坐标系中，沿 $\hat{u}_1$ 方向仅变量 u_1 发生变化。若一条曲线上各点的切线方向与 $\hat{u}_1$ 方向一致，则该曲线称为变量 u_1 的坐标轴。u_1 的坐标轴描述了变量 u_1 的变化方向及尺度。同理可分别定义变量 u_2 及 u_3 的坐标轴，它们分别描述变量 u_2 及 u_3 的变化方向及尺度。在三维空间中，每两个坐标曲面的交线形成第三个变量的坐标轴。

已知三维空间的任一矢量可用三个坐标分量来表示，那么在三维正交曲面坐标系中，矢量 $\boldsymbol{A}$ 可表示为

$$\boldsymbol{A} = A_1 \hat{u}_1 + A_2 \hat{u}_2 + A_3 \hat{u}_3 \tag{1.2-21}$$

式中

$$A_1 = \boldsymbol{A} \cdot \hat{u}_1 \tag{1.2-22a}$$

$$A_2 = \boldsymbol{A} \cdot \hat{u}_2 \tag{1.2-22b}$$

$$A_3 = \boldsymbol{A} \cdot \hat{u}_3 \tag{1.2-22c}$$

分别为矢量 $\boldsymbol{A}$ 在相应的坐标轴上的坐标分量。

在矢量场分析中，经常需要对矢量函数进行微分运算或积分运算，微积分运算中需要坐标变量的微分变化对应于微分长度的变化，但在正交曲面坐标系中，有些坐标变量并不代表长度。例如圆柱标系中的坐标变量 φ 及圆球坐标系中坐标变量 θ 与 φ 均是角度。为了能对各种坐标变量进行微积分运算，必须把非长度的坐标变量的微分增量转化为微分长度。为此，令沿坐标轴 $\hat{u}_i$ 方向的微分长度为

$$\mathrm{d}l_i = h_i \mathrm{d}u_i \tag{1.2-23}$$

式中，h_i 称为相应坐标变量 u_i 的度量系数。

一个有向长度的微分增量 $\mathrm{d}\boldsymbol{l}$ 可以表示为

$$\mathrm{d}\boldsymbol{l} = \hat{u}_1 \mathrm{d}l_1 + \hat{u}_2 \mathrm{d}l_2 + \hat{u}_3 \mathrm{d}l_3 \tag{1.2-24}$$

将上式代入，则有

$$\mathrm{d}\boldsymbol{l} = \hat{u}_1 h_1 \mathrm{d}u_1 + \hat{u}_2 h_2 \mathrm{d}u_2 + \hat{u}_3 h_3 \mathrm{d}u_3 \tag{1.2-25}$$

有向曲面的微分增量 $\mathrm{d}\boldsymbol{S}$ 可以表示为

$$\mathrm{d}\boldsymbol{S} = \hat{u}_1 \mathrm{d}S_1 + \hat{u}_2 \mathrm{d}S_2 + \hat{u}_3 \mathrm{d}S_3 \tag{1.2-26}$$

式中，$\mathrm{d}S_1$、$\mathrm{d}S_2$ 及 $\mathrm{d}S_3$ 分别是有向曲面的微分增量 $\mathrm{d}\boldsymbol{S}$ 在对应坐标面上的投影，可用度量系数分别表示为

$$\mathrm{d}S_1 = \mathrm{d}l_2 \mathrm{d}l_3 = h_2 h_3 \mathrm{d}u_2 \mathrm{d}u_3 \tag{1.2-27a}$$

$$\mathrm{d}S_2 = \mathrm{d}l_1 \mathrm{d}l_3 = h_1 h_3 \mathrm{d}u_1 \mathrm{d}u_3 \tag{1.2-27b}$$

$$\mathrm{d}S_3 = \mathrm{d}l_1 \mathrm{d}l_2 = h_1 h_2 \mathrm{d}u_1 \mathrm{d}u_2 \tag{1.2-27c}$$

体积增量微分可表示为

$$\mathrm{d}V = \mathrm{d}l_1 \mathrm{d}l_2 \mathrm{d}l_3 = h_1 h_2 h_3 \mathrm{d}u_1 \mathrm{d}u_2 \mathrm{d}u_3 \tag{1.2-28}$$

(1)直角坐标系

对于直角坐标系，三个坐标变量 $u_1=x, u_2=y, u_3=z$ 均为长度，因此 $h_1=h_2=h_3=1$，直角坐标系中的线元，面元及体积微元分别为

$$d\boldsymbol{l}=\hat{x}dx+\hat{y}dy+\hat{z}dz \tag{1.2-29}$$

$$d\boldsymbol{S}=\hat{x}dydz+\hat{y}dxdz+\hat{z}dxdy \tag{1.2-30}$$

$$dV=dxdydz \tag{1.2-31}$$

(2)圆柱坐标系

在圆柱坐标系中，坐标变量 $u_1=\rho$ 及 $u_3=z$ 是长度坐标，因此量度系数 $h_1=h_3=1$，坐标变量 $u_2=\varphi$ 是角度坐标，沿 $\hat{\varphi}$ 方向的长度微分 $dl_2=\rho d\varphi$，因此 $h_2=\rho$。将 $h_1=h_3=1$ 及 $u_2=\varphi$ 分别代入(1.2-25)、(1.2-26)及(1.2-28)式，得到在圆柱坐标系中的线元，面元及体积微元分别为

$$d\boldsymbol{l}=\hat{\rho}d\rho+\hat{\varphi}\rho d\varphi+\hat{z}dz \tag{1.2-32}$$

$$d\boldsymbol{S}=\hat{\rho}\rho d\varphi dz+\hat{\varphi}d\rho dz+\hat{z}\rho d\varphi d\rho \tag{1.2-33}$$

$$dV=\rho d\varphi d\rho dz \tag{1.2-34}$$

圆柱坐标系中面元及体积微元如图 1.2-7 所示。

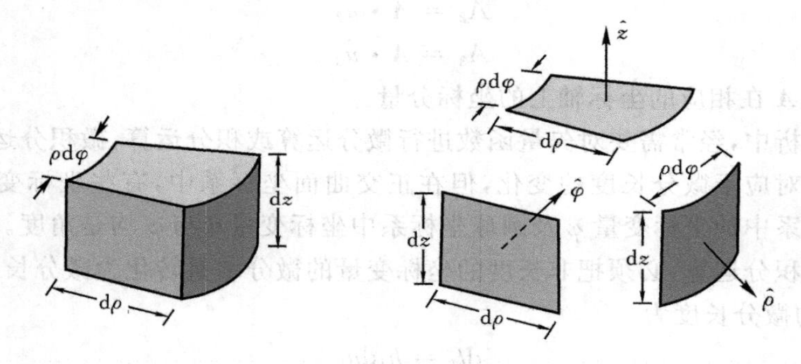

图 1.2-7　圆柱坐标系中的微分元

(3)圆球坐标系

在圆球坐标系中，坐标变量 $u_1=r$ 是长度坐标，$u_2=\theta, u_3=\varphi$ 是角度坐标。

$$dl_1=h_1du_1=dr \tag{1.2-35a}$$

$$dl_2=h_2du_2=rd\theta \tag{1.2-35b}$$

$$dl_3=h_3du_3=r\sin\theta d\varphi \tag{1.2-35c}$$

圆球坐标系的量度系数为

$$\begin{cases}h_1=1\\h_2=r\\h_3=r\sin\theta\end{cases} \tag{1.2-36}$$

将(1.2-36)式分别代入(1.2-25)、(1.2-26)及(1.2-28)式，圆球坐标系的中的线元、面元及体积微元分别为

$$d\boldsymbol{l}=\hat{r}dr+\hat{\theta}rd\theta+\hat{\varphi}r\sin\theta d\varphi \tag{1.2-37}$$

$$d\boldsymbol{S}=\hat{r}r^2\sin\theta d\theta d\varphi+\hat{\theta}r\sin\theta drd\varphi+\hat{\varphi}rdrd\theta \tag{1.2-38}$$

$$dV = r^2 \sin\theta \mathrm{d}r\mathrm{d}\theta\mathrm{d}\varphi \tag{1.2-39}$$

圆球坐标系中面元及体积微元如图 1.2-8 所示。

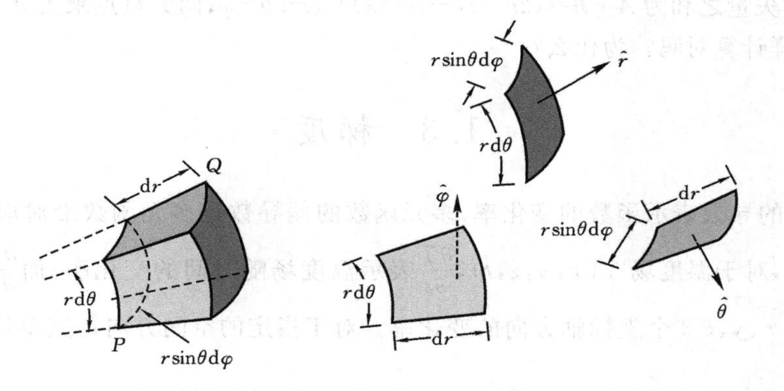

图 1.2-8　圆球坐标系中的微分元

例 1.2-4　求积分 $\int_A^B \boldsymbol{F}\cdot \mathrm{d}\boldsymbol{l}$，其中 $\boldsymbol{F}=xy\hat{x}-2x\hat{y}$，积分路径为 xOy 平面上半径为 3 的四分之一圆，方向为从 x 轴到 y 轴，如图 1.2-9 所示。

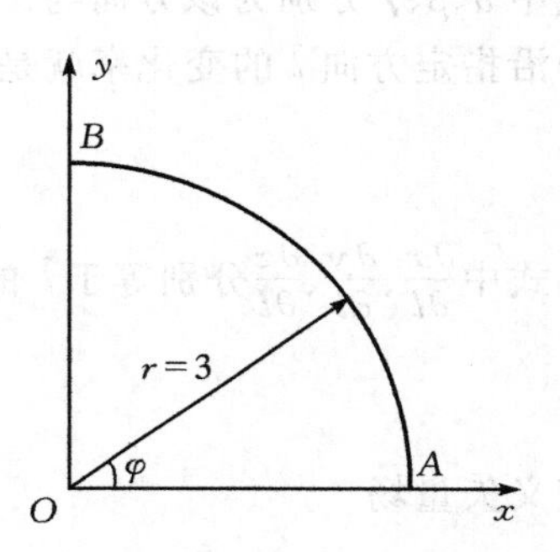

图 1.2-9　例 1.2-4 的积分路径

解　积分路径在 xOy 平面上，可采用直角坐标系，也可采用圆柱坐标系。

(1) 直角坐标系

$$\boldsymbol{F}\cdot \mathrm{d}\boldsymbol{l} = (xy\hat{x} - 2x\hat{y})\cdot(\mathrm{d}x\hat{x} + \mathrm{d}y\hat{y}) = xy\mathrm{d}x - 2x\mathrm{d}y$$

沿积分路径积分，并考虑到积分路径满足方程 $x^2+y^2=3^2$，得

$$\int_A^B \boldsymbol{F}\cdot \mathrm{d}\boldsymbol{l} = \int_3^0 xy\mathrm{d}x - \int_0^3 2x\mathrm{d}y = \int_3^0 x\sqrt{9-x^2}\mathrm{d}x - \int_0^3 2\sqrt{9-y^2}\mathrm{d}y = -9\left(1+\frac{\pi}{2}\right)$$

(2) 圆柱坐标系

$$\boldsymbol{F}\cdot \mathrm{d}\boldsymbol{l} = [\rho^2\cos\varphi\sin\varphi(\hat{\rho}\cos\varphi - \hat{\varphi}\sin\varphi) - 2\rho\cos\varphi(\hat{\rho}\sin\varphi + \hat{\varphi}\cos\varphi)]\cdot 3\mathrm{d}\varphi\hat{\varphi} = 3(-\rho^2\cos\varphi\sin^2\varphi - 2\rho\cos^2\varphi)\mathrm{d}\varphi$$

沿积分路径积分，并考虑到积分路径满足方程 $\rho=3$，得

$$\int_A^B \boldsymbol{F}\cdot \mathrm{d}\boldsymbol{l} = \int_0^{\frac{\pi}{2}} 3(-9\cos\varphi\sin^2\varphi - 6\cos^2\varphi)\mathrm{d}\varphi = -9\left(1+\frac{\pi}{2}\right)$$

思考题

1. 从表示空间位置坐标和坐标轴方向两个方面说明三种常用坐标系各有什么特点？
2. 圆柱坐标系与圆球坐标系各分别适用于表示具有什么特点的矢量场？

3. 有一矢量场，取圆球坐标系，在$(1,\frac{\pi}{2},\frac{\pi}{2})$点矢量为$\boldsymbol{A}=2\hat{r}+\hat{\theta}$，在$(1,\frac{\pi}{2},0)$点矢量为$\boldsymbol{B}=\hat{r}-\hat{\varphi}$，那么这两矢量之和为$\boldsymbol{A}+\boldsymbol{B}=(2\hat{r}+\hat{\theta})+(\hat{r}-\hat{\varphi})=3\hat{r}+\hat{\theta}-\hat{\varphi}$；两矢量点乘为$\boldsymbol{A}\cdot\boldsymbol{B}=(2\hat{r}+\hat{\theta})\cdot(\hat{r}-\hat{\varphi})=2$，这样计算对吗？为什么？

1.3　梯度

一元函数的导数表示函数的变化率，多元函数的偏导数是多元函数沿对应坐标轴方向的变化率。例如，对于温度场$T(x,y,z,t)$，$\frac{\partial T}{\partial t}$表示温度场随时间的变化率；而$\frac{\partial T}{\partial x}$、$\frac{\partial T}{\partial y}$、$\frac{\partial T}{\partial z}$分别表示温度场沿$x$、$y$、$z$ 3 个坐标轴方向的变化率。对于指定的空间方向$\hat{l}$，其单位矢量可用方向余弦表示为

$$\hat{l}=\hat{x}\cos\alpha+\hat{y}\cos\beta+\hat{z}\cos\gamma \tag{1.3-1}$$

式中α、β、γ分别为该方向与x、y、z 3 个坐标轴方向的夹角。标量场或者说多元函数$\Phi(x,y,z)$沿指定方向$\hat{l}$的变化率就是标量场在该方向的方向导数

$$\frac{\partial\Phi}{\partial l}=\frac{\partial\Phi}{\partial x}\frac{\partial x}{\partial l}+\frac{\partial\Phi}{\partial y}\frac{\partial y}{\partial l}+\frac{\partial\Phi}{\partial z}\frac{\partial z}{\partial l}$$

上式中$\frac{\partial x}{\partial l}$、$\frac{\partial y}{\partial l}$、$\frac{\partial z}{\partial l}$分别等于$\hat{l}$的 3 个方向余弦，因此，上式可写为

$$\frac{\partial\Phi}{\partial l}=\frac{\partial\Phi}{\partial x}\cos\alpha+\frac{\partial\Phi}{\partial y}\cos\beta+\frac{\partial\Phi}{\partial z}\cos\gamma \tag{1.3-2}$$

定义矢量场

$$\boldsymbol{G}(x,y,z)=\hat{x}\frac{\partial\Phi}{\partial x}+\hat{y}\frac{\partial\Phi}{\partial y}+\hat{z}\frac{\partial\Phi}{\partial z} \tag{1.3-3}$$

(1.3-2)式可写为两个矢量的点积形式，即

$$\frac{\partial\Phi}{\partial l}=\boldsymbol{G}\cdot\hat{l}=G\cos\theta \tag{1.3-4}$$

式中θ为$\boldsymbol{G}$与$\hat{l}$之间的夹角。上式表明，标量场$\Phi(x,y,z)$沿指定方向$\hat{l}$的变化率就是矢量场$\boldsymbol{G}$在该方向的投影。可以看出，沿$\boldsymbol{G}$的方向，标量场变化最快，变化率最大，其最大的变化率就是$\boldsymbol{G}$的模。也就是说，$\boldsymbol{G}$给出了对应的标量场Φ在空间各点上的最大变化率及其方向，$\boldsymbol{G}$称为对应标量场Φ的梯度。在直角坐标系中定义运算符号∇为

$$\nabla=\hat{x}\frac{\partial}{\partial x}+\hat{y}\frac{\partial}{\partial y}+\hat{z}\frac{\partial}{\partial z} \tag{1.3-5}$$

由(1.3-3)式，标量场Φ的梯度可表示为

$$\nabla\Phi=\hat{x}\frac{\partial\Phi}{\partial x}+\hat{y}\frac{\partial\Phi}{\partial y}+\hat{z}\frac{\partial\Phi}{\partial z} \tag{1.3-6}$$

符号∇是一个微分运算符号，$\nabla\Phi$既表示标量场Φ的梯度，也表示对标量场Φ进行由(1.3-6)式右边规定的求导运算。在正交曲面坐标系中，标量场沿$\hat{u}_i$方向的方向导数可用度量系数表示为

$$\frac{\partial\Phi}{\partial l_i}=\frac{1}{h_i}\frac{\partial\Phi}{\partial u_i}$$

标量场的梯度可表示为

$$\nabla\Phi = \hat{u}_1 \frac{\partial\Phi}{\partial l_1} + \hat{u}_2 \frac{\partial\Phi}{\partial l_2} + \hat{u}_3 \frac{\partial\Phi}{\partial l_3} = \frac{\hat{u}_1}{h_1}\frac{\partial\Phi}{\partial u_1} + \frac{\hat{u}_2}{h_2}\frac{\partial\Phi}{\partial u_2} + \frac{\hat{u}_3}{h_3}\frac{\partial\Phi}{\partial u_3}$$

在上式中分别代入圆柱坐标和圆球坐标的量度系数，就可得到圆柱坐标及圆球坐标的梯度。

在圆柱坐标系中

$$\nabla\Phi = \hat{\rho}\frac{\partial\Phi}{\partial\rho} + \hat{\varphi}\frac{1}{\rho}\frac{\partial\Phi}{\partial\varphi} + \hat{z}\frac{\partial\Phi}{\partial z} \tag{1.3-7}$$

在圆球坐标系中

$$\nabla\Phi = \hat{r}\frac{\partial\Phi}{\partial r} + \hat{\theta}\frac{1}{r}\frac{\partial\Phi}{\partial\theta} + \hat{\varphi}\frac{1}{r\sin\theta}\frac{\partial\Phi}{\partial\varphi} \tag{1.3-8}$$

由梯度公式可以看出，求梯度运算的各坐标分量都是求偏导运算，因此它与微分运算有相似的规则。下面给出一些常用的梯度运算恒等式

$$\nabla C = \mathbf{0} \qquad (C\text{ 为常数}) \tag{1.3-9a}$$

$$\nabla(C\Phi) = C\nabla\Phi \tag{1.3-9b}$$

$$\nabla(\Phi+\Psi) = \nabla\Phi + \nabla\Psi \tag{1.3-9c}$$

$$\nabla(\Phi\Psi) = \Psi\nabla\Phi + \Phi\nabla\Psi \tag{1.3-9d}$$

$$\nabla\frac{\Phi}{\Psi} = \frac{1}{\Psi^2}(\Psi\nabla\Phi - \Phi\nabla\Psi) \tag{1.3-9e}$$

$$\nabla F(\Phi) = F'(\Phi)\nabla\Phi \tag{1.3-9f}$$

下面以推导(1.3-9d)式为例说明以上几式的证明方法。

$$\begin{aligned}\nabla(\Phi\Psi) &= \hat{x}\frac{\partial}{\partial x}(\Phi\Psi) + \hat{y}\frac{\partial}{\partial y}(\Phi\Psi) + \hat{z}\frac{\partial}{\partial z}(\Phi\Psi) \\ &= \hat{x}\left(\Phi\frac{\partial\Psi}{\partial x} + \Psi\frac{\partial\Phi}{\partial x}\right) + \hat{y}\left(\Phi\frac{\partial\Psi}{\partial y} + \Psi\frac{\partial\Phi}{\partial y}\right) + \hat{z}\left(\Phi\frac{\partial\Psi}{\partial z} + \Psi\frac{\partial\Phi}{\partial z}\right) \\ &= \Phi\left(\hat{x}\frac{\partial\Psi}{\partial x} + \hat{y}\frac{\partial\Psi}{\partial y} + \hat{z}\frac{\partial\Psi}{\partial z}\right) + \Psi\left(\hat{x}\frac{\partial\Phi}{\partial x} + \hat{y}\frac{\partial\Phi}{\partial y} + \hat{z}\frac{\partial\Phi}{\partial z}\right) \\ &= \Psi\nabla\Phi + \Phi\nabla\Psi\end{aligned}$$

例 1.3-1 产生场的源所在的空间位置点称为源点，记为(x',y',z')或$\boldsymbol{r}'$；场所在的空间位置点称为场点，记为(x,y,z)或$\boldsymbol{r}$。从源点指向场点的矢量记为$\boldsymbol{R}=\boldsymbol{r}-\boldsymbol{r}'$，源点到场点的距离记为$R=|\boldsymbol{r}-\boldsymbol{r}'|$，如图 1.3-1 所示。求$\nabla\frac{1}{R}$及$\nabla'\frac{1}{R}$，$\nabla$表示对$(x,y,z)$运算，$\nabla'$表示对$(x',y',z')$运算。

解 $R=|\boldsymbol{r}-\boldsymbol{r}'|=\sqrt{(x-x')^2+(y-y')^2+(z-z')^2}$

由(1.3-9f)式有 $\nabla\frac{1}{R}=-\frac{1}{R^2}\nabla R$

而 $\nabla R=\hat{x}\frac{\partial R}{\partial x}+\hat{y}\frac{\partial R}{\partial y}+\hat{z}\frac{\partial R}{\partial z}$

其中 $\frac{\partial R}{\partial x}=\frac{x-x'}{R}, \frac{\partial R}{\partial y}=\frac{y-y'}{R}, \frac{\partial R}{\partial z}=\frac{z-z'}{R}$

因此 $\nabla\frac{1}{R}=-\frac{\boldsymbol{R}}{R^3}=-\frac{\boldsymbol{r}-\boldsymbol{r}'}{|\boldsymbol{r}-\boldsymbol{r}'|^3}$

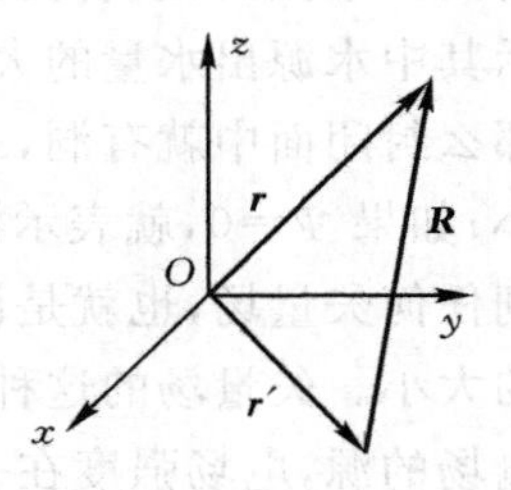

图 1.3-1 场点与源点

同理得 $\nabla'\frac{1}{R}=\frac{\boldsymbol{R}}{R^3}=\frac{\boldsymbol{r}-\boldsymbol{r}'}{|\boldsymbol{r}-\boldsymbol{r}'|^3}$

思考题

1. 标量场的梯度和方向导数各有什么意义？它们之间有什么关系？
2. 标量场的梯度方向和标量场等值面有什么关系？
3. 标量场的梯度一定存在吗？满足什么条件时标量场的梯度存在？
4. 什么是位置矢量？写出位置矢量在三种坐标系中的坐标分量表示。

1.4 矢量场的散度

1. 通 量

在水流场中，如果已知水流速度 $\boldsymbol{v}(\boldsymbol{r})$，要计算水在单位时间流过某一曲面 S 的流量，可在曲面上取微面元 $\mathrm{d}\boldsymbol{S}$，微面元足够小，可认为水流过该面元的速度 $\boldsymbol{v}(\boldsymbol{r})$ 相等，设面元的法线方向 $\hat{n}$ 与水的流速方向夹角为 θ，则水在单位时间流过此面元的流量为

$$\mathrm{d}\Psi = v\mathrm{d}S\cos\theta = \boldsymbol{v}\cdot\mathrm{d}\boldsymbol{S}$$

则水在单位时间流过曲面 S 的流量就是对该面的面积分，即

$$\Psi = \iint_S \boldsymbol{v}\cdot\mathrm{d}\boldsymbol{S} \tag{1.4-1}$$

此面积分称为矢量场 $\boldsymbol{v}(\boldsymbol{r})$ 对曲面 S 的通量，也就是矢量场通过(穿过)曲面 S 的量。通量的概念可适合于任何矢量场。通量是标量，可正可负。当曲面的法线方向与矢量场的方向一致，即矢量场沿着曲面法向($\theta<\pi/2$)时，通量为正；否则，当曲面的法线方向与矢量场方向不一致，即矢量场逆着曲面法向($\theta>\pi/2$)时，通量为负。

若曲面 S 为封闭面，矢量场 $\boldsymbol{A}(\boldsymbol{r})$ 对封闭曲面 S 的通量写为

$$\Psi = \oint\!\!\!\oint_S \boldsymbol{A}\cdot\mathrm{d}\boldsymbol{S} \tag{1.4-2}$$

式中 $\oint\!\!\!\oint$ 表示对封闭面积分，一般规定封闭面的法线方向向外。若 $\boldsymbol{A}$ 是水的流速场，则任一点 $\boldsymbol{A}$ 的矢量值就是水在该点的速度。如果流速场 $\boldsymbol{A}(\boldsymbol{r})$ 对封闭曲面 $\boldsymbol{S}$ 的通量 $\Psi>0$，表示有水从封闭面中流出，或者流出的水比流进的水多，那么封闭面中就有水源，此封闭面的通量就能表示其中水源出水量的大小；如果 $\Psi<0$，表示有水流进封闭面内，或者流进的水比流出的水多，那么封闭面中就有洞，或者说是负源，此封闭面的通量就能表示其中水洞或者负源吸水量的大小；如果 $\Psi=0$，就表示没有水流过此封闭面，或流出的水等于流进的水。将此概念可以推广到任何矢量场，也就是说，矢量场对任一封闭面的通量可以表示此封闭面内产生该矢量场的源的大小。矢量场的这种可通过通量计算的源，可称作通量源，是一种标量源。例如，电荷是静电场的源，电场强度在一封闭面的通量就与该面内的电量成正比。

2. 散 度

由前面对矢量场通量的分析得知，从矢量场对某封闭面的通量可以确定该封闭面内所包

围的空间区域中有无矢量场源，以及该区域中源的总量。这就是说，如果我们要计算某空间区域中矢量场的源的多少，可通过计算矢量场对包围该空间区域的封闭面的通量得到。在电磁场中，为了分析某区域中场的分布，仅仅了解该区域中共有多少场源是不够的，还必须详细了解场源在该区域是如何分布的。那么，对于某空间区域的矢量场，如何分析其场源的分布情况呢？

场源在空间区域的分布，可用场源分布密度函数(简称为场源密度)来定量描述。对于某空间区域的矢量场 $\boldsymbol{A}$，为计算其在空间某一点 $\boldsymbol{r}$ 的场源密度，以该点 $\boldsymbol{r}$ 为中心取一小体积 ΔV，$\boldsymbol{S}$ 为包围小体积 ΔV 的封闭面，$\oint_S \boldsymbol{A}\cdot \mathrm{d}\boldsymbol{S}$ 就为小体积 ΔV 中矢量场 $\boldsymbol{A}$ 的通量源，定义矢量场 $\boldsymbol{A}$ 的散度(记为 $\mathrm{div}\boldsymbol{A}$)为

$$\mathrm{div}\boldsymbol{A} = \lim_{\Delta V\to 0}\frac{\oint_S \boldsymbol{A}\cdot \mathrm{d}\boldsymbol{S}}{\Delta V} \tag{1.4-3}$$

可见，某一点矢量场的散度就是该点矢量场通量源的密度，因此，矢量场通量源又称为散度源。从(1.4-3)式可知，矢量场的散度是标量，也就是说，矢量场的散度源是标量。静电场的通量源就是电荷，其通量源在空间任一点的密度，即散度就是该点的电荷密度。

在矢量场 $\boldsymbol{A}$ 中，以 (x,y,z) 点为中心，取 ΔV 为边长分别为 Δx、Δy、Δz 的六面体，如图1.4-1所示。从 ΔV 中流出的通量为

$$\oint_S \boldsymbol{A}\cdot \mathrm{d}\boldsymbol{S} = \sum_{i=1}^{6}\iint_{S_i}\boldsymbol{A}\cdot \mathrm{d}\boldsymbol{S}$$

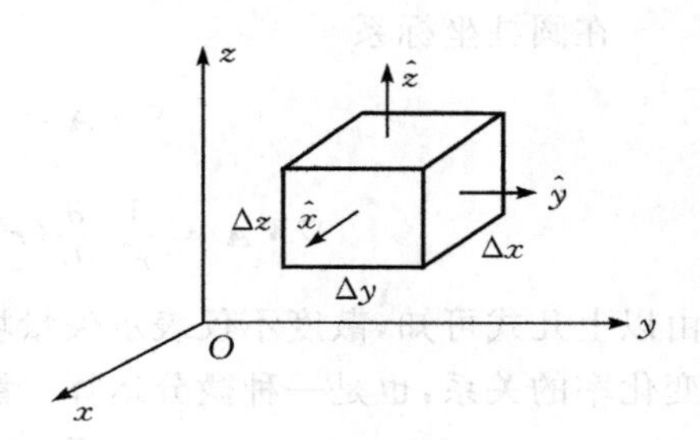

图1.4-1 直角坐标系中的体积微元

式中 S_1 到 S_6 是六面体的6个面。S_1 和 S_2 分别是正面和背面，法线方向分别为 $\hat{x}$ 和 $-\hat{x}$，面积为 $\Delta y\Delta z$；S_3 和 S_4 分别是右面和左面，法线方向分别为 $\hat{y}$ 和 $-\hat{y}$，面积为 $\Delta x\Delta z$；S_5 和 S_6 分别是上面和下面，法线方向分别为 $\hat{z}$ 和 $-\hat{z}$；面积为 $\Delta x\Delta y$。在直角坐标系中，$\boldsymbol{A}=A_x\hat{x}+A_y\hat{y}+A_z\hat{z}$。在 S_1 面上，$\boldsymbol{A}\cdot \mathrm{d}\boldsymbol{S}=A_x\mathrm{d}S$。由于 S_1 面和 Δx 是微元，在该面上的 A_x 可看成常数，可用六面体中心点的 A_x 表示为 $A_x+\frac{\partial A_x}{\partial x}\frac{\Delta x}{2}$，因此矢量 $\boldsymbol{A}$ 穿过 S_1 的通量为

$$\iint_{S_1}\boldsymbol{A}\left(x+\frac{\Delta x}{2},y,z\right)\cdot \mathrm{d}\boldsymbol{S} = \left(A_x+\frac{\partial A_x}{\partial x}\frac{\Delta x}{2}\right)\Delta y\Delta z$$

同样方法可以求出其余5个面的通量分别为

$$\iint_{S_2}\boldsymbol{A}\left(x-\frac{\Delta x}{2},y,z\right)\cdot \mathrm{d}\boldsymbol{S} = -\left(A_x-\frac{\partial A_x}{\partial x}\frac{\Delta x}{2}\right)\Delta y\Delta z$$

$$\iint_{S_3}\boldsymbol{A}\left(x,y+\frac{\Delta y}{2},z\right)\cdot \mathrm{d}\boldsymbol{S} = \left(A_y+\frac{\partial A_y}{\partial y}\frac{\Delta y}{2}\right)\Delta x\Delta z$$

$$\iint_{S_4}\boldsymbol{A}\left(x,y-\frac{\Delta y}{2},z\right)\cdot \mathrm{d}\boldsymbol{S} = -\left(A_y-\frac{\partial A_y}{\partial y}\frac{\Delta y}{2}\right)\Delta x\Delta z$$

$$\iint_{S_5} \boldsymbol{A}\left(x,y,z+\frac{\Delta z}{2}\right)\cdot \mathrm{d}\boldsymbol{S} = \left(A_z + \frac{\partial A_z}{\partial z}\frac{\Delta z}{2}\right)\Delta x \Delta y$$

$$\iint_{S_6} \boldsymbol{A}\left(x,y,z-\frac{\Delta z}{2}\right)\cdot \mathrm{d}\boldsymbol{S} = -\left(A_z - \frac{\partial A_z}{\partial z}\frac{\Delta z}{2}\right)\Delta x \Delta y$$

将以上结果代入(1.4-3)式右端得

$$\mathrm{div}\boldsymbol{A} = \frac{\partial A_x}{\partial x} + \frac{\partial A_y}{\partial y} + \frac{\partial A_z}{\partial z}$$

可以看出，矢量场 $\boldsymbol{A}$ 的散度等于各坐标分量对各自的坐标变量的偏导数之和。在直角坐标系，矢量场 $\boldsymbol{A}$ 的散度用算符∇表示为

$$\nabla\cdot\boldsymbol{A} = \frac{\partial A_x}{\partial x} + \frac{\partial A_y}{\partial y} + \frac{\partial A_z}{\partial z} \tag{1.4-4}$$

在正交曲面坐标系中，由(1.4-3)式可以得到

$$\nabla\cdot\boldsymbol{A} = \frac{1}{h_1h_2h_3}\left[\frac{\partial}{\partial u_1}(h_2h_3A_1) + \frac{\partial}{\partial u_2}(h_1h_3A_2) + \frac{\partial}{\partial u_3}(h_1h_2A_3)\right]$$

将圆柱坐标系和圆球坐标系的量度系数分别代入上式，就可分别得到圆柱坐标系及圆球坐标系中的散度式。

在圆柱坐标系

$$\nabla\cdot\boldsymbol{A} = \frac{1}{\rho}\frac{\partial}{\partial\rho}(\rho A_\rho) + \frac{1}{\rho}\frac{\partial A_\varphi}{\partial\varphi} + \frac{\partial A_z}{\partial z} \tag{1.4-5}$$

$$\nabla\cdot\boldsymbol{A} = \frac{1}{r^2}\frac{\partial}{\partial r}(r^2A_r) + \frac{1}{r\sin\theta}\frac{\partial}{\partial\theta}(\sin\theta A_\theta) + \frac{1}{r\sin\theta}\frac{\partial A_\varphi}{\partial\varphi} \tag{1.4-6}$$

由以上几式可知，散度不仅表示矢量场的源密度，而且还给出了散度源与矢量场各分量的空间变化率的关系，也是一种微分运算。散度运算有与微分运算相似的运算规则，如

$$\nabla\cdot(\boldsymbol{A}+\boldsymbol{B}) = \nabla\cdot\boldsymbol{A} + \nabla\cdot\boldsymbol{B} \tag{1.4-7a}$$

$$\nabla\cdot(C\boldsymbol{A}) = C\nabla\cdot\boldsymbol{A} \quad (C\text{为常数}) \tag{1.4-7b}$$

$$\nabla\cdot(\Phi\boldsymbol{A}) = \Phi\nabla\cdot\boldsymbol{A} + \boldsymbol{A}\cdot\nabla\Phi \tag{1.4-7c}$$

例 1.4-1 证明(1.4-7c)式。

证 由(1.4-4)式有

$$\begin{aligned}\nabla\cdot(\Phi\boldsymbol{A}) &= \frac{\partial(\Phi A_x)}{\partial x} + \frac{\partial(\Phi A_y)}{\partial y} + \frac{\partial(\Phi A_z)}{\partial z} \\ &= \left(\Phi\frac{\partial A_x}{\partial x} + A_x\frac{\partial\Phi}{\partial x}\right) + \left(\Phi\frac{\partial A_y}{\partial y} + A_y\frac{\partial\Phi}{\partial y}\right) + \left(\Phi\frac{\partial A_z}{\partial z} + A_z\frac{\partial\Phi}{\partial z}\right) \\ &= \Phi\left(\frac{\partial A_x}{\partial x} + \frac{\partial A_y}{\partial y} + \frac{\partial A_z}{\partial z}\right) + \left(A_x\frac{\partial\Phi}{\partial x} + A_y\frac{\partial\Phi}{\partial y} + A_z\frac{\partial\Phi}{\partial z}\right) \\ &= \Phi\nabla\cdot\boldsymbol{A} + \boldsymbol{A}\cdot\nabla\Phi\end{aligned}$$

例 1.4-2 求标量函数梯度$\nabla\Phi$的散度。

解

$$\nabla\Phi = \hat{x}\frac{\partial\Phi}{\partial x} + \hat{y}\frac{\partial\Phi}{\partial y} + \hat{z}\frac{\partial\Phi}{\partial z}$$

$$\nabla\cdot\nabla\Phi = \frac{\partial}{\partial x}\frac{\partial\Phi}{\partial x} + \frac{\partial}{\partial y}\frac{\partial\Phi}{\partial y} + \frac{\partial}{\partial z}\frac{\partial\Phi}{\partial z} = \frac{\partial^2\Phi}{\partial x^2} + \frac{\partial^2\Phi}{\partial y^2} + \frac{\partial^2\Phi}{\partial z^2}$$

记运算$\nabla\cdot\nabla\Phi$为$\nabla^2\Phi$，称为拉普拉斯(Laplace)运算，即

$$\nabla^2\Phi = \frac{\partial^2\Phi}{\partial x^2} + \frac{\partial^2\Phi}{\partial y^2} + \frac{\partial^2\Phi}{\partial z^2} \tag{1.4-8}$$

在圆柱坐标系及圆球坐标系中

$$\nabla^2\Phi = \frac{1}{\rho}\frac{\partial}{\partial\rho}\left(\rho\frac{\partial\Phi}{\partial\rho}\right) + \frac{1}{\rho^2}\frac{\partial^2\Phi}{\partial\varphi^2} + \frac{\partial^2\Phi}{\partial z^2} \tag{1.4-9}$$

$$\nabla^2\Phi = \frac{1}{r^2}\frac{\partial}{\partial r}\left(r^2\frac{\partial\Phi}{\partial r}\right) + \frac{1}{r^2\sin\theta}\frac{\partial}{\partial\theta}\left(\sin\theta\frac{\partial\Phi}{\partial\theta}\right) + \frac{1}{r^2\sin^2\theta}\frac{\partial^2\Phi}{\partial\varphi^2} \tag{1.4-10}$$

例 1.4-3　求以下两种场的散度。

(a)　$\boldsymbol{A}(\boldsymbol{r}) = f(r)\hat{r}$

(b)　$\boldsymbol{B}(\boldsymbol{r}) = g(\rho)\hat{\varphi}$

式中 $f(r)$ 和 $g(\rho)$ 均为导数存在的连续函数。

解　(a)　将 $\boldsymbol{A}(\boldsymbol{r}) = f(r)\hat{r}$ 代入(1.4-6)式得

$$\nabla\cdot\boldsymbol{A} = \frac{1}{r^2}\frac{\partial}{\partial r}(r^2 f(r)) = f'(r) + \frac{2f(r)}{r}$$

当 $f(r) = r$ 时，　　$\nabla\cdot\boldsymbol{A} = 3$

当 $f(r) = \dfrac{1}{r}$ 时，　　$\nabla\cdot\boldsymbol{A} = \dfrac{1}{r^2}$

当 $f(r) = \dfrac{1}{r^2}$ 时，　　$\nabla\cdot\boldsymbol{A} = 0$

(b) 将 $\boldsymbol{B}(\boldsymbol{r}) = g(\rho)\hat{\varphi}$ 代入(1.4-5)式得

$$\nabla\cdot\boldsymbol{B} = \frac{1}{\rho}\frac{\partial g(\rho)}{\partial\varphi} = 0$$

3. 高斯定理

对于矢量场中某一体积为 V 的有限区域，矢量场对包围该体积封闭面 $\boldsymbol{S}$ 的通量应等于该体积内的所有散度源的总量，即

$$\oiint_S \boldsymbol{A}\cdot d\boldsymbol{S} = \iiint_V \nabla\cdot\boldsymbol{A}dV \tag{1.4-11}$$

此式称为高斯(Gauss)定理或散度定理。在数学上，它表示体积分与面积分的转换关系，反映了体积表面上的矢量场与体积内的矢量场的关系。在(1.4-11)式中，封闭面 $\boldsymbol{S}$ 的法线方向指向所包围的体积外。高斯定理(1.4-11)式可通过将体积 V 划分为许许多多的小体积 ΔV，利用散度的定义(1.4-3)式，并考虑到相邻体积共面部分的面积分互相抵消，容易得到证明。

例 1.4-4　求 $\nabla^2\dfrac{1}{R}$。

解　由例 1.3-1 中可知

$$\nabla\frac{1}{R} = -\frac{\boldsymbol{R}}{R^3}$$

因此

$$\nabla^2\frac{1}{R} = \nabla\cdot\nabla\frac{1}{R} = -\nabla\cdot\frac{\boldsymbol{R}}{R^3}$$

根据(1.4-7c)式得

$$\nabla\cdot\frac{\boldsymbol{R}}{R^3} = \frac{\nabla\cdot\boldsymbol{R}}{R^3} - 3\boldsymbol{R}\cdot\frac{\nabla R}{R^4}$$

式中

$$\nabla\cdot\boldsymbol{R}=\frac{\partial}{\partial x}(x-x')+\frac{\partial}{\partial y}(y-y')+\frac{\partial}{\partial z}(z-z')=3$$

$$\nabla R=\hat{x}\frac{\partial R}{\partial x}+\hat{y}\frac{\partial R}{\partial y}+\hat{z}\frac{\partial R}{\partial z}=\frac{\boldsymbol{R}}{R}$$

代入,在 $\boldsymbol{r}\neq\boldsymbol{r}'$,即 $R\neq0$ 处

$$\nabla^2\frac{1}{R}=\frac{3}{R^3}-\frac{3}{R^3}=0$$

但由上式不能确定$\nabla^2\frac{1}{R}$在 $\boldsymbol{r}=\boldsymbol{r}'$ 点,即 $R=0$ 点的值。为此,计算体积分 $\iiint_V\nabla^2\frac{1}{R}\mathrm{d}V$。如果此体积 V 中不包含 $\boldsymbol{r}'$ 点,则在体积分体积中 $R\neq0$,体积分的被积函数为 0,积分也为 0;如果体积 V 中包含 $\boldsymbol{r}'$ 点,可将体积 V 分为中心在 $R=0$ 点、以 a 为半径的球 V_a 和其余的 V'。由于在 V' 中被积函数为零,体积分也为零,因此有

$$\iiint_V\nabla^2\frac{1}{R}\mathrm{d}V=\iiint_{V_a}\nabla^2\frac{1}{R}\mathrm{d}V$$

利用高斯定理,上式体积分可转化为封闭面积分

$$\iiint_V\nabla^2\frac{1}{R}\mathrm{d}V=\iiint_{V_a}\nabla^2\frac{1}{R}\mathrm{d}V=\iiint_{V_a}\nabla\cdot\nabla\frac{1}{R}\mathrm{d}V=-\iiint_{V_a}\nabla\cdot\frac{\boldsymbol{R}}{R^3}\mathrm{d}V=-\oint_{S_a}\frac{\boldsymbol{R}\cdot\mathrm{d}\boldsymbol{S}}{R^3}$$

式中 $\boldsymbol{S}_a$ 是半径为 a 的球面,在该球面上 $\boldsymbol{R}$ 的方向与球面 $\boldsymbol{S}_a$ 的法线方向相同,因此

$$\iiint_V\nabla^2\frac{1}{R}\mathrm{d}V=-\oint_{S_a}\frac{\boldsymbol{R}\cdot\mathrm{d}\boldsymbol{S}}{R^3}=-\oint_{S_a}\frac{\mathrm{d}S}{a^2}=-\frac{1}{a^2}\oint_{S_a}\mathrm{d}S=-4\pi$$

也就是

$$\iiint_V\left(-\frac{1}{4\pi}\nabla^2\frac{1}{R}\right)\mathrm{d}V=\begin{cases}1, & \boldsymbol{r}'\in V\\0, & \boldsymbol{r}'\notin V\end{cases}$$

$$-\frac{1}{4\pi}\nabla^2\frac{1}{R}=0,\quad R\neq0$$

对于三维 δ 函数 $\delta(R)=\delta(\boldsymbol{r}-\boldsymbol{r}')=\delta(x-x')\delta(y-y')\delta(z-z')$

$$\delta(R)=0,\quad R\neq0$$

$$\iiint_V\delta(R)\mathrm{d}V=\begin{cases}1, & \boldsymbol{r}'\in V\\0, & \boldsymbol{r}'\notin V\end{cases}$$

比较可知

$$-\frac{1}{4\pi}\nabla^2\frac{1}{R}=\delta(R)\quad 即\quad \nabla^2\frac{1}{R}=-4\pi\delta(R)\tag{1.4-12}$$

思考题

1. 通量和散度的意义各是什么?

2. 高斯定理的意义是什么?其积分面的方向是如何规定的?

3. 如果矢量场对于某区域封闭面 $\boldsymbol{S}$ 的通量为 0,那么矢量场在该区域中的散度处处为 0 吗?为什么?

4. 在一常矢量场中，任取一封闭面 $\boldsymbol{S}$，其通量一定为0吗？为什么？

1.5 矢量场的旋度

1. 环 量

矢量场除了有散度源外，还有另一种源——旋度源。

在水的流速场中，施加作用力可使水中出现旋涡，形成环流。水中环流的大小和方向与施加的力的大小和方向有关。如果水流沿一条闭合回路有环流，则水流速沿该回路的线积分不为0。环流越强，回路线积分值越大；环流越弱，回路线积分值越小。如无环流，则线积分为0。环流的概念可以推广到任何矢量场，定义矢量场 $\boldsymbol{A}$ 沿闭合回路 l 的环量为

$$\Gamma = \oint_l \boldsymbol{A} \cdot \mathrm{d}\boldsymbol{l} \tag{1.5-1}$$

若在闭合回路 l 上，矢量场 $\boldsymbol{A}$ 的方向处处与回路方向一致，则环量大于0；否则，若两者处处相反，则环量小于0。显然，环量可用来表示矢量场的涡旋特性。由于矢量场的涡旋现象是由产生涡旋的力或者说是涡旋源引起的，因此，一闭合回路的环量还应和穿过以该回路为界的曲面的涡旋源的大小有关。例如在真空中，磁感应强度沿一闭合回路的线积分（磁感应强度的环量）与该回路中包围的电流强度成正比，而电流正是产生磁场的源。

2. 环量强度

设 $\boldsymbol{r}$ 为矢量场 $\boldsymbol{A}$ 中的一点，以 $\boldsymbol{r}$ 为中心取一个法线方向为 $\hat{n}$ 的微小曲面 $\Delta\boldsymbol{S}$，以此曲面的边界 l 为闭合回路，其回路的方向与 $\hat{n}$ 构成右手螺旋关系，如图1.5-1所示，则当曲面面积趋向于0时，矢量场 $\boldsymbol{A}$ 在该回路的环量与面积之比的极限

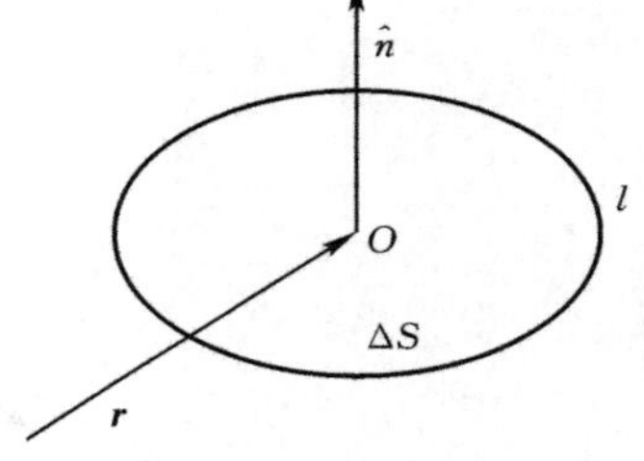

图1.5-1 环量强度

$$\lim_{\Delta S \to 0} \frac{\oint_l \boldsymbol{A} \cdot \mathrm{d}\boldsymbol{l}}{\Delta S}$$

称为矢量场 $\boldsymbol{A}$ 在点 $\boldsymbol{r}$ 处沿 $\hat{n}$ 方向的环量强度。

3. 旋 度

由于闭合回路的环量可表示穿过以该回路为界的曲面的涡旋源的大小，因此矢量场在某一点处沿 $\hat{n}$ 方向的环量强度就是该点处 $\hat{n}$ 方向的涡旋源密度，也就是该点处的涡旋源密度在 $\hat{n}$ 方向的分量。可以看出，环量强度是与方向有关的，就像标量场的方向导数与方向有关一样。在标量场中定义了梯度，在给定点处，梯度的方向表示最大方向导数的方向，其模为最大方向导数的数值，而它在任一方向的投影就是该方向的方向导数。对矢量场 $\boldsymbol{A}$，也可以对应定义这样一种矢量，称为矢量场 $\boldsymbol{A}$ 的旋度，记为 **curl** $\boldsymbol{A}$，矢量场 $\boldsymbol{A}$ 在某点的旋度的大小是矢量场 $\boldsymbol{A}$ 在该点的最大环量强度，其方向是在该点取最大环量强度的方向 $\hat{n}_{\max}$，即

$$\mathbf{curl}\,\boldsymbol{A} = \hat{n}_{\max}\left\{\lim_{\Delta S\to 0}\frac{\oint_l \boldsymbol{A}\cdot \mathrm{d}\boldsymbol{l}}{\Delta S}\right\}_{\max} \tag{1.5-2}$$

旋度在某方向的投影等于 $\boldsymbol{A}$ 在该方向的环量强度，即

$$(\mathbf{curl}\,\boldsymbol{A})\cdot \hat{n} = \lim_{\Delta S\to 0}\frac{\oint_l \boldsymbol{A}\cdot \mathrm{d}\boldsymbol{l}}{\Delta S} \tag{1.5-3}$$

式中 $\Delta \boldsymbol{S}$ 的法线方向为 $\hat{n}$。由矢量场的旋度与环量强度的关系以及环量强度的意义可以看出，矢量场在某一点的旋度就是该点的涡旋源密度，因此矢量场的涡旋源也称为旋度源。显然，矢量场的旋度源密度与散度源密度是完全不同的，旋度源密度是矢量，而散度源密度是标量。

下面分析在直角坐标系中矢量 $\boldsymbol{A}$ 的旋度与 $\boldsymbol{A}$ 的 3 个坐标分量的关系。在直角坐标系中，矢量 $\boldsymbol{A}$ 的旋度可以分解为 3 个直角坐标分量，即

$$\mathbf{curl}\,\boldsymbol{A} = (\mathbf{curl}\,\boldsymbol{A}\cdot\hat{x})\hat{x} + (\mathbf{curl}\,\boldsymbol{A}\cdot\hat{y})\hat{y} + (\mathbf{curl}\,\boldsymbol{A}\cdot\hat{z})\hat{z} \tag{1.5-4}$$

根据旋度和环量强度的关系(1.5-3)式，矢量 $\boldsymbol{A}$ 的旋度的 3 个坐标分量就是对应坐标方向的环量强度。为了计算矢量场在 x 方向的环量强度，即上式中第一项，取中心在(x,y,z)，法线方向为 $\hat{x}$，面积为 $\Delta y\Delta z$ 的矩形微面元，如图 1.5-2 所示。沿着矩形微面元 4 个边的环量为

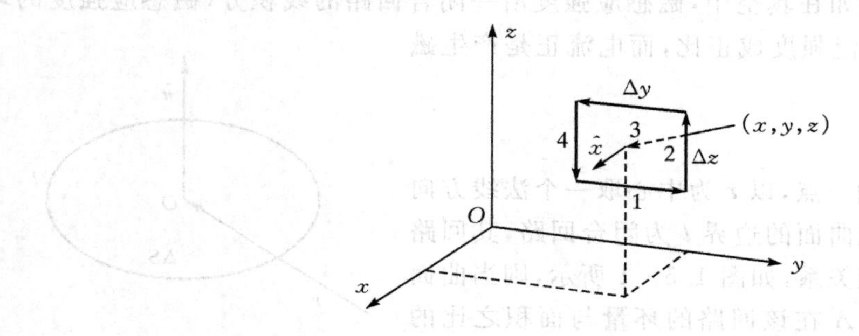

图 1.5-2 法向为 $\hat{x}$ 方向的矩形面元

$$\oint_l \boldsymbol{A}\cdot \mathrm{d}\boldsymbol{l} = \int_1 A_y\cdot \mathrm{d}y + \int_2 A_z\cdot \mathrm{d}z - \int_3 A_y\cdot \mathrm{d}y - \int_4 A_z\cdot \mathrm{d}z \tag{1.5-5}$$

由于矩形回路每个边都是微元，每个边上的场可看成不变，为对应边中心的值，因此上式的环量为

$$\begin{aligned}\oint_l \boldsymbol{A}\cdot \mathrm{d}\boldsymbol{l} &= \left(A_y - \frac{\partial A_y}{\partial z}\frac{\Delta z}{2}\right)\Delta y + \left(A_z + \frac{\partial A_z}{\partial y}\frac{\Delta y}{2}\right)\Delta z - \left(A_y + \frac{\partial A_y}{\partial z}\frac{\Delta z}{2}\right)\Delta y \\ &\quad - \left(A_z - \frac{\partial A_z}{\partial y}\frac{\Delta y}{2}\right)\Delta z \\ &= \left(-\frac{\partial A_y}{\partial z} + \frac{\partial A_z}{\partial y}\right)\Delta y\Delta z\end{aligned}$$

将上式和 $\Delta S = \Delta y\Delta z$ 代入(1.5-3)式，就得到 x 方向的环量强度，也就是旋度的 x 分量为

$$\mathbf{curl}\,\boldsymbol{A}\cdot\hat{x} = -\frac{\partial A_y}{\partial z} + \frac{\partial A_z}{\partial y} \tag{1.5-6}$$

用类似的方法可求得旋度的 y 分量和 z 分量，合成后得到矢量 $\boldsymbol{A}$ 的旋度与 $\boldsymbol{A}$ 的 3 个直角坐标分量的关系为

$$\textbf{curl}\,\boldsymbol{A} = \left(\frac{\partial A_z}{\partial y} - \frac{\partial A_y}{\partial z}\right)\hat{x} + \left(\frac{\partial A_x}{\partial z} - \frac{\partial A_z}{\partial x}\right)\hat{y} + \left(\frac{\partial A_y}{\partial x} - \frac{\partial A_x}{\partial y}\right)\hat{z} \tag{1.5-7}$$

上式表明，矢量场的旋度可以通过对矢量场的微分运算得到。上式这种对矢量场 $\boldsymbol{A}$ 的微分运算可以用运算符号∇ 表示为$\nabla \times \boldsymbol{A}$，并可以写成行列式

$$\nabla \times \boldsymbol{A} = \begin{vmatrix} \hat{x} & \hat{y} & \hat{z} \\ \dfrac{\partial}{\partial x} & \dfrac{\partial}{\partial y} & \dfrac{\partial}{\partial z} \\ A_x & A_y & A_z \end{vmatrix} \tag{1.5-8}$$

在正交曲面坐标系中

$$\nabla \times \boldsymbol{A} = \frac{1}{h_1 h_2 h_3}\begin{vmatrix} h_1\hat{u}_1 & h_2\hat{u}_2 & h_3\hat{u}_3 \\ \dfrac{\partial}{\partial u_1} & \dfrac{\partial}{\partial u_2} & \dfrac{\partial}{\partial u_3} \\ h_1 A_1 & h_2 A_2 & h_3 A_3 \end{vmatrix}$$

将圆柱坐标系和圆球坐标系的量度系数分别代入上式，就可分别得到圆柱坐标系及圆球坐标系中的旋度式。

在圆柱坐标系

$$\nabla \times \boldsymbol{A} = \frac{1}{\rho}\begin{vmatrix} \hat{\rho} & \rho\hat{\varphi} & \hat{z} \\ \dfrac{\partial}{\partial \rho} & \dfrac{\partial}{\partial \varphi} & \dfrac{\partial}{\partial z} \\ A_\rho & \rho A_\varphi & A_z \end{vmatrix} \tag{1.5-9}$$

在圆球坐标系

$$\nabla \times \boldsymbol{A} = \frac{1}{r^2\sin\theta}\begin{vmatrix} \hat{r} & r\hat{\theta} & r\sin\theta\hat{\varphi} \\ \dfrac{\partial}{\partial r} & \dfrac{\partial}{\partial \theta} & \dfrac{\partial}{\partial \varphi} \\ A_r & rA_\theta & r\sin\theta A_\varphi \end{vmatrix} \tag{1.5-10}$$

可见，矢量场的旋度不仅是矢量场的涡旋源密度，也是对矢量场的微分运算，这种微分运算表示矢量场的某种空间变化率。换句话说，矢量场的旋度就是矢量场的旋度源引起矢量场在空间的某种变化。求矢量场旋度的微分运算简称为求旋度。由以上求旋度的公式可见，旋度运算是求导运算的组合，因此，其运算规则也与微分运算规则相似，例如

$$\nabla \times (\boldsymbol{A} + \boldsymbol{B}) = \nabla \times \boldsymbol{A} + \nabla \times \boldsymbol{B} \tag{1.5-11a}$$

$$\nabla \times (C\boldsymbol{A}) = C\nabla \times \boldsymbol{A} \quad (C\text{ 为常数}) \tag{1.5-11b}$$

$$\nabla \times (\Phi\boldsymbol{A}) = \Phi\nabla \times \boldsymbol{A} + \nabla\Phi \times \boldsymbol{A} \tag{1.5-11c}$$

4. 斯托克斯定理

对于空间任一以一条闭合曲线 $\boldsymbol{l}$ 为界的曲面 $\boldsymbol{S}$，如果将其划分为两部分，其周界分别为 $\boldsymbol{l}_1$ 和 $\boldsymbol{l}_2$，如图 1.5-3 所示。由于 $\boldsymbol{l}_1$ 和 $\boldsymbol{l}_2$ 的重合部分方向相反，因此，矢量场 $\boldsymbol{A}$ 对 $\boldsymbol{l}_1$ 和 $\boldsymbol{l}_2$ 的环量之和等于对闭合曲线 $\boldsymbol{l}$ 的环量，即

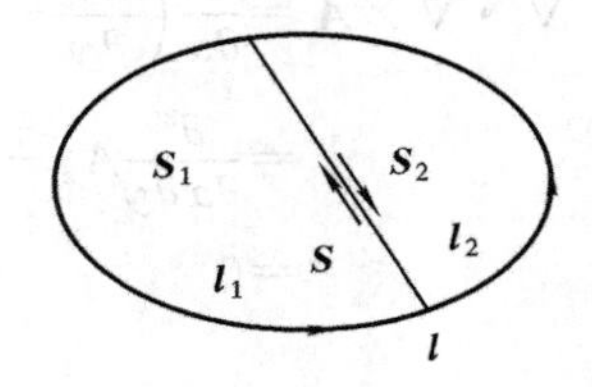

图 1.5-3　斯托克斯定理

$$\oint_{l_1}\boldsymbol{A}\cdot \mathrm{d}\boldsymbol{l} + \oint_{l_2}\boldsymbol{A}\cdot \mathrm{d}\boldsymbol{l} = \oint_{l}\boldsymbol{A}\cdot \mathrm{d}\boldsymbol{l}$$

由此推知，如果将闭合曲线 l 包围的曲面 S 划分为许多个微面元，那么矢量场 $\boldsymbol{A}$ 对闭合曲线 l 的环量就等于矢量场 $\boldsymbol{A}$ 对每个微面元边界的环量之和，而每个微面元边界的环量又等于该微面元上的旋度通过该微面元的通量(即该微面元上的环量强度乘以微面元的面积)，结果为

$$\oint_l \boldsymbol{A} \cdot \mathrm{d}\boldsymbol{l} = \iint_S \nabla \times \boldsymbol{A} \cdot \mathrm{d}\boldsymbol{S} \tag{1.5-12}$$

这就是斯托克斯(Stokes)定理，它给出了闭合线积分与面积分的关系，反映了曲面边界上的矢量场与曲面中旋度源的关系。

例 1.5-1　求例 1.4-3 中两种场的旋度。

解　(a) 将 $\boldsymbol{A}(\boldsymbol{r})=f(r)\hat{r}$ 代入(1.5-10)式得

$$\nabla \times \boldsymbol{A}=\frac{1}{r^2\sin\theta}\begin{vmatrix} \hat{r} & r\hat{\theta} & r\sin\theta\hat{\varphi} \\ \dfrac{\partial}{\partial r} & \dfrac{\partial}{\partial \theta} & \dfrac{\partial}{\partial \varphi} \\ f(r) & 0 & 0 \end{vmatrix}=0$$

(b) 将 $\boldsymbol{B}(\boldsymbol{r})=g(\rho)\hat{\varphi}$ 代入(1.5-9)式得

$$\nabla \times \boldsymbol{B}=\frac{1}{\rho}\begin{vmatrix} \hat{\rho} & \rho\hat{\varphi} & \hat{z} \\ \dfrac{\partial}{\partial \rho} & \dfrac{\partial}{\partial \varphi} & \dfrac{\partial}{\partial z} \\ 0 & \rho g(\rho) & 0 \end{vmatrix}=\hat{z}\left[g'(\rho)+\frac{g(\rho)}{\rho}\right]$$

当 $g(\rho)=\rho$ 时，$\nabla \times \boldsymbol{B}=2\hat{z}$；当 $g(\rho)=\dfrac{1}{\rho}$ 时，$\nabla \times \boldsymbol{B}=\boldsymbol{0}$。

例 1.5-2　计算 $\nabla \times \nabla\Phi$

解

$$\nabla \times \nabla\Phi=\begin{vmatrix} \hat{x} & \hat{y} & \hat{z} \\ \dfrac{\partial}{\partial x} & \dfrac{\partial}{\partial y} & \dfrac{\partial}{\partial z} \\ \dfrac{\partial \Phi}{\partial x} & \dfrac{\partial \Phi}{\partial y} & \dfrac{\partial \Phi}{\partial z} \end{vmatrix}$$

$$=\hat{x}\left(\frac{\partial^2}{\partial y\partial z}\Phi-\frac{\partial^2}{\partial z\partial y}\Phi\right)+\hat{y}\left(\frac{\partial^2}{\partial z\partial x}\Phi-\frac{\partial^2}{\partial x\partial z}\Phi\right)+\hat{z}\left(\frac{\partial^2}{\partial x\partial y}\Phi-\frac{\partial^2}{\partial y\partial x}\Phi\right)$$

$$=\boldsymbol{0}$$

例 1.5-3　计算 $\nabla \cdot \nabla \times \boldsymbol{A}$

解

$$\nabla \times \boldsymbol{A}=\hat{x}\left(\frac{\partial A_z}{\partial y}-\frac{\partial A_y}{\partial z}\right)+\hat{y}\left(\frac{\partial A_x}{\partial z}-\frac{\partial A_z}{\partial x}\right)+\hat{z}\left(\frac{\partial A_y}{\partial x}-\frac{\partial A_x}{\partial y}\right)$$

$$\nabla \cdot \nabla \times \boldsymbol{A}=\frac{\partial}{\partial x}\left(\frac{\partial A_z}{\partial y}-\frac{\partial A_y}{\partial z}\right)+\frac{\partial}{\partial y}\left(\frac{\partial A_x}{\partial z}-\frac{\partial A_z}{\partial x}\right)+\frac{\partial}{\partial z}\left(\frac{\partial A_y}{\partial x}-\frac{\partial A_x}{\partial y}\right)$$

$$=\frac{\partial^2}{\partial x\partial y}A_z-\frac{\partial^2}{\partial y\partial x}A_z+\frac{\partial^2}{\partial z\partial x}A_y-\frac{\partial^2}{\partial x\partial z}A_y+\frac{\partial^2}{\partial y\partial z}A_x-\frac{\partial^2}{\partial z\partial y}A_x$$

$$=0$$

思考题

1. 矢量场的环量、环量强度及旋度各有什么意义？

2. 环量与环量强度以及环量强度与旋度之间各有什么关系？

3. 斯托克斯定理中如果闭合线积分给定，那么积分面是唯一的吗？为什么？

4. 矢量场旋度的方向和使场涡旋的方向有什么关系？

1.6　无旋场与无散场

由前两节知，矢量场有两种不同性质的源，一种是散度源，是标量，产生的矢量场在包围源的封闭面上的通量等于（或正比于）该封闭面内所包围的源的总和，源在一给定点的（体）密度等于（或正比于）矢量场在该点的散度；另一种是旋度源，是矢量，产生的矢量场具有涡旋性质，穿过一曲面的旋度源等于（或正比于）沿此曲面边界的闭合回路的环量，在给定点上，这种源的（面）密度等于（或正比于）矢量场在该点的旋度。

任一矢量场，可能是由两种源中的一种产生的，也可能是由两种源共同产生的。例如：静电场只是由电荷这种散度源产生的；恒定磁场只是由电流这种旋度源产生的；而时变电磁场既有散度源也有旋度源。

1. 无旋场

如果矢量场仅由散度源产生，没有旋度源，那么该矢量场的旋度在空间处处为 0，这种矢量场称为有散无旋场，或无旋场。对于无旋场，在整个空间无旋度源，矢量场对空间任何闭合曲线的环量都为 0，即

$$\oint_l \boldsymbol{A} \cdot \mathrm{d}\boldsymbol{l} = 0$$

换句话说，无旋场的线积分与路径无关，这样的矢量场又称为保守场。由于无旋场的旋度在空间处处为 0，而标量场梯度的旋度在空间也处处为 **0**，即

$$\nabla \times \nabla \Phi = \boldsymbol{0}$$

那么无旋场就可以表示为标量场的梯度，即如果矢量场 $\boldsymbol{F}$ 是无旋场，$\nabla \times \boldsymbol{F} \equiv 0$，则矢量场 $\boldsymbol{F}$ 可表示为标量场 Φ 的梯度

$$\boldsymbol{F} = -\nabla \Phi \tag{1.6-1}$$

上式中 Φ 称为标量位。如果无旋场的散度为 $\nabla \cdot \boldsymbol{F} = \rho$，将上式代入得

$$\nabla^2 \Phi = -\rho \tag{1.6-2}$$

这就是无旋场中标量位满足的方程，称为泊松方程。如果在无旋场中某区域内散度为零，则在该区域内标量位满足的方程(1.6-2)式简化为拉普拉斯方程

$$\nabla^2 \Phi = 0 \tag{1.6-3}$$

2. 无散场

如果矢量场 $\boldsymbol{F}$ 仅由旋度源产生，没有散度源，那么，该矢量场对任一封闭面的通量为 0，即

$$\oint\!\!\!\oint_S \boldsymbol{F} \cdot \mathrm{d}\boldsymbol{S} = 0$$

并且，该矢量场的散度在空间处处为 0，即 $\nabla \cdot \boldsymbol{F} \equiv 0$，这种矢量场称为有旋无散场，或无散场。由于任一矢量场旋度的散度也是恒等于零，因此，无散场 $\boldsymbol{F}$ 可用另一矢量场 $\boldsymbol{A}$ 表示为

$$\boldsymbol{F} = \nabla \times \boldsymbol{A} \tag{1.6-4}$$

式中 $\boldsymbol{A}$ 称为矢量位。如果无散场的旋度为$\nabla\times\boldsymbol{F}=\boldsymbol{J}$,将上式代入得

$$\nabla\times\nabla\times\boldsymbol{A}=\boldsymbol{J}$$

利用矢量恒等式$\nabla\times\nabla\times\boldsymbol{A}=\nabla\nabla\cdot\boldsymbol{A}-\nabla^2\boldsymbol{A}$,并设$\nabla\cdot\boldsymbol{A}=0$,代入上式,得

$$\nabla^2\boldsymbol{A}=-\boldsymbol{J} \tag{1.6-5}$$

这就是无散场中矢量位满足的方程。

3. 亥姆霍兹定理

无旋场与无散场可以看成是两种基本的矢量场,任一矢量场都可以分解为无旋场部分与无散场部分之和,也就是说,任一矢量场都可以表示为一标量场的梯度与另一矢量场的旋度之和。

亥姆霍兹(Helmholtz)定理 若矢量场 $\boldsymbol{F}$ 在无界空间中处处单值,且其导数连续有界,源分布在有限区域中,则当矢量场的散度及旋度给定后,该矢量场可表示为

$$\boldsymbol{F}(\boldsymbol{r})=-\nabla\Phi(\boldsymbol{r})+\nabla\times\boldsymbol{A}(\boldsymbol{r}) \tag{1.6-6}$$

式中

$$\Phi(\boldsymbol{r})=\frac{1}{4\pi}\iiint_V\frac{\nabla'\cdot\boldsymbol{F}(\boldsymbol{r}')}{|\boldsymbol{r}-\boldsymbol{r}'|}\mathrm{d}V' \tag{1.6-7}$$

$$\boldsymbol{A}(\boldsymbol{r})=\frac{1}{4\pi}\iiint_V\frac{\nabla'\times\boldsymbol{F}(\boldsymbol{r}')}{|\boldsymbol{r}-\boldsymbol{r}'|}\mathrm{d}V' \tag{1.6-8}$$

证 根据 δ 函数的性质有

$$\boldsymbol{F}(\boldsymbol{r})=\iiint_V\boldsymbol{F}(\boldsymbol{r}')\delta(\boldsymbol{r}'-\boldsymbol{r})\mathrm{d}V' \tag{1.6-9}$$

将$\delta(\boldsymbol{r}'-\boldsymbol{r})=-\frac{1}{4\pi}\nabla^2\frac{1}{|\boldsymbol{r}-\boldsymbol{r}'|}$代入上式得

$$\boldsymbol{F}(\boldsymbol{r})=-\frac{1}{4\pi}\iiint_V\boldsymbol{F}(\boldsymbol{r}')\nabla^2\frac{1}{|\boldsymbol{r}-\boldsymbol{r}'|}\mathrm{d}V'$$

考虑到上式中微分运算与积分运算的变量不同,因此得

$$\boldsymbol{F}(\boldsymbol{r})=-\frac{1}{4\pi}\nabla^2\iiint_V\frac{\boldsymbol{F}(\boldsymbol{r}')}{|\boldsymbol{r}-\boldsymbol{r}'|}\mathrm{d}V'$$

利用矢量恒等式,$\nabla\times\nabla\times\boldsymbol{A}=\nabla\nabla\cdot\boldsymbol{A}-\nabla^2\boldsymbol{A}$,上式可进一步写为

$$\boldsymbol{F}(\boldsymbol{r})=-\nabla\nabla\cdot\left(\frac{1}{4\pi}\iiint_V\frac{\boldsymbol{F}(\boldsymbol{r}')}{|\boldsymbol{r}-\boldsymbol{r}'|}\mathrm{d}V'\right)+\nabla\times\nabla\times\left(\frac{1}{4\pi}\iiint_V\frac{\boldsymbol{F}(\boldsymbol{r}')}{|\boldsymbol{r}-\boldsymbol{r}'|}\mathrm{d}V'\right) \tag{1.6-10}$$

即

$$\boldsymbol{F}(\boldsymbol{r})=-\nabla\Phi+\nabla\times\boldsymbol{A}$$

式中

$$\Phi(\boldsymbol{r})=\nabla\cdot\left(\frac{1}{4\pi}\iiint_V\frac{\boldsymbol{F}(\boldsymbol{r}')}{|\boldsymbol{r}-\boldsymbol{r}'|}\mathrm{d}V'\right) \tag{1.6-11}$$

$$\boldsymbol{A}(\boldsymbol{r})=\nabla\times\left(\frac{1}{4\pi}\iiint_V\frac{\boldsymbol{F}(\boldsymbol{r}')}{|\boldsymbol{r}-\boldsymbol{r}'|}\mathrm{d}V'\right) \tag{1.6-12}$$

(1.6-6)式得证。将(1.6-11)和(1.6-12)式中的微分与积分运算交换次序,分别得

$$\begin{aligned}\Phi(\boldsymbol{r})&=\frac{1}{4\pi}\iiint_V\nabla\cdot\left(\frac{\boldsymbol{F}(\boldsymbol{r}')}{|\boldsymbol{r}-\boldsymbol{r}'|}\right)\mathrm{d}V'\\&=\frac{1}{4\pi}\iiint_V\boldsymbol{F}(\boldsymbol{r}')\cdot\nabla\frac{1}{|\boldsymbol{r}-\boldsymbol{r}'|}\mathrm{d}V'\end{aligned}$$

$$=-\frac{1}{4\pi}\iiint_V \boldsymbol{F}(\boldsymbol{r}')\cdot\nabla'\frac{1}{|\boldsymbol{r}-\boldsymbol{r}'|}\mathrm{d}V'$$

$$=\frac{1}{4\pi}\iiint_V\left[\frac{\nabla'\cdot\boldsymbol{F}(\boldsymbol{r}')}{|\boldsymbol{r}-\boldsymbol{r}'|}-\nabla'\cdot\left(\frac{\boldsymbol{F}(\boldsymbol{r}')}{|\boldsymbol{r}-\boldsymbol{r}'|}\right)\right]\mathrm{d}V'$$

$$=\frac{1}{4\pi}\iiint_V\frac{\nabla'\cdot\boldsymbol{F}(\boldsymbol{r}')}{|\boldsymbol{r}-\boldsymbol{r}'|}\mathrm{d}V'-\frac{1}{4\pi}\oiint_S\frac{\boldsymbol{F}(\boldsymbol{r}')\cdot\mathrm{d}\boldsymbol{S}}{|\boldsymbol{r}-\boldsymbol{r}'|}\tag{1.6-13}$$

$$\boldsymbol{A}(\boldsymbol{r})=\nabla\times\left(\frac{1}{4\pi}\iiint_V\frac{\boldsymbol{F}(\boldsymbol{r}')}{|\boldsymbol{r}-\boldsymbol{r}'|}\mathrm{d}V'\right)$$

$$=\frac{1}{4\pi}\iiint_V\nabla\times\left(\frac{\boldsymbol{F}(\boldsymbol{r}')}{|\boldsymbol{r}-\boldsymbol{r}'|}\right)\mathrm{d}V'$$

$$=-\frac{1}{4\pi}\iiint_V\boldsymbol{F}(\boldsymbol{r})\times\nabla\frac{1}{|\boldsymbol{r}-\boldsymbol{r}'|}\mathrm{d}V'$$

$$=\frac{1}{4\pi}\iiint_V\boldsymbol{F}(\boldsymbol{r})\times\nabla'\frac{1}{|\boldsymbol{r}-\boldsymbol{r}'|}\mathrm{d}V'$$

$$=\frac{1}{4\pi}\iiint_V\left[\frac{\nabla'\times\boldsymbol{F}(\boldsymbol{r}')}{|\boldsymbol{r}-\boldsymbol{r}'|}-\nabla'\times\left(\frac{\boldsymbol{F}(\boldsymbol{r}')}{|\boldsymbol{r}-\boldsymbol{r}'|}\right)\right]\mathrm{d}V'$$

$$=\frac{1}{4\pi}\iiint_V\frac{\nabla'\times\boldsymbol{F}(\boldsymbol{r}')}{|\boldsymbol{r}-\boldsymbol{r}'|}\mathrm{d}V'-\frac{1}{4\pi}\oiint_S\frac{\boldsymbol{F}(\boldsymbol{r}')\times\mathrm{d}\boldsymbol{S}}{|\boldsymbol{r}-\boldsymbol{r}'|}\tag{1.6-14}$$

(1.6－13)式和(1.6－14)式的体积分是无限空间区域，封闭面积分是包围无限大空间区域的无限大的曲面。当源分布在有限区域时，在远处，$|\boldsymbol{F}(\boldsymbol{r})|\propto\frac{1}{R^{1+\varepsilon}}(\varepsilon>0)$，$R$ 为场点到源的距离，可见，封闭面积分的被积函数随封闭面半径的增大按$\frac{1}{R^{2+\varepsilon}}$趋于0，因此，上式中无限大的面积分为0，得

$$\Phi(\boldsymbol{r})=\frac{1}{4\pi}\iiint_V\frac{\nabla'\cdot\boldsymbol{F}(\boldsymbol{r}')}{|\boldsymbol{r}-\boldsymbol{r}'|}\mathrm{d}V'$$

$$\boldsymbol{A}(\boldsymbol{r})=\frac{1}{4\pi}\iiint_V\frac{\nabla'\times\boldsymbol{F}(\boldsymbol{r}')}{|\boldsymbol{r}-\boldsymbol{r}'|}\mathrm{d}V'$$

证毕。

亥姆霍兹定理说明，任一矢量场都可以分解为用一标量场的梯度表示的无旋场部分与用另一矢量场的旋度表示的无散场部分之和。在无限空间中，当矢量场连续，且其散度与旋度给定后，可通过对散度源的积分(1.6－7)式计算出空间任一点的矢量场的无旋场部分，通过对旋度源的积分(1.6－8)式计算出空间任一点的矢量场的无散场部分。也就是说，在无限空间中，矢量场可以由其旋度和散度确定。而在有界空间中，矢量场不仅取决于该空间区域的旋度和散度，还受该空间区域边界上场的影响，这可以从(1.6－13)及(1.6－14)式中存在对有界空间边界的封闭面积分看出，即对有界空间有

$$\Phi(\boldsymbol{r})=\frac{1}{4\pi}\iiint_V\frac{\nabla\cdot\boldsymbol{F}(\boldsymbol{r})}{|\boldsymbol{r}-\boldsymbol{r}'|}\mathrm{d}V'-\frac{1}{4\pi}\oiint_S\frac{\boldsymbol{F}(\boldsymbol{r})\cdot\mathrm{d}\boldsymbol{S}'}{|\boldsymbol{r}-\boldsymbol{r}'|}\tag{1.6-15}$$

$$\boldsymbol{A}(\boldsymbol{r})=\frac{1}{4\pi}\iiint_V\frac{\nabla\times\boldsymbol{F}(\boldsymbol{r})}{|\boldsymbol{r}-\boldsymbol{r}'|}\mathrm{d}V'-\frac{1}{4\pi}\oiint_S\frac{\boldsymbol{F}(\boldsymbol{r})\times\mathrm{d}\boldsymbol{S}'}{|\boldsymbol{r}-\boldsymbol{r}'|}\tag{1.6-16}$$

上两式说明，对于有界空间，要用上两式分别计算矢量场的无旋场部分和无散场部分，不但要

给出区域中矢量场的散度和旋度，还要给出区域封闭面上矢量场的法向分量和切向分量。

例 1.6-1　设在无界空间区域中，某一矢量场 $\boldsymbol{E}$ 是无旋场，散度源分布在坐标原点附近的很小的区域 V 内，该区域中总散度源为 $\iiint_V \nabla \cdot \boldsymbol{E}(\boldsymbol{r})\mathrm{d}V = q$，求远离散度源区域处的矢量场 $\boldsymbol{E}$，在远离散度源区域处，$|\boldsymbol{r}| \gg |\boldsymbol{r}'|$，可近似认为 $|\boldsymbol{r}-\boldsymbol{r}'| \approx r$。

解　由亥姆霍兹定理，因为 $\boldsymbol{E}$ 是无旋场，则

$$\boldsymbol{E} = -\nabla\Phi$$

而

$$\Phi(\boldsymbol{r}) = \frac{1}{4\pi}\iiint_V \frac{\nabla' \cdot \boldsymbol{E}(\boldsymbol{r}')}{|\boldsymbol{r}-\boldsymbol{r}'|}\mathrm{d}V'$$

根据题意，散度源分布在坐标原点附近的很小的区域 V 内，且在远离散度源区域处，$|\boldsymbol{r}| \gg |\boldsymbol{r}'|$，可近似认为 $|\boldsymbol{r}-\boldsymbol{r}'| \approx r$，则

$$\Phi(\boldsymbol{r}) = \frac{1}{4\pi r}\iiint_V \nabla' \cdot \boldsymbol{E}(\boldsymbol{r}')\mathrm{d}V' = \frac{q}{4\pi r}$$

因此在远离散度源区域处 $\boldsymbol{E} = -\nabla\Phi = \dfrac{q\hat{r}}{4\pi r^2}$。

思考题

1. 什么是无旋场？什么是无散场？它们各有什么特点？
2. 在无界空间中矢量场由什么确定？
3. 简述亥姆霍兹定理的意义。
4. 如果一矢量场在某有界区域内仅有散度源，而无旋度源，那么该矢量场是无旋场吗？为什么？
5. 如果一矢量场在某有界区域内仅有旋度源，而无散度源，那么该矢量场是无散场吗？为什么？
6. 在有界区域内，矢量场是否可由其散度和旋度确定？为什么？

1.7　格林定理

格林(Green)定理给出了一有界空间区域中的场与该区域边界上场的关系。它是电磁场中常用到的一个重要定理。

1. 标量格林定理

若任意两个标量场 Φ、Ψ 在有界空间区域 V 中具有连续的二阶偏导数，在包围区域 V 的封闭面 S 上，具有连续的一阶偏导数，则标量场 Φ 及 Ψ 满足下列等式

$$\iiint_V (\nabla\Psi \cdot \nabla\Phi + \Psi\nabla^2\Phi)\mathrm{d}V = \oint\!\!\!\oint_S \Psi\frac{\partial\Phi}{\partial n}\mathrm{d}S \tag{1.7-1}$$

$$\iiint_V (\Psi\nabla^2\Phi - \Phi\nabla^2\Psi)\mathrm{d}V = \oint\!\!\!\oint_S \left(\Psi\frac{\partial\Phi}{\partial n} - \Phi\frac{\partial\Psi}{\partial n}\right)\mathrm{d}S \tag{1.7-2}$$

式中 n 的方向为封闭面 $\boldsymbol{S}$ 的正法线方向，指向区域 V 外。(1.7-1)式称为第一标量格林公

式，也称为第一标量格林定理。(1.7－2)式称为第二标量格林公式，也称为第二标量格林定理。为了证明标量格林定理，由标量场Φ、Ψ构成矢量场$\boldsymbol{F}=\Psi\nabla\Phi$，代入高斯定理$\iiint_V \nabla\cdot\boldsymbol{F}\mathrm{d}V=\oint\!\!\oint \boldsymbol{F}\cdot\mathrm{d}\boldsymbol{S}$，得

$$\iiint_V \nabla\cdot(\Psi\nabla\Phi)\mathrm{d}V=\oint\!\!\oint_S \Psi\nabla\Phi\cdot\mathrm{d}\boldsymbol{S}$$

根据散度的运算规则，将上式中体积分的被积函数展开为

$$\nabla\cdot(\Psi\nabla\Phi)=\nabla\Psi\cdot\nabla\Phi+\Psi\nabla^2\Phi$$

代入就可得(1.7－1)式。交换Φ及Ψ的位置，(1.7－1)式又可写为

$$\iiint_V (\nabla\Psi\cdot\nabla\Phi+\Phi\nabla^2\Psi)\mathrm{d}V=\oint\!\!\oint_S \Phi\frac{\partial\Psi}{\partial n}\mathrm{d}S$$

上式与(1.7－1)式相减，即可得(1.7－2)式。

2. 矢量格林定理

若任意两个矢量场$\boldsymbol{P}$、$\boldsymbol{Q}$在有界空间区域V中具有连续的二阶偏导数，在包围区域V的封闭面$\boldsymbol{S}$上具有连续的一阶偏导数，则矢量场$\boldsymbol{P}$及$\boldsymbol{Q}$满足下列等式

$$\iiint_V ((\nabla\times\boldsymbol{P})\cdot(\nabla\times\boldsymbol{Q})-\boldsymbol{P}\cdot\nabla\times\nabla\times\boldsymbol{Q})\mathrm{d}V=\oint\!\!\oint_S (\boldsymbol{P}\times\nabla\times\boldsymbol{Q})\cdot\mathrm{d}\boldsymbol{S} \qquad (1.7-3)$$

$$\iiint_V (\boldsymbol{Q}\cdot\nabla\times\nabla\times\boldsymbol{P}-\boldsymbol{P}\cdot\nabla\times\nabla\times\boldsymbol{Q})\mathrm{d}V=\oint\!\!\oint_S (\boldsymbol{P}\times\nabla\times\boldsymbol{Q}-\boldsymbol{Q}\times\nabla\times\boldsymbol{P})\cdot\mathrm{d}\boldsymbol{S} \qquad (1.7-4)$$

(1.7－3)及(1.7－4)式分别称为第一、二矢量格林公式，也称为矢量格林定理。矢量格林定理可利用矢量场$\boldsymbol{P}$、$\boldsymbol{Q}$构成矢量场$\boldsymbol{P}\times\nabla\times\boldsymbol{Q}$及$\boldsymbol{Q}\times\nabla\times\boldsymbol{P}$，将其代入高斯定理中，并应用矢量恒等式

$$\nabla\cdot(\boldsymbol{A}\times\boldsymbol{B})=\boldsymbol{B}\cdot\nabla\times\boldsymbol{A}-\boldsymbol{A}\cdot\nabla\times\boldsymbol{B}$$

用类似于证明标量格林定理的方法很容易得到证明。

从格林定理可以看出，它与高斯定理类似，反映了两个场的体积分和面积分的关系，从而表示区域内的场与区域边界上场之间的关系。利用格林定理，可由一种已知的场通过积分求另一种未知场。

例 1.7－1 在区域V中

$$\nabla^2\Phi=0$$

在区域V的封闭边界面$\boldsymbol{S}$上Φ及$\dfrac{\partial\Phi}{\partial n}$已知。求区域$V$中任一点的$\Phi(\boldsymbol{r})$。

解 令 $$G=\frac{1}{4\pi R}=\frac{1}{4\pi|\boldsymbol{r}-\boldsymbol{r}'|} \qquad (1.7-5)$$

在封闭面S区域中，取包围点$\boldsymbol{r}'$、半径为a的圆球面S_a，如图1.7－1所示。在曲面S和曲面S_a所围的区域V中

$$\nabla^2\Phi=0 \qquad (1.7-6)$$

$$\nabla^2 G=0 \qquad (1.7-7)$$

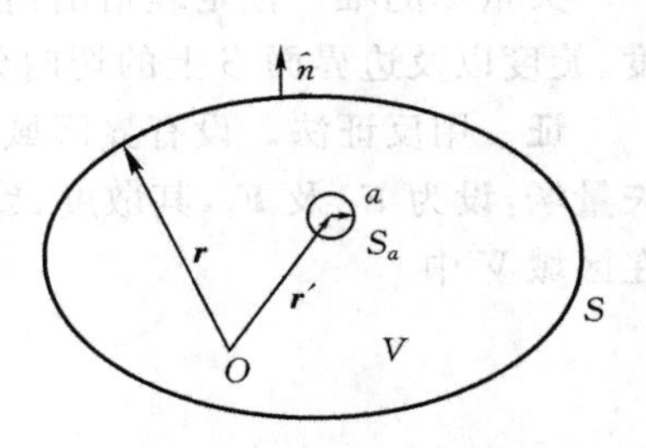

图1.7－1 格林定理

标量场 Φ 与 G 满足标量第二格林定理

$$\iiint_V (G\nabla^2\Phi - \Phi\nabla^2 G)\mathrm{d}V = \oiint_S (G\frac{\partial\Phi}{\partial n} - \Phi\frac{\partial G}{\partial n})\mathrm{d}S + \oiint_{S_a} (G\frac{\partial\Phi}{\partial n} - \Phi\frac{\partial G}{\partial n})\mathrm{d}S$$

将(1.7-6)和(1.7-7)式代入上式左端的体积分中,体积分为零,那么右端面积分也为零,即

$$\oiint_S (G\frac{\partial\Phi}{\partial n} - \Phi\frac{\partial G}{\partial n})\mathrm{d}S + \oiint_{S_a} (G\frac{\partial\Phi}{\partial n} - \Phi\frac{\partial G}{\partial n})\mathrm{d}S = 0 \tag{1.7-8}$$

在上式第二项面积分中

$$\oiint_{S_a} G\frac{\partial\Phi}{\partial n}\mathrm{d}S = G(a)\oiint_{S_a}\frac{\partial\Phi}{\partial n}\mathrm{d}S = G(a)\iiint_{V_a}\nabla^2\Phi\mathrm{d}V = 0 \tag{1.7-9}$$

$$\oiint_{S_a}\Phi\frac{\partial G}{\partial n}\mathrm{d}S = \oiint_{S_a}\Phi(\frac{\partial}{\partial R}\frac{1}{4\pi R})\mathrm{d}S = -\frac{1}{4\pi a^2}\oiint_{S_a}\Phi\mathrm{d}S \tag{1.7-10}$$

$$\lim_{a\to 0}\frac{1}{4\pi a^2}\oiint_{S_a}\Phi\mathrm{d}S = \Phi(\boldsymbol{r}') \tag{1.7-11}$$

将(1.7-9)、(1.7-10)和(1.7-11)式代入(1.7-8)式得

$$\Phi(\boldsymbol{r}') = \oiint_S (G\frac{\partial\Phi}{\partial n} - \Phi\frac{\partial G}{\partial n})\mathrm{d}S \tag{1.7-12}$$

上式表示,在区域 V 中 $\boldsymbol{r}'$ 点处的标量场 Φ 可表示为对区域 V 的封闭边界面 S 上 Φ 及 $\frac{\partial\Phi}{\partial n}$ 的积分。

思考题

1. 两个标量场满足格林公式的条件是什么?

2. 格林公式的面积分中,$\frac{\partial\Phi}{\partial n}$ 的意义是什么? n 与 S 有什么关系?

1.8 矢量场的唯一性定理

由前面的分析我们知道,在无限空间中,矢量场可以由其旋度和散度确定。而在有界空间中,仅由该区域中场的旋度和散度不能完全确定矢量场,该空间区域边界上的场对矢量场也有贡献。那么,满足什么条件时,有界空间区域中的矢量场才能唯一确定呢?

矢量场的唯一性定理指出:在空间某一有界区域 V 中的矢量场,当其在该区域 V 中的散度、旋度以及边界面 S 上的切向分量或法向分量给定后,则该区域中的矢量场被唯一地确定。

证 用反证法。设有界区域 V 中满足唯一性定理条件的矢量场不唯一,那么至少有两个矢量场,设为 $\boldsymbol{F}_1$ 及 $\boldsymbol{F}_2$,其散度、旋度以及边界上的切向分量或法向分量给定,则有

在区域 V 中

$$\nabla\cdot\boldsymbol{F}_1 = \nabla\cdot\boldsymbol{F}_2 \tag{1.8-1}$$

$$\nabla\times\boldsymbol{F}_1 = \nabla\times\boldsymbol{F}_2 \tag{1.8-2}$$

在区域边界面 S 上

$$\boldsymbol{F}_1\cdot\hat{n} = \boldsymbol{F}_2\cdot\hat{n} \tag{1.8-3}$$

或
$$\boldsymbol{F}_1 \times \hat{n} = \boldsymbol{F}_2 \times \hat{n} \tag{1.8-4}$$
$\hat{n}$ 为区域边界面上的法线单位矢量。令 $\delta\boldsymbol{F}=\boldsymbol{F}_1-\boldsymbol{F}_2$，则由(1.8-1)～(1.8-4)式，得在区域 V 中
$$\nabla \cdot \delta\boldsymbol{F} = 0 \tag{1.8-5}$$
$$\nabla \times \delta\boldsymbol{F} = \boldsymbol{0} \tag{1.8-6}$$
在区域边界面 S 上
$$\delta\boldsymbol{F} \cdot \hat{n} = 0 \tag{1.8-7}$$
$$\delta\boldsymbol{F} \times \hat{n} = \boldsymbol{0} \tag{1.8-8}$$
由(1.8-6)式，$\delta\boldsymbol{F}$ 可表示为标量场的梯度，即
$$\delta\boldsymbol{F} = \nabla\Phi \tag{1.8-9}$$
代入(1.8-5)式，得
$$\nabla^2\Phi = 0 \tag{1.8-10}$$
利用标量第一格林定理，取 $\Phi=\Psi$，得
$$\iiint_V (|\nabla\Phi|^2 + \Phi\nabla^2\Phi)\mathrm{d}V = \oiint_S \Phi \frac{\partial\Phi}{\partial n}\mathrm{d}S \tag{1.8-11}$$
将(1.8-10)式代入得
$$\iiint_V |\nabla\Phi|^2\mathrm{d}V = \oiint_S \Phi \frac{\partial\Phi}{\partial n}\mathrm{d}S \tag{1.8-12}$$
如果在区域边界面 S 上场的法向分量给定，将(1.8-9)式代入(1.8-7)式得
$$\frac{\partial\Phi}{\partial n} = \hat{n} \cdot \nabla\Phi = 0$$
因此(1.8-12)式的右边面积分为0。如果在区域 V 的边界面 S 上场的切向分量给定，将(1.8-9)式代入(1.8-8)式得
$$\left|\frac{\partial\Phi}{\partial t}\right| = |\hat{t} \cdot \nabla\Phi| = |\hat{n} \times \nabla\Phi| = 0$$
式中 $\hat{t}$ 为区域 V 的边界面 S 上的切向单位矢量。由上式可见，在区域 V 的边界面 S 上标量位 Φ 沿边界不变化为常数，记为 Φ_S，因此(1.8-12)式的右边面积分为
$$\oiint_S \Phi \frac{\partial\Phi}{\partial n}\mathrm{d}S = \Phi_S \oiint_S \nabla\Phi \cdot \mathrm{d}\boldsymbol{S} = \Phi_S \iiint_V \nabla^2\Phi\mathrm{d}V = 0$$
上式中应用了高斯定理。以上结论说明，不论边界上矢量场的法向分量给定还是切向分量给定，(1.8-12)式右边的面积分均为0，从而左边的体积分也为0。又由于(1.8-12)式左边的被积函数为正数，因此，其被积函数 $|\nabla\Phi|^2$ 为0，从而
$$\nabla\Phi = 0$$
即
$$\boldsymbol{F}_1 = \boldsymbol{F}_2$$
证毕。

唯一性定理给出了唯一确定有界区域 V 中矢量场的条件，这就是区域 V 中源给定及区域边界上矢量场的法向分量或切向分量给定。既然这些条件可决定区域中矢量场的唯一性，那么在区域中这些条件相同的两个矢量场一定相同，而不论两种情况下区域外的源分布是否相同。了解这一点，对有限区域中矢量场的求解是十分有利的。

矢量场的唯一性条件包括两类：一类是区域中矢量场的散度和旋度给定，这是显然的，因

为该区域中的散度源和旋度源要在该区域中产生矢量场;另一类是矢量场在边界上的法向分量或切向分量给定,称之为边界条件,边界条件对矢量场的影响实际反映了区域外面的源在区域中产生的场,当区域外多种分布形式的源产生的矢量场在区域边界上的边界条件相同时,它们在区域内产生的矢量场也就相同。

思考题

1. 有界区域中,使矢量场唯一的条件有哪些?

2. 有界区域中,使矢量场唯一的条件和无界空间中确定矢量场的条件有什么异同之处,为什么两者有差异?

3. 如果在某有界空间区域中,一矢量场的散度和旋度处处为0,那么该矢量场一定为0吗? 为什么?

本章小结

1. 三种常用坐标系中的矢量场

三种常用坐标系的坐标分别为(x,y,z)、(ρ,φ,z)、(r,θ,φ)

直角坐标系的坐标轴单位矢量为$\hat{x}$、$\hat{y}$、$\hat{z}$

圆柱坐标系的坐标轴单位矢量为$\hat{\rho}$、$\hat{\varphi}$、$\hat{z}$

圆球坐标系的坐标轴单位矢量为$\hat{r}$、$\hat{\theta}$、$\hat{\varphi}$

位置矢量为 $\boldsymbol{r}=x\hat{x}+y\hat{y}+z\hat{z}=\rho\hat{\rho}+z\hat{z}=r\hat{r}$

矢量场的坐标分量为

$$\boldsymbol{A}(\boldsymbol{r})=A_x\hat{x}+A_y\hat{y}+A_z\hat{z}$$
$$\boldsymbol{A}(\boldsymbol{r})=A_\rho(\boldsymbol{r})\hat{\rho}+A_\varphi(\boldsymbol{r})\hat{\varphi}+A_z(\boldsymbol{r})\hat{z}$$
$$\boldsymbol{A}(\boldsymbol{r})=A_r(\boldsymbol{r})\hat{r}+A_\theta(\boldsymbol{r})\hat{\theta}+A_\varphi(\boldsymbol{r})\hat{\varphi}$$

2. 梯 度

$$\nabla\Phi=\hat{x}\frac{\partial\Phi}{\partial x}+\hat{y}\frac{\partial\Phi}{\partial y}+\hat{z}\frac{\partial\Phi}{\partial z}$$
$$\frac{\partial\Phi}{\partial l}=\hat{l}\cdot\nabla\Phi$$

3. 散 度

$$\nabla\cdot\boldsymbol{A}=\frac{\partial A_x}{\partial x}+\frac{\partial A_y}{\partial y}+\frac{\partial A_z}{\partial z}$$
$$\oiint_S\boldsymbol{A}\cdot\mathrm{d}\boldsymbol{S}=\iiint_V\nabla\cdot\boldsymbol{A}\mathrm{d}V$$

4. 旋 度

$$\nabla\times\boldsymbol{A}=\begin{vmatrix}\hat{x} & \hat{y} & \hat{z}\\ \dfrac{\partial}{\partial x} & \dfrac{\partial}{\partial y} & \dfrac{\partial}{\partial z}\\ A_x & A_y & A_z\end{vmatrix}$$

$$\oint_l \boldsymbol{A} \cdot \mathrm{d}\boldsymbol{l} = \iint_S \nabla \times \boldsymbol{A} \cdot \mathrm{d}\boldsymbol{S}$$

5. 无旋场与无散场

亥姆霍兹定理：若矢量场 $\boldsymbol{F}$ 在无限空间中处处单值，且其导数连续有界，源分布在有限区域中，则当矢量场的散度及旋度给定后，该矢量场可表示为

$$\boldsymbol{F}(\boldsymbol{r}) = -\nabla\Phi(\boldsymbol{r}) + \nabla \times \boldsymbol{A}(\boldsymbol{r})$$

式中

$$\Phi(\boldsymbol{r}) = \frac{1}{4\pi}\iiint_V \frac{\nabla' \cdot \boldsymbol{F}(\boldsymbol{r}')}{|\boldsymbol{r}-\boldsymbol{r}'|}\mathrm{d}V'$$

$$\boldsymbol{A}(\boldsymbol{r}) = \frac{1}{4\pi}\iiint_V \frac{\nabla' \times \boldsymbol{F}(\boldsymbol{r}')}{|\boldsymbol{r}-\boldsymbol{r}'|}\mathrm{d}V'$$

无界空间中，矢量场由其散度及旋度确定，可分为无旋场和无散场；有界空间中，根据区域中矢量场散度及旋度是否为0，矢量场可分为4类。

6. 格林定理

若任意两个标量场 Φ 及 Ψ 在有界空间区域 V 中具有连续的二阶偏导数，在包围区域 V 的封闭面 S 上，具有连续的一阶偏导数，则标量场 Φ 及 Ψ 满足下列等式

$$\iiint_V (\nabla\Psi \cdot \nabla\Phi + \Psi\nabla^2\Phi)\mathrm{d}V = \oint_S \Psi\frac{\partial\Phi}{\partial n}\mathrm{d}S$$

$$\iiint_V (\Psi\nabla^2\Phi - \Phi\nabla^2\Psi)\mathrm{d}V = \oint_S \left(\Psi\frac{\partial\Phi}{\partial n} - \Phi\frac{\partial\Psi}{\partial n}\right)\mathrm{d}S$$

7. 矢量场的唯一性定理

矢量场的唯一性定理：在空间某一有界区域 V 中的矢量场，当其在该区域 V 中的散度、旋度以及边界面 S 上的切向分量或法向分量给定后，则该区域中的矢量场被唯一地确定。

习 题 1

1.1 已知 $\boldsymbol{A}=2\hat{x}+3\hat{y}-\hat{z}$，$\boldsymbol{B}=\hat{x}+\hat{y}-2\hat{z}$。求：(a) $\boldsymbol{A}$ 和 $\boldsymbol{B}$ 的大小；(b) $\boldsymbol{A}$ 和 $\boldsymbol{B}$ 的单位矢量；(c) $\boldsymbol{A}\cdot\boldsymbol{B}$；(d) $\boldsymbol{A}\times\boldsymbol{B}$；(e) $\boldsymbol{A}$ 和 $\boldsymbol{B}$ 之间的夹角；(f) $\boldsymbol{A}$ 在 $\boldsymbol{B}$ 上的投影。

1.2 如果矢量 $\boldsymbol{A}$、$\boldsymbol{B}$ 和 $\boldsymbol{C}$ 在同一平面，证明 $\boldsymbol{A}\cdot(\boldsymbol{B}\times\boldsymbol{C})=0$。

1.3 已知 $\boldsymbol{A}=\hat{x}\cos\alpha+\hat{y}\sin\alpha$，$\boldsymbol{B}=\hat{x}\cos\beta-\hat{y}\sin\beta$，$\boldsymbol{C}=\hat{x}\cos\beta+\hat{y}\sin\beta$，证明这3个矢量都是单位矢量。

1.4 $\boldsymbol{A}=\hat{x}+2\hat{y}-\hat{z}$，$\boldsymbol{B}=\alpha\hat{x}+\hat{y}-3\hat{z}$。当 $\boldsymbol{A}\perp\boldsymbol{B}$ 时，求 α。

1.5 证明3个矢量 $\boldsymbol{A}=5\hat{x}-5\hat{y}$，$\boldsymbol{B}=3\hat{x}-7\hat{y}-\hat{z}$ 和 $\boldsymbol{C}=-2\hat{x}-2\hat{y}-\hat{z}$ 形成一个三角形的3条边，并利用矢积求此三角形的面积。

1.6 P 点和 Q 点的位置矢量分别为 $5\hat{x}+12\hat{y}+\hat{z}$ 和 $2\hat{x}-3\hat{y}+\hat{z}$，求从 P 点到 Q 点的距离矢量及其长度。

1.7 求与两矢量 $\boldsymbol{A}=4\hat{x}-3\hat{y}+\hat{z}$ 和 $\boldsymbol{B}=2\hat{x}+\hat{y}-\hat{z}$ 都正交的单位矢量。

1.8 将直角坐标系中的矢量场 $\boldsymbol{F}_1(x,y,z)=\hat{x}$，$\boldsymbol{F}_2(x,y,z)=\hat{y}$ 分别用圆柱和圆球坐标系中的坐标分量表示。

1.9　将圆柱坐标系中的矢量场 $\boldsymbol{F}_1(\rho,\varphi,z)=2\hat{\rho}$，$\boldsymbol{F}_2(\rho,\varphi,z)=3\hat{\varphi}$ 用直角坐标系中的坐标分量表示。

1.10　将圆球坐标系中的矢量场 $\boldsymbol{F}_1(r,\theta,\varphi)=5\hat{r}$，$\boldsymbol{F}_2(r,\theta,\varphi)=\hat{\theta}$ 用直角坐标系中的坐标分量表示。

1.11　计算在圆柱坐标系中两点 $P(5,\frac{\pi}{6},5)$ 和 $Q(2,\frac{\pi}{3},4)$ 之间的距离。

1.12　空间中同一点上有两个矢量，取圆柱坐标系，$\boldsymbol{A}=3\hat{\rho}+5\hat{\varphi}-4\hat{z}$，$\boldsymbol{B}=2\hat{\rho}+4\hat{\varphi}+3\hat{z}$，求：(a) $\boldsymbol{A}+\boldsymbol{B}$；(b) $\boldsymbol{A}\times\boldsymbol{B}$；(c) $\boldsymbol{A}$ 和 $\boldsymbol{B}$ 的单位矢量；(d) $\boldsymbol{A}$ 和 $\boldsymbol{B}$ 之间的夹角；(e) $\boldsymbol{A}$ 和 $\boldsymbol{B}$ 的大小；(f) $\boldsymbol{A}$ 在 $\boldsymbol{B}$ 上的投影。

1.13　矢量场中，取圆柱坐标系，已知在点 $P(1,\frac{\pi}{2},2)$ 矢量为 $\boldsymbol{A}=2\hat{\rho}+3\hat{\varphi}$，在点 $Q(2,\pi,3)$ 矢量为 $\boldsymbol{B}=-3\hat{\rho}+10\hat{z}$。求：(a) $\boldsymbol{A}+\boldsymbol{B}$；(b) $\boldsymbol{A}\cdot\boldsymbol{B}$；(c) $\boldsymbol{A}$ 和 $\boldsymbol{B}$ 之间的夹角。

1.14　计算在圆球坐标系中两点 $P(10,\frac{\pi}{4},\frac{\pi}{3})$ 和 $Q(2,\frac{\pi}{2},\pi)$ 之间的距离及从 P 点到 Q 点的距离矢量。

1.15　空间中的同一点上有两个矢量，取圆球坐标系，$\boldsymbol{A}=3\hat{r}+\hat{\theta}+5\hat{\varphi}$，$\boldsymbol{B}=2\hat{r}-\hat{\theta}+4\hat{\varphi}$，求：(a) $\boldsymbol{A}+\boldsymbol{B}$；(b) $\boldsymbol{A}\cdot\boldsymbol{B}$；(c) $\boldsymbol{A}$ 和 $\boldsymbol{B}$ 的单位矢量；(d) $\boldsymbol{A}$ 和 $\boldsymbol{B}$ 之间的夹角；(e) $\boldsymbol{A}$ 和 $\boldsymbol{B}$ 的大小；(f) $\boldsymbol{A}$ 在 $\boldsymbol{B}$ 上的投影。

1.16　求 $f(x,y,z)=x^3y^2z$ 的梯度。

1.17　求标量场 $f(x,y,z)=xy+2z^2$ 在点(1,1,1)沿 $\boldsymbol{l}=x\hat{x}-2\hat{y}+\hat{z}$ 方向的变化率。

1.18　在圆柱坐标系中，利用正交曲面坐标系的梯度推导

$$\nabla\Phi=\hat{\rho}\frac{\partial\Phi}{\partial\rho}+\hat{\varphi}\frac{1}{\rho}\frac{\partial\Phi}{\partial\varphi}+\hat{z}\frac{\partial\Phi}{\partial z}$$

1.19　求 $f(\rho,\varphi,z)=\rho\cos\varphi$ 的梯度。

1.20　在圆球坐标系中，由正交曲面坐标系的梯度推导

$$\nabla\Phi=\hat{r}\frac{\partial\Phi}{\partial r}+\hat{\theta}\frac{1}{r}\frac{\partial\Phi}{\partial\theta}+\hat{\varphi}\frac{1}{r\sin\theta}\frac{\partial\Phi}{\partial\varphi}$$

1.21　求 $f(r,\theta,\varphi)=r^2\sin\theta\cos\varphi$ 的梯度。

1.22　求梯度 $\nabla\rho$、∇r、∇e^{kr}，其中 k 为常数。

1.23　在圆球坐标系中，矢量场 $\boldsymbol{F}(\boldsymbol{r})=\frac{k}{r^2}\hat{r}$，其中 k 为常数，证明矢量场 $\boldsymbol{F}(\boldsymbol{r})$ 对任意闭合曲线 $\boldsymbol{l}$ 的环量积分为0，即 $\oint_l \boldsymbol{F}\cdot d\boldsymbol{l}=0$。

1.24　证明(1.3-9e)式、(1.3-9f)式。

1.25　由(1.4-3)式推导(1.4-4)式。

1.26　由正交曲面坐标系的梯度和散度公式推导(1.4-9)式及(1.4-10)式。

1.27　计算下列矢量场的散度

(a) $\boldsymbol{F}=yz\hat{x}+zy\hat{y}+xz\hat{z}$

(b) $\boldsymbol{F}=\hat{\rho}+\rho\hat{\varphi}$

(c) $\boldsymbol{F}=2\hat{r}+r\cos\theta\hat{\theta}+r\hat{\varphi}$

1.28　计算散度 $\nabla\cdot(\rho\hat{\rho})$，$\nabla\cdot\boldsymbol{r}$ 和 $\nabla\cdot(\boldsymbol{k}e^{\boldsymbol{k}\cdot\boldsymbol{r}})$，其中 $\boldsymbol{k}$ 为常矢量。

1.29　由正交曲面坐标系的旋度公式推导(1.5－9)式及(1.5－10)式。

1.30　已知

(a) $f(\boldsymbol{r})=x^2 z$

(b) $f(\boldsymbol{r})=\rho$

(c) $f(\boldsymbol{r})=r$

求$\nabla^2 f$。

1.31　求矢量场 $\boldsymbol{F}=\rho\hat{\rho}+\hat{\varphi}+z\hat{z}$ 穿过由 $\rho\leqslant 1, 0\leqslant\varphi\leqslant\pi, 0\leqslant z\leqslant 1$ 所确定区域的封闭面的通量。

1.32　由(1.5－2)式推导(1.5－7)式。

1.33　计算矢量场 $\boldsymbol{F}=xy\hat{x}+2yz\hat{y}-\hat{z}$ 的旋度。

1.34　计算$\nabla\times\boldsymbol{\rho}$，$\nabla\times\boldsymbol{r}$，$\nabla\times(z\hat{\rho})$，$\nabla\times\hat{\varphi}$。

1.35　已知 $\boldsymbol{A}=y\hat{x}-x\hat{y}$，计算 $\boldsymbol{A}\cdot(\nabla\times\boldsymbol{A})$。

1.36　证明矢量场 $\boldsymbol{E}=yz\hat{x}+xz\hat{y}+xy\hat{z}$ 既是无散场，又是无旋场。

1.37　已知 $\boldsymbol{E}=E_0\cos\theta\hat{r}-E_0\sin\theta\hat{\theta}$，求$\nabla\cdot\boldsymbol{E}$ 和$\nabla\times\boldsymbol{E}$。

1.38　证明$\nabla\times(\Phi\boldsymbol{A})=\Phi\nabla\times\boldsymbol{A}+\nabla\Phi\times\boldsymbol{A}$。

1.39　已知$\nabla\cdot\boldsymbol{F}=\delta(x)\delta(y)\delta(z)$，$\nabla\times\boldsymbol{F}=0$，计算 $\boldsymbol{F}$。

1.40　已知$\nabla\cdot\boldsymbol{F}=0$，$\nabla\times\boldsymbol{F}=\hat{z}\delta(x)\delta(y)\delta(z)$，计算 $\boldsymbol{F}$。

第 2 章　静电场

静电场是由相对静止的、不随时间变化的电荷产生的，对电荷有作用力的一种矢量场。空间区域中静电场的分布与变化取决于电荷的分布以及周围物质环境。本章以库仑定律为基础，分析静电场的性质和它所满足的数学方程，分析电介质和导电体两种媒质与电场的相互作用，介绍几种最基本的计算静电场的方法。

2.1　电场强度

1. 电荷密度

电场是由电荷产生的。在自然界中，目前人们所知的电荷的最小量度是单个电子的电量，用 e 表示，$e=1.60\times10^{-19}$ C。在微观上，电荷是一个个带电小微粒，以离散的形式分布在空间中。但在本书中我们要讨论的是宏观上的电场，是大量的带电粒子共同作用下的统计平均效应，它不反映物质微观结构上的细节和不连续性。因此，在宏观电磁理论中，不考虑电荷在微观尺度的离散性，而将电荷看成在空间是连续分布的。当考察空间某区域中电荷的分布情况时，连续分布的电荷用**电荷密度**表示。电荷分布区域中某点 $\boldsymbol{r}$ 处的电荷密度 $\rho(\boldsymbol{r})$ 定义为，以 $\boldsymbol{r}$ 为中心取一足够小的体积元 ΔV，ΔV 内包含大量的带电粒子，总电量为 Δq，则

$$\rho(\boldsymbol{r})=\lim_{\Delta V\to0}\frac{\Delta q}{\Delta V}\tag{2.1-1}$$

电荷密度是空间坐标变量的函数，单位为 $\mathrm{C/m^3}$。由于这样定义的电荷密度的意义是指单位体积中的电量，因此也称为电荷体密度。根据电荷密度的定义，如果已知某空间区域 V 中的电荷体密度 $\rho(\boldsymbol{r})$，则区域 V 中的总电量 q 为

$$q=\iiint_V\rho(\boldsymbol{r})\mathrm{d}V\tag{2.1-2}$$

在有些情况下，电荷分布在薄层里。例如在导电体的表面或两种不同物质的分界面上，电荷就可能分布在界面附近的薄层里。对于这种情况，当仅考虑薄层外距薄层的距离比薄层的厚度大得多处的电场，而不分析和计算该薄层内的电场时，可将该薄层的厚度忽略，认为电荷是面分布。面分布的电荷可用**电荷面密度**表示。在电荷所在的面 S 上点 $\boldsymbol{r}$ 处的电荷面密度 $\rho_S(\boldsymbol{r})$ 定义为，以 $\boldsymbol{r}$ 为中心取一足够小的面积元 ΔS，ΔS 内（面积为 ΔS 的薄层体积内）包含大量的带电粒子，总电量为 Δq，则

$$\rho_S(\boldsymbol{r})=\lim_{\Delta S\to0}\frac{\Delta q}{\Delta S}\tag{2.1-3}$$

电荷面密度 $\rho_S(\boldsymbol{r})$ 是曲面上坐标变量的函数，单位为 $\mathrm{C/m^2}$，表示单位面积上的电量。如果已知某空间曲面 S 上的电荷面密度 $\rho_S(\boldsymbol{r})$，则该曲面上的总电量 q 为

$$q=\iint_S\rho_S(\boldsymbol{r})\mathrm{d}S\tag{2.1-4}$$

在电荷分布在细线上的情况下，当仅考虑细线外距细线的距离比细线的直径大得多处的电场，而不分析和计算线内的电场时，可将线的直径忽略，认为电荷是线分布。线分布的电荷可用**电荷线密度**表示。在电荷所在的线上某一点 $\boldsymbol{r}$ 取一足够小的线元 Δl，Δl 上（长度为 Δl 的细线内）包含大量的带电粒子，总电量为 Δq，则线上点 $\boldsymbol{r}$ 的电荷线密度 $\rho_l(\boldsymbol{r})$ 定义为

$$\rho_l(\boldsymbol{r}) = \lim_{\Delta l \to 0} \frac{\Delta q}{\Delta l} \tag{2.1-5}$$

电荷线密度 $\rho_l(\boldsymbol{r})$ 是线上坐标变量的函数，单位为 C/m，表示单位长度上的电量。如果已知某空间曲线 l 上的电荷线密度 $\rho_l(\boldsymbol{r})$，则该曲线上的总电量 q 为

$$q = \int_l \rho_l(\boldsymbol{r}) \mathrm{d}l \tag{2.1-6}$$

对于总电量为 q 的电荷集中在很小区域 V 的情况，当不分析和计算该电荷所在的小区域中的电场，而仅需要分析和计算电场的区域又距离电荷区很远，即场点距源点的距离远大于电荷所在的源区的线度时，小体积 V 中的电荷可看作位于该区域中心、电量为 q 的点电荷。位于 $\boldsymbol{r}'$ 点电量为 q 的点电荷的电荷密度可用 δ 函数表示

$$\rho(\boldsymbol{r}) = q\delta(\boldsymbol{r} - \boldsymbol{r}') \tag{2.1-7}$$

2. 库仑定律

1785 年，法国物理学家库仑（Charles-Augustin de Coulomb，1736—1806）发表了关于两个点电荷之间相互作用力规律的实验结果——库仑定律。库仑定律指出，在真空中，两个相对静止的点电荷之间相互作用力的大小与它们电量的乘积成正比，与它们之间的距离平方成反比，其方向在它们的连线上。设点电荷 Q 与 q 分别位于 $\boldsymbol{r}$ 和 $\boldsymbol{r}'$，如图 2.1-1 所示，Q 所受的力为

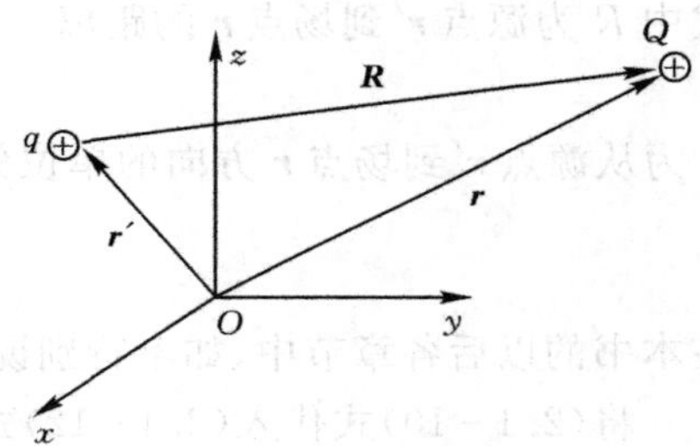

图 2.1-1　真空中两个点电荷之间的作用力

$$\boldsymbol{F} = k\frac{qQ}{R^2}\hat{R} \tag{2.1-8}$$

式中

$$\boldsymbol{R} = \boldsymbol{r} - \boldsymbol{r}', \quad R = |\boldsymbol{r} - \boldsymbol{r}'|, \quad \hat{R} = \frac{\boldsymbol{R}}{R} \tag{2.1-9}$$

(2.1-8)式中系数 k 的值与所选取的单位制有关，当采用国际单位制（SI）时，$k = \frac{1}{4\pi\varepsilon_0}$，$\varepsilon_0 = 8.854 \times 10^{-12}$ F/m 称为真空中的介电常数。

如果点电荷 Q 位于 $\boldsymbol{r}$ 处，同时受到分别位于 $\boldsymbol{r}'_1, \boldsymbol{r}'_2, \cdots, \boldsymbol{r}'_i, \cdots, \boldsymbol{r}'_n$ 的 n 个点电荷 $q_1, q_2, \cdots, q_i, \cdots, q_n$ 的作用，实验表明，点电荷 Q 所受到的总力等于各个点电荷 q_i $(i=1,2,\cdots,n)$ 单独存在时对 Q 的作用力 $\boldsymbol{F}_i$ 的矢量和，即

$$\boldsymbol{F} = \sum_{i=1}^{n} \frac{1}{4\pi\varepsilon_0} \frac{Qq_i}{R_i^2}\hat{R}_i \tag{2.1-10}$$

式中

$$\boldsymbol{R}_i = \boldsymbol{r} - \boldsymbol{r}'_i, \quad R_i = |\boldsymbol{r} - \boldsymbol{r}'_i|, \quad \hat{R}_i = \frac{\boldsymbol{R}_i}{R_i} \tag{2.1-11}$$

(2.1-10)式表明电场力具有可叠加性。

3. 电场强度

由库仑定律知道，当一点电荷放在另一点电荷的周围时，该点电荷要受到力的作用，这种力在空间各点的值都是确定的，因此，我们说在电荷周围存在矢量场。这种矢量场表现为对电荷有作用力，故称之为电场。电场的大小与方向用**电场强度**表示。电场中某一点 $\boldsymbol{r}$ 处的电场强度 $\boldsymbol{E}(\boldsymbol{r})$ 定义为单位试验电荷在该点所受的力，即

$$\boldsymbol{E}(\boldsymbol{r})=\frac{\boldsymbol{F}(\boldsymbol{r})}{q_0} \tag{2.1-12}$$

试验电荷 q_0 是这样的电荷，其体积足够小以致于可看作为点电荷，其电量也足够小，以使它的引入不影响电场分布。电场强度的单位为 V/m(或 N/C)。

将(2.1-8)式代入(2.1-12)式，可得到真空中位于点 $\boldsymbol{r}'$ 的点电荷 q 的电场在点 $\boldsymbol{r}$ 的电场强度为

$$\boldsymbol{E}(\boldsymbol{r})=\frac{q\hat{R}}{4\pi\varepsilon_0 R^2} \tag{2.1-13}$$

式中 R 为源点 $\boldsymbol{r}'$ 到场点 $\boldsymbol{r}$ 的距离

$$R=|\boldsymbol{r}-\boldsymbol{r}'| \tag{2.1-14}$$

$\hat{R}$ 为从源点 $\boldsymbol{r}'$ 到场点 $\boldsymbol{r}$ 方向的单位矢量

$$\hat{R}=\frac{\boldsymbol{r}-\boldsymbol{r}'}{|\boldsymbol{r}-\boldsymbol{r}'|} \tag{2.1-15}$$

在本书的以后各章节中，如不特别说明，R 与 $\hat{R}$ 的意义同(2.1-14)式和(2.1-15)式。

将(2.1-10)式代入(2.1-12)式，可得到真空中分别位于点 $\boldsymbol{r}'_1,\boldsymbol{r}'_2,\cdots,\boldsymbol{r}'_i,\cdots,\boldsymbol{r}'_n$ 的 n 个点电荷 $q_1,q_2,\cdots,q_i,\cdots,q_n$ 的电场在点 $\boldsymbol{r}$ 的电场强度为

$$\boldsymbol{E}(\boldsymbol{r})=\sum_{i=1}^{n}\frac{q_i\hat{R}_i}{4\pi\varepsilon_0 R_i^2} \tag{2.1-16}$$

式中 R_i 与 $\hat{R}_i$ 同(2.1-11)式。可见，与电场力一样，电场也具有可叠加性。也就是说，多个点电荷的电场等于单个点电荷的电场的矢量和。

对于真空中连续分布电荷的电场，可利用电场的叠加性进行计算。设区域 V 中电荷密度为 $\rho(\boldsymbol{r})$，为求 $\boldsymbol{r}$ 点的电场强度 $\boldsymbol{E}(\boldsymbol{r})$，在该电荷区域中某一点 $\boldsymbol{r}'$(源点)取体积元 $\mathrm{d}V'$，该体积元中的电量为 $\rho(\boldsymbol{r}')\mathrm{d}V'$，可看作一个点电荷，该点电荷在 $\boldsymbol{r}$ 点的电场可按(2.1-13)式计算。连续分布的电荷可细化分为许许多多这样的点电荷，根据电场的叠加性，区域 V 中电荷密度为 $\rho(\boldsymbol{r})$ 的电荷的电场在场点 $\boldsymbol{r}$ 的电场强度为

$$\boldsymbol{E}(\boldsymbol{r})=\frac{1}{4\pi\varepsilon_0}\iiint_V\frac{\rho(\boldsymbol{r}')\hat{R}}{R^2}\mathrm{d}V' \tag{2.1-17}$$

对电荷面分布和线分布的情况，同理可得到计算电场强度的公式分别为

$$\boldsymbol{E}(\boldsymbol{r})=\frac{1}{4\pi\varepsilon_0}\iint_S\frac{\rho_S(\boldsymbol{r}')\hat{R}}{R^2}\mathrm{d}S' \tag{2.1-18}$$

$$\boldsymbol{E}(\boldsymbol{r})=\frac{1}{4\pi\varepsilon_0}\int_l\frac{\rho_l(\boldsymbol{r}')\hat{R}}{R^2}\mathrm{d}l' \tag{2.1-19}$$

例 2.1-1　计算半径为 a、电荷线密度 ρ_l 为常数的均匀带电圆环在轴线上的电场强度。

解　选取坐标系，使线电荷位于 xOy 平面，圆环轴线与 z 轴重合，如图2.1-2所示。采用

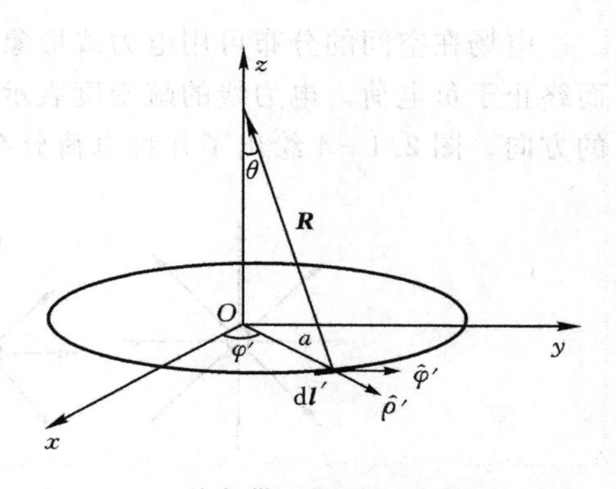

图 2.1-2　均匀带电圆环在轴线上的电场

圆柱坐标系，在圆环上源点坐标为$(a,\varphi',0)$处取 $\mathrm{d}l'=a\mathrm{d}\varphi'$，在 z 轴上取场点坐标为$(0,0,z)$。利用(2.1-19)式进行计算，其中

$$R=\sqrt{z^2+a^2}$$

$$\hat{R}=\hat{z}\cos\theta-\hat{\rho}'\sin\theta=\frac{z}{R}\hat{z}-\frac{a}{R}\hat{\rho}'$$

从图中可以看出，电荷分布是关于 z 轴对称的，因此电场也是关于 z 轴对称的，在对称轴上，电场仅有 z 向，即

$$\begin{aligned}\boldsymbol{E}(\boldsymbol{r})&=\frac{1}{4\pi\varepsilon_0}\int_l\frac{\rho_l(\boldsymbol{r}')\hat{R}}{R^2}\mathrm{d}l'\\&=\frac{1}{4\pi\varepsilon_0}\int_0^{2\pi}\frac{\rho_l(z\hat{z}-a\hat{\rho}')}{(z^2+a^2)^{\frac{3}{2}}}a\mathrm{d}\varphi'\\&=\hat{z}\frac{\rho_l az}{4\pi\varepsilon_0(z^2+a^2)^{\frac{3}{2}}}\int_0^{2\pi}\mathrm{d}\varphi'\\&=\hat{z}\frac{\rho_l za}{2\varepsilon_0(z^2+a^2)^{\frac{3}{2}}}\end{aligned}$$

例 2.1-2　计算半径为 a，电荷面密度 $\rho_S(\boldsymbol{r})$为常数的均匀带电圆盘在轴线上的电场强度。

解　选取坐标系，使圆盘位于 xOy 平面，圆盘轴线与 z 轴重合，如图 2.1-3 所示。在圆盘上取半径为 ρ'，宽度为 $\mathrm{d}\rho'$的圆环，其电荷线密度为 $\rho_l=\rho_S\mathrm{d}\rho'$，该带电圆环的电场已由例 2.1-1 计算出，即

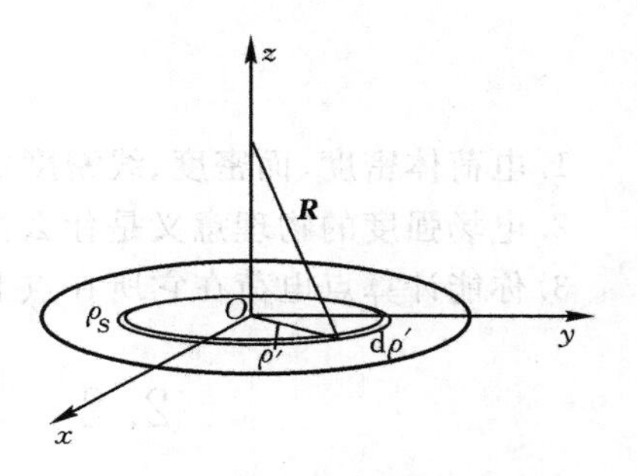

图 2.1-3　均匀带电圆盘在轴线上的电场

$$\mathrm{d}\boldsymbol{E}(\boldsymbol{r})=\hat{z}\frac{z\rho_S\rho'\mathrm{d}\rho'}{2\varepsilon_0(z^2+\rho'^2)^{\frac{3}{2}}}$$

对 ρ'从 0 到 a 进行积分就可求出圆盘在轴线上的电场

$$\begin{aligned}\boldsymbol{E}(\boldsymbol{r})&=\hat{z}\frac{z\rho_S}{2\varepsilon_0}\int_0^a\frac{\rho'\mathrm{d}\rho'}{(z^2+\rho'^2)^{\frac{3}{2}}}\\&=\begin{cases}\dfrac{\rho_S}{2\varepsilon_0}\left(1-\dfrac{z}{(z^2+a^2)^{\frac{1}{2}}}\right)\hat{z}, & z>0\\-\dfrac{\rho_S}{2\varepsilon_0}\left(1+\dfrac{z}{(z^2+a^2)^{\frac{1}{2}}}\right)\hat{z}, & z<0\end{cases}\end{aligned}$$

当圆盘为无限大，即 $a\to\infty$时，由以上结果得

$$\boldsymbol{E}(\boldsymbol{r})=\begin{cases}\hat{z}\dfrac{\rho_S}{2\varepsilon_0}, & z>0\\-\hat{z}\dfrac{\rho_S}{2\varepsilon_0}, & z<0\end{cases}$$

由此可以看出，在面电荷两侧电场不连续。

电场在空间的分布可用电力线形象地描述。电力线是一簇空间有向曲线,起始于正电荷而终止于负电荷。电力线的疏密度表示电场的强弱,电力线上一点的切线方向表示该点电场的方向。图 2.1-4 绘出了几种电荷分布的电力线。

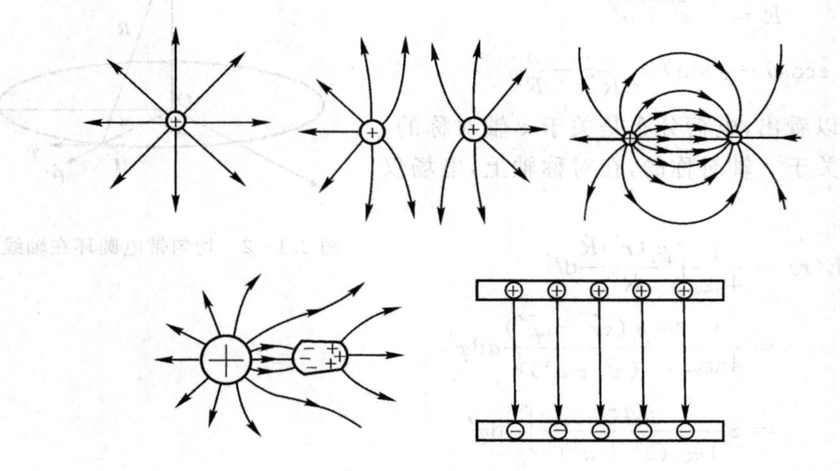

图 2.1-4　几种电荷分布的电力线

思考题

1. 电荷体密度、面密度、线密度之间有什么关系?
2. 电场强度的物理意义是什么? 电力线和电场强度之间有什么关系?
3. 你能计算点电荷在它所在点上的电场强度吗? 为什么?

2.2　真空中的静电场方程

1. 电通量

真空中,位于坐标原点的点电荷 q 产生的电场为

$$\boldsymbol{E}(\boldsymbol{r})=\frac{q\hat{r}}{4\pi\varepsilon_0 r^2} \tag{2.2-1}$$

该电场对中心在坐标原点,半径为 r 的球面的通量为

$$\oint_S \boldsymbol{E}(\boldsymbol{r})\cdot \mathrm{d}\boldsymbol{S}=\frac{q}{4\pi\varepsilon_0}\oint_S \frac{\hat{r}\cdot \mathrm{d}\boldsymbol{S}}{r^2}=\frac{q}{4\pi\varepsilon_0 r^2}\oint_S \mathrm{d}S=\frac{q}{\varepsilon_0}$$

将上式的球形积分面推广到一般的有向曲面,即点电荷的电场强度对一般有向曲面 S 的通量为

$$\iint_S \boldsymbol{E}(\boldsymbol{r})\cdot \mathrm{d}\boldsymbol{S}=\frac{q}{4\pi\varepsilon_0}\iint_S \frac{\hat{r}\cdot \mathrm{d}\boldsymbol{S}}{r^2}=\frac{q}{4\pi\varepsilon_0}\int_\Omega \mathrm{d}\Omega$$

式中 $\mathrm{d}\Omega$ 是 $\mathrm{d}S$ 对点电荷所张的立体角;Ω 是积分面 S 对点电荷所张的立体角。如果 S 是封闭曲面,显然,当点电荷位于封闭曲面 S 内时,封闭曲面 S 对点电荷所张的立体角为 4π,而当点电荷位于封闭曲面 S 外时,封闭曲面 S 对点电荷所张的立体角为 0,因此有

$$\oint_S \boldsymbol{E}(\boldsymbol{r}) \cdot \mathrm{d}\boldsymbol{S} = \frac{q}{\varepsilon_0} \tag{2.2-2}$$

右端 q 是封闭面内的电荷量。对于多个点电荷的电场，根据电场的叠加性，则有

$$\oint_S \boldsymbol{E}(\boldsymbol{r}) \cdot \mathrm{d}\boldsymbol{S} = \frac{1}{\varepsilon_0}\sum_i q_i \tag{2.2-3}$$

等式右边是对封闭曲面 S 内的电荷求和。对于电荷连续分布的情况，根据电场的叠加性，同理可得

$$\oint_S \boldsymbol{E} \cdot \mathrm{d}\boldsymbol{S} = \frac{q}{\varepsilon_0} \tag{2.2-4a}$$

q 是封闭面内区域中的电荷量

$$q = \iiint_V \rho(\boldsymbol{r})\mathrm{d}V \tag{2.2-4b}$$

上式对电荷密度体积分的体积 V 为封闭曲面 S 所包围的体积。以上分析表明，电场强度穿过封闭曲面的通量与封闭曲面内所包围的电荷量成正比，比例系数为真空介电常数的倒数。如果引入另一矢量 $\boldsymbol{D}$，在真空中使

$$\boldsymbol{D} = \varepsilon_0 \boldsymbol{E} \tag{2.2-5}$$

这时(2.2-4)式变换为

$$\oint_S \boldsymbol{D}(\boldsymbol{r}) \cdot \mathrm{d}\boldsymbol{S} = q \tag{2.2-6}$$

此式表明，$\boldsymbol{D}$ 穿过封闭曲面的通量等于封闭曲面内所包围的电荷量，因此将 $\boldsymbol{D}$ 的通量称为电通量，记为 Ψ，即穿过 S 的电通量 Ψ 定义为

$$\Psi = \oint_S \boldsymbol{D} \cdot \mathrm{d}\boldsymbol{S} \tag{2.2-7}$$

由于 $\boldsymbol{D}$ 为垂直穿过单位面积的电通量，因此称为电通量密度(electric flux density)，也称为电位移矢量(electric displacement)，单位为 $\mathrm{C/m^2}$。(2.2-4)和(2.2-6)式说明，电荷是电场的通量源，如果一封闭面中净电荷为正，则净穿过封闭面向外的电通量也为正，其值等于封闭面中的净正电荷；反之，如果一封闭面中的净电荷为负，则净穿过封闭面的电通量是向内的，其值等于封闭面中的净负电荷量。

2. 静电场的环量

在位于坐标原点的点电荷的电场中，如图2.2-1所示，电场强度从 a 点(位置矢量为 $\boldsymbol{r}_a$)沿曲线到 b 点(位置矢量为 $\boldsymbol{r}_b$)的线积分为

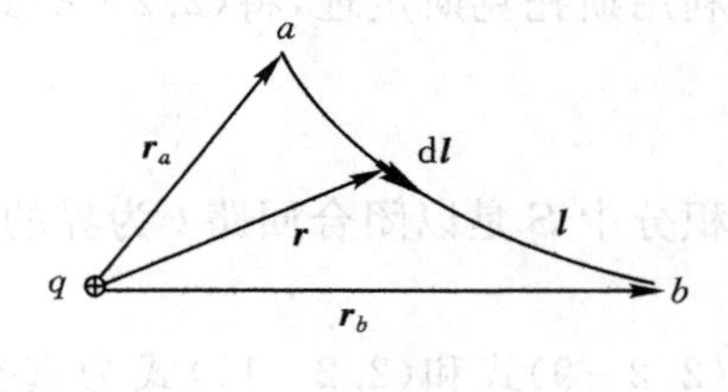

图 2.2-1　电场的线积分

$$\begin{aligned}\int_a^b \boldsymbol{E}(\boldsymbol{r}) \cdot \mathrm{d}\boldsymbol{l} &= \frac{q}{4\pi\varepsilon_0}\int_a^b \frac{\hat{\boldsymbol{r}} \cdot \mathrm{d}\boldsymbol{l}}{r^2} \\ &= \frac{q}{4\pi\varepsilon_0}\int_a^b \frac{\mathrm{d}r}{r^2} \\ &= \frac{q}{4\pi\varepsilon_0}\left(\frac{1}{r_a} - \frac{1}{r_b}\right)\end{aligned}$$

以上线积分结果表明，点电荷电场的线积分仅与积分的两端点有关，与积分路径无关，因此，点电荷电场的闭合回路线积分为 0，即

$$\oint_l \boldsymbol{E} \cdot \mathrm{d}\boldsymbol{l} = 0 \tag{2.2-8}$$

根据电场的叠加性,多个点电荷或连续分布的电荷的电场都满足上式,也就是说,电荷产生的静电场的闭合回路线积分为0。

3. 真空中的静电场方程

前面得到的积分等式(2.2-4a)式

$$\oint_S \boldsymbol{E} \cdot \mathrm{d}\boldsymbol{S} = \frac{q}{\varepsilon_0}$$

和(2.2-8)式

$$\oint_l \boldsymbol{E} \cdot \mathrm{d}\boldsymbol{l} = 0$$

描述了静电场和源的关系,是静电场性质的数学表述,称为真空中的静电场方程或真空中的静电场方程的积分形式。(2.2-4a)式又称为真空中的静电场的高斯定理。

静电场的高斯定理表明:

静电场对封闭曲面的电通量等于该面所包围的电荷量,那么根据矢量场通量的意义,电荷是静电场的通量源,正电荷是静电场的正源,而负电荷是负源。电场的电力线从正电荷出发,终止于负电荷。

静电场的环路积分方程表明:

电荷产生的静电场的闭合回路线积分为0,静电场的线积分与积分路径无关,即电荷受静电场作用力产生位移所做的功与路径无关,仅取决于始点和终点,因此静电场与重力场一样,也是保守场。

利用高斯定理,将(2.2-4)式中的面积分化为体积分并移项得

$$\iiint_V \left(\nabla \cdot \boldsymbol{E} - \frac{\rho}{\varepsilon_0}\right) \mathrm{d}V = 0$$

要使上式对任何体积 V 都成立,必须有被积函数为0,即

$$\nabla \cdot \boldsymbol{E} = \frac{\rho}{\varepsilon_0} \tag{2.2-9}$$

根据真空中 $\boldsymbol{D}$ 和 $\boldsymbol{E}$ 的关系,上式也可以写为

$$\nabla \cdot \boldsymbol{D} = \rho \tag{2.2-10}$$

利用斯托克斯定理,将(2.2-8)式中的线积分化为面积分,得

$$\iint_S \nabla \times \boldsymbol{E} \cdot \mathrm{d}\boldsymbol{S} = 0$$

积分中 S 是以闭合回路 l 为界的曲面,要使上式对任何曲面 S 都成立,必须有

$$\nabla \times \boldsymbol{E} = \boldsymbol{0} \tag{2.2-11}$$

(2.2-9)式和(2.2-11)式为真空中静电场的微分方程,或称为真空中静电场方程的微分形式。这组方程给出了静电场的空间变化与源的关系,或者说给出了空间每一点上的静电场和源的关系。真空中静电场方程的微分形式表明,真空中的静电场是有散无旋场,静电场的散度源是电荷体密度。将真空中静电场方程重写如表2.2-1所示。

表 2.2-1 真空中静电场方程

积分形式	微分形式
$\oint_S \boldsymbol{E}\cdot \mathrm{d}\boldsymbol{S}=\frac{q}{\varepsilon_0}$	$\nabla\cdot\boldsymbol{E}=\frac{\rho}{\varepsilon_0}$
$\oint_l \boldsymbol{E}\cdot \mathrm{d}\boldsymbol{l}=0$	$\nabla\times\boldsymbol{E}=\boldsymbol{0}$

在电荷分布具有某种特殊对称性的情况下，可以利用真空中的静电场高斯定理(2.2-4)式计算电场。下面通过两例说明此方法的应用。

例 2.2-1 真空中有一个半径为 a 的带电球，电荷密度为 $\rho=r/a$（r 为半径），求带电球内外的电场。

解 由于电荷分布具有球对称性，因此其电场也具有球对称性，方向为径向，那么在半径为 r 的同心球面上，电场的大小相等，方向与球面的法线方向一致，其通量为

$$\oint_S \boldsymbol{E}\cdot \mathrm{d}\boldsymbol{S}=\oint_S E_r \mathrm{d}S=E_r\oint_S \mathrm{d}S=4\pi r^2 E_r$$

当 $r<a$ 时，球面内的电荷为

$$q=\iiint_V \rho \mathrm{d}V=\int_0^r \frac{r}{a}\cdot 4\pi r^2 \mathrm{d}r=\frac{\pi r^4}{a}$$

当 $r>a$ 时，球面内的电荷为

$$q=\iiint_V \rho \mathrm{d}V=\int_0^a \frac{r}{a}\cdot 4\pi r^2 \mathrm{d}r=\pi a^3$$

将以上 3 式代入真空中的静电场高斯定理(2.2-4)式后可得

$$\boldsymbol{E}=\begin{cases}\dfrac{r^2}{4\varepsilon_0 a}\hat{r}, & r<a\\ \dfrac{a^3}{4\varepsilon_0 r^2}\hat{r}, & r\geqslant a\end{cases}$$

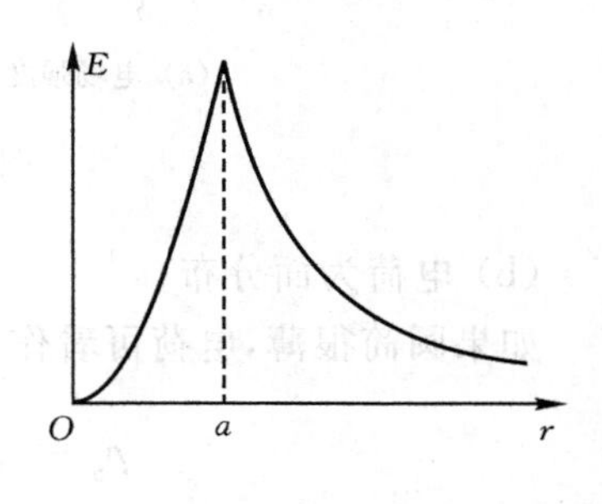

图 2.2-2 例 2.2-1 的电场分布

电场的大小与半径的关系如图 2.2-2 所示。

例 2.2-2 真空中，电荷均匀分布在一无限长、内半径为 a、厚度为 b 的圆筒中，电荷密度为 ρ_0，求电场分布。如果圆筒的厚度 b 很薄，忽略厚度，将电荷看成为面分布，求面电荷两侧的电场与面电荷密度的关系。

解 (a) 电荷为体分布

电荷分布沿轴向均匀无限长，且具有轴对称性，因此其电场也具有轴对称性，方向沿圆柱的径向。取带电圆筒的轴线为 z 轴，作半径为 ρ、长度为 l 的圆柱面 S_1，在圆柱面 S_1 上，电场的大小相等，方向和圆柱面法线相同，而在此圆柱的两个端面 S_2、S_3 上，电场方向与端面的法线垂直，通量为 0。因此，穿过由圆柱面和两个端面组成的封闭面 S 的通量为

$$\oint_S \boldsymbol{E}\cdot \mathrm{d}S=\iint_{S_1} E_\rho \mathrm{d}S=2\pi\rho l E_\rho$$

当 $\rho<a$ 时，此封闭面 S 内的电荷为 0，于是，封闭面 S 内的电场也为 0；

当 $a<\rho<a+b$ 时，此封闭面 S 内的电荷为

$$q=\iiint_V \rho_0 \mathrm{d}V=\int_a^\rho \rho_0 2\pi\rho l \mathrm{d}\rho=\pi\rho_0 l(\rho^2-a^2)$$

当 $\rho>a+b$ 时，此封闭面 S 内的电荷为

$$q=\iiint_V \rho_0 \mathrm{d}V=\int_a^{a+b} \rho_0 2\pi\rho l \mathrm{d}\rho=\pi\rho_0 l(b^2+2ab)$$

由真空中的静电场高斯定理，电场为

$$\boldsymbol{E}=\begin{cases}0, & \rho<a \\ \hat{\rho}\rho_0 \dfrac{\rho^2-a^2}{2\varepsilon_0\rho}, & a<\rho<a+b \\ \hat{\rho}\rho_0 \dfrac{b^2+2ab}{2\varepsilon_0\rho}, & \rho>a+b\end{cases}$$

电场分布如图 2.2-3(a)所示。

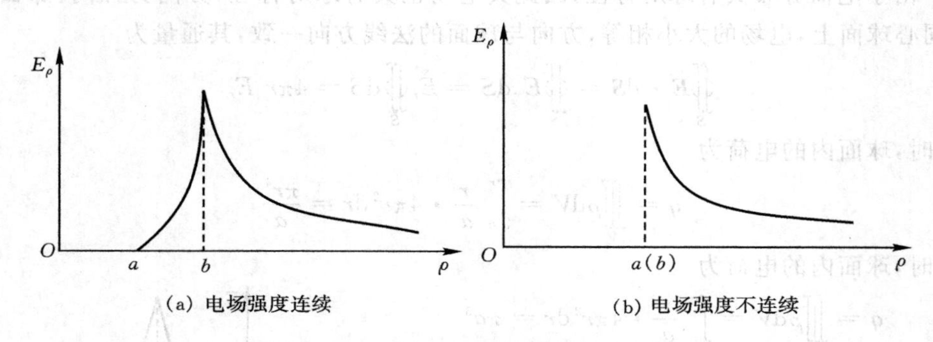

(a) 电场强度连续　　(b) 电场强度不连续

图 2.2-3　例 2.2-2 计算的电场分布

(b) 电荷为面分布

如果圆筒很薄，电荷可看作为面分布，那么电荷面密度 ρ_S 为

$$\rho_S=\frac{q}{S}=\frac{\pi\rho_0 l(b^2+2ab)}{2\pi\rho l}=\frac{\rho_0(b^2+2ab)}{2\rho}$$

面电荷两侧的电场分别为

在面电荷内侧，$\rho=a$，$\boldsymbol{E}=\boldsymbol{0}$

在面电荷外侧，$\rho=a+b$，$\boldsymbol{E}=\hat{\rho}\rho_0 \dfrac{b^2+2ab}{2\varepsilon_0\rho}$

如图 2.2-3(b)所示，面电荷两侧的电场与面电荷密度的关系为

$$E_\rho(a+b)-E_\rho(a)=\rho_0\frac{b^2+2ab}{2\varepsilon_0\rho}=\frac{\rho_S}{\varepsilon_0}$$

思考题

1. 电位移矢量的物理意义是什么？
2. 静电场有什么性质？静电场方程的物理意义是什么？
3. 某封闭面的电通量为 0，那么该封闭面内一定没有电荷吗？为什么？

4. 某封闭面内无电荷分布，那么该封闭面上的电场为 0 吗？为什么？

5. 在哪些情况下，可以用静电场高斯定理计算电场？请举例说明。

6. 在某区域内无电荷分布，但有静电场存在，那么在该区域内的静电场是无散场吗？为什么？

2.3 电位

静电场是无旋场，$\nabla \times \boldsymbol{E}=0$，由亥姆霍兹定理，电场强度可以表示为一个标量场 Φ 的梯度，即

$$\boldsymbol{E}=-\nabla\Phi \tag{2.3-1}$$

式中

$$\Phi(\boldsymbol{r})=\frac{1}{4\pi}\iiint_V \frac{\nabla'\cdot\boldsymbol{E}(\boldsymbol{r}')}{R}\mathrm{d}V' \tag{2.3-2}$$

将(2.2-9)式代入上式，得

$$\Phi(\boldsymbol{r})=\frac{1}{4\pi\varepsilon_0}\iiint_V \frac{\rho(\boldsymbol{r}')}{R}\mathrm{d}V' \tag{2.3-3}$$

将上式代入(2.3-1)式，考虑到微分运算与积分运算的变量不同，因此可以交换两者的运算次序，得

$$\boldsymbol{E}(\boldsymbol{r})=-\frac{1}{4\pi\varepsilon_0}\iiint_V \nabla\frac{\rho(\boldsymbol{r}')}{R}\mathrm{d}V'=-\frac{1}{4\pi\varepsilon_0}\iiint_V \rho(\boldsymbol{r}')\nabla\frac{1}{R}\mathrm{d}V'$$

将 $\nabla\frac{1}{R}=-\frac{\hat{R}}{R^2}$ 代入，得

$$\boldsymbol{E}(\boldsymbol{r})=\frac{1}{4\pi\varepsilon_0}\iiint_V \frac{\rho(\boldsymbol{r}')\hat{R}}{R^2}\mathrm{d}V'$$

此式就是(2.1-17)式。(2.3-3)式是标量积分，一般情况下计算这个标量积分要比直接计算(2.1-17)式的矢量积分容易，因此在计算电场时，可以先计算出标量积分(2.3-3)式，然后再通过求梯度求出电场强度。当电荷为面分布或线分布，或为点电荷时，可按(2.3-3)式写出对应的计算公式为

$$\Phi(\boldsymbol{r})=\frac{1}{4\pi\varepsilon_0}\iint_S \frac{\rho_S(\boldsymbol{r}')}{R}\mathrm{d}S' \tag{2.3-4}$$

$$\Phi(\boldsymbol{r})=\frac{1}{4\pi\varepsilon_0}\int_l \frac{\rho_l(\boldsymbol{r}')}{R}\mathrm{d}l' \tag{2.3-5}$$

$$\Phi(\boldsymbol{r})=\frac{q}{4\pi\varepsilon_0 R} \tag{2.3-6}$$

下面通过考察单位正电荷在电场作用下做功，分析标量场 Φ 的物理意义。设单位正电荷在电场 $\boldsymbol{E}$ 作用下从点 a 位移到点 b，那么电场力所做的功为

$$A=\int_a^b \boldsymbol{E}\cdot\mathrm{d}\boldsymbol{l} \tag{2.3-7}$$

将(2.3-1)式代入，得

$$A=-\int_a^b \nabla\Phi\cdot\mathrm{d}\boldsymbol{l}=-\int_a^b \frac{\partial\Phi}{\partial l}\mathrm{d}l=-\int_a^b \mathrm{d}\Phi=\Phi(a)-\Phi(b) \tag{2.3-8}$$

上式表明,单位正电荷在电场 $\boldsymbol{E}$ 作用下,从点 a 位移到点 b,电场力所做的功等于位移起点的标量场值 $\Phi(a)$ 减去终点的标量场值 $\Phi(b)$。将电场和重力场相比较,电场对应的标量场 Φ 相当于重力场中的势能,反映了电场的做功能力。也就是说,电场中某一点的标量场 Φ 表示单位正电荷在该点具有的势能,因此,标量场 Φ 称为电势或电位。两点之间的电位差,就等于单位正电荷在电场 $\boldsymbol{E}$ 作用下从其中一点位移到另一点时电场力所做的功,称为电压。

由(2.3-8)式,电场中 a 点的电位可写为

$$\Phi(a)=\int_a^p \boldsymbol{E}\cdot \mathrm{d}\boldsymbol{l}+\Phi(p) \tag{2.3-9}$$

当 p 点为电位零点,即选 p 点为电位参考点时,$\Phi(p)=0$,有

$$\Phi(a)=\int_a^p \boldsymbol{E}\cdot \mathrm{d}\boldsymbol{l} \tag{2.3-10}$$

上式说明,电场中某一点的电位等于单位正电荷在电场作用下从该点位移到电位参考点的过程中电场力所做的功。在同一电场中,当选取不同的电位参考点时,电位不同。设对于电场 $\boldsymbol{E}$,当取 p 点为电位参考点时电位为 Φ;而当取 q 点为电位参考点时电位为 Ψ,则对于电场中任一点 a,有

$$\Phi(a)=\int_a^p \boldsymbol{E}\cdot \mathrm{d}\boldsymbol{l}=\int_a^q \boldsymbol{E}\cdot \mathrm{d}\boldsymbol{l}+\int_q^p \boldsymbol{E}\cdot \mathrm{d}\boldsymbol{l}=\Psi(a)+C \tag{2.3-11}$$

其中

$$C=\int_q^p \boldsymbol{E}\cdot \mathrm{d}\boldsymbol{l}$$

对于给定的电场和固定的两点 p 和 q,C 为常数,等于 p 和 q 之间的电压。(2.3-11)式表明,对同一电场,选取不同的电位参考点时,其电位仅相差一个与两参考点有关的常数,即

$$\Phi(\boldsymbol{r})=\Psi(\boldsymbol{r})+C \tag{2.3-12}$$

可见,选取不同的电位参考点并不影响所要计算的电压和对应的电场强度。因此,在需要选取电位参考点时,就可根据情况视其方便而定。在电荷分布在有限区域的情况下,一般选取无限远作电位参考点;而在电荷分布延伸到无限远的情况下,必须选取有限区域中的点作电位的参考点,否则,在数学计算过程中将会发生困难。在工程上,由于大地的电位相对稳定,因此一般取大地为电位参考点。在(2.3-3)~(2.3-6)式的电位计算公式中,已隐含电位参考点在无限远处。

将(2.3-1)式代入(2.2-9)式,得到电位所满足的方程为

$$\nabla^2\Phi=-\frac{\rho}{\varepsilon_0} \tag{2.3-13}$$

上式称为泊松方程。在无电荷分布的区域,电位满足拉普拉斯方程

$$\nabla^2\Phi=0 \tag{2.3-14}$$

当已知电荷分布时,解以上偏微分方程就可求出电位。实际上,(2.3-3)式正是在真空中给定电荷密度情况下泊松方程的解。

电位分布可以用等位面形象地描述。等位面图是相邻电位差相等的一系列等位面组成的图。在电场较强处,等位面间距较小;在电场较弱处,等位面间距较大。根据电场与电位的关系,电场方向总是与等位面法线方向一致,即电场总与等位面处处垂直,并指向电位减小一侧。当电荷在某等位面上移动时,由于位移方向与电场方向垂直,电场不做功。

例 2.3-1　求长度为 L、电荷线密度为 η 的长直均匀带电线的电位及电场。

解 由于长直均匀带电线的电荷分布具有轴对称性，电位与电场强度也就具有轴对称性。为计算方便起见，选用圆柱坐标系，并取带电线在 z 轴，中点在原点，如图 2.3-1 所示。利用(2.3-5)式，在源点$(0,0,z')$处取线元 $dl'=dz'$，取场点坐标为(ρ,φ,z)，因此源点到场点的距离为

$$R=\sqrt{\rho^2+(z-z')^2}$$

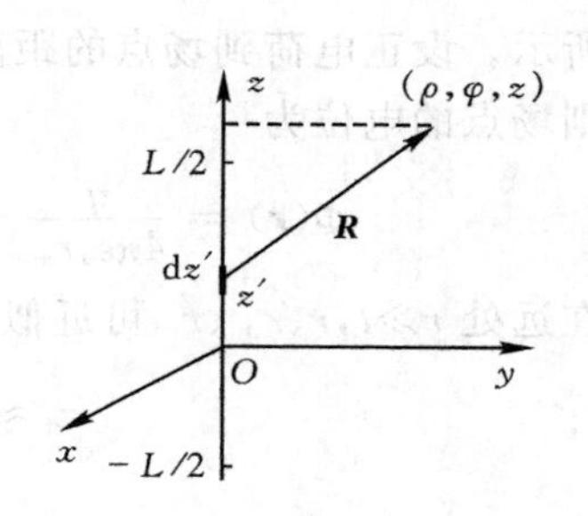

图 2.3-1 长直线电荷的电位

代入(2.3-5)式，得

$$\begin{aligned}\Phi(\boldsymbol{r})&=\frac{\eta}{4\pi\varepsilon_0}\int_{-L/2}^{L/2}\frac{dz'}{\sqrt{\rho^2+(z-z')^2}}\\&=\frac{\eta}{4\pi\varepsilon_0}\ln\frac{z+\frac{L}{2}+\sqrt{\rho^2+(z+\frac{L}{2})^2}}{z-\frac{L}{2}+\sqrt{\rho^2+(z-\frac{L}{2})^2}}\end{aligned}$$

电场强度为

$$\begin{aligned}\boldsymbol{E}(\boldsymbol{r})&=-\nabla\Phi=-\left(\hat{\rho}\frac{\partial\Phi}{\partial\rho}+\hat{\varphi}\frac{1}{\rho}\frac{\partial\Phi}{\partial\varphi}+\hat{z}\frac{\partial\Phi}{\partial z}\right)\\&=\frac{\eta}{4\pi\varepsilon_0}\left[\hat{\rho}\frac{1}{\rho}\left(\frac{z+\frac{L}{2}}{\sqrt{\rho^2+(z+\frac{L}{2})^2}}-\frac{z-\frac{L}{2}}{\sqrt{\rho^2+(z-\frac{L}{2})^2}}\right)\right.\\&\quad\left.+\hat{z}\left(\frac{1}{\sqrt{\rho^2+(z+\frac{L}{2})^2}}-\frac{1}{\sqrt{\rho^2+(z-\frac{L}{2})^2}}\right)\right]\end{aligned}$$

例 2.3-2 求 2.2 节例 2.2-1 所给电场中的电位。

解 例 2.2-1 中求得的电场为

$$\boldsymbol{E}=\begin{cases}\dfrac{r^2}{4\varepsilon_0 a}\hat{r}, & r<a\\[2mm]\dfrac{a^3}{4\varepsilon_0 r^2}\hat{r}, & r\geqslant a\end{cases}$$

由于电荷分布在有限区域，故选无限远为电位参考点。根据(2.3-10)式，在 $r>a$ 处

$$\Phi(r)=\int_r^\infty\boldsymbol{E}\cdot d\boldsymbol{l}=\int_r^\infty\frac{a^3 dr}{4\varepsilon_0 r^2}=\frac{a^3}{4\varepsilon_0 r}$$

在 $r<a$ 处

$$\Phi(r)=\int_r^\infty\boldsymbol{E}\cdot d\boldsymbol{l}=\int_r^a\frac{r^2 dr}{4\varepsilon_0 a}+\int_a^\infty\frac{a^3 dr}{4\varepsilon_0 r^2}=-\frac{r^3}{12\varepsilon_0 a}+\frac{a^2}{3\varepsilon_0}$$

例 2.3-3 求电量为 q、相距为 l 的一对正负点电荷组成的电偶极子在远处的电场。

解 电量为 q、相距为 l 的一对正负电荷组成电偶极子。电偶极子的大小与方向用电偶极矩 $\boldsymbol{p}$ 表示，电偶极矩 $\boldsymbol{p}$ 定义为

$$\boldsymbol{p}=q\boldsymbol{l} \tag{2.3-15}$$

$\boldsymbol{l}$ 为从负电荷指向正电荷的距离矢量。由于电荷分布具有轴对称性，电位与电场强度也就具有轴对称性。为计算方便起见，选用圆球坐标系，并取轴线在 z 轴，中点在原点，如图 2.3-2

所示。设正电荷到场点的距离为 r_+，负电荷到场点的距离为 r_-，则场点的电位为

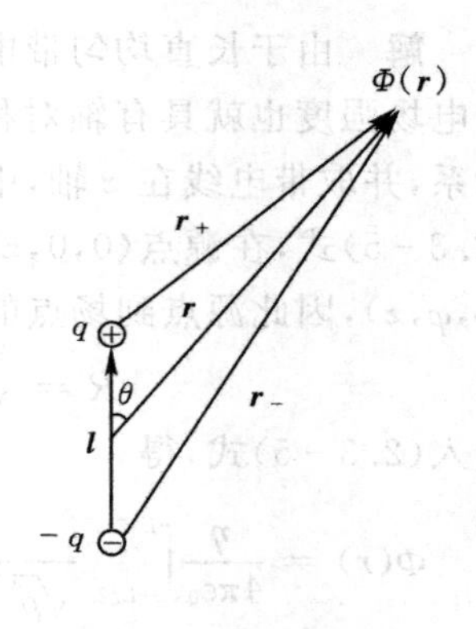

图 2.3-2 电偶极子

$$\Phi(\boldsymbol{r})=\frac{q}{4\pi\varepsilon_0 r_+}-\frac{q}{4\pi\varepsilon_0 r_-}=\frac{q}{4\pi\varepsilon_0}\frac{r_- - r_+}{r_+ r_-}$$

在远处 $r\gg l$，r、r_+、r_- 可近似看成平行，可作如下近似

$$r_+\approx r-\frac{l}{2}\cos\theta$$

$$r_-\approx r+\frac{l}{2}\cos\theta$$

$$r_- - r_+ = l\cos\theta$$

$$\frac{1}{r_+ r_-}\approx\frac{1}{r^2}$$

代入后可得到电偶极子在远处的电位为

$$\Phi(\boldsymbol{r})=\frac{ql\cos\theta}{4\pi\varepsilon_0 r^2}=\frac{\boldsymbol{p}\cdot\hat{r}}{4\pi\varepsilon_0 r^2}\qquad(2.3-16)$$

由电位梯度得到电场强度

$$\boldsymbol{E}=-\nabla\Phi=-\left(\hat{r}\frac{\partial\Phi}{\partial r}+\hat{\theta}\frac{1}{r}\frac{\partial\Phi}{\partial\theta}+\hat{\varphi}\frac{1}{r\sin\theta}\frac{\partial\Phi}{\partial\varphi}\right)$$

可得到电偶极子的电场为

$$\boldsymbol{E}=\hat{r}\frac{p\cos\theta}{2\pi\varepsilon_0 r^3}+\hat{\theta}\frac{p\sin\theta}{4\pi\varepsilon_0 r^3}\qquad(2.3-17)$$

当电偶极子位于 $\boldsymbol{r}'$ 点时，其电位可写为

$$\Phi(\boldsymbol{r})=\frac{\boldsymbol{p}\cdot\hat{R}}{4\pi\varepsilon_0 R^2}\qquad(2.3-18)$$

以上结果表明，电偶极子的电位与距离的平方成反比，电场强度与距离的三次方成反比。此外，电偶极子的电位和电场强度还与方位角有关。这些特点都与点电荷的电场显著不同。

例 2.3-4 在平面上画出电偶极子的等位面及电力线。

解：

(1)等位面

前面已得到位于坐标原点沿 z 轴放置的电偶极子的电位分布，即(2.3-16)式。对于给定的 q、l，在等位面上，比值($\cos\theta/r^2$)为常数。取 Φ 为不同的电位值，就得到不同等位面上 r 与 θ 的关系

$$r=c_\Phi\sqrt{\cos\theta}\qquad(2.3-19)$$

式中 $c_\Phi=\sqrt{\dfrac{ql}{4\pi\varepsilon_0\Phi}}$ 为与等位面电位值有关的常数。分别取一系列等电位差的等位面对应的 c_Φ 值，代入(2.3-19)，画出平面 $r(\theta)$ 极坐标曲线，就是相应的等位面，如图 2.3-3 中虚线。在 $\theta=0$ 处，r 最大；在 $\theta=\pi/2$ 处，$r=0$。

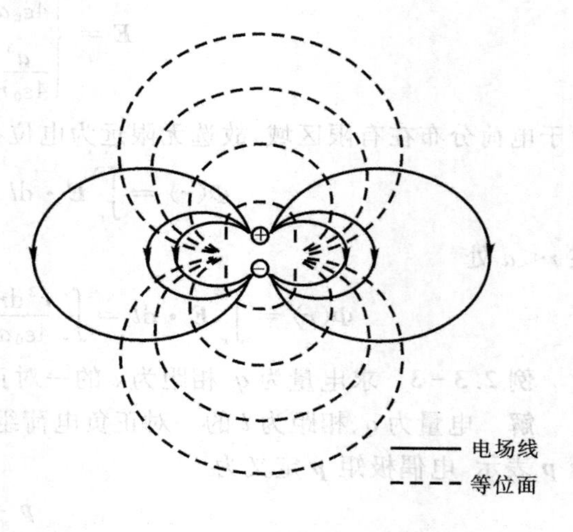

图 2.3-3 电偶极子的电力线和等位面

(2)电力线

电力线表示电场强度在空间的方向和大小。在电力线上取微元 d$\boldsymbol{l}$,则

$$\mathrm{d}\boldsymbol{l} = \kappa \boldsymbol{E}$$

式中 κ 为常数。在圆球坐标系中,上式可表示为

$$\hat{r}\mathrm{d}r + \hat{\theta}r\mathrm{d}\theta + \hat{\varphi}r\sin\theta\mathrm{d}\varphi = \kappa(E_r\hat{r} + \hat{\theta}E_\theta + \hat{\varphi}E_\varphi)$$

上式也可以写为

$$\frac{\mathrm{d}r}{E_r} = \frac{r\mathrm{d}\theta}{E_\theta} = \frac{r\sin\theta\mathrm{d}\varphi}{E_\varphi}$$

将(2.3-17)式中电偶极子的电场强度 E_r 及 E_θ 分量代入上式,并考虑到 $E_\varphi=0$,得

$$\frac{\mathrm{d}r}{2\cos\theta} = \frac{r\mathrm{d}\theta}{\sin\theta}$$

上式也可写为

$$\frac{\mathrm{d}r}{r} = \frac{2\mathrm{d}(\sin\theta)}{\sin\theta}$$

积分得电偶极子电力线曲线函数为

$$r = \kappa_E \sin^2\theta \tag{2.3-20}$$

式中,κ_E 是常数。取不同 κ_E 值,按上式极坐标函数,就可画出对应电偶极子的电力线图,如图 2.3-3 中实线所示。

例 2.3-5　计算在同一平面平行放置的相距为 $2s$、电荷线密度分别为 λ 和 $-\lambda$、均匀分布的两无限长载电荷线的电位。

解　选取坐标系如图 2.3-4 所示,均匀无限长电荷线的电场强度和电位与 z 轴无关。利用高斯定理,可计算出位于 z 轴上电荷线密度为 λ 的无限长电荷线的电场强度为

$$\boldsymbol{E} = \frac{\lambda}{2\pi\varepsilon_0\rho}\hat{\rho}$$

取坐标原点为电位参考点。空间任一点 P 的电位等于两正负电荷线产生的电位之和。正电荷线产生的电位为

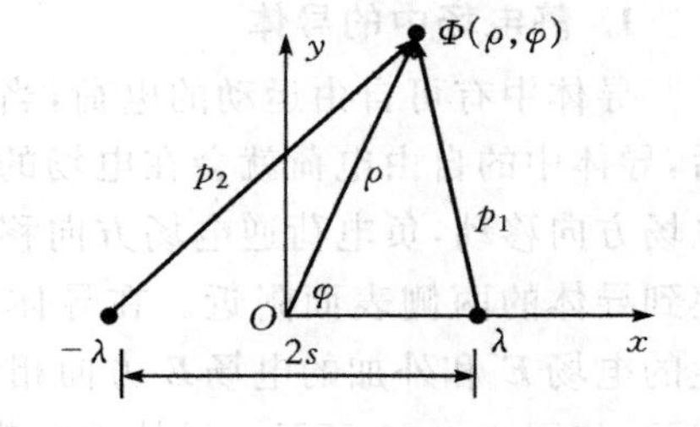

图 2.3-4　两无限长载电荷线的电位

$$\Phi^+ = \frac{\lambda}{2\pi\varepsilon_0}\int_{p_1}^{s}\frac{\mathrm{d}\rho}{\rho} = \frac{\lambda}{2\pi\varepsilon_0}\ln\frac{s}{p_1}$$

式中 s 和 p_1 分别为正电荷线到电位参考点与场点的距离。同理,负电荷线在 P 点产生的电位为

$$\Phi^- = -\frac{\lambda}{2\pi\varepsilon_0}\ln\frac{s}{p_2}$$

s 和 p_2 分别为负电荷线到电位参考点与场点的距离。P 点的总电位为

$$\Phi = \Phi^+ + \Phi^- = \frac{\lambda}{2\pi\varepsilon_0}\ln\frac{p_2}{p_1} = \frac{\lambda}{2\pi\varepsilon_0}\ln\frac{\sqrt{\rho^2+s^2-2s\rho\cos\varphi}}{\sqrt{\rho^2+s^2+2s\rho\cos\varphi}}$$

思考题

1. 为什么说静电场是保守场？保守场有什么性质？
2. 电位的物理意义是什么？电位和电场强度有什么关系？
3. 电位的参考点如何选取？选取不同的电位参考点分别对电位和电场强度有什么影响？
4. 等位面和电力线有什么关系？
5. 能直接用(2.3-5)式计算延伸到无限远处的线电荷产生的电位吗？为什么？
6. 电偶极子的电位和点电荷的电位比较，有什么特点？

2.4 静电场中的介质与导体

整个空间区域为真空，没有物质的理想情况在电磁学中称为自由空间(free space)。前几节讨论的静电场，就是在自由空间中的电荷产生的静电场。实际上，现实空间中是存在物质的。在电磁学中，一般将物质称为媒质。按媒质在电场中的性质，可分为导电媒质和电介质(也简称为介质)。导电媒质中有可自由运动的电荷，在电场中，导电媒质中的自由电荷在电场力作用下运动形成电流，因此导电媒质也叫导电体，简称导体。介质中没有可自由运动的电荷，或者自由电荷非常少以致于可以忽略。介质中的电子被束缚在原子核周围，只能在原子核周围附近有很小的位移，称为束缚电荷，因此介质不导电，也叫绝缘体。

1. 静电场中的导体

导体中有可自由运动的电荷，当将孤立导体放入电场中后，导体中的自由电荷就会在电场的作用下移动。正电荷沿电场方向移动，负电荷逆电场方向移动，使正、负电荷分别聚集到导体的两侧表面附近。在导体中这些移动后的电荷产生的电场$\boldsymbol{E}'$和外加的电场$\boldsymbol{E}$方向相反，使导体内的电场逐渐削弱，如图2.4-1所示。导体中电荷在电场作用下的移动一直进行到电荷在导体表面达到一定的分布状态，使导体中的净电荷为0、导体中的电场也为0为止。这种情况称为静电平衡。静电平衡的建立过程是极其短暂的，这将在下一章说明。对于静电场的情况，认为导体已达到静电平衡，导体内没有电流，没有电场，也没有净电荷。这时，电荷分布在导体表面附近的薄层里，可看成是面电荷，称作感应电荷。导体表面上感应面电荷的分布使得它产生的电场与外加电场在导体中互相抵消，从而使导体中的电场为0，导体外区域的电场发生改变。

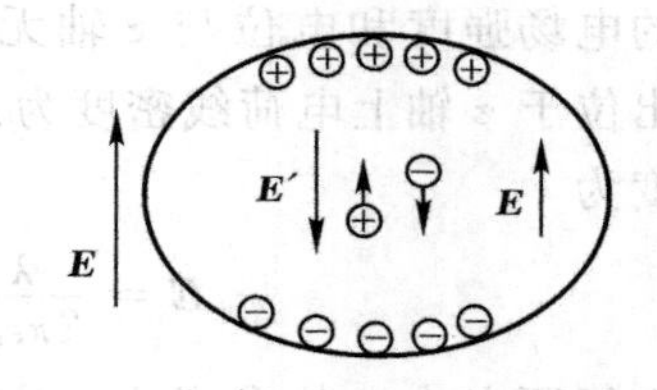

图2.4-1 导电体在电场中

因为导体内部电场处处为零，所以导体是等位体，导体表面是等位面，导体表面上的电场与表面垂直。

在静电场中的导体内部电场为0，那么如果导体中有一空腔，空腔中的电场是否也为0？导体内空腔表面上有无面电荷分布呢？

假设导体内空腔中有电场，那么该电场就一定是腔壁上的电荷产生的，于是总能在腔中找一条电力线，如图2.4-2所示，从a到b。沿该电力线对电场作线积分，其结果应等于a与b两点的电位差，由于这两点都在同一等位面上，其电位差为0，即

$$\int_a^b \boldsymbol{E} \cdot \mathrm{d}\boldsymbol{l} = \Phi(a) - \Phi(b) = 0$$

要使沿电力线对电场的线积分为0，电场必须为0。也就是说，在导体内的空腔中电场强度为0，腔壁上也没有面电荷分布。这说明，不论导体外的电场有多大，导体壳内的电场总为0，因此导体壳可以起静电屏蔽作用。

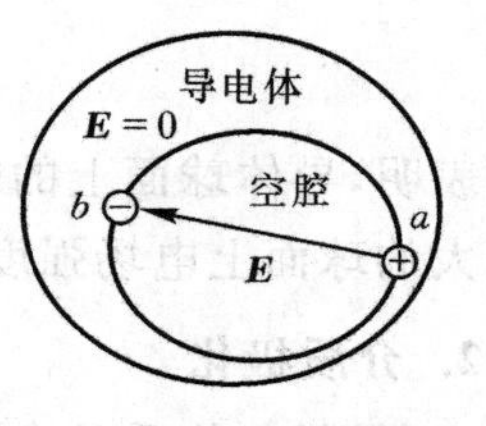

图 2.4-2 导体壳内的电场

例 2.4-1 半径分别为 b_1 和 b_2 的两导体球用一根长为 l 的导线相连，$l \gg b_2 > b_1$，如图 2.4-3 所示。两个导体球上的总电量为 Q，由于导体球连线很长两个导体球距离很远，近似认为两个导体球互相对电荷分布的影响可以忽略，电荷在导体球面上近似为均匀分布。计算：(1)两个导体球面上的电荷量 Q_1 和 Q_2；(2)两个导体球面上的电场强度 E_1 和 E_2。

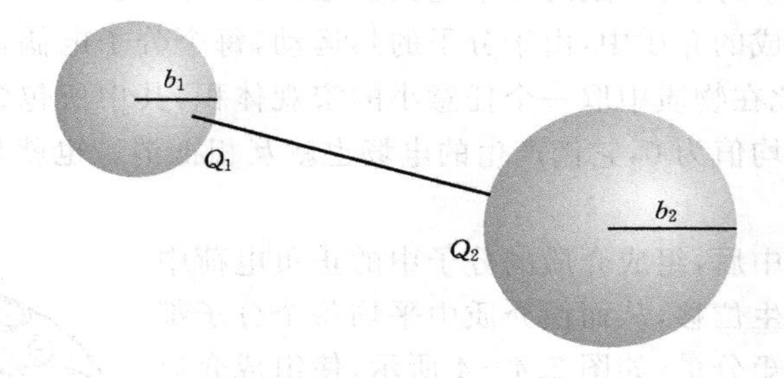

图 2.4-3 导线连接的两导体球

解：(1)因为两导体球距离很远 $l \gg b_2$，互相之间对电荷分布影响很小可以忽略，认为导体球上电荷分布和单导体球一样均匀分布，则两个导体球的电位分别近似为

$$\Phi_1 = \frac{Q_1}{4\pi\varepsilon_0 b_1} + \frac{Q_2}{4\pi\varepsilon_0 l}, \Phi_2 = \frac{Q_2}{4\pi\varepsilon_0 b_2} + \frac{Q_1}{4\pi\varepsilon_0 l}$$

两导体球用导线连接，因此电位相等

$$\frac{Q_1}{4\pi\varepsilon_0 b_1} + \frac{Q_2}{4\pi\varepsilon_0 l} = \frac{Q_2}{4\pi\varepsilon_0 b_2} + \frac{Q_1}{4\pi\varepsilon_0 l}$$

上式可简化为

$$\frac{Q_1}{Q_2} = \frac{b_1}{b_2} \frac{l - b_2}{l - b_1}$$

上式表明，导体球面上的电荷与导体球半径近似成正比。考虑到 $Q_1 + Q_2 = Q$，和上式联立求得

$$Q_1 = \frac{b_1(l - b_2)}{b_1(l - b_2) + b_2(l - b_1)} Q, \ Q_2 = \frac{b_2(l - b_1)}{b_1(l - b_2) + b_2(l - b_1)} Q$$

(2)球面上的电场强度分别近似为

$$E_1 = \frac{Q_1}{4\pi\varepsilon_0 b_1^2},$$

$$E_2 = \frac{Q_2}{4\pi\varepsilon_0 b_2^2}$$

因此

$$\frac{E_1}{E_2}=\frac{Q_1}{Q_2}\left(\frac{b_2}{b_1}\right)^2=\frac{b_2}{b_1}\frac{l-b_2}{l-b_1}$$

上式表明，导体球面上的电场强度与导体球半径近似成反比，半径小的球面上电场强度大，而半径大的球面上电场强度小。

2. 介质极化

众所周知，物质是由分子组成的，分子又是由原子组成的，而每个原子由带正电的原子核与绕其旋转并带负电的电子组成。按组成介质的分子中的正负电荷中心是否重合，介质分子分为两类：一类是正负电荷中心重合的无极性分子，另一类是正负电荷中心不重合的有极性分子。无极性分子的正负电荷中心重合，因此其分子中的正负电荷产生的电场互相抵消，显然由这种分子组成的介质呈电中性，即对外不产生电场。有极性分子的正负电荷中心不重合，一个分子相当于一个电偶极子，具有一定的分子电偶极矩，如水分子就是一种典型的有极性分子。在由这种有极性分子组成的介质中，由于分子的热运动，每个分子电偶极矩的取向是随机的，排列是杂乱无章的，因此在物质中取一个任意小的宏观体积，其中所包含大量的分子，但这些分子电偶极矩的统计平均值为0，它们产生的电场也就互相抵消。也就是说，有极性分子组成的介质也呈电中性。

当将介质放入电场中后，组成介质的分子中的正负电荷中心就会受电场力作用发生位移，从而使介质中平均每个分子都有沿电场方向的电偶极矩分量，如图2.4-4所示，使组成介质的大量分子的电偶极矩统计平均值不为0，于是对外产生电场，这种现象就是介质极化。介质有两种极化，一种是位移极化，是由分子中的正负电荷受电场力作用产生位移使正负电荷中心距沿电场方向增大引起的；另一种是取向极化，是由分子中的电偶极子受电场力作用使其电偶极矩取向趋向于电场方向引起的。当介质放在电场中，就会发生介质极化现象，对外产生电场，使介质呈电性。因此，我们说电场使介质极化，介质极化又影响电场分布。

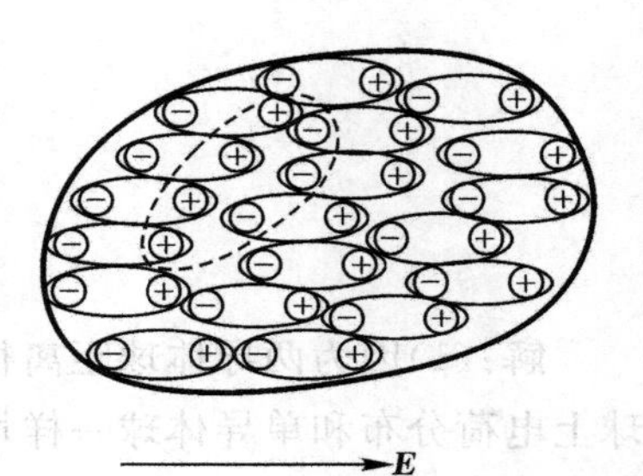

图2.4-4　介质极化

介质极化的强弱程度用极化强度表示。介质中某一点的极化强度 $\boldsymbol{P}$ 定义为极化时介质中以该点为中心的邻域内单位体积中大量分子电偶极矩的统计平均值，即

$$\boldsymbol{P}=\lim_{\Delta V\to 0}\frac{\sum_{n}\boldsymbol{p}_n}{\Delta V} \tag{2.4-1}$$

式中求和运算是对一宏观小体积 ΔV 中的所有分子的电偶极矩求和。从定义可以看出，极化强度是矢量函数，单位为 $\mathrm{C/m^2}$。

介质极化是介质在电场中的反应，因此，极化强度应与电场有关，并且还应与介质自身的物质结构有关。大量实验表明，介质极化后，极化强度与电场强度的关系为

$$\boldsymbol{P}=\varepsilon_0\chi_e\boldsymbol{E} \tag{2.4-2}$$

式中 $\boldsymbol{E}$ 为介质极化后的总电场，χ_e 称为介质的极化率。极化率与介质的物质结构有关，不同的介质其极化率不同。在外加电场作用下介质发生极化，电场力做功使分子中的正负电荷中心沿电场方向发生位移，将电场能量转换为分子中电荷的势能。这就像弹簧在外力作用下被拉长一样。介质被电场极化的过程也是能量的转化存储过程，因此介质的极化率也就表示介

质转化存储电能的能力。

介质极化所产生的电场就是介质极化后出现的净电偶极子产生的场。设空间区域 V 中介质极化后的极化强度为 $\boldsymbol{P}$，如果在 V 中的点 $\boldsymbol{r}'$，取体积元 $\mathrm{d}V'$，该体积元内的极化介质可看成电偶极子，其电偶极矩为 $\boldsymbol{P}(\boldsymbol{r}')\mathrm{d}V'$，如图 2.4－5 所示，根据(2.3－18)式，该电偶极子在 $\boldsymbol{r}$ 点产生的电位为

$$\mathrm{d}\Phi=\frac{\boldsymbol{P}(\boldsymbol{r}')\cdot\hat{R}\mathrm{d}V'}{4\pi\varepsilon_0 R^2}$$

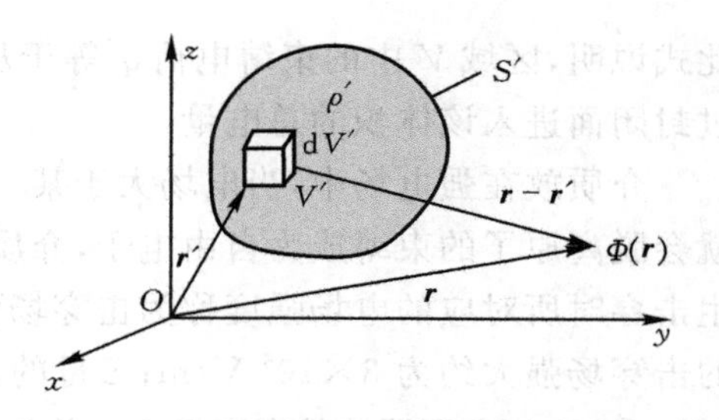

图 2.4－5　束缚电荷产生的电位

上式对极化介质区域 V 积分，就是极化后的介质在 $\boldsymbol{r}$ 点产生的电位

$$\Phi(\boldsymbol{r})=\frac{1}{4\pi\varepsilon_0}\iiint_V\frac{\boldsymbol{P}(\boldsymbol{r}')\cdot\hat{R}\mathrm{d}V'}{R^2}\tag{2.4-3}$$

将 $\nabla'\dfrac{1}{R}=\dfrac{\hat{R}}{R^2}$ 代入上式，得

$$\Phi(\boldsymbol{r})=\frac{1}{4\pi\varepsilon_0}\iiint_V\boldsymbol{P}(\boldsymbol{r}')\cdot\nabla'\frac{1}{R}\mathrm{d}V'$$

利用矢量恒等式 $\nabla\cdot(f\boldsymbol{A})=f\nabla\cdot\boldsymbol{A}+\boldsymbol{A}\cdot\nabla f$ 和高斯定理，上式可变为

$$\Phi(\boldsymbol{r})=\frac{1}{4\pi\varepsilon_0}\iiint_V\frac{-\nabla'\cdot\boldsymbol{P}(\boldsymbol{r}')}{R}\mathrm{d}V'+\frac{1}{4\pi\varepsilon_0}\oint_S\frac{\boldsymbol{P}\cdot\hat{n}}{R}\mathrm{d}S'$$

也可写作

$$\Phi(\boldsymbol{r})=\frac{1}{4\pi\varepsilon_0}\iiint_V\frac{\rho'(\boldsymbol{r}')}{R}\mathrm{d}V+\frac{1}{4\pi\varepsilon_0}\oint_S\frac{\rho'_S(\boldsymbol{r}')}{R}\mathrm{d}S\tag{2.4-4}$$

式中

$$\rho'=-\nabla\cdot\boldsymbol{P}\tag{2.4-5}$$

$$\rho'_S=\hat{n}\cdot\boldsymbol{P}\tag{2.4-6}$$

分别称为束缚电荷体密度和面密度，或极化电荷体密度和面密度。(2.4－4)式是区域 V 中电荷密度为 ρ' 的体分布电荷及在区域 V 的表面上电荷面密度为 ρ'_S 的面分布电荷产生的电位。这说明，介质极化使介质中及其表面上出现了(净)束缚电荷，其密度分别满足(2.4－5)式和(2.4－6)式，极化后的介质产生的电场可以看成是这些束缚电荷产生的电场。(2.4－4)式给出的束缚电荷产生的电位公式和自由电荷产生的电位公式是相同的，说明束缚电荷产生的电场和自由电荷产生的电场的性质也是相同的。

在介质中任取一体积 V，在介质未发生极化时呈电中性，区域 V 中的正负电荷相同，净电荷为 0。但在发生极化时，在电场力作用下可能有电荷位移进该区域中，出现束缚电荷。由(2.4－5)式，区域 V 中的束缚电荷 q' 为

$$q'=\iiint_V\rho'\mathrm{d}V=-\iiint_V\nabla\cdot\boldsymbol{P}\mathrm{d}V$$

利用高斯定理，将体积分化为面积分后，可得到介质中封闭面 S 所包围的区域 V 中的束缚电荷 q' 为

$$q' = -\oint_S \boldsymbol{P} \cdot \mathrm{d}\boldsymbol{S} \tag{2.4-7}$$

此式说明,区域 V 中的束缚电荷 q' 等于从包围区域 V 的封闭面 S 进入的 $\boldsymbol{P}$ 的通量,也就是通过封闭面进入该体积的总电量。

介质放在强电场中,当电场大于某一数值时,介质中原子的外层电子在强电场力的作用下就会脱离原子的束缚成为自由电子,介质就失去绝缘作用而导电,这种现象叫介质击穿。刚发生击穿时所对应的电场强度称为击穿场强。所有的介质材料都有相应的击穿场强,例如:空气的击穿场强大约为 3×10^6 V/m;云母的击穿场强大约为 1×10^8 V/m;橡胶的击穿场强大约为 4×10^7 V/m;变压器油的击穿场强大约为 1.2×10^7 V/m;玻璃的击穿场强大约为 9×10^6 V/m;聚乙烯塑料的击穿场强大约为 1.8×10^7 V/m。介质材料在强电场中应用时受到击穿场强的限制。

思考题

1. 什么是自由电荷?什么是束缚电荷?
2. 媒质、介质和导体有什么区别?
3. 导体放在静电场中,达到静电平衡后电场和电荷分布有什么特点?
4. 什么是介质极化?介质极化后产生的电场如何计算?
5. 极化强度的物理意义是什么?
6. 什么是介质击穿?电工工具绝缘材料的耐压与该材料的击穿场强有什么关系?
7. 为什么说导体壳有静电屏蔽作用?如果在导体壳内放置有电荷,对外有没有静电屏蔽作用?

2.5 介质中的静电场方程

1. 介质中的静电场方程

在电场中有介质的情况下,介质极化使介质中出现了束缚电荷,由(2.4-4)式,束缚电荷也像真空中的自由电荷一样产生电场,因此在介质中,产生电场的源除了自由电荷外,还有束缚电荷。于是,在介质中电场强度穿过封闭曲面的通量为

$$\oint_S \boldsymbol{E} \cdot \mathrm{d}\boldsymbol{S} = \frac{q + q'}{\varepsilon_0} \tag{2.5-1}$$

上式中 q 为封闭面 S 中的自由电荷,q' 为封闭面 S 中的束缚电荷。将(2.4-7)式代入上式得

$$\oint_S \boldsymbol{E} \cdot \mathrm{d}\boldsymbol{S} = \frac{1}{\varepsilon_0}\left(q - \oint_S \boldsymbol{P} \cdot \mathrm{d}\boldsymbol{S}\right)$$

将上式中右边的面积分移到左边,并考虑到两个积分面相同,所以有

$$\oint_S (\varepsilon_0 \boldsymbol{E} + \boldsymbol{P}) \cdot \mathrm{d}\boldsymbol{S} = q \tag{2.5-2}$$

因为穿过封闭面的电通量等于封闭面中包围的电量,因此上式的左边应是穿过封闭面的电通量,其被积函数就是电通量密度,或电位移矢量,即

$$\boldsymbol{D} = \varepsilon_0 \boldsymbol{E} + \boldsymbol{P} \tag{2.5-3}$$

这就是介质中电位移矢量与电场强度和极化强度的关系。将其代入(2.5-2)式，得

$$\oiint_S \boldsymbol{D} \cdot \mathrm{d}\boldsymbol{S} = q \tag{2.5-4}$$

上式称为介质中静电场的高斯定理，它表明在介质中电位移矢量的源是自由电荷。

因为束缚电荷产生的电场与自由电荷的场有同样的性质，所以介质中的静电场也是保守场，其环量为 0，即

$$\oint_l \boldsymbol{E} \cdot \mathrm{d}\boldsymbol{l} = 0 \tag{2.5-5}$$

(2.5-4)式与(2.5-5)式就是介质中的静电场方程。利用高斯定理，将(2.5-4)式左边的面积分化为体积分，将封闭面中的自由电荷也用体积分表示，移项后得

$$\iiint_V (\nabla \cdot \boldsymbol{D} - \rho) \mathrm{d}V = 0$$

要使上式积分对任何体积都成立，必须有

$$\nabla \cdot \boldsymbol{D} = \rho \tag{2.5-6}$$

由(2.5-5)式可得到

$$\nabla \times \boldsymbol{E} = \boldsymbol{0} \tag{2.5-7}$$

以上两式是介质中静电场的微分方程，它们表明介质中的静电场是有散无旋场，电位移矢量的散度源是自由电荷体密度。仅由这两个方程还不能完全确定介质中的电场，要确定介质中的电场，还必须给出 $\boldsymbol{D}$ 与 $\boldsymbol{E}$ 的关系。对于除铁电物质以外的大多数介质，将(2.4-2)式代入(2.5-3)式得

$$\boldsymbol{D} = \varepsilon_0 \boldsymbol{E} + \boldsymbol{P} = \varepsilon_0 \boldsymbol{E} + \varepsilon_0 \chi_e \boldsymbol{E} = \varepsilon_0 (1 + \chi_e) \boldsymbol{E} \tag{2.5-8}$$

令

$$\varepsilon = \varepsilon_0 (1 + \chi_e) = \varepsilon_0 \varepsilon_r \tag{2.5-9}$$

(2.5-8)式可写为

$$\boldsymbol{D} = \varepsilon \boldsymbol{E} \tag{2.5-10}$$

上式称为介质的结构方程。ε 称为介质的介电常数，单位为 F/m；ε_r 称为介质的相对介电常数。对于给定的介质，在一定的物理条件(温度、压力等)下，ε_r 是定值。ε_r 是反映物质极化性能和存储电能能力的重要电参数。

介质 ε_r 值一般是坐标变量和电场强度的函数，有的还与方向有关系。当介质的 ε_r 与空间坐标变量无关，即当 ε_r 是常数时，为均匀介质，否则为非均匀介质。对于许多非均匀介质，如地层等，可以近似为分层均匀或分区均匀。ε_r 与电场强度无关的介质称为线性介质，否则为非线性介质。介质在电场不太大的情况下，一般都是线性的，只有在强电场时非线性才会有影响，需要加以考虑。如果 ε_r 的大小与电场在介质中的方向无关，为各向同性介质；否则，如果电场方向不同 ε_r 就不同，则为各向异性介质。各向异性介质的 ε_r 沿不同方向有不同的值，ε_r 就不能写成标量形式，可写成矩阵形式，即对于各向异性介质，结构方程可表示为

$$\begin{bmatrix} D_x \\ D_y \\ D_z \end{bmatrix} = \begin{bmatrix} \varepsilon_{11} & \varepsilon_{12} & \varepsilon_{13} \\ \varepsilon_{21} & \varepsilon_{22} & \varepsilon_{23} \\ \varepsilon_{31} & \varepsilon_{32} & \varepsilon_{33} \end{bmatrix} \begin{bmatrix} E_x \\ E_y \\ E_z \end{bmatrix} \tag{2.5-11}$$

或简写作

$$\boldsymbol{D} = \overline{\overline{\boldsymbol{\varepsilon}}} \cdot \boldsymbol{E} \tag{2.5-12}$$

式中

$$\overline{\overline{\boldsymbol{\varepsilon}}} = \begin{bmatrix} \varepsilon_{11} & \varepsilon_{12} & \varepsilon_{13} \\ \varepsilon_{21} & \varepsilon_{22} & \varepsilon_{23} \\ \varepsilon_{31} & \varepsilon_{32} & \varepsilon_{33} \end{bmatrix}$$

对于晶体材料，选择坐标轴沿晶体主轴，介电常数矩阵中的非对角元素就为零。上式矩阵就简化为

$$\overline{\overline{\varepsilon}} = \begin{bmatrix} \varepsilon_1 & 0 & 0 \\ 0 & \varepsilon_2 & 0 \\ 0 & 0 & \varepsilon_3 \end{bmatrix}$$

称这种各向异性媒质是双轴的。如果 $\varepsilon_1 = \varepsilon_2$，就是单轴的。如果 $\varepsilon_1 = \varepsilon_2 = \varepsilon_3$，就是各向同性了。

均匀、线性、各向同性介质的介电常数与坐标位置、电场的大小和方向都没有关系，是一常量，称为简单介质。在以后的章节中，如不特别声明，一般介质都指这样的简单介质。表 2.5-1 给出了几种常见介质在常温常压下 ε_r 的近似值。不同的介质，其 ε_r 不同。有些不同介质的 ε_r 相差很大。例如，水和油的 ε_r 就相差很大。利用这一特点，就可通过电法测量水油混合物中水或油的百分比。

表 2.5-1 几种常见介质的 ε_r 值

介质名称	ε_r	介质名称	ε_r
空气	1.0006	石英	3.8
油	2.3	云母	5.4
纸	3	(干燥)木材	1.5～4
有机玻璃	3.45	水	81
石蜡	2.1	树脂	3.3
聚乙烯	2.26	聚苯乙烯	2.55

总结前面讨论的介质中的静电场方程和介质结构方程，重写如表 2.5-2 所示。

表 2.5-2 介质中的静电场方程

积分形式	微分形式
$\oint_S \boldsymbol{D} \cdot d\boldsymbol{S} = q$	$\nabla \cdot \boldsymbol{D} = \rho$
$\oint_l \boldsymbol{E} \cdot d\boldsymbol{l} = 0$	$\nabla \times \boldsymbol{E} = \boldsymbol{0}$
$\boldsymbol{D} = \varepsilon \boldsymbol{E}$	

由前面分析知，当介质放在静电场中，介质在电场力作用下发生极化，也就是介质中的正负电荷中心发生位移，极化强度 $\boldsymbol{P}$ 和电位移矢量 $\boldsymbol{D} = \varepsilon \boldsymbol{E}$ 就描述了介质在电场中的这种特性。在

介质中，$\nabla\cdot\boldsymbol{D}=\rho$，$\nabla\cdot\boldsymbol{P}=-\rho'$，说明电位移矢量 $\boldsymbol{D}$ 的散度源是自由电荷密度，极化强度的散度源是束缚电荷密度。将 $\boldsymbol{D}=\varepsilon\boldsymbol{E}$ 代入 $\nabla\cdot\boldsymbol{D}=\rho$ 得

$$\nabla\cdot\boldsymbol{D}=\nabla\cdot(\varepsilon\boldsymbol{E})=\varepsilon\nabla\cdot\boldsymbol{E}+\boldsymbol{E}\cdot\nabla\varepsilon=\rho$$

在均匀介质中，ε 是常数，由上式得

$$\nabla\cdot\boldsymbol{E}=\frac{\rho}{\varepsilon} \tag{2.5-13}$$

将 $\boldsymbol{E}=-\nabla\Phi$ 代入上式，得

$$\nabla^2\Phi=-\frac{\rho}{\varepsilon} \tag{2.5-14}$$

这就是均匀介质中的电位方程。可见，均匀介质中的电场方程和电位方程与真空中的电场方程的不同之处，只是介电常数的差别。因此，只要将在真空中得到的电场关系中的 ε_0 用 ε 代替，就是在空间中全部填满同一种均匀介质时的电场关系。例如，在整个空间填充介电常数为 ε 的介质时，点电荷 q 的电场为

$$\boldsymbol{E}(\boldsymbol{r})=\frac{q\hat{R}}{4\pi\varepsilon R^2} \tag{2.5-15}$$

介质放在电场中发生极化，极化后介质中的束缚电荷体密度为

$$\begin{aligned}\rho'&=-\nabla\cdot\boldsymbol{P}=-\nabla\cdot(\varepsilon_0\chi\boldsymbol{E})=-\nabla\cdot\left[\left(1-\frac{1}{\varepsilon_r}\right)\boldsymbol{D}\right]\\&=\left(\frac{1}{\varepsilon_r}-1\right)\rho+\boldsymbol{D}\cdot\nabla\frac{1}{\varepsilon_r}\end{aligned} \tag{2.5-16}$$

由上式计算的束缚电荷体密度包括两部分，第一部分和自由电荷体密度有关，第二部分和介电常数的梯度有关。在没有电荷的无源区（$\rho=0$），第一部分为零；在介质均匀的区域，介电常数梯度为零，第二部分也就为零。在无源区，只有在介质不均匀的地方有束缚电荷，比如两种不同介质的界面上。在无源且介质均匀的区域中，束缚电荷体密度为 0。

2. 用介质中高斯定理计算电场

当电场中有介质或有导电体时，介质不均匀处和介质分界面就有束缚电荷，导电体表面就有感应电荷。这些束缚电荷和感应电荷和电场有关，如果是未知的，就不能用前面介绍的方法计算电场或电位。但当媒质与电荷分布具有相同的特殊对称性时，即自由电荷、束缚电荷或感应电荷都具有相同的特殊对称性时，如果能过场点作一高斯封闭面 S，在该封闭面上

$$\oint\!\!\!\oint_S\boldsymbol{D}\cdot\mathrm{d}\boldsymbol{S}=\iint_{S'}\boldsymbol{D}\cdot\mathrm{d}\boldsymbol{S}=DS' \tag{2.5-17}$$

S' 为封闭面 S 的全部或一部分，在 S' 上 $\boldsymbol{D}$ 大小相同，方向与封闭面 S 的法线方向一致，可由介质中的高斯定理方便地得到

$$D=\frac{q}{S'} \tag{2.5-18}$$

例 2.5-1 半径为 a 的导体球带电量为 q，球外包一层厚度为 b、介电常数为 ε 的介质，求电场分布和导体球的电位。

解 导体球和介质包层是同心的，都具有相同的球对称性，而电荷所在的导体球面是等位面，那么电荷均匀分布在球面，也具有相同的球对称性，因此空间电场也是球对称的。过场点作一半径为 r 同心球面，在该球面上电位移矢量大小相等，方向为球面的法向，根据(2.5-4)

式,对半径为 r 的同心球面有

$$\oint_S \boldsymbol{D} \cdot \mathrm{d}\boldsymbol{S} = 4\pi r^2 D_r = q$$

由此得

$$\boldsymbol{D} = \frac{q\hat{r}}{4\pi r^2}$$

当 $a < r < a + b$ 时

$$\boldsymbol{E} = \frac{\boldsymbol{D}}{\varepsilon} = \frac{q\hat{r}}{4\pi\varepsilon r^2}$$

当 $r > a + b$ 时

$$\boldsymbol{E} = \frac{\boldsymbol{D}}{\varepsilon_0} = \frac{q\hat{r}}{4\pi\varepsilon_0 r^2}$$

导体球的电位为

$$\Phi(a) = \int_a^\infty \boldsymbol{E} \cdot \mathrm{d}\boldsymbol{l} = \int_a^{a+b} \frac{q\,\mathrm{d}r}{4\pi\varepsilon r^2} + \int_{a+b}^\infty \frac{q\,\mathrm{d}r}{4\pi\varepsilon_0 r^2} = \frac{q}{4\pi\varepsilon}\left(\frac{1}{a} + \frac{\varepsilon_r - 1}{a+b}\right)$$

例 2.5-2 一同轴形电容器,截面如图 2.5-1 所示,内导体半径为 a,外导体内半径为 b。它们之间介质的介电常数为 ε,长度为 L。如果在内、外导体之间加电压 V,忽略边缘效应,求此电容器中的电场。

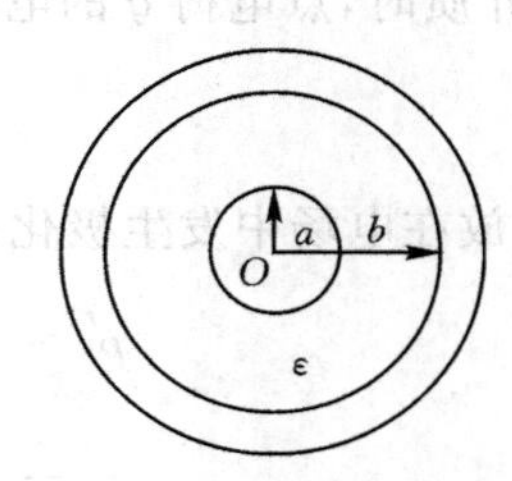

图 2.5-1 同轴形电容器

解 此电容器为轴对称结构,如果忽略边缘效应,在电容器中的同轴圆柱面上电位移矢量的大小相等,方向为圆柱面的法向。设内导体上带电荷为 q,取半径为 ρ 的同轴圆柱面和其两端面构成封闭面 S,则

$$\oint_S \boldsymbol{D} \cdot \mathrm{d}\boldsymbol{S} = 2\pi\rho L D_\rho = q$$

由此得

$$\boldsymbol{D} = \frac{q\hat{\rho}}{2\pi L\rho}$$

电场强度为

$$\boldsymbol{E} = \frac{q\hat{\rho}}{2\pi\varepsilon L\rho}$$

内外导体之间的电压为

$$V = \int_a^b \boldsymbol{E} \cdot \mathrm{d}\boldsymbol{l} = \int_a^b \frac{q\,\mathrm{d}\rho}{2\pi\varepsilon L\rho} = \frac{q}{2\pi\varepsilon L} \ln\frac{b}{a}$$

由上式求得内导体上电荷为

$$q = \frac{2\pi\varepsilon LV}{\ln\dfrac{b}{a}}$$

将内导体上电荷 q 与电压 V 的关系代入电场强度式中,得

$$\boldsymbol{E} = \hat{\rho}\,\frac{V}{\ln\dfrac{b}{a}}\,\frac{1}{\rho}$$

思考题

1. 什么是均匀介质？什么是非均匀介质？什么是线性介质？什么是非线性介质？什么是各向同性介质？什么是各向异性介质？

2. 为什么说束缚电荷产生的电场与自由电荷产生的电场具有相同的性质？

3. 当一块介质中放入一点电荷时，其电场可以用(2.5－15)式表示吗？为什么？

4. 介质中电位移矢量和电场强度有什么区别？

5. 简述静电场方程的物理意义。

2.6 静电场的边界条件

当静电场中有媒质存在时，媒质与电场相互作用，使在介质中的不均匀处出现束缚电荷，在导体的表面上出现感应电荷。这些束缚电荷及感应电荷又产生电场，从而又改变了原来电场的分布。尤其是在两种不同媒质的分界面上出现束缚和感应面电荷，使界面两边的电场出现不连续，并使微分形式的静电场方程不能用在分界面上(由于边界处电场不连续，导数不存在)。因此，当讨论的区域存在两种或两种以上媒质时，就需要建立不同媒质分界面两边电场的关系，这就是边界条件。

设介电常数分别为 ε_1 和 ε_2 的两种媒质分界面两侧的电位移矢量及电场强度分别为 $\boldsymbol{D}_1$、$\boldsymbol{D}_2$ 和 $\boldsymbol{E}_1$、$\boldsymbol{E}_2$，界面的法线方向指向媒质 1 中。在分界面上的电场可分解为垂直于分界面的法向分量和平行于分界面的切向分量，如图 2.6－1(a)所示。下面推导媒质分界面两侧的电场法向分量和切向分量的关系。

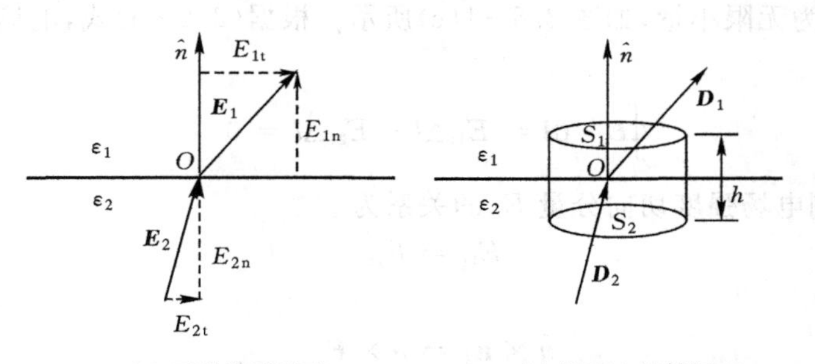

(a) 两种媒质界面　　(b) 界面上的封闭面

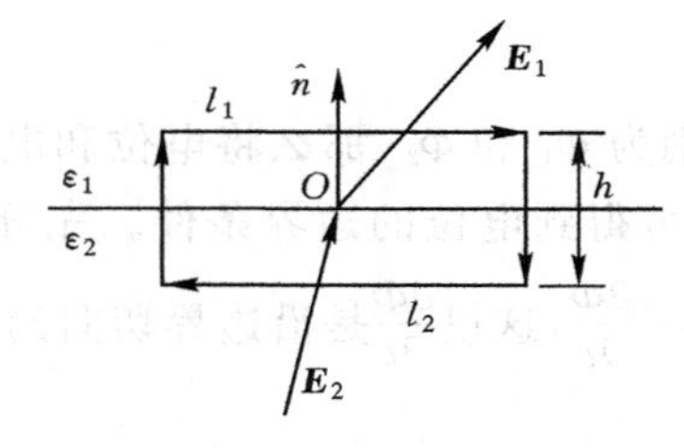

(c) 界面上的闭合回路

图 2.6－1　两种媒质界面的边界条件

1. 分界面两侧电位移矢量法向分量的关系

为推导分界面两侧电位移矢量法向分量的关系，跨分界面取一个很小的圆柱形封闭面，其上下端面分别在分界面两侧，并与分界面平行，柱高 h 为无限小量($h\to 0$)，如图 2.6－1(b)所示。在此小封闭面上应用静电场高斯定理

$$\oint_S \boldsymbol{D}\cdot \mathrm{d}\boldsymbol{S} = q$$

考虑到封闭柱面的两个底面 S_1、S_2 的面积 ΔS 很小，因此在每个底面上的电场可近似为相同，当 h 为无限小量，圆柱侧面积也为无限小量，从而其通量也是无限小量，所以

$$\oint_S \boldsymbol{D}\cdot \mathrm{d}\boldsymbol{S} = D_{1\mathrm{n}}\Delta S - D_{2\mathrm{n}}\Delta S$$

如果 ρ_S 为分界面上的自由电荷面密度(如果分界面上有自由电荷的话)，则当 h 为无限小量时，圆柱形封闭面内包围的电荷量为

$$q = \rho_S \Delta S$$

将以上两式代入高斯定理，就得到分界面两侧电位移矢量法向分量 D_n 所满足的关系为

$$D_{1\mathrm{n}} - D_{2\mathrm{n}} = \rho_S \tag{2.6-1}$$

也可写成矢量形式

$$(\boldsymbol{D}_1 - \boldsymbol{D}_2)\cdot \hat{n} = \rho_S \tag{2.6-2}$$

将 $\boldsymbol{D}=\varepsilon\boldsymbol{E}$ 代入(2.6－1)式，可得电场强度法向分量的边界条件为

$$\varepsilon_1 E_{1\mathrm{n}} - \varepsilon_2 E_{2\mathrm{n}} = \rho_S \tag{2.6-3}$$

2. 分界面两侧电场强度切向分量的关系

为推导分界面两侧电场强度切向分量的关系，跨分界面上取一很小的矩形闭合路径，两边 l_1、l_2 与分界面平行，且分别在分界面两侧，长度 Δl 很小，在每一条边上的电场强度可认为是相同的，矩形的高 h 为无限小量，如图 2.6－1(c)所示。根据(2.5－5)式，电场强度沿此闭合路径的线积分为

$$\oint_l \boldsymbol{E}\cdot \mathrm{d}\boldsymbol{l} = E_{1\mathrm{t}}\Delta l - E_{2\mathrm{t}}\Delta l = 0$$

由此可得分界面两侧电场强度切向分量 E_t 的关系为

$$E_{1\mathrm{t}} = E_{2\mathrm{t}} \tag{2.6-4}$$

其矢量形式为

$$\hat{n}\times \boldsymbol{E}_1 = \hat{n}\times \boldsymbol{E}_2 \tag{2.6-5}$$

(2.6－1)和(2.6－4)式就是静电场边界条件的一般形式。

3. 电位的边界条件

如果边界两侧对应的电位分别为 Φ_1 和 Φ_2，那么将电位和电场强度的关系 $\boldsymbol{E}=-\nabla\Phi$ 分别代入(2.6－3)式和(2.6－4)式，就可得到电位的边界条件。先分析和(2.6－4)式对应的电位的边界条件，因为 $E_\mathrm{t}=-\hat{t}\cdot\nabla\Phi=-\dfrac{\partial\Phi}{\partial t}$，这里 $\dfrac{\partial\Phi}{\partial t}$ 是沿边界切向的方向导数，因此(2.6－4)式写成电位形式为

$$\frac{\partial\Phi_1}{\partial t} = \frac{\partial\Phi_2}{\partial t}$$

由于上式在边界上每一点都成立，沿边界积分，并考虑到过边界电位不会发生突变，那么在边界上有

$$\Phi_1 = \Phi_2 \tag{2.6-6}$$

类似地，可得到(2.6-3)式对应的电位的边界条件为

$$\varepsilon_2 \frac{\partial \Phi_2}{\partial n} - \varepsilon_1 \frac{\partial \Phi_1}{\partial n} = \rho_S \tag{2.6-7}$$

4. 两种不同介质分界面的边界条件

(1) 两种介质边界的电场边界条件

在两种不同介质的分界面上，没有自由电荷，即 $\rho_S = 0$，因此根据(2.6-1)和(2.6-4)式，在边界上不仅电场强度的切向分量连续，而且电位移矢量的法向分量也连续

$$D_{1n} = D_{2n} \tag{2.6-8}$$

$$E_{1t} = E_{2t}$$

(2.6-8)式也可写成电场强度法向分量的形式

$$\varepsilon_1 E_{1n} = \varepsilon_2 E_{2n} \tag{2.6-9}$$

可见，由于 $\varepsilon_1 \neq \varepsilon_2$，电场强度的法线分量在介质分界面上不连续，使界面两边的电场强度不但大小不同，方向也不同。考虑到电场强度和界面法线的夹角 α 有关系 $\tan\alpha = \dfrac{E_t}{E_n}$，由(2.6-9)式和(2.6-4)式，界面两边电场强度方向与法线的夹角的关系为

$$\frac{1}{\varepsilon_1}\tan\alpha_1 = \frac{1}{\varepsilon_2}\tan\alpha_2 \tag{2.6-10}$$

介质分界面上电场强度的法向分量不连续是由于界面上有束缚面电荷。下面推导计算界面上束缚电荷面密度 ρ'_S 的公式。跨分界面取如图 2.6-1(b)所示的一个很小的柱形封闭面，利用(2.4-7)式

$$q' = -\oint\!\!\!\oint_S \boldsymbol{P} \cdot \mathrm{d}\boldsymbol{S}$$

求封闭面中的束缚电荷。对于高为无限小量的小圆柱封闭面，上式右边的面积分为

$$-\oint\!\!\!\oint_S \boldsymbol{P} \cdot \mathrm{d}\boldsymbol{S} = (P_{2n} - P_{1n})\Delta S$$

由于柱形封闭面的高为无限小量，当封闭面的高度趋于 0 时，封闭面中仅有界面上的束缚面电荷，考虑到 ΔS 很小，因此

$$q' = \rho'_S \Delta S$$

由以上两式，可得界面上的束缚电荷面密度为

$$\rho'_S = P_{2n} - P_{1n} \tag{2.6-11}$$

由(2.5-3)式，$\boldsymbol{P} = \boldsymbol{D} - \varepsilon_0 \boldsymbol{E}$，代入上式得

$$\rho'_S = \varepsilon_0 (E_{1n} - E_{2n}) - (D_{1n} - D_{2n}) \tag{2.6-12}$$

或

$$\rho'_S = \varepsilon_0 (E_{1n} - E_{2n}) - \rho_S \tag{2.6-13}$$

在两种介质边界上无自由电荷，因此有

$$\rho'_S = \varepsilon_0 (E_{1n} - E_{2n}) \tag{2.6-14}$$

根据(2.6-6)式和(2.6-7)式，考虑到在两种介质的分界面上没有自由电荷，即 $\rho_S = 0$，可得到

电位在两种介质界面上的边界条件为

$$\Phi_1 = \Phi_2$$

$$\varepsilon_1 \frac{\partial \Phi_1}{\partial n} = \varepsilon_2 \frac{\partial \Phi_2}{\partial n} \tag{2.6-15}$$

(2) 导体表面(导体与介质界面)的边界条件

由于在导体中电场为0,导体表面上存在感应的自由电荷,根据(2.6-1)式和(2.6-4)式,在导体表面上

$$D_n = \rho_S \quad 或 \quad \varepsilon E_n = \rho_S \tag{2.6-16}$$

$$E_t = 0 \tag{2.6-17}$$

以上两式说明,电场垂直于导体表面,且导体表面上的感应电荷面密度等于导体表面上的电位移矢量的大小。对应的电位的边界条件为

$$-\varepsilon \frac{\partial \Phi}{\partial n} = \rho_S \tag{2.6-18}$$

$$\Phi = 常数 \tag{2.6-19}$$

上式说明,导体表面是等位面。

例 2.6-1　两块导电平板平行放置,之间填充厚度分别为 d_1、d_2 的两层介质,如图 2.6-2 所示。两导电板间的电压为 V,忽略边缘效应,求两块导电平板之间的电场及电荷分布。

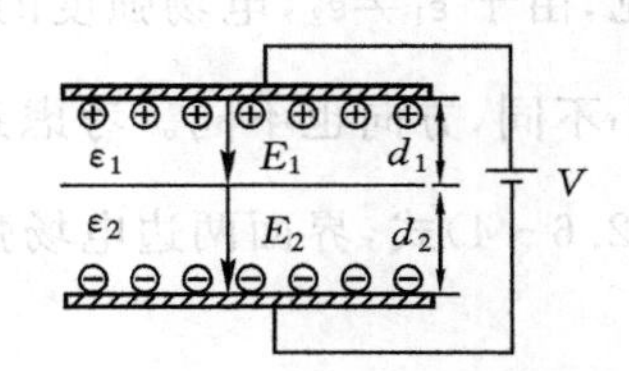

图 2.6-2　填充两种介质的两平行导电平板

解　两块导电平板加电压带电,上极板带正电荷,下极板带负电荷,忽略边缘效应,近似认为导电板上的电荷均匀分布,在导电板之间,电场电力线为平行的直线,方向为从正指到负,两介质中的电场都是均匀的,设大小分别为 E_1、E_2。那么,由两介质界面的边界条件以及导电板之间电场与电压的关系可得到

$$\varepsilon_1 E_1 = \varepsilon_2 E_2$$

$$E_1 d_1 + E_2 d_2 = V$$

联立求解,得

$$E_1 = \frac{\varepsilon_2 V}{\varepsilon_1 d_2 + \varepsilon_2 d_1}$$

$$E_2 = \frac{\varepsilon_1 V}{\varepsilon_1 d_2 + \varepsilon_2 d_1}$$

正、负导电极板上的电荷面密度分别为

$$\rho_{S1} = D_{1n} = \varepsilon_1 E_{1n} = \frac{\varepsilon_1 \varepsilon_2 V}{\varepsilon_1 d_2 + \varepsilon_2 d_1}$$

$$\rho_{S2} = D_{2n} = \varepsilon_2 E_{2n} = -\frac{\varepsilon_1 \varepsilon_2 V}{\varepsilon_1 d_2 + \varepsilon_2 d_1}$$

两介质界面的束缚电荷面密度为

$$\rho'_S = \varepsilon_0 (E_{2n} - E_{1n}) = \frac{\varepsilon_0 V}{\varepsilon_1 d_2 + \varepsilon_2 d_1}(\varepsilon_1 - \varepsilon_2)$$

思考题

1. 如果在两种媒质的分界面两侧有电荷密度为 ρ 的体电荷分布，这种电荷分布对分界面电场的边界条件有没有影响，为什么？

2. 引起分界面两侧电位移矢量和电场强度法向分量不连续的原因各是什么？

3. 分界面上任一点的电场和源之间有什么关系？这种关系能否用电场的散度和旋度的形式来表示，为什么？

4. 导体是等位体，导体表面是等位面，电位处处相同，如果导体带有电荷，那么电荷面密度是不是也处处相同？

2.7　电位的边值问题与解的唯一性

许多物理规律、过程和状态可以用数学方程进行描述，具体物理问题的数学描述也称之为数学模型。求解某空间区域静电场的电位问题就是求解满足该区域边界条件的偏微分方程——泊松方程或拉普拉斯方程的定解问题。电位的定解问题又称为边值问题。

电位的边值问题有三种类型：第一类是给定区域边界上的电位值，这类问题又称为狄利克雷(Dirichlet)问题；第二类是给定区域边界上的电位的法向导数值，又称为诺伊曼(Neumann)问题；第三类是混合边值问题，在区域的一部分边界上给定电位值，在另一部分边界上给定电位的法向导数值。上述三类边值条件称为定解条件。在电位的边值问题中，场域中的电位必然满足泊松方程或拉普拉斯方程，这个方程称为定解方程。求解边值问题就是寻找既要在区域中满足方程，又要在区域边界上满足边值条件的函数。边值问题有许多求解方法，不同方法适合不同的问题。

对于具体的边值问题，不仅要了解适合该问题的求解方法，而且要讨论解的存在性、唯一性和稳定性。稳定性问题是讨论当定解条件略微改变时，解的变化如何。稳定性问题之所以重要是由于在将物理问题抽象为数学模型时，一般需要作一些简化或理想化的假定，与物理实际有一定的误差。研究稳定性问题，可以对数学模型及其解的近似程度作出估计。讨论解的存在性问题的重要性是不言而喻的。对于从工程实际中抽象出的电位边值问题，其解是一定存在的。唯一性问题是讨论在什么定解条件下，即需要哪些条件，边值问题才有唯一的解。可见，如果了解了电位边值问题解唯一的条件，那么在求解电位边值问题时，就不但有了判断解的根据，也知道了求解此问题的必要条件。

静电场电位边值问题解的唯一性定理指出：当在场域中电位满足泊松方程或拉普拉斯方程，在边界上满足三类边值条件之一时，电位是唯一的。

证　用反证法。假如在场域中满足泊松方程或拉普拉斯方程，在边界上满足三类边值条件之一的电位不是唯一的，那么至少有两个解，记为 Φ_1 和 Φ_2，令

$$\delta\Phi = \Phi_1 - \Phi_2 \tag{2.7-1}$$

由于 Φ_1 和 Φ_2 在场域中都满足泊松方程或拉普拉斯方程，则

$$\nabla^2 \delta\Phi = 0 \tag{2.7-2}$$

在格林第一定理中，取两个标量场相同，且等于 $\delta\Phi$，即

$$\iiint_V \{\delta\Phi\nabla^2\delta\Phi - |\nabla\delta\Phi|^2\}\mathrm{d}V = -\oint_S \delta\Phi\frac{\partial\delta\Phi}{\partial n}\mathrm{d}S \tag{2.7-3}$$

将(2.7-2)式代入，得

$$\iiint_V |\nabla\delta\Phi|^2\mathrm{d}V = \oint_S \delta\Phi\frac{\partial\delta\Phi}{\partial n}\mathrm{d}S \tag{2.7-4}$$

当给定第一类边值条件时，在区域边界上，电位值给定，那么 $\Phi_1=\Phi_2$，也就是在区域边界上 $\delta\Phi=0$，因此(2.7-4)式右边的面积分为0。

当给定第二类边值条件时，在区域边界上，电位的法向导数值给定，那么$\frac{\partial\Phi_1}{\partial n}=\frac{\partial\Phi_2}{\partial n}$，也就是在区域边界上$\frac{\partial\delta\Phi}{\partial n}=0$，因此(2.7-4)式的右边面积分也为0。

同理，对于第三类边值条件，(2.7-4)式右边的面积分也为0。由于(2.7-4)式的右边面积分为0，而左边的体积分的被积函数是大于或等于0的，故要使它的体积分为0，被积函数必须为0，即

$$\nabla\delta\Phi = 0$$

由此得出 $\delta\Phi=C$ 或 $\Phi_1=\Phi_2+C$。也就是说，电位的两个不同的解只是相差一个常数，换句话说，只是电位参考点不同，实际上对应的电场是相同的，这与假设是矛盾的，所以，在场域中满足泊松方程或拉普拉斯方程，在边界上满足三类边值条件之一的电位是唯一的。证毕。

唯一性定理是关于边值问题的一个重要定理。它指出了满足边值条件和场方程的解是唯一的。当直接求解场方程有困难而采用其他方法求解时，如果能够找到一个函数，使其满足边值条件，并可证明它也满足场方程的话，则根据唯一性定理可以确信它就是所要求的解。

电位的泊松方程和拉普拉斯方程都是偏微分方程，但当电荷分布和媒质具有一定对称性，使电位仅和一个坐标有关，即电位为一元函数时，偏微分方程也就退化为常微分方程。

例 2.7-1　在球形区域，已知

(1) 在 $r=a$ 的球面边界上$\frac{\partial\Phi}{\partial r}=-\frac{\rho_S}{\varepsilon_0}$；

(2) 在 $r=b$ 的球面边界上 $\Phi=0$；

(3) 在 $a<r<b$，电荷体密度为0。

求 $a<r<b$ 区域中的电位。

解　从题意可知，这是求解电位拉普拉斯方程满足第三类混合边值条件的定解问题。由于边界是球面，且边界条件与 θ 及 φ 无关，因此选用圆球坐标系，电位将仅是 r 的函数。在 $a<r<b$ 区域电位满足的拉普拉斯方程退化为

$$\frac{1}{r^2}\frac{\mathrm{d}}{\mathrm{d}r}\left(r^2\frac{\mathrm{d}\Phi(r)}{\mathrm{d}r}\right)=0$$

此方程的通解为

$$\Phi(r)=\frac{c_1}{r}+c_2$$

c_1、c_2 是两个待定常数，可由电位在两个边界上的值确定。先将通解代入 $r=a$ 的球面边值条件，得

$$-\frac{c_1}{a^2}=-\frac{\rho_S}{\varepsilon_0}$$

然后再将通解代入 $r=b$ 的球面边值条件，得

$$\frac{c_1}{b}+c_2=0$$

联立求得

$$c_1=\frac{a^2\rho_S}{\varepsilon_0},\quad c_2=-\frac{a^2\rho_S}{\varepsilon_0 b}$$

将这两个常数代入通解中，得到 $a<r<b$ 区域中的电位为

$$\Phi(r)=\frac{a^2\rho_S}{\varepsilon_0}\left(\frac{1}{r}-\frac{1}{b}\right)$$

例 2.7-2 在无限大、电位为0的导电平板上方垂直放置一个无限长的、张角为 2α 的导电圆锥，电位为 V，如图 2.7-1 所示。求导电圆锥与导电平板之间区域中的电位。

解 这种结构具有轴对称性，采用圆球坐标系，显然电位与 φ 无关，又由于无限大的电位边界上电位与 r 无关，所以电位仅是 θ 的函数，故电位满足的拉普拉斯方程为

$$\nabla^2\Phi=\frac{1}{r^2\sin\theta}\frac{\mathrm{d}}{\mathrm{d}\theta}\left(\sin\theta\frac{\mathrm{d}\Phi}{\mathrm{d}\theta}\right)=0$$

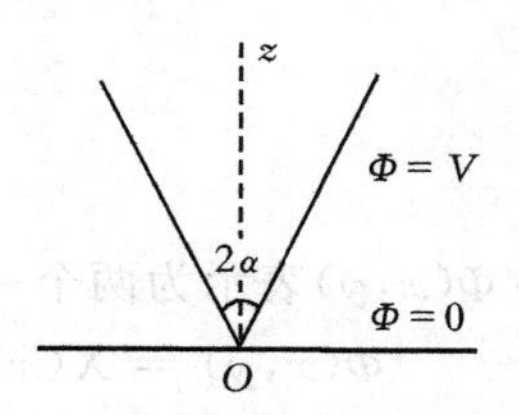

图 2.7-1 导电平板上的导电圆锥

其通解为

$$\Phi(\theta)=c_1\ln\left(\tan\frac{\theta}{2}\right)+c_2$$

利用边值条件，当 $\theta=\alpha$ 时，$\Phi(\alpha)=V$；当 $\theta=\frac{\pi}{2}$ 时，$\Phi\left(\frac{\pi}{2}\right)=0$，得

$$c_1=\frac{V}{\ln\left(\tan\frac{\alpha}{2}\right)},\quad c_2=0$$

将两常数代入电位通解中得

$$\Phi(\theta)=\frac{V}{\ln\left(\tan\frac{\alpha}{2}\right)}\ln\left(\tan\frac{\theta}{2}\right)$$

思考题

1. 什么是电位边值问题？
2. 电位边值问题有哪几种类型？
3. 使电位唯一的条件是什么？

2.8 分离变量法

分离变量法是求解电位拉普拉斯方程的一个重要方法。它要求所给区域的边界面与采用的坐标系中的坐标面相合。求解时，将电位函数分离成各坐标变量函数的乘积形式，这样，偏微分方程就可分解为3个常微分方程来求解。下面通过在直角和圆柱坐标系中的两个例子介绍求解电位边值问题的分离变量法。

例 2.8-1 两个很大的导电平板平行放置,间距为 d,电位均为0,在一端接一个电位为 V 的导电板,如图2.8-1所示。求导电板之间的电位。

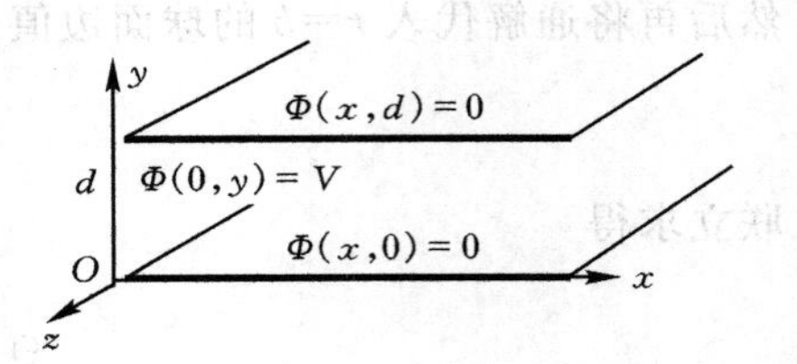

图 2.8-1 三导电平板之间的电位

解 选用直角坐标系,使边界面与坐标面相合。由于两平行的导电平板很大,可近似认为沿 x 正方向,正负 z 方向都为无限,因此电位与坐标变量 z 无关。在三块导电板之间没有电荷分布,电位满足拉普拉斯方程

$$\frac{\partial^2 \Phi(x,y)}{\partial x^2}+\frac{\partial^2 \Phi(x,y)}{\partial y^2}=0 \qquad (2.8-1)$$

根据题意,边界条件为

$$\Phi(0,y)=V \qquad (2.8-2a)$$

$$\Phi(\infty,y)=0 \qquad (2.8-2b)$$

$$\Phi(x,0)=0 \qquad (2.8-2c)$$

$$\Phi(x,d)=0 \qquad (2.8-2d)$$

将 $\Phi(x,y)$ 表示为两个一元函数 $X(x)$ 和 $Y(y)$ 的乘积,即

$$\Phi(x,y)=X(x)Y(y) \qquad (2.8-3)$$

代入(2.8-1)式,得

$$X''(x)Y(y)+X(x)Y''(y)=0$$

式中的撇号代表求导。等式两边同除以 XY,得

$$\frac{1}{X}\frac{\mathrm{d}^2X}{\mathrm{d}x^2}+\frac{1}{Y}\frac{\mathrm{d}^2Y}{\mathrm{d}y^2}=0 \qquad (2.8-4)$$

上式第一项仅为 x 的函数,第二项仅为 y 的函数。对于任何 x、y,要使上式成立,每一项必须为常数。令第一项等于常数 $-k_x^2$,第二项等于常数 $-k_y^2$,那么,(2.8-4)式分离为两个常微分方程

$$X''+k_x^2X=0 \qquad (2.8-5)$$

$$Y''+k_y^2Y=0 \qquad (2.8-6)$$

两个未知常数应满足

$$k_x^2+k_y^2=0 \qquad (2.8-7)$$

两常数 k_x^2 和 k_y^2,如果一个大于零,另一个就小于零。如果 k_x^2 大于零,二阶常微分方程(2.8-5)与(2.8-6)的通解分别为

$$X(x)=A\cos(k_xx)+B\sin(k_xx) \qquad (2.8-8)$$

$$Y(y)=C\mathrm{e}^{k_xy}+D\mathrm{e}^{-k_xy} \qquad (2.8-9)$$

如果 k_y^2 大于零,二阶常微分方程(2.8-5)与(2.8-6)的通解分别为

$$X(x)=A\mathrm{e}^{k_yx}+B\mathrm{e}^{-k_yx} \qquad (2.8-10)$$

$$Y(y)=C\cos(k_yy)+D\sin(k_yy) \qquad (2.8-11)$$

式中 A、B、C、D 分别为待定系数。在本例中,根据场区结构,在 y 方向可以延拓成周期结构,电位沿 y 方向就取三角函数形式,因此 $X(x)$ 和 $Y(y)$ 的函数形式分别取(2.8-10)和(2.8-11)式的形式。代入(2.8-3)式,电位的通解为

$$\Phi(x,y)=(A\mathrm{e}^{k_yx}+B\mathrm{e}^{-k_yx})(C\sin(k_yy)+D\cos(k_yy)) \qquad (2.8-12)$$

下面确定上式中的未知常数。

(1) 利用边界条件(2.8-2c)式，在 $y=0$ 的边界上，要使对于任何 x，$\Phi=0$ 都成立，必须有 $D=0$；

(2) 利用边界条件(2.8-2d)式，在 $y=d$ 的边界上，要使对于任何 x，$\Phi=0$ 都成立，必须有 $\sin(k_y d)=0$，那么 $k_y d=m\pi$，从而得

$$k_y = \frac{m\pi}{d} \quad (m = 1,2,\cdots) \tag{2.8-13}$$

(3) 利用边界条件(2.8-2b)式，要使 $x\to\infty$ 时，$\Phi=0$，系数 A 必须为0。

将以上已求得的系数代入(2.8-12)式后，考虑到对于所有 m 值都是电位的解，因此，它们的线性组合也是电位的解，即

$$\Phi(x,y) = \sum_{m=1}^{\infty} C_m \mathrm{e}^{-\frac{m\pi}{d}x} \sin\left(\frac{m\pi}{d}y\right) \tag{2.8-14}$$

(4) 下面利用边界条件(2.8-2a)式求系数 C_m。将 $x=0$ 代入上式，由 $\Phi(0,y)=V$ 得

$$V = \sum_{m=1}^{\infty} C_m \sin\left(\frac{m\pi}{d}y\right) \tag{2.8-15}$$

这是常数 V 的正弦函数级数展开，C_m 是展开系数。为了求 C_m，在上式两边同乘以 $\sin\left(\frac{n\pi}{d}y\right)$，然后对 y 从0到 d 积分。容易求出：当 m 为偶数时，$C_m=0$；当 m 是奇数时，$C_m=\frac{4V}{m\pi}$。代入上式，取 $m=2n-1$ 得

$$\Phi(x,y) = \frac{4V}{\pi}\sum_{m=1}^{\infty} \frac{1}{2m-1} \mathrm{e}^{-\frac{2m-1}{d}\pi x} \sin\left(\frac{2m-1}{d}\pi y\right) \tag{2.8-16}$$

例 2.8-2 一无限长、半径为 a、介电常数为 ε 的介质圆柱，放入 $\boldsymbol{E}_0=E_0\hat{x}$ 的均匀电场中，介质圆柱轴沿 z 轴放置，如图 2.8-2 所示。求介质柱内、外的电位。

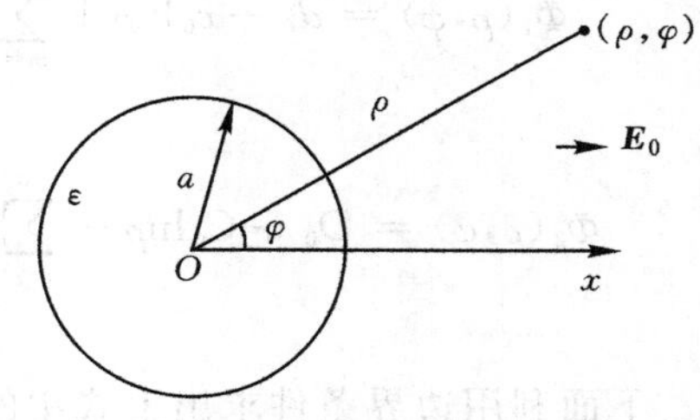

图 2.8-2 均匀电场中的介质圆柱

解 电场和介质柱都沿 z 方向是均匀的，因此电位与 z 无关。由于 $\nabla\cdot\boldsymbol{E}_0=0$，所以场域是无源区。采用圆柱坐标系，电位满足拉普拉斯方程

$$\frac{1}{\rho}\frac{\partial}{\partial\rho}\left(\rho\frac{\partial\Phi}{\partial\rho}\right)+\frac{1}{\rho^2}\frac{\partial^2\Phi}{\partial\varphi^2}=0 \tag{2.8-17}$$

边界条件为：

在 $\rho=0$ 处，设电位为0；

在 $\rho\to\infty$ 处，介质圆柱对电位的影响可忽略，即

$$\Phi(\infty,\varphi) = \Phi_0 = -E_0 x = -E_0\rho\cos\varphi \tag{2.8-18}$$

在 $\rho=a$ 处，电位满足边界条件

$$\Phi_1 = \Phi_2 \tag{2.8-19}$$

$$\varepsilon\frac{\partial\Phi_1}{\partial\rho} = \varepsilon_0\frac{\partial\Phi_2}{\partial\rho} \tag{2.8-20}$$

式中 Φ_1 和 Φ_2 分别表示介质圆柱内、外的电位。

将 $\Phi(\rho,\varphi)$ 表示为两个一元函数的乘积，即

$$\Phi(\rho,\varphi)=R(\rho)\Psi(\varphi) \tag{2.8-21}$$

代入(2.8-17)式,两边同除以$R\Psi$同乘以ρ^2,可得

$$\frac{\rho}{R}\frac{\mathrm{d}}{\mathrm{d}\rho}\left(\rho\frac{\mathrm{d}R}{\mathrm{d}\rho}\right)+\frac{1}{\Psi}\frac{\mathrm{d}^2\Psi}{\mathrm{d}\varphi^2}=0 \tag{2.8-22}$$

上式第一项仅为ρ的函数,第二项仅为φ的函数,对于任何ρ、φ要使上式成立,每一项必须为常数。令第一项等于常数$-k_\rho^2$,第二项等于常数$-k_\varphi^2$,那么(2.8-22)式分离为两个常微分方程

$$\rho\frac{\mathrm{d}}{\mathrm{d}\rho}\left(\rho\frac{\mathrm{d}R}{\mathrm{d}\rho}\right)+k_\rho^2R=0 \tag{2.8-23}$$

$$\frac{\mathrm{d}^2\Psi}{\mathrm{d}\varphi^2}+k_\varphi^2\Psi=0 \tag{2.8-24}$$

而两常数满足以下关系

$$k_\rho^2+k_\varphi^2=0 \tag{2.8-25}$$

由于在圆柱坐标系,电位是关于φ以2π为周期的函数,因此k_φ为实数,Ψ的通解为

$$\Psi(\varphi)=A\sin m\varphi+B\cos m\varphi \tag{2.8-26}$$

即取

$$k_\varphi=m \quad (m=0,1,2,3,\cdots) \tag{2.8-27}$$

将(2.8-27)式及(2.8-25)式代入后,(2.8-23)式的通解为

$$R(\rho)=c_0\ln\rho+d_0, \quad m=0 \tag{2.8-28a}$$

$$R(\rho)=c_m\rho^m+d_m\rho^{-m}, \quad m>0 \tag{2.8-28b}$$

将(2.8-28)式及(2.8-26)式代入(2.8-21)式,并考虑到所有的m值都是方程的解,由此可得到在介质圆柱内、外电位的通解分别为

$$\Phi_1(\rho,\varphi)=d_0+c_0\ln\rho+\sum_{m=1}^{\infty}(c_m\rho^m+d_m\rho^{-m})(a_m\sin m\varphi+b_m\cos m\varphi), \quad \rho<a \tag{2.8-29a}$$

$$\Phi_2(\rho,\varphi)=D_0+C_0\ln\rho+\sum_{m=1}^{\infty}(C_m\rho^m+D_m\rho^{-m})(A_m\sin m\varphi+B_m\cos m\varphi), \quad \rho\geqslant a \tag{2.8-29b}$$

下面利用边界条件求出上式中的待定系数

(1) $\rho=0$,$\Phi_1=0$,因此

$$d_0=0;\quad c_0=0;\quad d_m=0 \quad (m=1,2,3,\cdots)$$

(2) $\rho\to\infty$,$\Phi_2=\Phi_0$,因此

$$D_0=0;\quad C_0=0;\quad C_1=-E_0;\quad B_1=1;$$

$$A_m=0 \quad (m=1,2,3,\cdots)$$

$$C_m=0 \quad (m=2,3,\cdots)$$

将以上已确定的系数代入(2.8-29)式,得

$$\Phi_1(\rho,\varphi)=\sum_{m=1}^{\infty}\rho^m(a'_m\sin m\varphi+b'_m\cos m\varphi) \tag{2.8-30a}$$

$$\Phi_2(\rho,\varphi)=-E_0\rho\cos\varphi+\sum_{m=1}^{\infty}D_m\rho^{-m}B_m\cos m\varphi \tag{2.8-30b}$$

上式中$a'_m=c_ma_m$,$b'_m=c_mb_m$。

(3)利用在 $\rho=a$ 处的边界条件,将(2.8-30a)式和(2.8-30b)式代入(2.8-19)式和(2.8-20)式得

$$\sum_{m=1}^{\infty} a^m (a'_m \sin m\varphi + b'_m \cos m\varphi) = -E_0 a\cos\varphi + \sum_{m=1}^{\infty} B'_m a^{-m} \cos m\varphi$$

$$\varepsilon \sum_{m=1}^{\infty} m a^{m-1} (a'_m \sin m\varphi + b'_m \cos m\varphi) = -\varepsilon_0 E_0 \cos\varphi - \varepsilon_0 \sum_{m=1}^{\infty} B'_m m a^{-m-1} \cos m\varphi$$

上式中 $B'_m = D_m B_m$。

求解以上联立方程,利用方程两边同次三角函数的系数相等,可解得

$$b'_1 = c_1 b_1 = -\frac{2\varepsilon_0 E_0}{\varepsilon+\varepsilon_0}$$

$$B'_1 = B_1 D_1 = \frac{\varepsilon-\varepsilon_0}{\varepsilon+\varepsilon_0} a^2 E_0$$

其余系数全为 0。将求得的系数代入(2.8-30)式得

$$\Phi = \begin{cases} -\dfrac{2\varepsilon_0 E_0}{\varepsilon+\varepsilon_0}\rho\cos\varphi, & \rho < a \\ -\left(\rho + \dfrac{\varepsilon_0-\varepsilon}{\varepsilon+\varepsilon_0}\dfrac{a^2}{\rho}\right)E_0\cos\varphi, & \rho \geqslant a \end{cases} \tag{2.8-31}$$

思考题

1. 在例 2.8-1 中,为什么说电位沿 y 方向可写成三角函数形式?
2. 在例 2.8-1 中,$\Phi(\infty, y)=0$,为什么?

2.9 镜像法

镜像法是直接建立在唯一性定理基础上的一种求解静电场问题的方法。对于一个电位的边值问题,如果在区域 V 中电荷分布已知,在其边界 S 上给定边界条件,求区域 V 中的电场,记为边值问题 1。如果能找到另一个边值问题 2,电荷分布已知,可以方便地计算出电位或电场,并且与边值问题 1 在相同的区域 V 中有同样的电荷分布,在相同的边界 S 上有同样的边界条件,那么根据唯一性定理,边值问题 1 与边值问题 2 在区域 V 中的电场是相同的,边值问题 2 在区域 V 中是边值问题 1 的等效问题。镜像法就是一种寻找等效问题的方法。

1. 导电平面上方点电荷的电场

为了解镜像法,首先考察如图 2.9-1 所示的在无限大的导电平板上方 h 处有一点电荷 Q 的电位分布。

建立直角坐标系,取导电平面为 xOy 平面,点电荷 Q 在 $(0,0,h)$ 处。此电场问题的待求场区为 $z>0$ 区,场区有源,源为电量为 Q、位于 $(0,0,h)$ 处的点电荷,边界为 xOy 面,由于导电面延伸到无限远,其边界条件为 xOy 面上电位为 0。

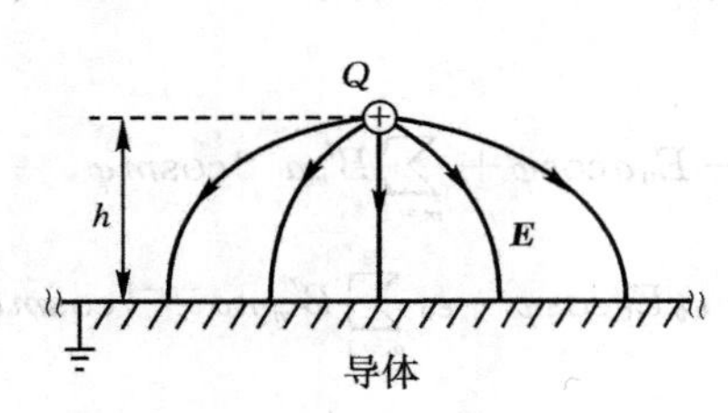

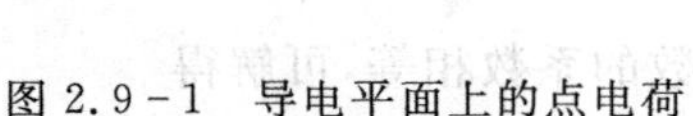

图 2.9-1 导电平面上的点电荷

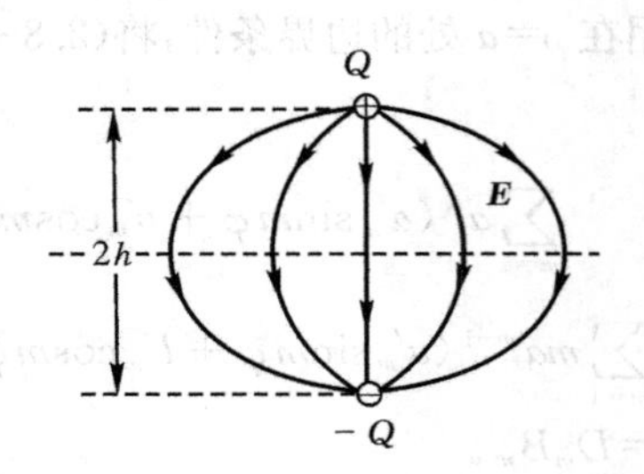

图 2.9-2 点电荷的镜像电荷

导电平板上方场区的电位是由点电荷以及导电平面上的感应电荷产生的,但感应电荷是未知的,因此无法直接利用感应电荷计算电位。

现在考虑另一种情况:空间中有两个点电荷 Q 和 $-Q$,分别位于点$(0,0,h)$和点$(0,0,-h)$,使得 xOy 面的电位为 0,如图 2.9-2 所示。在这种情况下,对于$z>0$的空间区域,电荷分布与边界条件都与前一种情况相同,根据唯一性定理,这两种情况在 $z>0$ 区域的电位是相同的。也就是说,可以利用后一种情况中的两个点电荷来计算前一种问题的待求场。对比这两种情况,对 $z>0$ 区域的场来说,后一种情况位于$(0,0,-z)$点的点电荷在 $z>0$ 区域产生的电位与前一种情况导电面上的感应电荷是等效的。由于这个等效的点电荷与待求场区的点电荷相对于边界面是镜像对称的,所以这个等效的点电荷称为镜像电荷,这种利用场区之内的电荷与其在待求场区域之外的镜像电荷计算电场的方法称为镜像法。需要特别强调的是,镜像法只是对特定的区域才有效,而镜像电荷一定是位于有效的场区之外。

例 2.9-1 用无限大的导电平面折成一直角区域,直角区有一点电荷 q,如图 2.9-3(a)所示。求直角区域中的电位。

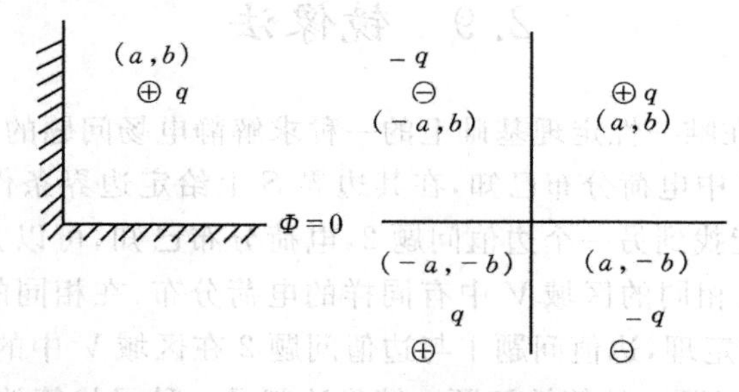

(a) 直角区域中的点电荷　(b) 直角区域中的点电荷的镜像

图 2.9-3 直角区域点电荷的镜像

解 建立直角坐标系,使直角导电面与坐标平面相合,并使点电荷位于 xOy 平面,设其坐标为$(a,b,0)$。现在,待求场区为 $x>0$,$y>0$ 区,边界面为 $x=0$ 面与 $y=0$ 面,在边界面上电位为 0。容易看出,对于如图 2.9-3(b)所示的空间有相对坐标面对称分布的 4 个点电荷的情况,在坐标的第一象限与原问题有相同的电荷分布和边界条件。因此,可通过这 4 个点电荷求解待求场区的场,即

$$\Phi(x,y,z)=\Phi_1+\Phi_2+\Phi_3+\Phi_4=\frac{q}{4\pi\varepsilon_0}\left(\frac{1}{r_1}-\frac{1}{r_2}+\frac{1}{r_3}-\frac{1}{r_4}\right)$$

式中
$$r_1=\sqrt{(x-a)^2+(y-b)^2+z^2}$$
$$r_2=\sqrt{(x+a)^2+(y-b)^2+z^2}$$
$$r_3=\sqrt{(x+a)^2+(y+b)^2+z^2}$$
$$r_4=\sqrt{(x-a)^2+(y+b)^2+z^2}$$

镜像法不仅可用于以上介绍的导电平面和直角形导电面的情况，也可用于由导电平面折成的、角度为$\alpha=\frac{\pi}{n}$（n为正整数）的角形区域，其电场可用原来的电荷与$2n-1$个镜像电荷计算。

2. 导体球附近点电荷的电场

在点电荷位于导体球附近的场合，也可用镜像法计算电场。考虑半径为a、接地的导体球附近距离球心为f的A点处有一点电荷q，计算导电球外的电场。对于这种情况，导电球外任一点的电位包括两部分，一部分是球外的点电荷产生的，另一部分是导电球上的感应电荷产生的，但是导电球上的感应电荷分布是未知的。采用镜像法，移去导电球，用镜像电荷代替感应电荷的作用。设镜像电荷q'位于球面内点电荷与球心的连线上距球心为d的B点处，如图2.9-4所示。为保证与原问题有相同的边界条件，球外的点电荷q与去掉导体球后的镜像电荷q'在半径为a的球面边界上任一点P处产生的电位应为0，即

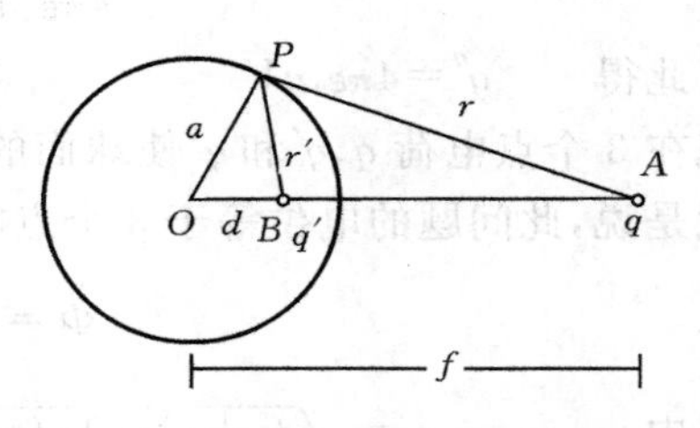

图2.9-4 导电圆球附近的点电荷

$$\frac{q}{4\pi\varepsilon_0 r}+\frac{q'}{4\pi\varepsilon_0 r'}=0$$

式中，r和r'分别为点电荷q和镜像电荷q'到球面边界上任一点P处的距离。由上式得

$$\frac{-q'}{q}=\frac{r'}{r} \tag{2.9-1}$$

在(2.9-1)式中，由于电荷量是确定的，左边是常数，所以，应选择合适的d使右边也为常数。为此，使$\triangle OPA\backsim\triangle OBP$，则两三角形对应边比例相等，从而有

$$\frac{PB}{PA}=\frac{OB}{OP}=\frac{OP}{OA}$$

即
$$\frac{r'}{r}=\frac{d}{a}=\frac{a}{f} \tag{2.9-2}$$

可见，当d满足上式时，可使(2.9-1)式成立。由(2.9-1)与(2.9-2)式，镜像电荷的位置与电量为

$$d=\frac{a^2}{f} \tag{2.9-3}$$

$$q'=-\frac{a}{f}q \tag{2.9-4}$$

以上分析说明，在$d=\frac{a^2}{f}$的镜像位置放置$q'=-\frac{a}{f}q$的点电荷，在接地导体球外区域产生的电位与接地导体球上的感应电荷产生的电位是相同的。

例2.9-2 半径为a、电位为V的导体球附近距离球心为f处有一点电荷q，如图2.9-5

所示。计算导电球外的电位。

解　选取坐标系，导体球心在坐标原点，点电荷在 z 轴上。此问题的导电球电位不为0，显然，在 $d=\frac{a^2}{f}$ 的镜像位置放置 $q'=-\frac{a}{f}q$ 的点电荷和点电荷 q，只能使球面的电位为0，不能使其为 $V(V\neq 0)$。但是，如果再在球心放一合适的点电荷 q''，就可能使球面的电位为 V。为使球面的电位为 V，q''应满足

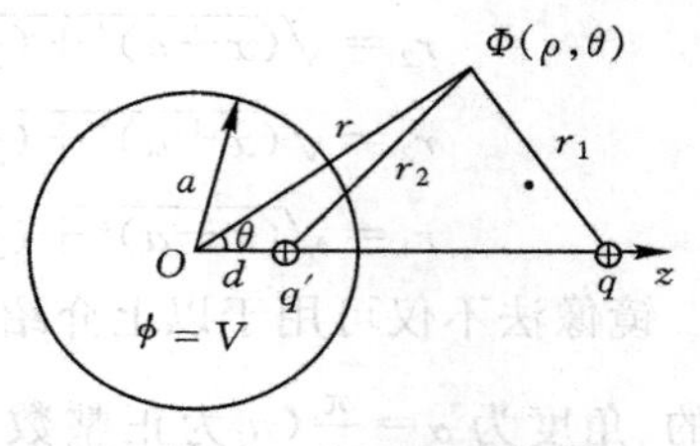

图 2.9-5　导电圆球附近点电荷的电位

$$V=\frac{q''}{4\pi\varepsilon_0 a}$$

由此得　　$q''=4\pi\varepsilon_0 aV$

现在3个点电荷 q、q'和 q''使球面的电位为 V，那么它们在球外的场应和原问题的场相同。也就是说，此问题的电位等于3个点电荷 q、q'和 q''产生的电位，即

$$\Phi=\frac{1}{4\pi\varepsilon_0}\frac{q}{r_1}+\frac{1}{4\pi\varepsilon_0}\frac{q'}{r_2}+\frac{1}{4\pi\varepsilon_0}\frac{q''}{r_3}$$

式中　　$r_1=\sqrt{f^2+r^2-2rf\cos\theta}$

$r_2=\sqrt{d^2+r^2-2rd\cos\theta}$

$q'=-\frac{a}{f}q$

$d=\frac{a^2}{f}$

$q''=4\pi\varepsilon_0 aV$

$r_3=r$

对于导体球壳内有点电荷的情况，球壳内任一点的电场也可以用类似的方法计算。

3. 在无限长导体圆柱附近平行放置线电荷的电场

无限长的线电荷平行放置在半径为 a 的无限长的导电圆柱附近，电荷线密度为 ρ_l，距离为 f，如图 2.9-6(a)所示。对于这种情况，也可以采用镜像法计算电场。对于圆柱外的区域，电荷分布为一无限长的线电荷，边界是圆柱等位面。等效问题的镜像电荷为取掉导电圆柱，在柱面内距轴线为 d 处平行放置的线电荷，取电荷线密度为 $-\rho_l$，如图 2.9-6(b)所示，那么，柱面

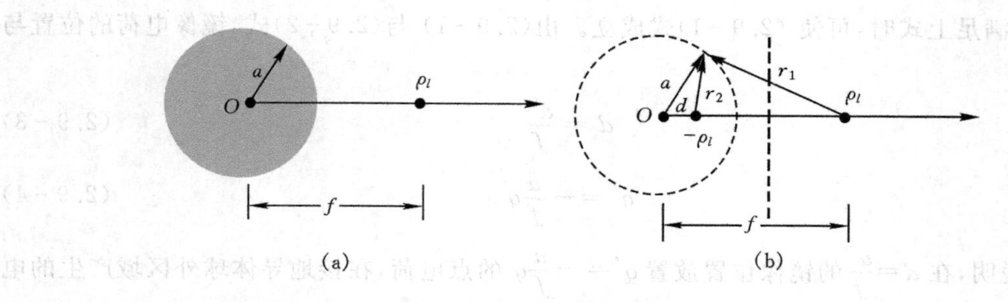

图 2.9-6　无限长的线电荷平行放置在半径为 a 的无限长导电圆柱附近

外的线电荷与柱面内的镜像电荷在柱面上产生的电位为

$$\Phi_S=\frac{\rho_l}{2\pi\varepsilon_0}\ln\frac{r_0}{r_1}-\frac{\rho_l}{2\pi\varepsilon_0}\ln\frac{r'_0}{r_2}=\frac{\rho_l}{2\pi\varepsilon_0}\ln\frac{r_0r_2}{r_1r'_0} \tag{2.9-5}$$

式中，r_1、r_2 分别为线电荷与其镜像电荷到柱面上任一点的距离，r_0、r'_0 分别为线电荷与其镜像电荷到电位参考点的距离。为计算方便，选电位参考点在线电荷与其镜像电荷之间的中点，即使 $r_0=r'_0$，上式变为

$$\Phi_S=\frac{\rho_l}{2\pi\varepsilon_0}\ln\frac{r_2}{r_1} \tag{2.9-6}$$

要使圆柱面等位，即上式为常数，必须有$\frac{r_2}{r_1}$等于常数。与圆球问题的镜像法同理，使圆柱面等位的条件为

$$\frac{r_2}{r_1}=\frac{a}{f}=\frac{d}{a} \tag{2.9-7}$$

由此得

$$d=\frac{a^2}{f} \tag{2.9-8}$$

将(2.9－7)与(2.9－8)式代入(2.9－6)式，圆柱面上的电位为

$$\Phi_S=-\frac{\rho_l}{2\pi\varepsilon_0}\ln\frac{f}{a} \tag{2.9-9}$$

如果给定圆柱的半径以及线电荷的密度和位置，就可由线电荷及其镜像线电荷求出柱面外的电位

$$\Phi(\boldsymbol{r})=\frac{\rho_l}{2\pi\varepsilon_0}\ln\frac{R_2}{R_1} \tag{2.9-10}$$

式中 R_1 和 R_2 分别是线电荷及镜像线电荷到场点的距离，如图 2.9－7 所示。如果选导体圆柱轴线为 z 轴，镜像线电荷在 xOz 平面，则场点的电位可写为

$$\Phi(r,\varphi)=\frac{\rho_l}{2\pi\varepsilon_0}\ln\frac{\sqrt{d^2+r^2-2rd\cos\varphi}}{\sqrt{f^2+r^2-2rf\cos\varphi}}$$

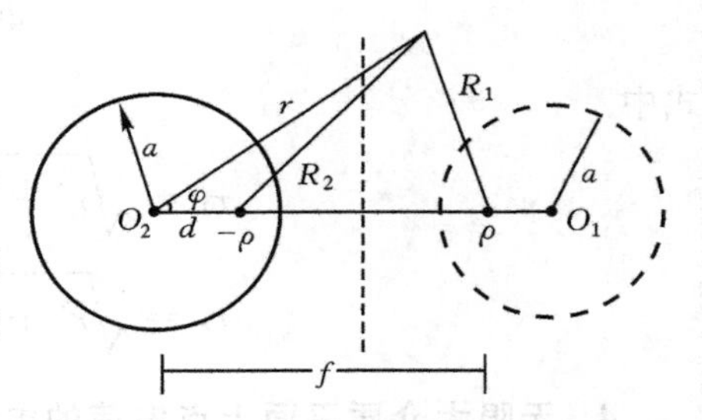

图 2.9－7　无限长导体圆柱附近平行放置的线电荷的电位

可以看出，在这种情形下，电位等于 0 的等位面是两线电荷之间的平面，而线电荷与其镜像线电荷相对于该面是镜像对称的，那么电位分布对于电位为 0 的平面也是镜像对称的。例如，导电圆柱面的对称圆柱面也是等位面，由(2.9－9)式，其电位为

$$\Phi_S=\frac{\rho_l}{2\pi\varepsilon_0}\ln\frac{f}{a} \tag{2.9-11}$$

例 2.9－3　一对平行导线，间距为 D，导线半径为 a，如图 2.9－8 所示。如果导线间电压为 V，求电位分布。

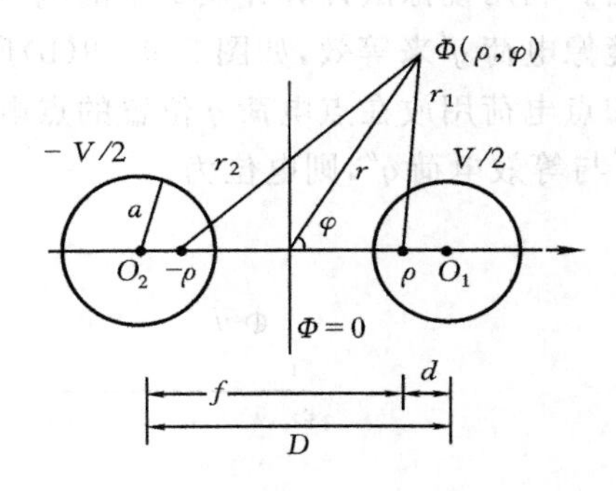

图 2.9－8　平行双导线的电场

解　设两导线的电位分别为 $V/2$ 和 $-V/2$，这正是前面分析的具有镜像对称的圆柱等位面情形，可用镜像法。在其柱面内各放置等量异号的线电荷，如图 2.9－8 所示，等效线电荷到两导线轴线的距

离分别为 d 和 f，与两根导线的中心距离 D 满足下式

$$f+d=D \tag{2.9-12}$$

将(2.9-8)式代入上式，解得

$$f=\frac{D+\sqrt{D^2-4a^2}}{2} \tag{2.9-13}$$

$$d=\frac{D-\sqrt{D^2-4a^2}}{2} \tag{2.9-14}$$

两导线表面的电位分别为

$$\Phi_{S1}=\frac{\rho_l}{2\pi\varepsilon_0}\ln\frac{f}{a}=V/2$$

$$\Phi_{S2}=-\frac{\rho_l}{2\pi\varepsilon_0}\ln\frac{f}{a}=-V/2$$

由此可求出等效线电荷的线密度为

$$\rho_l=\frac{\pi\varepsilon_0 V}{\ln\dfrac{D+\sqrt{D^2-4a^2}}{2a}} \tag{2.9-15}$$

在圆柱坐标系中，空间一点 (r,φ) 的电位为

$$\Phi(r,\varphi)=\frac{\rho_l}{2\pi\varepsilon_0}\ln\frac{r_2}{r_1} \tag{2.9-16}$$

式中

$$r_1=\sqrt{r^2+\left(\frac{D}{2}-d\right)^2-2r\left(\frac{D}{2}-d\right)\cos\varphi} \tag{2.9-17}$$

$$r_2=\sqrt{r^2+\left(\frac{D}{2}-d\right)^2+2r\left(\frac{D}{2}-d\right)\cos\varphi} \tag{2.9-18}$$

4. 无限大介质平面上点电荷的电场

镜像法不但适合于计算上述几种导体边界的情况，也可用于如图 2.9-9(a)所示介质平面边界的情况。图中两种不同介质中的电场是由点电荷 q 和介质分界面上的束缚电荷产生的。利用镜像法计算介质 1 中的电位 Φ_1 时，可将界面上的束缚电荷用放在点电荷镜像位置的镜像电荷 q' 来等效，如图 2.9-9(b)所示；计算介质 2 中的电位 Φ_2 时，可将界面上的束缚电荷和点电荷用放在点电荷 q 位置的点电荷 q'' 来等效，如图 2.9-9(c)所示。如果能求出镜像电荷 q' 与等效电荷 q''，则电位为

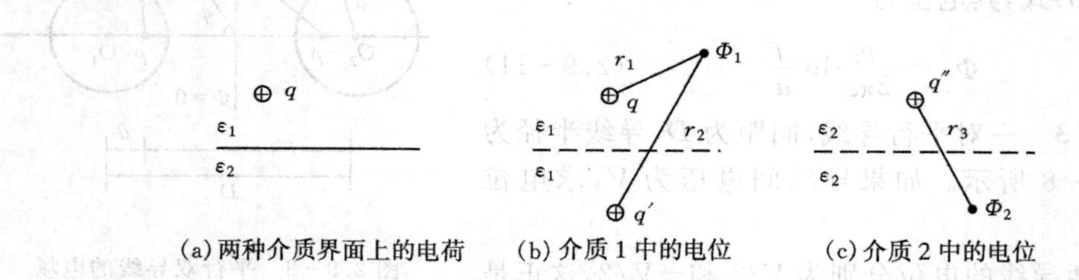

(a) 两种介质界面上的电荷　(b) 介质 1 中的电位　(c) 介质 2 中的电位

图 2.9-9　介质界面上方的点电荷的镜像

$$\Phi_1 = \frac{1}{4\pi\varepsilon_1}\left(\frac{q}{r_1} + \frac{q'}{r_2}\right) \tag{2.9-19}$$

$$\Phi_2 = \frac{q''}{4\pi\varepsilon_2 r_3} \tag{2.9-20}$$

式中 r_1、r_2 和 r_3 分别为点电荷 q、q'和 q''到场点的距离。等效电荷 q'和 q''的值应使两种介质中的电场在介质分界面满足边界条件，即在边界上

$$\Phi_1 = \Phi_2$$

$$\varepsilon_1 \frac{\partial \Phi_1}{\partial n} = \varepsilon_2 \frac{\partial \Phi_2}{\partial n}$$

将(2.9－19)式和(2.9－20)式代入边界条件，考虑到在边界上任一点 r_1、r_2 和 r_3 相等，且表示为 r，得

$$\frac{1}{4\pi\varepsilon_1}\left(\frac{q}{r} + \frac{q'}{r}\right) = \frac{q''}{4\pi\varepsilon_2 r}$$

$$\frac{1}{4\pi}\left(\frac{q}{r^2} - \frac{q'}{r^2}\right)\cos\theta = \frac{q''}{4\pi r^2}\cos\theta$$

式中 θ 为界面上的电场方向与界面法线的夹角(设界面法线指向介质 2 中)。以上两式可简化为

$$\frac{1}{\varepsilon_1}(q + q') = \frac{1}{\varepsilon_2}q''$$

$$q - q' = q''$$

联立求解，可得

$$q' = \frac{\varepsilon_1 - \varepsilon_2}{\varepsilon_1 + \varepsilon_2}q \tag{2.9-21}$$

$$q'' = \frac{2\varepsilon_2}{\varepsilon_1 + \varepsilon_2}q \tag{2.9-22}$$

将(2.9－21)与(2.9－22)式代入(2.9－19)与(2.9－20)式就可求出介质中的电位。

例 2.9－4 在 $z>0$ 的上半空间是空气，在 $z<0$ 的下半空间是介电常数为 ε 的介质，在空气中 $z=h$ 处有一个点电荷 q。求此点电荷所受的力。

解 点电荷受到界面上束缚电荷的作用力，而界面上束缚电荷在上半空间产生的场可通过镜像电荷计算，因此点电荷所受的力也就是镜像电荷 q'产生的电场对它的作用力，即

$$\boldsymbol{F} = q\boldsymbol{E}' = q\frac{q'}{4\pi\varepsilon_0(2h)^2}\hat{z}$$

由上例可得束缚电荷为

$$q' = \frac{\varepsilon_1 - \varepsilon_2}{\varepsilon_1 + \varepsilon_2}q = \frac{\varepsilon_0 - \varepsilon}{\varepsilon_0 + \varepsilon}q$$

因此，点电荷所受的力为

$$\boldsymbol{F} = -\hat{z}\frac{q^2}{16\pi\varepsilon_0 h^2}\frac{\varepsilon - \varepsilon_0}{\varepsilon + \varepsilon_0}$$

由于 $\varepsilon > \varepsilon_0$，因此点电荷受到向下的吸引力。

可以看出，在一些场合，用镜像法计算电场要比用分离变量法简单省事得多。但是，镜像法只能用于很少的一些特定问题。

思考题

1. 在镜像法中,为什么用镜像电荷可以等效感应电荷?
2. 镜像电荷产生的场和等效的感应电荷产生的场完全相同吗?
3. 镜像电荷可以放在要计算场的区域吗?为什么?

2.10 电容和部分电容

一个半径为 a、带电量为 q 的导体球放在介电常数为 ϵ 的无限大的均匀介质中,如果取坐标原点在球心,由高斯定理,很容易得到空间距离球心为 r 处的电位为

$$\Phi = \frac{q}{4\pi\epsilon r}$$

导体球的电位为

$$\Phi = \frac{q}{4\pi\epsilon a}$$

导体球所带的电量与其电位成正比

$$\frac{q}{\Phi} = 4\pi\epsilon a$$

其比值与导体的大小及周围的介质有关。对于线性介质,此比值与电场无关,从而也就与导体所带的电量无关。此比值越大,导体电位不变时所带的电量就越多。导体球的这一性质也可以推广到一般的导体系统中。

1. 孤立导体的电容

在线性介质中,一个孤立导体的电位(电位参考点在无限远处)与导体所带的电量成正比。导体所带的电量 q 与其电位 Φ 的比值定义为孤立导体的电容,记为 C,即

$$C = \frac{q}{\Phi} \tag{2.10-1}$$

电容的单位为 F(法)。孤立导体的电容与导体的几何形状、尺寸以及周围介质的特性有关,而与导体的带电量无关。

2. 两导体之间的电容

在线性介质中,两个带等量异性电荷的导体之间的电位差与导体上所带的电量成正比。导体上的带电量与两导体之间的电位差之比定义为两导体系统的电容,即

$$C = \frac{q}{|\Phi_1 - \Phi_2|} \tag{2.10-2}$$

两导体系统的电容与两个导体的几何形状、尺寸和间距以及周围介质的特性有关,而与导体的带电量无关。孤立导体的电容可看成两导体系统中一个导体在无限远的情况下的电容。由电容的定义可以看出,电容的概念不仅适用于电容器,而且适用于任意两个导体之间,以及导体和地之间。例如,两导线之间就有电容,一根导线与地之间也有电容。电容的概念,不仅仅是表示两个导体在一定的电压下存储电荷或电能的大小,它还反映了两个导体中一个导体对另

一个导体电场的影响，或者说反映了两个导体之间电耦合的程度。

3. 多导体系统的部分电容

对于两个以上的导体组成的多导体系统，由于其中每一个导体上的电位要受到其余多个导体上电荷的影响，情况要比两导体复杂。两两之间的相互影响不同于仅有两个导体的情况，因此，将它们之间电场的相互影响用部分电容表示。

设线性介质中有 $n+1$ 个带电导体，它们的电位仅取决于它们中每个导体所带的电量，而与它们之外的带电体无关，且它们的总电量为0，这样的带电导体系统称为孤立带电系统。对于多导体组成的孤立带电系统中的每一个导体，其电位与系统中每个导体上的电量成线性关系，例如第一个导体上的电位和各导体电量的关系可表示为

$$\Phi_1 = \gamma_{11}q_1 + \gamma_{12}q_2 + \cdots + \gamma_{1n+1}q_{n+1} \tag{2.10-3}$$

考虑到孤立带电系统中

$$q_1 + q_2 + q_3 + \cdots + q_{n+1} = 0 \tag{2.10-4}$$

令第 $n+1$ 个导体电位为0，可以将它的电量用其余导体的电量表示

$$q_{n+1} = -(q_1 + q_2 + \cdots + q_n) \tag{2.10-5}$$

将上式代入(2.10-3)式，并按这种方法将系统中每一个导体的电位和各导体电量的关系列出，可形成线性方程组

$$\begin{cases} \Phi_1 = \alpha_{11}q_1 + \alpha_{12}q_2 + \cdots + \alpha_{1n}q_n \\ \Phi_2 = \alpha_{21}q_1 + \alpha_{22}q_2 + \cdots + \alpha_{2n}q_n \\ \quad\vdots \\ \Phi_n = \alpha_{n1}q_1 + \alpha_{n2}q_2 + \cdots + \alpha_{nn}q_n \end{cases} \tag{2.10-6}$$

将此方程组经求解变换后，也可写成如下形式

$$\begin{cases} q_1 = \beta_{11}\Phi_1 + \beta_{12}\Phi_2 + \cdots + \beta_{1i}\Phi_i + \cdots + \beta_{1n}\Phi_n \\ \quad\vdots \\ q_k = \beta_{k1}\Phi_1 + \beta_{k2}\Phi_2 + \cdots + \beta_{ki}\Phi_i + \cdots + \beta_{kn}\Phi_n \\ \quad\vdots \\ q_n = \beta_{n1}\Phi_1 + \beta_{n2}\Phi_2 + \cdots + \beta_{ni}\Phi_i + \cdots + \beta_{nn}\Phi_n \end{cases} \tag{2.10-7}$$

令

$$U_{ii} = \Phi_i \tag{2.10-8}$$

$$U_{ki} = \Phi_k - \Phi_i \tag{2.10-9}$$

分别表示第 i 个导体与第 $n+1$ 个导体，以及第 k 个导体与第 i 个导体之间的电压。(2.10-7)式经整理可写成各导体的电量与导体两两之间电压的关系

$$\begin{cases} q_1 = C_{11}U_{11} + C_{12}U_{12} + \cdots + C_{1i}U_{1i} + \cdots + C_{1n}U_{1n} \\ \quad\vdots \\ q_k = C_{k1}U_{k1} + C_{k2}U_{k2} + \cdots + C_{ki}U_{ki} + \cdots + C_{kn}U_{kn} \\ \quad\vdots \\ q_n = C_{n1}U_{n1} + C_{n2}U_{n2} + \cdots + C_{ni}U_{ni} + \cdots + C_{nn}U_{nn} \end{cases} \tag{2.10-10}$$

式中各系数称为部分电容，其中 C_{ii} 称为第 i 个导体的固有部分电容

$$C_{ii} = \frac{q_i}{\Phi_i}\bigg|_{\Phi_k=\Phi_i(k=1,2,\cdots,n)} \tag{2.10-11}$$

它表示当使 n 个导体电位相同时,第 i 个导体与地之间的电容;C_{ki} 表示第 k 个导体与第 i 个导体之间的互有部分电容

$$C_{ki} = \frac{q_k}{\Phi_k - \Phi_i}\Bigg|_{\Phi_m=0,(m=1,2,\cdots,i-1,i+1,\cdots,n)} \tag{2.10-12}$$

它表示当除了第 i 个导体外,使其他导体接地时,第 k 个导体与第 i 个导体之间的电容。部分电容仅与导体系统的几何结构及介质有关,与导体的带电状态无关。显然,固有部分电容不同于孤立导体的电容,互有部分电容也不同于一般的两导体之间的电容。图 2.10-1 为 3 个导体与大地形成的多导体系统的部分电容示意图。在电子设备的电路板上,导线或引线之间以及它们与接地板之间都存在部分电容。不同回路的导体之间的部分电容可以造成不同回路的电耦合,使得回路之间相互影响,这样会造成不希望的干扰。

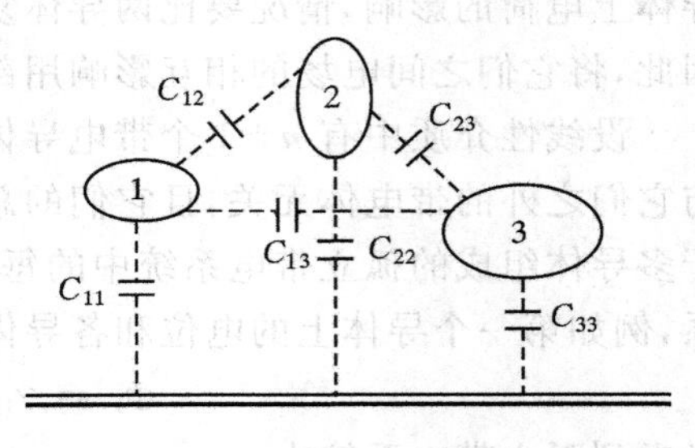

图 2.10-1　3 个导体与大地的部分电容

例 2.10-1　计算例 2.5-2 中同轴形电容器的电容。

解　设内导体上的电量为 q,例 2.5-2 中已解得此电容器中电量与电压的关系为

$$V = \frac{q}{2\pi\varepsilon L}\ln\frac{b}{a}$$

因此,同轴形电容器的电容为

$$C = \frac{q}{V} = \frac{2\pi\varepsilon L}{\ln\dfrac{b}{a}}$$

例 2.10-2　求例 2.6-1 中填充厚度分别为 d_1、d_2 的两层介质的两导电平板之间的电容。

解　设两导电板上的电压为 V,例 2.6-1 中已解出了导电板上电荷密度与电压的关系为

$$\rho_{S1} = D_{1n} = \varepsilon_1 E_{1n} = \frac{\varepsilon_1\varepsilon_2 V}{\varepsilon_1 d_2 + \varepsilon_2 d_1}$$

因此,填充两层介质的导电平板之间的电容为

$$C = \frac{q}{V} = \frac{\rho_S S}{V} = \frac{\varepsilon_1\varepsilon_2 S}{\varepsilon_1 d_2 + \varepsilon_2 d_1} = \frac{1}{\dfrac{1}{C_1} + \dfrac{1}{C_2}}$$

其中

$$C_1 = \frac{\varepsilon_1 S}{d_1},\quad C_2 = \frac{\varepsilon_2 S}{d_2}$$

例 2.10-3　求半径为 a、中心间距为 D 的双导线单位长度的电容。

解　由上节例中已求得双导线上的电压与等效电荷密度的关系为

$$\rho_l = \frac{\pi\varepsilon_0 V}{\ln\dfrac{D+\sqrt{D^2-4a^2}}{2a}}$$

而等效电荷密度就等于单位长度导线上的带电量,因此双导线单位长度的电容为

$$C = \frac{q}{V} = \frac{\rho_l}{V} = \frac{\pi\varepsilon_0}{\ln\dfrac{D+\sqrt{D^2-4a^2}}{2a}}$$

例 2.10－4 三条水平放置的平行导线，半径为 a，分别标记为 0、1、2，0 号与 1 号相距为 d，1 号与 2 号相距为 $2d$，$d\gg a$，如图 2.10－2 所示。计算导线之间单位长度的部分电容。

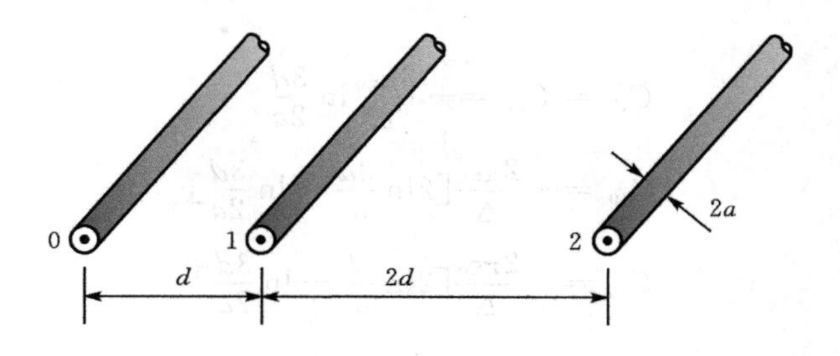

图 2.10－2 三条平行导线

解 设 0、1、2 号导线上电荷密度分别为 η_0、η_1、η_2，0 号导线电位为 0。

线电荷密度为 η 的线电荷在距离线电荷 ρ 处的电位为

$$\Phi=\frac{\eta}{2\pi\varepsilon_0}\ln\frac{\rho_0}{\rho}$$

式中 ρ_0 为电位参考点与线电荷的距离。1 号导线的电位为

$$U_1=\frac{\eta_0}{2\pi\varepsilon_0}\ln\frac{a}{d}+\frac{\eta_1}{2\pi\varepsilon_0}\ln\frac{d}{a}+\frac{\eta_2}{2\pi\varepsilon_0}\ln\frac{3d}{2d}$$

2 号导线的电位为

$$U_2=\frac{\eta_0}{2\pi\varepsilon_0}\ln\frac{a}{3d}+\frac{\eta_1}{2\pi\varepsilon_0}\ln\frac{d}{2d}+\frac{\eta_2}{2\pi\varepsilon_0}\ln\frac{3d}{a}$$

对于孤立带电系统

$$\eta_0+\eta_1+\eta_2=0$$

$$\eta_0=-\eta_1-\eta_2$$

将上式分别代入 U_1 及 U_2 式

$$U_1=-\frac{\eta_1}{2\pi\varepsilon_0}\ln\frac{a}{d}+\frac{\eta_1}{2\pi\varepsilon_0}\ln\frac{d}{a}+\frac{\eta_2}{2\pi\varepsilon_0}\ln\frac{3d}{2d}-\frac{\eta_2}{2\pi\varepsilon_0}\ln\frac{a}{d}$$

$$U_2=-\frac{\eta_1}{2\pi\varepsilon_0}\ln\frac{a}{3d}+\frac{\eta_1}{2\pi\varepsilon_0}\ln\frac{d}{2d}+\frac{\eta_2}{2\pi\varepsilon_0}\ln\frac{3d}{a}-\frac{\eta_2}{2\pi\varepsilon_0}\ln\frac{a}{3d}$$

在以上两式中，合并 η_1、η_2 项得导线电位与电荷密度的关系为

$$U_1=\frac{\eta_1}{\pi\varepsilon_0}\ln\frac{d}{a}+\frac{\eta_2}{2\pi\varepsilon_0}\ln\frac{3d}{2a},$$

$$U_2=\frac{\eta_1}{2\pi\varepsilon_0}\ln\frac{3d}{2a}+\frac{\eta_2}{\pi\varepsilon_0}\ln\frac{3d}{a},$$

令 $\Delta=\ln\frac{3d}{2a}\ln\frac{3d}{2a}-4\ln\frac{d}{a}\ln\frac{3d}{a}$，可由以上两式得

$$\eta_1=-\frac{2\pi\varepsilon_0}{\Delta}\left(2\ln\frac{3d}{a}U_1-\ln\frac{3d}{2a}U_2\right)$$

$$\eta_2=\frac{2\pi\varepsilon_0}{\Delta}\left(\ln\frac{3d}{2a}U_1-2\ln\frac{d}{a}U_2\right)$$

将以上两式导线电荷密度与电位的关系写成导线电荷密度与电压的关系

$$\eta_1 = C_{10}U_1 + C_{12}(U_1 - U_2)$$
$$\eta_2 = C_{21}(U_2 - U_1) + C_{20}U_2$$

可得部分电容为

$$C_{12} = C_{21} = -\frac{2\pi\varepsilon_0}{\Delta}\ln\frac{3d}{2a}$$

$$C_{10} = -\frac{2\pi\varepsilon_0}{\Delta}\left[2\ln\frac{3d}{a} - \ln\frac{3d}{2a}\right]$$

$$C_{20} = -\frac{2\pi\varepsilon_0}{\Delta}\left[2\ln\frac{d}{a} - \ln\frac{3d}{2a}\right]$$

思考题

1. 电容的物理意义是什么?电容和部分电容有什么异同之处?

2. 有两个导体带电量均为 q,它们之间的电压为 V,那么这两个导体的电容等于 q/V 吗?为什么?

3. 为什么固有部分电容不同于孤立导体的电容,互有部分电容也不同于一般的两导体之间的电容?

4. 考虑一个制作在印刷电路板上的简单电路,如单级晶体管放大电路,除了电容器的电容外,电路中还有哪些电容?

5. 导体之间的介质对电容有什么影响?

2.11 电场能量

当电荷放入电场中,电场就会做功使电荷位移,这说明电场具有能量。电场越强,对电荷的力就越大,做功的能力就越强,说明电场具有的能量就越大。本节讨论电场能量及电场能量分布和电场强度或电荷密度的关系。

1. 电场能量与电荷密度的关系

设想在空间区域中最初无电荷分布,也无电场,因而也就没有电场能量。如果外力做功将电荷从很远处移到该空间区域中,在该空间区域建立起一定的电荷分布,就建立起了电场,从而也使该区域具有了电场能量。根据能量守恒定律,电场能量等于在建立起电场的过程中外力移动电荷使电荷达到一定的分布所做的功。一定的电场分布可能有多种建立方式,但只要电场分布给定,电场能量就是确定的,与电场建立过程中外力移动电荷的方式或途径无关。例如,对于两个确定的带电体的电场,其电场及电场能量都是一定的。在建立该电场过程中,可采用先使第一个带电,再使第二个带电;也可先使第二个带电,后使第一个带电。不管采用哪一种方式,只要没有能量损耗,外力建立电场做的功都应是相同的,等于电场能量。下面就从外力建立电场过程做功来推导电场能量与电荷密度的关系。

设一区域 V 中电荷体密度为 $\rho(\boldsymbol{r})$,电位分布为 $\Phi(\boldsymbol{r})$。为计算此带电体的电场能量,选择区域 V 中各点的电荷体密度从 0 开始,按同一比例增加的方式建立电场,并使电荷密度在缓慢的增加过程中没有能量损耗。在建立电场过程中的某一时刻 t,如果区域中电荷密度达到

$\alpha(t)\rho(\boldsymbol{r})$，$0\leqslant\alpha(t)\leqslant1$，则电位分布为 $\alpha(t)\Phi(\boldsymbol{r})$。如果在接着的时间间隔 $\mathrm{d}t$ 中，区域中电荷体密度增加 $\rho(\boldsymbol{r})\mathrm{d}\alpha$，那么外力所做的功为

$$\mathrm{d}A(t)=\iiint_V(\alpha(t)\Phi(\boldsymbol{r}))(\rho(\boldsymbol{r})\mathrm{d}\alpha)\mathrm{d}V=\alpha(t)\mathrm{d}\alpha\iiint_V\Phi(\boldsymbol{r})\rho(\boldsymbol{r})\mathrm{d}V$$

积分中 V 是电荷分布的区域。在建立电场的全过程中，区域 V 中的电荷密度从 0 增加到 $\rho(\boldsymbol{r})$，即 α 从 0 增加到 1，因此，电荷密度从 0 增加到 $\rho(\boldsymbol{r})$ 的过程中外力所做的功为

$$A=\int_0^1\alpha\mathrm{d}\alpha\iiint_V\Phi(\boldsymbol{r})\rho(\boldsymbol{r})\mathrm{d}V=\frac{1}{2}\iiint_V\Phi(\boldsymbol{r})\rho(\boldsymbol{r})\mathrm{d}V$$

由于外力做功过程中无能量损耗，所以带电体的电场能量就等于外力做的功，记电场能量为 W_e，则

$$W_e=\frac{1}{2}\iiint_V\Phi(\boldsymbol{r})\rho(\boldsymbol{r})\mathrm{d}V \tag{2.11-1}$$

这就是电场能量与电荷密度的关系，适合于计算各种已知电荷分布和电位分布的带电系统的电场能量。当电荷为面分布时，(2.11-1)式简化为

$$W_e=\frac{1}{2}\iint_S\Phi(\boldsymbol{r})\rho_S(\boldsymbol{r})\mathrm{d}S \tag{2.11-2}$$

当带电系统由 n 个导体组成时，考虑导体表面为等位面，该导体系统的电场能量为

$$W_e=\frac{1}{2}\sum_{i=1}^{n}\oint_{S_i}\Phi_i\rho_S\mathrm{d}S=\frac{1}{2}\sum_{i=1}^{n}\Phi_iq_i \tag{2.11-3}$$

式中 q_i 和 Φ_i 分别为第 i 个导体的带电量和电位。单个带电导体的电场能量为

$$W_e=\frac{1}{2}\Phi q=\frac{1}{2}C\Phi^2=\frac{1}{2}\frac{q^2}{C} \tag{2.11-4}$$

式中 $C=q/\Phi$ 为单导体的电容。带等量异性电荷的双导体的电场能量为

$$W_e=\frac{1}{2}(\Phi_1q_1+\Phi_2q_2)=\frac{1}{2}q(\Phi_1-\Phi_2)=\frac{1}{2}CV^2=\frac{1}{2}\frac{q^2}{C} \tag{2.11-5}$$

2. 电场能量密度与电场强度的关系

电场能量是分布在电场中的，有电场的地方一定有电场能量。电场能量的分布用电场能量密度来表示，记为 w_e，是空间坐标的函数。空间某一点的电场能量密度等于以该点为中心的邻域内单位体积的电场能量，单位为 $\mathrm{J/m^3}$。如果已知某区域 V 中的电场能量密度 w_e，可在该区域对电场能量密度 w_e 进行体积分，计算出该区域中的总电场能量 W_e，即

$$W_e=\iiint_V w_e\mathrm{d}V \tag{2.11-6}$$

电场能量密度与电场强度有直接的关系。下面从多导体带电系统的电场能量出发，推导电场能量密度与电场强度的关系。

设有如图 2.11-1 所示的 n 个导体组成的带电系统，由(2.11-3)式，电场能量为

$$W_e=\frac{1}{2}\sum_{i=1}^{n}\iint_{S_i}\Phi_i\rho_S\mathrm{d}S$$

在包围这 n 个导体的无限大封闭面上无面电荷，因此，上式在

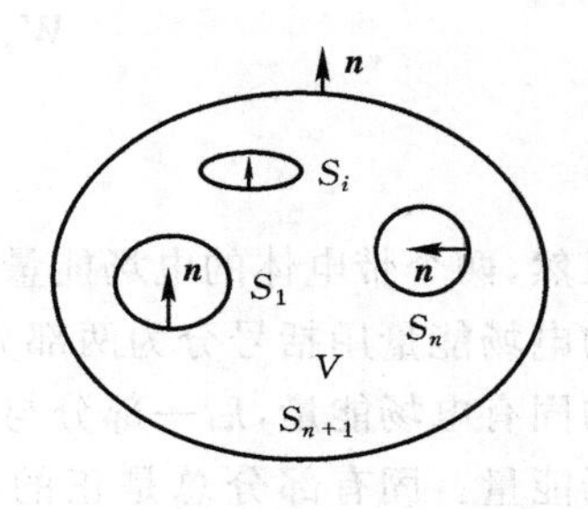

图 2.11-1　多导体系统的电场能量

面积分求和中加上无限大的封闭面 S_{n+1}，其值不变，即

$$W_e = \frac{1}{2}\sum_{i=1}^{n+1}\iint_{S_i}\Phi_i\rho_S\,dS = \frac{1}{2}\oint_S\Phi\rho_S\,dS$$

上式中封闭积分面 S 包括了其左边求和中的 $n+1$ 个曲面。考虑到在导体表面上 $D_n=\rho_S$ 和如图中曲面 S 法线方向 $\hat{n}$ 的取向，上式可写为

$$W_e = -\frac{1}{2}\oint_S\Phi\boldsymbol{D}\cdot d\boldsymbol{S}$$

利用高斯定理，将封闭面积分转化为体积分，得

$$W_e = -\frac{1}{2}\iiint_V\nabla\cdot(\Phi\boldsymbol{D})\,dV = -\frac{1}{2}\iiint_V(\boldsymbol{D}\cdot\nabla\Phi+\Phi\nabla\cdot\boldsymbol{D})\,dV$$

体积 V 为曲面 S 包围的区域，也就是除导体之外的整个场区。在场区 V 中，自由电荷体密度为 0，并考虑到 $\boldsymbol{E}=-\nabla\Phi$，则得电场分布区的电场能量与电场强度的关系为

$$W_e = \frac{1}{2}\iiint_V\boldsymbol{D}\cdot\boldsymbol{E}\,dV \tag{2.11-7}$$

与(2.11-6)式比较，可得电场能量密度为

$$w_e = \frac{1}{2}\boldsymbol{D}\cdot\boldsymbol{E} = \frac{1}{2}\varepsilon E^2 \tag{2.11-8}$$

此式表明，在各向同性的线性介质中，电场能量密度与电场强度的平方成正比。由于电场能量密度与电场强度不是线性关系，因此电场能量不服从叠加原理。下面通过分析两个带电体的电场能量，进一步说明电场能量不服从叠加原理。考虑两个体积很小的带电导体，它们之间的距离比它们的线度要大得多，近似认为一个导体的电荷分布对另一个导体的电荷分布没有影响。设第一个导体的带电量为 q_1，其分别在第一和第二个导体上产生的电位为 Φ_{11} 和 Φ_{21}，第二个导体的带电量为 q_2，其分别在第一和第二个导体上产生的电位为 Φ_{12} 和 Φ_{22}，根据(2.11-3)式，当第一个导体的带电量为 q_1、第二个导体不带电时的电场能量为

$$W_{e1} = \frac{1}{2}q_1\Phi_{11}$$

当第二个导体的带电量为 q_2、第一个导体不带电时的电场能量为

$$W_{e2} = \frac{1}{2}q_2\Phi_{22}$$

当第一个导体的带电量为 q_1、第二个导体的带电量为 q_2 时的电场能量为

$$W_e = \frac{1}{2}q_1(\Phi_{11}+\Phi_{12}) + \frac{1}{2}q_2(\Phi_{21}+\Phi_{22})$$

$$= (W_{e1}+W_{e2}) + \frac{1}{2}(q_1\Phi_{12}+q_2\Phi_{21})$$

显然，两个带电体的电场能量不等于两个带电体各自的电场能量之和。上式中将两个带电体的电场能量用括号分为两部分，前一部分等于两个带电体各自的电场能量之和，是两个带电体的固有电场能量，后一部分与一个带电体对另一个带电体的电位有关，是带电体之间的互有电场能量。固有部分总是正的，而互有部分可正可负，取决于两带电体所带的电是同号还是异号。

例 2.11-1　计算半径为 a、电荷体密度为 ρ_0 的均匀带电球的电场能量。

解 利用静电场高斯定理,可计算出真空中半径为 a、电荷体密度为 ρ_0 的均匀带电球的电场强度和电位分布分别为

$$\boldsymbol{E}=\begin{cases}\dfrac{\rho_0 r}{3\varepsilon_0}\hat{r}, & r<a\\[2ex] \dfrac{\rho_0 a^3}{3\varepsilon_0 r^2}\hat{r}, & r\geqslant a\end{cases}$$

$$\Phi=\begin{cases}\dfrac{\rho_0}{6\varepsilon_0}(3a^2-r^2), & r<a\\[2ex] \dfrac{\rho_0 a^3}{3\varepsilon_0 r}, & r\geqslant a\end{cases}$$

由于电场强度、电位以及电荷密度均已经求出,采用(2.11-2)与(2.11-6)式的两种方法都可计算电场能量,但两种方法的积分区间不同。将以上电场强度代入(2.11-6)和(2.11-8)式,进行积分可得到电场能量为

$$W_e=\iiint_V\frac{1}{2}\varepsilon E^2\mathrm{d}V=\frac{1}{2}\varepsilon_0\left(\int_0^a\left(\frac{\rho_0 r}{3\varepsilon_0}\right)^2 4\pi r^2\mathrm{d}r+\int_a^\infty\left(\frac{\rho_0 a^3}{3\varepsilon_0 r^2}\right)^2 4\pi r^2\mathrm{d}r\right)=\frac{4\pi\rho_0^2 a^5}{15\varepsilon_0}$$

将以上电位代入(2.11-1)式,进行积分也可得到电场能量为

$$W_e=\iiint_V\frac{1}{2}\Phi\rho\mathrm{d}V=\int_0^a\frac{\rho_0^2}{12\varepsilon_0}(3a^2-r^2)4\pi r^2\mathrm{d}r=\frac{4\pi\rho_0^2 a^5}{15\varepsilon_0}$$

思考题

1. 有哪些计算电场能量的方法?它们各有什么特点?
2. 电场能量密度的物理意义是什么?它与电场强度之间有什么关系?
3. 用(2.11-1)式计算电场能量时,对电位的参考点有什么要求?为什么?
4. 为什么多带电系统电场能量的固有部分总是正的,而互有部分可正可负?
5. 当两个带电体相互靠近时,这个带电系统的电场能量是增加、减少还是保持不变?为什么?

2.12 电场力

点电荷 q 放在电场 $\boldsymbol{E}$ 中受到的电场力为 $q\boldsymbol{E}$,但这里的电场不应包含受力点电荷本身产生的电场。在一些场合,已知的电场是总的电场,也包括要计算的受力带电体产生的电场,使直接利用上述方法计算电场力有一定的困难。这里介绍一种利用电场能量计算电场力的方法,称为虚位移法,或虚功法。

对任一个带电系统,如果其中的某个带电体受到该系统的电场力为 F,假设这个受力带电体在电场力作用下沿力的方向位移为 Δl,电场为此做功为 $F\Delta l$,并且在这一过程中电场能量变化了 ΔW_e,外源向本系统做功为 ΔA。由能量守恒定律,得

$$\Delta A=\Delta W_e+F\Delta l \tag{2.12-1}$$

在上式中,对于多导体系统,如果每个带电体的电量有变化,外源向本系统做功为

$$\Delta A = \sum_{i=1}^{N} \Phi_i \Delta q_i \tag{2.12-2}$$

系统能量为

$$W_e = \sum_{i=1}^{N} \frac{1}{2} \Phi_i q_i$$

则

$$\Delta W_e = \sum_{i=1}^{N} \frac{1}{2} (\Phi_i \Delta q_i + q_i \Delta \Phi_i) \tag{2.12-3}$$

下面分两种情况进行分析。

(1) 常电荷系统

常电荷系统是指在假设的位移过程中，各带电体上电量不变，$\Delta q_i = 0$，即维持系统电量为常数，那么外源就没有向该系统提供电荷，也就没有做功，$\Delta A = 0$，因此

$$F\Delta l = -\Delta W_e$$

当取位移很小时，常电荷系统带电体受的电场力为

$$F = -\left.\frac{\partial W_e}{\partial l}\right|_{q=\text{常数}} \tag{2.12-4}$$

力的正方向为位移增大的方向。

(2) 常电位系统

常电位系统是指在假设的位移过程中，各带电体上电位不变，要维持系统电位为常数，系统电量就会改变，需要外源向该系统提供电荷，对系统做功。由于电位不变，$\Delta \Phi_i = 0$，根据(2.12-3)式有

$$\Delta W_e = \sum_{i=1}^{n} \frac{1}{2} \Phi_i \Delta q_i$$

由上式，每个带电体的电量发生变化，而电位维持不变，因此，外源对系统做的功为

$$\Delta A = \sum_{i=1}^{n} \Phi_i \Delta q_i = 2\Delta W_e$$

将上式代入(2.12-1)式，得

$$F\Delta l = \Delta W_e$$

当取位移很小时，常电位系统带电体受的电场力为

$$F = \left.\frac{\partial W_e}{\partial l}\right|_{\Phi=\text{常数}} \tag{2.12-5}$$

以上两种情况得到的结果应该是相等的。因为实际上带电体并没有位移，电场也并没有做功，所以称为虚位移法或虚功法。在实际计算带电系统中的电场力时，可根据具体情况选用两种情况之一。

除了力使物体位移做功外，力矩使物体旋转一个角度也要做功。同样，表面张力使表面积变化要做功，压力使体积变化也要做功。因此，如果将距离位移推广到角度变化、面积变化、体积变化等这些广义坐标的变化，对应地将力推广到力矩、表面张力、体积压力等广义力，只要使广义力乘以广义坐标的变化等于功，就可以应用虚功法。也就是说，在虚功法中，计算电场能量对角度的导数，对应的是力矩；计算电场能量对面积的导数，对应的是表面张力；计算电场能量对体积的导数，对应的是压力。

例 2.12－1　面积同为 $a\times b$ 的两块导电平板平行放置,间距为 d,它们之间一半为空气,另一半为介电常数为 ε 的介质块,如图 2.12－1 所示。当两导电板之间的电压为 U 时,求每块板所受的力和介质块受的力。

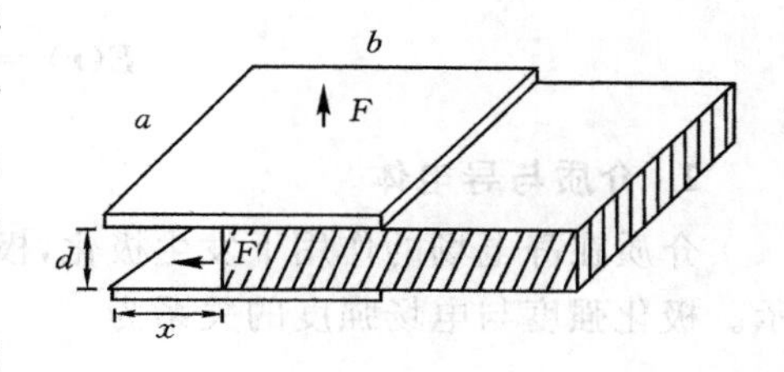

图 2.12－1　导电平板及介质块的受力

解　由于两块板的电压为 U,忽略边缘效应,两块板之间的电场为 $E=V/d$。设空气部分的宽度为 x,则系统电场能量为两块板之间空气部分与介质块部分能量之和

$$W_e=\frac{1}{2}\varepsilon_0 E^2 V_1+\frac{1}{2}\varepsilon E^2 V_2=\frac{1}{2}\frac{U^2}{d}((\varepsilon_0-\varepsilon)x+\varepsilon b)a$$

采用常电位系统公式,导电板受到的力为

$$F=\left.\frac{\partial W_e}{\partial d}\right|_{\Phi=c}=-\frac{(\varepsilon_0+\varepsilon)abU^2}{4d^2}$$

负号表示导电板受到的力为吸引力。介质所受的力为

$$F=\left.\frac{\partial W_e}{\partial x}\right|_{\Phi=c}=-\frac{(\varepsilon-\varepsilon_0)aU^2}{2d}$$

负号表示介质块所受的力为 x 减小的方向,即为向内的拉力。

思考题

1. 用虚位移方法求电场力的原理是什么?
2. 在哪些情况下用虚位移方法求电场力比较方便?
3. 分别用常电荷系统和常电位系统的公式计算同一求电场力问题,结果是否相同?为什么?请举一例说明。

本章小结

1. 电场强度

位于 $\boldsymbol{r}'$ 的点电荷 q 在 $\boldsymbol{r}$ 点产生的电场强度为

$$\boldsymbol{E}(\boldsymbol{r})=\frac{1}{4\pi\varepsilon_0}\frac{q\hat{R}}{R^2}\quad(R=|\boldsymbol{r}-\boldsymbol{r}'|)$$

多个点电荷的电场强度为

$$\boldsymbol{E}(\boldsymbol{r})=\frac{1}{4\pi\varepsilon_0}\sum_{k=1}^{N}\frac{q_k\hat{R}_k}{R_k^2}$$

连续分布的电荷产生的电场为

$$\boldsymbol{E}(\boldsymbol{r})=\frac{1}{4\pi\varepsilon_0}\iiint_V\frac{\rho(\boldsymbol{r}')\hat{R}}{R^2}\mathrm{d}V'$$

$$\boldsymbol{E}(\boldsymbol{r})=\frac{1}{4\pi\varepsilon_0}\iint_S\frac{\rho_S(\boldsymbol{r}')\hat{R}}{R^2}\mathrm{d}S'$$

$$\boldsymbol{E}(\boldsymbol{r}) = \frac{1}{4\pi\varepsilon_0}\int_l \frac{\rho_l(\boldsymbol{r}')\hat{R}}{R^2}\mathrm{d}l'$$

2. 介质与导电体

介质在静电场的作用下发生极化,极化改变了电场分布。介质极化的程度用极化强度表示。极化强度与电场强度的关系为

$$\boldsymbol{P} = \chi_e\varepsilon_0\boldsymbol{E}$$

极化后介质中的束缚电荷与极化强度的关系为

$$\rho' = -\nabla\cdot\boldsymbol{P}$$

$$\rho'_S = \boldsymbol{P}\cdot\hat{n}$$

导电体放在静电场中,导体中的电荷在电场的作用下运动,达到静电平衡后,导体内的电场强度为0,电荷密度为0,电荷仅分布在导体表面上。

由于导体中的静电场强度为0,因此封闭的导电体壳具有静电屏蔽作用。

3. 静电场方程

积分形式

$$\oint_S \boldsymbol{D}\cdot\mathrm{d}\boldsymbol{S} = q \qquad \text{静电场高斯定理}$$

$$\oint_l \boldsymbol{E}\cdot\mathrm{d}\boldsymbol{l} = 0 \qquad \text{静电场是保守场}$$

微分形式

$$\nabla\cdot\boldsymbol{D} = \rho \qquad \text{静电场是有散无旋场}$$

$$\nabla\times\boldsymbol{E} = \boldsymbol{0}$$

介质结构方程

$$\boldsymbol{D} = \varepsilon\boldsymbol{E}$$

两理想介质边界的边界条件

$$D_{1n} = D_{2n}$$

$$E_{1t} = E_{2t}$$

导电体表面的边界条件

$$D_n = \rho$$

$$E_t = 0$$

4. 电 位

静电场是无旋场,因此可以用标量场(电位)的梯度表示:

$$\boldsymbol{E} = -\nabla\Phi$$

电场强度是从力的角度描述电场,而电位是从能量(做功的能力)的角度描述电场。电场中一点 a 的电位等于电场强度从该点到电位参考点 p(电位零点)的线积分

$$\Phi = \int_a^p \boldsymbol{E}\cdot\mathrm{d}\boldsymbol{l}$$

在均匀介质中,电位方程为

$$\nabla^2\Phi = -\frac{\rho}{\varepsilon}$$

在两种理想介质边界上，电位的边界条件为

$$\Phi_1 = \Phi_2$$

$$\varepsilon_1 \frac{\partial \Phi_1}{\partial n} = \varepsilon_2 \frac{\partial \Phi_2}{\partial n}$$

在无限的均匀介质中，位于 $\boldsymbol{r}'$ 点的点电荷 q 及在区域 V 中连续分布的电荷在 $\boldsymbol{r}$ 点产生的电位分别为

$$\Phi(\boldsymbol{r}) = \frac{1}{4\pi\varepsilon} \frac{q}{R}$$

$$\Phi(\boldsymbol{r}) = \frac{1}{4\pi\varepsilon} \iiint_V \frac{\rho(\boldsymbol{r}')}{R} \mathrm{d}V'$$

5. 电位边值问题解的唯一性定理

在边界上满足第一类、第二类或第三类边界条件的拉普拉斯方程或泊松方程的解是唯一的。

6. 静电场的若干求解方法

(1) 在真空中或无限大均匀介质中，已知点电荷分布时，可直接计算；

(2) 在真空中或无限大均匀介质中，已知电荷连续分布时，可直接积分计算；

(3) 通过电位计算电场；

(4) 当电荷和介质分布具有球对称性或轴对称等特殊对称性时，可采用高斯定理计算电场；

(5) 分离变量法；

(6) 镜像法。

7. 电容与部分电容

孤立导体的电容为

$$C = \frac{q}{\Phi}$$

孤立导体的电容与导体的几何形状、尺寸以及周围介质的特性有关，而与导体的带电量无关。两导体之间的电容为

$$C = \frac{q}{|\Phi_1 - \Phi_2|}$$

电容不仅仅是表示两个导体在一定的电压下存储电荷或电能的大小，它还反映了两个导体中的一个导体对另一个导体电场的影响，或者说反映了两个导体电耦合的程度。多个导体之间的电耦合用部分电容表示。

8. 电场能量

电荷为体分布时，电场能量为

$$W_{\mathrm{e}} = \frac{1}{2} \iiint_V \rho(\boldsymbol{r}) \Phi(\boldsymbol{r}) \mathrm{d}V$$

导体系统的电场能量为

$$W_{\mathrm{e}} = \sum_{k=1}^{N} \frac{1}{2} q_k \Phi_k$$

电场能量密度为

$$w_e = \frac{1}{2}\boldsymbol{E} \cdot \boldsymbol{D} = \frac{1}{2}\varepsilon E^2$$

9. 电场力

电场力可用虚位移法计算：

$$F = \left.\frac{\partial W_e}{\partial l}\right|_{q=\text{常数}}$$

$$F = -\left.\frac{\partial W_e}{\partial l}\right|_{\Phi=\text{常数}}$$

习　题　2

2.1　已知真空中有 4 个点电荷 $q_1 = 1\text{C}, q_2 = 2\text{C}, q_3 = 4\text{C}, q_4 = 8\text{C}$，分别位于(1,0,0)，(0,1,0)，(−1,0,0,)，(0,−1,0)点，求(0,0,1)点的电场强度。

2.2　如图所示的 3 种形状的线上电荷均匀分布，电荷线密度为 ρ_l，分别求正方形中心，三角形中心以及半圆圆心点上的电场强度。

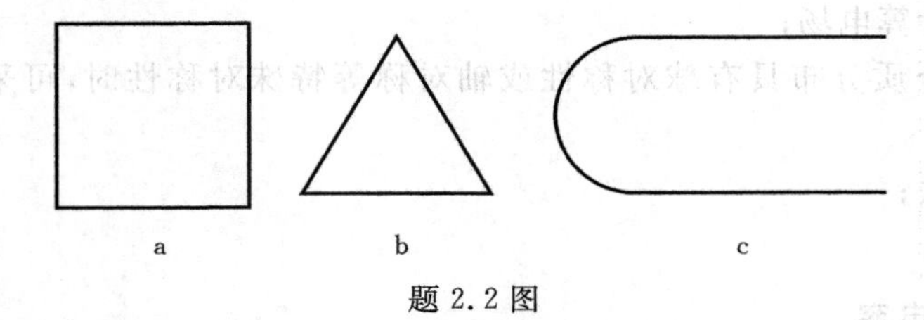

题 2.2 图

2.3　真空中无限长的半径为 a 的半边圆筒上电荷面密度为 ρ_S，求轴线上的电场强度。

2.4　真空中无限长且宽度为 a 的平板上电荷密度为 ρ_S，求空间任一点上的电场强度。

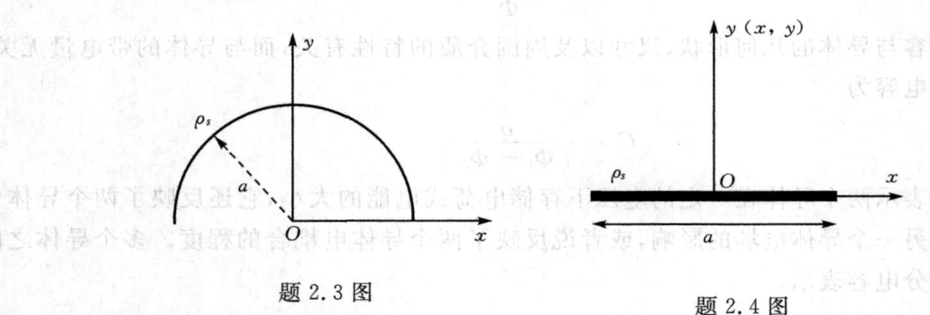

题 2.3 图

题 2.4 图

2.5　已知真空中电荷分布为

$$\rho = \begin{cases} \dfrac{r^2}{a^2}, & r \leqslant a \\ 0, & r > a \end{cases}$$

$$\rho_S = b,\ r = a$$

r 为场点到坐标原点的距离，a、b 为常数。求电场强度。

2.6　在圆柱坐标系中电荷分布为

$$\rho=\begin{cases}\dfrac{r}{a}, & r\leqslant a\\ 0, & r>a\end{cases}$$

r 为场点到 z 轴的距离，a 为常数。求电场强度。

2.7　在直角坐标系中电荷分布为

$$\rho(x,y,z)=\begin{cases}\rho_0, & |x|\leqslant a\\ 0, & |x|>a\end{cases}$$

求电场强度。

2.8　在直角坐标系中电荷分布为

$$\rho(x,y,z)=\begin{cases}|x|, & |x|\leqslant a\\ 0, & |x|>a\end{cases}$$

求电场强度。

2.9　在电荷密度为 ρ（常数）、半径为 a 的带电球中挖一个半径为 b 的球形空腔，空腔中心到带电球中心的距离为 $c(b+c<a)$。求空腔中的电场强度。

2.10　已知空间电场分布为

$$\boldsymbol{E}=\begin{cases}\dfrac{2x}{b}\hat{x}, & -b/2<x<b/2\\ \hat{x}, & x>b/2\\ -\hat{x}, & x<-b/2\end{cases}$$

求空间电荷分布。

2.11　在圆柱坐标中，已知空间电场分布为

$$\boldsymbol{E}=\begin{cases}\dfrac{C\hat{r}}{r}, & a<r<b\\ 0, & r<a,r>b\end{cases}$$

C 为常数。求空间电荷分布。

2.12　若在圆球坐标系中空间电位分布为

$$\Phi(r)=\begin{cases}b-a, & r\leqslant a\\ \dfrac{ab}{r}-a, & a<r<b\\ 0, & r\geqslant b\end{cases}$$

求空间电荷分布。

2.13　分别计算线电荷密度为 ρ_l，边长为 L 的方形和半径为 a 圆形均匀线电荷在轴线上的电位。

2.14　计算题 2.5 给出的电荷分布的电位。

2.15　四个点电荷在圆球坐标系中大小和位置分别为 $q(a,\pi/2,0)$，$q(a,\pi/2,\pi/2)$，$-q(a,\pi/2,\pi)$，$-q(a,\pi/2,3\pi/2)$，求 $r\gg a$ 处的电位。

2.16　已知电场强度为 $\boldsymbol{E}=3\hat{x}+4\hat{y}-5\hat{z}$，试求点(0,0,0)与点(1,2,1)之间的电压。

2.17　已知在球坐标中电场强度为 $\boldsymbol{E}=\dfrac{3}{r^2}\hat{r}$，试求点 (a,θ_1,φ_1) 与点 (b,θ_2,φ_2) 之间的电压。

2.18　已知在圆柱坐标中电场强度为 $\boldsymbol{E}=\dfrac{2}{\rho}\hat{\rho}$，试求点 $(a,\varphi_1,0)$ 与点 $(b,\varphi_2,0)$ 之间的

电压。

2.19 半径为a、长度为L的圆柱介质棒均匀极化，极化方向为轴向，极化强度为$\boldsymbol{P}=P_0\hat{z}$($P_0$为常数)，求介质中的束缚电荷。

2.20 求上题中的束缚电荷在轴线上产生的电场。

2.21 半径为a的介质球均匀极化，$\boldsymbol{P}=P_0\hat{z}$，求束缚电荷分布。

2.22 求上题中束缚电荷在球中心产生的电场。

2.23 无限长的线电荷位于介电常数为ε的均匀介质中，线电荷密度ρ_l为常数，求介质中的电场强度。

2.24 半径为a的均匀带电球壳，电荷面密度ρ_S为常数，外包一层厚度为d、介电常数为ε的介质，求介质内、外的电场强度。

2.25 两同心导体球壳半径分别为a、b，两导体之间介质的介电常数为ε，内、外导体球壳电位分别为V、0。求两导体球壳之间的电场和球壳面上的电荷面密度。

2.26 两同心导体球壳半径分别为a、b，两导体之间有两层介质，介电常数分别为ε_1、ε_2，介质界面半径为c，内外导体球壳电位分别为V和0，求两导体球壳之间的电场和球壳面上的电荷面密度，以及介质分界面上的束缚电荷面密度。

2.27 圆柱形电容器，内外导体半径分别为a、b，两导体之间介质的介电常数为ε，介质的击穿场强为E_b，求此电容器的耐压。

2.28 已知真空中一内、外半径分别为a、b的介质球壳，介电常数为ε，在球心放一电量为q的点电荷。

(1) 用介质中的高斯定理求电场强度；

(2) 求介质中的极化强度和束缚电荷；

(3) 再用真空中的高斯定理求点电荷和束缚电荷的电场强度。

2.29 某介质的介电常数为$\varepsilon=az^n$，a和n均为常数，若介质中的电场强度为恒值且只有z分量，证明：$\nabla\cdot\boldsymbol{D}=\dfrac{nD}{z}$。

2.30 有3层均匀介质，介电常数分别为ε_1、ε_2、ε_3，取坐标系使分界均平行于xOy面。已知3层介质中均为匀强场，且$\boldsymbol{E}_1=3\hat{x}+2\hat{z}$，求$\boldsymbol{E}_2$、$\boldsymbol{E}_3$。

2.31 半径为a的导体球中有两个半径均为b的球形腔，在其中一个空腔中心有一个电量为q的点电荷，如图所示，如果导体球上的总电量为0，求导体球腔中及球外的电场强度。

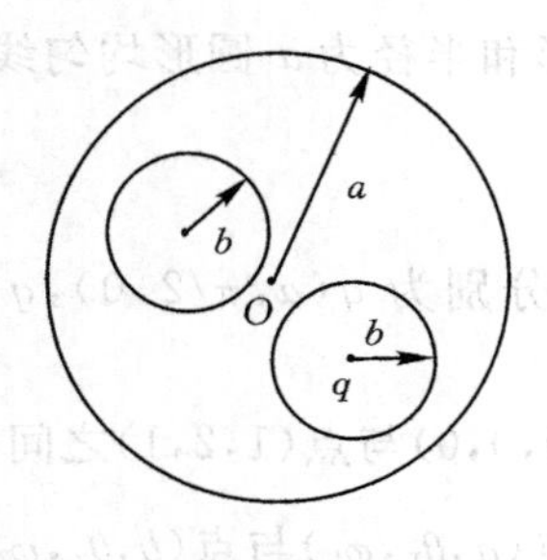

题2.31图

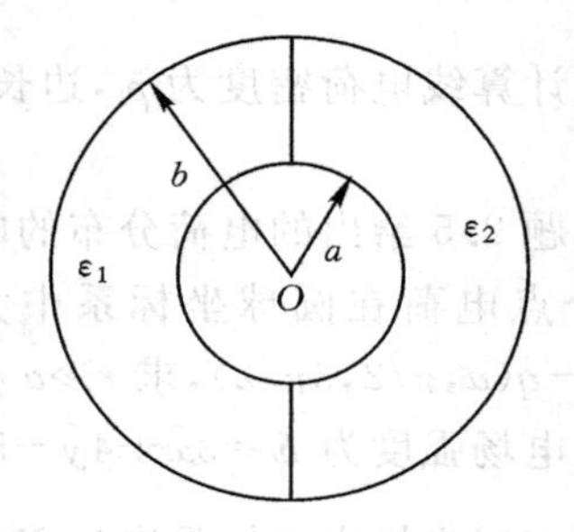

题2.32图

2.32 同轴圆柱形电容器内、外半径分别为a、b，导体之间一半填充介电常数为ε_1的介质，另一半填充介电常数为 ε_2 的介质，如图所示。当电压为 V 时，求电容器中的电场和电荷分布。

2.33 $z>0$ 半空间是介电常数为 ε_1 的介质，$z<0$ 半空间是介电常数为 ε_2 的介质，当(1)电量为 q 的点电荷放在介质分界面时，(2)电荷线密度为 ρ_l 的均匀线电荷放在介质分界面时，求电场强度。

2.34 面积为 A、间距为 d 的平板电容器上电压为 V，介电常数为 ε、厚度为 t 的介质板分别按如图(a)、(b)所示的方式放置在两导电平板之间，分别计算这两种情况下电容器中的电场及电荷分布。

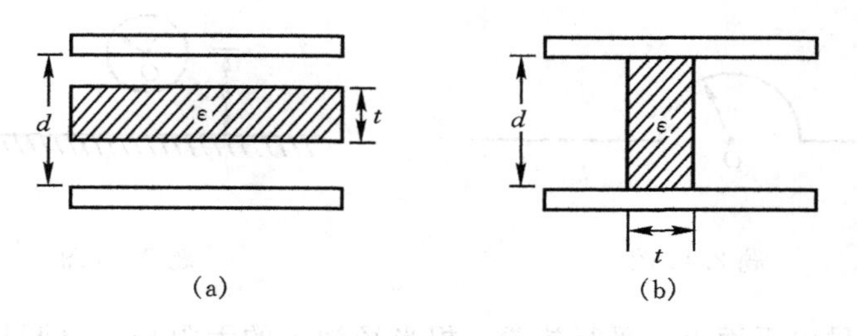

题 2.34 图

2.35 半径分别为 a 和 b 的同轴圆柱面之间的区域内无电荷，圆柱面上电位分别为 V 和 0，求该圆柱形区域内的电位和电场。($b>a$)

2.36 在半径分别为 a 和 b 的两同轴导电圆筒围成的区域内，电荷分布为 $\rho=A/r$，A 为常数，若介质介电常数为 ε，内导体电位为 V，外导体电位为 0，求两导体间的电位分布。

2.37 两块电位分别为 0 和 V 的半无限大导电平板构成夹角为 α 的角形区域如图所示，求该角形区域中的电位分布。

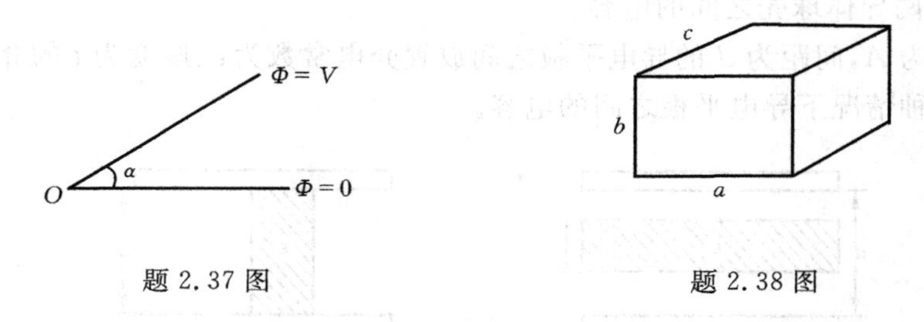

题 2.37 图　　题 2.38 图

2.38 由导电平板制作的尺寸为 $a\times b\times c$ 的矩形金属盒如图所示，除盒盖的电位为 V 外，其余盒壁电位为 0，求盒内电位分布。

2.39 在 $\boldsymbol{E}=E_0\hat{x}$ 的匀强电场中沿 z 轴放一根半径为 a 的无限长导电圆柱，求电位及电场。

2.40 在无限大的导电平板上方距导电平板 h 处平行放置无限长的线电荷，电荷线密度为 ρ_l，求导电平板上方的电场。

2.41 由无限大的导电平板折成 45°的角形区，在该角形区中某一点(x_0, y_0, z_0)有一点电荷 q，用镜像法求电位分布。

2.42 半径为 a、带电量为 Q 的导体球附近距球心 f 处有一点电荷 q，求点电荷 q 所受的力。

2.43 内外半径分别为 a、b 的导电球壳内距球心为 $d(d<a)$ 处有一点电荷 q,当

(1) 导电球壳电位为 0;

(2) 导电球壳电位为 V;

(3) 导电球壳上的总电量为 Q。

分别求导电球壳内外的电位分布。

2.44 无限大导电平面上有一导电半球,半径为 a,在半球体正上方距球心及导电平面 h 处有一点电荷 q,如图所示,求该点电荷所受的力。

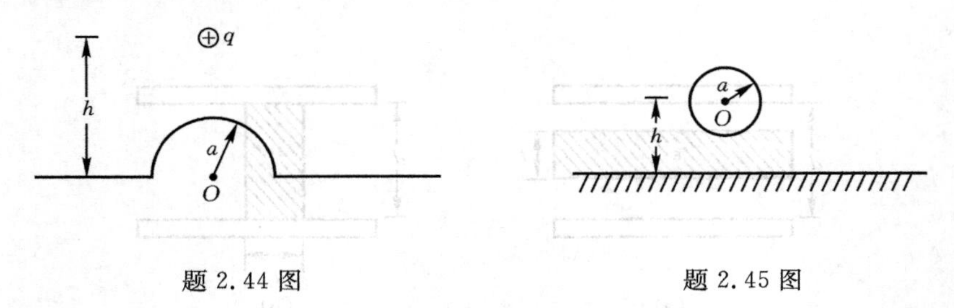

题 2.44 图　　　　题 2.45 图

2.45 无限大导电平面上方平行放置一根半径为 a 的无限长导电圆柱,该导电圆柱轴线距导电平面为 h,求导电圆柱与导电平面之间单位长度的电容。

2.46 $z>0$ 半空间为介电常数为 ε_1 的介质,$z<0$ 半空间为介电常数为 ε_2 的介质,在界面两边距界面为 h 的对称位置放置电量分别为 q_1 和 q_2 的点电荷,分别计算两个点电荷所受的力。

2.47 两同心导体球壳半径分别为 a、b,两导体之间介质的介电常数为 ε,求两导体球壳之间的电容。

2.48 两同心导体球壳半径分别为 a、b,两导体之间有两层介质,介电常数为 ε_1、ε_2,介质界面半径为 c,求两导体球壳之间的电容。

2.49 面积为 A,间距为 d 的导电平板之间放置介电常数为 ε、厚度为 t 的介质板,如图所示。分别计算两种情况下导电平板之间的电容。

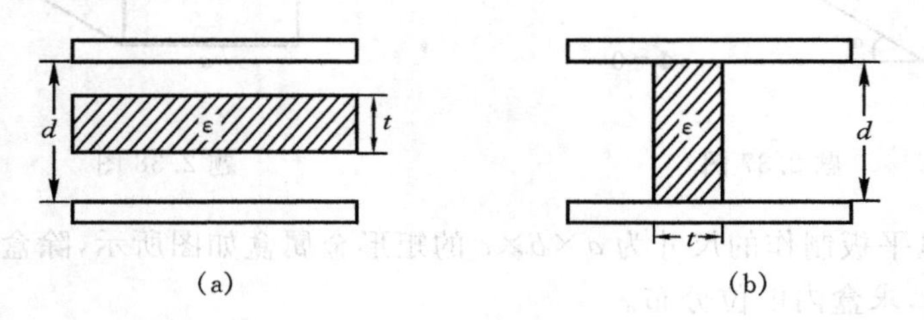

题 2.49 图

2.50 两块沿 z 方向无限延伸的导电平板夹角为 $\varphi=30°$,与 $\rho=a$ 和 $\rho=b$ 的圆柱面相截,一块板电位为 V,另一块板电位为 0,忽略边缘效应,求两块板间的电位分布、电场以及单位长度的电容。

2.51 真空中半径为 a 的导体球电位为 V,求电场能量。

2.52 圆球形电容器内导体的外半径为 a,外导体的内半径为 b,内、外导体之间填充两层介电常数分别为 ε_1、ε_2 的介质,界面半径为 c,电压为 V。求电容器中的电场能量。

2.53　长度为 d 的圆柱形电容器内导体的外半径为 a，外导体的内半径为 b，内、外导体之间填充两层介电常数分别为 ε_1、ε_2 的介质，界面半径为 c，电压为 V，求电容器中的电场能量。

2.54　两个点电荷电量均为 q，放在介电常数为 ε 的介质中，间距为 d，求互电能。

2.55　两个尺寸为 $a\times a$ 的平行导电平板之间距离为 d，带电量分别为 $+q$、$-q$，当将介电常数为 ε 的介质板插入导电板之间深度为 x 时，求介质板所受的电场力。

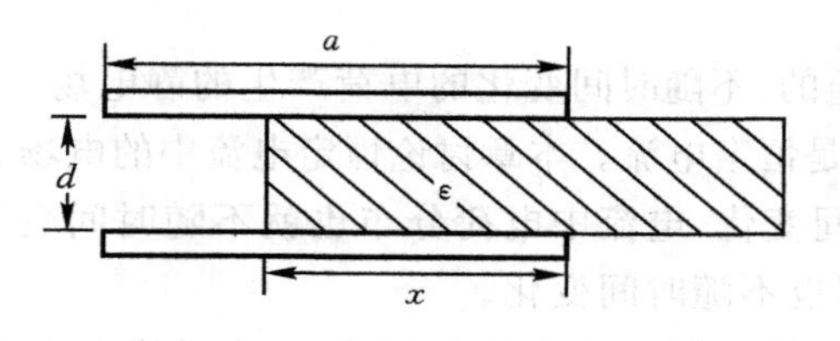

题 2.55 图

第3章 恒定电流场

前一章介绍了相对静止的、不随时间变化的电荷产生的静电场。电荷在电场作用下运动形成的、不随时间变化的电流是恒定电流。本章讨论恒定电流中的电场。

由于恒定电流不随时间变化，电流中电荷分布也就不随时间变化。恒定电流中的电场是恒定电流中的电荷产生的，也不随时间变化。

恒定电流中的电荷产生的电场可分为两个区域，一个是运动电荷所在的恒定电流场区，另一个是恒定电流外的场区。一般地，只要确定了电荷分布，就可以利用上一章介绍的电场方程计算各区中的电场，但是在恒定电流场区，电场强度与电流密度有简单的、确定的关系。因此本章仅讨论恒定电流场区的电场。

3.1 电流密度

大量电荷的定向运动形成电流。导电媒质中的电流称作传导电流；真空或气体中大量带电粒子的定向运动，如显像管中阴极发射的运动到阳极的电子束，称作运流电流或徙动电流。电流的大小用电流强度表示，电流强度定义为单位时间流过导电体截面的电荷量，单位为安培(A)。一般地，电流在穿过任一截面时，受各种因素的影响，有一定的分布。电流中的电场与电流的分布有关，但电流强度不能描述电流在电流场中的分布情况，为此，定义一个物理量——电流密度，用来定量描述空间各点的电流分布和方向。电流密度用 $\boldsymbol{J}$ 表示。显然，电流密度是矢量函数。电流中任一点的电流密度定义为：单位时间垂直穿过以该点为中心、法线是电荷运动方向的单位面积的电量，方向为正电荷在该点的运动方向。如果垂直穿过以正电荷运动方向为法线的小曲面 ΔS 的电流强度为 ΔI，如图 3.1-1 所示，则

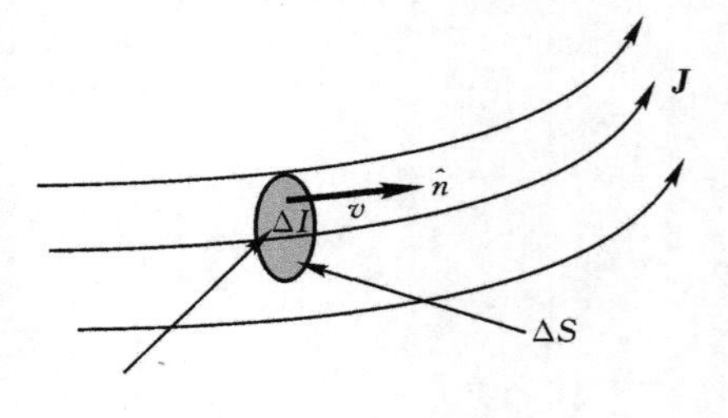

图 3.1-1　电流密度

$$\boldsymbol{J} = \lim_{\Delta S \to 0} \frac{\Delta I}{\Delta S} \hat{n} \tag{3.1-1}$$

电流密度的单位是 $\mathrm{A/m^2}$。根据电流密度的定义，在电流场中，如果已知电流密度 $\boldsymbol{J}$，则通过面元 $\mathrm{d}\boldsymbol{S}$ 的电流强度为

$$\mathrm{d}I = \boldsymbol{J} \cdot \mathrm{d}\boldsymbol{S}$$

穿过任意曲面 S 的电流强度为

$$I = \iint_S \boldsymbol{J} \cdot \mathrm{d}\boldsymbol{S} \tag{3.1-2}$$

即电流强度 I 是电流密度 $\boldsymbol{J}$ 的通量。

对电流分布在曲面附近很薄一层中的情况，当不需分析计算这一薄层中的场时，可忽略薄

层的厚度，将电流近似看成是面电流。面电流用电流面密度表示，记为 $\boldsymbol{J}_S$。电流薄层上 r 点的电流面密度 $\boldsymbol{J}_S$ 为单位时间垂直穿过单位长度的薄层截面的电量，即

$$\boldsymbol{J}_S = \lim_{\Delta l \to 0} \frac{\Delta I}{\Delta l} \tag{3.1-3}$$

如图 3.1－2 所示。电流面密度单位为 A/m。若已知面电流的电流面密度，则流过长度为 L 的薄层截面的电流强度为

$$I = \int_L \boldsymbol{J}_S \cdot (\mathrm{d}\boldsymbol{l} \times \hat{n}) \tag{3.1-4}$$

式中 $\hat{n}$ 为薄层面的法向单位矢量，如图 3.1－3 所示。对于电流在细导线中流动的情况，当不需要计算细线中场时，就可将电流看成是线分布，线电流密度 $\boldsymbol{J}_l$ 就是电流强度 I，方向为电流的方向 $\hat{l}$，即

$$\boldsymbol{J}_l = \hat{l} I \tag{3.1-5}$$

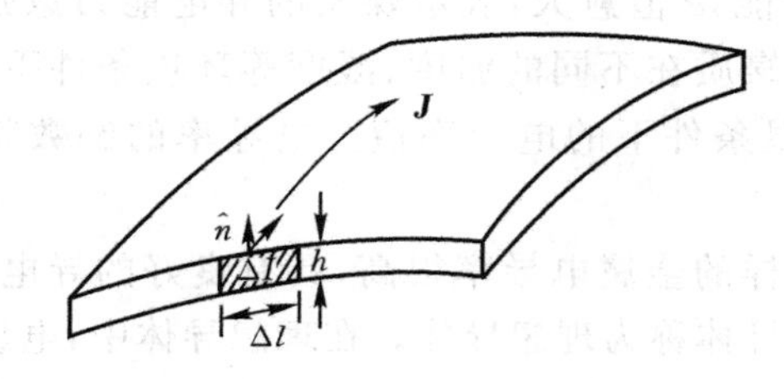

图 3.1－2　电流面密度

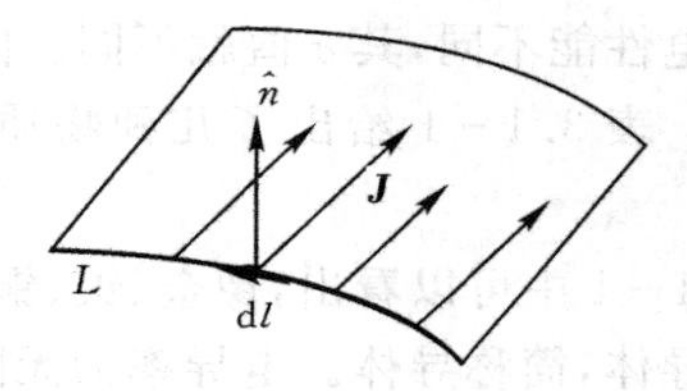

图 3.1－3　面电流、$\hat{l}$、$\hat{n}$ 的方向

既然电流是电荷的运动形成的，电流密度就应与运动电荷的密度以及电荷运动的速度有关。若电荷密度为 ρ 的电荷以速度 $\boldsymbol{v}$ 运动，则在 $\mathrm{d}t$ 的时间内，电荷的位移为 $\boldsymbol{v}\mathrm{d}t$。若沿着电荷的运动方向取一端面面积为 ΔS，长度为 $\boldsymbol{v}\mathrm{d}t$ 的圆柱体，如图 3.1－4 所示。那么在 $\mathrm{d}t$ 的时间内，穿过端面 ΔS 的电荷量为 $\mathrm{d}q = \rho\Delta S\boldsymbol{v}\mathrm{d}t$，因此穿过端面 ΔS 的电流强度为 $\Delta I = \rho\boldsymbol{v}\Delta S$。穿过端面单位面积的电流为 $\Delta I/\Delta S = \rho\boldsymbol{v}$。考虑到电流密度的方向就是正电荷运动的方向，可得到电流密度 $\boldsymbol{J}$ 与电荷密度 ρ 以及运动速度 $\boldsymbol{v}$ 的关系为

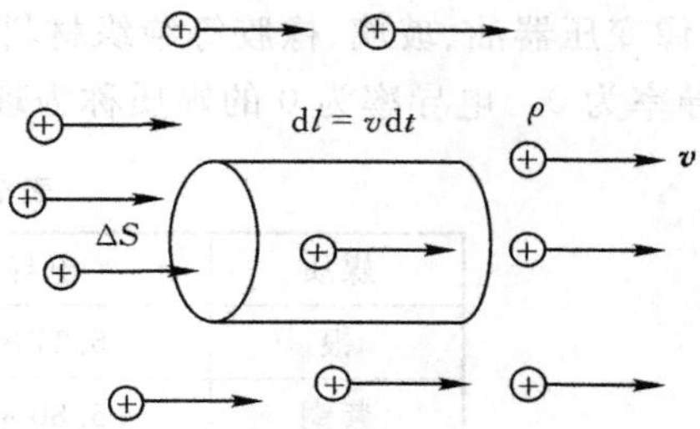

图 3.1－4　$\boldsymbol{J}$ 与 ρ 以及 $\boldsymbol{v}$ 的关系

$$\boldsymbol{J} = \rho\boldsymbol{v} \tag{3.1-6}$$

下面分析导体中传导电流密度和电场强度的关系。考虑一段导线，使两端维持一定的电位差，导线中就存在电场。电场力使导线中的自由电子加速运动，而自由电子在加速运动中不可避免要与导体中的原子碰撞，碰撞使电子的运动速度和方向改变。在导体中，自由电子相继两次碰撞之间的间隔很短。电场的作用使电子的随机速度沿电场方向产生一很小的分量，称为漂移速度。设电子的质量为 m，平均两次碰撞间隔为 τ，电场强度为 $\boldsymbol{E}$，漂移速度为 $\boldsymbol{v}$。根据质点动量定理，有

$$m\boldsymbol{v} = -e\boldsymbol{E}\tau$$

那么漂移速度为

$$\boldsymbol{v} = -\frac{e\tau\boldsymbol{E}}{m} = -u_e\boldsymbol{E}$$

式中

$$u_e = \frac{e\tau}{m}$$

称为电子迁移率。设单位体积中的自由电子数为N,那么电荷密度为$\rho=-eN$,根据(3.1-6)式,传导电流密度为

$$\boldsymbol{J} = \rho\boldsymbol{v} = Neu_e E$$

令

$$\sigma = Neu_e = \frac{e^2\tau N}{m} \tag{3.1-7}$$

则传导电流密度与电场强度的关系就可写为

$$\boldsymbol{J} = \sigma\boldsymbol{E} \tag{3.1-8}$$

σ称为电导率,其单位为S/m(西门子/米)。上式说明在导电媒质中,电流密度与电场强度成正比,其比例系数电导率σ代表了媒质的导电性能,σ值愈大,表示媒质的导电能力愈强。不同媒质的导电性能不同,其σ值就不同。同一种媒质在不同的温度、湿度等环境条件下,电导率也有区别。表3.1-1给出了几种物质在常温条件下的电导率值。电导率的倒数就是电阻率。

从表3.1-1中可以看出,像金、银、铜、铝这样的金属电导率很高,具有良好的导电性能,因此称为良导体,简称导体。电导率为无限大的导体称为理想导体。在理想导体中,电场一定为0,因为如果电场不为0,电流密度就会为无限大,这与电流必须有限相矛盾。理想导体是一种理想化的近似模型,若导体的电导率十分大,通过一定的电流时电场强度很小,以致于可以忽略,这种导体就可近似为理想导体。在很多情况下,可以将良导体近似为理想导体。与此相反,像变压器油、玻璃、橡胶等绝缘材料的电导率十分小,在一般情况下可以忽略,可近似认为电导率为0。电导率为0的媒质称为理想介质,在理想介质中电流为0。

表3.1-1 物质的电导率 (单位:S/m)

媒质	电导率	媒质	电导率
银	6.17×10^7	海水	4
紫铜	5.80×10^7	淡水	10^{-3}
金	4.10×10^7	干土	10^{-5}
铝	3.54×10^7	变压器油	10^{-11}
黄铜	1.57×10^7	玻璃	10^{-12}
铁	10^7	橡胶	10^{-15}

取一段截面积为S、长为L,电导率为σ的导线,在其两端加电压,使这段导线中存在恒定电流,如图3.1-5所示,如果导线中电流密度均匀,则流过导线截面的电流强度为

$$I = JS = \sigma ES$$

设导线两端的电压为$U=EL$,上式可写为

$$I = \frac{\sigma US}{L} = \frac{U}{\dfrac{L}{\sigma S}} = \frac{U}{R} \tag{3.1-9}$$

其中
$$R=\frac{L}{\sigma S} \tag{3.1-10}$$
为这段导线的电阻。(3.1-9)式还可写为
$$U=IR \tag{3.1-11}$$

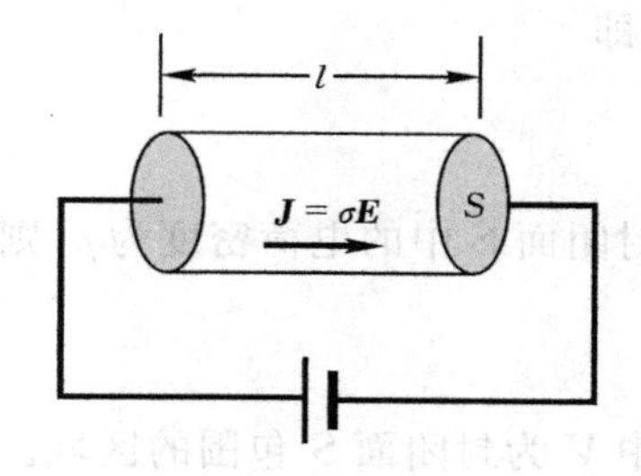

图 3.1-5 导线中的传导电流

(3.1-11)式就是我们所熟知的欧姆定律，它给出了一段导体两端的电压与导体中电流的关系，而(3.1-8)式给出了导体中每一点电流密度与电场强度的关系。在导体中的一个微小体积元上，可认为电流密度均匀，因此，可由(3.1-8)式直接得到欧姆定律。也就是说，(3.1-8)式是微小的体积元上的欧姆定律，即是欧姆定律的微分形式。(3.1-8)式可用于电流分布不均匀的情况，而欧姆定律一般仅适用于电流分布均匀的情况，因此可以将欧姆定律看成是(3.1-8)式在恒定电流场中电流均匀分布这种特殊情况下的近似。

例 3.1-1 在长为 2 m 的铜线两端加 2 V 的电压，如果自由电子相邻两次碰撞的平均时间为 2.7×10^{-14} s，计算导线中自由电子的漂移速度。

解 设铜线沿 z 轴放置，上端的电位比低端的电位高，则铜线中的电场为
$$\boldsymbol{E}=-\left(\frac{10}{2}\right)\hat{z}=-5\hat{z}\ \text{V/m}$$
电子迁移率为
$$u_e=\frac{e\tau}{m}=\frac{1.6\times10^{-19}\times2.7\times10^{-14}}{9.1\times10^{-31}}=4.747\times10^{-3}$$
因此，导线中自由电子的漂移速度为
$$\boldsymbol{v}=-u_e\boldsymbol{E}=4.747\times10^{-3}\times5\hat{z}=23.74\times10^{-3}\hat{z}\ \text{m/s}$$

思考题

1. 传导电流与运流电流有什么异同之处？
2. 电流体密度与电流面密度有什么关系？
3. 什么是理想导电体和理想介质？
4. 理想导电体有什么性质？
5. 电流场中，导体是等位体吗？为什么？
6. 为什么将 $\boldsymbol{J}=\sigma\boldsymbol{E}$ 称为欧姆定律的微分形式？此式与欧姆定律有什么关系？
7. 当一段导线截面上电流分布不均匀时，还能用 $R=\frac{L}{\sigma S}$ 计算其电阻吗？为什么？
8. 在有恒定电流的导电体中，为什么电场强度不为 0？
9. 同长度和同横截面的一段铜线和铝线两端加相同的电压时，它们中的电流是否相同？
10. 如果在某导电体中电场强度是 0，那么在该导电体中有电流吗？

3.2 恒定电流场方程

由电荷守恒定律，从任一封闭面 S 中流出的电流等于该封闭面中电量在单位时间的减

少,即

$$\oint_S \boldsymbol{J} \cdot \mathrm{d}\boldsymbol{S} = -\frac{\partial q}{\partial t} \tag{3.2-1}$$

设封闭面 S 中的电荷密度为 ρ,则

$$q = \iiint_V \rho \mathrm{d}V$$

式中 V 为封闭面 S 包围的区域。代入(3.2-1)式,得

$$\oint_S \boldsymbol{J} \cdot \mathrm{d}\boldsymbol{S} = -\iiint_V \frac{\partial \rho}{\partial t} \mathrm{d}V \tag{3.2-2}$$

利用高斯定理,可得到上式对应的微分形式

$$\nabla \cdot \boldsymbol{J} = -\frac{\partial \rho}{\partial t} \tag{3.2-3}$$

(3.2-1)和(3.2-3)式分别称为电荷守恒定律的积分形式和微分形式。

电流场中的电场也是由电荷产生的。在恒定电流场中,虽然电荷是运动的,但电流不随时间变化,那么运动电荷在空间的分布也就不随时间变化,这种电荷称为驻立电荷。由于在恒定电流场中,驻立电荷的分布不随时间变化,因此,(3.2-1)和(3.2-3)式的右端为0,变为

$$\oint_S \boldsymbol{J} \cdot \mathrm{d}\boldsymbol{S} = 0 \tag{3.2-4}$$

$$\nabla \cdot \boldsymbol{J} = 0 \tag{3.2-5}$$

(3.2-4)和(3.2-5)式表明,在恒定电流场中,从任一封闭面或任一点流出的总电流为0,或流进的电流等于流出的电流。也就是说,电流在任一封闭面中或任一点是连续的。因此,以上两式称为电流连续性原理。将(3.2-4)式应用于任一电路节点,设 S 为包围电路节点的封闭面,(3.2-4)式对该封闭面积分后简化为

$$\sum I = 0$$

式中 $\sum I$ 为流出节点的总电流。这就是电路理论中的基尔霍夫节点电流定律,它表明,从电路中一个节点流出电流的代数和为0。

由驻立电荷产生的恒定电场与静电场一样,也是保守场。电场强度沿任一闭合回路的线积分应等于0,即

$$\oint_l \boldsymbol{E} \cdot \mathrm{d}\boldsymbol{l} = 0 \tag{3.2-6}$$

其微分形式为

$$\nabla \times \boldsymbol{E} = \boldsymbol{0} \tag{3.2-7}$$

也就是说恒定电场也是无旋场,可以定义电位,将恒定电场表示为电位的梯度,即

$$\boldsymbol{E} = -\nabla \Phi \tag{3.2-8}$$

将(3.1-8)式代入(3.2-5)式,得

$$\nabla \cdot \boldsymbol{J} = \nabla \cdot (\sigma \boldsymbol{E}) = \sigma \nabla \cdot \boldsymbol{E} + \boldsymbol{E} \cdot \nabla \sigma = 0$$

由此得电场强度的散度为

$$\nabla \cdot \boldsymbol{E} = -\frac{\boldsymbol{E} \cdot \nabla \sigma}{\sigma} \tag{3.2-9}$$

上式表明，只有在导电媒质不均匀的区域，电场强度的散度才不为0。由于

$$\nabla \cdot \boldsymbol{D} = \nabla \cdot \varepsilon \boldsymbol{E} = \varepsilon \nabla \cdot \boldsymbol{E} + \boldsymbol{E} \cdot \nabla \varepsilon = \rho$$

将(3.2-9)式代入上式，可得到不均匀的导电媒质中驻立电荷体密度为

$$\rho = \boldsymbol{E} \cdot \left(\frac{\varepsilon \nabla \sigma}{\sigma} + \nabla \varepsilon\right) \tag{3.2-10}$$

而在均匀的导电媒质中，由于$\nabla\sigma=0$和$\nabla\varepsilon=0$，因此驻立电荷体密度为0，电场强度的散度也为0

$$\nabla \cdot \boldsymbol{E} = 0 \tag{3.2-11}$$

将(3.2-8)式代入上式得

$$\nabla^2 \Phi = 0 \tag{3.2-12}$$

这说明，对于均匀导电媒质中的恒定电流场，其电位也满足拉普拉斯方程。

以上(3.2-4)～(3.2-7)式及(3.1-8)式就是导电媒质中的恒定电流场方程，导电媒质中恒定电流场的性质就由这些方程确定。将恒定电流场方程重写如表3.2-1所示。

表3.2-1　恒定电流场方程

积分形式	微分形式
$\oint_S \boldsymbol{J} \cdot d\boldsymbol{S} = 0$	$\nabla \cdot \boldsymbol{J} = 0$
$\oint_l \boldsymbol{E} \cdot d\boldsymbol{l} = 0$	$\nabla \times \boldsymbol{E} = \boldsymbol{0}$
$\boldsymbol{J} = \sigma \boldsymbol{E}$	

例3.2-1　一块导体，其电导率σ和介电常数ε均是常数且已知，将这块导体放入电场(静电场或恒定电场)中，求自由电荷体密度ρ(设导体的初始自由电荷体密度为ρ_0)。

解　由于导体中有自由电荷，一旦放入电场中，导体中就会有电荷在电场作用下移动形成电流，电荷密度就会随时间变化。在这种情况下，在导电媒质中任一点，电流密度和电荷体密度满足(3.2-3)式，将(3.1-8)式代入(3.2-3)式，得

$$\nabla \cdot \boldsymbol{E} = -\frac{1}{\sigma}\frac{\partial \rho}{\partial t}$$

将$\nabla \cdot \boldsymbol{E} = \frac{\rho}{\varepsilon}$代入上式，得

$$\frac{\partial \rho}{\partial t} + \frac{\sigma}{\varepsilon}\rho = 0 \tag{3.2-13}$$

此式为均匀导电媒质中自由电荷体密度随时间变化的方程，其解为

$$\rho = \rho_0 e^{-\frac{t}{\tau}} \tag{3.2-14}$$

式中

$$\tau = \frac{\varepsilon}{\sigma} \tag{3.2-15}$$

称为弛豫时间。由(3.2-14)式可见，当将导电媒质放入电场中后，均匀导电媒质中的自由电荷体密度随时间增加按指数规律很快衰减，弛豫时间决定了自由电荷体密度随时间增加衰减的快慢。弛豫时间愈小，衰减愈快。良导体的弛豫时间很小，因此衰减很快。例如，铜的弛豫

时间仅为$\tau=1.52\times10^{-19}$ s。可见,将良导体放入电场中后,在很短的时间,良导体中的自由电荷体密度就衰减为0。如果导体上还有净自由电荷的话,净自由电荷将只能以面电荷的形式分布在导体表面或界面上。

例3.2-2 两块面积为S、间距为d的理想导体板之间填充电导率为σ的均匀导电媒质,在两理想导体板之间加电压V,求两理想导体板之间的电阻。

解 由于两导体板为理想导体,因此两理想导体板自身的电阻为0,两理想导体板之间的电阻就是两理想导体板之间的导电媒质的电阻。建立坐标系,如图3.2-1所示,底下的理想导体板位于$z=0$,设其电位为$\Phi=0$;上面的理想导体板位于$z=d$,设其电位为$\Phi=V$。可以将导体板之间的电位近似为仅是z的函数,由于导电媒质是均匀的,因此其中的电位满足拉普拉斯方程,即

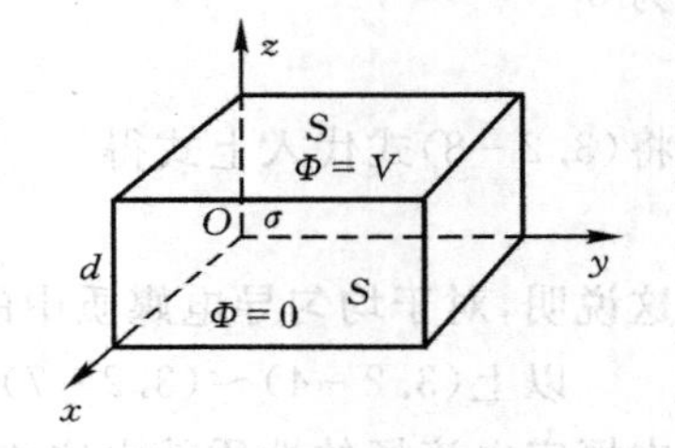

图3.2-1 理想导体板之间填充电导率为σ的均匀导电媒质

$$\frac{\mathrm{d}^2\Phi}{\mathrm{d}z^2}=0$$

其通解为

$$\Phi=az+b$$

式中a、b为积分常数,由$z=0,d$的电位值确定其值后得

$$\Phi=\frac{V}{d}z$$

导电媒质中的电场强度为

$$\boldsymbol{E}=-\nabla\Phi=-\frac{\mathrm{d}\Phi}{\mathrm{d}z}\hat{z}=-\frac{V}{d}\hat{z}$$

电流密度为

$$\boldsymbol{J}=\sigma\boldsymbol{E}=-\frac{\sigma V}{d}\hat{z}$$

通过导电媒质截面的电流强度为

$$I=\iint_S\boldsymbol{J}\cdot\mathrm{d}\boldsymbol{S}=\frac{\sigma SV}{d}$$

导电媒质的电阻为

$$R=\frac{V}{I}=\frac{d}{\sigma S}\tag{3.2-16}$$

这正是物理和电路中给出的计算电流均匀分布的一段导线电阻的公式。

对于电流密度非均匀的导电媒质,不能直接利用(3.2-16)式计算它的电阻。在恒定电流场中,导电媒质两表面之间的电阻可写为

$$R=\frac{V}{I}=\frac{\int_a^b\boldsymbol{E}\cdot\mathrm{d}\boldsymbol{l}}{\iint_S\boldsymbol{J}\cdot\mathrm{d}\boldsymbol{S}}\tag{3.2-17}$$

如果可以将导电媒质划分为一系列串联的、截面为S、长度为$\mathrm{d}l$的导电媒质小段,将每一小段中的电流密度可以看成是均匀的,其电阻$\mathrm{d}R$为

$$dR = \frac{dV}{I} = \frac{\boldsymbol{E} \cdot d\boldsymbol{l}}{\iint_S \boldsymbol{J} \cdot d\boldsymbol{S}} = \frac{Edl}{\sigma ES} = \frac{dl}{\sigma S} \tag{3.2-18}$$

则由这一系列串联的导电媒质小段形成的总电阻为

$$R = \int_l \frac{dl}{\sigma S} \tag{3.2-19}$$

如果可以将导电媒质划分为一系列并联的、两端电压 V 相等的导电媒质小条，每一小条两端的电压为 V，截面电流强度为 dI，电导 dG 为

$$dG = \frac{dI}{V}$$

那么，导电媒质两表面之间的电阻为

$$R = \frac{1}{G} = \frac{V}{\iint_S \boldsymbol{J} \cdot d\boldsymbol{S}} \tag{3.2-20}$$

例 3.2-3 在两个长为 L、半径分别为 a、b 的理想导电圆筒之间填充电导率为 $\sigma = m/\rho + k$ 的导电媒质，m 和 k 均为常数。在两理想导电圆筒之间加电压 V，求两理想导电圆筒之间的电阻。

解 **解法 1**：采用(3.2-19)式计算。在两理想导电圆筒之间的导电媒质中，任取半径为 ρ、厚度为 $d\rho$、长度为 L 的同轴导电圆筒，其中的电流密度可看成是均匀的，因此可以用(3.2-18)式计算电阻

$$R = \int_l \frac{dl}{\sigma S} = \int_a^b \frac{d\rho}{(m/\rho + k)(2\pi\rho L)} = \frac{1}{2\pi Lk} \ln \frac{m + kb}{m + ka}$$

解法 2：直接采用 $R = V/I$ 计算电阻。设在两理想导电圆筒之间加电压 V，两理想导电圆筒之间的电流为 I，在两理想导电圆筒之间的导电媒质中，任取半径为 ρ、长度为 L 的同轴圆柱形面，该面上的电流密度是均匀的，可写为

$$\boldsymbol{J} = \frac{I}{2\pi\rho L}\hat{\rho}$$

对应的电场强度为

$$\boldsymbol{E} = \frac{\boldsymbol{J}}{\sigma} = \frac{I}{2\pi L(m + k\rho)}\hat{\rho}$$

由电场强度可计算出两理想导电圆筒之间的电压为

$$V = \int_a^b \boldsymbol{E} \cdot d\boldsymbol{l} = \int_a^b \frac{I}{2\pi L(m + k\rho)} d\rho = \frac{I}{2\pi Lk} \ln \frac{m + kb}{m + ka}$$

由上式可得到两理想导电圆筒之间的导电媒质的电阻为

$$R = \frac{V}{I} = \frac{1}{2\pi Lk} \ln \frac{m + kb}{m + ka}$$

思考题

1. 如果由均匀良导体制作的导线中有恒定电流，那么该导线中的自由电荷体密度是否为0？为什么？

2. 用(3.2-19)式计算电阻有什么条件吗?

3. 恒定电流场是无散无旋场吗?为什么?

4. 在什么情况下,传导电流是连续的?

5. 在什么情况下,导电媒质中恒定电流场的电位满足拉普拉斯方程?

3.3 恒定电流场的边界条件

为了得到两不同媒质分界面上恒定电流场的边界条件,按照推导静电场边界条件相同的方法,利用恒定电流场方程的积分形式

$$\oint_S \boldsymbol{J} \cdot \mathrm{d}\boldsymbol{S} = 0 \tag{3.2-4}$$

$$\oint_l \boldsymbol{E} \cdot \mathrm{d}\boldsymbol{l} = 0 \tag{3.2-6}$$

在两种导电媒质分界面上,分别跨界面取高度趋于0的圆柱面和宽度趋于0的矩形回路,如图3.3-1所示,分别求电流密度在此圆柱封闭面上的通量,及电场强度在矩形回路上的环量,可导出恒定电流场的边界条件为

$$J_{1n} = J_{2n} \tag{3.3-1}$$

$$E_{1t} = E_{2t} \tag{3.3-2}$$

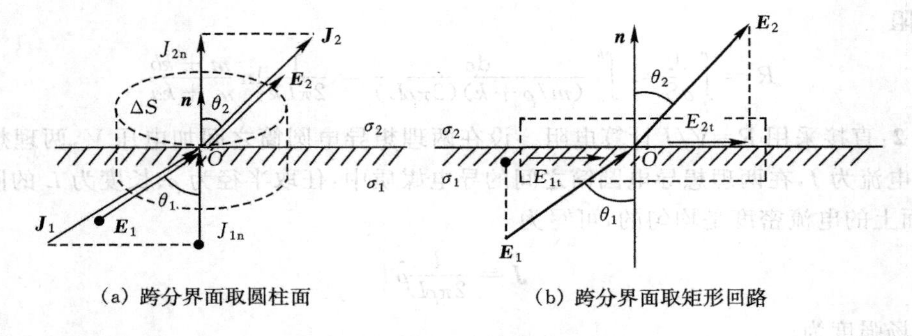

图 3.3-1 恒定电流场的边界条件

由以上两式可见,在两种导电媒质分界面上,电流密度的法向分量连续,电场强度的切向分量连续。将 $\boldsymbol{J}=\sigma\boldsymbol{E}$ 代入以上两式,得

$$\sigma_1 E_{1n} = \sigma_2 E_{2n} \tag{3.3-3}$$

$$\frac{J_{1t}}{\sigma_1} = \frac{J_{2t}}{\sigma_2} \tag{3.3-4}$$

也就是说,在两种导电媒质分界面上,电流密度的切向分量不连续,电场强度的法向分量不连续。电场强度的法向分量不连续的原因是由于导电媒质分界面上有面电荷分布,其驻立电荷面密度 ρ_S 和分界面两侧的电场的关系为

$$\rho_S = \varepsilon_2 E_{2n} - \varepsilon_1 E_{1n} \tag{3.3-5}$$

在上式中,界面的法向是从1区指向2区。如果两种导电媒质 $\varepsilon_1 \neq \varepsilon_2$,分界面上也有束缚面电荷,导电媒质分界面上的束缚电荷面密度和分界面两侧电场的关系与静电场中相同。

根据(3.3－2)、(3.3－3)和(3.2－8)式，可得到两种导电媒质分界面上电位的边界条件为

$$\sigma_1 \frac{\partial \Phi_1}{\partial n} = \sigma_2 \frac{\partial \Phi_2}{\partial n} \tag{3.3-6}$$

$$\Phi_1 = \Phi_2 \tag{3.3-7}$$

当第二种导电媒质为理想导体时，即 $\sigma_2 = \infty$，那么 $\boldsymbol{E}_2 = 0$，E_{2t} 也就必然为 0，由(3.3－2)式，$E_{1t} = 0$，即理想导电媒质表面上，电场强度仅有法向分量，电力线总是垂直于理想导体表面。理想导体表面为等位面。

对于媒质 1 为良导体、媒质 2 为理想介质的情况，例如空气中的双导线传输线，如图 3.3－2 所示，这时 $\sigma_2 = 0$，$J_2 = \sigma_2 E_2 = 0$，则 $J_{2n} = 0$，从而，$J_{1n} = 0$，也就是说在导线中，电流无垂直于表面的分量，仅沿表面切向方向流动。对导线内外的电场，因为 $J_{1n} = 0$，因此 $E_{1n} = \dfrac{J_{1n}}{\sigma_1} = 0$，而 $E_{2n} = \dfrac{\rho_S}{\varepsilon_2}$，$E_{2t} = E_{1t} = \dfrac{J_{1t}}{\sigma_1}$。可见在导线内，电场在界面法线方向的分量为 0，仅沿界面的切向即导线方向有分量；在导线外，电场强度在界面的法向分量取决于导线表面的自由电荷面密度，一般情况下不为 0，而电场强度在界面的切向分量连续，当导线的电导率有限时，电场切向分量不为 0，这时导线外的电场与导线表面不垂直，如图 3.3－2 所示。当导线的电导率无限大，即导线是理想导体时，电场切向分量为 0，这时导线外的电场与导线表面垂直。在许多良导体电线的实际场合，导线外表面电场的切向分量要比法向分量小得多。计算时不考虑电场切向分量的影响所引起的误差并不显著，因此可将导线近似看成是理想导体，近似为等位体，电力线与导线垂直。这样，导线表面的边界条件就与静电场相同，导线外的电场就可用静电场的方法求解。

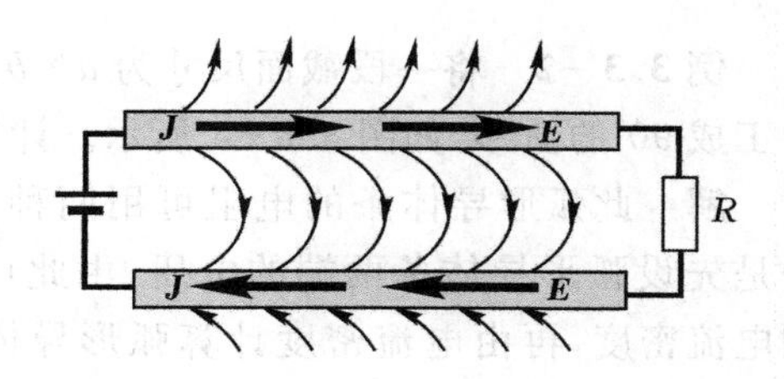

图 3.3－2 双导线的恒定电场

例 3.3－1 已知平板电容器两导电平板面积为 A，之间填充两层非理想介质，厚度与电导率分别为 d_1、d_2、σ_1、σ_2。当两导电平板之间加电压 V 时，求电场强度及电容器的漏电导。

解 忽略边缘效应，可以认为导电平板之间的两层媒质中电场均为匀强场，分别为 E_1、E_2，如图 3.3－3 所示，那么由边界条件及电压关系得

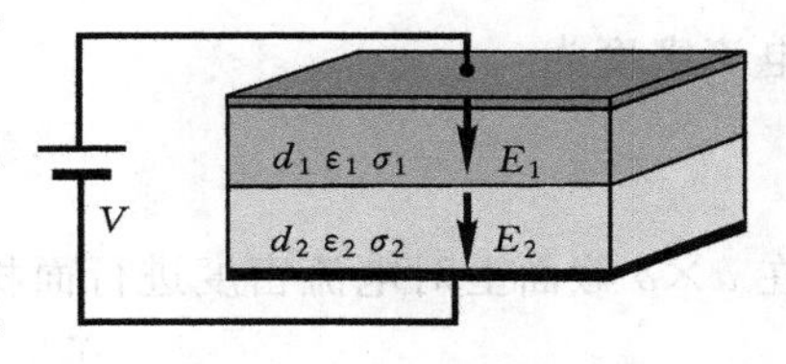

图 3.3－3 两层介质的平板电容器

$$\sigma_1 E_1 = \sigma_2 E_2$$

$$E_1 d_1 + E_2 d_2 = V$$

解此联立方程，得

$$E_1 = \frac{\sigma_2}{d_1\sigma_2 + d_2\sigma_1} V$$

$$E_2 = \frac{\sigma_1}{d_1\sigma_2 + d_2\sigma_1} V$$

电流密度为

$$J = \sigma E = \frac{\sigma_1 \sigma_2}{d_1 \sigma_2 + d_2 \sigma_1} V$$

电流强度为

$$I = JA = \frac{\sigma_1 \sigma_2}{d_1 \sigma_2 + d_2 \sigma_1} VA$$

电容器的漏电导为

$$G = \frac{I}{V} = \frac{\sigma_1 \sigma_2 A}{d_1 \sigma_2 + d_2 \sigma_1}$$

例 3.3-2　将一段截面尺寸为 $a \times b$、电导率为 σ 的金属条加工成 90°的弧形,如图 3.3-4 所示。计算两端面之间的电阻。

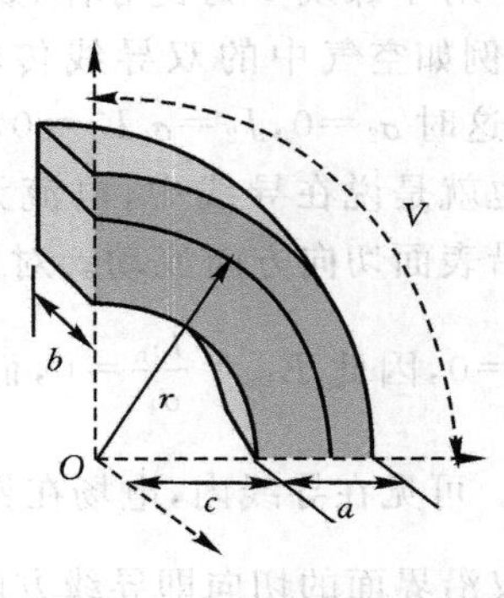

图 3.3-4　弧形导体条

解　此弧形导体条的电阻可用两种方法计算。第 1 种方法是先设弧形导体条两端的电压,由此计算出电场,由电场得到电流密度,再由电流密度计算弧形导体条截面的电流强度,最后由 $R = V/I$ 计算出电阻。第 2 种方法是将弧形导体条看成是一系列不同半径的弧形导体薄片垒叠而成,再计算出一个厚度为 dr 的弧形导体薄片的电导,然后积分,计算不同半径的弧形导体薄片垒叠的弧形导体条的电导,最后由电导再得到电阻。

解法 1:设在弧形导体条两端加电压 V,那么电流线为与弧面同轴的弧线。在半径为 r 的弧线上,电流密度 J 和电场强度 E 也沿弧线方向,且大小分别为常数。两端面之间的电压为

$$\frac{E\pi r}{2} = V$$

由此,电场强度用电压表示为

$$E = \frac{2V}{\pi r}$$

电流密度为

$$J = \sigma E = \frac{2\sigma V}{\pi r}$$

在 $a \times b$ 截面上对电流密度进行面积分,可求得电流强度为

$$I = \iint_S \boldsymbol{J} \cdot \mathrm{d}\boldsymbol{S} = \int_c^{a+c} \left(-\hat{\varphi} \frac{2\sigma V}{\pi r}\right) \cdot (-\hat{\varphi} b \, \mathrm{d}r)$$

$$= \frac{2\sigma b V}{\pi} \ln \frac{a+c}{c}$$

因此,弧形导体条两端的电阻为

$$R = \frac{V}{I} = \frac{\pi}{2\sigma b \ln \dfrac{a+c}{c}}$$

解法 2:在弧形导体条中取半径为 r、厚度为 $\mathrm{d}r$ 的一个弧形导体薄片,此弧形导体薄片截面上的电流密度可看成是均匀的,两端的电导为

$$\mathrm{d}G = \frac{\sigma}{2\pi r/4} b \, \mathrm{d}r$$

弧形导体条的电导可以看成一系列这样的弧形导体薄片的电导的并联，因此，弧形导体条的电导为

$$G=\int_{c}^{c+a}\frac{b\sigma}{2\pi r/4}b\mathrm{d}r=\frac{2\sigma b}{\pi}\ln\frac{a+c}{c}$$

由此得弧形导体条的电阻为

$$R=\frac{1}{G}=\frac{\pi}{2\sigma b\ln\dfrac{a+c}{c}}$$

例 3.3-3 真空二极管中阴极板与阳极板平行放置，间距为 d，如果阳极电位为 V_0，阴极电位为 0 并发射电子，使阳极和阴极之间为恒定电流，求阳极和阴极之间的电位分布。

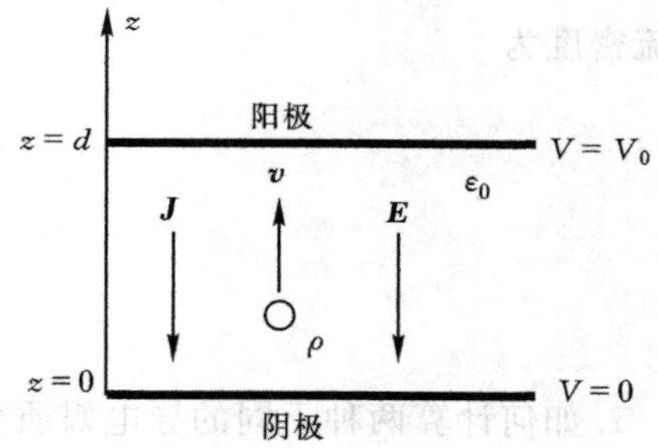

图 3.3-5 真空二极管示意图

解 建立坐标系，使从阴极指向阳极为 z 方向，如图 3.3-5 所示。如果我们假定极板的面积比间距大得多，电位就仅是 z 的函数 $V(z)$，电场强度为

$$\boldsymbol{E}=-\frac{\mathrm{d}V}{\mathrm{d}z}\hat{z}$$

在阳极和阴极之间有电荷分布，电位满足泊松方程

$$\frac{\mathrm{d}^2V}{\mathrm{d}z^2}=-\frac{\rho}{\varepsilon_0}$$

ρ 为阳极和阴极之间的电荷密度，也是 z 的函数。阳极和阴极之间的电荷(电子)在电场作用下运动，设运动速度为 $\boldsymbol{v}=v\hat{z}$，则电子的运动方程为

$$m\frac{\mathrm{d}v}{\mathrm{d}t}\hat{z}=e\frac{\mathrm{d}V}{\mathrm{d}z}\hat{z}$$

$$m\frac{\mathrm{d}v}{\mathrm{d}t}=e\frac{\mathrm{d}V}{\mathrm{d}z}$$

式中 m 和 e 分别为电子的质量和电量

因为
$$\frac{\mathrm{d}v}{\mathrm{d}t}=\frac{\mathrm{d}v}{\mathrm{d}z}\frac{\mathrm{d}z}{\mathrm{d}t}=v\frac{\mathrm{d}v}{\mathrm{d}z}$$

因此
$$mv\frac{\mathrm{d}v}{\mathrm{d}z}=e\frac{\mathrm{d}V}{\mathrm{d}z}$$

其通解为

$$\frac{1}{2}mv^2=eV+c$$

式中 c 为常数。由于在阴极板上 $z=0$，$V=0$，且 $v=0$，因此 $c=0$，所以

$$\frac{1}{2}mv^2=eV$$

此式说明由电场提供的电位能量可转化为电子的动能。由此得

$$v=\sqrt{\frac{2eV}{m}}$$

运流电流密度为 $J=\rho v$，对于恒定电流，电流密度为常数，因此电荷密度可写为

$$\rho=\frac{J}{v}=\frac{K}{\sqrt{V}}$$

式中 $K=\dfrac{J}{\sqrt{\dfrac{2e}{m}}}$。

将以上得到的电荷密度与电位的关系代入前面的电位泊松方程,得

$$\frac{\mathrm{d}^2 V}{\mathrm{d}z^2}=-\frac{K}{\varepsilon_0\sqrt{V}}$$

解此二阶微分方程,考虑到在 $z=0, V=0, \dfrac{\mathrm{d}V}{\mathrm{d}z}=0$,在 $z=d, V=V_0$,得

$$V=V_0\left(\frac{z}{d}\right)^{\frac{4}{3}}$$

电流密度为

$$J=-\frac{4\varepsilon_0}{9d^2}\sqrt{\frac{2e}{m}}V_0^{\frac{3}{2}}$$

思考题

1. 如何计算两种不同的导电媒质分界面上的驻立面电荷?
2. 如何计算两种不同的导电媒质分界面上的束缚面电荷?
3. 在理想介质和导电媒质的分界面上有无自由面电荷?
4. 恒定电流场中,电位的的边界条件是什么?
5. 恒定电流场中,在两种媒质的分界面上,电场强度的法向分量连续吗?为什么?

3.4 能量损耗与电动势

在电流场中,电荷在电场力作用下运动,电场力做功,将电能转化为电荷运动的机械能。对于导电媒质中的传导电流,电荷在运动中和媒质中的分子碰撞,将一部分能量转化为热能,产生能量损耗。本节讨论电流场中电场使电荷运动提供的功率以及传导电流的功率损耗。

1. 焦耳定律

考虑媒质中体密度为 ρ 的自由电荷在电场 $\boldsymbol{E}$ 的作用下以平均速度 $\boldsymbol{v}$ 运动,体积 $\mathrm{d}V$ 中的电荷所受的力为

$$\mathrm{d}\boldsymbol{F}=\rho\mathrm{d}V\boldsymbol{E}$$

在时间 $\mathrm{d}t$,电荷运动距离 $\mathrm{d}\boldsymbol{l}=\boldsymbol{v}\mathrm{d}t$,电场力所做的功为

$$\mathrm{d}W=\mathrm{d}\boldsymbol{F}\cdot\mathrm{d}\boldsymbol{l}=\rho\boldsymbol{v}\cdot\boldsymbol{E}\mathrm{d}V\mathrm{d}t=\boldsymbol{J}\cdot\boldsymbol{E}\mathrm{d}V\mathrm{d}t$$

在单位时间内,电场对体积 $\mathrm{d}V$ 中的电荷所做的功,即电场对体积 $\mathrm{d}V$ 中电荷提供的功率为 $\dfrac{\mathrm{d}W}{\mathrm{d}t}=\boldsymbol{J}\cdot\boldsymbol{E}\mathrm{d}V$。定义功率密度 p 为单位体积中的功率,则电场为媒质中运动电荷提供的功率密度为

$$p=\boldsymbol{J}\cdot\boldsymbol{E}\tag{3.4-1}$$

此式表明,电场为单位体积的运动电荷提供的功率等于电场强度与电流体密度的标积。如果已知功率密度,则电场为体积 V 中的运动电荷提供的总功率 P 为

$$P = \iiint_V p \, \mathrm{d}V = \iiint_V \boldsymbol{J} \cdot \boldsymbol{E} \mathrm{d}V \tag{3.4-2}$$

在传导电流中，自由电荷在电场作用下运动，电场对电荷做功，但电荷的动能与势能并没有增加，这表明在传导电流场中由于电子和原子不断发生碰撞，电场力所做的功以热能形式损耗掉了。因此，在导电媒质中电场提供的功率密度 p 就等于在单位时间、单位体积中的损耗功率密度，也就是说，(3.4-1)式也就是导电媒质中的损耗功率密度(即单位体积的功率损耗)。将 $\boldsymbol{J}=\sigma\boldsymbol{E}$ 代入(3.4-1)式，损耗功率密度也可以写为

$$p = \sigma E^2 \tag{3.4-3}$$

在体积 V 中，导电媒质的总功率损耗为

$$P = \iiint_V \sigma E^2 \mathrm{d}V \tag{3.4-4}$$

对于长度为 L、截面积为 S 的均匀导体，如果在导体两端加电压 U，导体中为匀强场，$E=U/L$，则电流密度为 $J=\sigma E=\sigma U/L$，流过导体截面的电流为

$$I = \iint_S \boldsymbol{J} \cdot \mathrm{d}\boldsymbol{S} = \frac{\sigma U}{L} S = \frac{U}{R}$$

式中

$$R = \frac{L}{\sigma S}$$

为导体的电阻。此导体的功率损耗为

$$P = \iiint_V \sigma E^2 \mathrm{d}V = UI = \frac{U^2}{R} = I^2 R$$

这就是电路中的焦耳定律。可以看出，在导电媒质中，当电场与电流均匀分布时，就可直接从(3.4-3)式得到焦耳定律。若一块导电媒质中电场与电流不均匀，焦耳定律就不一定成立，但如果取很小的体积元，在该体积元中，电场与电流可认为是均匀分布的，那么对该体积元就可直接从(3.4-3)式得到焦耳定律。因此，(3.4-3)式称为焦耳定律的微分形式。

2. 电动势

在导电媒质中的电流场有功率损耗，为了维持恒定电流，必须由外源不断提供能量，以补充导电媒质的损耗。外源可以是化学能，如电池，也可以是机械能，如发电机等。下面讨论外源对电流场能量的补充过程。

如果一段导线与分别带有正负电荷的一对电极板相连，带电极板上的电荷将产生电场，电荷在电场力的作用下在导电媒质中运动形成电流，使正极板上的正电荷移向负极板。由于在电荷移动过程中有能量损耗和正负极板之间的电场作用，移动到负极板的正电荷不能返回正极板，从而使正负极板上的电荷迅速减少，电流也就迅速减小，直到为0。为了维持电流流动，需要在正负极板之间放置外源，外源中存在对电荷有作用力的非静电力，这种外源非静电力反抗极板之间的静电场力做功，将通过导线从正极板移到负极板的正电荷经过电源内部又移回到正极板，保持极板上的电荷密度不变，从而也就使导电媒质中的电场和电流维持恒定不变，如图3.4-1所示。

外源中的非静电场力表现为对电荷的作用力，可以认为这种非静电场力是由外源中存在的外电场产生的，外电场强度仍定义为对单位正电荷的作用力，用 $\boldsymbol{E}'$ 表示。显然，在电源中，外电场 $\boldsymbol{E}'$ 与极板之间电荷产生的电场 $\boldsymbol{E}$ 方向刚好相反，即电荷产生的电场 $\boldsymbol{E}$ 的方向从正极板

指向负极板,而外电场 $\boldsymbol{E}'$ 的方向则从负极板指向正极板。

当电源的外电路断开时,电源中的外电场 $\boldsymbol{E}'$ 与极板电荷电场 $\boldsymbol{E}$ 等值反向,电源中的总电场为0,电荷运动停止。当电源外的两极板间接上导线时,正极板上的正电荷通过导电媒质移向负极板,负极板上的负电荷通过导电媒质移向正极板,因而导致极板上的电荷减少,使电源中 $E<E'$。于是,外电场就使正负极板上的电荷移动,不断地向正负极板补充电荷。极板上的电荷通过导电媒质不断流失,而电源又不断地向极板补充新电荷的过程,维持了连续不断的电流,也使电流形成闭合回路。在极板上电荷的流失与补充达到动态平衡后,极板上的电荷分布保持不变,极板上的电荷在电源内外的导电媒质中产生恒定电场,形成恒定电流,在电源的内部,保持 $\boldsymbol{E}=-\boldsymbol{E}'$。

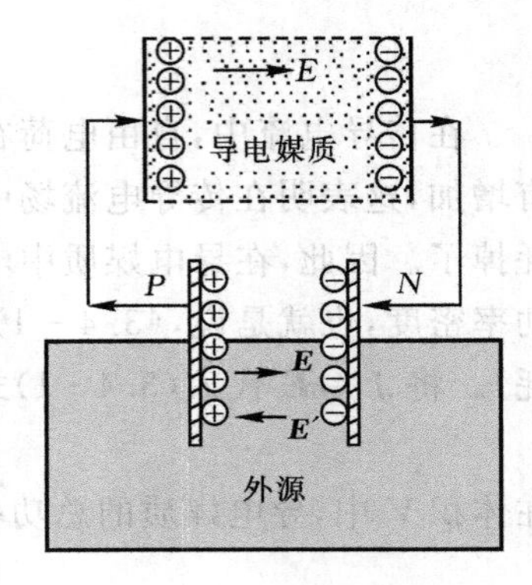

图 3.4-1 外源与导电媒质

电源做功的能力用电动势(emf)表示,记为 $\mathscr{E}$,电源的电动势定义为电源将单位正电荷从电源的负极 N 移到正极 P 所做的功,即

$$\mathscr{E}=\int_N^P \boldsymbol{E}'\cdot \mathrm{d}\boldsymbol{l} \tag{3.4-5}$$

由于电源以外的外电场为0,因此电动势也等于外电场对包含电源在内的电流回路的线积分,即

$$\mathscr{E}=\oint_l \boldsymbol{E}'\cdot \mathrm{d}\boldsymbol{l} \tag{3.4-6}$$

也就是说,电源的外电场不是保守场。而极板上的电荷产生的电场是保守场,即

$$\oint_l \boldsymbol{E}\cdot \mathrm{d}\boldsymbol{l}=0 \tag{3.4-7}$$

在任一电流回路,总电场包括电荷产生的电场 $\boldsymbol{E}$ 和电源中的外电场 $\boldsymbol{E}'$。在回路中,总电场使电荷运动形成电流,电流密度满足

$$\frac{\boldsymbol{J}}{\sigma}=\boldsymbol{E}+\boldsymbol{E}'$$

上式在电路中的 a、b 两点之间线积分,得

$$\int_a^b \frac{1}{\sigma}\boldsymbol{J}\cdot \mathrm{d}\boldsymbol{l}=\int_a^b \boldsymbol{E}\cdot \mathrm{d}\boldsymbol{l}+\int_a^b \boldsymbol{E}'\cdot \mathrm{d}\boldsymbol{l} \tag{3.4-8}$$

上式右边第一项积分为

$$\int_a^b \boldsymbol{E}\cdot \mathrm{d}\boldsymbol{l}=V_{ab} \tag{3.4-9}$$

式中 V_{ab} 是 a、b 两点之间的电压。(3.4-8)式右边第二项积分为

$$\int_a^b \boldsymbol{E}'\cdot \mathrm{d}\boldsymbol{l}=\mathscr{E}_{ab} \tag{3.4-10}$$

$\mathscr{E}_{ab}$ 是 a、b 两点之间源的电动势。如果 $\mathscr{E}_{ab}$ 为0,a、b 两点之间的电路分支是无源分支,否则是有源分支。如果 a、b 两点之间电路中的电流是截面为 S、长度为 L 的圆柱形导线中的均匀电流,则(3.4-8)式左边的积分可简化为

$$\int_a^b \frac{1}{\sigma}\boldsymbol{J}\cdot \mathrm{d}\boldsymbol{l}=\frac{IL}{\sigma S}=IR \tag{3.4-11}$$

式中

$$R = \frac{L}{\sigma S}$$

是 a、b 两点之间导线的电阻。将(3.4-9)、(3.4-10)和(3.4-11)式代入(3.4-8)式得

$$IR = V_{ab} + \mathscr{E}_{ab} \tag{3.4-12}$$

如果 a、b 两点之间的电路中无源，则(3.4-12)式变为

$$V_{ab} = \Phi_a - \Phi_b = IR \tag{3.4-13}$$

上式给出了在电阻两端的电压降与通过电阻的电流之间的关系。如果电流 I 为正，则 Φ_a 将大于 Φ_b，也就是说点 a 比点 b 的电位高，电流在 a 点进入，在 b 点离开。

对于一个闭合回路，b 点和 a 点是同一点，$V_{ab}=0$，(3.4-12)式变为

$$\mathscr{E}_{ab} = IR \tag{3.4-14}$$

在这种情况下，R 是回路的总电阻，$\mathscr{E}_{ab}$ 是回路的总电动势。如果闭合回路是 m 个电动势和 n 个电阻的串联，则(3.4-14)式变为

$$\sum_{k=1}^{m} \mathscr{E}_k = \sum_{j=1}^{n} IR_j \tag{3.4-15}$$

这就是基尔霍夫电压定律的数学表达式。它表示任何闭合回路中电动势的代数和等于该回路中的电压降之和。

思考题

1. 为什么称(3.4-3)式为焦耳定律的微分形式？它与焦耳定律有什么区别？
2. 当导线中电流分布不均匀时，一段导线的电阻及损耗如何计算？
3. 什么是电动势？
4. 焦耳定律的微分形式的物理意义是什么？
5. 电导率越大，导体内单位体积的功率损耗越大吗？为什么？

3.5 恒定电流场与静电场的比拟

上一章分析了相对静止电荷产生的静电场，这一章讨论了恒定电流场，下面分别列出恒定电流场和静电场无源区的场方程和边界条件，进行对比。

均匀导电媒质中的恒定电流场方程	无源区均匀介质中的静电场方程
$\oint_S \boldsymbol{J} \cdot \mathrm{d}\boldsymbol{S} = 0$	$\oint_S \boldsymbol{D} \cdot \mathrm{d}\boldsymbol{S} = 0$
$\oint_l \boldsymbol{E} \cdot \mathrm{d}\boldsymbol{l} = 0$	$\oint_l \boldsymbol{E} \cdot \mathrm{d}\boldsymbol{l} = 0$
$\nabla \cdot \boldsymbol{J}=0$	$\nabla \cdot \boldsymbol{D}=0$
$\nabla \times \boldsymbol{E}=0$	$\nabla \times \boldsymbol{E}=0$
$\boldsymbol{J}=\sigma \boldsymbol{E}$	$\boldsymbol{D}=\varepsilon \boldsymbol{E}$

恒定电流场边界条件	无源区均匀介质中的静电场边界条件
$J_{1n}=J_{2n}$	$D_{1n}=D_{2n}$
$E_{1t}=E_{2t}$	$E_{1t}=E_{2t}$

比较左侧和右侧的对应方程，从数学上看，这两组方程完全相同，物理量之间有一定对应关系，即电流场的电流密度对应于无源区静电场的电位移矢量，电流场的电场强度对应于无源区静电场的电场强度，电流场中媒质的电导率对应于无源区静电场中介质的介电常数。也就是说，具有对应媒质结构和相同边界条件的电流场和静电场的分布特性完全类似。根据这两种场的类似性，可以利用已经获得的静电场的结果，将其中的媒质参数 ε 用 σ 代替，就可直接得到电流中的电场，或者以容易实现的恒定电流场来研究静电场的特性，这种方法称为静电模拟。物理学中的静电模拟实验就是通过导电媒质中的恒定电流场来研究静电场的特性的。

比较 2.6 节例 2.6－1 与 3.3 节例 3.3－1，两例的媒质结构及边界条件相同，因此将例 2.6－1得到的电场强度中的 ε 用 σ 代替，刚好就是例 3.3－1 中得到的电场强度。反之，将例 3.3－1 中电场强度中的 σ 用 ε 代替，也刚好就是例 2.6－1 中得到的电场强度。

例 3.5－1 对于 2.5 节例 2.5－2 中的同轴电容器，如果两导体之间的介质不是理想介质，其电导率为 σ，求这时电容中的电场。

解 在两导体之间的介质不是理想介质的情况下，电容中的电场是恒定电流场，但与原来的静电场情况的结构与边界条件相同，因此只要将 2.5 节例 2.5－2 得到的电场强度中的 ε 用 σ 代替即可，即

$$\boldsymbol{E} = \hat{\rho}\frac{V}{\ln\dfrac{b}{a}}\frac{1}{\rho}$$

在几何结构与边界条件相同的条件下，静电场中两导体的电容与电流场中两导体之间的电导也有直接的对应关系。考虑如图 3.5－1 所示的两导体情况。如果两导体之间是介质，那么导体上的电量与两导体之间的电压分别为

$$q = \oint\!\!\!\oint_S \boldsymbol{D}\cdot \mathrm{d}\boldsymbol{S} = \varepsilon\oint\!\!\!\oint_S \boldsymbol{E}\cdot \mathrm{d}\boldsymbol{S} \tag{3.5-1}$$

$$U = \int_a^b \boldsymbol{E}\cdot \mathrm{d}\boldsymbol{l} \tag{3.5-2}$$

式中 S 为包围带正电荷导体的封闭面，a 和 b 分别是两导体上的一点。两导体之间的电容可表示为

$$C = \frac{q}{U} = \frac{\varepsilon\oint\!\!\!\oint_S \boldsymbol{E}\cdot \mathrm{d}\boldsymbol{S}}{\int_a^b \boldsymbol{E}\cdot \mathrm{d}\boldsymbol{l}} \tag{3.5-3}$$

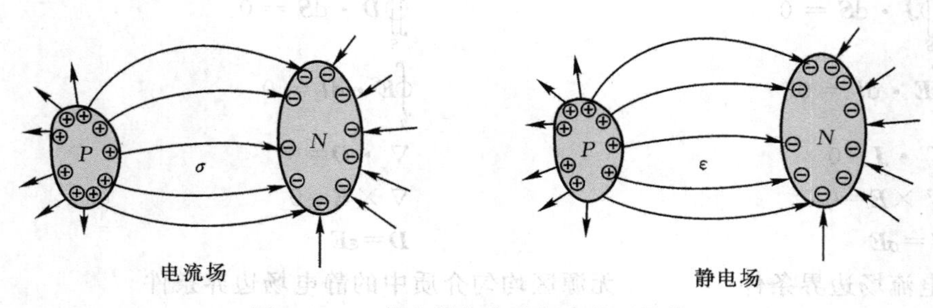

图 3.5－1 静电场与电流场中的两导体

如果两导体之间是导电媒质，那么，从一导体流向另一导体的电流与两导体之间的电压分别为

$$I=\oint_S \boldsymbol{J}\cdot d\boldsymbol{S}=\sigma\oint_S \boldsymbol{E}\cdot d\boldsymbol{S} \tag{3.5-4}$$

$$U=\int_a^b \boldsymbol{E}\cdot d\boldsymbol{l} \tag{3.5-5}$$

两导电体之间导电媒质的电导可表示为

$$G=\frac{I}{U}=\frac{\sigma\oint_S \boldsymbol{E}\cdot d\boldsymbol{S}}{\int_a^b \boldsymbol{E}\cdot d\boldsymbol{l}} \tag{3.5-6}$$

从(3.5-3)和(3.5-6)式可以看出，只要将静电场中两导体之间的电容的介质参数 ε 用 σ 代替，就是对应的恒定电流场中两导体之间的电导。

例 3.5-2　为了使实验室中的电子仪器设备可靠接地，一般实验室都敷设一根共用的深埋地线。地线与大地之间的电阻称为接地电阻。接地电阻愈大，共用地线的仪器设备之间通过地线耦合的干扰就愈大。因此在敷设地线时，应尽量减小其接地电阻。计算如图 3.5-2 所示的半径为 a 的导体球的接地电阻。

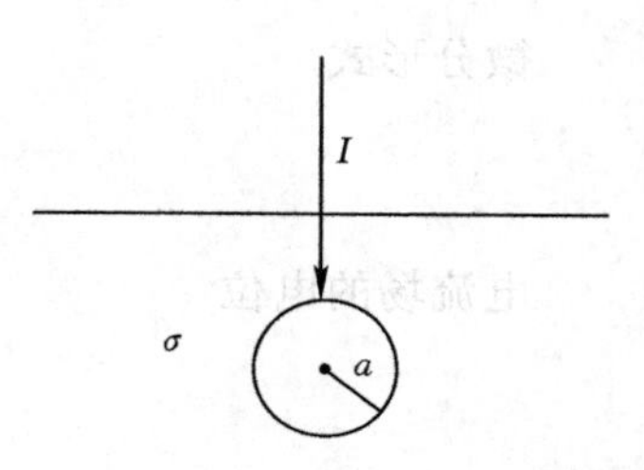

图 3.5-2　接地电阻

解　图 3.5-2 所示的地面下的导体球可近似看成导体球放在无限大的均匀导电媒质中，根据恒定电流场与静电场的比拟，这个导体球的电导与均匀介质中的导体球的电容对应。已知半径为 a 的导体球的电容为 $C=4\pi\varepsilon a$，因此，电导率为 σ 的大地中的导体球的电导为 $G=4\pi\sigma a$，因此接地电阻为

$$R=\frac{1}{4\pi\sigma a}$$

可见，接地球的半径越大，接地球附近土壤的电导率越大，接地电阻就越小。

思考题

1. 在什么条件下，恒定电流场与静电场可以比拟？
2. 在恒定电流场中，在哪些情况下可以用镜像法求静电场的电场强度？
3. 在恒定电流场与静电场可以比拟的情况下，静电场的导体边界对应于恒定电流场的什么边界？

本章小结

1. 电流密度

电流密度定义为单位时间垂直流过单位面积的电量。通过某截面的电流强度等于电流密度对该截面的通量，即

$$I=\iint_S \boldsymbol{J}\cdot d\boldsymbol{S}$$

电流场中某一点的电流密度与该点的运动电荷密度成正比,也与电荷在该点的速度成正比,方向为正电荷的运动方向,即

$$\boldsymbol{J} = \rho \boldsymbol{v}$$

在导体中,电流密度与电场强度成正比,即

$$\boldsymbol{J} = \sigma \boldsymbol{E} \quad \text{(欧姆定律的微分形式)}$$

2. 恒定电流场方程

积分形式

电流连续性原理
$$\oint_S \boldsymbol{J} \cdot \mathrm{d}\boldsymbol{S} = 0$$

保守场
$$\oint_l \boldsymbol{E} \cdot \mathrm{d}\boldsymbol{l} = 0$$

微分形式

$$\nabla \cdot \boldsymbol{J} = 0$$

$$\nabla \times \boldsymbol{E} = \boldsymbol{0}$$

电流场的电位

$$\boldsymbol{E} = -\nabla \Phi$$

$$\nabla^2 \Phi = 0$$

3. 恒定电流场边界条件

$$J_{1n} = J_{2n}, \quad \sigma_1 \frac{\partial \Phi_1}{\partial n} = \sigma_2 \frac{\partial \Phi_2}{\partial n}$$

$$E_{1t} = E_{2t}, \quad \Phi_1 = \Phi_2$$

4. 损耗功率

电动势表示电源做功的能力,定义为电源将单位正电荷从电源负极移动到正极所做的功,即

$$\mathscr{E} = \int_-^+ \boldsymbol{E}' \cdot \mathrm{d}\boldsymbol{l} = \oint_l \boldsymbol{E}' \cdot \mathrm{d}\boldsymbol{l}$$

导体中单位体积的损耗功率,即损耗功率密度为

$$p = \boldsymbol{J} \cdot \boldsymbol{E} = \sigma E^2$$

体积为 V 的导体的损耗功率为

$$P = \iiint_V p \, \mathrm{d}V$$

5. 对偶关系

导体中恒定电流场方程及边界条件与静电场在无源区的场方程及边界条件具有对偶关系,因此当已知一个场的解时,可通过对应关系,得到有同样结构及边界条件的另一个场的解。

习 题 3

3.1 半径为 a 的薄圆盘上电荷面密度为 ρ_S,绕其圆盘轴线以角频率 ω 旋转形成电流,求

电流面密度。

3.2 半径为1 mm长为1 m的铜线两端电压为10 V，如果电子迁移率为3.2×10^{-3} $m^2/V\cdot s$，每立方米体积中大约有8.5×10^{28}个自由电子。计算

1)导线中的电场强度；

2)电子的平均漂移速度；

3)导线的电导率；

4)导线中的电流密度。

3.3 一宽度为30 cm的传输带上电荷均匀分布，以速度20 m/s匀速运动，形成电流强度为50 μA的电流，计算传输带上的电荷面密度。

3.4 如果ρ是运动电荷密度，$\boldsymbol{U}$是运动电荷的平均运动速度，证明：

$$\rho\nabla\cdot\boldsymbol{U}+(\boldsymbol{U}\cdot\nabla)\rho+\frac{\partial\rho}{\partial t}=0$$

3.5 铁制作的圆锥台，$\sigma=1.12\times10^7$ S/m，高为2 m，两端面的半径分别为10 cm和12 cm，求两端面之间的电阻。

3.6 良导体半球壳，内半径为a，外半径为b，电导率σ是常数。求球壳内外表面之间的电阻。

3.7 由恒定电流场方程的积分形式(3.2-4)及(3.2-6)式推导恒定电流场的边界条件(3.3.1)及(3.3.2)式。

3.8 在两种媒质分界面上，媒质1的参数为$\sigma_1=100$ S/m，$\varepsilon_{r1}=2$，电流密度的大小为50 A/m^2，方向和界面法向的夹角为30°；媒质2的参数为$\sigma_2=10$ S/m，$\varepsilon_{r2}=4$。求媒质2中的电流密度的大小、方向和与界面法向的夹角，以及界面上的电荷面密度。

3.9 同轴线内导体半径为10 cm，外导体半径为40 cm，内外导体之间有两层媒质。内层从10 cm到20 cm，媒质的参数为$\sigma_1=50$ μS/m，$\varepsilon_{r1}=2$；外层从20 cm到40 cm，媒质的参数为$\sigma_2=100$ μS/m，$\varepsilon_{r2}=4$。求

(1)每区域单位长度的电容；

(2)每区域单位长度的电导；

(3)单位长度的总电导。

3.10 在上题中，当同轴线内外导体之间的电压为10 V时，利用边界条件求界面上的电荷面密度。

3.11 两同心导体球壳，内导体球壳半径为3 cm，外导体球壳半径为9 cm。两同心导体球壳之间填充两层媒质，内层从3 cm到6 cm，媒质的参数为$\sigma_1=50$ μS/m，$\varepsilon_{r1}=3$；外层从6 cm到9 cm，媒质的参数为$\sigma_2=100$ μS/m，$\varepsilon_{r2}=4$。求同心导体球壳

(1)每区域的电容；

(2)每区域的电导；

(3)总电导。

3.12 上题中，内外导体之间的电压为50 V，利用边界条件求界面上的电荷面密度。

3.13 平板电容器两导电平板之间为3层非理想介质，厚度分别为d_1、d_2、d_3，电导率分别为σ_1、σ_2、σ_3，平板面积为S，如果给平板电容器加电压V，求平板之间的电场。

3.14 在3.3节例2中，如果在弧形导电体两弧面之间加电压，求该导电体沿径向的

电阻。

3.15 圆球形电容器内导体半径为 a,外导体内半径为 c,内外导体之间填充两层介电常数分别为 ε_1、ε_2,电导分别为 σ_1、σ_2 的非理想介质,两层非理想介质分界面半径为 b,如果内外导体间的电压为 V,求电容器中的电场及界面上的电荷密度。

3.16 求3.13题中电容器的漏电导。

3.17 求3.15题中圆球形电容器的电容及漏电导。

3.18 分别求3.14题及3.15题中电容器的损耗功率。

3.19 边长均为 a 的正方体导电槽中充满电导率为 σ 的电解液,除导电板盖的电位为 V 外,槽的其余5个边界面电位为0,求电解液中的电位。

3.20 将半径为 a 的半个导电球刚好埋入电导率为 σ 的大地中,如图所示,求接地电阻。

3.21 在电导率为 σ 的大地深处,相距 d 平行放置半径均为 a 的无限长导体圆柱,求导体圆柱之间单位长度的漏电导。

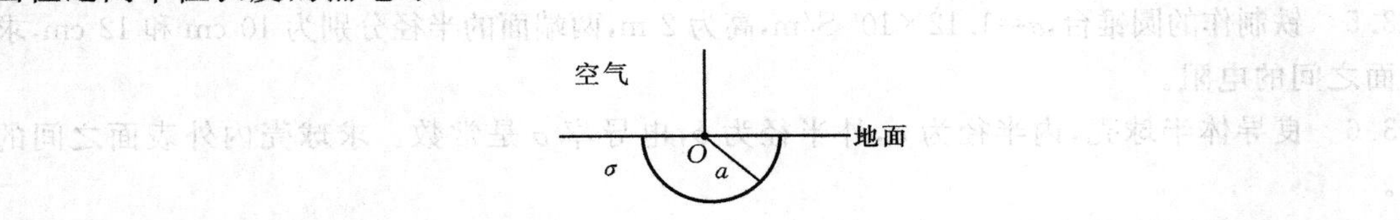

题3.20图

第4章 恒定磁场

前面两章分别讨论了静止电荷产生的静电场以及运动电荷形成的恒定电流中的恒定电场。运动电荷不但可以产生电场，还可以产生不同于电场的另一种场——磁场。电场表现为对电荷有作用力，不管电荷是相对静止的还是运动的。而磁场则表现为对电流或运动电荷有作用力。如果电流分布是不随时间变化的，即恒定电流，那么在它周围产生的磁场也是不随时间变化的，称为恒定磁场。这一章就是讨论恒定电流产生的恒定磁场，包括真空中恒定磁场的基本特性、恒定磁场方程、媒质磁化、媒质中的恒定磁场方程以及边界条件，还要讨论电感、电磁感应定律、磁场能量与磁场力。

4.1 磁感应强度

1820年丹麦科学家奥斯特(Hans Christian Oersted，1777—1851)通过实验发现了在载流导线附近的磁针受力偏转这一电流的磁效应，打开了人们的思路，使人们开始认识到电和磁的联系。同年，法国科学家安培(Ampere，1775—1836)在奥斯特实验的基础上又前进了一大步，不但发现了磁针偏转方向与直流电流方向之间服从右手螺旋关系，而且发现了电流与电流之间也存在作用力。之后，安培对这一现象通过精心设计的实验进行定量研究，得到了一个描述一载流导线回路放在另一载流导线回路附近所受作用力的普遍表达式，后人称之为“安培力公式”。

对于如图4.1-1所示的两个载流导线回路，安培力公式指出，在真空中，电流为I的载流导线回路l放在电流为I'的载流导线回路l'附近受到的作用力为

$$\boldsymbol{F}=\frac{\mu_0}{4\pi}\oint_l\oint_{l'}\frac{I\mathrm{d}\boldsymbol{l}\times(I'\mathrm{d}\boldsymbol{l}'\times\hat{R})}{R^2} \tag{4.1-1}$$

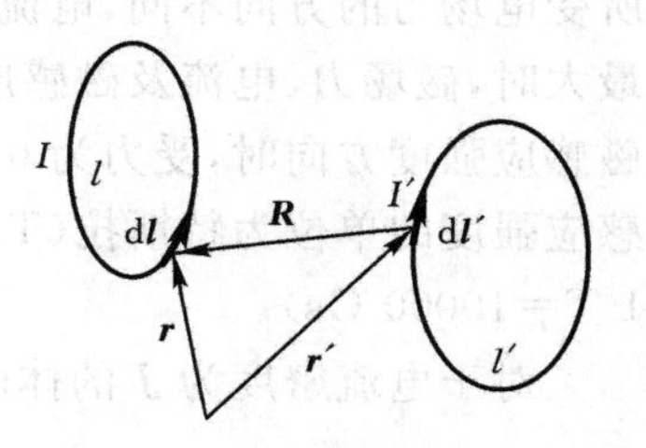

图4.1-1 载流导线回路之间的作用力

式中，$\mathrm{d}\boldsymbol{l}$为载流导线回路l上位于$\boldsymbol{r}$点的长度微元，方向为在该点处的电流方向，$I\mathrm{d}\boldsymbol{l}$称为电流元；$\mathrm{d}\boldsymbol{l}'$为载流导线回路$l'$上位于$\boldsymbol{r}'$点的长度微元，方向为在该点处的电流方向；$R=|\boldsymbol{r}-\boldsymbol{r}'|$为在两载流回路上所取的电流元之间的距离；$\hat{R}=\dfrac{\boldsymbol{r}-\boldsymbol{r}'}{|\boldsymbol{r}-\boldsymbol{r}'|}$为从位置点$\boldsymbol{r}'$指到位置点$\boldsymbol{r}$方向的单位矢量；在国际单位制中，电流强度的单位取安培，长度单位取米，力的单位是牛顿，$\mu_0=4\pi\times10^{-7}$ H/m称为真空中的磁导率。

安培力公式在静磁学中的地位与库仑定律在静电学中的地位相当。安培力公式中包含了一个双重线积分，与库仑定律相比，这个公式有较复杂的方向关系，这种方向间的复杂性来源于电流元的矢量性。去掉安培力公式(4.1-1)中对l回路的线积分

$$f = I\mathrm{d}\boldsymbol{l} \times \frac{\mu_0}{4\pi}\oint_{l'} \frac{I'\mathrm{d}\boldsymbol{l}' \times \hat{R}}{R^2} \tag{4.1-2}$$

这个公式表示载流回路 l' 对电流元 $I\mathrm{d}\boldsymbol{l}$ 的作用力。再去掉上式中对 l' 回路的线积分

$$f' = \frac{\mu_0}{4\pi} \frac{I\mathrm{d}\boldsymbol{l} \times (I'\mathrm{d}\boldsymbol{l}' \times \hat{R})}{R^2} \tag{4.1-3}$$

上式表示电流元 $I'\mathrm{d}\boldsymbol{l}'$ 对电流元 $I\mathrm{d}\boldsymbol{l}$ 的作用力与两电流元距离平方成反比。

(4.1-2)式表明,电流元放在载流回路 l' 周围,会受到作用力。也就是说,在载流回路周围存在一种矢量场,其性质表现为对电流有作用力。这种对电流有作用力的矢量场称为磁场,磁场的大小和方向用磁感应强度表示,记为 $\boldsymbol{B}$。载流回路周围 $\boldsymbol{r}$ 点的磁感应强度定义为

$$\boldsymbol{B}(\boldsymbol{r}) = \frac{\mu_0}{4\pi}\oint_{l} \frac{I'\mathrm{d}\boldsymbol{l}' \times \hat{R}}{R^2} \tag{4.1-4}$$

则由(4.1-2)式,电流元 $I\mathrm{d}\boldsymbol{l}$ 在 $\boldsymbol{r}$ 点所受的磁场力为

$$\boldsymbol{f} = I\mathrm{d}\boldsymbol{l} \times \boldsymbol{B} \tag{4.1-5}$$

由上式可以看出,电流元在磁场中某点所受的力不但与电流元的大小成正比,还与电流元在该点的取向有关。当电流元平行于 $\boldsymbol{B}$ 时,所受的作用力为0;当电流元垂直于 $\boldsymbol{B}$ 时,所受的作用力最大,为

$$f_{\max}(\boldsymbol{r}) = I\mathrm{d}lB(\boldsymbol{r})$$

那么,$\boldsymbol{B}$ 的大小

$$B(\boldsymbol{r}) = \frac{f_{\max}(\boldsymbol{r})}{I\mathrm{d}l}$$

且 $\boldsymbol{B}$ 的方向

$$\hat{b} = \hat{f}_{\max} \times \hat{l}$$

或写为

$$\boldsymbol{B}(\boldsymbol{r}) = B(\boldsymbol{r})\hat{b} = \frac{\boldsymbol{f}_{\max}(\boldsymbol{r}) \times \hat{l}}{I\mathrm{d}l}$$

这表明磁场中某点磁感应强度的大小为单位电流元在该点所受的最大的力。与电荷在电场中所受电场力的方向不同,电流在磁场中的受力方向总是和磁感应强度方向垂直。当电流受力最大时,磁场力、电流及磁感应强度三者方向两两相互垂直,且满足右手螺旋关系。当电流沿磁感应强度方向时,受力为0。可见磁感应强度是从电流受力的角度表征磁场的物理量。磁感应强度的单位为特斯拉(T)或 $\mathrm{Wb/m^2}$(在磁场较小的场合,磁感应强度用高斯(Gs)作单位,1 T=10000 Gs)。

对于电流密度为 $\boldsymbol{J}$ 的体电流,电流元为 $\boldsymbol{J}\mathrm{d}V$,代入(4.1-5)式得

$$\boldsymbol{f} = \boldsymbol{J}\mathrm{d}V \times \boldsymbol{B} \tag{4.1-6}$$

将 $\boldsymbol{J}=\rho\boldsymbol{v}$ 代入上式,得

$$\boldsymbol{f} = \rho\boldsymbol{v}\mathrm{d}V \times \boldsymbol{B}$$

上式中 $\rho\mathrm{d}V$ 是电流元对应体积元中的电荷量 q,上式也可写为

$$\boldsymbol{f} = q\boldsymbol{v} \times \boldsymbol{B} \tag{4.1-7}$$

这正是洛伦兹力公式,表示电量为 q、以速度 $\boldsymbol{v}$ 运动的电荷在磁场 $\boldsymbol{B}$ 中所受的力。此式也说明,磁感应强度 $\boldsymbol{B}$ 的大小为单位电量的电荷以单位速度运动时所受到的最大的力。

由磁感应强度 $\boldsymbol{B}$ 的定义,载流导线回路产生的磁感应强度由(4.1-4)式计算

$$\boldsymbol{B}(\boldsymbol{r}) = \frac{\mu_0}{4\pi}\oint_{l} \frac{I\mathrm{d}\boldsymbol{l}' \times \hat{R}}{R^2} \tag{4.1-4}$$

如图 4.1－2 所示。(4.1－4)式称为毕奥－萨伐尔(Biot-Savart)定律。

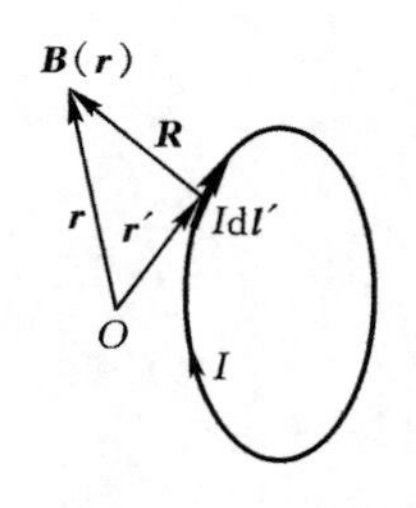

图 4.1－2　载流导线回路的磁场

从毕奥-萨伐尔定律的线积分表达式可以看出：

(1) 真空中位于 $\boldsymbol{r}'$ 的电流元 $I\mathrm{d}\boldsymbol{l}'$ 在 $\boldsymbol{r}$ 点产生的磁感应强度为

$$\boldsymbol{B}(\boldsymbol{r})=\frac{\mu_0}{4\pi}\frac{I\mathrm{d}\boldsymbol{l}'\times\hat{R}}{R^2} \tag{4.1-8}$$

其大小不但与场点到源点的距离 $R=|\boldsymbol{r}-\boldsymbol{r}'|$ 的平方成反比，还与电流元和矢径 $\boldsymbol{R}$ 之间夹角的正弦成正比，方向为电流元和矢径所在面的法向。

(2) 磁感应强度符合叠加原理，载流导线回路产生的磁感应强度等于载流导线回路上划分的许许多多电流元产生的磁感应强度的矢量和。当电流为体分布或面分布时，可将电流元 $I\mathrm{d}\boldsymbol{l}$ 表示为 $\boldsymbol{J}\mathrm{d}V$ 或 $\boldsymbol{J}_S\mathrm{d}S$，毕奥-萨伐尔定律(4.1－4)式就可写为对电流所在区域的体积分或面积分的形式，即

$$\boldsymbol{B}(\boldsymbol{r})=\frac{\mu_0}{4\pi}\iiint_V\frac{\boldsymbol{J}(\boldsymbol{r}')\times\hat{R}}{R^2}\mathrm{d}V' \tag{4.1-9}$$

$$\boldsymbol{B}(\boldsymbol{r})=\frac{\mu_0}{4\pi}\iint_S\frac{\boldsymbol{J}_S(\boldsymbol{r}')\times\hat{R}}{R^2}\mathrm{d}S' \tag{4.1-10}$$

当在真空中已知电流分布时，就可以根据电流分布形式选用(4.1－9)、(4.1－10)和(4.1－4)式之一计算磁场。

磁感应强度穿过任一曲面的通量

$$\Phi^m=\iint_S\boldsymbol{B}\cdot\mathrm{d}\boldsymbol{S} \tag{4.1-11}$$

称为穿过该曲面的磁通量。磁通量的单位为 Wb。从(4.1－11)式可以看出，磁感应强度也是垂直穿过单位面积的磁通量，因此磁感应强度也称为磁通密度，所以单位为 Wb/m²。

磁场在空间的分布可以用磁力线形象地表示。磁力线是空间的一簇有向曲线，在磁场强的地方稠密，在磁场弱的地方稀疏，在磁力线上任一点的切线方向，就是该点的磁场方向。穿过一曲面的磁力线条数，正比于该曲面的磁通量。

例 4.1－1　求真空中长为 L、电流强度为 I 的载流直导线的磁场。

解　取坐标系，使电流沿 z 轴，坐标原点在导线中点，如图 4.1－3 所示。由于电流分布关于 z 轴旋转对称，因此磁场与圆柱坐标 φ 无关。取场点为 (ρ,z)，在导线上源点 $(0,z')$ 处取电流元 $\hat{z}I\mathrm{d}z'$，由(4.1－4)式，场点处的磁感应强度为

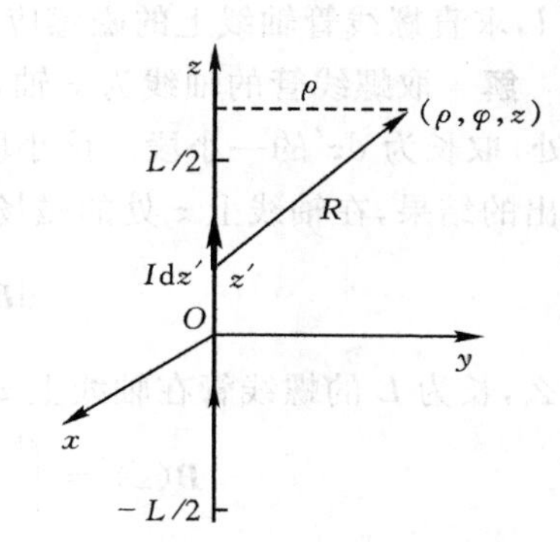

图 4.1－3　载流直导线的磁场

$$\boldsymbol{B}(\rho,z)=\frac{\mu_0}{4\pi}\int_{-L/2}^{L/2}\frac{I\mathrm{d}z'\hat{z}\times\hat{R}}{R^2}$$

式中

$$R^2=\rho^2+(z-z')^2$$

$$\boldsymbol{R}=\rho\hat{\rho}+(z-z')\hat{z}$$

$$\hat{R}=\frac{\boldsymbol{R}}{R}$$

将以上各式代入积分中，得

$$\boldsymbol{B}(\rho,z)=\frac{\mu_0}{4\pi}\int_{-L/2}^{L/2}\frac{I\mathrm{d}z'\hat{z}\times[\rho\hat{\rho}+(z-z')\hat{z}]}{[\rho^2+(z-z')^2]^{\frac{3}{2}}}$$

$$=\frac{\mu_0}{4\pi}\int_{-L/2}^{L/2}\frac{I\rho\mathrm{d}z'\hat{\varphi}}{[\rho^2+(z-z')^2]^{3/2}}$$

$$=\hat{\varphi}\frac{\mu_0 I\rho}{4\pi}\int_{-L/2}^{L/2}\frac{\mathrm{d}z'}{[\rho^2+(z-z')^2]^{3/2}}$$

$$=\hat{\varphi}\frac{\mu_0 I}{4\pi\rho}\left(\frac{z+L/2}{\sqrt{\rho^2+(z+L/2)^2}}-\frac{z-L/2}{\sqrt{\rho^2+(z-L/2)^2}}\right)$$

当导线长度为无限长时,$L\to\infty$,上式取极限得

$$\boldsymbol{B}(\rho)=\hat{\varphi}\frac{\mu_0 I}{2\pi\rho}$$

例 4.1-2 求半径为 a、电流强度为 I 的电流圆环在轴线上产生的磁感应强度。

解 按题意,取坐标,使电流环在 xOy 平面,其轴线为 z 轴,如图 4.1-4 所示。采用圆柱坐标系,在 z 轴上取场点$(0,0,z)$,在电流环上源点$(a,\varphi',0)$取电流元 $I\mathrm{d}\boldsymbol{l}=\hat{\varphi}'Ia\mathrm{d}\varphi'$,根据(4.1-4)式,有

$$\boldsymbol{B}(\boldsymbol{r})=\frac{\mu_0}{4\pi}\oint_l\frac{I\mathrm{d}\boldsymbol{l}'\times\hat{R}}{R^2}$$

式中

$$R^2=z^2+a^2$$

$$\boldsymbol{R}=z\hat{z}-a\hat{\rho}'$$

$$I\mathrm{d}\boldsymbol{l}=Ia\mathrm{d}\varphi\hat{\varphi}$$

$$I\mathrm{d}\hat{l}'\times\boldsymbol{R}=Ia(z\hat{\rho}'+a\hat{z})\mathrm{d}\varphi'$$

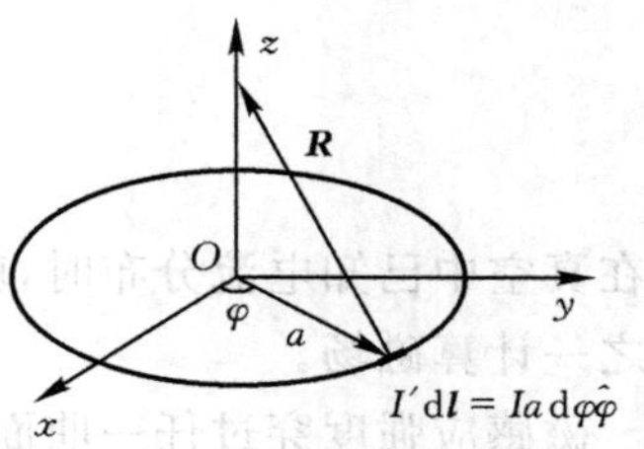

图 4.1-4 电流圆环的磁场

将以上各式代入,得

$$\boldsymbol{B}(\boldsymbol{r})=\frac{\mu_0}{4\pi}\int_0^{2\pi}\frac{Ia(z\hat{\rho}'+a\hat{z})\mathrm{d}\varphi'}{(z^2+a^2)^{\frac{3}{2}}}$$

考虑到电流分布的对称性,在 z 轴上磁场的 $\hat{\rho}'$分量互相抵消,只有 z 方向,积分得

$$\boldsymbol{B}(z)=\frac{\mu_0 Ia^2}{2(a^2+z^2)^{3/2}}\hat{z}$$

例 4.1-3 长为 L、圆截面半径为 a 的直螺线管上绕线密度为 N 匝/m,导线中电流强度为 I,求直螺线管轴线上的磁感应强度。

解 取螺线管的轴线为 z 轴,原点在螺线管的中点,如图 4.1-5(a)所示。在螺线管上的 z'处,取长为 $\mathrm{d}z'$的一小段。该小段可看作是半径为 a、电流强度为 $IN\mathrm{d}z'$的电流环,根据上例给出的结果,在轴线上 z 处的磁场为

$$\mathrm{d}\boldsymbol{B}(z)=\frac{\mu_0 a^2 IN\mathrm{d}z'}{2(a^2+(z-z')^2)^{3/2}}\hat{z}$$

那么,长为 L 的螺线管在轴线上 z 处的磁感应强度为上式对 z'沿螺线管的积分

$$\boldsymbol{B}(z)=\int_{-L/2}^{L/2}\frac{\mu_0 a^2 IN\mathrm{d}z'}{2[a^2+(z-z')^2]^{3/2}}\hat{z}$$

$$=\hat{z}\frac{\mu_0 NI}{2}\left(\frac{L-2z}{\sqrt{(L-2z)^2+4a^2}}+\frac{L+2z}{\sqrt{(L+2z)^2+4a^2}}\right)$$

图 4.1-5(b)绘出了两种不同 $L/2a$ 情况下轴线上的磁场分布,可以看出当$L/2a$很大时,中

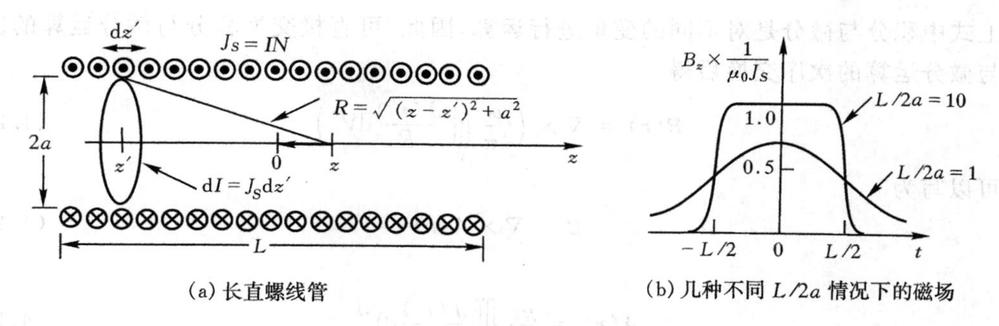

(a) 长直螺线管　　(b) 几种不同 $L/2a$ 情况下的磁场

图 4.1-5　长直螺线管在轴线上的磁场

间的一段较平直，磁场近似相等。当螺线管无限长时，上式取极限得

$$\boldsymbol{B} = \hat{z}\mu_0 NI = \hat{z}\mu_0 J_S$$

上式中 $J_S=NI$ 是螺线管上的电流面密度。

思考题

1. 一个电流元对另一个电流元的磁场力的方向，与电流方向及位置矢量有什么关系？

2. 磁感应强度是怎样定义的？电流元在空间一点产生的磁感应强度与电流、电流的方向以及距离各有什么关系？

3. 磁通量是怎样定义的？磁通量与磁力线有什么关系？

4. 一个带电粒子在电场中运动，动能会改变，但当它在磁场中运动时，动能却不变，为什么？

4.2　真空中的磁场方程

本节由毕奥-萨伐尔定律推导真空中恒定磁场所满足的方程，并讨论真空中恒定磁场的性质。

将 $\nabla \frac{1}{R} = -\frac{\hat{R}}{R^2}$ 代入毕奥-萨伐尔定律

$$\boldsymbol{B}(\boldsymbol{r}) = \frac{\mu_0}{4\pi}\iiint_V \frac{\boldsymbol{J}(\boldsymbol{r}') \times \hat{R}}{R^2} \mathrm{d}V'$$

得

$$\boldsymbol{B}(\boldsymbol{r}) = -\frac{\mu_0}{4\pi}\iiint_V \boldsymbol{J}(\boldsymbol{r}') \times \nabla \frac{1}{R} \mathrm{d}V' \tag{4.2-1}$$

利用旋度运算规则

$$\nabla \times \frac{\boldsymbol{J}(\boldsymbol{r}')}{R} = \frac{1}{R}\nabla \times \boldsymbol{J}(\boldsymbol{r}') - \boldsymbol{J}(\boldsymbol{r}') \times \nabla \frac{1}{R} \tag{4.2-2}$$

将(4.2-2)式代入(4.2-1)式，并考虑到由于电流密度 $\boldsymbol{J}(\boldsymbol{r}')$ 的变量与微分运算的变量不同，因此，$\nabla \times \boldsymbol{J}(\boldsymbol{r}')=\boldsymbol{0}$，得

$$\boldsymbol{B}(\boldsymbol{r}) = \frac{\mu_0}{4\pi}\iiint_V \nabla \times \frac{\boldsymbol{J}(\boldsymbol{r}')}{R} \mathrm{d}V' \tag{4.2-3}$$

由于上式中积分与微分是对不同的变量进行运算,因此,可直接交换积分与微分运算的次序。积分与微分运算的次序交换后得

$$\boldsymbol{B}(\boldsymbol{r}) = \nabla \times \left(\frac{\mu_0}{4\pi}\iiint_V \frac{\boldsymbol{J}(\boldsymbol{r}')}{R}\mathrm{d}V'\right) \tag{4.2-4}$$

上式可以写为

$$\boldsymbol{B} = \nabla \times \boldsymbol{A}(\boldsymbol{r}) \tag{4.2-5}$$

式中

$$\boldsymbol{A}(\boldsymbol{r}) = \frac{\mu_0}{4\pi}\iiint_V \frac{\boldsymbol{J}(\boldsymbol{r}')}{R}\mathrm{d}V' \tag{4.2-6}$$

称为矢量磁位,单位为 Wb/m 或 T·m。(4.2-5)式表明,磁感应强度可以表示为另一矢量场——矢量磁位的旋度。由于任何矢量场的旋度的散度恒为0,即

$$\nabla \cdot \nabla \times \boldsymbol{A} = 0$$

因此由上式及(4.2-5)式得

$$\nabla \cdot \boldsymbol{B} = 0 \tag{4.2-7}$$

这就是说,磁场是无散场。

下面分析磁感应强度的旋度。对(4.2-5)式两边同取旋度,并利用矢量恒等式得

$$\nabla \times \boldsymbol{B} = \nabla \times \nabla \times \boldsymbol{A} = \nabla\nabla \cdot \boldsymbol{A} - \nabla^2 \boldsymbol{A} \tag{4.2-8}$$

为得到磁感应强度的旋度与电流密度的关系,对(4.2-6)式两边同取散度,得

$$\nabla \cdot \boldsymbol{A}(\boldsymbol{r}) = \nabla \cdot \left(\frac{\mu_0}{4\pi}\iiint_V \frac{\boldsymbol{J}(\boldsymbol{r}')}{R}\mathrm{d}V'\right) \tag{4.2-9}$$

交换求散度与求积分的次序,并利用矢量恒等式

$$\nabla \cdot (f\boldsymbol{A}) = f\nabla \cdot \boldsymbol{A} + \boldsymbol{A} \cdot \nabla f \tag{4.2-10}$$

得

$$\begin{aligned}\nabla \cdot \boldsymbol{A}(\boldsymbol{r}) &= \frac{\mu_0}{4\pi}\iiint_V \nabla \cdot \frac{\boldsymbol{J}(\boldsymbol{r}')}{R}\mathrm{d}V' \\ &= \frac{\mu_0}{4\pi}\iiint_V \left(\frac{\nabla \cdot \boldsymbol{J}(\boldsymbol{r}')}{R} + \boldsymbol{J}(\boldsymbol{r}') \cdot \nabla \frac{1}{R}\right)\mathrm{d}V'\end{aligned}$$

考虑到对恒定电流 $\nabla \cdot \boldsymbol{J}(\boldsymbol{r}') = \nabla' \cdot \boldsymbol{J}(\boldsymbol{r}') = 0$ 及 $\nabla \frac{1}{R} = -\nabla' \frac{1}{R}$,上式又可写为

$$\nabla \cdot \boldsymbol{A}(\boldsymbol{r}) = \frac{\mu_0}{4\pi}\iiint_V \left(-\frac{\nabla' \cdot \boldsymbol{J}(\boldsymbol{r}')}{R} - \boldsymbol{J}(\boldsymbol{r}') \cdot \nabla' \frac{1}{R}\right)\mathrm{d}V'$$

利用矢量恒等式(4.2-10)式,将上式中的被积函数中的两项合并为一项,得

$$\nabla \cdot \boldsymbol{A}(\boldsymbol{r}) = -\frac{\mu_0}{4\pi}\iiint_V \nabla' \cdot \frac{\boldsymbol{J}(\boldsymbol{r}')}{R}\mathrm{d}V' \tag{4.2-11}$$

这时,求散度和求体积分是对同一变量的运算,可利用高斯定理,将体积分转化为封闭面积分,即

$$\nabla \cdot \boldsymbol{A} = -\frac{\mu_0}{4\pi}\oint_S \frac{\boldsymbol{J}(\boldsymbol{r}') \cdot \mathrm{d}\boldsymbol{S}}{R} \tag{4.2-12}$$

式中 S 为包围体积 V 的封闭面。在(4.2-11)式的体积分中,积分体积可以刚好是电流分布的有限区域,也可以是包含电流分布区域但比该区域大的任何体积。那么我们这样取积分体

积，使得电流在该体积中，而该体积的边界上电流密度为0。显然，对于这样的积分体积，上式右边的面积分为0，因为在积分面上，被积函数为0，因此得到

$$\nabla \cdot \boldsymbol{A} = 0 \tag{4.2-13}$$

即矢量磁位的散度为0。从而(4.2-8)式最右边的第一项也为0。而(4.2-8)式最右边的第二项为

$$\nabla^2 \boldsymbol{A} = \hat{x}\nabla^2 A_x + \hat{y}\nabla^2 A_y + \hat{z}\nabla^2 A_z \tag{4.2-14}$$

根据(4.2-6)式，上式右端第一项，即 x 分量为

$$\nabla^2 A_x = \nabla^2 \left(\frac{\mu_0}{4\pi}\iiint_V \frac{J_x(\boldsymbol{r}')}{R}\mathrm{d}V'\right)$$

交换微分与积分次序得

$$\begin{aligned}\nabla^2 A_x &= \frac{\mu_0}{4\pi}\iiint_V \nabla^2 \frac{J_x(\boldsymbol{r}')}{R}\mathrm{d}V' \\ &= \frac{\mu_0}{4\pi}\iiint_V J_x(\boldsymbol{r}')\,\nabla^2 \frac{1}{R}\mathrm{d}V'\end{aligned}$$

将 $\nabla^2 \frac{1}{R} = -4\pi\delta(\boldsymbol{r}-\boldsymbol{r}')$ 代入上式，得

$$\nabla^2 A_x = \frac{\mu_0}{4\pi}\iiint J_x(\boldsymbol{r}')(-4\pi\delta(\boldsymbol{r}-\boldsymbol{r}'))\mathrm{d}V'$$

利用 δ 函数的性质，上式可写为

$$\nabla^2 A_x = -\mu_0 J_x(\boldsymbol{r})$$

同理

$$\nabla^2 A_y = -\mu_0 J_y(\boldsymbol{r})$$
$$\nabla^2 A_z = -\mu_0 J_z(\boldsymbol{r})$$

合并三坐标分量，得矢量磁位所满足的方程为

$$\nabla^2 \boldsymbol{A}(\boldsymbol{r}) = -\mu_0 \boldsymbol{J}(\boldsymbol{r}) \tag{4.2-15}$$

将上式代入(4.2-8)式，得磁感应强度的旋度为

$$\nabla \times \boldsymbol{B} = \mu_0 \boldsymbol{J} \tag{4.2-16}$$

由此可见，**恒定磁场是无散有旋场，磁场的旋度源为电流密度。**

(4.2-7)式两边同时对任意体积进行体积分

$$\iiint_V \nabla \cdot \boldsymbol{B}\mathrm{d}V = 0$$

利用高斯定理将体积分转化为面积分，得

$$\oiint_S \boldsymbol{B} \cdot \mathrm{d}\boldsymbol{S} = 0 \tag{4.2-17}$$

此式为(4.2-7)式的积分形式，它说明进入任一封闭面的磁场(磁力线的条数)等于由该封闭面出来的磁场(磁力线的条数)，也就是说，磁力线无头无尾，磁通是连续的。因此，此式称为磁通连续性原理。

(4.2-16)式两边对任一曲面 S 进行通量面积分

$$\iint_S \nabla \times \boldsymbol{B} \cdot \mathrm{d}\boldsymbol{S} = \mu_0 \iint_S \boldsymbol{J} \cdot \mathrm{d}\boldsymbol{S}$$

利用斯托克斯定理，将左边的面积分化为对曲面边界闭合回路的线积分，得

$$\oint_l \boldsymbol{B} \cdot \mathrm{d}\boldsymbol{l} = \mu_0 \iint_S \boldsymbol{J} \cdot \mathrm{d}\boldsymbol{S} \tag{4.2-18}$$

上式右边对电流密度的面积分是穿过曲面 S 的电流强度，因此上式又可写为

$$\oint_l \boldsymbol{B} \cdot \mathrm{d}\boldsymbol{l} = \mu_0 I \tag{4.2-19}$$

此式为(4.2-16)式的积分形式，称为安培环路定律。它说明磁场不是保守场，而是涡旋场，电流是磁场涡旋源。

以上我们从毕奥-萨伐尔定律出发，得到了真空中恒定磁场的源和场所满足的方程。将这些方程集中重写如表4.2-1所示。

表 4.2-1 真空中恒定磁场方程

积分形式	微分形式
$\oint_l \boldsymbol{B} \cdot \mathrm{d}\boldsymbol{l} = \mu_0 I$	$\nabla \times \boldsymbol{B} = \mu_0 \boldsymbol{J}$
$\oiint_S \boldsymbol{B} \cdot \mathrm{d}\boldsymbol{S} = 0$	$\nabla \cdot \boldsymbol{B} = 0$

这组方程决定了磁场无散有旋的性质。恒定磁场方程的积分形式表示任一空间区域中的磁场和电流的关系，而微分形式表示在空间一点上磁场的变化和该点上电流密度的关系。这一关系说明，恒定磁场在空间只可能有涡旋状的变化，没有发散状的变化；引起磁场在空间涡旋状变化的原因是电流；如果电流的分布确知的话，可以由这些关系得到磁场的分布，反之亦然。

当电流分布具有一定的对称性时，可以直接利用安培环路定律很方便地计算磁场。

例 4.2-1 真空中有一半径为 a 的无限长圆柱形导线，导线中的电流密度为 $\boldsymbol{J}_0$，方向沿导线轴线方向，求导线内、外的磁场。

解 由于电流分布具有轴对称性，且为无限长，如果取圆柱导线轴线为圆柱坐标系的 z 轴，电流沿 z 向流动，磁场就仅与 ρ 有关，且为 $\hat{\varphi}$ 方向。过要计算磁场的场点作以 z 轴为轴线、半径为 ρ 的圆环，如图4.2-1(a)所示。在此圆环上，磁感应强度大小相同，方向沿圆环方向。磁感应强度在此圆环上的线积分为

$$\oint_l \boldsymbol{B} \cdot \mathrm{d}l = B_\varphi 2\pi\rho$$

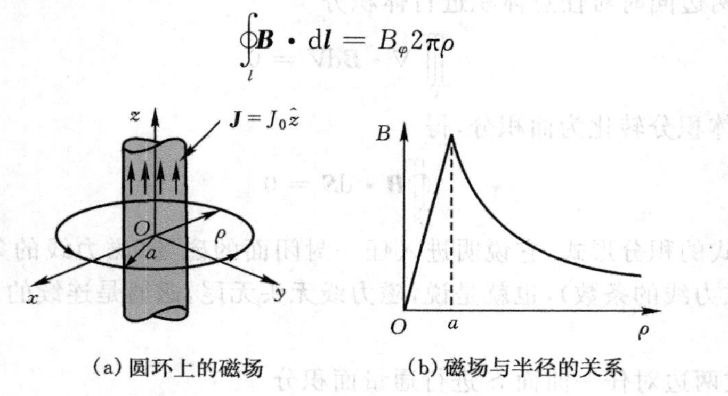

(a) 圆环上的磁场　　(b) 磁场与半径的关系

图 4.2-1 载流圆柱导线的磁场

流过以此圆环为界的圆形截面的电流 I 与圆环半径有关，对 $\rho<a$，电流为

$$I=\iint_S \boldsymbol{J}\cdot \mathrm{d}\boldsymbol{S}=\iint_S J_0\,\mathrm{d}S=J_0\pi\rho^2$$

对 $\rho\geqslant a$，电流为

$$I=J_0\pi a^2$$

将以上结果代入安培环路定律

$$B_\varphi 2\pi\rho=\begin{cases}J_0\pi\rho^2, & \rho<a\\ J_0\pi a^2, & \rho\geqslant a\end{cases}$$

由此得磁感应强度为

$$\boldsymbol{B}=\begin{cases}\hat{\varphi}\dfrac{\mu_0 J_0\rho}{2}, & \rho<a\\ \hat{\varphi}\dfrac{\mu_0 J_0 a^2}{2\rho}, & \rho\geqslant a\end{cases}$$

图 4.2-1(b)给出了载流圆柱导线的磁场随半径的变化曲线。

例 4.2-2　利用安培环路定律计算电流面密度为 $\boldsymbol{J}_S=\hat{\varphi}J_{S0}$ 的无限长螺线管中的磁场。

解　由于螺线管无限长，因此在螺线管中的磁场是均匀的，且方向沿轴向，在螺线管外的磁场为 0。如图 4.2-2 所示，取长为 L、宽为 H 的矩形闭合路径，利用安培环路定律

$$\oint_l \boldsymbol{B}\cdot \mathrm{d}\boldsymbol{l}=\mu_0 I$$

上式左端的闭合路径线积分分为 4 段，只有在螺线管中和轴线平行的一段线积分不为 0

$$\oint_l \boldsymbol{B}\cdot \mathrm{d}\boldsymbol{l}=B_z L$$

穿过闭合回路的电流为 LJ_{S0}，因此

$$B_z L=\mu_0 L J_{S0}$$

由此得无限长螺线管中的磁场为

$$\boldsymbol{B}=\hat{z}\mu_0 J_{S0}$$

结果和上节例 4.1-3 得到的结果完全一致。

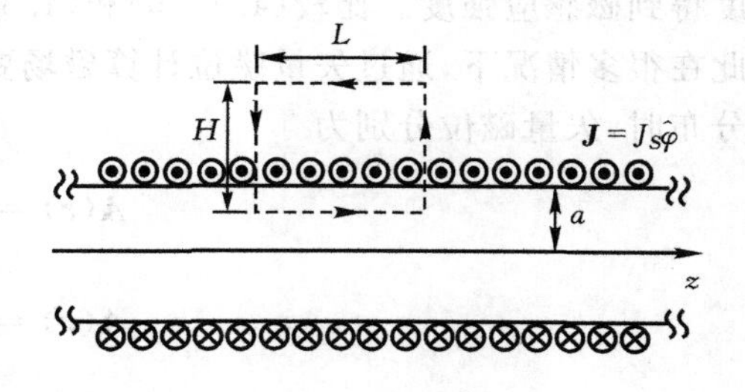

图 4.2-2　无限长螺线管的磁场

思考题

1. 安培环路定律及磁通量连续性原理各有什么意义？
2. 恒定磁场有什么性质？
3. 为什么磁力线是无头无尾的？
4. 在什么情况下可以用安培环路定律计算磁场？

4.3 矢量磁位与标量磁位

1. 矢量磁位

对于恒定磁场,由于$\nabla \cdot \boldsymbol{B} \equiv 0$($\boldsymbol{B}$的散度处处为0),因此,磁感应强度可以表示为另一矢量场的旋度,即

$$\boldsymbol{B} = \nabla \times \boldsymbol{A} \tag{4.3-1}$$

上式中的矢量场$\boldsymbol{A}$正是在上一节推导磁场方程时引入的矢量磁位,它满足方程

$$\nabla^2 \boldsymbol{A} = -\mu_0 \boldsymbol{J} \tag{4.3-2}$$

与电流密度的积分关系为

$$\boldsymbol{A}(\boldsymbol{r}) = \frac{\mu_0}{4\pi} \iiint_V \frac{\boldsymbol{J}(\boldsymbol{r}')}{R} \mathrm{d}V' \tag{4.3-3}$$

实际上,上式就是矢量磁位方程(4.3-2)的解。当电流体密度已知时,可以直接用毕奥-萨伐尔定律通过积分计算磁场,也可以先利用(4.3-3)式通过积分计算矢量磁位,再求矢量磁位旋度得到磁感应强度。比较(4.1-9)和(4.3-3)式中的被积矢量函数,显然后者的形式简单,因此在很多情况下,通过矢量磁位计算磁场要比直接积分计算磁场容易。当电流为面分布或线分布时,矢量磁位分别为

$$\boldsymbol{A}(\boldsymbol{r}) = \frac{\mu_0}{4\pi} \iint_S \frac{\boldsymbol{J}_S(\boldsymbol{r}')\mathrm{d}S'}{R} \tag{4.3-4}$$

$$\boldsymbol{A}(\boldsymbol{r}) = \frac{\mu_0}{4\pi} \int_l \frac{I\mathrm{d}\boldsymbol{l}'}{R} \tag{4.3-5}$$

例 4.3-1 在空间以z轴为轴的圆柱形区域中,磁感应强度$\boldsymbol{B} = B_0\hat{z}$,$B_0$为常数。求矢量磁位。

解 磁感应强度$\boldsymbol{B} = B_0\hat{z}$,是匀强场,只有$B_z$分量。无限长的均匀螺线管中就是这种磁场。采用圆柱坐标系,产生这种磁场的电流仅有φ分量,与φ和z变量无关。那么矢量磁位也就仅有φ分量,与φ和z变量无关。

在$z=0$平面,取中心在原点、半径为ρ的圆盘S,计算穿过该圆盘的磁通量,并考虑到$\boldsymbol{B} = \nabla \times \boldsymbol{A}$得

$$\iint_S \boldsymbol{B} \cdot \mathrm{d}\boldsymbol{S} = \iint_S \nabla \times \boldsymbol{A} \cdot \mathrm{d}\boldsymbol{S} = \oint_l \boldsymbol{A} \cdot \mathrm{d}\boldsymbol{l} \tag{4.3-6}$$

上式中利用斯托克斯定理将面积分化为线积分,线积分路径l是圆盘的边界,即半径为ρ的圆。将$\boldsymbol{B} = B_0\hat{z}$代入上式左边得

$$\iint \boldsymbol{B} \cdot \mathrm{d}\boldsymbol{S} = B_0 \iint_S \mathrm{d}S = B_0 \pi \rho^2 \tag{4.3-7}$$

由于矢量磁位$\boldsymbol{A}$仅有φ分量,与φ和z变量无关,可表示为$\boldsymbol{A} = \hat{\varphi} A_\varphi(\rho)$,代入(4.3-6)式右边得

$$\oint_l \boldsymbol{A} \cdot \mathrm{d}\boldsymbol{l} = A_\varphi 2\pi\rho \tag{4.3-8}$$

将(4.3-7)式和(4.3-8)式代入(4.3-6)式得

$$\boldsymbol{A} = \hat{\varphi} A_\varphi(\rho) = \hat{\varphi} \frac{B_0 \rho}{2} \tag{4.3-9}$$

例 4.3-2 求半径为 a、电流强度为 I 的小电流环在远处($r \gg a$)的磁场。

解 取圆球坐标系，使电流环在 xOy 平面，且中心在坐标原点，如图 4.3-1 所示。由于电流分布的轴对称性，磁场与坐标 φ 无关。取场点坐标为(r,θ,φ)。在电流环上取源点，源点坐标为$(a,\pi/2,\varphi')$。根据(4.3-5)式有

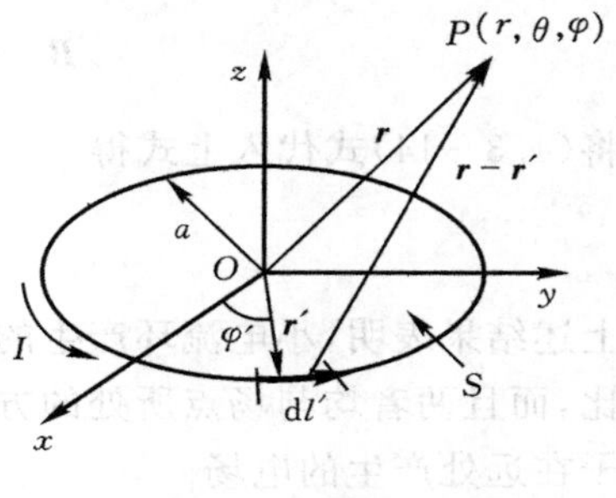

$$\boldsymbol{A}(\boldsymbol{r}) = \frac{\mu_0}{4\pi} \oint_l \frac{I \mathrm{d}\boldsymbol{l}'}{R} \tag{4.3-10}$$

图 4.3-1 电流环的磁场

式中

$$\mathrm{d}\boldsymbol{l}' = a\mathrm{d}\varphi' \hat{\varphi}' = a(\cos\varphi' \hat{y} - \sin\varphi' \hat{x})\mathrm{d}\varphi' \tag{4.3-11}$$

场点的位置矢量为

$$\boldsymbol{r} = r\hat{r} = x\hat{x} + y\hat{y} + z\hat{z}$$

源点的位置矢量为

$$\boldsymbol{r}' = a\hat{\rho}' = a\cos\varphi' \hat{x} + a\sin\varphi' \hat{y}$$

场点与源点的距离满足以下关系

$$\boldsymbol{R} = \boldsymbol{r} - \boldsymbol{r}' = (x - a\cos\varphi')\hat{x} + (y - a\sin\varphi')\hat{y} + z\hat{z}$$

$$\begin{aligned} R^2 &= (x - a\cos\varphi')^2 + (y - a\sin\varphi')^2 + z^2 \\ &= r^2 + a^2 - 2a(x\cos\varphi' + y\sin\varphi') \end{aligned}$$

$$\begin{aligned} \frac{1}{R} &= [r^2 + a^2 - 2a(x\cos\varphi' + y\sin\varphi')]^{-1/2} \\ &= \frac{1}{r}\left[1 + \left(\frac{a}{r}\right)^2 - \frac{2a}{r^2}(x\cos\varphi' + y\sin\varphi')\right]^{-1/2} \end{aligned} \tag{4.3-12}$$

由于$\frac{a}{r} \ll 1$，为了计算方便，忽略$\left(\frac{a}{r}\right)^2$项，将上式按以下级数展开

$$(1 + x)^{-1/2} = 1 - \frac{x}{2} + \cdots$$

并取前两项得

$$\frac{1}{R} \approx \frac{1}{r} + \frac{a(x\cos\varphi' + y\sin\varphi')}{r^3} \tag{4.3-13}$$

将(4.3-11)和(4.3-13)式代入矢量磁位积分(4.3-10)式中，得

$$\begin{aligned} \boldsymbol{A}(\boldsymbol{r}) &= \frac{\mu_0}{4\pi} \oint_l \frac{I \mathrm{d}\boldsymbol{l}'}{R} \\ &= \frac{\mu_0 I}{4\pi} \int_0^{2\pi} \left[\frac{1}{r} + \frac{a(x\cos\varphi' + y\sin\varphi')}{r^3}\right](a\cos\varphi' \hat{y} - a\sin\varphi' \hat{x})\mathrm{d}\varphi' \\ &= \frac{\mu_0 a^2 I}{4r^3}(x\hat{y} - y\hat{x}) \end{aligned}$$

将 $x\hat{y} - y\hat{x} = r\sin\theta\hat{\varphi}$ 代入上式得

$$\boldsymbol{A} = \frac{\mu_0 a^2 I \sin\theta}{4r^2} \hat{\varphi}$$

取 $S = \pi a^2$ 为圆环的面积，电流环在 $r \gg a$ 处的矢量磁位还可写为

$$\boldsymbol{A}=\frac{\mu_0 IS\sin\theta}{4\pi r^2}\hat{\varphi} \tag{4.3-14}$$

对其求旋度,就可以得到磁感应强度。在圆球坐标系,利用$\boldsymbol{B}=\nabla\times\boldsymbol{A}$ 并考虑到$\boldsymbol{A}=A_\varphi\hat{\varphi}$得

$$\boldsymbol{B}=\frac{1}{r\sin\theta}\frac{\partial}{\partial\theta}(A_\varphi\sin\theta)\hat{r}-\frac{1}{r}\frac{\partial}{\partial r}(rA_\varphi)\hat{\theta}$$

将(4.3-14)式代入上式得

$$\boldsymbol{B}=\frac{\mu_0 IS}{4\pi r^3}(\hat{r}2\cos\theta+\hat{\theta}\sin\theta) \tag{4.3-15}$$

上述结果表明,小电流环产生的矢量磁位与距离的平方成反比,磁感应强度与距离的立方成反比,而且两者均与场点所处的方位有关。比较上式电流环在远处产生的磁感应强度和电偶极子在远处产生的电场

$$\boldsymbol{E}=\frac{ql}{4\pi\varepsilon_0 r^3}(2\cos\theta\hat{r}+\sin\theta\hat{\theta})$$

可以看到,在 $r\gg a$ 的远距离处,它们的形式是相同的,如图 4.3-2 所示。只有在源附近,它们是有区别的,磁力线通过电流环,而电力线终止于电荷。由于小电流环的磁场与电偶极子的电场类似,因此,小电流环也称为磁偶极子。

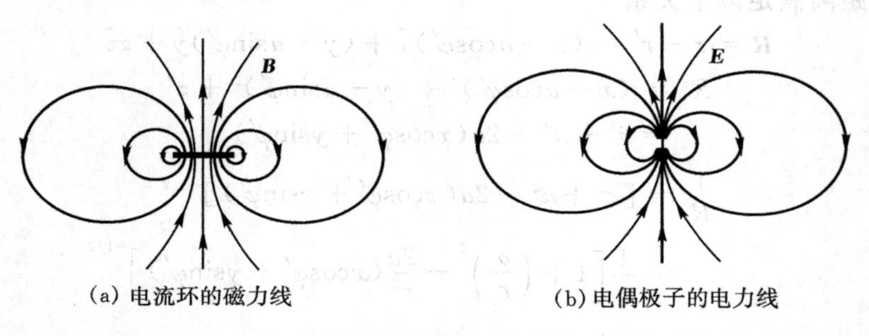

(a) 电流环的磁力线　　(b) 电偶极子的电力线

图 4.3-2　电流环的磁力线与电偶极子的电力线

2. 标量磁位

在静电场中,由于处处有$\nabla\times\boldsymbol{E}=0$,因此可以定义标量电位 $\boldsymbol{E}=-\nabla\Phi$。而在恒定磁场中的有源区,$\nabla\times\boldsymbol{B}=\mu_0\boldsymbol{J}$,因此有源区的磁感应强度不能表示为标量场的梯度。但在电流密度等于 0 的无源区,磁感应强度满足

$$\nabla\times\boldsymbol{B}=\boldsymbol{0}$$

因此在无源区域,磁感应强度也可以用标量场的梯度表示

$$\boldsymbol{B}=-\mu_0\nabla\Phi^{\mathrm{m}} \tag{4.3-16}$$

式中 Φ^{m} 称为标量磁位,单位为 A。与静电场中的标量电位不仅可用于无源区,也可用于有源区不同,恒定磁场中的标量磁位仅可用在无源区。

对(4.3-16)式两端的矢量函数求散度

$$\nabla\cdot\boldsymbol{B}=-\mu_0\nabla\cdot\nabla\Phi^{\mathrm{m}}=-\mu_0\nabla^2\Phi^{\mathrm{m}} \tag{4.3-17}$$

并考虑到$\nabla\cdot\boldsymbol{B}=0$ 得

$$\nabla^2\Phi^{\mathrm{m}}=0 \tag{4.3-18}$$

可见,无源区中的标量磁位也满足拉普拉斯方程。在无源区对(4.3-16)式两端从 a 到 b 点进

行线积分，得

$$\int_a^b \boldsymbol{B}\cdot \mathrm{d}\boldsymbol{l} = -\mu_0\int_a^b \nabla\Phi^{\mathrm{m}}\cdot \mathrm{d}\boldsymbol{l} = -\mu_0\int_a^b \frac{\partial\Phi^{\mathrm{m}}}{\partial l}\mathrm{d}l = -\mu_0\int_a^b \mathrm{d}\Phi^{\mathrm{m}}$$
$$= -\mu_0(\Phi^{\mathrm{m}}(b)-\Phi^{\mathrm{m}}(a)) \tag{4.3-19}$$

由于对于恒定磁场有 $\oint \boldsymbol{B}\cdot \mathrm{d}\boldsymbol{l} = \mu_0 I$，因此为了使线积分保持单值，线积分路径必须在单连通区域内。

前面例题中磁偶极子的场可以利用标量电位和标量磁位的相似性很方便地得到。考虑到 $\boldsymbol{E}=-\nabla\Phi$ 和 $\boldsymbol{B}=-\mu_0\nabla\Phi^{\mathrm{m}}$ 的形式是基本相同的，且在无源区 Φ 和 Φ^{m} 均满足拉普拉斯方程，区别仅是 Φ 和 Φ^{m} 相差一个常数。由第2章我们得到电偶极矩为 $\boldsymbol{p}$，位于坐标原点的电偶极子的标量电位为

$$\Phi = \frac{p\cos\theta}{4\pi\varepsilon_0 r^2} \tag{4.3-20}$$

类似地，位于坐标原点的磁偶极子的标量磁位则为

$$\Phi^{\mathrm{m}} = \frac{m\cos\theta}{4\pi r^2} \tag{4.3-21}$$

$\boldsymbol{m}$ 为表示磁偶极子大小和方向的磁偶极矩，单位为 $\mathrm{A}\cdot\mathrm{m}^2$。将(4.3-21)式代入 $\boldsymbol{B}=-\mu_0\nabla\Phi^{\mathrm{m}}$ 中，得

$$\boldsymbol{B} = \frac{\mu_0 m}{4\pi r^3}(\hat{r}2\cos\theta+\hat{\theta}\sin\theta) \tag{4.3-22}$$

这就是位于坐标原点，磁偶极矩大小为 m、方向沿 $\hat{z}$ 的磁偶极子的磁场。比较(4.3-22)式和(4.3-15)式，可得电流强度为 I 面积为 S 的小电流环的磁偶极矩的大小为

$$m = IS \tag{4.3-23}$$

考虑到其方向，有

$$\boldsymbol{m} = IS\hat{n} \tag{4.3-24}$$

式中 $\hat{n}$ 为与环电流方向满足右手螺旋法则的电流环面的法向。将(4.3-24)式代入(4.3-14)式，得到用磁偶极矩表示磁偶极子大小的矢量磁位表达式

$$\boldsymbol{A} = \hat{\varphi}\frac{\mu_0 m\sin\theta}{4\pi r^2} = \frac{\mu_0\boldsymbol{m}\times\hat{r}}{4\pi r^2} \tag{4.3-25}$$

当磁偶极子不是放在坐标原点，而是放在 $\boldsymbol{r}'$ 点时，在 $\boldsymbol{r}$ 点的矢量磁位应为

$$\boldsymbol{A}(\boldsymbol{r}) = \frac{\mu_0\boldsymbol{m}\times\hat{R}}{4\pi R^2} \tag{4.3-26}$$

式中 $\boldsymbol{R}=\boldsymbol{r}-\boldsymbol{r}'$。

电偶极子是由两个距离为 l、电荷量分别为 q 和 $-q$ 的电荷构成的。尽管到目前为止，在自然界中还未发现有磁荷存在，但我们可以根据电场与磁场方程的对应关系认为，如果有磁荷存在，那么由两个距离为 l、磁荷量分别为 q^{m} 和 $-q^{\mathrm{m}}$ 的磁荷可构成磁偶极子，其对应的磁偶极矩应为

$$\boldsymbol{m} = q^{\mathrm{m}}\boldsymbol{l} \tag{4.3-27}$$

例 4.3-3 求半径为 a、电流强度为 I 的电流环在匀强磁场中所受的力矩。

解 取坐标系，使电流环在 xOy 平面且中心在原点，电流为逆时针方向。设磁场和 z 轴夹角为 θ，如图 4.3-3 所示。在电流环上取电流元 $\mathrm{d}\boldsymbol{l}$，磁场对它的力矩为

$$\mathrm{d}\boldsymbol{T}_m = \boldsymbol{r} \times \mathrm{d}\boldsymbol{F}$$

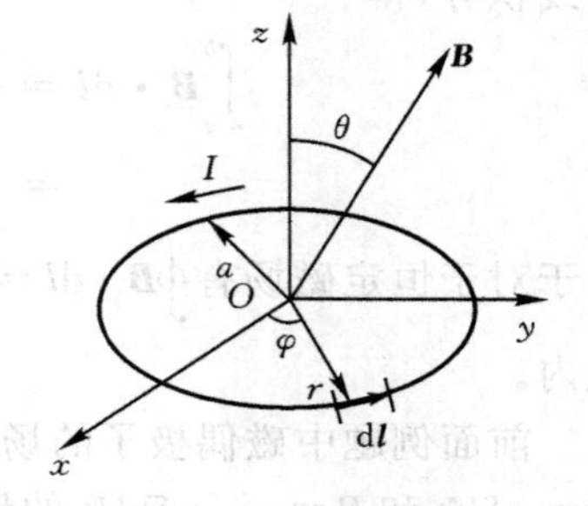

图 4.3-3 电流环在匀强磁场中所受的力矩

式中

$$\boldsymbol{r} = a\hat{\rho} = a(\cos\varphi\hat{x} + \sin\varphi\hat{y})$$

$$\mathrm{d}\boldsymbol{F} = I\mathrm{d}\boldsymbol{l} \times \boldsymbol{B} = Ia\,\mathrm{d}\varphi\hat{\varphi} \times \boldsymbol{B}$$

$$= Ia\,\mathrm{d}\varphi(B_z\cos\varphi\hat{x} + B_z\sin\varphi\hat{y} - (B_x\cos\varphi + B_y\sin\varphi)\hat{z})$$

以上两式叉乘得

$$\mathrm{d}\boldsymbol{T}_m = Ia^2\,\mathrm{d}\varphi((B_x\cos\varphi + B_y\sin\varphi)(\cos\varphi\hat{y} - \sin\varphi\hat{x}))$$

电流环所受的总力矩为

$$T_m = \int \mathrm{d}\boldsymbol{T}_m = Ia^2\pi(B_x\hat{y} - B_y\hat{x}) = \boldsymbol{m} \times \boldsymbol{B}$$

式中

$$\boldsymbol{m} = I\pi a^2\hat{z}$$

是电流环的磁偶极矩。

从电流环在磁场中的力矩表达式可以看出，当磁偶极矩与磁场垂直时力矩最大，力矩的方向总是使磁偶极矩趋向于与磁场平行。

思考题

1. 矢量磁位是什么类型的矢量场？
2. 为什么要通过矢量磁位计算磁场？
3. 什么是磁偶极子？试比较磁偶极子的磁场强度与电偶极子的电场强度。
4. 恒定磁场是否可用标量场来表示？为什么？

4.4 媒质磁化

前3节讨论的是真空中恒定电流产生的磁场。本节我们将讨论在磁场中有媒质存在时，媒质与磁场之间的相互作用和影响。

磁场与媒质的相互作用要比电场与媒质中束缚电荷的相互影响要复杂得多，因为磁场是对运动电荷有作用。组成媒质的原子和分子中的电子同时以两种形式运动，分别是绕原子核的轨道运动和自旋运动。电子的这两种运动使其具有轨道磁矩和自旋磁矩。在无外加磁场时，大多数媒质的分子中电子的轨道磁矩和自旋磁矩随机取向，每个分子中电子的磁矩相互抵消，分子的净磁矩为0，对外不呈现磁性。也有一些媒质，由于其原子外层电子的特有结构，原子或分子的轨道磁矩与自旋磁矩不能完全抵消，使这些媒质的分子具有净磁矩，但由于分子的热运动，在无外加磁场时，这些分子磁矩的分布通常是随机的，使媒质内任一体积中分子磁偶极矩之和为0，它们产生的磁场互相抵消。这类媒质如无外加磁场的作用也不呈现磁性。

当有外加磁场时，分子中的轨道磁矩和自旋磁矩会在外加磁场作用下发生偏转和进动，从而会在物质中感应出净磁偶极子，这些感应磁偶极子产生磁场，使物质呈现磁性。这种现象称为媒质磁化。

媒质磁化的强弱程度用**磁化强度**表示，记为$\boldsymbol{M}$。媒质中任一点的磁化强度$\boldsymbol{M}$定义为在媒质中该点的邻域内单位体积中分子磁偶极矩的统计平均值，即

$$\boldsymbol{M}=\lim_{\Delta V\to 0}\frac{\sum_{k=1}^{N}\boldsymbol{m}_k}{\Delta V} \tag{4.4-1}$$

式中：N 是体积 ΔV 内所有分子磁偶极子的数量；$\boldsymbol{m}_k$ 是其中第 k 个分子磁偶极子的磁偶极矩。可见，磁化强度表示在磁化媒质中每一点附近单位体积的净磁矩。磁化强度的单位为 A/m。媒质中的磁化强度愈强，媒质的磁性就愈强；反之，媒质中的磁化强度愈小，媒质的磁性就愈弱。

媒质磁化后，会在媒质中产生感应的净磁偶极子，这些净磁偶极子是由媒质中束缚电荷的运动形成的。因此也可以认为，媒质磁化后，在媒质中出现了束缚电荷运动形成的电流，这种电流称为磁化电流。磁化电流密度与磁化强度是有关的，这类似于媒质极化后媒质中出现束缚电荷，而束缚电荷密度与极化强度有关。磁化后媒质呈现的磁性，可以看成是媒质中感应的净磁偶极子产生的，也可以看成是磁化电流产生的。

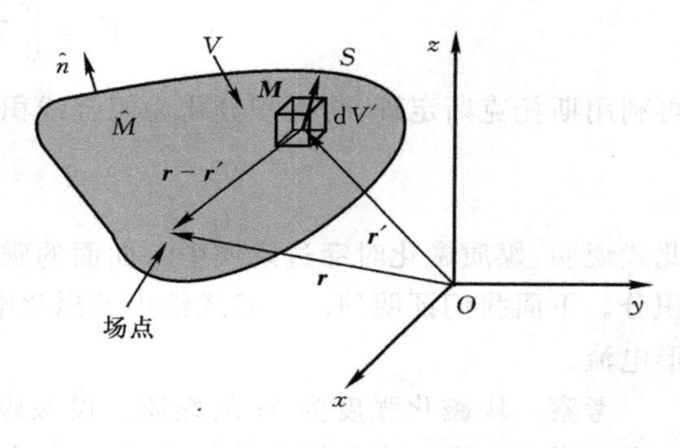

图 4.4-1 磁化媒质产生的磁场

下面通过计算一块已知磁化强度为 $\boldsymbol{M}$ 的磁化媒质产生的磁场，推导磁化强度和磁化电流密度的关系。设磁化强度为 $\boldsymbol{M}$ 的媒质体积为 V，如图 4.4-1 所示。在磁化媒质中 $\boldsymbol{r}'$ 点，取体积元 $\mathrm{d}V'$。该体积元可以看成是一个磁偶极矩为 $\boldsymbol{m}=\boldsymbol{M}(\boldsymbol{r}')\mathrm{d}V'$ 的磁偶极子。根据(4.3-26)式，该体积元中的磁偶极子在 $\boldsymbol{r}$ 点产生的矢量磁位为

$$\mathrm{d}\boldsymbol{A}=\frac{\mu_0\boldsymbol{M}(\boldsymbol{r}')\times(\boldsymbol{r}-\boldsymbol{r}')}{4\pi\,|\,\boldsymbol{r}-\boldsymbol{r}'\,|^3}\mathrm{d}V'$$

对上式进行体积分，可得到 V 中的所有的磁化感应磁偶极子在 $\boldsymbol{r}$ 点产生的矢量磁位

$$\boldsymbol{A}(\boldsymbol{r})=\frac{\mu_0}{4\pi}\iiint_V\frac{\boldsymbol{M}(\boldsymbol{r}')\times(\boldsymbol{r}-\boldsymbol{r}')}{|\,\boldsymbol{r}-\boldsymbol{r}'\,|^3}\mathrm{d}V'$$

分别利用 $\nabla'\frac{1}{|\boldsymbol{r}-\boldsymbol{r}'|}=\frac{\boldsymbol{r}-\boldsymbol{r}'}{|\boldsymbol{r}-\boldsymbol{r}'|}$ 和矢量恒等式 $\nabla\times(g\boldsymbol{F})=-\boldsymbol{F}\times\nabla g+g\nabla\times\boldsymbol{F}$，上式可写为

$$\begin{aligned}\boldsymbol{A}(\boldsymbol{r})&=\frac{\mu_0}{4\pi}\iiint_V\boldsymbol{M}(\boldsymbol{r}')\times\nabla'\left(\frac{1}{|\,\boldsymbol{r}-\boldsymbol{r}'\,|}\right)\mathrm{d}V'\\&=\frac{\mu_0}{4\pi}\iiint_V\left(-\nabla'\times\frac{\boldsymbol{M}(\boldsymbol{r}')}{|\,\boldsymbol{r}-\boldsymbol{r}'\,|}+\frac{\nabla'\times\boldsymbol{M}(\boldsymbol{r}')}{|\,\boldsymbol{r}-\boldsymbol{r}'\,|}\right)\mathrm{d}V'\end{aligned}$$

对上式第一项积分利用矢量恒等式 $\oint\!\!\!\oint_S\hat{n}\times\boldsymbol{A}\mathrm{d}S=\iiint_V\nabla\times\boldsymbol{A}\mathrm{d}V$，得

$$\boldsymbol{A}(\boldsymbol{r})=\frac{\mu_0}{4\pi}\oint\!\!\!\oint_S\frac{\boldsymbol{M}(\boldsymbol{r}')\times\hat{n}\mathrm{d}S'}{|\,\boldsymbol{r}-\boldsymbol{r}'\,|}+\frac{\mu_0}{4\pi}\iiint_V\frac{\nabla'\times\boldsymbol{M}(\boldsymbol{r})}{|\,\boldsymbol{r}-\boldsymbol{r}'\,|}\mathrm{d}V' \tag{4.4-2}$$

在媒质中和媒质表面上分别定义磁化电流(体)密度 $\boldsymbol{J}'$ 和磁化电流面密度 $\boldsymbol{J}'_S$ 为

$$\boldsymbol{J}'=\nabla\times\boldsymbol{M} \tag{4.4-3}$$

$$\boldsymbol{J}'_S=\boldsymbol{M}\times\hat{n} \tag{4.4-4}$$

(4.4-2)式表示的感应磁偶极子产生的场就成为磁化电流产生的场

$$\boldsymbol{A}(\boldsymbol{r})=\frac{\mu_0}{4\pi}\oint_S\frac{\boldsymbol{J}'_S(\boldsymbol{r}')\mathrm{d}S'}{|\boldsymbol{r}-\boldsymbol{r}'|}+\frac{\mu_0}{4\pi}\iiint_V\frac{\boldsymbol{J}'(\boldsymbol{r}')}{|\boldsymbol{r}-\boldsymbol{r}'|}\mathrm{d}V' \tag{4.4-5}$$

此式说明,媒质磁化产生的磁场也就是磁化电流产生的磁场。也就是说,媒质在磁场中发生磁化后,在媒质中感应出了磁化体电流,磁化电流密度与磁化强度的关系由(4.4-3)式确定;在媒质表面上感应出了磁化面电流,磁化面电流密度与磁化强度的关系由(4.4-4)式确定。磁化电流是媒质中的束缚电荷运动形成的,(4.4-5)式说明,磁化电流产生的磁场与传导电流产生的磁场具有相同的性质,因为它们与磁场的关系是相同的。媒质磁化后,穿过媒质中任一曲面 S 的磁化电流强度 I' 为

$$I'=\iint_S\boldsymbol{J}'\cdot\mathrm{d}\boldsymbol{S}$$

将(4.4-3)式代入得

$$I'=\iint_S\nabla\times\boldsymbol{M}\cdot\mathrm{d}\boldsymbol{S}$$

再利用斯托克斯定理,将面积分化为闭合线积分,得

$$I'=\oint_l\boldsymbol{M}\cdot\mathrm{d}\boldsymbol{l} \tag{4.4-6}$$

此式说明,媒质磁化时穿过媒质中一曲面的磁化电流等于磁化强度在此曲面边界环路上的线积分。下面我们证明(4.4-6)式给出的磁化电流就是媒质磁化时穿过媒质中一曲面的分子环形电流。

考察一块磁化强度为 $\boldsymbol{M}$ 的媒质。设该媒质中单位体积内有 N 个分子,即单位体积有 N 个微观磁偶极子。为分析简单起见,认为每个分子磁偶极子是由分子环形电流形成的,大小取向都相同。每个分子磁偶极矩 $\boldsymbol{m}=i\pi a^2\hat{n}$,其中 i 为分子电流强度,a 为分子电流环半径,$\hat{n}$ 为与电流环成右手关系的单位矢量。这时,磁化强度为 $\boldsymbol{M}=N\boldsymbol{m}=Ni\pi a^2\hat{n}$。

在该媒质中,任取一曲面 S。下面分析穿过该曲面的分子环形电流。在曲面 S 周围的分子电流有3种情况,如图4.4-2(a)所示。第一种为其分子的电子运动不穿过曲面,即分子环形电流不与曲面相交,这种分子电流对我们要计算的流过曲面的电流无贡献;第二种为分子环形电流正、反两次穿过曲面,互相抵消,这种分子电流对我们要计算的流过曲面的电流也无贡献;第三种为分子环形电流只穿过曲面一次,这种分子电流对我们要计算的流过曲面的电流有贡献。显然,由于第三种分子环形电流只穿过曲面一次,曲面的边缘线一定穿过第三种分子电

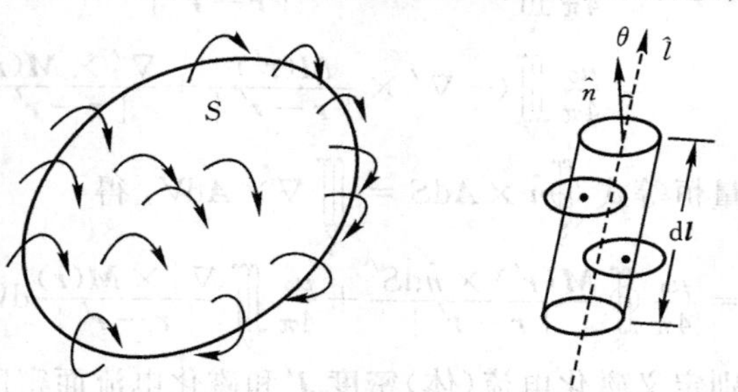

(a) 穿过曲面的分子电流　(b) 和曲面边缘相交的分子电流

图 4.4-2　磁化电流

流环。也就是说，穿过曲面的电流就是与该曲面的边缘线相交的总分子电流。

为计算与该曲面的边缘线相交的总分子电流，沿曲面 S 的边缘线取微线元 $\mathrm{d}\boldsymbol{l}$，以 $\mathrm{d}\boldsymbol{l}$ 为中心取体积 $\Delta V=\pi a^2\hat{n}\cdot\mathrm{d}\boldsymbol{l}$，如图 4.4-2(b)所示，那么中心在该体积 ΔV 中的分子电流环与微线元 $\mathrm{d}\boldsymbol{l}$ 相交，对曲面 S 上的电流有贡献，对应的电流为

$$\mathrm{d}I' = iN\Delta V = iN\pi a^2\hat{n}\cdot\mathrm{d}\boldsymbol{l} = \boldsymbol{M}\cdot\mathrm{d}\boldsymbol{l}$$

因此，与曲面 S 边界相交的总分子电流，也就是流过曲面 S 的磁化电流为

$$I' = \oint_l \boldsymbol{M}\cdot\mathrm{d}\boldsymbol{l}$$

这就是(4.4-6)式。以上分析说明磁化电流正是磁化后媒质中分子电流形成的净电流。如果媒质均匀磁化，$\boldsymbol{M}$ 是常数，那么穿过媒质中任一曲面的净电流为 0，即磁化体电流为 0。如果磁化强度与媒质表面的法向一致，媒质表面附近的分子电流环平行于表面，对面电流的净贡献为 0，那么在该表面上磁化面电流就为 0。

媒质磁化不但可以用磁化电流模型描述，也可用磁化磁荷模型进行描述，这类似于媒质在电场中极化所采用的束缚电荷模型。当磁化采用磁荷模型时，分析方法与媒质的电极化分析方法相同。

思考题

1. 什么是媒质磁化？为什么媒质会磁化？

2. 什么是磁化电流？什么是磁化强度？它们之间有什么关系？

3. 媒质磁化后，为什么会出现磁化电流？

4. 在什么情况下，磁化媒质中的磁化体电流密度为 0？在什么情况下，磁化媒质表面上的磁化面电流密度为 0？

5. 磁化电流和传导电流产生的磁场有没有区别？为什么？

4.5　媒质中的恒定磁场方程

当磁场中有媒质时，磁场的旋度源除自由电子运动形成的电流密度 $\boldsymbol{J}$ 外，还包括磁化电流密度 $\boldsymbol{J}'$，因此磁场方程中应包括磁化电流密度 $\boldsymbol{J}'$，即

$$\nabla\times\boldsymbol{B} = \mu_0(\boldsymbol{J}+\boldsymbol{J}') \tag{4.5-1}$$

在媒质中(4.5-1)式总是成立的，但式中磁化电流密度 $\boldsymbol{J}'$ 与磁感应强度有关，是 $\boldsymbol{B}$ 的函数。为了从上式中消去 $\boldsymbol{J}'$，将 $\boldsymbol{J}'=\nabla\times\boldsymbol{M}$ 代入并移项得

$$\nabla\times\left(\frac{\boldsymbol{B}}{\mu_0}-\boldsymbol{M}\right) = \boldsymbol{J} \tag{4.5-2}$$

定义磁场强度

$$\boldsymbol{H} = \frac{\boldsymbol{B}}{\mu_0}-\boldsymbol{M} \tag{4.5-3}$$

单位为 A/m。将上式代入(4.5-2)式，得到用磁场强度表示的安培定律

$$\nabla\times\boldsymbol{H} = \boldsymbol{J} \tag{4.5-4}$$

此微分方程的右端仅为自由电流密度 $\boldsymbol{J}$，而不显含磁化电流，从而简化了媒质中电流和场的关

系。对上式面积分,并在左边利用斯托克斯定理得

$$\oint_l \boldsymbol{H} \cdot \mathrm{d}\boldsymbol{l} = I \tag{4.5-5}$$

此式称为媒质中的安培环路定律,它表明媒质中的磁场强度 $\boldsymbol{H}$ 沿任一闭合回路的环量等于该回路所包围的传导电流。(4.5-4)式是媒质中的安培环路定律的微分形式,表示在媒质中任一点上电流密度和该点的磁场强度的关系。由于磁化电流与传导电流产生磁场的公式是相同的,那么,由它们产生的磁场也应有相同的属性。因此,媒质中的磁感应强度对任一封闭面的通量仍为0,即

$$\oint_S \boldsymbol{B} \cdot \mathrm{d}\boldsymbol{S} = 0 \tag{4.5-6}$$

其微分形式为

$$\nabla \cdot \boldsymbol{B} = 0 \tag{4.5-7}$$

即媒质中的恒定磁场也是无散场。

为分析磁场强度与磁感应强度的关系,将(4.5-3)式重新写为

$$\boldsymbol{B} = \mu_0(\boldsymbol{H} + \boldsymbol{M}) \tag{4.5-8}$$

此式表示在媒质中磁感应强度、磁场强度和磁化强度三者的关系。对于大多数媒质,磁化强度与磁场强度成正比,即

$$\boldsymbol{M} = \chi_m \boldsymbol{H} \tag{4.5-9}$$

式中 χ_m 称为媒质的磁化率,其值取决于媒质的特性。将上式代入(4.5-8)式得

$$\boldsymbol{B} = \mu \boldsymbol{H} \tag{4.5-10}$$

式中

$$\mu = \mu_0 \mu_r \tag{4.5-11}$$

$$\mu_r = 1 + \chi_m \tag{4.5-12}$$

μ 称为媒质的磁导率,μ_r 称为媒质的相对磁导率。磁导率是表示媒质磁特性的重要参数,不同磁性的媒质磁导率不同。(4.5-10)式反映了媒质的磁特性,称为物质结构方程。

人们发现,媒质的磁性主要有4种类型,即抗磁性、顺磁性、铁磁性和亚铁磁性。

具有抗磁性的物质,当有外加磁场时,使每个分子中感应产生了一个小的与外加磁场反平行的净磁矩,这个净磁矩稍微减小了媒质中的磁场。这意味着抗磁性媒质的 μ_r 稍小于1。抗磁性媒质有惰性气体、氢、金、银、铜、锌、铅、锗、铋等。铋有最明显的抗磁效应,其 $\mu_r = 0.9999833$。抗磁性媒质的 $\mu_r \leqslant 1$,小于真空的 $\mu_r(=1)$。抗磁性媒质能被永久磁铁推斥,尽管这个推斥力很小。

超导体在超导状态具有理想的抗磁性。当超导体的工作温度低于临界温度时,在超导体内,$\chi_m = -1$,$\mu_r = 0$,$\boldsymbol{B} = 0$,磁力线无法进入其内,如图4.5-1所示。从图中来看,似乎超导体将磁力线推向体外,而实际是超导体中产生了与磁场反平行的磁偶极子,它们在超导体内产生的磁场与外加磁场刚好互相抵消。

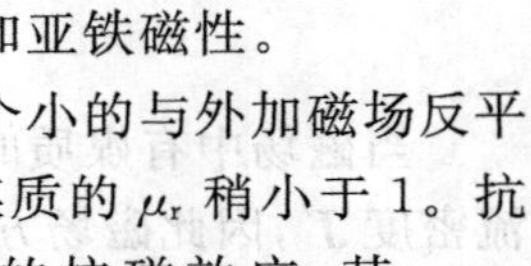

图4.5-1 外加磁场中的超导体

对于顺磁性的媒质,如铝、锡等。在外加磁场作用下,原来取向杂乱的分子磁偶极矩取向趋于一致,即分子磁偶极子都向外加磁场

方向偏转，从而使磁场加强。顺磁性物质中也存在抗磁效应，但被顺磁效应所掩盖。顺磁性物质的 μ_r 稍大于1。由于顺磁效应，导致媒质内部的磁场稍有增强。顺磁性物质能被永久磁铁吸引，这个引力也很小。

抗磁性和顺磁性媒质对外加磁场的影响都很小，都是弱磁性媒质。

铁磁性媒质如铁、钴、镍等，在外加磁场作用下会发生显著的磁化现象。这种媒质的内部存在一个个磁偶极矩取向排列整齐的小区，称为磁畴。在外加磁场作用下，沿外加磁场方向取向的磁畴体积迅速扩大，因而产生显著的磁性。随着外加磁场的增强，最终使铁磁媒质中所有磁畴的方向都沿外加磁场方向，使整块材料就像一个单磁畴。这时磁化达到饱和。进一步增强磁场，磁化强度不再增加。

由于铁磁性媒质中的磁畴在外加磁场取消后仍能维持对齐，因此这些媒质有优良的永久磁性，一旦被磁化，只要温度低于居里温度，磁化状态能维持很长的时间。当温度达到居里温度以上，媒质返回到未磁化状态，其特征就像顺磁性媒质。大多数铁磁性媒质的居里温度在150℃到1000℃的范围。铁磁性媒质在外加磁场取消后存在剩磁，并存在磁滞和非线性现象。图4.5-2所示为一典型铁磁性媒质的磁滞回线。磁滞回线的面积对应于磁性媒质经过一个磁化周期消耗的能量。此能量称为磁滞损耗。磁滞回线窄的媒质称为软磁媒质，适合于制作电机、变压器和磁记录读写磁头，因为其磁化损耗相对较低。磁滞回线宽的媒质称为硬磁媒质，其磁滞回线宽的记忆特性，适合于制作永久磁铁，以及磁带和磁盘等。

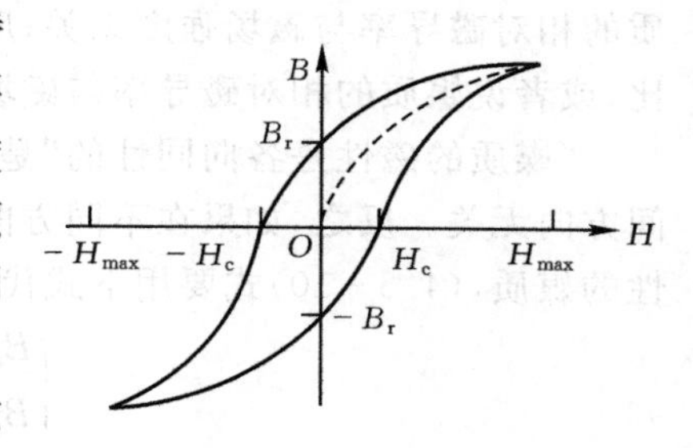

图4.5-2 磁滞回线

铁磁性媒质都有很大的相对磁导率，典型的值在100到20000范围。μ_r 超过 10^5 的磁性媒质是不常见的。铁磁性媒质的 μ_r 值都一般都与频率有关，在几十kHz以上时，大多数铁磁性媒质的 μ_r 值接近于1，因此铁磁性媒质通常用于低频，如工频50 Hz。铁磁性媒质的另一特性是具有中等的导电率，这会在磁场变化时引起涡流，带来涡流损耗。在所有的磁性媒质中，铁磁性媒质的涡流损耗最大。

有一些金属氧化物，如铁氧体等，它们的磁性比铁磁性媒质弱，这类媒质称为亚铁磁性媒质。组成亚铁磁性媒质的原子具有净磁矩，由于相邻原子的作用力，使得它们反平行对齐。但由于相邻原子的磁矩不相等，因此不能相互抵消，具有净磁矩，其磁性虽然比铁磁性材料小，但还是相当大的。铁氧体是一类非常重要的亚铁磁性媒质，它的电导率比铁磁性媒质低几个数量级，因此有很低的涡流损耗。与铁磁性媒质不同，许多铁氧体在高频具有相当高的磁导率。例如，NiZn在100 MHz时的 μ_r 值大约为100。铁氧体的高频特性使其可用于射频和微波频率，而其低损耗特性可提高应用器件的效率和 Q 值。亚铁磁性材料由于具有较突出的优点，因此在高频器件中得到了广泛应用。

表4.5-1给出了几种典型媒质的相对磁导率。可以看出抗磁性材料的相对磁导率稍微小于1，而顺磁性材料的磁导率稍微大于1，它们都是弱磁性材料。磁性媒质也有均匀和非均匀、线性和非线性、各向同性和各向异性等不同的种类。

表 4.5-1　几种媒质的相对磁导率

抗磁性媒质 μ_r	顺磁性媒质 μ_r	铁磁性媒质 μ_r
金　0.99996	铝　1.000021	铁　4000
银　0.99998	镁　1.000012	镍　250
铜　0.99999	钛　1.000180	

均匀磁性媒质是指媒质中各点的磁性相同，μ_r 与空间坐标无关。反之，各点的磁性不同，μ_r 与空间坐标有关的媒质称为非均匀磁性媒质。

“媒质的磁性是线性的”是指媒质的磁感应强度或磁化强度与磁场强度成正比，也就是媒质的相对磁导率与磁场强度无关；反之，如果媒质的磁感应强度或磁化强度与磁场强度不成正比，或者说媒质的相对磁导率与磁场强度有关，我们就说媒质的磁性是非线性的。

“媒质的磁性是各向同性的”是指媒质在空间各个方向磁性是相同的，即相对磁导率与空间方向无关。反之，如果在不同方向上媒质的磁性不同，就称为媒质磁各向异性。对磁各向异性的媒质，(4.5-10)式要用下式代替

$$\begin{bmatrix} B_x \\ B_y \\ B_z \end{bmatrix} = \begin{bmatrix} \mu_{11} & \mu_{12} & \mu_{13} \\ \mu_{21} & \mu_{22} & \mu_{23} \\ \mu_{31} & \mu_{32} & \mu_{33} \end{bmatrix} \begin{bmatrix} H_x \\ H_y \\ H_z \end{bmatrix} \tag{4.5-13}$$

也就是说，磁各向异性媒质的磁导率不能用标量表示，而要用矩阵或张量 $\bar{\bar{\boldsymbol{\mu}}}$ 表示，即

$$\bar{\bar{\boldsymbol{\mu}}} = \begin{bmatrix} \mu_{11} & \mu_{12} & \mu_{13} \\ \mu_{21} & \mu_{22} & \mu_{23} \\ \mu_{31} & \mu_{32} & \mu_{33} \end{bmatrix} \tag{4.5-14}$$

(4.5-13)式也可简写为

$$\boldsymbol{B} = \bar{\bar{\boldsymbol{\mu}}} \cdot \boldsymbol{H} \tag{4.5-15}$$

利用磁各向异性媒质的磁特性与方向有关的特点，可用其制作一些非互易的电子器件，如微波通信设备中的单向器、环形器等。

弱磁性媒质在一般情况下都可认为是均匀、线性和各向同性的。如不特别指出，本书以后所涉及的媒质均为线性、均匀和各向同性的。

前面讨论了媒质中的磁场方程和媒质的磁特性，将媒质中的磁场方程重写如表 4.5-2 所示。

表 4.5-2　媒质中的磁场方程

积分形式	微分形式	媒质特性方程
$\oint_l \boldsymbol{H} \cdot d\boldsymbol{l} = I$	$\nabla \times \boldsymbol{H} = \boldsymbol{J}$	$\boldsymbol{B} = \mu \boldsymbol{H}$
$\oint_S \boldsymbol{B} \cdot d\boldsymbol{S} = 0$	$\nabla \cdot \boldsymbol{B} = 0$	

将(4.5-10)式代入(4.5-4)式，得

$$\nabla \times \frac{\boldsymbol{B}}{\mu} = \frac{1}{\mu} \nabla \times \boldsymbol{B} - \boldsymbol{B} \times \nabla \frac{1}{\mu} = \boldsymbol{J}$$

即

$$\nabla \times \boldsymbol{B} = \mu \boldsymbol{J} + \mu \boldsymbol{B} \times \nabla \frac{1}{\mu} \tag{4.5-16}$$

上式中右边的第一项与传导电流密度成正比，而第二项与媒质不均匀处的磁化电流密度成正比。对于均匀媒质，第二项为 0，磁感应强度的旋度为

$$\nabla \times \boldsymbol{B} = \mu \boldsymbol{J} \tag{4.5-17}$$

此式与真空中的对应方程的差别仅为媒质参数不同。由于在媒质中$\nabla \cdot \boldsymbol{B}=0$，因此，磁感应强度仍可表示为

$$\boldsymbol{B} = \nabla \times \boldsymbol{A}$$

代入(4.5-17)式得

$$\nabla^2 \boldsymbol{A} = -\mu \boldsymbol{J} \tag{4.5-18}$$

这是媒质中矢量磁位的方程，与真空中的对应方程的差别也仅是媒质参数不同。

对照恒定磁场方程与第 2 章的静电场方程，可以看出，两者之间有一定的对应关系。下面列出两种场中相对应的场量及其对应方程。

静电场	恒定磁场
$\boldsymbol{E}$	$\boldsymbol{B}$
$\boldsymbol{D}$	$\boldsymbol{H}$
ε	$\frac{1}{\mu}$
$\boldsymbol{P}$	$-\boldsymbol{M}$
ρ	$\boldsymbol{J}$
Φ	$\boldsymbol{A}$
$\nabla \times \boldsymbol{E}=0$	$\nabla \cdot \boldsymbol{B}=0$
$\nabla \cdot \boldsymbol{D}=\rho$	$\nabla \times \boldsymbol{H}=\boldsymbol{J}$
$\boldsymbol{D}=\varepsilon \boldsymbol{E}$	$\boldsymbol{B}=\mu \boldsymbol{H}$
$\nabla \cdot \boldsymbol{P}=-\rho'$	$\nabla \times \boldsymbol{M}=\boldsymbol{J}'$
$\nabla^2 \Phi=-\frac{\rho}{\varepsilon}$	$\nabla^2 \boldsymbol{A}=-\mu \boldsymbol{J}$

例 4.5-1　一无限长的直螺线管如图 4.5-3 所示，导线中的电流强度为 I，单位长度的匝数为 N，管芯填充磁导率为 μ 的磁性材料，求直螺线管中的磁感应强度。

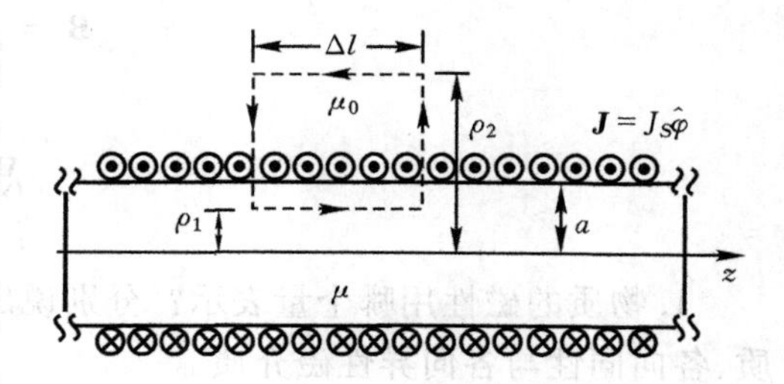

图 4.5-3　填充磁性材料的无限长直螺线管

解　对于无限长直螺线管，考虑到电流分布和媒质具有圆柱对称性，沿 z 方向无限长，与 z 和 φ 无关。如果忽略漏磁，螺线管内磁场仅为 z 方向，是匀强场；螺线管外的磁场为零。利用媒质中的安培环路定律(4.5-5)式和磁场中的物质结构方程(4.5-10)式，取如图4.5-3所示的矩形闭合回路，则

$$\oint_l \boldsymbol{H} \cdot \mathrm{d}\boldsymbol{l} = (H_z(\rho_1) - H_z(\rho_2))\Delta l = \Delta I$$

$\Delta I = NI\Delta l$ 是穿过闭合回路的电流，因此有

$$H_z(\rho_1) - H_z(\rho_2) = NI$$

考虑到 $H_z(\rho > a) = 0$，即 $H_z(\rho_2) = 0$，得

$$H_z(\rho_1) = NI$$

由 $\boldsymbol{B} = \mu\boldsymbol{H}$ 得

$$\boldsymbol{B} = \begin{cases} \hat{z}\mu NI, & \rho < a \\ 0, & \rho > a \end{cases}$$

例 4.5-2　磁导率为 μ 的环形磁芯螺线管，磁芯截面为圆形，半径为 a，环形磁芯的中心线半径为 R，环形磁芯螺线管上密绕了 N 匝线圈，如图4.5-4所示，当线圈中的电流为 I 时，求磁芯中心线上的磁感应强度。

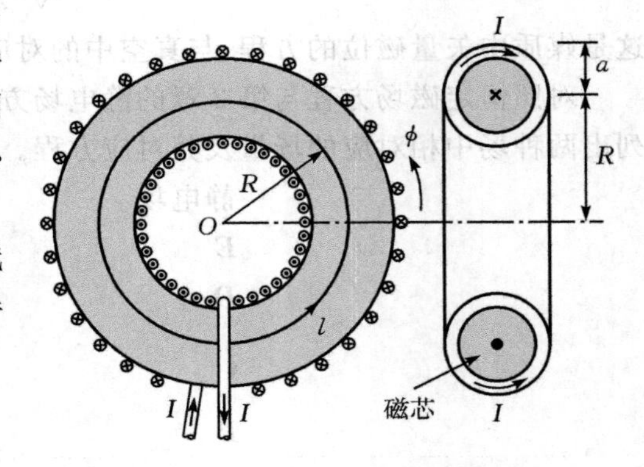

图 4.5-4　环形磁芯螺线管

解　忽略磁芯外的漏磁通，磁芯中的磁力线是与磁芯中心线同轴的圆环。沿磁芯中心线取半径为 R 的磁力线圆环 l，磁场强度满足

$$\oint_l \boldsymbol{H} \cdot \mathrm{d}\boldsymbol{l} = NI$$

在圆环 l 上磁场强度大小相等，方向也是圆环方向，因此磁场强度沿圆环的环路线积分就等于磁场强度乘圆环的周长，即

$$H_\varphi 2\pi R = NI$$

磁芯中心线上的磁场强度为

$$\boldsymbol{H} = \frac{NI}{2\pi R}\hat{\varphi}$$

磁芯中心线上的磁感应强度为

$$\boldsymbol{B} = \mu\boldsymbol{H} = \frac{\mu NI}{2\pi R}\hat{\varphi}$$

思考题

1. 物质的磁性用哪个量表示？分别说出什么是均匀及非均匀磁介质、线性与非线性磁介质、各向同性与各向异性磁介质。

2. 公式 $\boldsymbol{B} = \mu\boldsymbol{H}$ 在哪种情况下不成立？在这种情况下 $\boldsymbol{B}$ 和 $\boldsymbol{H}$ 满足什么关系？

3. 按磁性不同，物质有哪几种类型？各有什么特点？

4. $\boldsymbol{B}$ 和 $\boldsymbol{H}$ 的源相同吗？磁化电流对 $\boldsymbol{H}$ 有没有影响？

5. 均匀媒质中的磁场方程和真空中的磁场方程有什么区别？

4.6　恒定磁场的边界条件

为了分析包含不同磁性媒质中的磁场，必须知道媒质不连续分界面两侧 $\boldsymbol{B}$ 和 $\boldsymbol{H}$ 的边界条件。与获得电场边界条件的方法类似，磁场边界条件利用恒定磁场方程的积分形式获得。

设磁导率分别为 μ_1 和 μ_2 的两种媒质的分界面如图 4.6-1 所示。为了得到两种媒质分界面两侧磁场强度的边界条件，应用安培环路定律

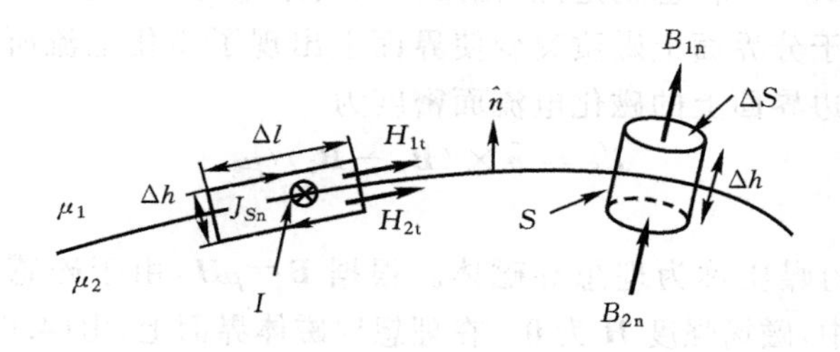

图 4.6-1　媒质不连续分界面两侧 $\boldsymbol{B}$ 和 $\boldsymbol{H}$ 的边界条件

$$\oint_l \boldsymbol{H}\cdot\mathrm{d}\boldsymbol{l}=I \tag{4.6-1}$$

跨边界取小矩形闭合回路 l，长为 Δl 的两对边分别位于两媒质边界两侧并与边界面平行，宽 $\Delta h\to 0$，则上式左边的线积分为

$$\oint_l \boldsymbol{H}\cdot\mathrm{d}\boldsymbol{l}=H_{1t}\Delta l-H_{2t}\Delta l \tag{4.6-2}$$

H_{1t} 和 H_{2t} 分别为分界面两侧磁场强度的切向分量。对于(4.6-1)式的右端，由于 $\Delta h\to 0$，矩形闭合回路包围的面积也就趋于0，那么穿过该回路的体电流也为0，如果分界面上有垂直于以闭合回路为界的矩形面的电流面密度为 J_S 的传导面电流分布，则

$$I=J_S\Delta l \tag{4.6-3}$$

将(4.6-2)和(4.6-3)式代入(4.6-1)式，两边同除以 Δl，得磁场强度的边界条件

$$H_{1t}-H_{2t}=J_S \tag{4.6-4}$$

考虑磁场与电流的方向关系，上式可写成矢量形式

$$\hat{n}\times(\boldsymbol{H}_1-\boldsymbol{H}_2)=\boldsymbol{J}_S \tag{4.6-5}$$

式中 $\hat{n}$ 为界面的法向单位矢量，指向媒质1区。在一般情况下，两种媒质分界面上的传导面电流密度为0，这时磁场强度的边界条件简化为

$$H_{1t}=H_{2t} \tag{4.6-6}$$

这就是说，在无传导面电流的两种媒质分界面上，磁场强度的切向分量连续。

为了得到两种媒质分界面两侧磁感应强度的边界条件，跨分界面取圆柱封闭面，两端面分别在边界两侧，并和边界平行，圆柱高 $\Delta h\to 0$，应用磁通量连续性原理

$$\oiint_S \boldsymbol{B}\cdot\mathrm{d}\boldsymbol{S}=0 \tag{4.6-7}$$

可得磁感应强度的边界条件

$$B_{1n}=B_{2n} \tag{4.6-8}$$

即在两种媒质分界面上,磁感应强度的法向分量连续。

将(4.6-6)式写成磁感应强度表示的形式:

$$\frac{B_{1t}}{\mu_1}=\frac{B_{2t}}{\mu_2} \tag{4.6-9}$$

或

$$B_{1t}=\frac{\mu_1}{\mu_2}B_{2t}$$

可见,如果 $\mu_1\neq\mu_2$,则 $B_{1t}\neq B_{2t}$,也就是说,在两种媒质分界面上磁感应强度的切向分量是不连续的,这种不连续是由于分界面上媒质突变使界面上出现了磁化电流所致。当两种媒质分界面上无传导面电流时,边界面上的磁化电流面密度为

$$\boldsymbol{J}'_S=\hat{n}\times(\boldsymbol{B}_1-\boldsymbol{B}_2)/\mu_0 \tag{4.6-10}$$

此式留给读者证明。

磁导率为无限大的媒质称为理想导磁体。根据 $\boldsymbol{B}=\mu\boldsymbol{H}$,由于磁感应强度不可能为无限大,因此在理想导磁体中,磁场强度 $\boldsymbol{H}$ 为 $\mathbf{0}$。在理想导磁体界面上,由(4.6-6)式,$H_{1t}=H_{2t}=0$,即磁场强度仅有法向分量,也就是说,磁场与理想导磁体表面垂直。理想导磁体是一种理想的媒质模型,实际中并不存在磁导率为无限大的媒质,但是在某些场合,将磁导率很高的铁磁媒质近似为理想导磁体可以使复杂的问题得到简化。

例 4.6-1 磁导率为 μ 的环形磁芯有一气隙,气隙宽度为 d,比圆形磁芯材料截面半径小得多,如图 4.6-2 所示,磁芯上密绕了 N 匝线圈,当线圈中的电流为 I 时,求气隙中的磁感应强度。

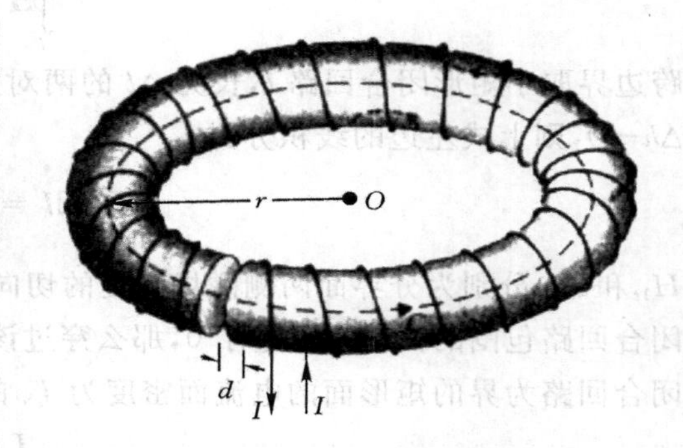

图 4.6-2 环形磁芯线圈

解 忽略磁芯外的漏磁通,磁芯中的磁力线是与磁芯轴线同轴的圆环。在磁芯的气隙表面,磁场近似为界面的法向,根据边界条件,$B_{1n}=B_{2n}$,气隙中的磁感应强度与磁芯中的磁感应强度相等。对磁芯中半径为 r 的磁力线圆环 l,磁场强度满足

$$\oint_l \boldsymbol{H}\cdot\mathrm{d}\boldsymbol{l}=NI$$

在圆环的磁芯部分,可认为磁场强度相同,为$\dfrac{B}{\mu}$;在气隙部分,磁场强度为$\dfrac{B}{\mu_0}$。代入上式得

$$\frac{B}{\mu}(2\pi r-d)+\frac{B}{\mu_0}d=NI$$

由上式得

$$B=\frac{\mu\mu_0 NI}{\mu d+\mu_0(2\pi r-d)}$$

如果将磁芯截面上的磁场近似看成均匀的,圆环半径用平均半径 r_0 代替,则

$$B=\frac{\mu\mu_0 NI}{\mu d+\mu_0(2\pi r_0-d)}$$

如果将磁芯看成理想导磁体,则

$$B = \frac{\mu_0 NI}{d}$$

例 4.6-2　一根无限长的线电流 I 位于磁导率分别为 μ_1 和 μ_2 的两种媒质的分界面附近，如图 4.6-3(a)所示，试求两种媒质中的磁场。

解　空间各点的磁场由线电流和分界面上的磁化电流产生。可以采用静电场中应用的镜像法，求解上半空间的场 $\boldsymbol{H}_1$、$\boldsymbol{B}_1$ 时，将分界面上的磁化电流用镜像位置的等效线电流 I'代替，整个空间变为磁导率为 μ_1 的均匀介质，如图 4.6-3(b)所示；计算下半空间中的场 $\boldsymbol{H}_2$、$\boldsymbol{B}_2$ 时，将分界面上的磁化电流和线电流用线电流位置的等效线电流 I''代替，整个空间变为磁导率为 μ_2 的均匀介质，如图 4.6-3(c)所示。为求得镜像电流，使线电流 I 和等效镜像线电流 I'在分界面上任一点的磁场 $\boldsymbol{B}_1$ 和 $\boldsymbol{H}_1$ 与等效镜像线电流 I''在分界面上同一点的磁场 $\boldsymbol{B}_2$ 和 $\boldsymbol{H}_2$ 满足边界条件

$$B_{1n} = B_{2n}$$
$$H_{1t} = H_{2t}$$

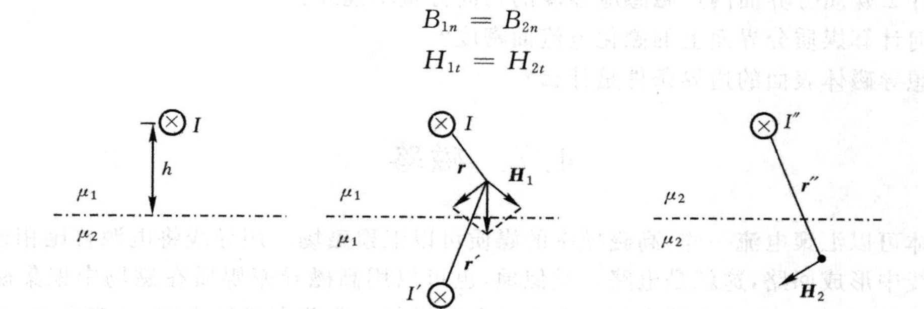

(a)分界面上的线电流　(b)分界面下方的镜像线电流　(c)分界面上方的镜像线电流

图 4.6-3　不同媒质分界面上线电流的磁场

由此边界条件，可得到线电流 I 与等效镜像电流 I'和 I''的关系为

$$\mu_1(I + I') = \mu_2 I''$$
$$I - I' = I''$$

解此方程组，得

$$I' = \frac{\mu_2 - \mu_1}{\mu_2 + \mu_1} I$$

$$I'' = \frac{2\mu_1}{\mu_2 + \mu_1} I$$

由线电流 I 与等效镜像电流 I'和 I''，可求出媒质 μ_1 与 μ_2 中的磁感应强度分别为

$$\boldsymbol{B}_1 = \frac{\mu_1}{2\pi}\hat{i} \times \left(\frac{I\hat{r}}{r} + \frac{I'\hat{r}'}{r'}\right)$$

$$\boldsymbol{B}_2 = \frac{\mu_2}{2\pi}\hat{i} \times \frac{I''\hat{r}''}{r''}$$

式中 $\hat{i}$ 为线电流 I 方向的单位矢量；r 与 $\hat{r}$ 分别为从线电流 I 到场点的距离和单位矢量，r'和 $\hat{r}'$分别为从镜像线电流 I'到场点的距离和单位矢量，r''和 $\hat{r}''$分别为从镜像线电流 I''到场点的距离和单位矢量。将 I'和 I''的值代入得

$$\boldsymbol{B}_1 = \frac{\mu_1 I}{2\pi(\mu_2 + \mu_1)}\hat{i} \times \left[\frac{(\mu_2 + \mu_1)\hat{r}}{r} + \frac{(\mu_2 - \mu_1)\hat{r}'}{r'}\right]$$

$$\boldsymbol{B}_2=\frac{\mu_2}{\pi}\frac{\mu_1}{\mu_1+\mu_2}I\hat{i}\times\frac{\hat{r}''}{r''}$$

当媒质 μ_2 为理想导磁体时,在上式中取 $\mu_2\to\infty$,得

$$\boldsymbol{B}_1=\frac{\mu_1 I}{2\pi}\hat{i}\times\left(\frac{\hat{r}}{r}+\frac{\hat{r}'}{r'}\right)$$

$$\boldsymbol{B}_2=\frac{\mu_1 I}{\pi}\hat{i}\times\frac{\hat{r}''}{r''}$$

思考题

1. 媒质边界两边的磁场强度满足什么关系?磁感应强度满足什么关系?
2. 为什么媒质分界面两边磁感应强度的切向分量不连续?
3. 如何计算媒质分界面上的磁化电流面密度?
4. 理想导磁体表面的边界条件是什么?

4.7 磁路

和导体可以汇聚电流一样,高磁导率的媒质可以汇聚磁场。用导线将电源首尾相连,电流聚集在导线中形成回路,这就是电路。类似地,也可以用高磁导率媒质在磁场中聚集磁场,形成磁通回路,这就是磁路。磁路在很多方面和电路类似。磁路有各种应用,如变压器、电动机、喇叭和继电器等。

考虑由 m 段高磁导率媒质相连组成回路作为 n 匝载流线圈的磁芯,聚集线圈产生的磁通,形成磁路。设组成磁路的第 i 段磁芯材料的截面积为 S_i、中心长度为 L_i,磁导率为 μ_i,中心线上的磁感应强度为 B_i,则穿过该段磁芯截面的磁通近似为 $\Phi_i^{\mathrm{m}}=B_iS_i$,第 i 段磁芯中的磁场强度可表示为

$$H_i=\frac{B_i}{\mu_i}=\frac{\Phi_i^{\mathrm{m}}}{\mu_iS_i}\tag{4.7-1}$$

沿该磁路回路利用安培环路定律,考虑回路有 n 匝载流线圈,穿过回路的电流为 nI,则

$$\oint_l\boldsymbol{H}\cdot\mathrm{d}\boldsymbol{l}=nI\tag{4.7-2}$$

由于该磁回路由 m 段高磁导率媒质相连组成,利用(4.7-1)式,上式近似为

$$\sum_{i=1}^{m}\frac{\Phi_i^{\mathrm{m}}L_i}{\mu_iS_i}=nI\tag{4.7-3}$$

定义

$$R_{\mathrm{m}i}=\frac{L_i}{\mu_iS_i}\tag{4.7-4}$$

为第 i 段磁媒质的磁阻,单位为 H^{-1};并定义

$$V_{\mathrm{m}}=nI\tag{4.7-5}$$

为磁路的磁动势,单位为 A。将(4.7-4)和(4.7-5)式代入(4.7-3)式得

$$\sum_{i=1}^{m}\Phi_i^{\mathrm{m}}R_{\mathrm{m}i}=V_{\mathrm{m}}\tag{4.7-6}$$

当磁路仅为一种磁媒质时，上式简化为

$$\Phi^{m}R_{m}=V_{m} \tag{4.7-7}$$

此式就是磁路的欧姆定律，和电路中的欧姆定律相对应。磁路与电路的对应关系如表4.7-1所示。

表4.7-1 磁路与电路的对应关系

磁路	电路
磁动势(mmf) V_m(A)	电动势(emf) V(V)
磁通量 Φ^m(Wb或T·m²)	电流 I(A)
磁阻 R_m(H^{-1})	电阻 R(Ω)

上节例4.6-1中带气隙环形磁芯线圈就是由两段磁性媒质组成的磁回路。空气隙段的长度为 $L_g=d$，磁阻为 $R_{mg}=\dfrac{L_g}{\mu_0 S}$；磁芯段的长度为 $L_c=2\pi r_0-d$，磁阻为 $R_{mc}=\dfrac{L_c}{\mu S}$；磁动势为 $V_m=NI$。该磁回路满足磁路的欧姆定律

$$\Phi_g^m R_{mg}+\Phi_c^m R_{mc}=V_m$$

上式中 Φ_g^m 和 Φ_c^m 分别为气隙中和磁芯中的磁通。根据气隙边界条件，Φ_g^m 和 Φ_c^m 相等，记为 Φ^m。分别将磁阻、磁动势的关系代入上式，得

$$\Phi^m\left(\frac{L_g}{\mu_0 S}+\frac{L_c}{\mu S}\right)=NI$$

由上式得

$$\Phi^m=\frac{NI}{\dfrac{L_g}{\mu_0 S}+\dfrac{L_c}{\mu S}}$$

在气隙中，$\Phi^m=BS$，并考虑到 $L_g=d$ 和 $L_c=2\pi r_0-d$，代入上式就得到气隙中的磁感应强度为

$$B=\frac{NI}{\dfrac{d}{\mu_0}+\dfrac{2\pi r_0-d}{\mu}}=\frac{\mu\mu_0 NI}{\mu d+\mu_0(2\pi r_0-d)}$$

这正是上节例4.6-1得到的结果。

例4.7-1 如图4.7-1(a)所示的磁路，设磁芯的磁导率为 μ，电流分别为 I_1 和 I_2，忽略漏磁，求气隙中的磁通。

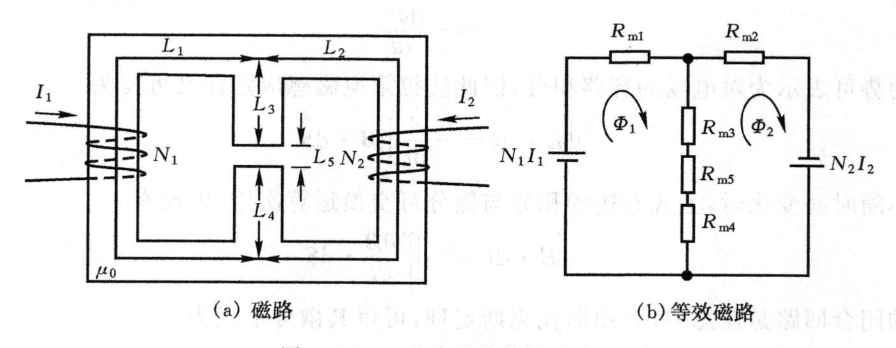

(a) 磁路　　(b) 等效磁路

图4.7-1 磁路及其等效磁路

解 将磁芯分为长度分别为 L_1、L_2、L_3、L_4、L_5 的小段，对应的磁阻分别为

$$R_{m1}=\frac{L_1}{\mu S},\quad R_{m2}=\frac{L_2}{\mu S},\quad R_{m3}=\frac{L_3}{\mu S},\quad R_{m4}=\frac{L_4}{\mu S},\quad R_{m5}=\frac{L_5}{\mu_0 S}$$

这个结构的等效磁路如图4.7-1(b)所示。利用右手定则,可以判断右支的磁动势和左支磁动势的方向相反。利用磁路欧姆定律,可以得到以下两个方程

$$\Phi_1^{m}R_{m1}+(\Phi_1^{m}-\Phi_2^{m})(R_{m3}+R_{m5}+R_{m4})=N_1I_1$$
$$\Phi_2^{m}R_{m2}+(\Phi_2^{m}-\Phi_1^{m})(R_{m3}+R_{m5}+R_{m4})=N_2I_2$$

解此联立方程得

$$\Phi_1^{m}=\frac{N_1I_1(R_{m2}+R_{m3}+R_{m5}+R_{m4})+N_{m2}I_{m2}(R_{m3}+R_{m5}+R_{m4})}{(R_{m1}+R_{m2})(R_{m3}+R_{m4}+R_{m5})+R_{m1}R_{m2}}$$

$$\Phi_2^{m}=\frac{N_2I_2(R_{m1}+R_{m3}+R_{m5}+R_{m4})+N_1I_1(R_{m3}+R_{m5}+R_{m4})}{(R_{m1}+R_{m2})(R_{m3}+R_{m4}+R_{m5})+R_{m1}R_{m2}}$$

气隙中的磁通为

$$\Phi_{gap}^{m}=\Phi_1^{m}-\Phi_2^{m}=\frac{N_1I_1-N_2I_2}{R_{m1}+4R_{m3}+2R_{m5}}$$

思考题

1. 磁路欧姆定律和电路中的欧姆定律有什么对应关系?
2. 磁路欧姆定律的基础是什么?
3. 设计磁路时,如何使尽可能小的磁动势产生所需的磁通?

4.8 电磁感应定律

1831年,英国科学家法拉第(Michael Faraday)通过实验发现了变化的磁场可以产生电场这一后来被称之为法拉第电磁感应定律的电磁场重要规律。法拉第电磁感应定律指出,当穿过一个闭合回路所围成的曲面的磁通随时间变化时,闭合回路就有感应电动势。感应电动势与磁通随时间的变化率成正比,其方向符合楞次(Lenz)定律,即感应电动势企图阻止磁通的变化,或者说,感应电动势引起的感应电流产生的磁场企图阻止磁通的变化。法拉第电磁感应定律用数学方程表示为

$$\mathscr{E}=-\frac{d\Phi^{m}}{dt} \tag{4.8-1}$$

由于电动势可表示为对电场的环路积分,因此法拉第电磁感应定律又可写为

$$\oint_l \boldsymbol{E}\cdot d\boldsymbol{l}=-\frac{d}{dt}\iint_S \boldsymbol{B}\cdot d\boldsymbol{S} \tag{4.8-2}$$

当回路不随时间变化时,上式右边的积分与微分可交换运算次序,因此有

$$\oint_l \boldsymbol{E}\cdot d\boldsymbol{l}=-\iint_S \frac{\partial \boldsymbol{B}}{\partial t}\cdot d\boldsymbol{S} \tag{4.8-3}$$

上式中的闭合回路是任意的,利用斯托克斯定理,可得其微分形式为

$$\nabla\times\boldsymbol{E}=-\frac{\partial \boldsymbol{B}}{\partial t} \tag{4.8-4}$$

此式说明,变化的磁场是电场的旋度源。若空间中任一点的磁场随时间变化,则在该点就会有

电场。也就是说，变化的磁场可产生电场，但变化的磁场产生的电场是有旋场。

当磁场不随时间变化，但闭合回路随时间变化或运动时，(4.8-2)式右端同样不为 0，回路中也有感应电动势。设回路 l 以速度 $\boldsymbol{v}$ 运动，在时间 Δt 内，以回路 l 为界的面扫过一体积 V，如图 4.8-1 所示。包围体积 V 的封闭面 S 由 3 部分组成：回路 l 运动前、后所围成的曲面 S_1 和 S_2，以及回路 l 运动扫过的面 S_3。磁场对于封闭表面 S 的磁通应为 0，即

$$-\Phi_1^{\mathrm{m}} + \Phi_2^{\mathrm{m}} + \Phi_3^{\mathrm{m}} = 0 \tag{4.8-5}$$

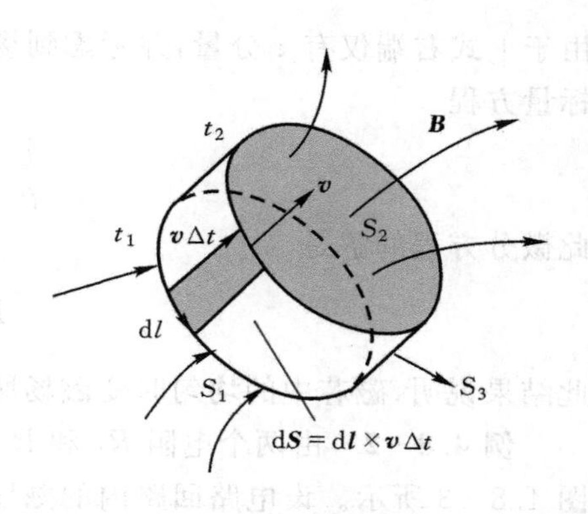

图 4.8-1　回路运动扫过的面积

式中 Φ_1^{m}、Φ_2^{m} 分别为穿过回路 l 运动前、后所围成的曲面 S_1 和 S_2 的磁通，负号是由于两个面的法向取向一致产生的；Φ_3^{m} 为穿过回路运动扫过的面 S_3 的磁通。由(4.8-5)式可得到穿过回路的磁通在运动前、后的变化为

$$\Delta\Phi^{\mathrm{m}} = \Phi_2^{\mathrm{m}} - \Phi_1^{\mathrm{m}} = -\Phi_3^{\mathrm{m}} \tag{4.8-6}$$

在曲面 S_3 上取 $\mathrm{d}\boldsymbol{S}=\mathrm{d}\boldsymbol{l}\times\boldsymbol{v}\Delta t$，穿过曲面 S_3 的磁通为

$$\Phi_3^{\mathrm{m}} = \iint_{S_3}\boldsymbol{B}\cdot\mathrm{d}\boldsymbol{S} = \oint_l \boldsymbol{B}\cdot(\mathrm{d}\boldsymbol{l}\times\boldsymbol{v})\Delta t$$

根据矢量混合积运算恒等式，$(\boldsymbol{A}\times\boldsymbol{B})\cdot\boldsymbol{C}=(\boldsymbol{B}\times\boldsymbol{C})\cdot\boldsymbol{A}$，上式可写为

$$\Delta\Phi^{\mathrm{m}} = -\Phi_3^{\mathrm{m}} = -\oint_l \boldsymbol{v}\times\boldsymbol{B}\cdot\mathrm{d}\boldsymbol{l}\Delta t$$

将上式代入(4.8-2)式，得

$$\oint_l \boldsymbol{E}\cdot\mathrm{d}\boldsymbol{l} = \oint_l \boldsymbol{v}\times\boldsymbol{B}\cdot\mathrm{d}\boldsymbol{l} \tag{4.8-7}$$

显然，对应的微分形式为

$$\boldsymbol{E} = \boldsymbol{v}\times\boldsymbol{B} \tag{4.8-8}$$

此式说明，(1) 单位正电荷在磁场 $\boldsymbol{B}$ 中以速度 $\boldsymbol{v}$ 运动所受的力为 $\boldsymbol{v}\times\boldsymbol{B}$；(2) 回路在磁场中运动可以产生感应电场，也就是说，在磁场中可以将机械能转化为电能。这就是发电机的理论基础。

例 4.8-1　如图 4.8-2 所示的无限长圆柱磁芯中有均匀的时变磁场

$$\boldsymbol{B} = B_0\cos\omega t\hat{z}$$

求磁芯中的电场。

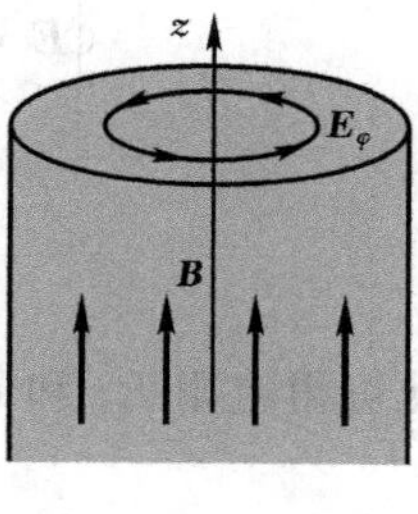

图 4.8-2　有均匀时变磁场的磁芯

解　利用(4.8-4)式得

$$\nabla\times\boldsymbol{E} = -\frac{\partial\boldsymbol{B}}{\partial t} = \hat{z}\omega B_0\sin\omega t$$

在圆柱坐标系中，展开左边的旋度运算，得

$$\left(\frac{1}{\rho}\frac{\partial E_z}{\partial\varphi}-\frac{\partial E_\varphi}{\partial z}\right)\hat{\rho}+\left(\frac{\partial E_\rho}{\partial z}-\frac{\partial E_z}{\partial\rho}\right)\hat{\varphi}+\frac{1}{\rho}\left[\frac{\partial}{\partial\rho}(\rho E_\varphi)-\frac{\partial E_\rho}{\partial\varphi}\right]\hat{z} = \hat{z}\omega B_0\sin\omega t$$

由于上式右端仅有 z 分量,并考虑到场具有圆柱对称性,仅是 ρ 的函数,因此矢量方程退化为标量方程

$$\frac{1}{\rho}\frac{\partial}{\partial\rho}(\rho E_{\varphi}) = \omega B_0 \sin\omega t$$

此微分方程的解是

$$E_{\varphi} = \frac{1}{2}\omega\rho B_0 \sin\omega t$$

此结果说明,磁芯中的均匀时变磁场所感应的电场是涡旋状的,并随着半径的增大而增强。

例 4.8-2 由两个电阻 R_1 和 R_2 组成的电路放在磁场中,磁场与电路所在的面垂直,如图 4.8-3 所示。设电路回路内的磁场为 $\boldsymbol{B}=\boldsymbol{B}_0\cos\omega t$,电路外的磁场为 0,电路面积为 1 m²。求对于如图 4.8-3 所示的 3 种接法,理想电压表(内阻为无限大)上的电压值。

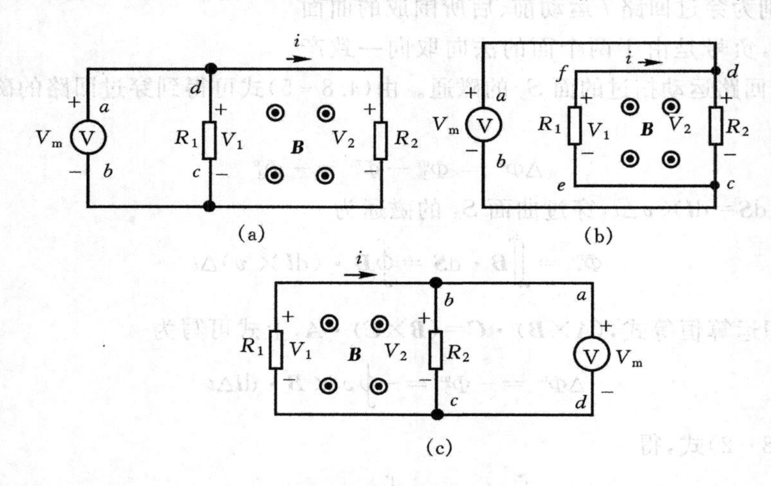

图 4.8-3 三种不同接法测电路的电压

解 由于理想电压表的内阻为无限大,对于 3 种接法,电路回路中的电流是相同的。根据法拉第电磁感应定律

$$\oint_l \boldsymbol{E}\cdot \mathrm{d}\boldsymbol{l} = (R_1+R_2)i = -\iint_S \frac{\partial \boldsymbol{B}}{\partial t}\cdot \mathrm{d}\boldsymbol{S} = \omega B_0 \sin\omega t$$

可解得

$$i = \frac{\omega B_0}{R_1+R_2}\sin\omega t$$

由此可得电阻 R_1 和 R_2 上的电压分别为

$$V_1 = -iR_1 = -\frac{R_1\omega B_0}{R_1+R_2}\sin\omega t$$

$$V_2 = iR_2 = \frac{R_2\omega B_0}{R_1+R_2}\sin\omega t$$

对于接法(a),回路 $abcd$ 中没有磁通,因此

$$\oint_l \boldsymbol{E}\cdot \mathrm{d}\boldsymbol{l} = V_{\mathrm{m}} - V_1 = 0$$

所以,对于这种接法,电压表上的电压为

$$V_m = V_1 = -\frac{R_1 \omega B_0}{R_1 + R_2} \sin\omega t$$

对于接法(b),回路 $abcd$ 中的磁通与电路中的磁通相同,因此

$$\oint_l \boldsymbol{E} \cdot \mathrm{d}\boldsymbol{l} = V_2 - V_m = -\iint_S \frac{\partial \boldsymbol{B}}{\partial t} \cdot \mathrm{d}\boldsymbol{S} = \omega B_0 \sin\omega t$$

所以,对于这种接法,电压表上的电压为

$$V_m = V_2 - \omega B_0 \sin\omega t = V_1 = -\frac{R_1 \omega B_0}{R_1 + R_2} \sin\omega t$$

对于接法(c),回路 $abcd$ 中没有磁通,因此

$$\oint_l \boldsymbol{E} \cdot \mathrm{d}\boldsymbol{l} = V_m - V_2 = 0$$

所以对于这种接法,电压表上的电压为

$$V_m = V_2 = \frac{R_2 \omega B_0}{R_1 + R_2} \sin\omega t$$

思考题

1. 一闭合回路上的感应电动势和磁通有什么关系?
2. 如何判断感应电动势的方向?
3. 用法拉第电磁感应定律解释霍耳效应。

4.9 电感

由法拉第电磁感应定律可知,载有时变电流的导线回路产生的变化磁场,可在该导线回路和附近的另一导线回路(如果有的话)产生感应电动势,从而在导线回路中产生感应电流。这种载有时变电流的导线回路对自己和对附近导线回路的效应用电感表示。

对于载有时变电流 I 的一个单匝单回路 l,如果该回路产生的磁场为 $\boldsymbol{B}$,穿过该回路的磁通为

$$\Phi^m = \iint_S \boldsymbol{B} \cdot \mathrm{d}\boldsymbol{S} \tag{4.9-1}$$

S 为以 l 为边界的曲面,考虑到 $\boldsymbol{B} = \nabla \times \boldsymbol{A}$,代入上式,利用斯托克斯定理,穿过该回路的磁通为

$$\Phi^m = \oint_l \boldsymbol{A} \cdot \mathrm{d}\boldsymbol{l} \tag{4.9-2}$$

矢量位 $\boldsymbol{A}$ 是由回路 l 上的电流 I 产生的,可表示为

$$\boldsymbol{A} = \frac{\mu}{4\pi} \oint_l \frac{I \mathrm{d}\boldsymbol{l}'}{R}$$

代入(4.9-2)式中得

$$\Phi^m = \frac{\mu I}{4\pi} \oint_l \left(\oint_l \frac{\mathrm{d}\boldsymbol{l}'}{R} \right) \cdot \mathrm{d}\boldsymbol{l} \tag{4.9-3}$$

从上式可以看出,对于线性介质,导线回路 l 上的电流 I 产生的磁场穿过在自己回路所围成曲面的磁通和电流 I 成正比。如果导线回路的电流随时间变化,产生的磁场也随时间变化,根据法拉第电磁感应定律,该单匝回路的感应电动势为

$$\mathscr{E}=-\frac{\mathrm{d}\Phi^{\mathrm{m}}}{\mathrm{d}t}=-\left[\frac{\mu}{4\pi}\oint_{l}\left(\oint_{l}\frac{\mathrm{d}\boldsymbol{l}'}{R}\right)\cdot\mathrm{d}\boldsymbol{l}\right]\frac{\mathrm{d}I(t)}{\mathrm{d}i} \tag{4.9-4}$$

在上式中,令

$$L=[\frac{\mu}{4\pi}\oint_{l}(\oint_{l}\frac{\mathrm{d}\boldsymbol{l}'}{R})\cdot\mathrm{d}\boldsymbol{l}] \tag{4.9-5}$$

(4.9-4)式可写为

$$\mathscr{E}=-L\frac{\mathrm{d}I(t)}{\mathrm{d}t} \tag{4.9-6}$$

上式表明,当导线回路的电流随时间变化时,在导线回路产生的感应电动势与电流的时间变化率成正比,比例系数 L 与导线回路结构及介质有关。

对于载流导线回路是多匝的情况,(4.9-2)式中的 l 就是沿着多匝回路线圈导线的路径,这个线积分称为磁链 Ψ^{m},它已不再是穿过一个回路所围曲面的磁通。当多匝线圈可看成 N 个闭合回路串联时,磁链 Ψ^{m} 为

$$\Psi^{\mathrm{m}}=\sum_{n=1}^{N}\Phi_{n}^{\mathrm{m}} \tag{4.9-7}$$

Φ_{n}^{m} 为磁场穿过其中第 n 个回路围成面积 S_n 的磁通。如果 N 匝线圈密绕在一起,线圈间的漏磁很小可以忽略,则 $\Psi^{\mathrm{m}}=N\Phi^{\mathrm{m}}$。如果把穿过一个曲面的磁通看成是有一定条数的磁力线,磁力线是闭合的,是和电流回路 I 相铰链的。多匝线圈的磁链就是和该线圈电流 I 相铰链的磁力线总条次数。如果载流线圈只有一匝,和该线圈电流回路铰链的磁链就等于该回路的磁通,即 $\Psi^{\mathrm{m}}=\Phi^{\mathrm{m}}$。如果穿过一回路磁通中有一部分磁力线 $\mathrm{d}\Phi^{\mathrm{m}}$ 穿过载流导线内部,不是和全部电流 I 铰链,而是和其中小部分电流 $\alpha I(\alpha<1)$ 铰链,则这部分磁力线 $\mathrm{d}\Phi^{\mathrm{m}}$ 对应的磁链为 $\mathrm{d}\Psi^{\mathrm{m}}=\alpha\mathrm{d}\Phi^{\mathrm{m}}$(为什么?)。和磁通一样,在线性媒质中,磁链和产生它的电流 I 成正比。当一线圈放在变化的磁场中,在线圈中产生的感应电动势应为

$$\mathscr{E}=-\frac{\mathrm{d}\Psi^{\mathrm{m}}}{\mathrm{d}t} \tag{4.9—8}$$

下面考虑两个导线线圈回路 C_1 和 C_2,如图4.9-1所示。设两个导线线圈回路中分别载有电流 I_1 和 I_2,产生的磁场分别和两个导线回路交链。与导线线圈回路 C_1 中电流 I_1 铰链的磁链 Ψ_1^{m} 是由两个电流回路的磁场贡献的,因此磁链 Ψ_1^{m} 可以分为两部分

$$\Psi_1^{\mathrm{m}}=\Psi_{11}^{\mathrm{m}}+\Psi_{12}^{\mathrm{m}} \tag{4.9-9}$$

其中 Ψ_{11}^{m} 是由回路 C_1 中电流 I_1 产生的,Ψ_{12}^{m} 是由回路 C_2 中电流 I_2 产生的。如果空间的媒质是线性的,则磁链 Ψ_{11}^{m} 和 Ψ_{12}^{m} 分别与电流 I_1 和 I_2 成正比,可写成如下形式

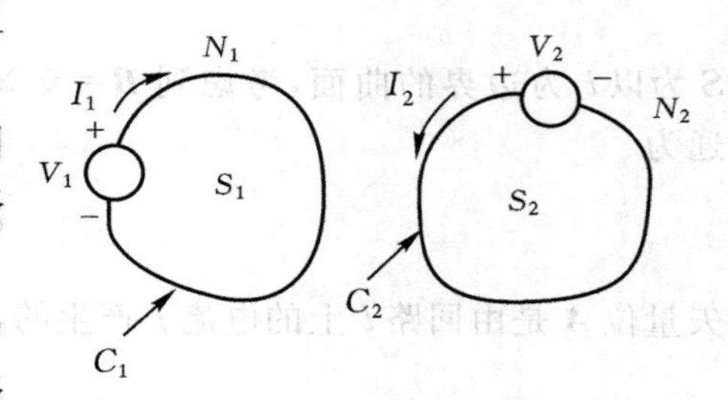

图4.9-1 两个磁耦合回路

$$\Psi_{11}^{m} = L_1 I_1 \tag{4.9-10a}$$

$$\Psi_{12}^{m} = M_{12} I_2 \tag{4.9-10b}$$

代入(4.9-9)式为

$$\Psi_{1}^{m} = L_1 I_1 + M_{12} I_2 \tag{4.9-11}$$

同理，与第二个导线线圈回路上电流 I_2 相铰链的磁链 Ψ_{2}^{m} 也包含两部分

$$\Psi_{2}^{m} = \Psi_{22}^{m} + \Psi_{21}^{m} \tag{4.9-12}$$

其中 Ψ_{22}^{m}是由回路 C_2 中电流 I_2 产生的，Ψ_{21}^{m}是由回路 C_1 中电流 I_1 产生的。如果空间的媒质是线性的，分别与电流 I_2 和 I_1 成正比，即

$$\Psi_{22}^{m} = L_2 I_2 \tag{4.9-13a}$$

$$\Psi_{21}^{m} = M_{21} I_1 \tag{4.9-13b}$$

代入(4.9-12)式得

$$\Psi_{2}^{m} = L_2 I_2 + M_{21} I_1 \tag{4.9-14}$$

(4.9-12)及(4.9-14)式中 L_k、M_{jk} $(j, k=1,2)$ 分别被称为导线回路的自感和互感，单位为亨利(H，简称亨)，L_k 为第 k 个电流回路的自感，M_{jk} 为第 k 个电流回路对第 j 个回路的互感。根据(4.9-10)和(4.9-13)式

$$L_k = \frac{\Psi_{kk}^{m}}{I_k} \tag{4.9-15}$$

$$M_{jk} = \frac{\Psi_{jk}^{m}}{I_k} \tag{4.9-16}$$

当系统仅有一个导线回路时，只有自感，也称为电感。

如果两载流线圈中的电流随时间变化，将(4.9-11)式代入(4.9-8)式，得到导线线圈回路 C_1 中的感应电动势用电感和电流表示为

$$\mathscr{E}_1 = -L_1 \frac{di_1}{dt} - M_{12} \frac{di_2}{dt} \tag{4.9-17}$$

同理可得导线线圈回路 C_2 中的感应电动势用电感和电流表示为

$$\mathscr{E}_2 = -M_{21} \frac{di_1}{dt} - L_2 \frac{di_2}{dt} \tag{4.9-18}$$

由(4.9-3)式，在真空中，电流为 I 的单匝细导线回路产生的磁链为

$$\Psi^{m} = \Phi^{m} = \frac{\mu_0 I}{4\pi} \oint_l \left(\oint_l \frac{d\boldsymbol{l}'}{R} \right) \cdot d\boldsymbol{l} \tag{4.9-19}$$

该导线回路的电感为

$$L = \frac{\Psi^{m}}{I} = \frac{\mu_0}{4\pi} \oint_l \oint_l \frac{d\boldsymbol{l} \cdot d\boldsymbol{l}'}{R} \tag{4.9-20}$$

在均匀线性媒质中，回路 l_2 对回路 l_1 的互感等于回路 l_1 对回路 l_2 的互感，即

$$M_{12} = M_{21} \tag{4.9-21}$$

为证明上式成立，先计算回路 l_2 的电流 I_2 在回路 l_1 中产生的磁链

$$\Psi_{12}^{m} = \iint_{S_1} \boldsymbol{B}_2 \cdot d\boldsymbol{S} = \iint_{S_1} \nabla \times \boldsymbol{A}_2 \cdot d\boldsymbol{S} = \oint_{l_1} \boldsymbol{A}_2 \cdot d\boldsymbol{l}_1 \tag{4.9-21}$$

式中 $\boldsymbol{A}_2$ 为电流 I_2 在回路 l_1 处产生的矢量磁位，因此

$$\boldsymbol{A}_2=\frac{\mu}{4\pi}\oint_{l_2}\frac{I_2\mathrm{d}\boldsymbol{l}_2}{R}$$

将上式代入(4.9-21)式,得

$$\Psi_{12}^{\mathrm{m}}=\frac{\mu I_2}{4\pi}\oint_{l_1}\left(\oint_{l_2}\frac{\mathrm{d}\boldsymbol{l}_2}{R}\right)\cdot\mathrm{d}\boldsymbol{l}_1=\frac{\mu I_2}{4\pi}\oint_{l_1}\oint_{l_2}\frac{\mathrm{d}\boldsymbol{l}_2\cdot\mathrm{d}\boldsymbol{l}_1}{R}$$

由(4.9-16)式,回路 l_2 对回路 l_1 的互感为

$$M_{12}=\frac{\Psi_{12}^{\mathrm{m}}}{I_2}=\frac{\mu}{4\pi}\oint_{l_1}\oint_{l_2}\frac{\mathrm{d}\boldsymbol{l}_2\cdot\mathrm{d}\boldsymbol{l}_1}{R}\tag{4.9-22}$$

同理可得回路 l_1 对回路 l_2 的互感为

$$M_{21}=\frac{\mu}{4\pi}\oint_{l_2}\oint_{l_1}\frac{\mathrm{d}\boldsymbol{l}_1\cdot\mathrm{d}\boldsymbol{l}_2}{R}\tag{4.9-23}$$

在以上两式的二重线积分中,二重积分的积分变量互相独立,因此可交换积分的次序。显然,其中一式交换积分次序后就是另一式,也就是说这两式相等。(4.9-22)式称为诺伊曼(Neumann)公式。

从以上计算自感和互感的公式可以看出,在线性媒质中,导线回路系统自感和互感的大小取决于导线回路的形状、匝数、媒质等,而与导线回路中的电流无关。

在计算磁通和磁链时,当磁感应强度与曲面的法向一致时,磁通大于0;而当磁感应强度与曲面的法向不一致时,磁通小于0。由于载流回路所围的曲面的法向与回路电流的方向符合右手螺旋关系,因此,载流回路在它所围的曲面上的磁场方向与该曲面的法向一致,所以Ψ_{11}^{m}与Ψ_{22}^{m}均大于0,也就是说自感始终是正值。但对于互感,一个回路的电流在另一个回路中产生的磁通值的正负与两回路中电流的取向有关,也就是说,如果不限定电流的方向,互感可正可负,取决于电流的取向。当在回路曲面上互磁场与自磁场方向一致时,互感为正;否则,互感为负。实际中一般总是规定两线圈电流的相对方向和两线圈的同名端,以使互感为正。

以上在讨论电感时,认为导线是细线,也就是说磁链是在电流的外面,忽略了导线内电流中的磁链。在有些情况下,回路导线不是很细,这时就要计及导线中电流分布内的磁链。为此,将磁链 Ψ^{m} 分为外磁链 $\Psi_{\mathrm{ext}}^{\mathrm{m}}$和内磁链 $\Psi_{\mathrm{int}}^{\mathrm{m}}$两部分:

$$\Psi^{\mathrm{m}}=\Psi_{\mathrm{ext}}^{\mathrm{m}}+\Psi_{\mathrm{int}}^{\mathrm{m}}\tag{4.9-24}$$

外磁链 $\Psi_{\mathrm{ext}}^{\mathrm{m}}$就是导线以外与电流相铰链的磁链,所包含的每根磁力线都与导线回路总电流相铰链;内磁链 $\Psi_{\mathrm{int}}^{\mathrm{m}}$就是导线中电流分布内的磁链,内磁链所包含的磁力线不是与导线回路的总电流相铰链,而仅与总电流的一部分相交链。内磁链对应的电感称为内电感,外磁链对应的电感称为外电感,即

$$L=L_{\mathrm{ext}}+L_{\mathrm{int}}\tag{4.9-25}$$

在很多情况下,和外电感相比,内电感很小,可以忽略。例如,在导线很细,或在高频时由于趋肤效应,电流仅分布在导线表面很薄的一层,导线中的磁链几乎为0,在这种情况下,就可忽略内电感。

例 4.9-1 边长为 $a\times b$ 的矩形导线回路附近,在同一平面,相距为 D 处,平行放置一无限长直导线,求矩形导线回路和无限长直导线之间的互感。

解 由于无限长的直导线电流产生的磁场容易计算,因此计算无限长直导线对矩形导线回路的互感。选坐标系,使两导线位于 xOy 面,长直导线在 y 轴上,如图 4.9-2 所示。设无限长直导线上电流强度为 I_1,在矩形导线回路围成的矩形面 S_2 上产生的磁场为

$$\boldsymbol{B} = -\frac{\mu_0}{2\pi}\frac{I_1}{x}\hat{z}$$

取 S_2 的法向是 $\hat{z}$，磁场穿过矩形回路的磁通为

$$\Psi_{21}^{m} = \iint_{S_2} \boldsymbol{B}\cdot d\boldsymbol{S} = \int_{D}^{D+a} \frac{\mu_0 I_1}{2\pi x}\cdot b dx$$

$$= \frac{\mu_0 I_1 b}{2\pi}\ln\frac{D+a}{D}$$

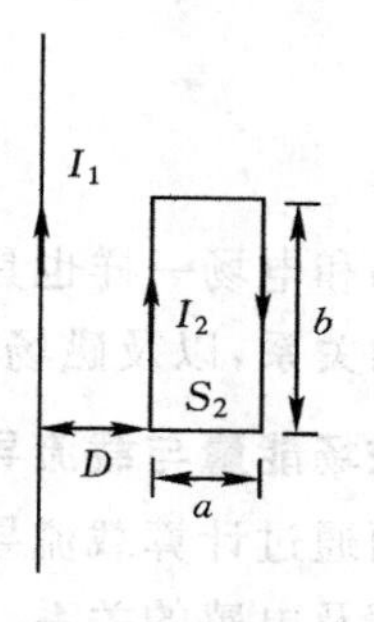

图 4.9－2　无限长直导线与矩形导线回路的互感

那么互感为

$$M_{21} = \frac{\Psi_{21}^{m}}{I_1} = \frac{\mu_0 b}{2\pi}\ln\frac{D+a}{D}$$

例 4.9－2　在半径为 a，磁导率为 μ 的长直圆柱形磁芯上分层密绕了 2 个线圈，匝数分别为 N_1、N_2，线圈长度分别为 l_1 及 l_2，如图 4.9－3 所示。$N_1 \gg N_2$，$l_1 \gg l_2$，近似计算两线圈的互感。

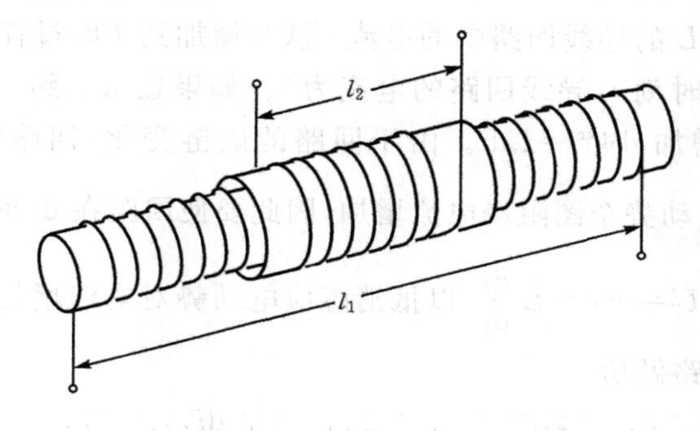

图 4.9－3　长直螺线管上两线圈的互感

解：设线圈 1 导线中的电流为 I_1，则线圈 1 在螺线管芯中间附近产生的磁感应强度为

$$B_1 = \mu\left(\frac{N_1}{l_1}\right)I_1$$

忽略漏磁后和线圈 2 铰链的磁链为

$$\Psi_{21}^{m} = N_2\Phi_1^{m} = N_2 B_1 S = N_2\mu\left(\frac{N_1}{l_1}\right)I_1\pi a^2$$

互感为

$$M = M_{21} = \frac{\Psi_{21}^{m}}{I_1} = \mu\pi a^2 N_1 N_2 / l_1 \quad (\text{H})$$

思考题

1. 自感是大于 0 的，互感也大于 0 吗？为什么？
2. 什么是磁链？磁链和电感有什么关系？
3. 电感的物理意义是什么？
4. 如何计算自感和互感？
5. 怎样才能保证互感大于 0？

4.10 磁场能量

磁场和电场一样也具有能量。本节讨论磁场能量与产生磁场的载流导线回路的电流强度及电感的关系,以及磁场能量分布与磁场强度的关系。

1. 磁场能量与载流导线回路的电流强度及电感的关系

下面通过计算载流导线回路产生的磁场所具有的能量,分析磁场能量与载流导线回路的电流强度及电感的关系。根据能量守恒定律,磁场能量应该等于在磁场建立过程外源所做的功。不管采用何种途径建立磁场,只要没有别的能量损失,最后磁场分布相同,外源做的功都是相同的。下面通过计算产生磁场的导线回路中电流的建立过程中外源做的功来计算磁场能量。

(1)单载流线圈的磁场能量

先考虑一个电感为 L 的导线回路中的电流 i 从 0 增加到 I 的过程中外源的做功情况。设在电流增加过程中的某时刻 t,导线回路的电流为 i。如果在从 t 到 $t+\mathrm{d}t$ 时间内使电流增加 $\mathrm{d}i$,导线回路的磁链就增加 $\mathrm{d}\Psi^{\mathrm{m}}=L\mathrm{d}i$。由于回路的磁链变化,回路就产生感应电动势 $\mathscr{E}=-\dfrac{\mathrm{d}\Psi^{\mathrm{m}}}{\mathrm{d}t}=-L\dfrac{\mathrm{d}i}{\mathrm{d}t}$,感应电动势企图阻碍电流增加,因此要使回路在 $\mathrm{d}t$ 时间内的电流增加 $\mathrm{d}i$,就必须在回路中施加电压 $U=-\mathscr{E}=L\dfrac{\mathrm{d}i}{\mathrm{d}t}$,以抵消感应电动势对电流增加的反抗。这样,在 $\mathrm{d}t$ 时间内外源就要对导线回路做功

$$\mathrm{d}A=Ui\mathrm{d}t=(-\mathscr{E})i\mathrm{d}t=L\frac{\mathrm{d}i}{\mathrm{d}t}i\mathrm{d}t=Li\mathrm{d}i$$

于是,使电流 i 从 0 增加到 I 的过程中,外源对电路所做的功为

$$A=\int\mathrm{d}A=\int_0^I Li\mathrm{d}i=\frac{1}{2}LI^2$$

由于在做功过程中没有其他能量损耗,所以外源做的功全部转化为磁场能量,也就是说,电感为 L、电流为 I 的载流回路的磁场能量为

$$W_{\mathrm{m}}=\frac{1}{2}LI^2 \tag{4.10-1}$$

由于 $\Psi^{\mathrm{m}}=LI$,单导线回路的磁场能量也可用回路的磁链与电流表示

$$W_{\mathrm{m}}=\frac{1}{2}\Psi^{\mathrm{m}}I \tag{4.10-2}$$

(4.10-1)式表明,对于线性媒质,磁场能量正比于电流强度的平方,与电流不是线性关系。对于单载流线圈,如果已知电流强度 I、电感 L 或磁链 Ψ^{m},就可以用(4.10-1)式或(4.10-2)式计算该系统的磁场能量。

(2)双载流线圈的磁场能量

设两载流线圈回路 l_1、l_2 的自感分别为 L_1、L_2,互感为 M,电流分别为 I_1、I_2。我们分两步建立电流及其磁场:第一步,使回路 l_1 的电流 i_1 从 0 增加到 I_1,而维持回路 l_2 的电流为 0;第二步,使回路 l_2 的电流 i_2 从 0 增加到 I_2,而维持回路 l_1 的电流为 I_1。在第一步,由于回路 l_2 的电流为 0,外源对回路 l_2 不做功,仅对回路 l_1 做功,这与以上分析的一个载流回路电流的建立

过程中外源所做的功相同，即第一步外源做功为

$$A_1 = \frac{1}{2}L_1 I_1^2$$

第二步，设回路 l_2 的电流 i_2 从 0 增加到 I_2，而维持回路 l_1 的电流为 I_1 的过程中的某一时刻 t，回路 l_2 的电流为 i_2。如果在 从 t 到 $t+\mathrm{d}t$ 时间内使电流增加 $\mathrm{d}i_2$，通过两回路的磁链就会发生变化，从而使两导线回路中产生感应电动势

$$\mathscr{E}_1 = -\frac{\mathrm{d}\Psi_1^{\mathrm{m}}}{\mathrm{d}t} = -M_{12}\frac{\mathrm{d}i_2}{\mathrm{d}t}$$

$$\mathscr{E}_2 = -\frac{\mathrm{d}\Psi_2^{\mathrm{m}}}{\mathrm{d}t} = -L_2\frac{\mathrm{d}i_2}{\mathrm{d}t}$$

由于感应电动势总是企图阻碍磁场的变化，因此外源必须向两回路施加电压以抵消感应电动势的作用。外源为两回路提供的反抗电动势的电压分别为

$$U_1 = -\mathscr{E}_1 = M_{12}\frac{\mathrm{d}i_2}{\mathrm{d}t}$$

$$U_2 = -\mathscr{E}_2 = L_2\frac{\mathrm{d}i_2}{\mathrm{d}t}$$

所以在 $\mathrm{d}t$ 时间内，回路 l_2 的电流增加 $\mathrm{d}i_2$ 过程中外源所做的功为

$$\mathrm{d}A_2 = U_1 I_1 \mathrm{d}t + U_2 i_2 \mathrm{d}t = M_{12} I_1 \mathrm{d}i_2 + L_2 i_2 \mathrm{d}i_2$$

那么使回路 l_2 的电流 i_2 从 0 增加到 I_2 的过程中，外源对电路做功为

$$A_2 = \int \mathrm{d}A_2 = \int_0^{I_2} M_{12} I_1 \mathrm{d}i_2 + \int_0^{I_2} L_2 i_2 \mathrm{d}i_2 = M_{12} I_1 I_2 + \frac{1}{2}L_2 I_2^2$$

两个载流回路的磁场能量就等于以上两步外源所做功之和

$$W_{\mathrm{m}} = A_1 + A_2$$

即

$$W_{\mathrm{m}} = \frac{1}{2}L_1 I_1^2 + M_{12} I_1 I_2 + \frac{1}{2}L_2 I_2^2 \tag{4.10-3}$$

考虑到 $M_{21}=M_{12}$，我们还可以把上式改写成

$$\begin{aligned} W_{\mathrm{m}} &= \frac{1}{2}L_1 I_1^2 + \frac{1}{2}M_{12} I_1 I_2 + \frac{1}{2}M_{21} I_1 I_2 + \frac{1}{2}L_2 I_2^2 \\ &= \frac{1}{2}(L_1 I_1 + M_{12} I_2) I_1 + \frac{1}{2}(M_{21} I_1 + L_2 I_2) I_2 \end{aligned}$$

上式的两括号中刚好分别是两个回路的磁链 Ψ_1^{m} 和 Ψ_2^{m}，因此上式磁场能量还可以写为

$$W_{\mathrm{m}} = \frac{1}{2}\Psi_1^{\mathrm{m}} I_1 + \frac{1}{2}\Psi_2^{\mathrm{m}} I_2 = \sum_{k=1}^{2}\frac{1}{2}\Psi_k^{\mathrm{m}} I_k \tag{4.10-4}$$

对于 N 个电流回路的情况，可以证明磁场能量应为

$$W_{\mathrm{m}} = \sum_{k=1}^{N}\frac{1}{2}\Psi_k^{\mathrm{m}} I_k \tag{4.10-5}$$

若已知各回路的电流和磁链，由上式就可以计算这些电流回路的磁场能量。

2. 磁场能量密度

和电场能量分布在电场中一样，磁场能量也是分布在磁场中的。磁场能量在空间的分布用磁场能量密度 w_m 表示。在磁场中，某一点 $\boldsymbol{r}$ 的磁场能量(体)密度定义为

$$w_{\mathrm{m}}(\boldsymbol{r}) = \lim_{\Delta V \to 0} \frac{\Delta W_{\mathrm{m}}}{\Delta V} \quad (\mathrm{J/m^3}) \tag{4.10-6}$$

式中,ΔV 为以该点 $\boldsymbol{r}$ 为中心的很小的体积,ΔW_{m} 为 ΔV 内的磁场能量。如果已知某区域中的磁场能量密度,则体积 V 中的磁场能量为

$$W_{\mathrm{m}} = \iiint_V w_{\mathrm{m}} \mathrm{d}V \tag{4.10-7}$$

下面推导磁场能量密度 w_{m} 与磁场强度的关系。

考虑 N 个单匝电流回路的情况。第 k 个回路的磁链为

$$\Psi_k^{\mathrm{m}} = \iint_{S_k} \boldsymbol{B} \cdot \mathrm{d}\boldsymbol{S} = \iint_{S_k} \nabla \times \boldsymbol{A} \cdot \mathrm{d}\boldsymbol{S} = \oint_{l_k} \boldsymbol{A} \cdot \mathrm{d}\boldsymbol{l}$$

代入(4.10-5)式,得到 N 个单匝电流回路的磁场能量为

$$W_{\mathrm{m}} = \sum_{k=1}^{N} \frac{1}{2} \oint_{l_k} \boldsymbol{A} \cdot I_k \mathrm{d}\boldsymbol{l}$$

对电流为体分布的情况,在上式中用 $\boldsymbol{J}\mathrm{d}V$ 代替 $I_k\mathrm{d}\boldsymbol{l}$,得

$$W_{\mathrm{m}} = \sum_{k=1}^{N} \frac{1}{2} \int_{V_k} \boldsymbol{A} \cdot \boldsymbol{J} \mathrm{d}V = \frac{1}{2} \int_V \boldsymbol{A} \cdot \boldsymbol{J} \mathrm{d}V$$

式中,V_k 为第 k 个回路电流所在的体积,V 为将 N 个单匝电流回路包括在内的全空间区域体积。将 $\boldsymbol{J} = \nabla \times \boldsymbol{H}$ 代入上式,并应用矢量恒等式 $\nabla \cdot (\boldsymbol{H} \times \boldsymbol{A}) = \boldsymbol{A} \cdot \nabla \times \boldsymbol{H} - \boldsymbol{H} \cdot \nabla \times \boldsymbol{A}$,得

$$W_{\mathrm{m}} = \frac{1}{2} \int_V \nabla \cdot (\boldsymbol{H} \times \boldsymbol{A}) \mathrm{d}V + \frac{1}{2} \int_V \boldsymbol{H} \cdot \nabla \times \boldsymbol{A} \mathrm{d}V$$

对上式第一个体积分应用高斯定理,在第二项中代入 $\boldsymbol{B} = \nabla \times \boldsymbol{A}$ 得

$$W_{\mathrm{m}} = \frac{1}{2} \oint_S \boldsymbol{H} \times \boldsymbol{A} \cdot \mathrm{d}\boldsymbol{S} + \frac{1}{2} \int_V \boldsymbol{H} \cdot \boldsymbol{B} \mathrm{d}V$$

上式面积分中的封闭面,是包围全空间的无限大曲面。对于电流分布在有限区域的情况,在以电流为中心、半径为 r 的很大的球面上,H 随 $1/r^2$ 变化,A 随 $1/r$ 变化,而 S 随 r^2 变化,故当 $r \to \infty$ 时,此封闭面积分应等于 0。因此,磁场能量为

$$W_{\mathrm{m}} = \frac{1}{2} \iiint_V \boldsymbol{H} \cdot \boldsymbol{B} \mathrm{d}V \tag{4.10-8}$$

与(4.10-7)式比较,磁场能量密度为

$$w_{\mathrm{m}} = \frac{1}{2} \boldsymbol{H} \cdot \boldsymbol{B} \tag{4.10-9}$$

将 $\boldsymbol{B} = \mu \boldsymbol{H}$ 代入,磁场能量密度也可写为

$$w_{\mathrm{m}} = \frac{1}{2} \mu H^2 \tag{4.10-10}$$

上式表明,对于线性媒质,磁场能量密度和磁场强度平方成正比。磁场越强,磁场能量密度越大。利用磁场能量密度,可求出磁场任一区域中的磁场能量。

例 4.10-1 同轴线内导体半径为 a、外导体很薄,半径为 b,内、外导体之间的磁导率为 μ,求单位长度的电感。

解 由(4.10-1)式,如果已知电流,求出磁场能量,则

$$L = \frac{2W_{\mathrm{m}}}{I^2}$$

为此，设同轴电缆中的电流为 I。如果电流在导线截面上均匀分布，则利用安培环路定律可以计算出同轴电缆中的磁场分布为

$$\boldsymbol{H} = \begin{cases} \hat{\varphi}\dfrac{I\rho}{2\pi a^2}, & \rho < a \\ \hat{\varphi}\dfrac{I}{2\pi\rho}, & a < \rho < b \end{cases}$$

单位长度的同轴线中的磁场能量为

$$\begin{aligned} W_{\mathrm{m}} &= \iiint_V \frac{1}{2}\mu H^2 \mathrm{d}V = \frac{1}{2}\mu_0 \int_0^a \left(\frac{I\rho}{2\pi a^2}\right)^2 2\pi\rho \mathrm{d}\rho + \frac{1}{2}\mu \int_a^b \left(\frac{I}{2\pi\rho}\right)^2 2\pi\rho \mathrm{d}\rho \\ &= \frac{\mu_0 I^2}{16\pi} + \frac{\mu I^2}{4\pi}\ln\frac{b}{a} \end{aligned}$$

上式中第一项为内导体中的磁场能量，第二项为内、外导体之间的磁场能量。由(4.10－1)式，单位长度同轴线的电感为

$$L = \frac{2W_{\mathrm{m}}}{I^2} = \frac{\mu_0}{8\pi} + \frac{\mu}{2\pi}\ln\frac{b}{a}$$

上式第一项与同轴线内导体中的磁链有关，称为同轴线内自感；第二项与同轴线内外导体之间的磁链有关，是同轴线外自感。如果电流仅分布在导线表面上，内导体中的磁场以及磁场能量，内磁链均为 0，内自感也就为 0。在这种情况下，单位长度同轴线的电感为

$$L = \frac{\mu}{2\pi}\ln\frac{b}{a}$$

思考题

1. 导线回路的磁场能量与回路的磁链有什么关系？
2. 磁场能量密度和磁场强度有什么关系？
3. 两个导线回路的磁场能量为 $W_{\mathrm{e}} = \dfrac{1}{2}\Psi_1^{\mathrm{m}} I_1 + \dfrac{1}{2}\Psi_2^{\mathrm{m}} I_2$，因此说，磁场能量满足叠加原理，对吗？为什么？

4.11　磁场力

磁场对载流导线或运动电荷有作用力。一个载流导线回路或一个运动电荷放在磁场中就会受到磁场的作用力。载流导线回路 l 在磁场 $\boldsymbol{B}$ 中所受的作用力为

$$\boldsymbol{F} = -\oint_l \boldsymbol{B} \times I\mathrm{d}\boldsymbol{l}$$

以速度 $\boldsymbol{v}$ 运动的电荷 q 在磁场 $\boldsymbol{B}$ 中所受的作用力为

$$\boldsymbol{F} = q\boldsymbol{v} \times \boldsymbol{B}$$

上面计算磁场力的两式中的磁场 $\boldsymbol{B}$ 不包括公式中的载流导线回路或运动电荷产生的磁场。

除以上计算磁场力的方法外，和计算电场力类似，磁场力也可以采用虚功原理方法计算。下面讨论这种方法。

设在 N 个载流导线回路系统的磁场中，某载流导线回路或磁性媒质所受的磁场力为 F，

那么假设在此磁场力作用下,受力载流导线回路或磁性媒质沿力的方向位移为 dl,在位移过程中,外源做功为 dA,系统中磁场能量变化为 dW_m,则根据能量守恒定律,有

$$dA = dW_m + Fdl \tag{4.11-1}$$

下面分两种情况分析。

第一种情况为常电流系统,即在受力位移过程各导线回路的电流不变,磁链发生变化。设位移过程中第 k 个回路的磁链变化为 $d\Psi_k^m$,则系统磁场能量变化为

$$dW_m = \sum_{k=1}^{N} \frac{1}{2} I_k d\Psi_k^m \tag{4.11-2}$$

由于回路磁链发生变化,各导线回路产生感应电动势,为维持各导线回路的电流不变,外源做功为

$$dA = \sum_{k=1}^{N} U_k I_k dt = \sum_{k=1}^{N} \frac{d\Psi_k^m}{dt} I_k dt = \sum_{k=1}^{N} I_k d\Psi_k^m \tag{4.11-3}$$

上式和(4.11-2)式比较得

$$dA = 2dW_m \tag{4.11-4}$$

将上式代入(4.11-1)式,得

$$Fdl = dW_m \tag{4.11-5}$$

由此可求得磁场力为

$$F = \left.\frac{dW_m}{dl}\right|_{I=\text{常数}} \tag{4.11-6}$$

第二种情况为常磁通系统,即在受力位移过程各导线回路的磁通不变。如果回路磁通不变,回路中就没有感应电动势,外源也就不做功,即

$$dA = 0$$

将上式代入(4.11-1)式,得

$$Fdl = -dW_m \tag{4.11-7}$$

由此可求得磁场力为

$$F = -\left.\frac{dW_m}{dl}\right|_{\Psi^m=\text{常数}} \tag{4.11-8}$$

将上式中的位移长度坐标推广到广义坐标,就可计算广义力。

例 4.11-1　计算如图 4.11-1 所示的在长直电流导线附近的矩形导线回路所受的力。

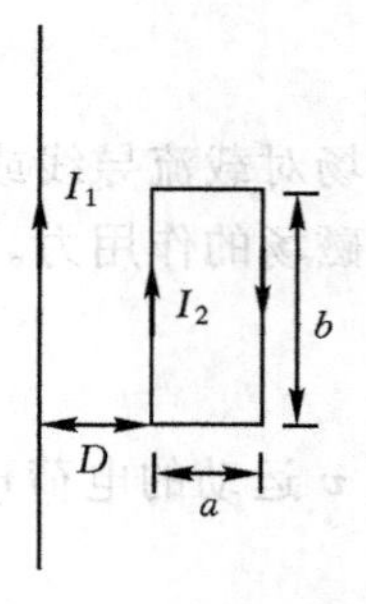

图 4.11-1　长直导线与矩形线框回路的作用力

解　可采用两种方法计算。

解法 1: 采用公式 $\boldsymbol{F} = -\oint_l \boldsymbol{B} \times I d\boldsymbol{l}$ 计算。

取坐标系,矩形导线回路在 xy 面,电流导线在 y 轴。长直电流 I_1 在矩形导线回路面上产生的磁场为

$$\boldsymbol{B}_1 = -\hat{z}\frac{\mu_0 I_1}{2\pi x}$$

矩形导线回路受的磁场力为

$$\boldsymbol{F} = -\oint_{l_2} \boldsymbol{B}_1 \times I_2 d\boldsymbol{l}$$

以上积分分为 4 段，即

$$\boldsymbol{F}=\frac{\mu_0 I_1 I_2}{2\pi}\left(\int_0^b \frac{\hat{z}\times\hat{y}}{D}\mathrm{d}y-\int_0^b \frac{\hat{z}\times\hat{y}}{D+a}\mathrm{d}y+\int_D^{D+a}\frac{\hat{z}\times\hat{x}}{x}\mathrm{d}x-\int_D^{D+a}\frac{\hat{z}\times\hat{x}}{x}\mathrm{d}x\right)$$

显然后两段积分相等相减为零。结果为

$$\boldsymbol{F}=-\hat{x}\frac{\mu_0 I_1 I_2 b}{2\pi}\left(\frac{1}{D}-\frac{1}{D+a}\right)=-\hat{x}\frac{\mu_0 I_1 I_2}{2\pi}\frac{ba}{D(D+a)}$$

解法 2：采用虚功原理方法计算。设长直导线与矩形线框回路的自感分别为 L_1 和 L_2，它们之间的互感为 M，此电流系统的磁场能量为

$$W_m=\frac{1}{2}L_1 I_1^2+MI_1 I_2+\frac{1}{2}L_2 I_2^2$$

设两导线之间的作用力沿使它们距离 D 增大的方向，由于上式能量公式中显含电流，采用常电流系统公式 (4.11－6)式，考虑到两导线回路的距离变化自感不变，有

$$F=\left.\frac{\partial W_m}{\partial x}\right|_{x=D}=I_1 I_2\left.\frac{\partial M}{\partial x}\right|_{x=D}$$

由例 4.9－1 计算两回路的互感为

$$M=\frac{\mu_0 b}{2\pi}\ln\frac{x+a}{x}$$

代入得

$$F=-\frac{I_1 I_2\mu_0 ab}{2\pi D(D+a)}$$

式中负号表示力的方向使两导线之间的距离减小。

例 4.11－2　如图 4.11－2 所示的电磁铁，电流为 I，线圈为 N 匝，气隙间隔为 a，截面积为 S。如果近似认为磁铁的磁导率为无限大，即为理想导磁体，求磁铁的吸引力。

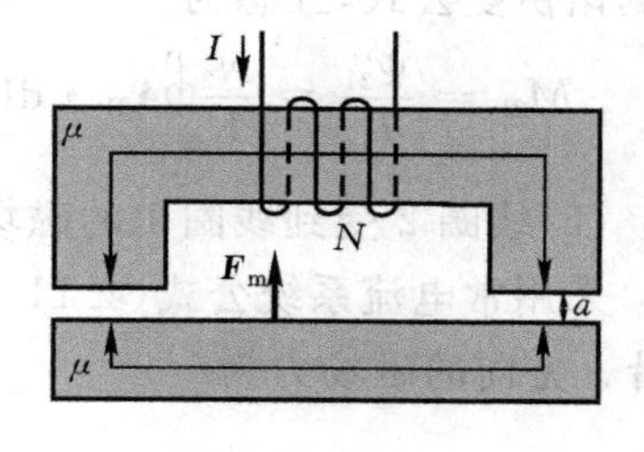

图 4.11－2　电磁铁的吸引力

解　近似认为磁铁为理想导磁体，则磁铁中磁场强度为 0，磁场能量也为 0。气隙中的磁场为

$$H=\frac{NI}{2a}$$

气隙中的磁场能量为

$$\begin{aligned}W_{\mathrm{m}}&=\iiint_V\left(\frac{1}{2}\mu_0 H^2\right)\mathrm{d}V\\&=\mu_0\left(\frac{NI}{2a}\right)^2 aS\\&=\frac{\mu_0 N^2 SI^2}{4a}\end{aligned}$$

采用常电流系统公式(4.11－6)式，可求出电磁铁的吸引力

$$F=\frac{\partial W_{\mathrm{m}}}{\partial a}=-\frac{\mu_0 N^2 SI^2}{4a^2}$$

式中负号表示力的方向是沿气隙减小的方向，即表示磁场力是吸引力。

磁铁气隙中的磁链 Ψ^{m} 为

$$\Psi^{m} = BS = \mu_0 HS$$

磁场能量也可以用磁链 Ψ^{m} 表示为

$$W_m = \mu_0 H^2 aS = \frac{(\mu_0 HS)^2 a}{\mu_0 S} = \frac{a(\Psi^{m})^2}{\mu_0 S}$$

采用常磁通(磁链)系统公式(4.11-8)式,也可以求出磁场力为

$$F = -\left.\frac{\mathrm{d}W_m}{\mathrm{d}a}\right|_{\Psi^{m}=常数} = -\frac{(\Psi^{m})^2}{\mu_0 S} = -\frac{\mu_0 N^2 SI^2}{4a^2}$$

可见,用两种方法求得的结果是相同的。

例 4.11-3　两个半径分别为 b_1、b_2 的圆线圈,密绕匝数分别为 N_1、N_2,相距为 $d(d\gg b_1, b_2)$ 流进线圈中电流强度分别为 I_1、I_2,如图 4.11-3 所示。求两线圈平行同轴放置时的相互作用力。

解:(1)两个线圈的互感

在载流导线圆环远处的矢量磁位为

$$\boldsymbol{A} = \hat{\phi}\frac{\mu_0 Ib^2}{4R^2}\sin\theta$$

线圈 1 有 N_1 匝,在远处线圈 2 上的矢量磁位为

$$\boldsymbol{A}_{21} = \hat{\phi}\frac{\mu_0 N_1 I_1 b_1^2}{4R^2}\sin\theta = \hat{\phi}\frac{\mu_0 N_1 I_1 b_1^2}{4R^2}\left(\frac{b_2}{R}\right) = \hat{\phi}\frac{\mu_0 N_1 I_1 b_1^2 b_2}{4(z^2+b_2^2)^{3/2}}$$

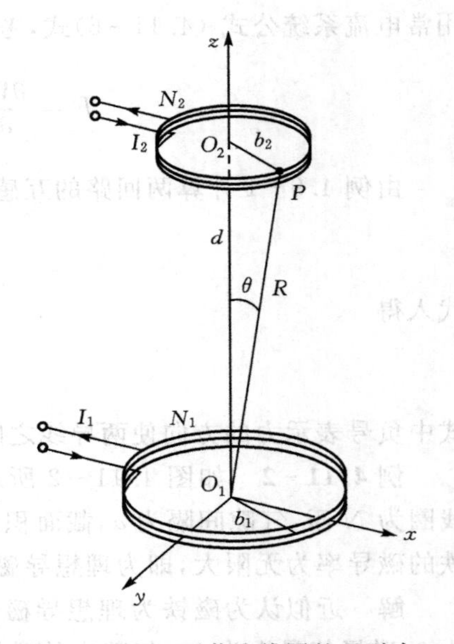

图 4.11-3　两载流线圈的吸引力

根据诺伊曼公式,互感为

$$M_{21} = \frac{\Psi_{21}^{m}}{I_1} = \frac{N_2}{I_1}\oint_{l_2}\boldsymbol{A}_{21}\cdot\mathrm{d}\boldsymbol{l} = \frac{\mu_0 \pi N_1 N_2 b_1^2 b_2^2}{2(z^2+b_2^2)^{3/2}}$$

(2)线圈 2 受到线圈 1 的磁场力

采用常电流系统公式(4.11-6)式,线圈 2 受到线圈 1 沿 z 方向的磁场力为

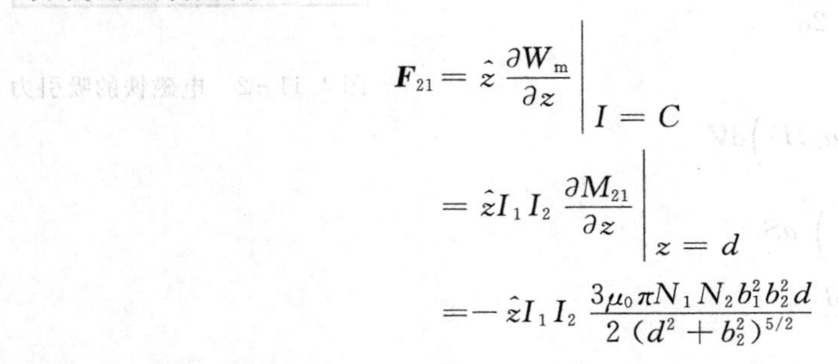

$$\boldsymbol{F}_{21} = \hat{z}\left.\frac{\partial W_m}{\partial z}\right|_{I=C} = \hat{z}I_1 I_2\left.\frac{\partial M_{21}}{\partial z}\right|_{z=d} = -\hat{z}I_1 I_2\frac{3\mu_0 \pi N_1 N_2 b_1^2 b_2^2 d}{2(d^2+b_2^2)^{5/2}}$$

考虑到 $d\gg b_2$,上式可写为

$$\boldsymbol{F}_{21} = -\hat{z}\frac{3\mu_0 m_1 m_2}{2\pi d^4}$$

式中 $m_1 = N_1 I_1 \pi b_1^2$、$m_2 = N_2 I_2 \pi b_2^2$ 分别为两线圈的磁矩。上式中力为负号说明是引力,是由于两线圈中电流的方向相同,或两磁矩的方向相同。

思考题

1. 运动电荷在磁场中受力运动，磁场力做功吗？为什么？
2. 在什么情况下采用常电流系统公式求力？在什么情况下采用常磁通系统公式求力？
3. 用虚位移方法求力，力的方向怎么确定？

本章小结

1. 磁感应强度

安培力定律

$$\boldsymbol{F}_{12}=\frac{\mu_0}{4\pi}\oint_{l_1}\oint_{l_2}\frac{I_1 I_2 \mathrm{d}\boldsymbol{l}_1\times(\mathrm{d}\boldsymbol{l}_2\times\boldsymbol{R})}{R^3}$$

$$\boldsymbol{R}=\boldsymbol{r}_1-\boldsymbol{r}_2$$

毕奥-萨伐尔定律

$$\boldsymbol{B}(\boldsymbol{r})=\frac{\mu_0}{4\pi}\oint_{l}\frac{I\mathrm{d}\boldsymbol{l}'\times\boldsymbol{R}}{R^3}$$

$$\boldsymbol{R}=\boldsymbol{r}-\boldsymbol{r}'$$

2. 媒质磁化

磁化强度

$$\boldsymbol{M}=\chi_{\mathrm{m}}\boldsymbol{H}$$

磁化电流

$$\boldsymbol{J}'=\nabla\times\boldsymbol{M}$$

$$\boldsymbol{J}'_{S}=\hat{n}\times\boldsymbol{M}$$

3. 恒定磁场方程

积分形式

安培环路定律：$\oint_{l}\boldsymbol{H}\cdot\mathrm{d}\boldsymbol{l}=I$

磁通连续性原理：$\oint\!\!\oint_{S}\boldsymbol{B}\cdot\mathrm{d}\boldsymbol{S}=0$

微分形式

$$\nabla\times\boldsymbol{H}=\boldsymbol{J}$$

$$\nabla\cdot\boldsymbol{B}=0$$

媒质的磁性方程

$$\boldsymbol{B}=\mu\boldsymbol{H}$$

4. 恒定磁场边界条件

$$H_{1\mathrm{t}}=H_{2\mathrm{t}}$$

$$B_{1\mathrm{n}}=B_{2\mathrm{n}}$$

5. 矢量磁位

$$\boldsymbol{B}=\nabla\times\boldsymbol{A}$$

矢量磁位满足的方程

$$\nabla^2\boldsymbol{A}=-\mu\boldsymbol{J}$$

矢量磁位的解

$$\boldsymbol{A}(\boldsymbol{r})=\frac{\mu}{4\pi}\iiint_V\frac{\boldsymbol{J}(\boldsymbol{r}')}{R}\mathrm{d}V'$$

6. 电磁感应

法拉第电磁感应定律

$$\mathscr{E}=-\frac{\mathrm{d}\Phi^{\mathrm{m}}}{\mathrm{d}t}$$

7. 电感

一个线圈的电感

$$L=\frac{\Psi^{\mathrm{m}}}{I}$$

多个线圈的电感

第 k 个线圈的自感 $L_k=\dfrac{\Psi_{kk}^{\mathrm{m}}}{I_k}$

第 i 个与第 k 个线圈之间的互感 $M_{ik}=\dfrac{\Psi_{ik}^{\mathrm{m}}}{I_k}$

诺伊曼公式

$$M_{12}=M_{21}=\frac{\mu}{4\pi}\oint_{l_1}\oint_{l_2}\frac{\mathrm{d}\boldsymbol{l}_1\cdot\mathrm{d}\boldsymbol{l}_2}{R}$$

8. 磁场能量

单载流线圈的磁场能量

$$W_{\mathrm{m}}=\frac{1}{2}LI^2$$

多载流线圈的磁场能量

$$W_{\mathrm{m}}=\frac{1}{2}\sum_{k=1}^{N}I_k\Psi_k^{\mathrm{m}}$$

磁场能量密度

$$w_{\mathrm{m}}=\frac{1}{2}\boldsymbol{H}\cdot\boldsymbol{B}=\frac{1}{2}\mu H^2$$

9. 磁场力

利用虚位移法计算磁场力

$$F=\left.\frac{\mathrm{d}W_{\mathrm{m}}}{\mathrm{d}l}\right|_{I=\text{常数}}$$

$$F=-\left.\frac{\mathrm{d}W_{\mathrm{m}}}{\mathrm{d}l}\right|_{\Phi^{\mathrm{m}}=\text{常数}}$$

习　题　4

4.1　电量为 500 nC 的点电荷，在 $\boldsymbol{B}=1.2\hat{z}$ T 磁场中运动，经过点(3,4,5)时速度为 $500\hat{x}+2000\hat{y}$ m/s，求电荷在该点所受的磁场力。

4.2　真空中边长为 a 的正方形导线回路，电流为 I，求回路中心的磁场。

4.3　真空中边长为 a 的正三角形导线回路，电流为 I，求回路中心的磁场。

4.4　真空中导线绕成的回路形状如图所示，电流为 I，求半圆中心处的磁场。

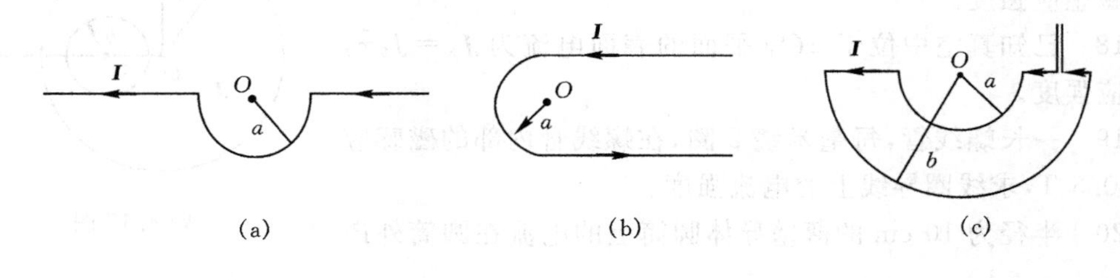

题 4.4 图

4.5　在真空中将一个半径为 a 的导线圆环沿直径对折，使这两个半圆成一直角，电流为 I，求半圆弧心处的磁场。

4.6　在氢原子中，电子绕半径为 5.3×10^{-11} m的圆轨道运动，速度为2200 km/s，求圆轨道圆心点的磁场。

4.7　以速度 $\boldsymbol{v}$ 运动的点电荷 q，在周围某点产生的电场强度和磁感应强度分别为 $\boldsymbol{E}$ 和 $\boldsymbol{B}$，证明 $\boldsymbol{B}=\mu_0\varepsilon_0\boldsymbol{v}\times\boldsymbol{E}$。

4.8　半径为 a 的均匀带电圆盘上电荷密度为 ρ_{s_0}，圆盘绕其轴以角速度 ω 旋转，求轴线上任一点的磁感应强度。

4.9　宽度为 w 的导电平板上电流面密度为 $\boldsymbol{J}_S=J_0\hat{y}$，如图所示，求磁感应强度。

4.10　细导线折成规则正 N 边形，导线中流过的电流强度为 I。证明在正 N 边形中心的磁感应强度为

$$\boldsymbol{B}=\hat{n}\frac{\mu_0 NI}{2\pi a}\tan\frac{\pi}{N}$$

式中 a 是正 N 边形的内切圆半径，$\hat{n}$ 是正 N 边形面的法向单位矢量。

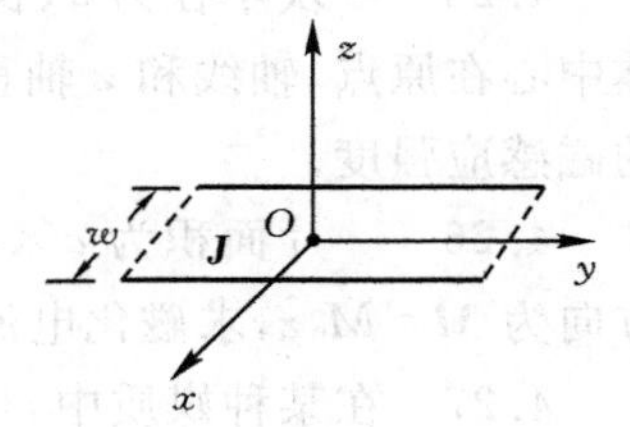

题 4.9 图

4.11　如果磁感应强度为 $\boldsymbol{B}=12x\hat{x}+25y\hat{y}+cz\hat{z}$，求 c。

4.12　真空中半径为 a 的无限长导电圆筒上电流均匀分布，电流面密度为 $\boldsymbol{J}_S$，沿轴向流动。求圆筒内、外的磁场。

4.13　如果上题中电流沿圆周方向流动，求圆筒内、外的磁场。

4.14　真空中一半径为 a 的无限长圆柱体中，电流沿轴向流动，电流分布为$\boldsymbol{J}=\hat{z}J_0\dfrac{\rho^2}{a^2}$，求磁感应强度。

4.15 在真空中,电流分布为$0<\rho<a$,$\boldsymbol{J}=0$;$a<\rho<b$,$\boldsymbol{J}=\frac{\rho}{b}\hat{z}$;$\rho=b$,$\boldsymbol{J}_S=J_0\hat{z}$;$\rho>b$,$\boldsymbol{J}=0$。求磁感应强度。

4.16 无限长圆柱同轴线内导体半径为a,外导体内外半径分别为b和c,同轴线内外为空气。设同轴线上流过的电流强度为I,求同轴线中各处的磁感应强度。

4.17 已知无限长导体圆柱半径为a,其内部有一圆柱形空腔,半径为b,导体圆柱的轴线与圆柱形空腔的轴线平行,相距为c,如图所示。若导体中均匀分布的电流密度为$\boldsymbol{J}=J_0\hat{z}$,试求空腔中的磁感应强度。

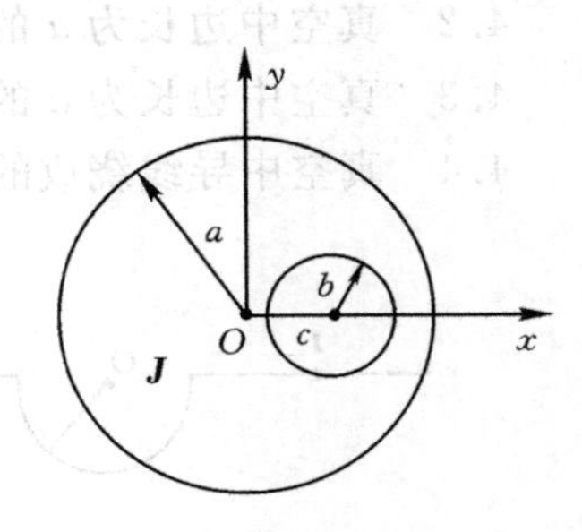

题4.17图

4.18 已知真空中位于xOy平面的表面电流为$\boldsymbol{J}_S=J_0\hat{x}$,求磁感应强度。

4.19 一长螺线管,每毫米绕2圈,在螺线管内部的磁感应强度为0.5 T,求线圈导线上的电流强度。

4.20 半径为10 cm的薄壁导体圆筒上的电流在圆筒外产生的磁场为$\boldsymbol{B}=\frac{10\mu_0}{\rho}\hat{\varphi}$ A/m,求导体圆筒上的电流面密度。

4.21 真空中边长为a的正方形导线回路,电流为I,求回路中心的矢量磁位。

4.22 真空中边长为a的正三角形导线回路,电流为I,求回路中心的矢量磁位。

4.23 两根长直导线,平行放置,每根长度为10 m,间距为2 m,携载相等的电流10 A,方向相反。取坐标系,使两根长直导线在yOz面,且平行于z轴,原点在两根长直导线之间的中点。右侧的导线电流为z向,左侧的导线电流为$-z$向。计算在点(3,4,0)的矢量磁位和磁感应强度。

4.24 电流强度为10 A的导线紧绕50圈,形成面积为20 cm^2的线圈,线圈中心在坐标原点,线圈面的法向为$\hat{z}$。求此线圈的磁矩。

4.25 一块半径为a、长为d的圆柱形导磁体沿轴向均匀磁化,取坐标系,使圆柱形导磁体中心在原点,轴线和z轴重合,磁化强度为$\boldsymbol{M}=M_0\hat{z}$,求磁化电流及磁化电流在轴线上产生的磁感应强度。

4.26 一片面积为$a\times a$、厚度为$d(d\ll a)$的方形导磁体薄片均匀磁化,磁化强度沿厚度方向为$\boldsymbol{M}=M_0\hat{z}$,求磁化电流及磁化电流在中心线上产生的磁感应强度。

4.27 在某种媒质中,当$H=300$ A/m时,$B=1.2$ T;当H增加到1500 A/m时,B增加到1.5 T。求对应的磁化强度的变化值。

4.28 一铁磁芯环,内半径为30 cm,外半径为40 cm,截面为矩形,高为5 cm,相对磁导率为500,均匀绕线圈500匝,电流强度为1 A。分别计算磁芯中的最大和最小磁感应强度,以及穿过磁芯截面的磁通量。

4.29 $z=0$是两种媒质的分界面。在$z>0$处,$\mu_r=1$,$\boldsymbol{B}=1.5\hat{x}+0.8\hat{y}+0.6\hat{z}$ mT,在$z<0$处,$\mu_r=100$。求(1)$z<0$处的磁感应强度$\boldsymbol{B}_2$;(2)每个区域的磁化强度;(3)界面磁化面电流密度。

4.30 $z=0$的两种媒质的分界面上有面电流,其电流面密度为$\boldsymbol{J}_S=12\hat{y}$ kA/m。在$z>0$,$\mu_r=200$,$\boldsymbol{H}=40\hat{x}+50\hat{y}+12\hat{z}$ kA/m,求在$z<0$处,$\mu_r=1000$时的磁场强度。

4.31　在距磁导率为 μ_1 的媒质1与磁导率为 μ_2 的媒质2的分界面 h 处，分别平行于边界平面放置相互平行电流分别为 I_1、I_2 的载流导线，如图所示，求单位长度的载流导线所受的力。

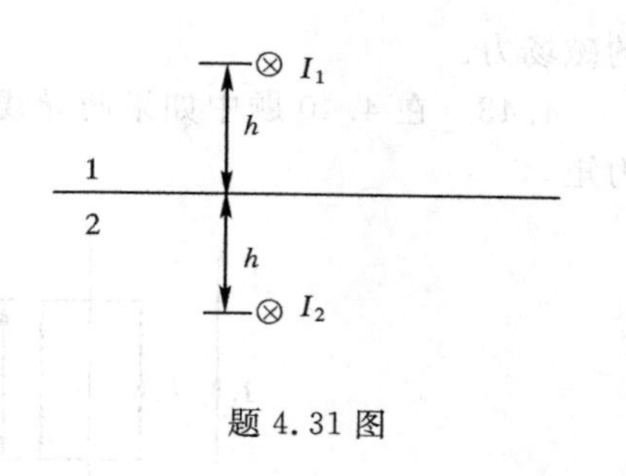

题4.31图

4.32　证明在两种媒质界面上的磁化电流面密度为 $\boldsymbol{J}'_S=\hat{n}\times(\boldsymbol{B}_1-\boldsymbol{B}_2)/\mu_0$。

4.33　如图所示的磁路，图中所标尺寸的单位为cm，厚度均为2 cm，$\mu_r=2000$。线圈为1000匝，导线电流为0.2 A。求磁路中的磁通。

4.34　紧绕的矩形线圈有 N 匝，如图所示，在匀强磁场 B 中以角速度 ω 旋转。求感应电动势。

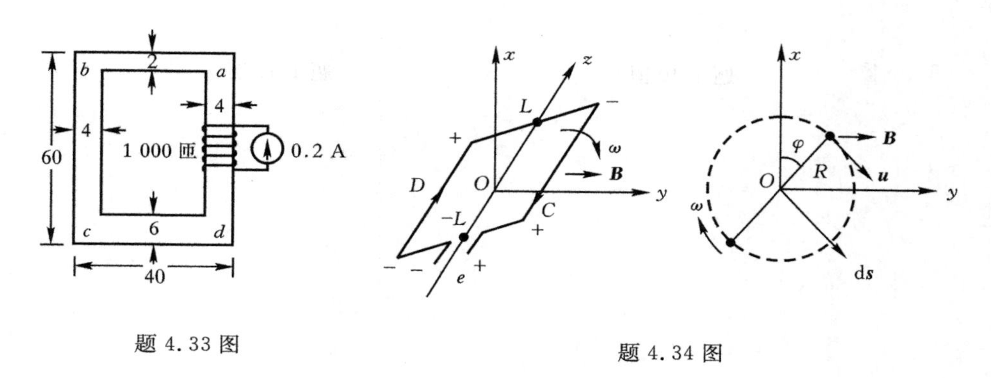

题4.33图　　题4.34图

4.35　N 匝矩形线圈放在一对平行传输线之间，如图所示，求线圈中的感应电动势。

4.36　一宽度为 w、厚度为 d 的矩形导体条放在匀强磁场 B 中，磁场垂直穿过导体宽度为 w 的导体面，如果流过导体条的电流强度为 I，导体条中的载流子密度为 n，每个载流子的电量为 e，证明矩形导体条宽边两侧的霍耳电压为 $V=\dfrac{BI}{ned}$。

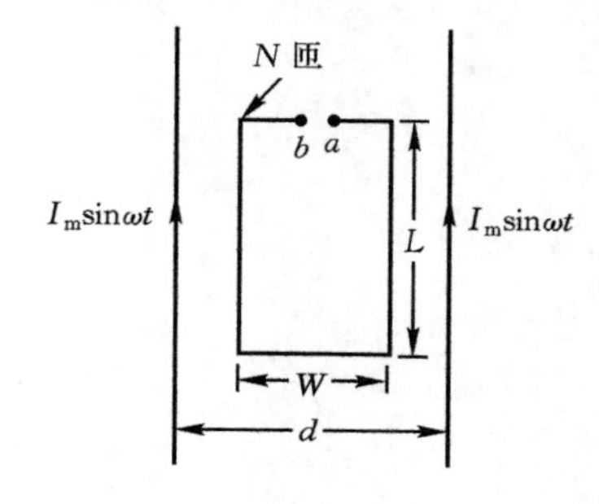

题4.35图

4.37　计算方形截面的螺线管上绕 N 匝线圈的自感。螺线管的内半径为 R_1，外半径为 R_2，相对磁导率为 μ_r。

4.38　计算真空中放置的一对平行传输线的外自感。导线半径为 a，中心间距为 D。

4.39　在截面为 $a\times a$ 正方形、半径为 $R(R\gg a)$ 的磁环上，密绕了两个线圈，一个线圈为 m 匝，另一个线圈为 n 匝，磁芯的磁导率为100，分别近似计算两线圈的自感及互感。

4.40　在一长直导线旁放一矩形导线框，线框绕其轴线偏转一角度 α，如图所示。求长直导线与矩形导线框之间的互感，并在图上画出互感为正时的电流方向。

4.41　在一长直导线旁放一等边三角形导线框，如图所示。求长直导线与等边三角形导线框之间的互感，并在图上画出互感为正时的电流方向。

4.42　在4.41题中如果两导线回路的电流分别为 I_1、I_2，求等边三角形载流导线框所受的磁场力。

4.43 在 4.40 题中如果两导线回路的电流分别为 I_1、I_2，求矩形载流导线框所受的磁场力矩。

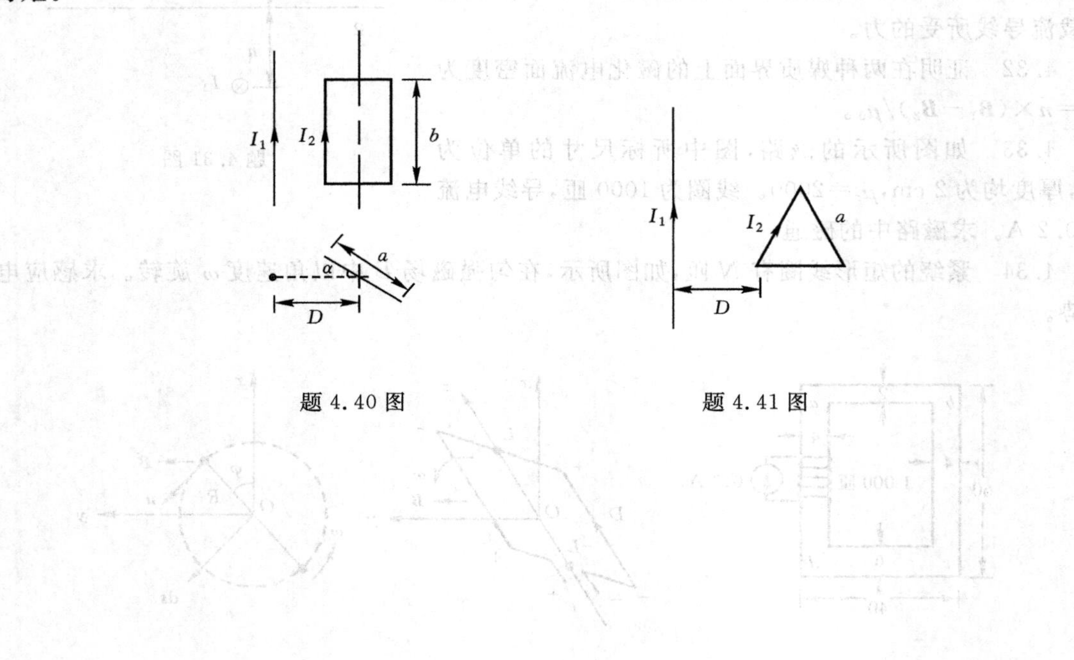

题 4.40 图　　　　　　　　　　题 4.41 图

第5章 时变电磁场

由前面几章的静态电磁场已经知道:静电场由电荷产生,是有散无旋场;恒定磁场由电流或运动电荷产生,是有旋无散场。法拉第电磁感应定律告诉我们,变化的磁场也可以产生电场,这种电场是有旋场;后面我们还将看到,变化的电场也可以产生磁场。这表明,时变电场与时变磁场不再像静态场那样相互独立,而是互相依赖,互为其源,同时存在。在空间,一旦时变电流产生时变磁场,时变磁场就会产生时变电场,时变电场又产生时变磁场,这样时变电场和时变磁场交替产生就形成电磁波。显然,时变电场和时变磁场是相互关联的、统一的,不可分割开来讨论。

本章首先介绍时变电磁场遵循的基本方程和边界条件;在此基础上讨论求解时变电磁场的波动方程、位函数和唯一性定理,并给出位函数的滞后位解;接下来分析时变电磁场的能量和功率流动矢量;最后讨论正弦电磁场的复数形式表示。

5.1 麦克斯韦方程组

在法拉第发现电磁感应现象的1831年,在英国爱丁堡诞生了一位后来对人类科学作出了巨大贡献的科学家——麦克斯韦(James Clerk Maxwell)。当他还在大学读研究生时,就以虔诚的心情,阅读了法拉第的著作《电的实验研究》。这本内容十分丰富的著作,法拉第用充满力线的场论取代了牛顿的真空概念,以力在场中以波的形式和有限速度取代牛顿力学的超距作用,这些关于力线的思想,激发了他的想象力,给他留下了深刻的印象。法拉第在实验中提供的存在力线的美妙的例子,使他相信力线是某种实际存在的东西,促使他进入了电磁学这一研究领域。

麦克斯韦以给法拉第的力线概念提供数学基础,也就是以将法拉第的力线思想翻译为数学语言为目的,开始了电磁理论的研究。这种力线就是现在所说的场。他充分发挥了法拉第的思想,认为电荷之间、电流之间的作用力是靠力线(场)来传递的,所以他把注意力集中到场。他意识到,自己所处理的是矢量场,因为电荷之间、电流之间的联系是力,而力是矢量。在当时,连续介质力学已有相当的发展,许多数学家和物理学家引入流速场的概念对流体力学进行研究。流速也是矢量,因此麦克斯韦很自然地把电场和磁场与流速场进行类比,把电场强度和磁场强度比作流速,把电力线和磁力线比作流线。于是,麦克斯韦采用了在流速场中所采用的通量、环量、散度、旋度等已具有明确定义的量来描述电场和磁场在空间的变化情况。法拉第对电荷周围电力线的物理描述以及电流周围磁力线的物理描述,被麦克斯韦概括成一组矢量微分方程,物理直觉和数学分析在这里汇合。

在对前人工作进行总结,用精确的数学语言表达出这些实验规律和物理概念后,麦克斯韦相信,进一步发展法拉第的思想可能会得出更普遍的规律,概括各种新的现象。在此之后,经过7年的思考,1861年,麦克斯韦终于迈出了关键的一步,提出了位移电流的假设。

在将总结静态电磁场得到的数学方程向时变电磁场推广时，麦克斯韦注意到，恒定磁场中的安培环路定律

$$\oint_l \boldsymbol{H}\cdot \mathrm{d}\boldsymbol{l}=I \tag{5.1-1}$$

不能用于非稳恒电流(时变电流)的情况。考虑如图5.1-1所示的由一电源、电阻和电容串联组成的交流电路，围绕电路导线取一闭合回路c，由安培环路定律，沿该回路对$\boldsymbol{H}$的线积分等于穿过以该回路为边界的曲面的电流强度，但是这一定律用在这里出现了问题。当选以该回路c为边界的曲面切割导线时，穿过曲面的电流不为0。可当选以该回路c为边界的曲面不切割导线，而经过平板电容器两板之间时，穿过曲面的传导电流为0。

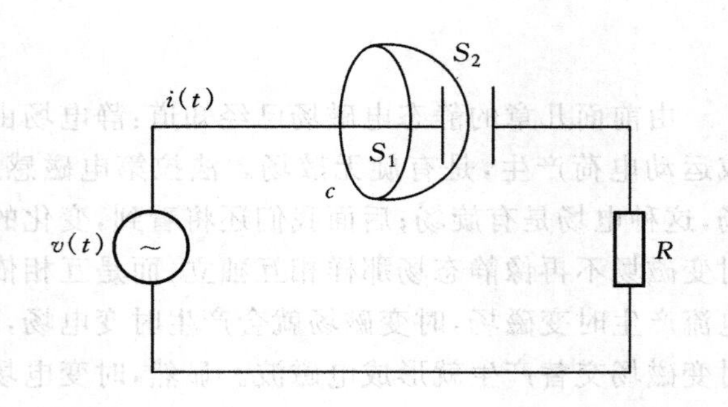

图5.1-1　电容板之间的位移电流

为什么安培环路定律用在交流电路上会出现这一矛盾的情况呢？又如何才能解决这一矛盾，使其可适用于交流电路时变场的情况呢？考察安培环路定律的微分形式

$$\nabla\times\boldsymbol{H}=\boldsymbol{J} \tag{5.1-2}$$

对上式的两边求散度得

$$\nabla\cdot\nabla\times\boldsymbol{H}=\nabla\cdot\boldsymbol{J} \tag{5.1-3}$$

由于任一矢量场的旋度的散度恒等于0，因此上式的左端等于0。而对于上式右端，根据电荷守恒定律

$$\nabla\cdot\boldsymbol{J}=-\frac{\partial\rho}{\partial t} \tag{5.1-4}$$

显然，对于不随时间变化的静态场，电荷密度不随时间变化，(5.1-3)式右端就等于零，但对于时变场，(5.1-3)式右端就不等于零。这说明，(5.1-3)式对静态场成立，而对于时变场不成立。为了使(5.1-3)式在时变场也成立，在其右端加一项$\frac{\partial\rho}{\partial t}$，即将(5.1-3)式修改为

$$\nabla\cdot\nabla\times\boldsymbol{H}=\nabla\cdot\boldsymbol{J}+\frac{\partial\rho}{\partial t} \tag{5.1-5}$$

这样修改后的(5.1-5)式不管是静态场还是时变场，总是成立的，不再有矛盾。为了得到和(5.1-2)式对应的适合于时变场的修正式，将$\nabla\cdot\boldsymbol{D}=\rho$代入上式，并交换求导运算次序，得

$$\nabla\cdot\nabla\times\boldsymbol{H}=\nabla\cdot\left(\boldsymbol{J}+\frac{\partial\boldsymbol{D}}{\partial t}\right)$$

上式两端取消散度运算后得

$$\nabla\times\boldsymbol{H}=\boldsymbol{J}+\frac{\partial\boldsymbol{D}}{\partial t} \tag{5.1-6}$$

这就是适合于时变场的安培环路定律微分形式的修正式。对于静态场，电场不随时间变化，$\frac{\partial\boldsymbol{D}}{\partial t}=\boldsymbol{0}$，(5.1-6)式就还原回(5.1-2)式。(5.1-6)式两边对曲面S求通量，左边利用斯托克斯定理，将面积分转化为线积分，得

$$\oint_l \boldsymbol{H} \cdot \mathrm{d}\boldsymbol{l} = I + \iint_S \frac{\partial \boldsymbol{D}}{\partial t} \cdot \mathrm{d}\boldsymbol{S} \tag{5.1-7}$$

上式中线积分路径 l 是沿曲面 S 的边界,满足右手定则。这就是修正后适合于时变场的安培环路定律。可以看出,时变场的安培环路定律增加了一项

$$I_D = \iint_S \frac{\partial \boldsymbol{D}}{\partial t} \cdot \mathrm{d}\boldsymbol{S} \tag{5.1-8}$$

这一项是由麦克斯韦为使安培环路定律适应于时变场而增加引入的,这一项的引入,使安培环路定律中增加了一种磁场的旋度源,这种磁场涡旋源是变化的电场,从而从理论上揭示了变化的电场也可以产生涡旋的磁场。这一项不但有和电流相同的量纲,相同涡旋源的作用,在介质中,还对应在变化电场作用下束缚电荷的位移运动,因此被称为位移电流。位移电流密度为

$$\boldsymbol{J}_D = \frac{\partial \boldsymbol{D}}{\partial t} \tag{5.1-9}$$

是电位移矢量随时间的变化率。位移电流和传导电流之和为全电流。在时变电磁场中,传导电流不连续,但全电流是连续的,即

$$\nabla \cdot (\boldsymbol{J} + \boldsymbol{J}_D) = 0$$

$$\oiint_S (\boldsymbol{J} + \boldsymbol{J}_D) \cdot \mathrm{d}\boldsymbol{S} = 0$$

位移电流是麦克斯韦假设的,从理论上揭示了变化的电场可以产生磁场,这使人类对电磁规律的认识又迈出了关键的一步。也就是这关键的一步才最终使人类对电场与磁场的认识统一到了既对称又统一、不可分割的电磁场整体的概念上来。在假设位移电流后,麦克斯韦建立了一组描述电磁场性质的方程——后人称之为麦克斯韦方程组。其积分形式为

$$\oint_l \boldsymbol{H} \cdot \mathrm{d}\boldsymbol{l} = I + \iint_S \frac{\partial \boldsymbol{D}}{\partial t} \cdot \mathrm{d}\boldsymbol{S} \tag{5.1-10a}$$

$$\oint_l \boldsymbol{E} \cdot \mathrm{d}\boldsymbol{l} = -\iint_S \frac{\partial \boldsymbol{B}}{\partial t} \cdot \mathrm{d}\boldsymbol{S} \tag{5.1-10b}$$

$$\oiint_S \boldsymbol{D} \cdot \mathrm{d}\boldsymbol{S} = q \tag{5.1-10c}$$

$$\oiint_S \boldsymbol{B} \cdot \mathrm{d}\boldsymbol{S} = 0 \tag{5.1-10d}$$

对应的微分形式为

$$\nabla \times \boldsymbol{H} = \boldsymbol{J} + \frac{\partial \boldsymbol{D}}{\partial t} \tag{5.1-11a}$$

$$\nabla \times \boldsymbol{E} = -\frac{\partial \boldsymbol{B}}{\partial t} \tag{5.1-11b}$$

$$\nabla \cdot \boldsymbol{D} = \rho \tag{5.1-11c}$$

$$\nabla \cdot \boldsymbol{B} = 0 \tag{5.1-11d}$$

这组方程描述了电磁场的变化规律,以及场和源的关系。方程的积分形式描述了在一个区域中电磁场和源的关系,而微分方程描述了在空间一点上电磁场的变化和源的关系。方程组中(5.1-10a)式及对应的(5.1-11a)式称为全电流安培环路定律,其物理意义是电流和变化的电场是磁场的旋度源,可以产生磁场;(5.1-10b)式及对应的(5.1-11b)式称为法拉第电磁感应定律,其物理意义是变化的磁场可以产生电场,变化的磁场是电场的旋度源;(5.1-10c)式

及对应的(5.1-11c)式称为电场高斯定理,其物理意义是,电荷是电场的散度源,电荷产生电场;(5.1-10d)式及对应的(5.1-11d)式称为磁通连续原理,其物理意义是,磁场是无散场,磁通在空间任一点都是连续的,即磁力线无头无尾。

除了位移电流是理论推测的外,麦克斯韦方程均来自于实验定律。电磁场量除满足麦克斯韦方程组外,在媒质中,还满足物质结构方程

$$\boldsymbol{D} = \varepsilon \boldsymbol{E} \tag{5.1-12a}$$

$$\boldsymbol{B} = \mu \boldsymbol{H} \tag{5.1-12b}$$

$$\boldsymbol{J} = \sigma \boldsymbol{E} \tag{5.1-12c}$$

式中ε、μ、σ分别是媒质的介电常数,磁导率和电导率。电流密度和电荷密度满足电荷守恒定律

$$\oint_S \boldsymbol{J} \cdot \mathrm{d}\boldsymbol{S} = -\frac{\mathrm{d}q}{\mathrm{d}t} \tag{5.1-13a}$$

$$\nabla \cdot \boldsymbol{J} = -\frac{\partial \rho}{\partial t} \tag{5.1-13b}$$

在以上电磁场所满足的微分方程和物质结构方程中,一共有$\boldsymbol{E}$、$\boldsymbol{D}$、$\boldsymbol{B}$、$\boldsymbol{H}$、$\boldsymbol{J}$、ρ这样16个标量,18个标量方程,其中有2个标量方程不独立。比如磁通连续性原理和电流连续性原理两个散度方程可以从两个旋度方程导出。下面证明从(5.1-11b)式可得到(5.1-11d)式。

对(5.1-11b)式两边取散度,得

$$\nabla \cdot \nabla \times \boldsymbol{E} = -\nabla \cdot \frac{\partial \boldsymbol{B}}{\partial t}$$

上式左边恒等于0,交换右边微分的次序,得

$$\frac{\partial}{\partial t} \nabla \cdot \boldsymbol{B} = 0$$

此式表示,$\boldsymbol{B}$的散度在任何点不随时间变化,是常数。显然,在时变场中,这个常数应是0。这就得到了(5.1-11d)式。

麦克斯韦在得到这组方程后经过推演,预言有电磁波存在,电磁波的传播速度正好是光速。他经过分析后指出,光也是电磁波。电磁波的预言后来被赫兹的实验所证实。

麦克斯韦方程组和物质结构方程一起构成了一组完整的电磁学方程。这组完整的麦克斯韦方程组是电磁理论的核心,一切宏观的电磁现象均毫无例外地遵循这组方程。麦克斯韦方程组在电磁学中的地位等同于力学中的牛顿定律,因为这不是一组单纯的数学方程,它们具有深刻而丰富的物理含义,它们是电磁现象变化和分布规律的数学语言描述。以麦克斯韦方程组为核心的电磁理论为近代以来的电力工业、电子工业和无线电工业的发展,奠定了理论基础。

思考题

1. 恒定场中的安培环路定律为什么在时变场中不成立?
2. 什么是位移电流?位移电流有什么作用?
3. 麦克斯韦方程组各方程的物理意义是什么?
4. 时变电磁场是什么类型的矢量场?
5. 物质结构方程各有什么意义?

6. 麦克斯韦方程组中包含多少标量方程，包含多少标量？

5.2　时变电磁场的边界条件

和静态场类似，如果在时变电磁场中存在不同媒质，由于媒质极化和磁化，在不同媒质分界面上会出现束缚面电荷和磁化面电流，电场和磁场会发生突变出现不连续，就需要由边界条件来确定边界两侧场的关系。下面就讨论时变电磁场的边界条件。

考察两种不同媒质的分界面，一侧媒质 1 的参数是 ε_1、μ_1 和 σ_1，另一侧媒质 2 的参数是 ε_2、μ_2 和 σ_2，设媒质 1 中电场强度和磁场强度分别为 $\boldsymbol{E}_1$、$\boldsymbol{H}_1$，媒质 2 中电场强度和磁场强度分别为 $\boldsymbol{E}_2$、$\boldsymbol{H}_2$，界面法线方向指向媒质 1 中。为得到分界面两侧电场强度切向分量以及磁场强度切向分量的关系，跨分界面两边取长为 Δl，高为 Δh 的矩形闭合回路，如图 5.2-1 所示。

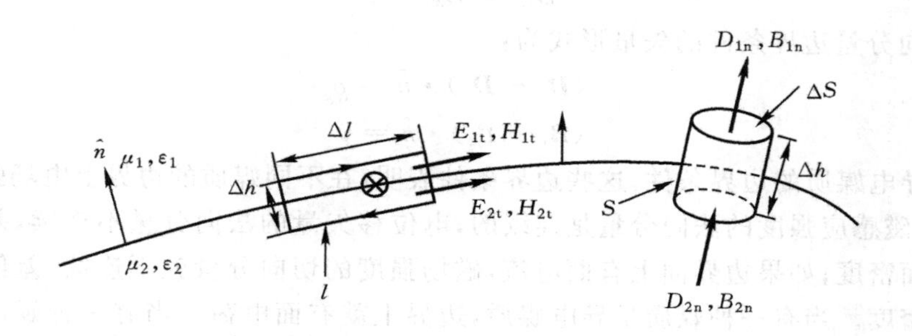

图 5.2-1　时变电磁场的边界条件

将(5.1-10a)式和(5.1-10b)式

$$\oint_l \boldsymbol{H}\cdot \mathrm{d}\boldsymbol{l} = I + \iint_S \frac{\partial \boldsymbol{D}}{\partial t}\cdot \mathrm{d}\boldsymbol{S} \tag{5.1-10a}$$

$$\oint_l \boldsymbol{E}\cdot \mathrm{d}\boldsymbol{l} = -\iint_S \frac{\partial \boldsymbol{B}}{\partial t}\cdot \mathrm{d}\boldsymbol{S} \tag{5.1-10b}$$

应用于此回路。式中 S 是以 l 为界的矩形面，I 是穿过该面的电流。在 $\Delta h\to 0$ 时，$S\to 0$，线积分在 Δh 上的积分可以忽略，又由于在边界附近$\frac{\partial D}{\partial t}$及$\frac{\partial B}{\partial t}$不可能无限大，它们在一个趋于 0 的面上通量应为 0，因此有

$$\oint_l \boldsymbol{H}\cdot \mathrm{d}\boldsymbol{l} \approx H_{1t}\Delta l - H_{2t}\Delta l = I = J_S \Delta l$$

$$\oint_l \boldsymbol{E}\cdot \mathrm{d}\boldsymbol{l} \approx E_{1t}\Delta l - E_{2t}\Delta l = 0$$

式中 J_S 是分界面上垂直于矩形面的电流面密度(如果分界面上有面电流的话)。上式中消去 Δl，得到 $\boldsymbol{E}$ 和 $\boldsymbol{H}$ 的切向分量的边界条件为

$$E_{1t} = E_{2t} \tag{5.2-1}$$

$$H_{1t} - H_{2t} = J_S \tag{5.2-2}$$

将 $\boldsymbol{E}$ 和 $\boldsymbol{H}$ 的切向分量边界条件写成矢量形式为

$$\hat{n}\times(\boldsymbol{E}_1-\boldsymbol{E}_2)=\mathbf{0} \tag{5.2-3}$$

$$\hat{n}\times(\boldsymbol{H}_1-\boldsymbol{H}_2)=\boldsymbol{J}_S \tag{5.2-4}$$

式中 $\hat{n}$ 为界面法线单位矢量。

为了得到电磁场法向分量的边界条件，跨边界作一圆柱体，两端面面积为 ΔS，高为 Δh，如图 5.2-1 所示。将(5.1-10c)式和(5.1-10d)式应用于此圆柱体，在 $\Delta h\to 0$ 时，这两式可以近似为

$$\oiint_S \boldsymbol{D}\cdot d\boldsymbol{S}\approx D_{1n}\Delta S-D_{2n}\Delta S=q=\rho_S\Delta S$$

$$\oiint_S \boldsymbol{B}\cdot d\boldsymbol{S}\approx B_{1n}\Delta S-B_{2n}\Delta S=0$$

上式中除去 ΔS，就得到电磁场法向分量的边界条件，即：

$$D_{1n}-D_{2n}=\rho_S \tag{5.2-5}$$

$$B_{1n}=B_{2n} \tag{5.2-6}$$

$\boldsymbol{D}$ 和 $\boldsymbol{B}$ 的法向分量边界条件的矢量形式为：

$$(\boldsymbol{D}_1-\boldsymbol{D}_2)\cdot\hat{n}=\rho_S \tag{5.2-7}$$

$$(\boldsymbol{B}_1-\boldsymbol{B}_2)\cdot\hat{n}=0 \tag{5.2-8}$$

以上是一般导电媒质的边界条件，这些边界条件表明，在不同媒质的边界上电场强度的切向分量是连续的，磁感应强度的法向分量是连续的；电位移矢量的法向分量不连续，差值等于边界面上的电荷面密度；如果边界面上有面电流，磁场强度的切向分量就不连续，差值等于边界面上的电流面密度。当有一种媒质是导电媒质，边界上就有面电荷。当有一种媒质是理想导电体，边界面上就有面电流。下面讨论两种典型边界情况，一种是两种媒质都是理想介质情况，另一种是一种媒质是理想导电体的情况。

(1)两种理想介质边界条件

在两种媒质都是理想介质情况，介质中没有自由电荷，即 $\sigma_1=\sigma_2=0$，在边界上就既没有面电荷也没有面电流，即 $\rho_S=0$，$\boldsymbol{J}_S=0$。在这种情况下，边界条件简化为

$$E_{1t}=E_{2t} \tag{5.2-9a}$$

$$H_{1t}=H_{2t} \tag{5.2-9b}$$

$$D_{1n}=D_{2n} \tag{5.2-9c}$$

$$B_{1n}=B_{2n} \tag{5.2-9d}$$

(2)理想导体边界条件

如果其中一种媒质是理想导体，设媒质 2 是理想导电体，即 $\sigma_2=\infty$，那么 $\boldsymbol{E}_2=0$，从而 $\boldsymbol{H}_2=0$。因为如果 $\boldsymbol{H}_2\neq 0$，变化的磁场就会产生电场，$\boldsymbol{E}_2$ 也就不会为 0。在这种情况下，因为 $\boldsymbol{E}_2=0$ 和 $\boldsymbol{H}_2=0$，省略媒质 1 中边界上场下标，边界条件简化为

$$\hat{n}\times\boldsymbol{E}=\mathbf{0} \tag{5.2-10a}$$

$$\hat{n}\times\boldsymbol{H}=\boldsymbol{J}_S \tag{5.2-10b}$$

$$\boldsymbol{D}\cdot\hat{n}=\rho_S \tag{5.2-10c}$$

$$\boldsymbol{B}\cdot\hat{n}=0 \tag{5.2-10d}$$

上式中 ρ_S 和 $\boldsymbol{J}_S$ 分别为理想导体面上的感应面电荷和感应面电流，$\hat{n}$ 为理想导体面的法向单位矢量。可以看出，在理想导体表面，电场没有切向分量，磁场没有法向分量，换句话说，电场

与理想导电面垂直，磁场与理想导电面相切。理想导电面上的感应面电荷等于界面上的电位移矢量，理想导电面上面电流密度等于界面上的磁场强度。

例 5.2-1　在法线方向为 $\hat{n}=\hat{z}$ 的理想导体平板面上，磁场强度为

$$\boldsymbol{H}=3\cos x\hat{x}+2\cos x\hat{y}\quad \text{A/m}$$

求理想导体平板面上的面电流密度。

解　由理想导体面上的边界条件

$$\hat{n}\times\boldsymbol{H}=\boldsymbol{J}_S$$

对于本例，$\hat{n}=\hat{z}$，因此

$$\boldsymbol{J}_S=\hat{n}\times\boldsymbol{H}=\hat{z}\times(3\cos x\hat{x}+2\cos x\hat{y})=\hat{y}3\cos x-\hat{x}2\cos x$$

思考题

1. 在什么条件下，电位移矢量的法向分量连续？在什么条件下，电位移矢量的法向分量不连续？

2. 在什么条件下，磁场强度的切向分量连续？在什么条件下，磁场强度的切向分量不连续？

3. 两种理想介质界面的边界条件是什么？试说明这些条件的物理意义。
4. 理想导电体表面的边界条件是什么？
5. 理想导磁体表面的边界条件是什么？

5.3　波动方程与位函数

1. 波动方程

麦克斯韦方程组的微分形式是一组关于 $\boldsymbol{E}$ 和 $\boldsymbol{H}$ 联立的一阶微分方程。如果已知空间某一区域中的电流分布 $\boldsymbol{J}$，要求该区域中的电磁场 $\boldsymbol{E}$ 和 $\boldsymbol{H}$，需要先由这组方程得到仅包含 $\boldsymbol{E}$ 或 $\boldsymbol{H}$ 的二阶方程，然后分别求解 $\boldsymbol{E}$ 和 $\boldsymbol{H}$。

为了得到仅包含 $\boldsymbol{E}$ 的二阶方程，对(5.1-11b)式两边取旋度，得

$$\nabla\times\nabla\times\boldsymbol{E}=-\nabla\times\frac{\partial\boldsymbol{B}}{\partial t}$$

交换右边微分次序，并将 $\boldsymbol{B}=\mu\boldsymbol{H}$ 和(5.1-11a)式代入，对于均匀介质得

$$\nabla\times\nabla\times\boldsymbol{E}=-\frac{\partial}{\partial t}\nabla\times\mu\boldsymbol{H}=-\mu\frac{\partial}{\partial t}\boldsymbol{J}-\mu\varepsilon\frac{\partial^2\boldsymbol{E}}{\partial t^2}$$

上式左边利用矢量恒等式 $\nabla\times\nabla\times\boldsymbol{E}=\nabla\nabla\cdot\boldsymbol{E}-\nabla^2\boldsymbol{E}$，并考虑到 $\nabla\cdot\boldsymbol{D}=\varepsilon\nabla\cdot\boldsymbol{E}=\rho$，得

$$\nabla^2\boldsymbol{E}-\mu\varepsilon\frac{\partial^2\boldsymbol{E}}{\partial t^2}=\frac{1}{\varepsilon}\nabla\rho+\mu\frac{\partial\boldsymbol{J}}{\partial t}\tag{5.3-1}$$

这就是电场强度 $\boldsymbol{E}$ 所满足的二阶方程。同理，对

$$\nabla\times\boldsymbol{H}=\boldsymbol{J}+\frac{\partial\boldsymbol{D}}{\partial t}$$

两边取旋度，并将(5.1-11b)式代入，可得

$$\nabla^2 \boldsymbol{H} - \mu\varepsilon \frac{\partial^2 \boldsymbol{H}}{\partial t^2} = -\nabla \times \boldsymbol{J} \tag{5.3-2}$$

这就是磁场强度 $\boldsymbol{H}$ 所满足的二阶方程。(5.3-1)式和(5.3-2)式分别被称为电场和磁场非齐次矢量波动方程。在无源区,无电流和电荷,以上两式的右边项为0,简化为:

$$\nabla^2 \boldsymbol{E} - \mu\varepsilon \frac{\partial^2 \boldsymbol{E}}{\partial t^2} = 0 \tag{5.3-3}$$

$$\nabla^2 \boldsymbol{H} - \mu\varepsilon \frac{\partial^2 \boldsymbol{H}}{\partial t^2} = 0 \tag{5.3-4}$$

(5.3-3)式和(5.3-4)式分别被称为电场和磁场齐次矢量波动方程。波动方程是二阶偏微分方程,在某一空间区域可以通过求解该方程得到电磁场分布。显然,齐次矢量波动方程由于右边项为0,比较容易求解,但它只能得到无源区的电磁场。在有电流和电荷分布的有源区,必须求解非齐次矢量波动方程(5.3-1)式和(5.3-2)式,但对于此有源区非齐次波动方程,等式右边的源项和对应的场关系比较复杂,直接求解这两个方程相对比较困难,可以采用间接的方法求解。

2. 矢量磁位与标量电位

在静态场中,我们曾利用电位求电场,利用矢量磁位求磁场,而电位及矢量磁位的求解比较容易。类似地,可以将这种先求电位和矢量磁位,再通过对电位和矢量磁位微分求电场和磁场的方法用于时变电磁场.可是,在时变场中,电场不再是无旋有散场,而是有旋有散场,因此电场强度不能直接用标量的梯度表示。幸运的是,在时变场中,仍有 $\nabla \cdot \boldsymbol{B} = 0$,因此,$\boldsymbol{B}$ 仍可以表示为矢量磁位 $\boldsymbol{A}$ 的旋度

$$\boldsymbol{B} = \nabla \times \boldsymbol{A} \tag{5.3-5}$$

将上式代入(5.1-11b)式,得

$$\nabla \times \boldsymbol{E} = -\frac{\partial}{\partial t} \nabla \times \boldsymbol{A}$$

移项,并交换微分次序得

$$\nabla \times \left(\boldsymbol{E} + \frac{\partial \boldsymbol{A}}{\partial t}\right) = \boldsymbol{0}$$

由无旋场的性质,可定义标量电位 Φ,使

$$\boldsymbol{E} + \frac{\partial \boldsymbol{A}}{\partial t} = -\nabla \Phi$$

移项得

$$\boldsymbol{E} = -\nabla \Phi - \frac{\partial \boldsymbol{A}}{\partial t} \tag{5.3-6}$$

可见,在这里标量电位 Φ 和矢量位 $\boldsymbol{A}$ 的意义已不同于静态场。矢量磁位 $\boldsymbol{A}$ 不但对磁场有贡献,对电场也有贡献。只有当场不随时间变化时,标量电位 Φ 和矢量磁位 $\boldsymbol{A}$ 的意义才和静态场中一致。下面推导在均匀媒质中时变场标量电位 Φ 和矢量磁位 $\boldsymbol{A}$ 所满足的方程。

将(5.3-5)式和(5.3-6)式代入(5.1-11a)式得

$$\nabla \times \frac{1}{\mu} \nabla \times \boldsymbol{A} = \boldsymbol{J} + \frac{\partial}{\partial t} \varepsilon \left(-\nabla \Phi - \frac{\partial \boldsymbol{A}}{\partial t}\right)$$

在均匀介质中,μ 和 ε 是常数,利用矢量恒等式 $\nabla \times \nabla \times \boldsymbol{A} = \nabla\nabla \cdot \boldsymbol{A} - \nabla^2 \boldsymbol{A}$ 得

$$\nabla^2\boldsymbol{A}-\mu\varepsilon\frac{\partial^2\boldsymbol{A}}{\partial t^2}=-\mu\boldsymbol{J}+\nabla\left(\nabla\cdot\boldsymbol{A}+\mu\varepsilon\frac{\partial\Phi}{\partial t}\right)\tag{5.3-7}$$

将(5.3-6)式代入(5.1-11c)式得

$$\nabla\cdot\left[\varepsilon\left(-\nabla\Phi-\frac{\partial\boldsymbol{A}}{\partial t}\right)\right]=\rho$$

交换上式第二项微分次序得

$$\nabla^2\Phi+\frac{\partial}{\partial t}\nabla\cdot\boldsymbol{A}=-\frac{\rho}{\varepsilon}\tag{5.3-8}$$

根据亥姆霍兹定理，当矢量场的旋度和散度确定后，这个矢量场才唯一确定。但在这里，对于矢量场 $\boldsymbol{A}$，仅由(5.3-5)式规定了它的旋度，要最终确定还必须规定散度。原则上，其散度可以任意规定，可以像恒定磁场那样规定其散度为 0，也可以规定不为 0。不同的规定，求得的 $\boldsymbol{A}$ 的表达式是不同的，但不影响最后求得的 $\boldsymbol{E}$ 和 $\boldsymbol{H}$。这里为了简化方程，令

$$\nabla\cdot\boldsymbol{A}=-\mu\varepsilon\frac{\partial\Phi}{\partial t}\tag{5.3-9}$$

此式称为洛伦兹规范条件。将洛伦兹规范条件代入(5.3-7)式和(5.3-8)式，分别得到时变场矢量磁位和标量电位所满足的方程

$$\nabla^2\boldsymbol{A}-\mu\varepsilon\frac{\partial^2\boldsymbol{A}}{\partial t^2}=-\mu\boldsymbol{J}\tag{5.3-10}$$

$$\nabla^2\Phi-\mu\varepsilon\frac{\partial^2\Phi}{\partial t^2}=-\frac{\rho}{\varepsilon}\tag{5.3-11}$$

这分别是矢量磁位和标量电位的波动方程，也称达朗贝尔方程。可以看出，时变场矢量磁位和标量电位这些位函数所满足的方程中，方程右端的源项形式简单，而且具有整齐的相似性。已知 $\boldsymbol{J}$ 通过解方程(5.3-10)可求出 $\boldsymbol{A}$，已知 ρ 通过解方程(5.3-11) 可求出 Φ。实际上，方程(5.3-10)包含 3 个标量分量方程，$\boldsymbol{A}$ 的每一个标量的直角坐标分量方程都和(5.3-11) 式相似，只要解出一个，其他 3 个的形式都基本相同。

洛伦兹规范条件(5.3-9) 式表明，标量电位 Φ 和矢量磁位 $\boldsymbol{A}$ 是有关系的，这种关系与 $\boldsymbol{J}$ 和 ρ 满足的电荷守恒定律是相应一致的。在时变场中，由于 $\boldsymbol{J}$ 和 ρ 有关，相应的矢量磁位 $\boldsymbol{A}$ 和标量电位 Φ 也有对应关系。因此只要求出 $\boldsymbol{A}$，再由它们的关系就可以求出 Φ。

在时变场中，如果已知电流分布，要求解电磁场，一般方法是首先求解方程(5.3-10)得到矢量磁位 $\boldsymbol{A}$，并利用(5.3-9)式确定标量电位 Φ，最后由(5.3-5) 式和(5.3-6)式通过求微分求出电磁场。

在无源区，无电荷也无电流，标量电位 Φ 和矢量磁位 $\boldsymbol{A}$ 也满足齐次方程

$$\nabla^2\boldsymbol{A}-\mu\varepsilon\frac{\partial^2\boldsymbol{A}}{\partial t^2}=0\tag{5.3-12}$$

$$\nabla^2\Phi-\mu\varepsilon\frac{\partial^2\Phi}{\partial t^2}=0\tag{5.3-13}$$

在场不随时间变化的情况下，标量电位 Φ 和矢量磁位 $\boldsymbol{A}$ 对时间导数为 0，标量电位 Φ 和矢量磁位 $\boldsymbol{A}$ 的方程退化为静态场中的对应方程

$$\nabla^2\boldsymbol{A}=-\mu\boldsymbol{J}\tag{5.3-14}$$

$$\nabla^2\Phi=-\frac{\rho}{\varepsilon}\tag{5.3-15}$$

例 5.3-1 在均匀导电媒质中有源电流密度 $\boldsymbol{J}_0$,写出电场强度所满足的方程。

解: 在均匀导电媒质中,电流密度包含2部分,一部分是源电流 $\boldsymbol{J}_0$,另一部分是导电媒质在电场中形成的电流 $\sigma\boldsymbol{E}$。麦克斯韦方程组的两个旋度方程为

$$\nabla\times\boldsymbol{H}=\boldsymbol{J}_0+\sigma\boldsymbol{E}+\varepsilon\frac{\partial\boldsymbol{E}}{\partial t}$$

$$\nabla\times\boldsymbol{E}=-\mu\frac{\partial\boldsymbol{H}}{\partial t}$$

对第二个方程求旋度并将第一个方程代入得

$$\nabla\times\nabla\times\boldsymbol{E}=-\mu\frac{\partial}{\partial t}\nabla\times\boldsymbol{H}=-\mu\frac{\partial}{\partial t}\left[\boldsymbol{J}_0+\sigma\boldsymbol{E}+\varepsilon\frac{\partial\boldsymbol{E}}{\partial t}\right]$$

利用矢量恒等式 $\nabla\times\nabla\times\boldsymbol{E}=\nabla\nabla\cdot\boldsymbol{E}-\nabla^2\boldsymbol{E}$,并考虑到在均匀导电媒质中 $\nabla\cdot\boldsymbol{E}=0$ 得

$$\nabla^2\boldsymbol{E}-\mu\varepsilon\frac{\partial^2\boldsymbol{E}}{\partial t^2}-\mu\sigma\frac{\partial\boldsymbol{E}}{\partial t}=\mu\frac{\partial\boldsymbol{J}_0}{\partial t}$$

思考题

1. 推导(5.3-1)和(5.3-2)式的过程中用到了什么条件?
2. 试解释波动方程的场解满足叠加原理。
3. 电场和磁场波动方程的场解一定满足麦克斯韦方程组吗?为什么?
4. 通过矢量电位和标量磁位求解电磁场有什么优点?
5. 时变场中的标量电位和静电场中的电位意义相同吗?为什么?
6. 为什么要按(5.3-9)式规定矢量磁位和标量电位的关系?
7. 由(5.3-5)和(5.3-6)式计算的 $\boldsymbol{E}$ 和 $\boldsymbol{H}$,与 $\boldsymbol{A}$ 和 Φ 一一对应吗?

5.4 位函数求解

上一节引入了时变电磁场位函数矢量磁位 $\boldsymbol{A}$ 和标量电位 Φ,并推导出了位函数在有源区它们所满足的方程(5.3-10)和(5.3-11),在均匀无界空间中,有多种方法可用来求解这类方程。有的方法虽然在数学上很严谨,但推导繁琐,对初学者比较困难。本节采用一种较简单的方法求解位函数,虽然在数学逻辑上不够严谨,但推导过程简单,初学者易于理解和掌握。由于位函数方程数学形式上相同,下面先求解方程(5.3-11)。

设在无界空间中介质均匀,已知在有界区域 V 中有时变电荷分布 $\rho(\boldsymbol{r},t)$,求时变电荷产生的标量电位 Φ。

$\Phi(\boldsymbol{r},t)$ 与 $\rho(\boldsymbol{r},t)$ 满足方程

$$\nabla^2\Phi-\mu\varepsilon\frac{\partial^2\Phi}{\partial t^2}=-\frac{\rho}{\varepsilon}\tag{5.4-1}$$

令

$$v=\frac{1}{\sqrt{\mu\varepsilon}}\tag{5.4-2}$$

代入得

$$\nabla^2\Phi-\frac{1}{v^2}\frac{\partial^2\Phi}{\partial t^2}=-\frac{\rho}{\varepsilon}\tag{5.4-3}$$

这是一个线性方程，源和对应的场满足叠加原理，因此可以在源区 V 取一很小的微小体积 dV，此微小体积中的时变电荷 ρdV 可看成点电荷。先求出此时变点电荷对应的场，然后在此基础上通过对源分布积分求出总场。为简单起见，选坐标系使时变点电荷 $dq(\boldsymbol{r},t)=\rho(\boldsymbol{r}',t)dV'$ 在坐标原点，这样选的目的是使其产生的场关于坐标系具有球对称性，使 Φ 退化为只是 r 和 t 的函数。于是，在圆球坐标系中，除了原点外，$\Phi(r,t)$ 满足方程

$$\frac{1}{r^2}\frac{\partial}{\partial r}\left(r^2\frac{\partial\Phi}{\partial r}\right)-\frac{1}{v^2}\frac{\partial^2\Phi}{\partial t^2}=0\quad r\neq 0 \tag{5.4-4}$$

作变量代换，令

$$\Phi(r,t)=\frac{u(r,t)}{r} \tag{5.4-5}$$

代入(5.4-4)得

$$\frac{\partial^2 u}{\partial r^2}-\frac{1}{v^2}\frac{\partial^2 u}{\partial t^2}=0\quad r\neq 0 \tag{5.4-6}$$

这是一个标准的一维波动方程，其通解为

$$u(r,t)=c_1 f\left(t-\frac{r}{v}\right)+c_2 g\left(t+\frac{r}{v}\right) \tag{5.4-7}$$

式中，c_1 及 c_2 是常数，通解函数 $f\left(t-\frac{r}{v}\right)$ 及 $g\left(t+\frac{r}{v}\right)$ 分别表示向 r 方向及 $-r$ 方向以速度 v 传播的波，其函数形式和产生波的源有关。而我们要求解的波，电荷源放在坐标原点 $r=0$ 处，产生的波应是从原点向 r 方向的波，所以取 $c_2=0$，代入(5.4-5)式得

$$\Phi(r,t)=\frac{c_1 f\left(t-\frac{r}{v}\right)}{r} \tag{5.4-8}$$

下面确定常数 c_1 及函数 $f\left(t-\frac{r}{v}\right)$。　(5.4-8)式中 $\Phi(r,t)$ 是位于坐标原点的电荷 $\rho(t)dV'$ 产生的，如果产生 Φ 的电荷密度 ρ 不随时间变化，Φ 也就不随时间变化，方程(5.4-1)式就退化为静电场的电位泊松方程

$$\nabla^2\Phi=-\frac{\rho}{\varepsilon}$$

时变场也就退化为静态场. 在这种情况，由静电场可以得到位于坐标原点的点电荷 $\rho dV'$ 的电位为

$$\Phi(r)=\frac{1}{4\pi\varepsilon}\frac{\rho dV'}{r} \tag{5.4-9}$$

也就是说，在源 ρ 不随时间变化时，(5.4-8)式应退化为(5.4-9)式。要使(5.4-8)式在不随时间变化时与(5.4-9)式相同，位于坐标原点的时变点电荷 $\rho(t)dV'$ 的标量位应为

$$\Phi(r,t)=\frac{1}{4\pi\varepsilon}\frac{\rho\left(t-\frac{r}{v}\right)dV'}{r} \tag{5.4-10}$$

如果时变点电荷不是在原点，而是在 $\boldsymbol{r}'$ 处，源点到场点的距离为 $R=|\boldsymbol{r}-\boldsymbol{r}|$，那么对(5.4-10)式作坐标平移，$\boldsymbol{r}'$处的时变点电荷在 $\boldsymbol{r}$ 点产生的标量电位为

$$\Phi(\boldsymbol{r},t)=\frac{1}{4\pi\varepsilon}\frac{\rho\left(\boldsymbol{r}',t-\frac{R}{v}\right)dV'}{R} \tag{5.4-11}$$

这一结果表明，时变场的标量电位也是与源点到场点的距离成反比，但在时间上，在 t 时刻场点 $\boldsymbol{r}$ 的标量电位不是由同一 t 时刻 $\boldsymbol{r}'$ 处的源决定的，而是由 $\boldsymbol{r}'$ 处较早时刻 $t'=t-\dfrac{R}{v}$ 的源决定的。换句话说，t' 时刻 $\boldsymbol{r}'$ 处的源产生的场不会同时出现在场点 $\boldsymbol{r}$，而是要在 $t'+\dfrac{R}{v}$ 时刻才到场点 $\boldsymbol{r}$。场的出现比源的出现在时间上推迟了 $\dfrac{R}{v}$，而 R 刚好是源点到场点的距离，如图 5.4－1 所示。这说明时变源产生的时变场从源点以有限的速度 $v=\dfrac{1}{\sqrt{\mu\varepsilon}}$ 传播到场点，这种以速度 $v=\dfrac{1}{\sqrt{\mu\varepsilon}}$ 传播的时变电磁场就是电磁波。在真空中 $v=\dfrac{1}{\sqrt{\mu_0\varepsilon_0}}\approx 3\times10^8$ m/s，正好就是光在真空中的传播速度。由于时变场标量电位决定于较观察时间早 $\dfrac{R}{v}$ 时间的源，即场在时间上滞后于源，所以又称为滞后位。由于场滞后于源，那么当源在某时刻 t_0 消失以后，在 $t<t_0$ 时间的源产生的场在 $t>t_0$ 时在空间还存在，并以速度 v 在空间传播。这说明，时变电磁场具有辐射作用。

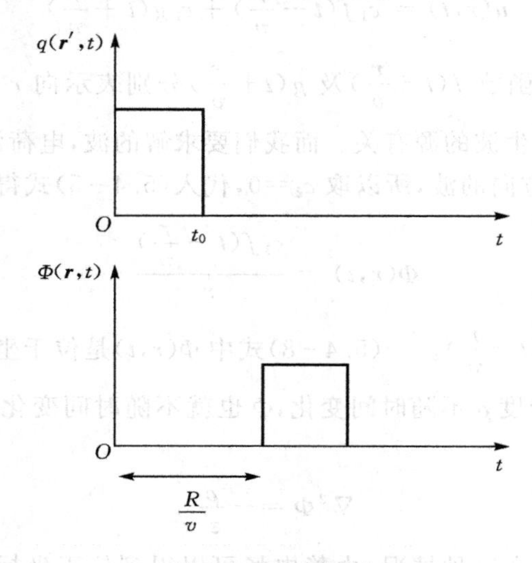

图 5.4－1　滞后位

(5.4－11)式是 $\mathrm{d}V'$ 中的时变电荷产生的标量电位，在空间的时变电荷分布区域 V 进行体积分，就得到整个 V 区的时变电荷在场点 $\boldsymbol{r}$ 产生的标量位

$$\Phi(\boldsymbol{r},t)=\frac{1}{4\pi\varepsilon}\iiint_V\frac{\rho\left(\boldsymbol{r}',t-\dfrac{R}{v}\right)\mathrm{d}V'}{R}\tag{5.4-12}$$

矢量磁位 $\boldsymbol{A}$ 的各直角坐标分量方程与标量电位的方程在数学上基本相同，比如根据(5.3－10)式，A_x 满足的方程为

$$\nabla^2 A_x-\mu\varepsilon\frac{\partial^2 A_x}{\partial t^2}=-\mu J_x$$

在(5.4－1)式中将 Φ 代换为 A_x，ρ/ε 代换为 μJ_x 就是上式，因此对(5.4－12)式作同样变量代换就得到 A_x 的解为

$$A_x(\boldsymbol{r},t)=\frac{\mu}{4\pi}\iiint_V \frac{J_x\left(\boldsymbol{r}',t-\dfrac{R}{v}\right)\mathrm{d}V'}{R}$$

同理可得到 A_y 和 A_z。写成矢量形式,时变电流产生的矢量磁位为

$$\boldsymbol{A}(\boldsymbol{r},t)=\frac{\mu}{4\pi}\iiint_V \frac{\boldsymbol{J}\left(\boldsymbol{r}',t-\dfrac{R}{v}\right)\mathrm{d}V'}{R} \tag{5.4-13}$$

思考题

1. 时变场中已知电荷分布计算标量电位的公式和静电场中的对应公式有什么异同之处?

2. 式(5.4-12)中的 $t-\dfrac{R}{v}$ 具有什么意义?

3. 如果已知时变电流是线分布,写出对应于式(5.4-13)的公式。

5.5 时变电磁场的唯一性定理

从静态场我们知道,唯一性定理,给出了唯一确定某区域中电磁场所需要的条件,在场的计算过程中是十分重要的。

时变电磁场的唯一性定理指出:在闭合面 S 包围的区域 V 中,当 $t=0$ 时刻的电场强度 $\boldsymbol{E}$ 及磁场强度 $\boldsymbol{H}$ 的初始值给定时,在 $0\leqslant t\leqslant T$ 时间内,只要该区域 V 边界 S 上电场强度 $\boldsymbol{E}$ 的切向分量 E_t 或磁场强度 $\boldsymbol{H}$ 的切向分量 H_t 给定后,那么在$0\leqslant t\leqslant T$时间内的任一时刻,区域 V 内任一点的电磁场由麦克斯韦方程组唯一地确定。

证 采用反证法。设在闭合面 S 包围的区域 V 中,如图 5.5-1 所示,满足(1)初始条件;(2)边界条件;(3)麦克斯韦方程组的电磁场不唯一,那么至少有两组解,记为 $\boldsymbol{E}_1$、$\boldsymbol{H}_1$ 和 $\boldsymbol{E}_2$、$\boldsymbol{H}_2$。定义差场 $\delta\boldsymbol{E}=\boldsymbol{E}_1-\boldsymbol{E}_2$,$\delta\boldsymbol{H}=\boldsymbol{H}_1-\boldsymbol{H}_2$。

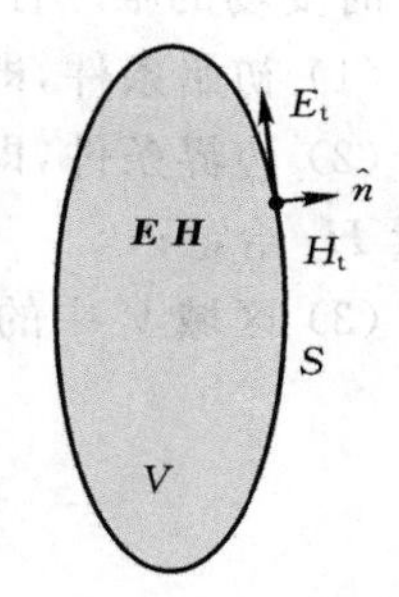

图 5.5-1 唯一性定理

那么差场 $\delta\boldsymbol{E}$ 和 $\delta\boldsymbol{H}$ 也满足:

(1) 麦克斯韦方程组;

(2) 初始条件 $\delta\boldsymbol{E}(\boldsymbol{r},t=0)=\boldsymbol{0}$,$\delta\boldsymbol{H}(\boldsymbol{r},t=0)=\boldsymbol{0}$;

(3) 边界条件,即在边界上 $\delta E_t=0$ 或 $\delta H_t=0$。

由两差场构成一新的矢量 $\delta\boldsymbol{E}\times\delta\boldsymbol{H}$,对其求散度得

$$\nabla\cdot(\delta\boldsymbol{E}\times\delta\boldsymbol{H})=\delta\boldsymbol{H}\cdot\nabla\times\delta\boldsymbol{E}-\delta\boldsymbol{E}\cdot\nabla\times\delta\boldsymbol{H}$$

将$\nabla\times\delta\boldsymbol{E}=-\mu\dfrac{\partial}{\partial t}\delta\boldsymbol{H}$,$\nabla\times\delta\boldsymbol{H}=\sigma\delta\boldsymbol{E}+\varepsilon\dfrac{\partial}{\partial t}\delta\boldsymbol{E}$ 代入得

$$\begin{aligned}\nabla\cdot(\delta\boldsymbol{E}\times\delta\boldsymbol{H})&=-\mu\delta\boldsymbol{H}\cdot\frac{\partial}{\partial t}\delta\boldsymbol{H}-\sigma\delta\boldsymbol{E}\cdot\delta\boldsymbol{E}-\varepsilon\delta\boldsymbol{E}\cdot\frac{\partial}{\partial t}\delta\boldsymbol{E}\\&=-\frac{\partial}{\partial t}\left(\frac{\mu}{2}\mid\delta\boldsymbol{H}\mid^2\right)-\frac{\partial}{\partial t}\left(\frac{\varepsilon}{2}\mid\delta\boldsymbol{E}\mid^2\right)-\sigma\mid\delta\boldsymbol{E}\mid^2\end{aligned}$$

对上式两边在区域 V 进行体积分,并利用高斯定理,将左边体积分变换为封闭面积分得

$$\oint\!\!\!\oint_S (\delta \boldsymbol{E} \times \delta \boldsymbol{H}) \cdot \mathrm{d}\boldsymbol{S} = -\iiint_V \sigma \mid \delta \boldsymbol{E} \mid^2 \mathrm{d}V - \frac{\mathrm{d}}{\mathrm{d}t} \iiint_V \left(\frac{\mu}{2} \mid \delta \boldsymbol{H} \mid^2 + \frac{\varepsilon}{2} \mid \delta \boldsymbol{E} \mid^2 \right) \mathrm{d}V \quad (5.5-1)$$

对上式左边的被积函数利用矢量混合积恒等式,得

$$(\delta \boldsymbol{E} \times \delta \boldsymbol{H}) \cdot \hat{n} = (\hat{n} \times \delta \boldsymbol{E}) \cdot \delta \boldsymbol{H} = \delta \boldsymbol{E} \cdot (\delta \boldsymbol{H} \times \hat{n}) \quad (5.5-2)$$

式中 $\hat{n}$ 是区域封闭面的法向单位矢量。$\hat{n} \times \delta \boldsymbol{E}$ 就是差场 $\delta \boldsymbol{E}$ 的在封闭面的切向分量,$\hat{n} \times \delta \boldsymbol{H}$ 就是差场 $\delta \boldsymbol{H}$ 的在封闭面的切向分量。由上式可以看出,不管边界条件是 $\delta E_t = 0$ 或 $\delta H_t = 0$,此封闭面积分的被积函数均为0。也就是说,边界 S 上电场强度 $\boldsymbol{E}$ 的切向分量 E_t 或磁场强度切向分量 H_t 给定后,(5.5-1)式左边的面积分为0,那么右边的体积分也等于0,由此得

$$\frac{\mathrm{d}}{\mathrm{d}t} \iiint_V \left(\frac{\mu}{2} \mid \delta \boldsymbol{H} \mid^2 + \frac{\varepsilon}{2} \mid \delta \boldsymbol{E} \mid^2 \right) \mathrm{d}V = -\iiint_V \sigma \mid \delta \boldsymbol{E} \mid^2 \mathrm{d}V \quad (5.5-3)$$

因为 $\sigma \geqslant 0$,$|\delta \boldsymbol{E}|^2 \geqslant 0$,因此上式右边的体积分总是大于或等于0。于是,上式左边应总是小于或等于0,即

$$\frac{\mathrm{d}}{\mathrm{d}t} \iiint_V \left(\frac{\mu}{2} \mid \delta \boldsymbol{H} \mid^2 + \frac{\varepsilon}{2} \mid \delta \boldsymbol{E} \mid^2 \right) \mathrm{d}V \leqslant 0 \quad (5.5-4)$$

上式对时间从 $0 \sim t$ 积分,考虑到 $\varepsilon > 0$,$\mu > 0$,在 $t = 0$ 时 $\delta \boldsymbol{E} = \delta \boldsymbol{H} = 0$,得

$$\iiint_V \left(\frac{\mu}{2} \mid \delta \boldsymbol{H} \mid^2 + \frac{\varepsilon}{2} \mid \delta \boldsymbol{E} \mid^2 \right) \mathrm{d}V \leqslant 0 \quad (5.5-5)$$

因为上式体积分的被积函数中每一项都大于等于0,这时体积分也大于等于0,那么要使上式成立,积分必须等于0,由此被积函数也必须等于0。于是,我们得到 $\delta \boldsymbol{E} = \delta \boldsymbol{H} = 0$,即 $\boldsymbol{E}_1 = \boldsymbol{E}_2$,$\boldsymbol{H}_1 = \boldsymbol{H}_2$。这就是说,满足以上条件的场是唯一的。在前面的证明过程中用到了 $\sigma > 0$ 的条件,实际的媒质都是有耗媒质,因此满足这一条件。对于 $\sigma = 0$ 的理想介质,可使 $\sigma \to 0$,同样可得到 $\boldsymbol{E}_1 = \boldsymbol{E}_2$,$\boldsymbol{H}_1 = \boldsymbol{H}_2$。证毕。

时变场的唯一性定理说明,在某区域 中,当满足以下3个条件,时变电磁场是唯一的:

(1) 初始条件,即在 $t = 0$ 时区域 V 中的电磁场给定;

(2) 边界条件,即在包围区域 V 的边界 S 上,电场强度 $\boldsymbol{E}$ 的切向分量 E_t 或磁场强度切向分量 H_t 给定;

(3) 区域 V 中的源给定,时变电磁场满足麦克斯韦方程组。

思考题

1. 时变场的唯一性定理有什么意义?

2. 时变场的唯一性定理有哪些条件?

3. 如果时变场随时间正弦变化,时间范围为 $-\infty < t < \infty$,那么时变场的唯一性条件是什么?

5.6 时变电磁场的能量与功率

1. 能量密度

在时变电磁场中,电场和磁场同时存在,因此时变电磁场的能量密度应同时包括电场能量

密度和磁场能量密度两部分，即

$$w(\boldsymbol{r},t)=w_{\mathrm{e}}(\boldsymbol{r},t)+w_{\mathrm{m}}(\boldsymbol{r},t) \tag{5.6-1}$$

其中

$$w_{\mathrm{e}}(\boldsymbol{r},t)=\frac{1}{2}\varepsilon\mid\boldsymbol{E}(\boldsymbol{r},t)\mid^{2} \tag{5.6-2}$$

$$w_{\mathrm{m}}(\boldsymbol{r},t)=\frac{1}{2}\mu\mid\boldsymbol{H}(\boldsymbol{r},t)\mid^{2} \tag{5.6-3}$$

区域 V 中总的时变电磁场能量 $W(t)$ 为

$$W(t)=W_{\mathrm{e}}(t)+W_{\mathrm{m}}(t)=\iiint_{V}w_{\mathrm{e}}(\boldsymbol{r},t)\mathrm{d}V+\iiint_{V}w_{\mathrm{m}}(\boldsymbol{r},t)\mathrm{d}V \tag{5.6-4}$$

当导电媒质中有时变电磁场时就有电流，因此有欧姆损耗。单位体积的损耗功率密度为

$$p(\boldsymbol{r},t)=\sigma\mid\boldsymbol{E}(\boldsymbol{r},t)\mid^{2} \tag{5.6-5}$$

在时变电磁场中，媒质除了有欧姆损耗外，还可能存在极化损耗或磁化损耗。这是由于电磁场随时间变化，媒质中的极化束缚电荷位移和磁化分子磁偶极子的偏转也会随时间变化，当这种束缚电荷位移变化与分子磁偶极子的偏转变化受到阻力时，极化和磁化跟不上电场或磁场变化，就存在迟滞效应，电磁场就要反抗这种阻力做功引起能量损耗。媒质的极化损耗不但与媒质的物质结构有关，还与电场的变化快慢有关。不同的媒质，极化损耗不同。同一媒质在不同的电磁场频率，极化损耗也不同。例如水分子极化恢复力较强，在交变电场中就存在极化迟滞损耗。电场随时间变化越快，极化迟滞损耗功率就越大。这部分损耗功率和欧姆损耗一样，也转化为热能。因此可用变化很快的超高频或微波对含水媒质进行加热。微波炉和电磁理疗设备就是采用了这一原理。

2. 坡印亭矢量

时变电磁场以电磁波的形式在空间传播，电磁波传播过程也是电磁能量在空间的流动过程。为了衡量电磁能量在空间流动的方向和大小，定义**功率流密度矢量**，其方向为能量流动的方向，大小为单位时间垂直穿过单位面积的能量，或垂直穿过单位面积的功率，单位为 $\mathrm{W/m^2}$。为此，定义坡印亭(Poynting)矢量 $\boldsymbol{S}$

$$\boldsymbol{S}=\boldsymbol{E}\times\boldsymbol{H} \tag{5.6-6}$$

下面分析坡印亭矢量的意义。对坡印亭矢量求散度，并利用矢量恒等式得

$$\nabla\cdot(\boldsymbol{E}\times\boldsymbol{H})=\boldsymbol{H}\cdot\nabla\times\boldsymbol{E}-\boldsymbol{E}\cdot\nabla\times\boldsymbol{H} \tag{5.6-7}$$

将$\nabla\times\boldsymbol{E}=-\mu\frac{\partial}{\partial t}\boldsymbol{H}$，$\nabla\times\boldsymbol{H}=\sigma\boldsymbol{E}+\varepsilon\frac{\partial}{\partial t}\boldsymbol{E}$ 代入后，整理得

$$\nabla\cdot(\boldsymbol{E}\times\boldsymbol{H})=-\frac{\partial}{\partial t}\left(\frac{1}{2}\mu\mid\boldsymbol{H}\mid^{2}+\frac{1}{2}\varepsilon\mid\boldsymbol{E}\mid^{2}\right)-\sigma\mid\boldsymbol{E}\mid^{2} \tag{5.6-8}$$

对上式两边在某区域 V 进行体积分，再利用高斯定理，将左边体积分变换为封闭面积分，并在等式两边同乘以 -1，得

$$-\oint\!\!\!\oint_{S}(\boldsymbol{E}\times\boldsymbol{H})\cdot\mathrm{d}\boldsymbol{S}=\iiint_{V}\sigma\mid\boldsymbol{E}\mid^{2}\mathrm{d}V+\frac{\mathrm{d}}{\mathrm{d}t}\iiint_{V}\left(\frac{\mu}{2}\mid\boldsymbol{H}\mid^{2}+\frac{\varepsilon}{2}\mid\boldsymbol{E}\mid^{2}\right)\mathrm{d}V \tag{5.6-9}$$

式中右边第一项体积分表示区域 V 中的欧姆损耗功率或单位时间的欧姆损耗能量，第二项体积分表示区域 V 中总电磁能量随时间的增加率，也就是区域 V 中单位时间增加的电磁能量。

根据能量守恒定律，区域 V 中单位时间损耗的电磁能量和增加的电磁能量之和应等于单位时间从外面流进来的能量，而等式左边正好表示从外面通过封闭面流入区域 V 的通量，那么此通量就是单位时间流进封闭面的能量，其对应的通量密度，即坡印亭矢量，就是单位时间垂直穿过单位面积的能量，或穿过单位面积的功率。也就是说，坡印亭矢量就是功率流密度矢量。(5.6-9)式表示在区域 V 中电磁场能量守恒，因此称作坡印亭定理。由坡印亭矢量的定义可见，坡印亭矢量的方向就是能量流动的方向，总是垂直于 $\boldsymbol{E}$ 和 $\boldsymbol{H}$，且服从从 $\boldsymbol{E}$ 到 $\boldsymbol{H}$ 的右手螺旋法则，如图 5.6-1 所示。坡印亭矢量虽然是在时变场中定义的，也同样适用于稳恒电流场。

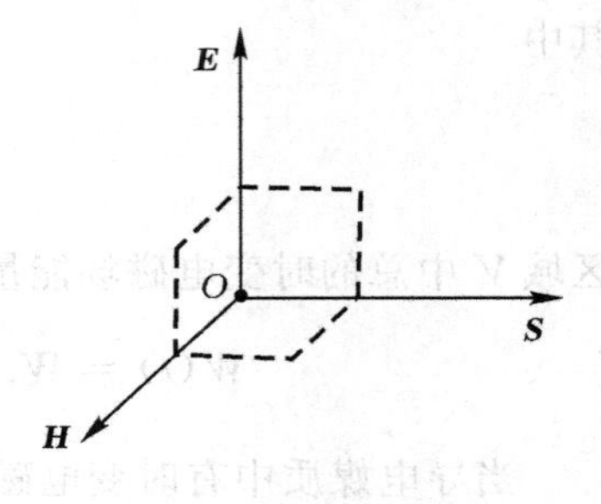

图 5.6-1　坡印亭矢量的方向

在电磁场中，流动穿过曲面 S 的功率为

$$P=\iint_S \boldsymbol{E}\times\boldsymbol{H}\cdot \mathrm{d}\boldsymbol{S} \tag{5.6-10}$$

例 5.6-1　一段长为 L 的同轴线连接电源和负载电阻 R 形成简单直流电路，如图 5.6-2(a)所示，同轴线内导体半径为 a，外导体内、外半径分别为 b、c，电流为 I，在同轴线左端内、外导体之间的电压为 V，导体之间为空气，求同轴线中传输的功率。

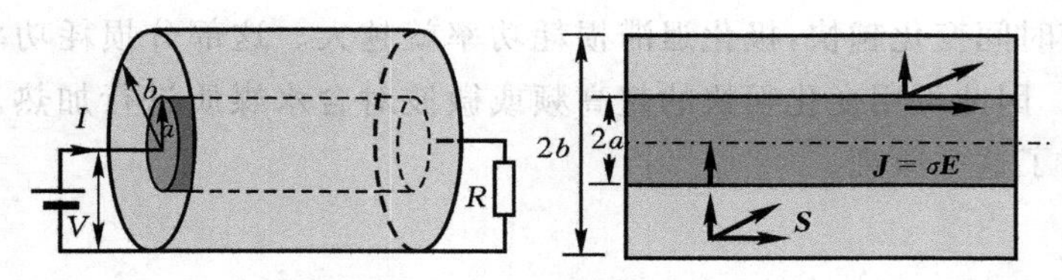

(a) 同轴传输线　　(b) 同轴线内、外导体之间的功率流密度

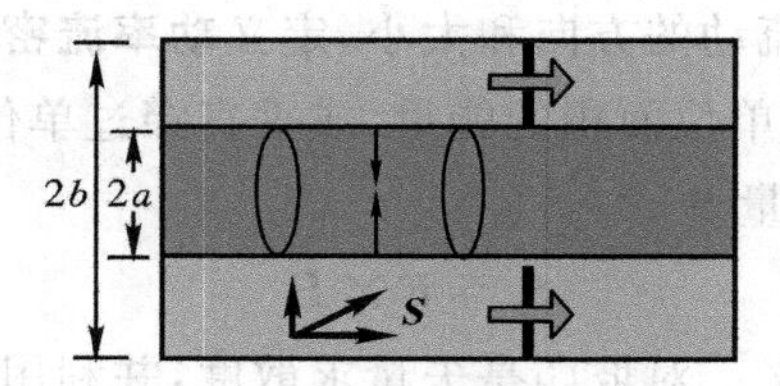

(c) 流过导体之间的功率及流进内导体的功率

图 5.6-2　同轴线中传输的功率

解　(1) 同轴线内外导体是理想导体

如果同轴线内外导体是理想导体，那么它们都是等位体。已知流过同轴线的电流 I 以及内外导体间的电压 V，可分别计算出同轴线中的电磁场分别为：

$$E_\rho=\frac{V}{\ln\dfrac{b}{a}}\frac{1}{\rho},\quad a<\rho<b$$

$$E_\rho=0,\quad \rho<a,\rho>b$$

$$H_\varphi=\begin{cases}\dfrac{I}{2\pi a^2}\rho, & \rho<a\\ \dfrac{I}{2\pi\rho}, & a<\rho<b\\ \dfrac{I}{2\pi\rho}\dfrac{c^2-\rho^2}{c^2-b^2}, & b<\rho<c\\ 0, & \rho>c\end{cases}$$

显然,只有内、外导体之间有功率流动,其坡印亭矢量为

$$\boldsymbol{S}=\boldsymbol{E}\times\boldsymbol{H}=\hat{z}\frac{VI}{2\pi\ln\dfrac{b}{a}}\frac{1}{\rho^2}\quad a<\rho<b$$

此式表明,在此电路的电源与负载之间,能量仅在内外导体之间沿 z 方向流动,即沿同轴线导线方向流动。流过内外导体之间截面的功率为

$$P=\iint_S\boldsymbol{E}\times\boldsymbol{H}\cdot\mathrm{d}\boldsymbol{S}=\int_a^b\frac{VI}{2\pi\ln\dfrac{b}{a}}\frac{1}{\rho^2}\hat{z}\cdot\hat{z}2\pi\rho\mathrm{d}\rho=VI$$

可以看出,穿过同轴线截面的功率正好等于用电路理论计算的功率。这就说明,电路中给出的源提供给负载的功率是在导线之间的空间中沿导线流动的。

(2) 同轴线内、外导体是良导体

如果同轴线内、外导体是良导体,内、外导体中就有电场。内、外导体中的电场与电流方向一致,满足 $\boldsymbol{J}=\sigma\boldsymbol{E}$。根据边界条件,在内、外导体之间,电场不但有 ρ 分量,还有 z 分量。已知流过同轴线的电流 I 以及内外导体间的电压 V,可将同轴线中的电磁场分布分别表示为

$$\boldsymbol{E}=\begin{cases}\hat{z}\dfrac{I}{\pi a^2\sigma}, & \rho<a\\ \hat{z}E_z+\hat{\rho}E_\rho, & a<\rho<b\\ -\hat{z}\dfrac{I}{\pi(c^2-b^2)\sigma}, & b<\rho<c\\ 0, & \rho>c\end{cases}$$

$$H_\varphi=\begin{cases}\dfrac{I}{2\pi a^2}\rho, & \rho<a\\ \dfrac{I}{2\pi\rho}, & a<\rho<b\\ \dfrac{I}{2\pi\rho}\dfrac{c^2-\rho^2}{c^2-b^2}, & b<\rho<c\\ 0, & \rho>c\end{cases}$$

由此,坡印亭矢量为

$$\boldsymbol{S}=\boldsymbol{E}\times\boldsymbol{H}=\begin{cases}-\hat{\rho}\dfrac{I^2}{2\pi^2a^4\sigma}\rho, & \rho<a\\ -\hat{\rho}\dfrac{IE_z}{2\pi\rho}+\hat{z}\dfrac{IE_\rho}{2\pi\rho}, & a<\rho<b\\ \hat{\rho}\dfrac{I^2}{2\pi^2\rho\sigma}\dfrac{c^2-\rho^2}{(c^2-b^2)^2}, & b<\rho<c\\ 0, & \rho>c\end{cases}$$

可以看出，在同轴线内、外导体中，功率沿 ρ 方向流动，而在内、外导体之间，功率不仅沿导线 z 方向流动，也有向导线内 ρ 方向流动的分量，如图 5.6-2(b)所示。在同轴线中 z_1 处，沿导线向 z 方向流动的总功率为

$$P_z(z_1)=\iint_S \boldsymbol{E}\times\boldsymbol{H}\cdot\hat{z}\mathrm{d}S=\int_a^b \frac{IE_\rho(z_1)}{2\pi\rho}\cdot 2\pi\rho\mathrm{d}\rho=I\int_a^b E_\rho(z_1)\mathrm{d}\rho=V(z_1)I$$

式中 $V(z_1)$ 为积分截面处内、外导体间的电压。下面计算通过内导体表面(见图5.6-2c)向 $-\rho$ 方向流进长度为 l 的内导体中的功率

$$P_{-\rho}(\rho=a)=\iint_S \boldsymbol{E}\times\boldsymbol{H}\cdot(-\hat{\rho})\mathrm{d}S=\iint_S -\hat{\rho}\frac{I^2}{2\pi^2a^3\sigma}\cdot(-\hat{\rho})\mathrm{d}S$$

$$=\frac{I^2}{2\pi^2a^3\sigma}\cdot 2\pi al=\frac{I^2}{\pi a^2\sigma}l=I^2R_1$$

式中

$$R_1=\frac{l}{\pi a^2\sigma}$$

是长度为 l 的内导体的电阻。可以看出，流进内导体的功率正好等于内导体的损耗功率。同理可以计算得到，流进外导体的功率正好等于外导体的损耗功率。

此例说明，电路中的功率是在导线之间的空间流动的，一部分流向负载，另一部分流进导线中供欧姆损耗。

思考题

1. 坡印亭矢量是如何定义的？其物理意义是什么？
2. 能量流动的方向与电场和磁场的方向有什么关系？
3. 坡印亭定理的意义是什么？
4. 坡印亭矢量散度的意义是什么？
5. 如何计算流动穿过一个面的电磁功率？

5.7　正弦时变电磁场

在时变电磁场中，随时间正弦变化的时变电磁场称作正弦电磁场，也称作时谐场(time-harmonic field)。在线性媒质中，如果电流随时间正弦变化，那么产生的时变电磁场也随时间正弦变化，而且各场量的频率都相同。正弦电磁场是最常见、最简单、最基本的时变电磁场。最常见是指在工程实际中，正弦电磁场容易产生，传播，大多应用的无线电载波是正弦波。最简单是指描述正弦场时间变化的数学函数是正弦函数，正弦函数可以用幅度、频率和相位三个参数确定。最基本是指任意时间周期函数可以用傅里叶级数展开成正弦函数。

1. 电路中的相量

对于正弦场，可以应用类似于电路理论中的频域方法，将时域中的正弦时变量转换为频域中的相量，然后在频域中讨论，使源和场的关系得到简化，比较容易分析求解。比如一个和电压源串联的 RLC 回路，如果已知电压源 $e(t)$，RLC 回路电流满足以下方程

$$Ri(t)+L\frac{\mathrm{d}i(t)}{\mathrm{d}t}+\frac{1}{C}\int i(t)\mathrm{d}t=e(t)\tag{5.7-1}$$

这个方程包含微分和积分，求解比较复杂。如果电压源随时间变化形式是余弦函数

$$e(t) = E_{s0}\cos(\omega t + \varphi_e) \tag{5.7-2}$$

式中 E_s、ω 及 φ_e 分别是电压源的振幅、角频率及相位，那么回路电流是同样频率 ω 的余弦函数

$$i(t) = I_m\cos(\omega t + \varphi_i) \tag{5.7-3}$$

式中 I_m、ω 及 φ_i 分别是电流的振幅、角频率及相位，只要求出电流的振幅和相位，电流就能确定。因此，在电路中分析时间正弦变化时，定义包含振幅和相位的量，叫作相量。电流的相量为

$$I = I_m e^{j\varphi_i} = I_m\angle\varphi \tag{5.7-4}$$

电压源相量为

$$E_s = E_{s0}e^{j\varphi_{ei}} = E_{s0}\angle\varphi \tag{5.7-4}$$

$i(t)$及 $e(t)$用对应相量表示为

$$i(t) = \mathrm{Re}[Ie^{j\omega t}] \tag{5.7-5}$$

$$e(t) = \mathrm{Re}[E_s e^{j\omega t}] \tag{5.7-6}$$

(5.7-5)和(5.7-6)式代入(5.7-1)式中，简化后就得到相量满足的方程

$$RI + j\omega LI + \frac{I}{j\omega C} = E_S \tag{5.7-7}$$

这是代数方程，很容易从中求出 I，从而也就得到 $i(t)$。对于正弦电磁场，为了简化分析，也采用这种方法。

2. 正弦电磁场复数形式

对于正弦电磁场，电场强度 x 分量时间函数可写为

$$E_x(\boldsymbol{r},t) = \sqrt{2}E_x(\boldsymbol{r})\cos(\omega t + \varphi_{Ex}) \tag{5.7-8}$$

式中 $E_x(\boldsymbol{r})$是电场强度 x 分量有效值，是空间变量的函数，ω 是频率，φ_{Ex} 是电场强度 x 分量的相位。仿照电路中的相量定义，由电场强度 x 分量有效值 $E_x(\boldsymbol{r})$及相位 φ_{Ex} 构成电场强度 x 分量复数

$$\dot{E}_x(\boldsymbol{r}) = E_x(\boldsymbol{r})e^{j\varphi_{Ex}} \tag{5.7-9}$$

由于此量是复数，因此也称为电场强度 x 分量复数形式。给上式乘以$\sqrt{2}e^{j\omega t}$后取实部，就是(5.7-8)式，即

$$E_x(\boldsymbol{r},t) = \mathrm{Re}[\sqrt{2}\dot{E}_x e^{j\omega t}] \tag{5.7-10}$$

同理，可分别由电场强度 y 分量有效值和相位 φ_{Ey} 以及电场强度 z 分量有效值及相位 φ_{Ey} 构成电场强度 y 分量复数形式及电场强度 z 分量复数形式

$$\dot{E}_y(\boldsymbol{r}) = E_y(\boldsymbol{r})e^{j\varphi_{Ey}} \tag{5.7-11}$$

$$\dot{E}_z(\boldsymbol{r}) = E_x(\boldsymbol{r})e^{j\varphi_{Ey}} \tag{5.7-12}$$

由电场强度 3 个坐标分量复数形式组成电场强度矢量复数形式

$$\dot{\boldsymbol{E}}(\boldsymbol{r}) = \dot{E}_x(\boldsymbol{r})\hat{x} + \dot{E}_y(\boldsymbol{r})\hat{y} + \dot{E}_z(\boldsymbol{r})\hat{z} \tag{5.7-13}$$

上式乘以$\sqrt{2}e^{j\omega t}$后取实部就是正弦时变电场强度

$$\boldsymbol{E}(\boldsymbol{r},t) = \mathrm{Re}[\sqrt{2}\dot{\boldsymbol{E}}(\boldsymbol{r})e^{j\omega t}] \tag{5.7-14}$$

用同样方法,可构成磁场强度、电流密度等电磁场量的复数形式。

3. 麦克斯韦方程组的复数形式

将(5.7-14)式形式的正弦电场强度和正弦磁感应强度代入电磁感应定律的微分形式

$$\nabla\times\boldsymbol{E}(\boldsymbol{r},t)=-\frac{\partial\boldsymbol{B}(\boldsymbol{r},t)}{\partial t}$$

得

$$\nabla\times\{\mathrm{Re}[\sqrt{2}\,\dot{\boldsymbol{E}}(\boldsymbol{r})\mathrm{e}^{\mathrm{j}\omega t}]\}=-\frac{\partial}{\partial t}\{\mathrm{Re}[\sqrt{2}\,\dot{\boldsymbol{B}}(\boldsymbol{r})\mathrm{e}^{\mathrm{j}\omega t}]\}$$

上式交换微分运算和取实部符号次序得

$$\mathrm{Re}[\sqrt{2}\,\nabla\times\dot{\boldsymbol{E}}(\boldsymbol{r})\mathrm{e}^{\mathrm{j}\omega t}]=\mathrm{Re}[-\mathrm{j}\sqrt{2}\omega\dot{\boldsymbol{B}}(\boldsymbol{r})\mathrm{e}^{\mathrm{j}\omega t}]$$

由上式得

$$\nabla\times\dot{\boldsymbol{E}}(\boldsymbol{r})=-\mathrm{j}\omega\dot{\boldsymbol{B}}(\boldsymbol{r})$$

这就是法拉第电磁感应定律微分形式的复数形式。可以看出,上式方程中不再包含时间变量,时变场方程中对时间求导运算$\frac{\partial\boldsymbol{B}(\boldsymbol{r},t)}{\partial t}$对应于此方程中简化为相乘运算 $\mathrm{j}\omega\dot{\boldsymbol{B}}(\boldsymbol{r})$,使方程得到简化。

用同样方法可以得到麦克斯韦方程组中所有方程的复数形式,以及波动方程、矢量磁位和标量电位方程复数形式,下面一一列出。

(1)麦克斯韦方程组复数形式

微分形式

$$\nabla\times\dot{\boldsymbol{H}}=\dot{\boldsymbol{J}}+\mathrm{j}\omega\dot{\boldsymbol{D}} \tag{5.7-15a}$$

$$\nabla\times\dot{\boldsymbol{E}}=-\mathrm{j}\omega\dot{\boldsymbol{B}} \tag{5.7-15b}$$

$$\nabla\cdot\dot{\boldsymbol{D}}=\dot{\rho} \tag{5.7-15c}$$

$$\nabla\cdot\dot{\boldsymbol{B}}=0 \tag{5.7-15d}$$

积分形式

$$\oint_l\dot{\boldsymbol{H}}\cdot\mathrm{d}\boldsymbol{l}=\dot{I}+\mathrm{j}\omega\iint_S\dot{\boldsymbol{D}}\cdot\mathrm{d}\boldsymbol{S} \tag{5.7-16a}$$

$$\oint_l\dot{\boldsymbol{E}}\cdot\mathrm{d}\boldsymbol{l}=-\mathrm{j}\omega\iint_S\dot{\boldsymbol{B}}\cdot\mathrm{d}\boldsymbol{S} \tag{5.7-16b}$$

$$\oiint_S\dot{\boldsymbol{D}}\cdot\mathrm{d}\boldsymbol{S}=\dot{q} \tag{5.7-16c}$$

$$\oiint_S\dot{\boldsymbol{B}}\cdot\mathrm{d}\boldsymbol{S}=0 \tag{5.7-16d}$$

电荷守恒定律的复数形式

$$\oiint_S\dot{\boldsymbol{J}}\cdot\mathrm{d}\boldsymbol{S}=-\mathrm{j}\omega\dot{q} \tag{5.7-17a}$$

$$\nabla\cdot\dot{\boldsymbol{J}}=-\mathrm{j}\omega\dot{\rho} \tag{5.7-17b}$$

(2)齐次波动方程的复数形式

$$\nabla^2\dot{\boldsymbol{E}}+k^2\dot{\boldsymbol{E}}=0 \qquad (5.7-18a)$$

$$\nabla^2\dot{\boldsymbol{H}}+k^2\dot{\boldsymbol{H}}=0 \qquad (5.7-18b)$$

其中

$$k^2=\omega^2\mu\varepsilon \qquad (5.7-19)$$

(5.7－18)式是齐次矢量波动方程的复数形式,也称为齐次矢量亥姆霍兹方程。

(3)矢量位和标量位方程的复数形式为

$$\dot{\boldsymbol{B}}=\nabla\times\dot{\boldsymbol{A}} \qquad (5.7-20)$$

$$\dot{\boldsymbol{E}}=-\mathrm{j}\omega\dot{\boldsymbol{A}}-\nabla\dot{\Phi} \qquad (5.7-21)$$

$$\nabla^2\dot{\boldsymbol{A}}+k^2\dot{\boldsymbol{A}}=-\mu\dot{\boldsymbol{J}} \qquad (5.7-22a)$$

$$\nabla^2\dot{\Phi}+k^2\dot{\Phi}=-\frac{\dot{\rho}}{\varepsilon} \qquad (5.7-22b)$$

洛伦兹规范条件的复数形式

$$\nabla\cdot\dot{\boldsymbol{A}}=-j\omega\mu\varepsilon\dot{\Phi} \qquad (5.7-23)$$

4. 滞后位的复数形式

滞后矢量磁位计算的被积函数中,$t-\dfrac{R}{v}$时刻的正弦时变电流密度为

$$\boldsymbol{J}\left(\boldsymbol{r}',t-\frac{R}{v}\right)=\sqrt{2}\boldsymbol{J}_0(\boldsymbol{r}')\cos\left(\omega t-\frac{\omega}{v}R+\varphi_j\right) \qquad (5.7-24)$$

式中 $\boldsymbol{J}_0$ 和 φ_j 分别是正弦时变电流密度$\boldsymbol{J}(\boldsymbol{r}',t)$的有效值和相位,构成电流密度的复数形式

$$\dot{\boldsymbol{J}}(\boldsymbol{r}')=\boldsymbol{J}_0\mathrm{e}^{\mathrm{j}\varphi_j} \qquad (5.7-25)$$

显然,$\boldsymbol{J}\left(\boldsymbol{r}',t-\dfrac{R}{v}\right)$的复数形式为$\dot{\boldsymbol{J}}(\boldsymbol{r}')\mathrm{e}^{-\mathrm{j}kR}$,其中 $k=\dfrac{\omega}{v}=\omega\sqrt{\mu\varepsilon}$。那么滞后位的复数形式为

$$\dot{\boldsymbol{A}}(\boldsymbol{r})=\frac{\mu}{4\pi}\iiint_V\frac{\dot{\boldsymbol{J}}(\boldsymbol{r}')\mathrm{e}^{-\mathrm{j}kR}}{R}\mathrm{d}V' \qquad (5.7-26a)$$

$$\dot{\Phi}(\boldsymbol{r})=\frac{1}{4\pi\varepsilon}\iiint_V\frac{\dot{\rho}(\boldsymbol{r}')\mathrm{e}^{-\mathrm{j}kR}}{R}\mathrm{d}V' \qquad (5.7-26b)$$

5. 正弦电磁场中的物质结构参数

在时变电磁场中,物质结构方程的形式取决于物质的结构以及物质在电磁场中的特性。只有当物质的电磁参数 ε,μ 和 σ 与频率无关,或者至少物质的电磁参数在电磁场随时间变化的频率范围内保持是常数,并且是线性和各向同性时,物质结构方程才可以写成

$$\boldsymbol{D}(\boldsymbol{r},t)=\varepsilon\boldsymbol{E}(\boldsymbol{r},t) \qquad (5.7-27a)$$

$$\boldsymbol{B}(\boldsymbol{r},t)=\mu\boldsymbol{H}(\boldsymbol{r},t) \qquad (5.7-27b)$$

$$\boldsymbol{J}(\boldsymbol{r},t)=\sigma\boldsymbol{E}(\boldsymbol{r},t) \qquad (5.7-27c)$$

当物质的电磁参数 ε、μ 和 σ 与频率有关时,上式这种时变场的物质结构方程只有对正弦场才成立,因此可以写成复数形式

$$\dot{\boldsymbol{D}}(\boldsymbol{r})=\varepsilon(\omega)\dot{\boldsymbol{E}}(\boldsymbol{r}) \qquad (5.7-28a)$$

$$\dot{\boldsymbol{B}}(\boldsymbol{r}) = \mu(\omega)\,\dot{\boldsymbol{H}}(\boldsymbol{r}) \tag{5.7-28b}$$

$$\dot{\boldsymbol{J}}(\boldsymbol{r}) = \sigma(\omega)\,\dot{\boldsymbol{E}}(\boldsymbol{r}) \tag{5.7-28c}$$

物质放在电场中要发生极化。当物质放在时变电场中时，极化强度要随电场强度变化，当电场变化很快时，由于原子之间力的阻尼作用，极化强度随时间的变化要滞后于电场强度随时间的变化，发生极化滞后效应。对于正弦电场

$$\boldsymbol{E}(\boldsymbol{r},t) = \sqrt{2}\boldsymbol{E}_0(\boldsymbol{r})\cos(\omega t + \varphi_e)$$

极化强度比电场强度滞后一相位角 α，即

$$\begin{aligned}\boldsymbol{P}(\boldsymbol{r},t) &= \varepsilon_0\chi_e\sqrt{2}\boldsymbol{E}_0(\boldsymbol{r})\cos(\omega t + \varphi_e - \alpha)\\ &= \mathrm{Re}[\sqrt{2}\varepsilon_0\chi_e\boldsymbol{E}(\boldsymbol{r})\mathrm{e}^{-\mathrm{j}\alpha}\mathrm{e}^{\mathrm{j}\omega t}]\end{aligned}$$

上式用电场强度和极化强度的复数形式表示为

$$\dot{\boldsymbol{P}} = \varepsilon_0\chi_e\mathrm{e}^{-\mathrm{j}\alpha}\,\dot{\boldsymbol{E}} \tag{5.7-29}$$

根据电位移矢量、电场强度和极化强度的关系

$$\dot{\boldsymbol{D}} = \varepsilon_0\dot{\boldsymbol{E}} + \dot{\boldsymbol{P}} = \varepsilon\dot{\boldsymbol{E}}$$

得

$$\varepsilon = \varepsilon_0(1 + \chi_e\mathrm{e}^{-\mathrm{j}\alpha}) \tag{5.7-30}$$

上式中，如果 $\alpha \neq 0$，ε 就是复数，可以写成

$$\varepsilon = \varepsilon' - \mathrm{j}\varepsilon'' \tag{5.7-31}$$

其实部和虚部分别为

$$\varepsilon' = \varepsilon_0\varepsilon'_r = \varepsilon_0(1 + \chi_e\cos\alpha) \tag{5.7-32a}$$

$$\varepsilon'' = \varepsilon_0\varepsilon''_r = \varepsilon_0\chi_e\sin\alpha \tag{5.7-32b}$$

可见，在正弦场中，当物质有极化滞后效应时，其介电常数是复数，虚部与滞后角正弦成正比。

在正弦时变场中，一些磁性媒质在磁化过程也存滞后效应，磁导率也可写成复数形式

$$\mu = \mu' - \mathrm{j}\mu'' \tag{5.7-33}$$

对于正弦电磁场，如果已知电流电荷分布求电磁场分布，先写出电流电荷分布密度的复数形式，然后利用复数形式的麦克斯韦方程组、波动方程或矢量位方程求出电场和磁场的复数形式，这也就是在频域求解，显然这比直接求解时变场方程简单得多，求解出电场和磁场的复数形式，就很容易写出对应的正弦场。本书以后三章中讨论的电磁场都是正弦场，因此电磁场量都是采用复数形式，所用的场方程也都是其复数形式。

思考题

1. 什么是正弦电磁场？

2. 正弦场的复数形式是怎样定义的？与对应的正弦时变形式有什么关系？

3. 对于正弦电磁场，为什么用正弦场的复数形式就可以表示相应的正弦场？

4. 时变电磁场的各个方程和对应的复数形式之间有什么对应关系？

5. 在正弦电磁场中，为什么介电常数会是复数？其虚部有什么意义？

5.8　正弦时变电磁场中的平均能量与功率

1. 平均能量与功率

对于随时间正弦变化的电磁场，能量密度也随时间变化，但工程上比较关心的是能量和功率的平均值，而不是瞬时值。设正弦电磁场为

$$\boldsymbol{E}(\boldsymbol{r},t)=\sqrt{2}\boldsymbol{E}_0(\boldsymbol{r})\cos(\omega t+\varphi_e) \tag{5.8-1a}$$

$$\boldsymbol{H}(\boldsymbol{r},t)=\sqrt{2}\boldsymbol{H}_0(\boldsymbol{r})\cos(\omega t+\varphi_m) \tag{5.8-1b}$$

对应的复数形式为

$$\boldsymbol{E}(\boldsymbol{r})=\boldsymbol{E}_0(\boldsymbol{r})e^{j\varphi_e} \tag{5.8-2a}$$

$$\boldsymbol{H}(\boldsymbol{r})=\boldsymbol{H}_0(\boldsymbol{r})e^{j\varphi_m} \tag{5.8-2b}$$

正弦电场能量密度的瞬时值为

$$\begin{aligned}w_e(\boldsymbol{r},t)&=\frac{1}{2}\varepsilon\mid\boldsymbol{E}(\boldsymbol{r},t)\mid^2\\&=\varepsilon\mid\boldsymbol{E}_0(\boldsymbol{r})\mid^2\cos^2(\omega t+\varphi_e)\end{aligned} \tag{5.8-3}$$

电场能量密度在一个周期内的平均值为

$$\begin{aligned}\overline{w}_e(\boldsymbol{r})&=\frac{1}{T}\int_0^T w_e(\boldsymbol{r},t)\mathrm{d}t=\varepsilon\mid\boldsymbol{E}_0(\boldsymbol{r})\mid^2\frac{1}{T}\int_0^T\cos^2(\omega t+\varphi_e)\mathrm{d}t\\&=\frac{1}{2}\varepsilon\mid\boldsymbol{E}_0(\boldsymbol{r})\mid^2\end{aligned} \tag{5.8-4}$$

此结果可以用电场强度的复数形式直接写出

$$\overline{w}_e(\boldsymbol{r})=\frac{1}{2}\varepsilon\mid\boldsymbol{E}(\boldsymbol{r})\mid^2 \tag{5.8-5}$$

也就是说，将电场能量密度公式中的电场强度的平方换成电场强度复数形式模的平方，就是正弦场电场能量密度的平均值。

用类似的方法，可以分别得到正弦场磁场能量密度的平均值和损耗功率密度的平均值

$$\overline{w}_m(\boldsymbol{r})=\frac{1}{2}\mu\mid\boldsymbol{H}(\boldsymbol{r})\mid^2 \tag{5.8-6}$$

$$\overline{p}(\boldsymbol{r})=\sigma\mid\boldsymbol{E}(\boldsymbol{r})\mid^2 \tag{5.8-7}$$

下面求正弦场坡印亭矢量的平均值

$$\begin{aligned}\overline{\boldsymbol{S}}(\boldsymbol{r})&=\frac{1}{T}\int_0^T\boldsymbol{E}(\boldsymbol{r},t)\times\boldsymbol{H}(\boldsymbol{r},t)\mathrm{d}t\\&=2\boldsymbol{E}_0(\boldsymbol{r})\times\boldsymbol{H}_0(\boldsymbol{r})\frac{1}{T}\int_0^T\cos(\omega t+\varphi_e)\cos(\omega t+\varphi_m)\mathrm{d}t\\&=\boldsymbol{E}_0(\boldsymbol{r})\times\boldsymbol{H}_0(\boldsymbol{r})\cos(\varphi_e-\varphi_m)\end{aligned} \tag{5.8-8}$$

此结果也可以用电磁场的复数形式表示为

$$\overline{\boldsymbol{S}}=\mathrm{Re}[\boldsymbol{E}(\boldsymbol{r})\times\boldsymbol{H}^*(\boldsymbol{r})] \tag{5.8-9}$$

式中 * 号为对复数求共轭。定义复坡印亭矢量 $\boldsymbol{S}_c$ 为电场强度的复数形式叉乘磁场强度复数形式的共轭，即

$$\boldsymbol{S}_c=\boldsymbol{E}\times\boldsymbol{H}^* \tag{5.8-10}$$

显然,正弦场坡印亭矢量的平均值就等于复坡印亭矢量的实部

$$\bar{\boldsymbol{S}} = \mathrm{Re}[\boldsymbol{S}_c] \tag{5.8-11}$$

下面举例分析在正弦时变电磁场中,电场和磁场相位差在几种不同情况下的功率流动情况。

例 5.8-1　角频率为 ω 的正弦电磁场的复数形式分别为 $\boldsymbol{E}=\boldsymbol{E}_0 \mathrm{e}^{\mathrm{j}\varphi_e}$ 和 $\boldsymbol{H}=\boldsymbol{H}_0 \mathrm{e}^{\mathrm{j}\varphi_m}$,求电场和磁场相位差分别为 $\varphi_e-\varphi_m=0,\pi,\frac{\pi}{2},\frac{\pi}{4}$ 4种情况下坡印亭矢量的瞬时值、平均值和复坡印亭矢量。

解　角频率为 ω 的正弦电磁场复数形式 $\boldsymbol{E}=\boldsymbol{E}_0 \mathrm{e}^{\mathrm{j}\varphi_e}$ 和 $\boldsymbol{H}=\boldsymbol{H}_0 \mathrm{e}^{\mathrm{j}\varphi_m}$ 对应的瞬时形式分别为

$$\boldsymbol{E}(t) = \sqrt{2}\boldsymbol{E}_0 \cos(\omega t + \varphi_e)$$

$$\boldsymbol{H}(t) = \sqrt{2}\boldsymbol{H}_0 \cos(\omega t + \varphi_m)$$

坡印亭矢量的瞬时值、复坡印亭矢量和平均值分别为

$$\boldsymbol{S}(t) = \boldsymbol{E}(t) \times \boldsymbol{H}(t) = \boldsymbol{S}_0[\cos(2\omega t + \varphi_e + \varphi_m) + \cos(\varphi_e - \varphi_m)]$$

$$\boldsymbol{S}_c = \boldsymbol{E} \times \boldsymbol{H}^* = \boldsymbol{S}_0[\cos(\varphi_e - \varphi_m) + \mathrm{j}\sin(\varphi_e - \varphi_m)]$$

$$\bar{\boldsymbol{S}} = \boldsymbol{E}_0(\boldsymbol{r}) \times \boldsymbol{H}_0(\boldsymbol{r})\cos(\varphi_e - \varphi_m) = \boldsymbol{S}_0 \cos(\varphi_e - \varphi_m)$$

式中

$$\boldsymbol{S}_0 = \boldsymbol{E}_0 \times \boldsymbol{H}_0$$

将 $\varphi_e-\varphi_m=0,\pi,\frac{\pi}{2},\frac{\pi}{4}$ 分别代入,得到4种情况下坡印亭矢量的瞬时值、平均值和复坡印亭矢量。图5.8-1所示为4种情况对应的坡印亭矢量的瞬时值波形图及平均值。

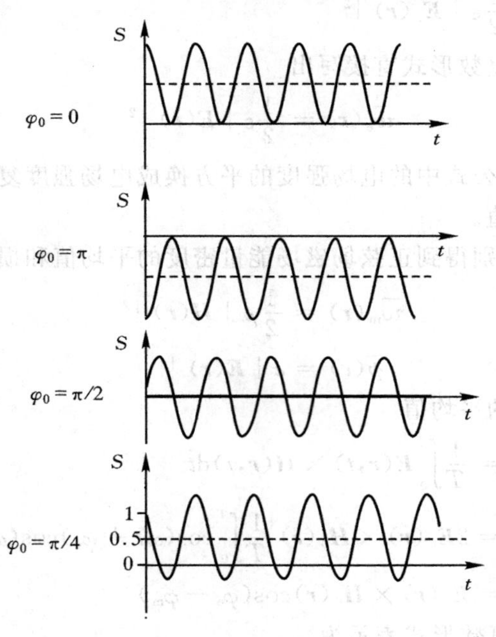

图5.8-1　坡印亭矢量的瞬时值 $\varphi_0=\varphi_e-\varphi_m$

(1) 当 $\varphi_e-\varphi_m=0$ 时,有

$$\boldsymbol{S}(t) = \boldsymbol{S}_0[\cos(2\omega t + \varphi_e + \varphi_m) + 1] \geqslant 0$$

$$\bar{\boldsymbol{S}} = \boldsymbol{S}_0$$

$$\boldsymbol{S}_{\mathrm{c}} = \boldsymbol{E} \times \boldsymbol{H}^{*} = \boldsymbol{S}_0$$

能量仅向一个方向流动。

(2) 当 $\varphi_{\mathrm{e}} - \varphi_{\mathrm{m}} = \pi$ 时，有

$$\boldsymbol{S}(t) = \boldsymbol{S}_0[\cos(2\omega t + \varphi_{\mathrm{e}} + \varphi_{\mathrm{m}}) - 1] \leqslant 0$$

$$\bar{\boldsymbol{S}} = -\boldsymbol{S}_0$$

$$\boldsymbol{S}_{\mathrm{c}} = \boldsymbol{E} \times \boldsymbol{H}^{*} = -\boldsymbol{S}_0$$

能量也仅向一个方向流动，但和(1)情况的方向相反。

(3) 当 $\varphi_{\mathrm{e}} - \varphi_{\mathrm{m}} = \dfrac{\pi}{2}$ 时，有

$$\boldsymbol{S}(t) = \boldsymbol{S}_0 \cos(2\omega t + \varphi_{\mathrm{e}} + \varphi_{\mathrm{m}})$$

$$\bar{\boldsymbol{S}} = \boldsymbol{0}$$

$$\boldsymbol{S}_{\mathrm{c}} = \boldsymbol{E} \times \boldsymbol{H}^{*} = \mathrm{j}\boldsymbol{S}_0$$

能量流动在两个方向交替变化，向两个方向流动的能量大小、时间相同，没有平均能量流动。

(4) 当 $\varphi_{\mathrm{e}} - \varphi_{\mathrm{m}} = \dfrac{\pi}{4}$ 时，有

$$\boldsymbol{S}(t) = \boldsymbol{S}_0\left[\cos(2\omega t + \varphi_{\mathrm{e}} + \varphi_{\mathrm{m}}) + \frac{\sqrt{2}}{2}\right]$$

$$\bar{\boldsymbol{S}} = \frac{\sqrt{2}}{2}\boldsymbol{S}_0$$

$$\boldsymbol{S}_{\mathrm{c}} = \boldsymbol{E} \times \boldsymbol{H}^{*} = \boldsymbol{S}_0\left(\frac{\sqrt{2}}{2} + \mathrm{j}\frac{\sqrt{2}}{2}\right)$$

能量流动在两个方向交替变化，向两个方向流动的能量大小、时间不相同，有平均能量流动。从此例可以看出，两个方向交换的能量越多，复坡印亭矢量的虚部就越大，无能量交换时，虚部为 0。

2. 复坡印亭定理

下面分析复坡印亭矢量流进一个封闭面的通量，即复功率。取复坡印亭矢量的散度得

$$\nabla \cdot (\boldsymbol{E} \times \boldsymbol{H}^{*}) = \boldsymbol{H}^{*} \cdot \nabla \times \boldsymbol{E} - \boldsymbol{E} \cdot \nabla \times \boldsymbol{H}^{*}$$

利用麦克斯韦方程组复数形式中的两个旋度方程，上式可写为

$$\nabla \cdot (\boldsymbol{E} \times \boldsymbol{H}^{*}) = \boldsymbol{H}^{*} \cdot (-\mathrm{j}\omega\mu\boldsymbol{H}) - \boldsymbol{E} \cdot (\boldsymbol{J}^{*} - \mathrm{j}\omega\varepsilon^{*}\boldsymbol{E}^{*})$$

将 $\boldsymbol{J} = \sigma\boldsymbol{E}$ 代入上式整理后得

$$\nabla \cdot (\boldsymbol{E} \times \boldsymbol{H}^{*}) = -\sigma |\boldsymbol{E}|^2 - \mathrm{j}2\omega\left(\frac{1}{2}\mu |\boldsymbol{H}|^2 - \frac{1}{2}\varepsilon^{*} |\boldsymbol{E}|^2\right)$$

等式两边乘以 −1，对空间一区域 V 进行体积分，并利用高斯定理将左边的体积分转化为封闭面积分，得

$$-\oint_S \boldsymbol{E} \times \boldsymbol{H}^{*} \cdot \mathrm{d}\boldsymbol{S} = \iiint_V \sigma |\boldsymbol{E}|^2 \mathrm{d}V + \mathrm{j}2\omega \iiint_V \left(\frac{1}{2}\mu |\boldsymbol{H}|^2 - \frac{1}{2}\varepsilon^{*} |\boldsymbol{E}|^2\right)\mathrm{d}V \quad (5.8-12)$$

当积分区域中的媒质没有极化和磁化损耗时，μ、ε 为实数。上式左边为从封闭面流进体积中的复功率。右边第一项为实数，为体积 V 中的平均欧姆损耗功率，第二项为虚数，与体积中磁场平均能量与电场平均能量之差成正比。上式可以简写为

$$P = P_R + \mathrm{j}2\omega(\overline{W}_{\mathrm{m}} - \overline{W}_{\mathrm{e}}) \quad (5.8-13)$$

式中 P_R 代表(5.8-12)式中右边第一项,即总平均欧姆损耗功率。(5.8-12)式称为复坡印亭定理。当体积 V 中电场总平均能量与磁场总平均能量相等时,虚部为0,流进 V 中的平均功率就等于 V 中的平均欧姆损耗功率。

在电路中,当流进一个网络的功率等于网络内的欧姆损耗时,有两种情况:一种是网络中只有电阻元件;另一种是网络中除了电阻元件外,还有电容元件和电感元件,电路达到谐振,电容中的平均电场能量等于电感中的平均磁场能量。

当体积 V 中电场总平均能量与磁场总平均能量不相等时,流进 V 中的功率一部分转化为欧姆损耗功率,是网络的有功功率;而另一部分功率通过界面不断交换,这部分就是无功功率。电路网络中有电抗元件但又未达到谐振,就是这种情况。

当区域 V 中的媒质是具有极化滞后效应的媒质时,$\varepsilon=\varepsilon'-\mathrm{j}\varepsilon''$,代入(5.8-12)式得

$$-\oint_S \boldsymbol{E}\times\boldsymbol{H}^*\cdot\mathrm{d}\boldsymbol{S}=\iiint_V \sigma\,|\boldsymbol{E}|^2\mathrm{d}V+\iiint_V \omega\varepsilon''\,|\boldsymbol{E}|^2\mathrm{d}V$$
$$+\mathrm{j}2\omega\iiint_V\left(\frac{1}{2}\mu\,|\boldsymbol{H}|^2-\frac{1}{2}\varepsilon\,|\boldsymbol{E}|^2\right)\mathrm{d}V \tag{5.8-14}$$

上式右端第二项也为实数,和第一项一样表示功率损耗。这是由于电场要克服使极化滞后的阻尼力做功所损失的能量,也是热损耗。可以看出,这种损耗与频率和 ε'' 成正比。电磁波对材料加热,例如微波炉,就是基于此原理。

例 5.8-2 已知空气中的电场强度为

$$\boldsymbol{E}(z,t)=\hat{x}\sqrt{2}E_0\cos(\omega t-kz)$$

求 $\boldsymbol{E}(z)$、$\boldsymbol{H}(z)$、$\boldsymbol{H}(z,t)$、$\boldsymbol{S}_c(z)$、$\overline{w}(z)$

解 由 $\boldsymbol{E}(z,t)=\mathrm{Re}[\sqrt{2}\boldsymbol{E}(\boldsymbol{r})\mathrm{e}^{\mathrm{j}\omega t}]$

得 $\boldsymbol{E}(\boldsymbol{r})=\hat{x}E_0\mathrm{e}^{-\mathrm{j}kz}$

由 $\nabla\times\boldsymbol{E}=-\mathrm{j}\omega\mu\boldsymbol{H}$

得
$$\boldsymbol{H}(\boldsymbol{r})=\frac{1}{-\mathrm{j}\omega\mu_0}\nabla\times\boldsymbol{E}(\boldsymbol{r})=\hat{y}\frac{k}{\omega\mu_0}E_0\mathrm{e}^{-\mathrm{j}kz}$$

$$\boldsymbol{H}(z,t)=\mathrm{Re}[\sqrt{2}\boldsymbol{H}(\boldsymbol{r})\mathrm{e}^{\mathrm{j}\omega t}]=\hat{y}\sqrt{2}\frac{k}{\omega\mu_0}E_0\cos(\omega t-kz)$$

$$\boldsymbol{S}_c=\boldsymbol{E}\times\boldsymbol{H}^*=\hat{z}\frac{k}{\omega\mu_0}E_0^2$$

$$\overline{w}=\overline{w}_e+\overline{w}_m=\frac{1}{2}\varepsilon_0\,|\boldsymbol{E}|^2+\frac{1}{2}\mu_0\,|\boldsymbol{H}|^2=\varepsilon_0E_0^2$$

思考题

1. 如何计算电磁场能量密度平均值、损耗功率密度的平均值?
2. 复坡印亭矢量是怎样定义的?其实部和虚部的物理意义是什么?
3. 复坡印亭定理的意义是什么?

5.9 从麦克斯韦方程组到基尔霍夫电压定律

电路理论中,有两个基本定律,分别是基尔霍夫电流定律和基尔霍夫电压定律。基尔霍夫

电流定律很容易从电磁场中的电流连续性原理得到。本节将麦克斯韦方程组应用于一个基本电路，推导出用于该电路的基尔霍夫电压定律，以此简要说明电路理论与电磁理论的关系。

考虑如图 5.9-1 所示的电阻 R、电容 C 和电感 L 与正弦时变电源串联组成的基本电路，对这个电路应用法拉第电磁感应定律

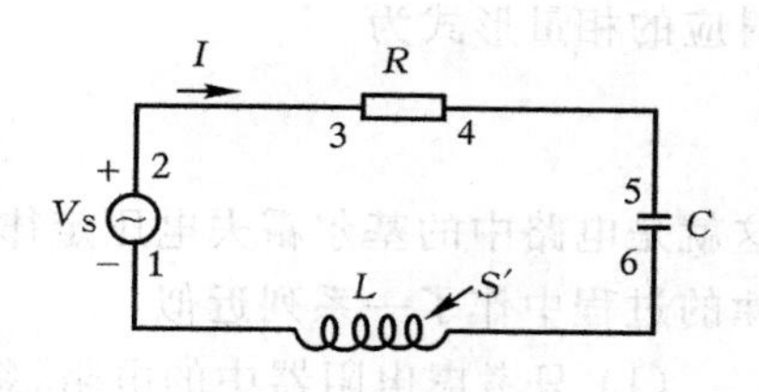

图 5.9-1　RLC 串联电路

$$\oint_l \boldsymbol{E}\cdot \mathrm{d}\boldsymbol{l} = -\iint \frac{\partial \boldsymbol{B}}{\partial t}\cdot \mathrm{d}\boldsymbol{S}$$

设电路导线是理想导电体，沿着电路导线上电场的切向分量为 0，则上式可写为

$$\int_1^2 \boldsymbol{E}\cdot \mathrm{d}\boldsymbol{l} + \int_3^4 \boldsymbol{E}\cdot \mathrm{d}\boldsymbol{l} + \int_5^6 \boldsymbol{E}\cdot \mathrm{d}\boldsymbol{l} = -\iint_S \frac{\partial \boldsymbol{B}}{\partial t}\cdot \mathrm{d}\boldsymbol{S} \tag{5.9-1}$$

式中线积分的上下限标注的数字如图 5.9-1 所示，S 是以电路回路为界的曲面。下面计算每一个积分。

$$\int_1^2 \boldsymbol{E}\cdot \mathrm{d}\boldsymbol{l} = -\int_2^1 \boldsymbol{E}\cdot \mathrm{d}\boldsymbol{l} = -\mathscr{E} \tag{5.9-2}$$

式中 $\mathscr{E}$ 是电源电动势，在电阻中，$\boldsymbol{E} = \frac{\boldsymbol{J}}{\sigma} = \frac{i\hat{l}}{\sigma S_R}$，$S_R$ 是电阻导线截面面积，i 是流过导线的电流强度，则

$$\int_3^4 \boldsymbol{E}\cdot \mathrm{d}\boldsymbol{l} = \frac{i l_R}{\sigma S_R} = iR \tag{5.9-3}$$

是电阻两端的电压。式中 l_R 是电阻的长度，R 是电阻值，$\int_5^6 \boldsymbol{E}\cdot \mathrm{d}\boldsymbol{l}$ 是电容两端的电压。可以近似认为电容器两极板之间的电场主要是由极板上的电荷产生的，于是在电容器中，$\boldsymbol{E} = -\nabla \Phi$，则

$$\int_5^6 \boldsymbol{E}\cdot \mathrm{d}\boldsymbol{l} = -\int_5^6 \nabla\Phi\cdot \mathrm{d}\boldsymbol{l} = \Phi_5 - \Phi_6 = \frac{q}{C} \tag{5.9-4}$$

式中 C 是电容器的电容，q 是电容器极板上的电荷量。将电荷守恒定律 $\oint\!\!\!\oint \boldsymbol{J}\cdot \mathrm{d}\boldsymbol{S} = -\frac{\mathrm{d}q}{\mathrm{d}t}$ 用于电容器，得到极板上的电荷为

$$q = \int_{-\infty}^{t} i(t)\,\mathrm{d}t \tag{5.9-5}$$

将上式代入(5.9-4)式得

$$\int_5^6 \boldsymbol{E}\cdot \mathrm{d}\boldsymbol{l} = \frac{1}{C}\int_{-\infty}^{t} i(t)\,\mathrm{d}t \tag{5.9-6}$$

下面计算(5.9-1)式右边的面积分。忽略除了线圈以外的其他积分面，则

$$\iint_S \frac{\partial \boldsymbol{B}}{\partial t}\cdot \mathrm{d}\boldsymbol{S} \approx \frac{\mathrm{d}}{\mathrm{d}t}\iint_{S'} \boldsymbol{B}\cdot \mathrm{d}\boldsymbol{S} = \frac{\mathrm{d}}{\mathrm{d}t}(Li) = L\frac{\mathrm{d}i}{\mathrm{d}t} \tag{5.9-7}$$

式中 S' 是以电感线圈的导线为界形成的曲面，L 是电感线圈的电感，Li 是电感线圈的磁链。将(5.9-2)式、(5.9-3)式、(5.9-6)式和(5.9-7)式代入(5.9-1)式，得

$$iR + \frac{1}{C}\int_{-\infty}^{t} i\mathrm{d}i + L\frac{\mathrm{d}i}{\mathrm{d}t} = \mathscr{E} \tag{5.9-8}$$

对应的相量形式为

$$IR+\frac{I}{\mathrm{j}\omega C}+\mathrm{j}\omega LI=\varepsilon \tag{5.9-9}$$

这就是电路中的基尔霍夫电压定律。可以看出,由法拉第电磁感应定律得到基尔霍夫电压定律的过程中作了一系列近似:

(1) 只考虑电阻器中的电阻,忽略了电阻器以外的电阻;

(2) 认为电路中的电荷只存在于电容极板上,只考虑电容器中的电容,并且认为电容中的电场和静电场相同;

(3) 认为电路中的电感只存在于电感器中,忽略了电感器以外的电感;并且认为电感中的磁场和恒定磁场相同。

如果没有这些近似,将得不到基尔霍夫电压定律,换句话说,电路定律的应用是有条件的。只有满足以上近似条件才可以应用。

思考题

1. 在由法拉第电磁感应定律得到基尔霍夫电压定律的过程中都忽略了什么?
2. 你认为 $\boldsymbol{E}=-\nabla\Phi$ 在什么条件下才成立?
3. 你认为 $Li=\iint_S \boldsymbol{B}\cdot\mathrm{d}\boldsymbol{S}=\oint_l \boldsymbol{A}\cdot\mathrm{d}\boldsymbol{l}$ 在什么条件下才成立?

本章小结

1. 时变电磁场方程

位移电流为

$$I_D=\iint_S \frac{\partial \boldsymbol{D}}{\partial t}\cdot\mathrm{d}\boldsymbol{S}$$

位移电流密度为

$$\boldsymbol{J}_D=\frac{\partial \boldsymbol{D}}{\partial t}$$

麦克斯韦方程组的积分形式　　　　对应的微分形式

$$\oint_l \boldsymbol{H}\cdot\mathrm{d}\boldsymbol{l}=I+\iint_S \frac{\partial \boldsymbol{D}}{\partial t}\cdot\mathrm{d}\boldsymbol{S} \qquad \nabla\times\boldsymbol{H}=\boldsymbol{J}+\frac{\partial \boldsymbol{D}}{\partial t}$$

$$\oint_l \boldsymbol{E}\cdot\mathrm{d}\boldsymbol{l}=-\iint_S \frac{\partial \boldsymbol{B}}{\partial t}\cdot\mathrm{d}\boldsymbol{S} \qquad \nabla\times\boldsymbol{E}=-\frac{\partial \boldsymbol{B}}{\partial t}$$

$$\oiint_S \boldsymbol{D}\cdot\mathrm{d}\boldsymbol{S}=q \qquad \nabla\cdot\boldsymbol{D}=\rho$$

$$\oiint_S \boldsymbol{B}\cdot\mathrm{d}\boldsymbol{S}=0 \qquad \nabla\cdot\boldsymbol{B}=0$$

物质结构方程

$$\boldsymbol{D}=\varepsilon\boldsymbol{E}$$

$$\boldsymbol{B}=\mu\boldsymbol{H}$$

$$\boldsymbol{J}=\sigma\boldsymbol{E}+\boldsymbol{J}_i$$

2. 边界条件

$$\hat{n}\times(\boldsymbol{E}_1-\boldsymbol{E}_2)=\boldsymbol{0}$$

$$\hat{n}\times(\boldsymbol{H}_1-\boldsymbol{H}_2)=\boldsymbol{J}_S$$

$$(\boldsymbol{D}_1-\boldsymbol{D}_2)\cdot\hat{n}=\rho_S$$

$$(\boldsymbol{B}_1-\boldsymbol{B}_2)\cdot\hat{n}=0$$

两理想介质的边界条件：

$$\hat{n}\times(\boldsymbol{E}_1-\boldsymbol{E}_2)=\boldsymbol{0}$$

$$\hat{n}\times(\boldsymbol{H}_1-\boldsymbol{H}_2)=\boldsymbol{0}$$

$$(\boldsymbol{D}_1-\boldsymbol{D}_2)\cdot\hat{n}=0$$

$$(\boldsymbol{B}_1-\boldsymbol{B}_2)\cdot\hat{n}=0$$

理想导体表面的边界条件：

$$E_t=0$$

$$\hat{n}\times\boldsymbol{H}=\boldsymbol{J}_S$$

$$D_n=\rho_S$$

$$B_n=0$$

3. 波动方程和位函数

有源区的非齐次波动方程：

$$\nabla^2\boldsymbol{E}-\mu\varepsilon\frac{\partial^2\boldsymbol{E}}{\partial t^2}=\frac{1}{\varepsilon}\nabla\rho+\mu\frac{\partial\boldsymbol{J}}{\partial t}$$

$$\nabla^2\boldsymbol{H}-\mu\varepsilon\frac{\partial^2\boldsymbol{H}}{\partial t^2}=-\nabla\times\boldsymbol{J}$$

无源区的齐次波动方程：

$$\nabla^2\boldsymbol{E}-\mu\varepsilon\frac{\partial^2\boldsymbol{E}}{\partial t^2}=\boldsymbol{0}$$

$$\nabla^2\boldsymbol{H}-\mu\varepsilon\frac{\partial^2\boldsymbol{H}}{\partial t^2}=\boldsymbol{0}$$

位函数方程：

$$\nabla^2\boldsymbol{A}-\mu\varepsilon\frac{\partial^2\boldsymbol{A}}{\partial t^2}=-\mu\boldsymbol{J}$$

$$\nabla^2\Phi-\mu\varepsilon\frac{\partial^2\Phi}{\partial t^2}=-\frac{\rho}{\varepsilon}$$

洛伦兹规范条件：

$$\nabla\cdot\boldsymbol{A}=-\mu\varepsilon\frac{\partial\Phi}{\partial t}$$

位函数和电磁场的关系：

$$\boldsymbol{B}=\nabla\times\boldsymbol{A}$$

$$\boldsymbol{E}=-\nabla\Phi-\frac{\partial\boldsymbol{A}}{\partial t}$$

位函数的解：

$$\Phi(\boldsymbol{r},t)=\frac{1}{4\pi\varepsilon}\iiint_V\frac{\rho\left(\boldsymbol{r}',t-\dfrac{R}{v}\right)\mathrm{d}V'}{R}$$

$$\boldsymbol{A}(\boldsymbol{r},t)=\frac{\mu}{4\pi}\iiint_V\frac{\boldsymbol{J}\left(\boldsymbol{r}',t-\dfrac{R}{v}\right)\mathrm{d}V'}{R}$$

4. 时变电磁场的唯一性定理

时变电磁场的唯一性定理指出：在闭合面 S 包围的区域 V 中，当 $t=0$ 时刻的电场强度 $\boldsymbol{E}$ 及磁场强度 $\boldsymbol{H}$ 的初始值给定时，在 $0\leqslant t\leqslant T$ 时间内，只要该区域 V 的边界 S 上电场强度 $\boldsymbol{E}$ 的切向分量 E_t，或磁场强度 $\boldsymbol{H}$ 的切向分量 H_t 给定后，那么在 $0\leqslant t\leqslant T$ 时间内的任一时刻，区域 V 内任一点的电磁场由麦克斯韦方程组唯一的确定。

5. 功率流密度矢量

$$\boldsymbol{S}=\boldsymbol{E}\times\boldsymbol{H}$$

坡印亭定理：

$$-\oint_S(\boldsymbol{E}\times\boldsymbol{H})\cdot\mathrm{d}\boldsymbol{S}=\iiint_V\sigma\mid\boldsymbol{E}\mid^2\mathrm{d}V+\frac{\mathrm{d}}{\mathrm{d}t}\iiint_V\left(\frac{\mu}{2}\mid\boldsymbol{H}\mid^2+\frac{\varepsilon}{2}\mid\boldsymbol{E}\mid^2\right)\mathrm{d}V$$

6. 正弦电磁场

麦克斯韦方程组的复数形式

微分形式：

$$\nabla\times\boldsymbol{H}=\boldsymbol{J}+\mathrm{j}\omega\boldsymbol{D}$$

$$\nabla\times\boldsymbol{E}=-\mathrm{j}\omega\boldsymbol{B}$$

$$\nabla\cdot\boldsymbol{D}=\rho$$

$$\nabla\cdot\boldsymbol{B}=0$$

积分形式：

$$\oint_l\boldsymbol{H}\cdot\mathrm{d}\boldsymbol{l}=I+\mathrm{j}\omega\iint_S\boldsymbol{D}\cdot\mathrm{d}\boldsymbol{S}$$

$$\oint_l\boldsymbol{E}\cdot\mathrm{d}\boldsymbol{l}=-\mathrm{j}\omega\iint_S\boldsymbol{B}\cdot\mathrm{d}\boldsymbol{S}$$

$$\oint_S\boldsymbol{D}\cdot\mathrm{d}\boldsymbol{S}=q$$

$$\oint_S\boldsymbol{B}\cdot\mathrm{d}\boldsymbol{S}=0$$

齐次波动方程的复数形式(亥姆霍兹方程)：

$$\nabla^2\boldsymbol{E}+k^2\boldsymbol{E}=0$$

$$\nabla^2\boldsymbol{H}+k^2\boldsymbol{H}=0$$

矢量位和标量位与电磁场关系的复数形式：

$$\boldsymbol{B}=\nabla\times\boldsymbol{A}$$

$$\boldsymbol{E}=-\mathrm{j}\omega\boldsymbol{A}-\nabla\Phi$$

矢量位和标量位方程的复数形式：

$$\nabla^2 \boldsymbol{A}+k^2\boldsymbol{A}=-\mu\boldsymbol{J}$$

$$\nabla^2 \Phi+k^2\Phi=-\frac{\rho}{\varepsilon}$$

滞后位的复数形式：

$$\boldsymbol{A}(\boldsymbol{r})=\frac{\mu}{4\pi}\iiint_V \frac{\boldsymbol{J}(\boldsymbol{r}')\mathrm{e}^{-\mathrm{j}kR}}{R}\mathrm{d}V'$$

$$\Phi(\boldsymbol{r})=\frac{\mu}{4\pi\varepsilon}\iiint_V \frac{\rho(\boldsymbol{r}')\mathrm{e}^{-\mathrm{j}kR}}{R}\mathrm{d}V'$$

正弦电磁场能量密度的平均值和损耗功率密度的平均值：

$$\overline{w}_{\mathrm{e}}(\boldsymbol{r})=\frac{1}{2}\varepsilon|\boldsymbol{E}(\boldsymbol{r})|^2$$

$$\overline{w}_{\mathrm{m}}(\boldsymbol{r})=\frac{1}{2}\mu|\boldsymbol{H}(\boldsymbol{r})|^2$$

复坡印亭矢量：

$$\boldsymbol{S}_{\mathrm{c}}=\boldsymbol{E}\times\boldsymbol{H}^*$$

$$\overline{\boldsymbol{S}}=\mathrm{Re}[\boldsymbol{S}_{\mathrm{c}}]$$

习　题　5

5.1　如图所示的电路中，电容器上的电压为 $u_c(t)$，电容为 C，证明电容器中的位移电流等于导线中的传导电流。

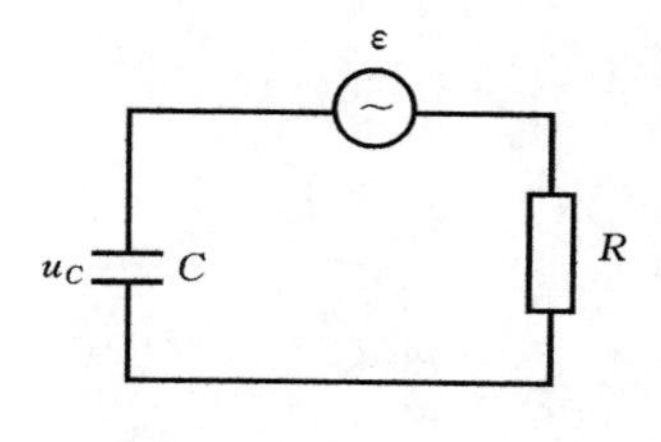

题5.1图

5.2　由麦克斯韦方程组推导 $\boldsymbol{H}$ 满足的波动方程。

5.3　在线性、均匀、各向同性的导电媒质中，证明 $\boldsymbol{H}(\boldsymbol{r},t)$ 满足下列方程

$$\nabla^2\boldsymbol{H}-\mu\varepsilon\frac{\partial^2\boldsymbol{H}}{\partial t^2}-\mu\sigma\frac{\partial\boldsymbol{H}}{\partial t}=0$$

5.4　在 ε_1、μ_1 和 ε_2、μ_2 两种理想介质分界面上

$$\boldsymbol{E}_1=E_{x0}\hat{x}+E_{y0}\hat{y}+E_{z0}\hat{z}$$

$$\boldsymbol{H}_1=H_{x0}\hat{x}+H_{y0}\hat{y}+H_{z0}\hat{z}$$

求 $\boldsymbol{E}_2$、$\boldsymbol{H}_2$。

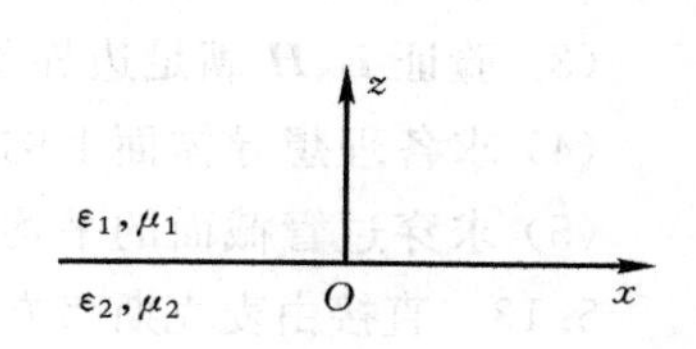

题5.4图

5.5　在法线方向为 $\hat{n}=\hat{x}$ 的理想导体面上

$$\boldsymbol{J}_S=\hat{z}J_{z0}\sin\omega t-\hat{y}J_{y0}\cos\omega t$$

求导体表面上的磁场强度的切向分量 $\boldsymbol{H}_{\mathrm{t}}$。

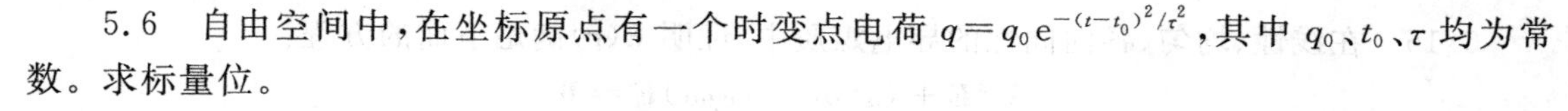

5.6　自由空间中，在坐标原点有一个时变点电荷 $q=q_0\mathrm{e}^{-(t-t_0)^2/\tau^2}$，其中 q_0、t_0、τ 均为常数。求标量位。

5.7　证明任意函数 $f(t-R/v)$ 或 $f(t+R/v)$ 是微分方程 $\dfrac{\partial^2 U}{\partial R^2}-\dfrac{1}{v^2}\dfrac{\partial^2 U}{\partial t^2}=0$ 的解。

5.8　已知在理想介质中，电场强度为

$$\boldsymbol{E}(\boldsymbol{r},t) = \hat{x}E_m\sin(\omega t - k_0 z)$$

求:(1) $\boldsymbol{H}(\boldsymbol{r},t)$;(2) $w(\boldsymbol{r},t)$;(3) $\boldsymbol{S}(\boldsymbol{r},t)$。

5.9 已知在空气中,磁场强度为

$$\boldsymbol{H}(\boldsymbol{r},t) = \hat{x}\sqrt{2}H_{x0}\sin(\omega t - k_0 y) + \hat{z}\sqrt{2}H_{z0}\cos(\omega t - k_0 y)$$

求:$\boldsymbol{E}(\boldsymbol{r})$,$\boldsymbol{H}(\boldsymbol{r})$,$\boldsymbol{E}(\boldsymbol{r},t)$。

5.10 已知在空气中

$$\boldsymbol{E}(\boldsymbol{r}) = \hat{\theta}E_0\frac{\sin\theta}{r}\mathrm{e}^{-\mathrm{j}kr}$$

在圆球坐标系中,求:$\boldsymbol{H}(\boldsymbol{r})$,$\boldsymbol{E}(\boldsymbol{r},t)$,$\boldsymbol{H}(\boldsymbol{r},t)$,$\boldsymbol{S}_c$。

5.11 已知在空气中

$$A_z(\boldsymbol{r}) = \frac{A_0}{r}\mathrm{e}^{-\mathrm{j}kr}$$

在圆球坐标系中,求 $\boldsymbol{H}(\boldsymbol{r})$,$\boldsymbol{E}(\boldsymbol{r})$。

5.12 已知在如图所示的用理想导体制作的矩形管中

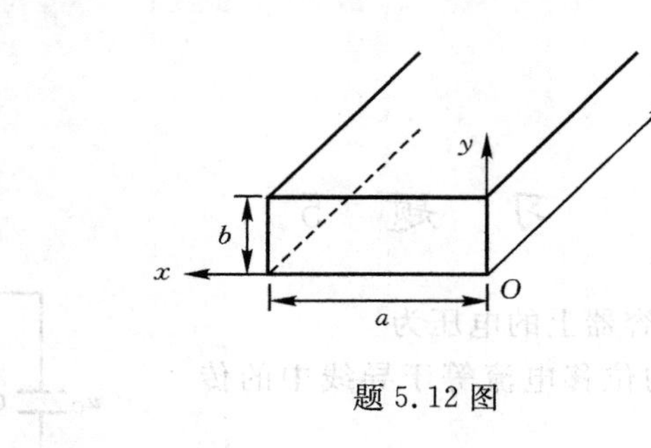

题 5.12 图

$$\boldsymbol{E} = \hat{y}E_0\sin\left(\frac{\pi}{a}x\right)\mathrm{e}^{-\mathrm{j}k_z z}$$

k_z 为常数。

(1) 求 $\boldsymbol{H}$;

(2) 求 $\boldsymbol{E}(\boldsymbol{r},t)$,$\boldsymbol{H}(\boldsymbol{r},t)$;

(3) 验证 $\boldsymbol{E}$、$\boldsymbol{H}$ 满足边界条件;

(4) 求各理想导体面上的面电流 $\boldsymbol{J}_S$;

(5) 求穿过管截面的平均功率。

5.13 直接由麦克斯韦方程组的复数形式推导电场强度和磁场强度满足的亥姆霍兹方程。

5.14 直接由麦克斯韦方程组的复数形式推导标量电位满足的方程

$$\nabla^2\Phi + k^2\Phi = -\frac{\rho}{\varepsilon}$$

5.15 在线性、均匀、各向同性的导电媒质中,证明 $\boldsymbol{E}(\boldsymbol{r})$ 满足下面的方程:

$$\nabla^2\boldsymbol{E} + (\omega^2\mu\varepsilon - \mathrm{j}\omega\mu\sigma)\boldsymbol{E} = \boldsymbol{0}$$

5.16 在线性、均匀、各向同性的导电媒质中,证明 $\boldsymbol{H}$ 满足下面的方程:

$$\nabla^2\boldsymbol{H} + (\omega^2\mu\varepsilon - \mathrm{j}\omega\mu\sigma)\boldsymbol{H} = \boldsymbol{0}$$

5.17 写出电磁场边界条件的复数形式。

5.18　试写出矢量磁位 $\boldsymbol{A}=A_z\hat{z}$ 在 $z=0$ 的两理想介质分界面上的边界条件。

5.19　证明电场可以用矢量磁位表示为

$$\boldsymbol{E}=-\mathrm{j}\omega\left(\boldsymbol{A}+\frac{1}{k^2}\nabla\nabla\cdot\boldsymbol{A}\right)$$

5.20　有两个厚度为 d，间距为 b 的平行导体长板，如图所示，导体板宽度为 $a(a\gg b)$，板上恒定电流为 I 构成回路，电压为 V。

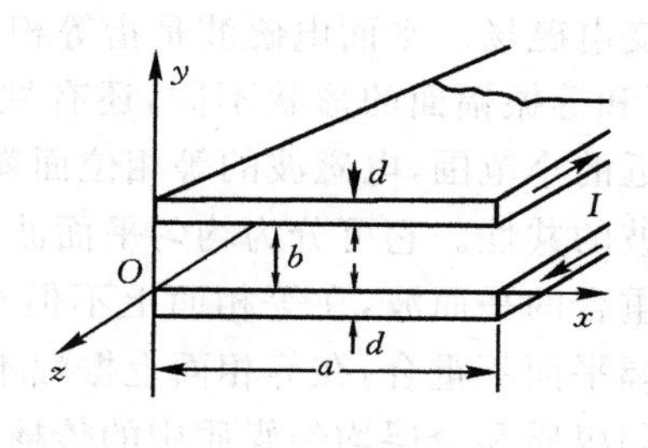

题 5.20 图

(1) 导体板近似看作理想导体，忽略边缘效应。求穿过 $z=0$ 端面的功率密度和功率。

(2) 证明流进电导率为 σ 的单位长度导体板中的功率正好等于欧姆定律计算出的单位长度导体板的损耗功率。

第 6 章　平面电磁波

电磁波是一种最典型的时变电磁场。平面电磁波是指等相位面是平面的电磁波。除了平面电磁波外，按电磁波等相位面和等振幅面的形状不同，还有柱面波和球面波。在实际中，在距离电磁波源很远的观察点附近的小范围，电磁波的等相位面就可近似看成是平面。

平面电磁波具有一般电磁波的共性。它可分为均匀平面波和非均匀平面波。均匀平面波是指等相位平面和等振幅平面重合的平面波，在等相面上不但相位相同，振幅也相同，而非均匀平面波的等相位平面和等振幅平面不重合，在等相面上振幅不相同。

本章讨论均匀平面波在均匀媒质和分层均匀媒质中的传播特性，包括相速、波长、衰减、极化、反射等。本章所讨论的电磁波所在的空间不包括产生电磁波的源，是无源区，源在我们所涉及的区域之外。

6.1　理想介质中的均匀平面波

理想介质没有损耗，且介质是均匀的。设介质参数为 ε、μ，是常数。如果该介质中存在均匀平面波，为使数学表达式简单起见，取等相面平行于 xOy 面，那么只有在不同的 xy 面上电磁波电场的幅度和相位才不同，也就是说，这样取坐标系时，均匀平面波电磁场只是 z 的函数，即

$$\boldsymbol{E}(\boldsymbol{r}) = \boldsymbol{E}(z)$$

上式中的 $\boldsymbol{E}(\boldsymbol{r})$ 和 $\boldsymbol{E}(z)$ 是电场强度的复数形式，为书写简单，省略字母上的点，本章和下面两章对电磁场量复数形式都采用这样的简化书写形式。将上式代入电场的散度方程，考虑到 ε 是常数及介质中无电荷，得

$$\nabla \cdot \boldsymbol{E}(z) = \frac{\partial E_x}{\partial x} + \frac{\partial E_y}{\partial y} + \frac{\partial E_z}{\partial z} = 0$$

由于 $\boldsymbol{E}$ 只是 z 的函数，因此有

$$\frac{\partial E_z}{\partial z} = 0$$

解得

$$E_z(z) = C = 0$$

取常数为 0 是因为电磁波没有相位不变化的分量。此结果说明，均匀平面波的电场强度矢量总是和等相面平行，即

$$\boldsymbol{E}(z) = \hat{x}E_x(z) + \hat{y}E_y(z) \tag{6.1-1}$$

在无源的理想介质中，电场的复数形式满足齐次亥姆霍兹方程

$$\nabla^2 \boldsymbol{E} + k^2 \boldsymbol{E} = \boldsymbol{0} \tag{6.1-2}$$

其中 $k=\omega\sqrt{\mu\varepsilon}$。将(6.1-1)式代入以上方程，可得到下面两个形式相同的标量常微分方程

$$\frac{\mathrm{d}^2 E_x}{\mathrm{d}z^2} + k^2 E_x = 0 \tag{6.1-3a}$$

$$\frac{\mathrm{d}^2 E_y}{\mathrm{d}z^2} + k^2 E_y = 0 \tag{6.1-3b}$$

其通解为

$$E_x = E_{x0}^+ \mathrm{e}^{-\mathrm{j}kz} + E_{x0}^- \mathrm{e}^{+\mathrm{j}kz} \tag{6.1-4a}$$

$$E_y = E_{y0}^+ \mathrm{e}^{-\mathrm{j}kz} + E_{y0}^- \mathrm{e}^{+\mathrm{j}kz} \tag{6.1-4b}$$

式中 $E_{x0}^+ = |E_{x0}^+| \mathrm{e}^{\mathrm{j}\varphi_{x1}}, E_{x0}^- = |E_{x0}^-| \mathrm{e}^{\mathrm{j}\varphi_{x2}}, E_{y0}^+ = |E_{y0}^+| \mathrm{e}^{\mathrm{j}\varphi_{y1}}, E_{y0}^- = |E_{y0}^-| \mathrm{e}^{\mathrm{j}\varphi_{y2}}$ 是由源决定的复常数。下面以 E_x 为例分析每一项的意义。E_x 包括两部分，第一部分为

$$E_x^+ = E_{x0}^+ \mathrm{e}^{-\mathrm{j}kz} \tag{6.1-5}$$

对应的时域瞬时正弦形式为

$$E_x^+(z,t) = \sqrt{2}\ |E_{x0}^+|\ \cos(\omega t - kz + \varphi_{x1}) \tag{6.1-6}$$

为了了解此式的意义，取 t 分别为 0、$\frac{T}{4}$、$\frac{T}{2}$，画出 $E_x^+(z,t)$ 随 z 的变化曲线，如图 6.1-1 所示，其中 $T=\frac{1}{f}$ 是时间周期。可以看出：

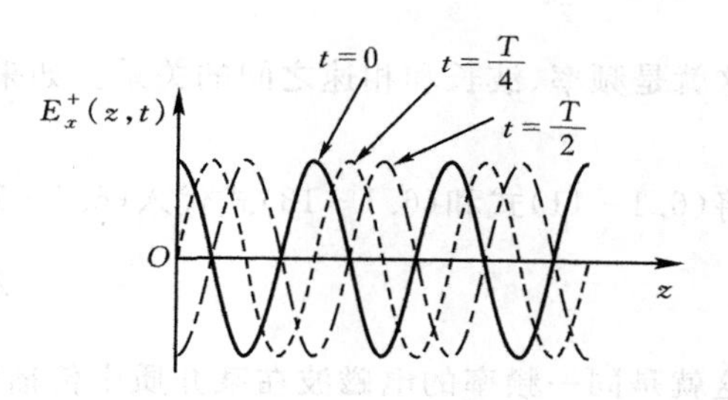

图 6.1-1　$E_x^+(z,t)$ 的波形

(1) 在任一时刻，$E_x^+(z,t)$ 沿 z 也是正弦变化的；

(2) 随着时间的推移，正弦波形向 z 方向移动。

也就是说，(6.1-5) 和 (6.1-6) 式描述的是向 z 方向传播的波。式中 φ_{x1} 是初相角，ωt 是时间相位，kz 是空间相位。时间相位变化 2π 所经历的时间是一个时间周期 T。空间相位变化 2π 所经过的空间距离也就是两个波峰之间的距离称为一个波长，用 λ 表示，由关系 $k\lambda=2\pi$ 得

$$\lambda = \frac{2\pi}{k} \tag{6.1-7}$$

或

$$k = \frac{2\pi}{\lambda} \tag{6.1-8}$$

周期和波长分别从时间和空间上表示波动过程相位变化的特性。从 (6.1-8) 式可以看出，k 表示在 2π 距离内的波长数目，因此 k 称为波数。在这里 k 也表示单位长度的空间相位，因此在这里 k 也称为空间相位常数。

电磁波传播过程中，等相面运动的速度称为相速，记为 v_{p}。由 (6.1-6) 式，某一等相面的相位

$$\omega t - kz + \varphi_{x1} = C$$

在波传播过程中为常数。上式对时间求导得

$$\omega - k\frac{\mathrm{d}z}{\mathrm{d}t} = 0$$

则相速为

$$v_{\mathrm{p}} = \frac{\mathrm{d}z}{\mathrm{d}t} = \frac{\omega}{k}$$

考虑到 $k=\omega\sqrt{\mu\varepsilon}$，得

$$v_p = \frac{\omega}{k} = \frac{1}{\sqrt{\mu\varepsilon}} \tag{6.1-9}$$

可以看出,在理想介质中,均匀平面波的相速仅与介质参数有关。在自由空间(真空)中

$$v_p = c = \frac{1}{\sqrt{\mu_0\varepsilon_0}} \approx 3\times 10^8 \text{ m/s} \tag{6.1-10}$$

这就是真空中的光速。将上式代入(6.1-9)式,可得电磁波在一般介质中的相速和自由空间中的光速的关系为

$$v_p = \frac{c}{\sqrt{\mu_r\varepsilon_r}} \tag{6.1-11}$$

对于$\varepsilon_r \geqslant 1$、$\mu_r \approx 1$的一般介质,$v_p \leqslant c$。将(6.1-8)式代入(6.1-9)式得

$$f\lambda = v_p \tag{6.1-12}$$

这就是频率、波长和相速之间的关系。如果将真空中的波长记为λ_0,则

$$f\lambda_0 = c \tag{6.1-13}$$

将(6.1-11)式和(6.1-13)式代入(6.1-12)式,得

$$\lambda = \frac{\lambda_0}{\sqrt{\mu_r\varepsilon_r}} \tag{6.1-14}$$

这就是同一频率的电磁波在某介质中传播时的波长和在真空中的波长之间的关系。对于$\varepsilon_r \geqslant 1$、$\mu_r \approx 1$的介质,$\sqrt{\mu_r\varepsilon_r} \geqslant 1$,$\lambda \leqslant \lambda_0$。

对于(6.1-4a)式中的第二项

$$E_x^- = E_{x0}^- e^{jkz} \tag{6.1-15}$$

对应的时域瞬时正弦形式为

$$E_x^-(z,t) = \sqrt{2}\,|E_{x0}^-|\cos(\omega t + kz + \varphi_{x2}) \tag{6.1-16}$$

用类似方法分析可知,这是向$-z$方向传播的电磁波。

同理,(6.1-4b)式中电场E_y的两个部分也分别表示向$+z$和$-z$方向传播的波。向$+z$方向传播的均匀平面波电场的复数形式一般可以写为

$$\boldsymbol{E} = \boldsymbol{E}_0 e^{-jkz} \tag{6.1-17}$$

式中$\boldsymbol{E}_0 = \hat{x}E_{x0} + \hat{y}E_{y0}$是常矢量。电磁波电场的频率、振幅、初相、传播方向以及电场的分量取决于产生电磁波的源。当电磁波电场给定后,可直接由麦克斯韦方程组中的法拉第电磁感应定律计算磁场,而不需要再求解磁场的亥姆霍兹方程。由法拉第电磁感应定律的复数形式可得

$$\boldsymbol{H} = \frac{1}{-j\omega\mu}\nabla\times\boldsymbol{E} \tag{6.1-18}$$

将电场的复数形式(6.1-17)式代入上式,就可得到对应磁场的复数形式

$$\boldsymbol{H} = \frac{k}{\omega\mu}\hat{z}\times\boldsymbol{E} \tag{6.1-19}$$

令

$$Z = \frac{\omega\mu}{k} = \sqrt{\frac{\mu}{\varepsilon}} \quad \Omega \tag{6.1-20}$$

则(6.1-19)式又可写为

$$\boldsymbol{H} = \frac{1}{Z}\hat{z}\times\boldsymbol{E} \tag{6.1-21}$$

Z 称为介质的波阻抗。自由空间(真空中)的波阻抗 $Z_0=\sqrt{\frac{\mu_0}{\varepsilon_0}}=120\pi\approx377\ (\Omega)$。当均匀平面波是向 $-\hat{z}$ 方向传播时,磁场和电场的关系为

$$\boldsymbol{H}=\frac{1}{Z}(-\hat{z})\times\boldsymbol{E} \tag{6.1-22}$$

可以看出,在理想介质中,均匀平面波的电场强度与磁场强度相位相等,振幅之比等于波阻抗,是仅和介质相关的常数。$\boldsymbol{E}$ 和 $\boldsymbol{H}$ 以及传播方向之间两两垂直,从 $\boldsymbol{E}$ 到 $\boldsymbol{H}$ 再到传播方向满足右手定则的关系。一般来说,对于向 $\hat{k}$ 方向传播的波,$\boldsymbol{E}$ 和 $\boldsymbol{H}$ 的关系为

$$\boldsymbol{H}=\frac{1}{Z}\hat{k}\times\boldsymbol{E} \tag{6.1-23}$$

如图 6.1-2 所示。反之,如果已知磁场强度,电场可表示为

$$\boldsymbol{E}=Z\boldsymbol{H}\times\hat{k} \tag{6.1-24}$$

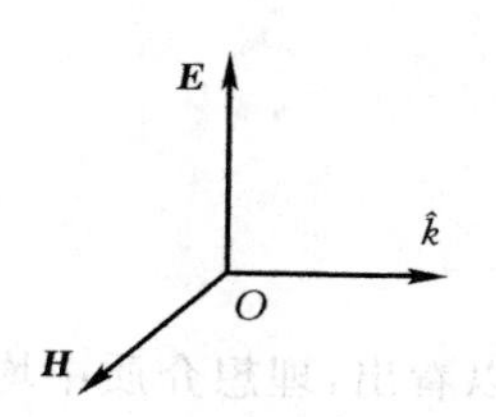

图 6.1-2 $\boldsymbol{E}$ 和 $\boldsymbol{H}$ 以及传播方向的关系

均匀平面波的电场 $\boldsymbol{E}$ 和磁场 $\boldsymbol{H}$ 均与传播方向垂直。电场和磁场的方向都在与传播方向垂直的横截面内的电磁波称为横电磁波(transverse elecromagnetic wave),也称为 TEM 波。TEM 波是一类十分重要的电磁波,在自由空间以及传输线中传输的波都是 TEM 波。

由(6.1-17)式看出,向 z 方向传播的均匀平面波的电场强度复数形式表达式中包括两部分相乘。一部分是 $\boldsymbol{E}_0$,表示电场强度的方向、有效值及初相。电场强度的方向与传播方向垂直,有效值及初相是常数。因此,$\boldsymbol{E}_0$ 是与传播方向垂直的复常矢量。另一部分 $\mathrm{e}^{-\mathrm{j}kz}$ 是和空间相位 kz 有关的虚指数因子,虚指数中不但包含空间相位,还指出了传播方向。如果波是向 $-z$ 方向传播,该虚指数因子应是 $\mathrm{e}^{\mathrm{j}kz}$。如果波是向 x 方向传播,该虚指数因子应是 $\mathrm{e}^{-\mathrm{j}kx}$。一般地,如果波向 $\hat{k}$ 方向传播

$$\hat{k}=\hat{x}\cos\alpha+\hat{y}\cos\beta+\hat{z}\cos\gamma$$

式中 α、β 和 γ 分别是传播方向 $\hat{k}$ 分别与三个坐标轴 x、y 和 z 轴的的夹角,如图 6.1-3 所示。在这种情况下,空间相位为 $k\hat{k}\cdot\boldsymbol{r}$,虚指数因子应是 $\mathrm{e}^{-\mathrm{j}k\hat{k}\cdot\boldsymbol{r}}$。空间相位常数 k 与传播方向 $\hat{k}$ 的乘积称为传播矢量 $\boldsymbol{k}$,即 $\boldsymbol{k}=k\hat{k}$。这样沿 $\hat{k}$ 方向传播的 TEM 波电场一般可以写为

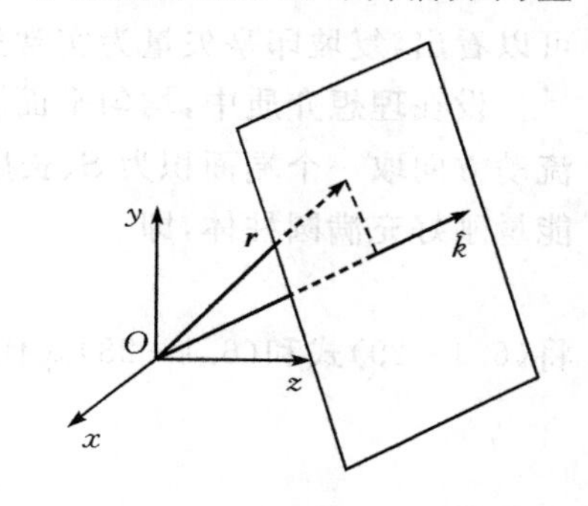

图 6.1-3 平面波沿 $\hat{k}$ 方向传播

$$\boldsymbol{E}=\boldsymbol{E}_0\mathrm{e}^{-\mathrm{j}\boldsymbol{k}\cdot\boldsymbol{r}} \tag{6.1-25}$$

也可以写成

$$\boldsymbol{E}=\boldsymbol{E}_0\mathrm{e}^{-\mathrm{j}(k_xx+k_yy+k_zz)} \tag{6.1-26}$$

式中

$$k_x=\boldsymbol{k}\cdot\hat{x}=k\cos\alpha$$

$$k_y=\boldsymbol{k}\cdot\hat{y}=k\cos\beta$$

$$k_z=\boldsymbol{k}\cdot\hat{z}=k\cos\gamma$$

下面分析理想介质中均匀平面波的能量密度、功率流密度以及能量流动的速度。

将(6.1-25)式代入 $\overline{w}_e=\frac{1}{2}\varepsilon|\boldsymbol{E}|^2$，电场能量密度平均值为

$$\overline{w}_e=\frac{1}{2}\varepsilon\mid\boldsymbol{E}\mid^2=\frac{1}{2}\varepsilon\mid\boldsymbol{E}_0\mid^2 \tag{6.1-27}$$

将(6.1-23)式代入 $\overline{w}_m=\frac{1}{2}\mu|\boldsymbol{H}|^2$，磁场能量密度平均值为

$$\begin{aligned}\overline{w}_m&=\frac{1}{2}\mu\mid\boldsymbol{H}\mid^2=\frac{1}{2}\mu\left|\frac{1}{Z}\hat{k}\times\boldsymbol{E}\right|^2\\&=\frac{\mu}{2Z^2}\left|\hat{k}\times\boldsymbol{E}_0\right|^2=\frac{1}{2}\varepsilon\left|\boldsymbol{E}_0\right|^2\end{aligned} \tag{6.1-28}$$

可以看出，理想介质中均匀平面波的磁场能量密度平均值等于电场能量密度平均值，且为常数，即 $\overline{w}_e=\overline{w}_m$。复坡印亭矢量为

$$\boldsymbol{S}_c=\boldsymbol{E}\times\boldsymbol{H}^*=\boldsymbol{E}\times\left(\frac{1}{Z}\hat{k}\times\boldsymbol{E}\right)^*$$

利用矢量恒等式 $\boldsymbol{A}\times(\boldsymbol{B}\times\boldsymbol{C})=(\boldsymbol{A}\cdot\boldsymbol{C})\boldsymbol{B}-(\boldsymbol{A}\cdot\boldsymbol{B})\boldsymbol{C}$，得

$$\boldsymbol{S}_c=\frac{1}{Z}(\boldsymbol{E}\cdot\boldsymbol{E}^*)\hat{k}-\frac{1}{Z}(\boldsymbol{E}\cdot\hat{k})\boldsymbol{E}^*$$

对于 TEM 波，$\boldsymbol{E}\cdot\hat{k}=0$，因此有

$$\boldsymbol{S}_c=\frac{1}{Z}(\boldsymbol{E}\cdot\boldsymbol{E}^*)\hat{k}=\frac{\hat{k}}{Z}\mid\boldsymbol{E}_0\mid^2 \tag{6.1-29}$$

可以看出，复坡印亭矢量为实常矢量，表明功率沿波传播方向流动。

设在理想介质中，均匀平面波能量流动的速度(即能速)为 v_e，沿波传播方向，也就是能量流动方向取一个端面积为 S、长度为 v_e 的圆柱体，则单位时间内，从圆柱一个端面流进圆柱的能量刚好充满圆柱体，即

$$\mid\boldsymbol{S}_c\mid S=(\overline{w}_e+\overline{w}_m)Sv_e \tag{6.1-30}$$

将(6.1-29)式和(6.1-28)式代入上式，得

$$\frac{1}{Z}\mid\boldsymbol{E}_0\mid^2=\varepsilon\mid\boldsymbol{E}_0\mid^2 v_e$$

由此得

$$v_e=\frac{1}{\sqrt{\mu\varepsilon}} \tag{6.1-31}$$

此式说明，在理想介质中，均匀平面波的能速等于相速。

例 6.1-1　真空中，均匀平面波沿 $-y$ 方向传播，频率为 300 MHz，电场为 z 方向，有效值为 $E_0=1$ V/m。求：(1)波长；(2)$\boldsymbol{E}$、$\boldsymbol{H}$、$\boldsymbol{E}(t)$、$\boldsymbol{H}(t)$的表达式；(3)能流密度。

解　(1)　$\lambda=\frac{v_p}{f}=\frac{c}{f}=\frac{3\times10^8}{3\times10^8}=1$ m

(2)　$k=\frac{2\pi}{\lambda}=2\pi$

$$\boldsymbol{E}=\hat{z}E_0\mathrm{e}^{\mathrm{j}2\pi y},\quad \boldsymbol{H}=\frac{1}{Z}(-\hat{y})\times\hat{z}E_0\mathrm{e}^{\mathrm{j}2\pi y}=\frac{-\hat{x}\mathrm{e}^{\mathrm{j}2\pi y}}{120\pi}\ \mathrm{A/m}$$

$$\boldsymbol{E}(t)=\mathrm{Re}[\sqrt{2}\boldsymbol{E}\mathrm{e}^{\mathrm{j}\omega t}]=\hat{z}\sqrt{2}\cos(2\pi\times3\times10^8+2\pi y)$$

$$\boldsymbol{H}(t) = \mathrm{Re}[\sqrt{2}\boldsymbol{H}\mathrm{e}^{\mathrm{j}\omega t}] = -\hat{x}\sqrt{2}\ \frac{1}{120\pi}\cos(2\pi \times 3 \times 10^8 t + 2\pi y)$$

(3)　$$\boldsymbol{S}_c = \boldsymbol{E} \times \boldsymbol{H}^* = -\hat{y}\ \frac{1}{120\pi}$$

例 6.1-2　设均匀平面波电场为 $\hat{z}E_0$，传播方向在 xOy 平面，和 x 轴夹角为 θ。写出 $\boldsymbol{E}$ 和 $\boldsymbol{H}$ 的表达式。

解　由于传播方向在 xOy 平面，和 x 轴夹角为 θ，则传播方向可写为

$$\hat{k} = \hat{x}\cos\theta + \hat{y}\sin\theta$$

空间相位为

$$\boldsymbol{k} \cdot \boldsymbol{r} = k\hat{k} \cdot \boldsymbol{r} = k(x\cos\theta + y\sin\theta)$$

电场为

$$\boldsymbol{E} = \boldsymbol{E}_0 \mathrm{e}^{-\mathrm{j}\boldsymbol{k}\cdot\boldsymbol{r}} = \hat{z}E_0 \mathrm{e}^{-\mathrm{j}k(x\cos\theta + y\sin\theta)}$$

磁场为

$$\boldsymbol{H} = \frac{1}{Z}\hat{k} \times \boldsymbol{E} = \frac{E_0}{Z}(-\hat{y}\cos\theta + \hat{x}\sin\theta)\mathrm{e}^{-\mathrm{j}k(x\cos\theta + y\sin\theta)}$$

思考题

1. 什么是 TEM 波？什么是平面波？什么是均匀平面波？均匀平面波是 TEM 波吗？
2. 什么是波长、相速？波长、频率和相速之间有什么关系？
3. 同一频率的波在不同介质中传播时相速相同吗？
4. 同一频率的波在不同介质中传播时波长相同吗？
5. 什么是能速？
6. 什么是波阻抗？
7. 均匀平面波的电场和磁场之间有什么关系？

6.2　导电媒质中的均匀平面波

本节讨论导电媒质中的均匀平面波。导电媒质中的麦克斯韦方程组和理想介质中的麦克斯韦方程组相比，只是 $\boldsymbol{H}$ 的旋度方程增加了 $\sigma\boldsymbol{E}$ 项，即

$$\nabla \times \boldsymbol{H} = \sigma\boldsymbol{E} + \mathrm{j}\omega\varepsilon\boldsymbol{E}$$

将上式右边写成

$$\nabla \times \boldsymbol{H} = \mathrm{j}\omega\left(\varepsilon - \mathrm{j}\ \frac{\sigma}{\omega}\right)\boldsymbol{E} \tag{6.2-1}$$

令

$$\varepsilon_c = \varepsilon - \mathrm{j}\ \frac{\sigma}{\omega} \tag{6.2-2}$$

ε_c 称为导电媒质的复介电常数。ε_c 代入(6.2-1)式，得

$$\nabla \times \boldsymbol{H} = \mathrm{j}\omega\varepsilon_c\boldsymbol{E} \tag{6.2-3}$$

这就使导电媒质中的方程和介质中的对应方程类似。$\nabla \times \boldsymbol{E} = -\mathrm{j}\omega\mu\boldsymbol{H}$ 两边求旋度，将(6.2-3)式代入，并考虑到在均匀导电媒质中，有 $\nabla \cdot \boldsymbol{D} = 0$，可得均匀导电媒质中电场的齐次亥姆霍兹

方程为

$$\nabla^2 \boldsymbol{E} + k_c^2 \boldsymbol{E} = \boldsymbol{0} \tag{6.2-4}$$

式中

$$k_c = \omega \sqrt{\mu \varepsilon_c} = \omega \sqrt{\mu \left(\varepsilon - \mathrm{j} \frac{\sigma}{\omega} \right)} \tag{6.2-5}$$

k_c 是复数,可分为实部和虚部

$$k_c = k' - \mathrm{j}k'' \tag{6.2-6}$$

上式两端取平方,并将(6.2-5)式代入,使等式两边的实部和虚部分别相等,可解得

$$k' = \omega \sqrt{\frac{\mu\varepsilon}{2}\left[\sqrt{1 + \left(\frac{\sigma}{\omega\varepsilon}\right)^2} + 1\right]} \tag{6.2-7a}$$

$$k'' = \omega \sqrt{\frac{\mu\varepsilon}{2}\left[\sqrt{1 + \left(\frac{\sigma}{\omega\varepsilon}\right)^2} - 1\right]} \tag{6.2-7b}$$

(6.2-4)式是均匀导电媒质中电场所满足的齐次亥姆霍兹方程,和均匀理想介质中电场所满足的齐次亥姆霍兹方程相比,除了将实数 k 换作复数 k_c 以外,两个方程相同,其解也和理想介质中基本相同。因此可以利用上节中得到的理想介质中电磁场,将实数 k 换作复数 k_c,就可得到导电媒质中相应的电磁场。

在导电媒质中,如果电磁波电场在 x 方向,波向 z 方向传播,那么利用理想介质中电磁波的表达式,将其中的 k 用 $k_c = k' - \mathrm{j}k''$ 代替得

$$\boldsymbol{E} = \hat{x} E_0 \mathrm{e}^{-\mathrm{j}k_c z} = \hat{x} E_0 \mathrm{e}^{-k''z} \mathrm{e}^{-\mathrm{j}k'z} \tag{6.2-8}$$

对应的时域形式是

$$\boldsymbol{E}(t) = \hat{x}\sqrt{2} \mid E_0 \mid \mathrm{e}^{-k''z} \cos(\omega t - k'z + \varphi_0) \tag{6.2-9}$$

式中实指数函数 $\mathrm{e}^{-k''z}$ 表示电磁波电场强度随着波沿 z 方向的传播按指数规律不断衰减;k'' 称为衰减常数,单位为奈培/米(Np/m);k' 表示相位变化,称为相位常数。由此可见,电磁波在导电媒质中传播时,振幅在不断衰减。图 6.2-1 是电磁波在导电媒质中传播时,在某时刻电场沿传播方向的变化图。根据(6.2-9)式,按上节的方法,可得到在导电媒质中电磁波的相速和波长分别为

$$v_p' = \frac{\omega}{k'} = \frac{1}{\sqrt{\frac{\mu\varepsilon}{2}\left[\sqrt{1 + \left(\frac{\sigma}{\omega\varepsilon}\right)^2} + 1\right]}} \tag{6.2-10}$$

$$\lambda' = \frac{2\pi}{k'} = \frac{2\pi}{\omega \sqrt{\frac{\mu\varepsilon}{2}\left[\sqrt{1 + \left(\frac{\sigma}{\omega\varepsilon}\right)^2} + 1\right]}} \tag{6.2-11}$$

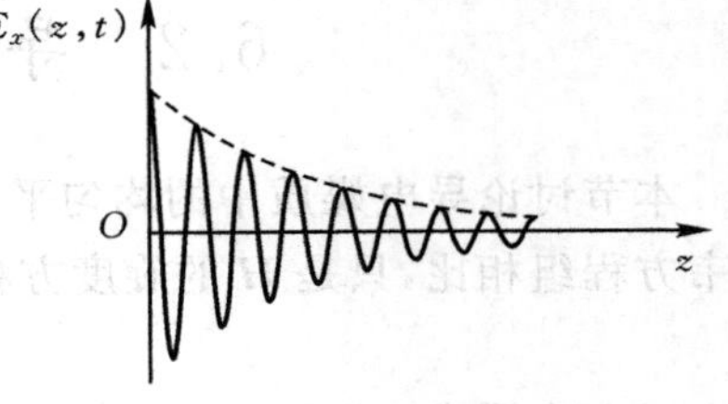

图 6.2-1 导电媒质中电场沿传播方向的变化图

(6.2-10)式表明,电磁波在导电媒质中传播时,相速和理想介质中的不同,不但与媒质参数有关,还与频率有关。在这种情况下,电磁波在传播过程中,不同频率成分的相速是不同的。或者说,在相同时间内,电磁波的不同频率成分传播的距离是不同的,这种现象称为色散。因此,我们说导电媒质是一种色散媒质。当携带具有一定频谱结构信号的电磁波在导电媒质中传播了一段距离后,由于信号的不同频率成分的相速不同,将导致信号的频谱结构变化,使波形失真。

为了求出导电媒质中的磁场，由$\nabla\times\boldsymbol{E}=-\mathrm{j}\omega\mu\boldsymbol{H}$ 得

$$\boldsymbol{H}=\frac{1}{-\mathrm{j}\omega\mu}\nabla\times\boldsymbol{E}$$

将(6.2－8)式中的电场强度代入，可得对应的磁场强度为

$$\boldsymbol{H}=\hat{y}\frac{k_c}{\omega\mu}E_x=\hat{y}\frac{E_x}{Z_c} \tag{6.2－12}$$

式中

$$Z_c=\frac{\omega\mu}{k_c}=\sqrt{\frac{\mu}{\varepsilon_c}}=\sqrt{\frac{\mu}{\varepsilon\left(1-\mathrm{j}\frac{\sigma}{\omega\varepsilon}\right)}} \tag{6.2－13}$$

称为导电媒质的波阻抗，是复数。这样，(6.2－12)式可写为

$$\boldsymbol{H}=\hat{y}\frac{E_x}{Z_c} \tag{6.2－14}$$

相应的磁场时域形式为

$$\boldsymbol{H}(t)=\sqrt{2}\left|\frac{E_0}{Z_c}\right|\mathrm{e}^{-k''z}\cos(\omega t-k'z+\varphi_0-\alpha) \tag{6.2－15}$$

式中 α 是导电媒质复数波阻抗 $Z_c=|Z_c|\mathrm{e}^{\mathrm{j}\alpha}$ 的相角。可见在导电媒质中，磁场和电场不同相。复坡印亭矢量为

$$\boldsymbol{S}_c=\boldsymbol{E}\times\boldsymbol{H}^*=\hat{z}\frac{|E_0|^2}{Z_c^*}\mathrm{e}^{-2k''z}=\hat{z}\frac{|E_0|^2}{|Z_c|}\mathrm{e}^{-2k''z}(\cos\alpha+\mathrm{j}\sin\alpha) \tag{6.2－16}$$

上式复坡印亭矢量实部表示有平均功率沿传播方向流动，虚部不为零表明电磁波在导电媒质中传播时，还有功率交换。在导电媒质中，平均功率流密度也随着距离衰减。波传播过程中的衰减是由于导电媒质的欧姆损耗。

在导电媒质中，复介电常数 $\varepsilon_c=\varepsilon-\mathrm{j}\dfrac{\sigma}{\omega}$ 的实部和虚部之比

$$\tan\delta_c=\frac{\sigma}{\omega\varepsilon} \tag{6.2－17}$$

称为损耗角正切，δ_c 称为损耗角。给损耗角正切的分子和分母各乘以 E，这个分式也就表示传导电流和位移电流之比。下面分别讨论$\dfrac{\sigma}{\omega\varepsilon}\ll 1$ 和$\dfrac{\sigma}{\omega\varepsilon}\gg 1$ 两种情况。

1)低损耗介质

当$\dfrac{\sigma}{\omega\varepsilon}\ll 1$，媒质中以位移电流为主，传导电流较小。可以认为这种情况损耗较小，是低损耗介质。

对这种低损耗介质，$\dfrac{\sigma}{\omega\varepsilon}\ll 1$，在导电媒质的相位常数公式(6.2－7a)和衰减常数公式(6.2－7b)中取近似

$$\sqrt{1+\left(\frac{\sigma}{\omega\varepsilon}\right)^2}\approx 1+\frac{1}{2}\left(\frac{\sigma}{\omega\varepsilon}\right)^2$$

得

$$k'\approx k=\omega\sqrt{\mu\varepsilon} \tag{6.2－18}$$

$$k'' \approx \frac{\sigma}{2}\sqrt{\frac{\mu}{\varepsilon}} \tag{6.2-19}$$

波阻抗近似为

$$Z_c = \sqrt{\frac{\mu}{\varepsilon\left(1-\mathrm{j}\dfrac{\sigma}{\omega\varepsilon}\right)}} \approx \sqrt{\frac{\mu}{\varepsilon}} \tag{6.2-20}$$

以上3式表明,在低损耗介质中,电磁波除了以指数形式衰减外,其他性质可以看成与理想介质中的相同。

2)良导体

当$\frac{\sigma}{\omega\varepsilon} \gg 1$,媒质中以传导电流为主,射频和微波频率的电磁波在良导体中就是这种情况。由于$\frac{\sigma}{\omega\varepsilon} \gg 1$,取近似

$$\sqrt{1+\left(\frac{\sigma}{\omega\varepsilon}\right)^2} \approx \frac{\sigma}{\omega\varepsilon}$$

分别代入(6.2-7a)式和(6.2-7b)式得

$$k' \approx k'' \approx \sqrt{\frac{\omega\mu\sigma}{2}} = \sqrt{\pi f\mu\sigma} \tag{6.2-21}$$

波阻抗近似为

$$Z_c \approx \sqrt{\frac{\mathrm{j}\omega\mu}{\sigma}} = \sqrt{\frac{\omega\mu}{\sigma}\mathrm{e}^{\mathrm{j}\frac{\pi}{2}}} = \sqrt{\frac{\omega\mu}{\sigma}}\mathrm{e}^{\mathrm{j}\frac{\pi}{4}} = (1+\mathrm{j})\sqrt{\frac{\pi f\mu}{\sigma}} = R_S(1+\mathrm{j}) \tag{6.2-22}$$

式中

$$R_S = \sqrt{\frac{\pi f\mu}{\sigma}} \tag{6.2-23}$$

称为良导体表面阻抗。可以看出,在良导体中,电场和磁场的相位相差$\pi/4$。(6.2-21)式说明,衰减常数与f和σ的方根成正比,f和σ越大,k''越大,波衰减越快。当f和σ很大时,电磁波衰减很快,穿透深度很小,仅集中在良导体表面附近,这种现象称为集肤效应。高频电磁波在良导体中就是这种情况,电磁波仅集中在导体表面很薄的一层内。为了衡量电磁波在良导体中的衰减程度和穿透深度,定义电磁波场强振幅衰减到表面处振幅的$1/\mathrm{e}$倍时的深度为集肤厚度,以δ表示。由$\mathrm{e}^{-k''\delta} = \frac{1}{\mathrm{e}}$得

$$\delta = \frac{1}{k''} = \frac{1}{\sqrt{\pi f\mu\sigma}} \tag{6.2-24}$$

由上式可见,f越高,σ越大,集肤厚度越小。表6.2-1给出了铜和铁在几种不同频率下的集肤厚度。

表6.2-1 铜和铁在不同频率下的集肤厚度

	10^4 Hz	10^6 Hz	10^{10} Hz
铜	0.6 mm	0.06 mm	0.6 μm
铁	3.56 mm	0.356 mm	0.003 mm

从表中可以看出,高频电磁波在良导体中的集肤厚度很小,电场和电流仅集中在导体表面附

近的薄层里，而不是均匀分布在导体中。在高频时，由于集肤效应，在一般的导体，如铝上镀一层厚度稍大于 δ 的电导率很高的良导体，如银或金，就可以达到与银或金相同的导电效果。同理，在屏蔽高频电磁干扰时，用很薄的高电导率良导体，就可以达到一定的屏蔽效果。这样可以节约贵金属材料，提高经济效益。

高频时的集肤效应使得电场和电流仅集中在导体表面附近的薄层里，这时，就可以将薄层电流近似为面电流。下面就分析薄层中的面电流及其单位面积薄层的损耗功率。

设电磁波传播进入良导体中，良导体的表面为 xOy 面，如图 6.2-2 所示，进入良导体后电磁波指数衰减

$$\boldsymbol{E} = \hat{x}E_0 \mathrm{e}^{-k''z}\mathrm{e}^{-\mathrm{j}k'z}$$

式中 E_0 为良导体表面上的电场值。在电导率为 σ 的良导体中，电流密度为

$$\boldsymbol{J} = \sigma\boldsymbol{E} = \hat{x}\sigma E_0 \mathrm{e}^{-k''z}\mathrm{e}^{-\mathrm{j}k'z}$$

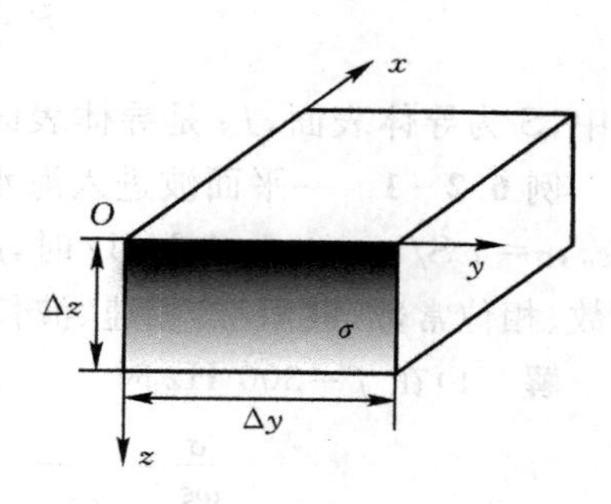

图 6.2-2　良导体中的电流

集肤效应使得电流仅集中在导体表面附近的薄层里，将薄层电流近似为面电流，那么流过薄层截面单位长度的电流强度，即电流面密度为

$$\boldsymbol{J}_S = \int_0^1 \mathrm{d}y\int_0^\infty \boldsymbol{J}\mathrm{d}z = \hat{x}\int_0^1\mathrm{d}y\int_0^\infty \sigma E_0 \mathrm{e}^{-\mathrm{j}k_c z}\mathrm{d}z = \hat{x}\,\frac{1}{\mathrm{j}k_c}\sigma E_0$$

在良导体中

$$\frac{\mathrm{j}k_c}{\sigma} = \frac{k''+\mathrm{j}k'}{\sigma} \approx R_S(1+\mathrm{j}) = Z_c$$

因此

$$\boldsymbol{J}_S \approx \frac{\hat{x}E_0}{Z_c} = -\hat{z}\times\hat{y}\,\frac{E_0}{Z_c} = \hat{n}\times\boldsymbol{H}_S \tag{6.2-25}$$

式中，$\boldsymbol{H}_S=\hat{y}\dfrac{E_0}{Z_c}$ 是导体表面的磁场强度，$\hat{n}$ 是导体表面的法向单位矢量。(6.2-25)式与理想导体表面上的磁场边界条件，即磁场强度与理想导体表面电流密度的关系是一致的。

由于集肤效应，导电体中的电场和电流分布不再均匀，对这种情况，导体的损耗功率不能用焦尔定律计算，要用焦尔定律的微分形式计算。导体的损耗主要集中在表面附近的薄层里，损耗功率密度为

$$p = \sigma\,|\boldsymbol{E}|^2 = \sigma E_0^2 \mathrm{e}^{-2k''z}$$

导体的损耗功率可写为

$$P = \iiint_V p\,\mathrm{d}V = \iint_S P_S\,\mathrm{d}S$$

式中，S 为导体表面，P_S 为单位导体表面损耗功率，即导体表面单位面积下面薄层内的损耗功率

$$P_S = \int_0^\infty \sigma E_0^2 \mathrm{e}^{-2k''z}\mathrm{d}z \approx \frac{1}{2}E_0^2\sigma\delta = \frac{1}{2}\left|\frac{E_0}{Z_c}\right|^2 |Z_c|^2\sigma\delta = \left|\frac{E_0}{Z_c}\right|^2 R_S$$

在上式中，由于 $\dfrac{E_0}{Z_c}=H_S$ 是导体表面的磁场，因此，上式可写为

$$P_S = |\boldsymbol{H}_S|^2 R_S \tag{6.2-26}$$

根据(6.2-25)式,单位导体表面损耗功率可用导体表面的电流密度和表面电阻表示为

$$P_S = |\boldsymbol{J}_S|^2 R_S \tag{6.2-27}$$

此式在形式上和焦尔定律相同。这时,良导体的损耗功率可用下式的面积分计算

$$P = \iint_S P_S \mathrm{d}S = \iint_S |\boldsymbol{J}_S|^2 R_S \mathrm{d}S \tag{6.2-28}$$

式中,S 为导体表面,J_S 是导体表面电流密度。

例 6.2-1 一平面波进入海水中, 在 $f=300$ Hz 时,海水的电磁特性参数为 $\mu=\mu_0$,$\varepsilon=80\varepsilon_0$,$\sigma=4$ S/m;在 $f=5$ MHz 时,$\mu=\mu_0$,$\varepsilon=72\varepsilon_0$,$\sigma=4$ (S/m)。分别计算在两种频率下衰减常数、相位常数、波阻抗,相速、波长、集肤深度。

解 1)在 $f=300$ Hz 时

$$\frac{\sigma}{\omega\varepsilon} = \frac{4}{600\pi \times 80 \times (\frac{1}{36\pi} \times 10^{-9})} = 3 \times 10^6 \gg 1$$

衰减常数和相位常数为

$$k' = k'' = \sqrt{\pi f \mu \sigma} = \sqrt{300\pi \times 4\pi \times 10^{-7} \times 4} = 6.9 \times 10^{-2}\,(\mathrm{Np/m})$$

复数波阻抗为

$$Z_c = (1+j)\sqrt{\frac{\pi f \mu}{\sigma}} = 24.4\mathrm{e}^{\mathrm{j}\pi/4}\,(\Omega)$$

相速为

$$v_p = \frac{\omega}{k'} = \frac{600\pi}{6.9 \times 10^{-2}} = 2.73 \times 10^4\,(\mathrm{m/s})$$

波长为

$$\lambda = \frac{2\pi}{k'} = \frac{2\pi}{6.9 \times 10^{-2}} = 91\ (\mathrm{m})$$

集肤厚度为

$$\delta = \frac{1}{k''} = \frac{1}{6.9 \times 10^{-2}} = 14.5\ (\mathrm{m})$$

2)在 $f=5$ MHz 时

$$\frac{\sigma}{\omega\varepsilon} = \frac{4}{10^7\pi \times 72 \times (\frac{1}{36\pi} \times 10^{-9})} = 200 \gg 1$$

衰减常数和相位常数为

$$k' = k'' = \sqrt{\pi f \mu \sigma} = 8.89\ (\mathrm{Np/m})$$

复数波阻抗为

$$Z_c = (1+j)\sqrt{\frac{\pi f \mu}{\sigma}} = \pi\mathrm{e}^{\mathrm{j}\pi/4}\,(\Omega)$$

相速为

$$v_p = \frac{\omega}{k'} = \frac{10^7\pi}{8.89} = 3.53 \times 10^6\,(\mathrm{m/s})$$

波长为

$$\lambda = \frac{2\pi}{k'} = \frac{2\pi}{8.89} = 0.707\ (\mathrm{m})$$

集肤厚度为

$$\delta = \frac{1}{k''} = \frac{1}{8.89} = 0.518\ (\mathrm{m})$$

思考题

1. 电磁波在导电媒质中传播有什么特点？
2. 什么是色散媒质？
3. 满足什么条件是低损耗？电磁波在低损耗媒质中传播有什么特点？
4. 电磁波在良导体中传播有什么特点？
5. 什么是损耗角正切？什么是集肤效应？什么是集肤厚度？什么是表面电阻？
6. 集肤厚度与电导率及频率有什么关系？
7. 如何计算有集肤效应时良导体中的损耗功率？

6.3　电磁波的群速

在本章6.1节我们在讨论单频均匀平面波在理想介质中传播时，定义电磁波的相速，即等相面传播的速度为

$$v_{\mathrm{p}} = \frac{\omega}{k} \tag{6.3-1}$$

式中，ω 为角频率，k 为空间相位常数。对于理想介质，$k=\omega\sqrt{\mu\varepsilon}$ 与频率成线性关系，因此在理想介质中相速 $v_{\mathrm{p}}=\frac{1}{\sqrt{\mu\varepsilon}}$ 与频率无关。但对有些媒质，如上节讨论的导电媒质，相位常数不是频率的线性函数，不同频率的波，相速不同。多个频率的波在传播过程中不同频率相速不同，这种现象称为色散。电磁波在其中传输过程发生色散的媒质称为色散媒质。导电媒质就是色散媒质。携带信号包含一定频率分量的电磁波在色散媒质中传播时，由于色散，信号波形会变形失真，就像速度不同的人排成队列行走，随着行走时间的增加或距离增加，队列就会逐渐散开变形一样。当信号波形变形失真不是很严重时，包含许多频率分量的电磁波作为一个整体，其传播速度是多少呢？

有多个频率，但带宽 $\Delta\omega$ 相对中心频率 ω_0 很窄的电磁波包作为一个整体的传播速度称为群速。在无线通信传输中，相对于载波角频率，信号的带宽很小，就是窄带信号。

设多频窄带平面电磁波向 z 方向传播，角频率范围为 $\omega_1\leqslant\omega\leqslant\omega_2$，相位常数为 $k(\omega)$。对于色散媒质，$k(\omega)$ 随频率的函数曲线不是直线，一般比较复杂。对于窄带信号，k 可以用泰勒级数在中心角频率 $\omega_0=\frac{\omega_2+\omega_1}{2}$ 附近展开

$$k(\omega) = k(\omega_0) + \left(\frac{\mathrm{d}k}{\mathrm{d}\omega}\right)_{\omega_0}(\omega-\omega_0) + \frac{1}{2}\left(\frac{\mathrm{d}^2k}{\mathrm{d}\omega^2}\right)_{\omega_0}(\omega-\omega_0)^2 + \Delta \tag{6.3-2}$$

在此包含窄带信号的电磁波中，取两个电磁波频率 ω_1 和 ω_2 分量

$$E_1(t) = E_0\cos(\omega_1 t - k_1 z) \tag{6.3-3}$$

$$E_2(t) = E_0\cos(\omega_2 t - k_2 z) \tag{6.3-4}$$

式中 k_1 和 k_2 分别为 ω_1 和 ω_2 对应的波数。合成波为

$$E(t) = E_1(t) + E_2(t) = E_0\cos(\omega_1 t - k_1 z) + E_0\cos(\omega_2 t - k_2 z) \tag{6.3-5}$$

利用三角公式,可将上式变换为

$$E(t) = 2E_0\cos(\Delta\omega t - \Delta k z)\cos(\omega_0 t - k_0 z) \tag{6.3-6}$$

式中:$\Delta\omega = \dfrac{\omega_2 - \omega_1}{2}$,$k_0 = \dfrac{k_2 + k_1}{2}$,$\Delta k = \dfrac{k_2 - k_1}{2}$。

从(6.3-6)式可以看出,这是一个调幅的正弦波,如图 6.3-1 所示。载波的相速为

$$v_{\mathrm{p}} = \frac{\omega_0}{k_0} \tag{6.3-7}$$

调幅包络的速度,即群速为

$$v_{\mathrm{g}} = \frac{\Delta\omega}{\Delta k} \tag{6.3-8}$$

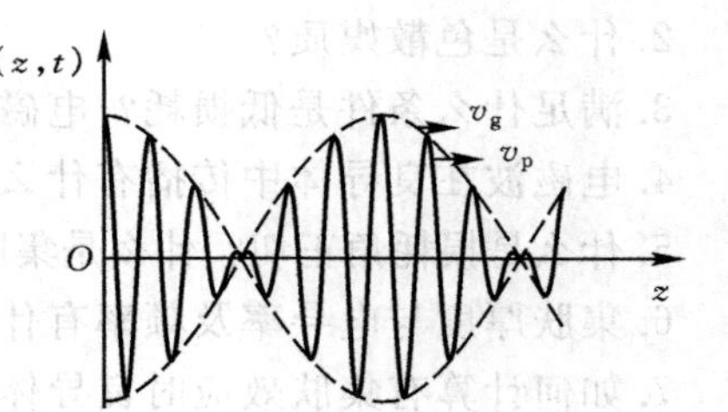

图 6.3-1 调幅的正弦波

当 $\Delta\omega \to 0$ 时

$$v_{\mathrm{g}} = \frac{\mathrm{d}\omega}{\mathrm{d}k} = \frac{1}{\dfrac{\mathrm{d}k}{\mathrm{d}\omega}} \tag{6.3-9}$$

将(6.3-2)式取前两项,即

$$k(\omega) \approx k(\omega_0) + \left(\frac{\mathrm{d}k}{\mathrm{d}\omega}\right)_{\omega_0}(\omega - \omega_0)$$

代入(6.3-9)式得

$$v_{\mathrm{g}} \approx \frac{1}{\left(\dfrac{\mathrm{d}k}{\mathrm{d}\omega}\right)_{\omega_0}} \tag{6.3-10}$$

上式就是中心频率(或载波频率)为 ω_0 的窄带信号包的群速。将 $k = \dfrac{\omega}{v_{\mathrm{p}}}$ 代入上式,得群速与相速的关系为

$$v_{\mathrm{g}} = \frac{v_p}{1 - \dfrac{\omega}{v_{\mathrm{p}}}\left(\dfrac{\mathrm{d}v_p}{\mathrm{d}\omega}\right)_{\omega_0}} \tag{6.3-11}$$

由上式可见,当 $\dfrac{\mathrm{d}v_{\mathrm{p}}}{\mathrm{d}\omega} < 0$ 时,$v_{\mathrm{g}} < v_{\mathrm{p}}$,这种情况为正常色散;当 $\dfrac{\mathrm{d}v_{\mathrm{p}}}{\mathrm{d}\omega} > 0$ 时,$v_{\mathrm{g}} > v_{\mathrm{p}}$,这种情况为反常色散;当 $\dfrac{\mathrm{d}v_{\mathrm{p}}}{\mathrm{d}\omega} = 0$ 时,$v_{\mathrm{g}} = v_{\mathrm{p}}$,无色散。

除了导电媒质外,电磁波在诸如波导、光纤等导波系统中传播时,也有色散现象。在工程中,不希望信号在传输过程中出现畸变,但当电磁波通过色散媒质时,色散是必然发生的,必将使信号发生畸变失真。因此,对工程技术人员来说,就必须预知色散媒质对信号的影响,采取措施减少色散的影响,或对信号进行必要的均衡补偿。

思考题

1. 色散对信号传输有什么影响？

2. 什么叫群速？在什么条件下，群速和相速相等？

3. 频率越高相速越小的媒质是正常色散还是反常色散？

6.4 电磁波的极化

电磁波的极化，是指电磁波在传播过程中电场矢量方向随时间的变化，在光学中，叫作光的偏振。为简化分析，考虑向 $+z$ 方向传播的包含两个分量的平面波，电场的复数形式为

$$\boldsymbol{E}=(\hat{x}\mid E_{x0}\mid \mathrm{e}^{\mathrm{j}\varphi_x}+\hat{y}\mid E_{y0}\mid \mathrm{e}^{\mathrm{j}\varphi_y})\mathrm{e}^{-\mathrm{j}kz} \tag{6.4-1}$$

式中 $|E_{x0}|$ 和 $|E_{y0}|$ 分别是电场 $\boldsymbol{E}$ 的 x 分量和 y 分量的振幅有效值，φ_x 和 φ_y 分别是电场 $\boldsymbol{E}$ 的 x 分量和 y 分量在 $z=0$ 处的相位。对应的时域瞬时形式为

$$\boldsymbol{E}(t)=\hat{x}\sqrt{2}\mid E_{x0}\mid\cos(\omega t-kz+\varphi_x)+\hat{y}\sqrt{2}\mid E_{y0}\mid\cos(\omega t-kz+\varphi_y) \tag{6.4-2}$$

图 6.4-1 所示为在某一时刻的电场方向，α 为电场方向和 x 轴的夹角。下面以(6.4-2)式为基础讨论三种类型的极化波：线极化，圆极化和椭圆极化。

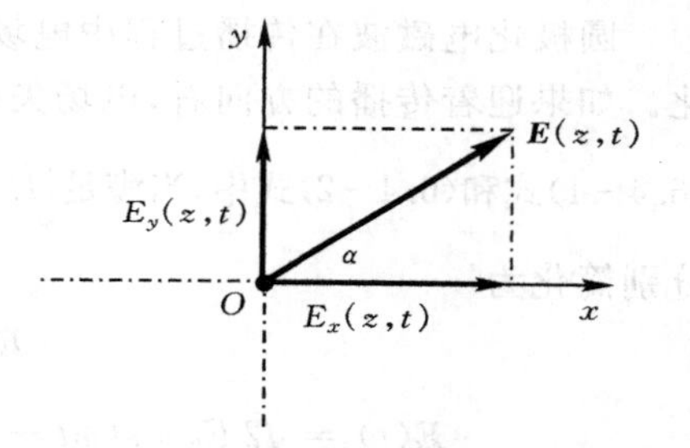

图 6.4-1 平面波包含两个分量的电场方向

1. 线极化

线极化是指电磁波在传播过程中电场矢量的指向随时间不变化，也就是图 6.4-1 中 α 不随时间变化。对于这种极化波，如果迎着传播的方向看，电场矢量的末端随时间在一条线上变化，因此叫线极化波。在(6.4-1)式和(6.4-2)式中，当满足 $\varphi_y-\varphi_x=n\pi(n=0,1,2,\cdots)$ 时，(6.4-1)式和(6.4-2)式分别简化为

$$\boldsymbol{E}=(\hat{x}\mid E_{x0}\mid\pm\hat{y}\mid E_{y0}\mid)\mathrm{e}^{-\mathrm{j}kz}\mathrm{e}^{\mathrm{j}\varphi_x} \tag{6.4-3}$$

$$\boldsymbol{E}(t)=(\hat{x}\sqrt{2}\mid E_{x0}\mid\pm\hat{y}\sqrt{2}\mid E_{y0}\mid)\cos(\omega t-kz+\varphi_x) \tag{6.4-4}$$

式中，当 n 为偶数时取 $+$ 号，当 n 为奇数时取 $-$ 号。从(6.4-4)式可知，$\boldsymbol{E}(t)$ 的大小以及和 x 轴的夹角 α 分别为

$$\mid\boldsymbol{E}(t)\mid=\sqrt{2}\sqrt{\mid E_{x0}\mid^2+\mid E_{y0}\mid^2}\mid\cos(\omega t-kz+\varphi_x)\mid \tag{6.4-5}$$

$$\tan\alpha=\frac{E_y(t)}{E_x(t)}=\pm\frac{\mid E_{y0}\mid}{\mid E_{x0}\mid}=C \tag{6.4-6}$$

从以上两式可以看出，电场矢量和 x 轴的夹角 α 不随时间变化，也就是说，电磁波在传播过程中，只是电场矢量的大小随时间变化，而电场的方向不变，迎着波传播方向看，电场矢量的末端随着传播始终在一条直线上变化。这就是线极化波，如图 6.4-2 所示。

$|E_{y0}|$ 或 $|E_{x0}|$ 等于 0 是两个最基本的线极化波，即

$$\boldsymbol{E}=\hat{x}\mid E_{x0}\mid\mathrm{e}^{\mathrm{j}\varphi_x}\mathrm{e}^{-\mathrm{j}kz} \tag{6.4-7}$$

或

$$\boldsymbol{E}=\hat{y}\mid E_{y0}\mid\mathrm{e}^{\mathrm{j}\varphi_y}\mathrm{e}^{-\mathrm{j}kz} \tag{6.4-8}$$

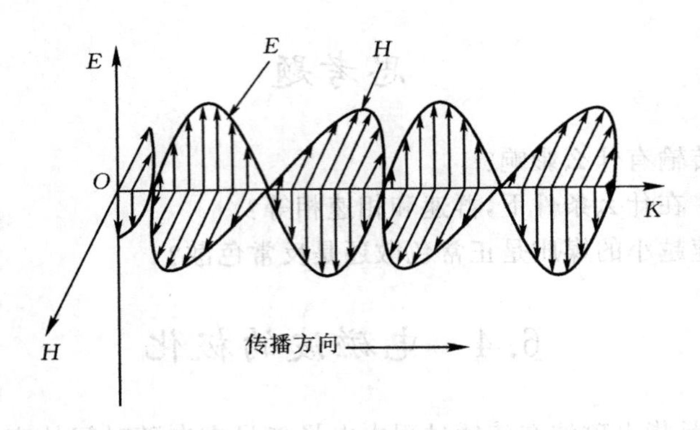

图 6.4-2 线极化波

由以上分析可知，如果两个基本的相互垂直的线极化波的相位相同或相差 π，合成后还是线极化波；反之，一个线极化波可以分解为相位相同或相差 π 的两个基本的相互垂直的线极化波。

2. 圆极化波

圆极化电磁波在传播过程中电场矢量的方向随时间变化，而电场矢量的大小不随时间变化。如果迎着传播的方向看，电场矢量的末端随时间在一个圆上变化，因此叫作圆极化波。在(6.4-1)式和(6.4-2)式中，当满足 $|E_{x0}|=|E_{y0}|=E_0$ 且 $\varphi_y-\varphi_x=\pm\dfrac{\pi}{2}$ 时，(6.4-1)式和(6.4-2)式分别简化为

$$\boldsymbol{E}=E_0(\hat{x}\pm \mathrm{j}\hat{y})\mathrm{e}^{-\mathrm{j}kz}\mathrm{e}^{\mathrm{j}\varphi_x} \tag{6.4-9}$$

$$\begin{aligned}\boldsymbol{E}(t)&=\sqrt{2}E_0\cos(\omega t-kz+\varphi_x)\hat{x}+\sqrt{2}E_0\cos\left(\omega t-kz+\varphi_x\pm\frac{\pi}{2}\right)\hat{y}\\&=\sqrt{2}E_0\cos(\omega t-kz+\varphi_x)\hat{x}\mp\sqrt{2}E_0\sin(\omega t-kz+\varphi_x)\hat{y}\end{aligned} \tag{6.4-10}$$

(6.4-9)式中用到了 $\mathrm{e}^{\pm\mathrm{j}\frac{\pi}{2}}=\pm\mathrm{j}$。在这种情况下，由(6.4-10)式表示的电场的两个分量可得到在某个时刻电场的大小以及和 x 轴的夹角 α 分别为

$$\begin{aligned}|\boldsymbol{E}(t)|&=\sqrt{[\sqrt{2}E_0\cos(\omega t-kz+\varphi_x)]^2+[\sqrt{2}E_0\sin(\omega t-kz+\varphi_x)]^2}\\&=\sqrt{2}E_0\end{aligned} \tag{6.4-11}$$

$$\begin{aligned}\tan\alpha&=\frac{E_y(t)}{E_x(t)}=\mp\frac{\sin(\omega t-kz+\varphi_x)}{\cos(\omega t-kz+\varphi_x)}\\&=\mp\tan(\omega t-kz+\varphi_x)\end{aligned} \tag{6.4-12}$$

由上式得

$$\alpha=\mp(\omega t-kz+\varphi_x)+m\pi \tag{6.4-13}$$

可以看出，在这种情况下，电磁波在传播过程中电场矢量的大小不变，但与 x 轴的夹角 α 随时间线性变化。显然，在 z 为常数的一个面上，电场矢量末端随时间变化的轨迹是一个圆，因此这种情况对应的电磁波就是圆极化波。

当 $\varphi_y-\varphi_x=-\dfrac{\pi}{2}$，即电场 $\boldsymbol{E}$ 的 y 分量的相位比 x 分量滞后 90°时，(6.4-13)式取正号，重

写为

$$\alpha = (\omega t - kz + \varphi_x) + m\pi \tag{6.4-14}$$

在这种情况下，电场矢量与 x 轴的夹角 α 随时间的增加而增加，如图 6.4-3 所示。迎着波传播方向看，电场矢量逆时针方向旋转，如果让拇指指向波传播方向，旋转方向就是右手 4 指的方向，因此这种圆极化称之为右旋圆极化。

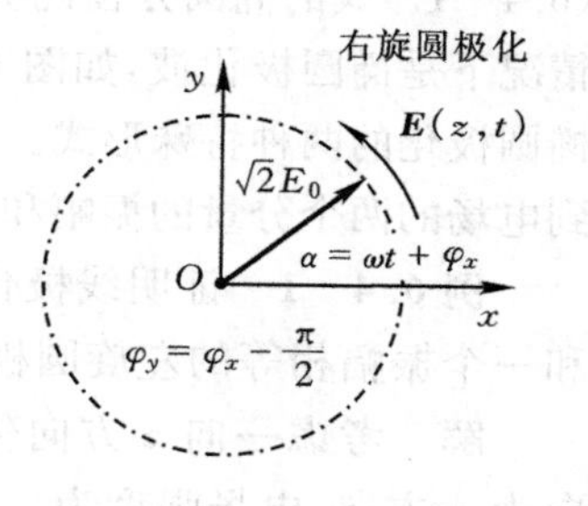

图 6.4-3　右旋圆极化

当 $\varphi_y - \varphi_x = \frac{\pi}{2}$，即电场 $\boldsymbol{E}$ 的 y 分量的相位比 x 分量超前 90° 时，(6.4-13)式取负号，重写为

$$\alpha = -(\omega t - kz + \varphi_x) + m\pi \tag{6.4-15}$$

在这种情况下，电场矢量与 x 轴的夹角 α 随时间的增加而减小，如图 6.4-4 所示。迎着波传播方向看，电场矢量顺时针方向旋转，如果让拇指指向波传播方向，旋转方向就是左手 4 指的方向，因此这种圆极化称之为左旋圆极化。

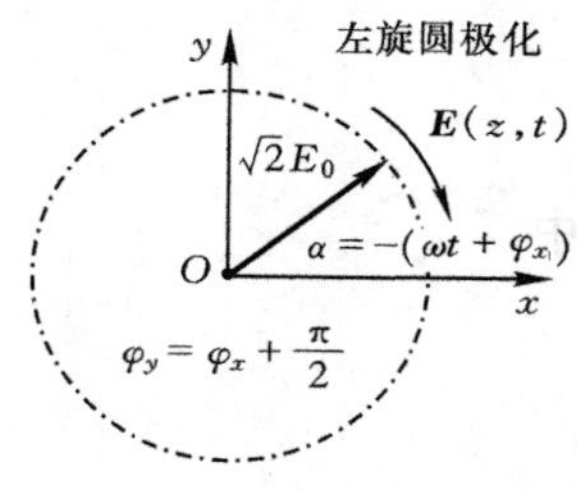

图 6.4-4　左旋圆极化

圆极化波不仅电场矢量随时间旋转，而且在任一时刻电场矢量在空间沿传播方向也呈螺旋状。

显然，圆极化波可以分解为两个极化方向相互垂直的基本线极化波。换句话说，两个极化方向相互垂直的基本线极化波，当满足振幅相等，相位相差 90°的条件时，合成为一圆极化波。也容易证明，一个线极化波可以分解为两个旋转方向相反的圆极化波。

圆极化电磁波可以直接由螺旋状天线产生，也可以由两副线极化天线产生的两个极化方向垂直的线极化波合成形成。

线极化波和圆极化波由于具有各自特有的特点，在工程中都得到了广泛的应用。例如，一般广播、电视、地面微波通信、移动无线通信天线发射的电磁波都是线极化波，而有一些卫星通信、雷达天线则发射圆极化的电磁波。

3. 椭圆极化波

椭圆极化电磁波在传播过程中不但电场矢量的方向随时间变化，而且电场矢量的大小也随时间变化。如果迎着传播的方向看，电场矢量的末端随时间变化的轨迹是一个椭圆，因此叫作椭圆极化波。

将(6.4-2)式写成下面两个分量的形式：

$$x(t) = x_0\cos(\omega t + \theta_x) \tag{6.4-16a}$$

$$y(t) = y_0\cos(\omega t + \theta_y) \tag{6.4-16b}$$

式中：$x_0 = \sqrt{2}\,|E_{x0}|$，$y_0 = \sqrt{2}\,|E_{y0}|$，$\theta_x = \varphi_x - kz$，$\theta_y = \varphi_y - kz$

式(6.4-16)就是椭圆的参数方程。消去参数方程中的参数变量，并记 $\varphi = \varphi_y - \varphi_x$，得到对应的椭圆方程

$$\frac{x^2}{x_0^2} + \frac{y^2}{y_0^2} - \frac{2xy}{x_0 y_0}\cos\varphi = \sin^2\varphi \tag{6.4-17}$$

该椭圆的长轴与 x 轴的夹角 θ 为

$$\theta = \frac{1}{2}\arctan\left(\frac{2x_0 y_0 \cos\varphi}{x_0^2 - y_0^2}\right) \tag{6.4-18}$$

(6.4-17)式的椭圆方程说明,(6.4-2)式给出的电磁波在一般情况下是椭圆极化波,如图6.4-5所示,而线极化和圆极化是椭圆极化的两种特殊形式。由(6.4-17)和(6.4-18)式可以得到电场的两个分量的振幅和相位在不同条件下的椭圆形状。

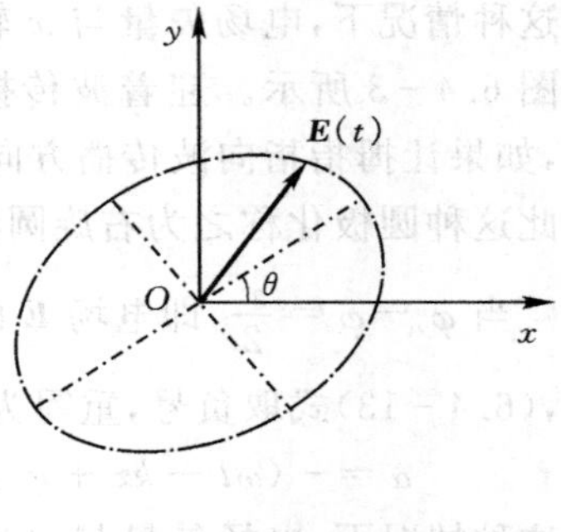

图6.4-5 椭圆极化

例6.4-1 证明线极化波可以分解为一个右旋圆极化波和一个振幅相等的左旋圆极化波。

解 考虑一向z方向传播的线极化平面波。设线极化方向为x方向,电场强度为

$$\boldsymbol{E} = \hat{x}E_0 \mathrm{e}^{-\mathrm{j}kz}$$

上式可以分解为

$$\boldsymbol{E} = E_0\left(\hat{x}\frac{1}{2} + \hat{y}\frac{\mathrm{j}}{2} + \hat{x}\frac{1}{2} - \hat{y}\frac{\mathrm{j}}{2}\right)\mathrm{e}^{-\mathrm{j}kz}$$

$$= \boldsymbol{E}_{\mathrm{lc}} + \boldsymbol{E}_{\mathrm{rc}}$$

式中

$$\boldsymbol{E}_{\mathrm{lc}} = \frac{E_0}{2}(\hat{x} + \mathrm{j}\hat{y})\mathrm{e}^{-\mathrm{j}kz}$$

$$\boldsymbol{E}_{\mathrm{rc}} = \frac{E_0}{2}(\hat{x} - \mathrm{j}\hat{y})\mathrm{e}^{-\mathrm{j}kz}$$

$\boldsymbol{E}_{\mathrm{lc}}$是振幅为$\frac{E_0}{2}$左旋圆极化波,$\boldsymbol{E}_{\mathrm{rc}}$是振幅为$\frac{E_0}{2}$右旋圆极化波。可见,线极化波可以分解为振幅相等的左旋圆极化波和右旋圆极化波。证毕。

思考题

1. 什么是电磁波的极化?电磁波有哪些极化?
2. 什么是线极化?两个基本的相互垂直的线极化波在什么条件下合成后还是线极化?
3. 什么是圆极化?两个基本的相互垂直的线极化波在什么条件下合成后是圆极化?
4. 如何判断左旋或右旋圆极化?
5. 什么是椭圆极化?在什么条件下椭圆极化的长轴在x轴上?
6. 收音机和电视机分别接收到的承载广播和电视信号的电磁波是什么极化波?

6.5 均匀平面波垂直投射到理想导体表面

本节讨论理想导电平面对垂直投射来的平面波的反射。设在空间$z=0$处有一无限大的理想导电平面,一均匀平面波沿z方向传播,垂直投射到理想导体表面上,如图6.5-1所示。设入射波电场为

$$\boldsymbol{E}^{\mathrm{i}} = \hat{x}E_0^{\mathrm{i}}\mathrm{e}^{-\mathrm{j}kz} \tag{6.5-1}$$

对应的磁场为

$$\boldsymbol{H}^{\mathrm{i}} = \hat{y}\,\frac{E_0^{\mathrm{i}}}{Z}\mathrm{e}^{-\mathrm{j}kz} \qquad (6.5-2)$$

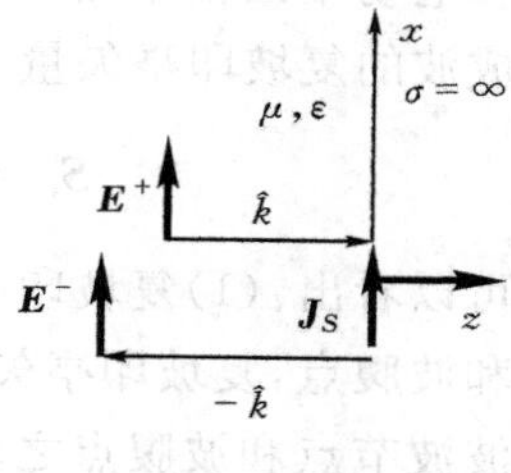

式中 $Z=\sqrt{\dfrac{\mu}{\varepsilon}}$ 是空间介质的波阻抗，$k=\dfrac{2\pi}{\lambda}=\omega\sqrt{\mu\varepsilon}$ 是波数，E_0^{i} 是在 $z=0$ 处的入射电场。电磁波垂直投射到理想导体表面时，在理想导体表面感应出面电流，产生反射波。反射波是向 $-z$ 方向传播的均匀平面波，极化与入射波相同，可以写成如下形式：

图 6.5-1　均匀平面波垂直投射到理想导体表面

$$\boldsymbol{E}^{\mathrm{r}} = \hat{x}E_0^{\mathrm{r}}\mathrm{e}^{\mathrm{j}kz} \qquad (6.5-3)$$

$$\boldsymbol{H}^{\mathrm{r}} = (-\hat{z})\times\frac{\boldsymbol{E}^{\mathrm{r}}}{Z} = -\hat{y}\,\frac{E_0^{\mathrm{r}}}{Z}\mathrm{e}^{\mathrm{j}kz} \qquad (6.5-4)$$

式中 E_0^{r} 是在 $z=0$ 处的反射电场，只要求出该值，就确定了反射波。现在空间不但有入射波，还有反射波。总电磁场为

$$\boldsymbol{E} = \boldsymbol{E}^{\mathrm{i}} + \boldsymbol{E}^{\mathrm{r}} = \hat{x}E_0^{\mathrm{i}}\mathrm{e}^{-\mathrm{j}kz} + \hat{x}E_0^{\mathrm{r}}\mathrm{e}^{\mathrm{j}kz} \qquad (6.5-5)$$

$$\boldsymbol{H} = \boldsymbol{H}^{\mathrm{i}} + \boldsymbol{H}^{\mathrm{r}} = \frac{1}{Z}(\hat{y}E_0^{\mathrm{i}}\mathrm{e}^{-\mathrm{j}kz} - \hat{y}E_0^{\mathrm{r}}\mathrm{e}^{\mathrm{j}kz}) \qquad (6.5-6)$$

为了求出 E_0^{r}，利用 $z=0$ 理想导体面上电场的边界条件 $E_t=0$，即

$$E_0^{\mathrm{i}}\mathrm{e}^{-\mathrm{j}kz} + E_0^{\mathrm{r}}\mathrm{e}^{\mathrm{j}kz}\Big|_{z=0} = 0$$

得

$$E_0^{\mathrm{r}} = -E_0^{\mathrm{i}}$$

将结果代入(6.5-5)式和(6.5-6)式，得

$$\boldsymbol{E} = \hat{x}E_0^{\mathrm{i}}(\mathrm{e}^{-\mathrm{j}kz} - \mathrm{e}^{\mathrm{j}kz}) = -\hat{x}\mathrm{j}2E_0^{\mathrm{i}}\sin(kz) \qquad (6.5-7)$$

$$\boldsymbol{H} = \hat{y}\,\frac{E_0^{\mathrm{i}}}{Z}(\mathrm{e}^{-\mathrm{j}kz} + \mathrm{e}^{\mathrm{j}kz}) = \hat{y}\,\frac{2E_0^{\mathrm{i}}}{Z}\cos(kz) \qquad (6.5-8)$$

对应的时域瞬时形式为

$$\boldsymbol{E}(t) = \hat{x}2\sqrt{2}E_0^{\mathrm{i}}\sin(kz)\sin(\omega t) \qquad (6.5-9)$$

$$\boldsymbol{H}(t) = \hat{y}2\sqrt{2}\,\frac{E_0^{\mathrm{i}}}{Z}\cos(kz)\cos(\omega t) \qquad (6.5-10)$$

图 6.5-2 给出了在 $t=0, T/8, T/4$ 时 E_x 随 z 的变化曲线。可以看出，入射波和反射波这两个传播方向相反的行波叠加后是驻波。在波节点，入射波和反射波相位刚好相反，因此互相抵消，场强为 0。在波腹点，入射波和反射波相位刚好相同，因此同相相加，场强最大。由(6.5-9)式，分别利用 $\sin(kz)=0$ 和 $\sin(kz)=1$，可求得电场驻波波节点位置 $z_{\min}$ 和波腹点位置 $z_{\max}$，即

$$z_{\min} = -n\,\frac{\lambda}{2} \qquad (6.5-11)$$

$$z_{\max} = -\frac{\lambda}{4} - n\,\frac{\lambda}{2} \qquad (6.5-12)$$

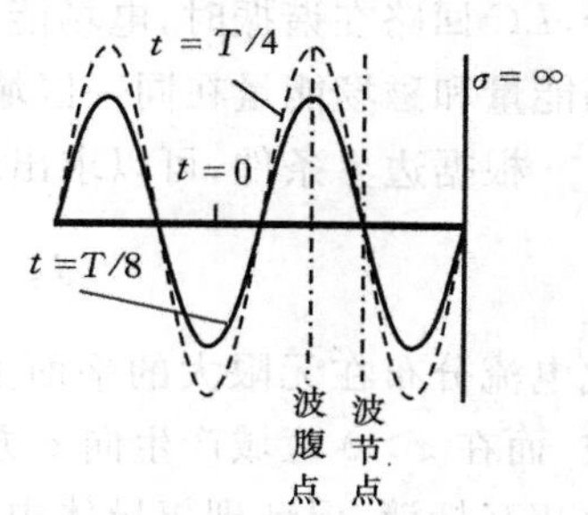

图 6.5-2　驻波

式中 $n=0,1,2,\cdots$。可以看出，相邻波节点和波腹点相距 $\lambda/4$。

比较(6.5-10)式和(6.5-9)式可知，磁场也是驻波，不过磁场的驻波波形和电场的波形位置刚好错开，磁场驻波的波节点恰好是电场的波腹点，磁场的波腹点是电场的波节点。磁场

的相位和电场相位相差 $\pi/2$,说明电场最大时磁场为0,磁场最大时电场为0。

合成波的复坡印亭矢量为

$$\boldsymbol{S}_c = \boldsymbol{E} \times \boldsymbol{H}^* = -\hat{z}\mathrm{j}\,\frac{4(E_0^i)^2}{Z}\sin(kz)\cos(kz) \tag{6.5-13}$$

从上式可以看出:(1)复坡印亭矢量实部为0,说明在这种情况下,无平均功率流动;(2)在驻波波节点和波腹点,复坡印亭矢量的虚部也为0,说明过驻波波节点和波腹点无功率交换。下面计算驻波波节点和波腹点之间一个柱体中的电磁场能量。在驻波波节点和波腹点之间取长度为 $\lambda/4$、x 和 y 方向各为1的柱体,该柱体中的电场和磁场平均能量分别为

$$\begin{aligned}\overline{W}_e &= \int_0^1 \mathrm{d}x\int_0^1 \mathrm{d}y\int_{-\frac{\lambda}{4}}^0 \frac{1}{2}\varepsilon \mid \boldsymbol{E} \mid^2 \mathrm{d}z \\ &= \int_{-\frac{\lambda}{4}}^0 \frac{1}{2}\varepsilon \mid \mathrm{j}2E_0^i\sin(kz) \mid^2 \mathrm{d}z = \frac{\varepsilon\lambda}{4}\,|E_0^i|^2\end{aligned} \tag{6.5-14}$$

$$\begin{aligned}\overline{W}_m &= \int_0^1 \mathrm{d}x\int_0^1 \mathrm{d}y\int_{-\frac{\lambda}{4}}^0 \frac{1}{2}\mu \mid \boldsymbol{H} \mid^2 \mathrm{d}z \\ &= \int_{-\frac{\lambda}{4}}^0 \frac{1}{2}\mu \mid \frac{2E_0^i}{Z}\cos(kz) \mid^2 \mathrm{d}z = \frac{\mu\lambda}{4Z^2}\,|E_0^i|^2 = \frac{\varepsilon\lambda}{4}\,|E_0^i|^2 = \overline{W}_e\end{aligned} \tag{6.5-15}$$

结果表明,电场平均能量和磁场平均能量相等。也可以计算出该柱体内的最大瞬时电磁场能量为

$$W_{e,\max} = \iiint_V \frac{1}{2}\varepsilon\left[2\sqrt{2}E_0\sin(kz)\right]^2 \mathrm{d}V = \frac{\varepsilon}{2}\lambda\,|E_0^i|^2 = 2\overline{W}_e \tag{6.5-16}$$

$$W_{m,\max} = \iiint_V \frac{1}{2}\mu\left[\frac{2\sqrt{2}E_0^i}{Z}\cos(kz)\right]^2 \mathrm{d}V = \frac{\varepsilon}{2}\lambda\,|E_0^i|^2 = 2\overline{W}_e = W_{e,\max} \tag{6.5-17}$$

在任一时刻,该柱体中的电磁场瞬时能量为

$$W(t) = W_e(t) + W_m(t) = W_{e,\max}\sin^2\omega t + W_{m,\max}\cos^2\omega t = W_{e,\max} \tag{6.5-18}$$

从上面计算驻波中波节点和波腹点之间的能量可以看出,该区中虽然瞬时电场能量和磁场能量都随时间变化,但总瞬时电磁场能量不随时间变化,而且等于最大的电场能量或最大的磁场能量。这说明,瞬时电场能量和磁场能量随时间不断交换,是一种谐振状态。这种电磁谐振和电路中 LC 回路在谐振时,电容中的电场能量与电感中的磁场能量不断交换类似。不同处在于,LC 回路在谐振时,电场能量集中在电容中,磁场能量集中在电感中,而在驻波情况下,电场能量和磁场能量在同一区域。

根据边界条件,可以求出理想导体表面上的感应电流面密度为

$$\boldsymbol{J}_S = \hat{n} \times \boldsymbol{H} = (-\hat{z}) \times \left(\hat{y}\,\frac{2E_0^i}{Z}\right) = \hat{x}\,\frac{2E_0^i}{Z} \tag{6.5-19}$$

此电流分布在无限大的平面上,它在 $z<0$ 区域产生向 $-z$ 方向传播的均匀平面波,就是反射波,而在 $z>0$ 区域产生向 z 方向传播的均匀平面波,但处处和入射波大小相等,相位相反,因此相互抵消,保证理想导体中总场为0。

思考题

1. 入射波和反射波合成后是什么波?在波节点和波腹点入射波和反射波的相位各有什么

关系？

2. 驻波和行波有什么区别？相邻波节点距离多大？相邻波腹点距离多大？相邻波腹点与波节点距离多大？

3. 电场驻波和磁场驻波有什么区别？理想导体表面是电场波节点还是磁场波节点？

4. 在入射波和反射波形成的驻波中，电磁场能量分布和能量流动有什么特点？

6.6 均匀平面波垂直投射到两种介质分界面

本节讨论均匀平面波垂直投射到两种不同介质分界面上的情况。设 $z<0$ 区域的介质参数为 μ_1 和 ε_1，$z>0$ 区域的介质参数为 μ_2 和 ε_2，分界面为 xOy 面，如图 6.6-1 所示。设入射波电场为

$$\boldsymbol{E}^{\mathrm{i}} = \hat{x}E_0^{\mathrm{i}}\mathrm{e}^{-\mathrm{j}k_1 z} \tag{6.6-1}$$

对应的磁场为

$$\boldsymbol{H}^{\mathrm{i}} = \hat{y}\frac{E_0^{\mathrm{i}}}{Z_1}\mathrm{e}^{-\mathrm{j}k_1 z} \tag{6.6-2}$$

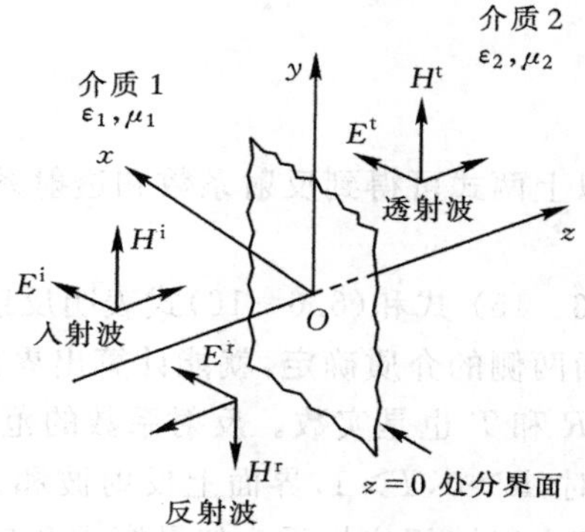

图 6.6-1 均匀平面波垂直投射到两种介质分界面

式中 $Z_1=\sqrt{\dfrac{\mu_1}{\varepsilon_1}}$ 是 $z<0$ 区域介质 1 的波阻抗，$k_1=\dfrac{2\pi}{\lambda_1}=\omega\sqrt{\mu_1\varepsilon_1}$ 是介质 1 中的波数，E_0^{i} 是在 $z=0$ 处的入射电场。波垂直投射到界面上，一部分被反射，另一部分透射到 $z>0$ 的介质 2 中。反射波是向 $-z$ 方向传播的均匀平面波，极化与入射波相同，可以写成如下形式

$$\boldsymbol{E}^{\mathrm{r}} = \hat{x}E_0^{\mathrm{r}}\mathrm{e}^{\mathrm{j}k_1 z} \tag{6.6-3}$$

$$\boldsymbol{H}^{\mathrm{i}} = -\hat{y}\frac{E_0^{\mathrm{r}}}{Z_1}\mathrm{e}^{\mathrm{j}k_1 z} \tag{6.6-4}$$

透射波的形式为

$$\boldsymbol{E}^{\mathrm{t}} = \hat{x}E_0^{\mathrm{t}}\mathrm{e}^{-\mathrm{j}k_2 z} \tag{6.6-5}$$

$$\boldsymbol{H}^{\mathrm{t}} = \hat{y}\frac{E_0^{\mathrm{t}}}{Z_2}\mathrm{e}^{-\mathrm{j}k_2 z} \tag{6.6-6}$$

式中 $Z_2=\sqrt{\dfrac{\mu_2}{\varepsilon_2}}$ 是 $z>0$ 区域介质 2 的波阻抗，$k_2=\dfrac{2\pi}{\lambda_2}=\omega\sqrt{\mu_2\varepsilon_2}$ 是介质 2 中的波数，E_0^{r} 和 E_0^{t} 分别是在 $z=0$ 界面处的反射电场和透射电场。如果已知入射电场，只要求出 E_0^{r} 和 E_0^{t}，就能确定反射场和透射场。为了解反射场和透射场相对入射场的相对大小，定义界面的反射系数 R 和透射系数 T 分别为

$$R = \frac{E_0^{\mathrm{r}}}{E_0^{\mathrm{i}}} \tag{6.6-7}$$

$$T = \frac{E_0^{\mathrm{t}}}{E_0^{\mathrm{i}}} \tag{6.6-8}$$

只要计算出 R 和 T，E_0^{r} 和 E_0^{t} 就可表示为

$$E_0^{\mathrm{r}} = RE_0^{\mathrm{i}} \tag{6.6-9}$$

$$E_0^{\mathrm{t}} = TE_0^{\mathrm{i}} \tag{6.6-10}$$

为计算 R 和 T,分别将入射波、反射波和透射波电磁场代入 $z=0$ 的边界条件 $E_{1t}=E_{2t}$ 和 $H_{1t}=H_{2t}$ 得

$$E_0^i + E_0^r = E_0^t \tag{6.6-11}$$

$$\frac{E_0^i}{Z_1} - \frac{E_0^r}{Z_1} = \frac{E_0^t}{Z_2} \tag{6.6-12}$$

将(6.6-9)式和(6.6-10)式代入,得

$$E_0^i + RE_0^i = TE_0^i \tag{6.6-13}$$

$$\frac{E_0^i}{Z_1} - \frac{RE_0^i}{Z_1} = \frac{TE_0^i}{Z_2} \tag{6.6-14}$$

消去等式两边的 E_0^i 后,求解得

$$R = \frac{Z_2 - Z_1}{Z_2 + Z_1} \tag{6.6-15}$$

$$T = \frac{2Z_2}{Z_2 + Z_1} \tag{6.6-16}$$

由以上两式可得到反射系数和透射系数满足以下关系

$$1 + R = T \tag{6.6-17}$$

(6.6-15) 式和(6.6-16)式表明反射系数和透射系数仅和界面两侧介质的波阻抗有关,只要界面两侧的介质确定,就能计算出界面上的反射系数和透射系数。对于理想介质,Z_1、Z_2 是实数,R 和 T 也是实数。反射系数的范围是 $-1\leqslant R\leqslant 1$,透射系数的范围是 $0\leqslant T\leqslant 2$。当 $Z_2>Z_1$ 时,$R>0$,$T>1$,界面上反射波和入射波相位相同;当 $Z_2<Z_1$ 时,$R<0$,$T<1$,界面上反射波和入射波相位相反。如果媒质 2 是理想导电体,$Z_2=0$,$R=-1$,$T=0$。如果界面两侧是有耗媒质,波阻抗是复数,则反射系数和透射系数也是复数。利用反射系数和透射系数,就能得到反射波和透射波。

在介质 1 中,既有入射波也有反射波,总电场为

$$\boldsymbol{E}_1 = \hat{x}E_0^i(\mathrm{e}^{-\mathrm{j}kz} + R\mathrm{e}^{\mathrm{j}kz}) \tag{6.6-18}$$

在上式括号中,给第一项减 $R\mathrm{e}^{-\mathrm{j}kz}$,在第二项加 $R\mathrm{e}^{-\mathrm{j}kz}$,等式不变,即

$$\boldsymbol{E}_1 = \hat{x}E_0^i[(\mathrm{e}^{-\mathrm{j}kz} - R\mathrm{e}^{-\mathrm{j}kz}) + (R\mathrm{e}^{-\mathrm{j}kz} + R\mathrm{e}^{\mathrm{j}kz})]$$

上式还可以写成

$$\boldsymbol{E}_1 = \hat{x}E_0^i(1-R)\mathrm{e}^{-\mathrm{j}kz} + \hat{x}2RE_0^i\cos(kz) \tag{6.6-19}$$

可以看出,介质 1 中的合成波可按上式分解为两部分,第一部分为行波,而第二部分是驻波。因此这种波称为驻行波,也简称为驻波。

在介质 1 中,一般 $|R|<1$,入射波幅度大于反射波幅度,即以入射波为主,因此(6.6-18)式还可以写成

$$\boldsymbol{E}_1 = \hat{x}E_0^i(1 + R\mathrm{e}^{\mathrm{j}2kz})\mathrm{e}^{-\mathrm{j}kz}$$

将 $R=|R|\mathrm{e}^{\mathrm{j}\theta}$ 代入得

$$\boldsymbol{E}_1 = \hat{x}E_0^i(1 + |R|\mathrm{e}^{\mathrm{j}(2kz+\theta)})\mathrm{e}^{-\mathrm{j}kz} \tag{6.6-20}$$

上式说明 $\boldsymbol{E}_1$ 还可以看作是一个幅度随位置 z 变化的行波。也就是说。入射波和反射波叠加后的驻行波,也可以认为是振幅随位置变化的行波,如图 6.6-2 所示。振幅的变化由复振幅函数 $E_0^i(1+|R|\mathrm{e}^{\mathrm{j}(2kz+\theta)})$ 描述。当 $2kz+\theta=\pm 2n\pi$ 时,$\mathrm{e}^{\mathrm{j}(2kz+\theta)}=1$,振幅最大,最大振幅为

$$E_{\max} = E_0^i(1+|R|) \tag{6.6-21}$$

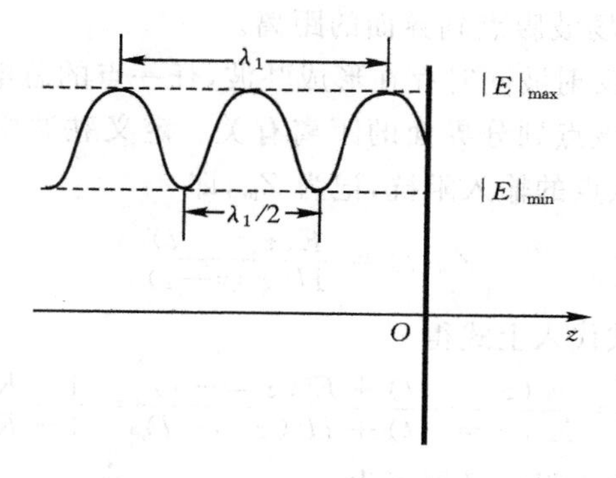

图 6.6-2 入射波和反射波叠加后的驻行波

相应的位置是电场波腹点，由 $2kz+\theta=\pm 2n\pi$ 可得到对应的波腹点位置为

$$z_{max}=-\frac{\theta}{4\pi}\lambda\pm n\frac{\lambda}{2}\quad n=0,1,2,\cdots \tag{6.6-22}$$

当 $2kz+\theta=\pm(2n+1)\pi$ 时，$e^{j(2kz+\theta)}=-1$，振幅最小，最小振幅为

$$E_{min}=E_0^i(1-|R|) \tag{6.6-23}$$

相应的位置是电场波节点，对应的波节点位置为

$$z_{min}=-\frac{\theta}{4\pi}\lambda\pm(2n+1)\frac{\lambda}{4}\quad n=0,1,2,\cdots \tag{6.6-24}$$

对于界面两侧都是理想介质(Z_1 和 Z_2 都为实数)的情况，电场波节点和波腹点的位置很容易判断：对于 $Z_2>Z_1$ 的情况，在分界面处 $R>0$，反射波和入射波同相，是电场波腹点；对于 $Z_2<Z_1$ 的情况，在分界面处 $R<0$，反射波和入射波反相，是电场波节点。相邻波节点和波腹点距离 $\lambda/4$，两相邻波节点距离 $\lambda/2$，两相邻波腹点也距离 $\lambda/2$。

驻行波电场振幅起伏变化的大小用电场驻波比表示，记为 ρ。电场驻波比定义为电场波腹点最大振幅和波节点最小振幅之比，即

$$\rho=\frac{E_{max}}{E_{min}} \tag{6.6-25}$$

将(6.6-21)式和(6.6-23)式代入上式得电场驻波比和反射系数的关系为

$$\rho=\frac{1+|R|}{1-|R|} \tag{6.6-26}$$

显然，反射系数越大，驻波比越大。当 $R=0$，即无反射波时，$\rho=1$，只是行波；当 $|R|=1$，即全反射时，$\rho=\infty$，是纯驻波状态。上节讨论的理想导电平面的反射，就是 $R=-1$ 纯驻波状态。反射系数的取值范围为 $0\leqslant|R|\leqslant 1$，对应驻波比的取值范围是 $1\leqslant\rho<\infty$。可以证明：如果 Z_1 和 Z_2 为实数，在 $Z_2>Z_1$ 的情况下，$\rho=\frac{Z_2}{Z_1}$；在 $Z_2<Z_1$ 的情况，$\rho=\frac{Z_1}{Z_2}$。在实际中，驻波比可以通过测量得到。利用(6.6-26)式可得到

$$|R|=\frac{\rho-1}{\rho+1} \tag{6.6-27}$$

由此式可利用 ρ 计算 $|R|$，而反射系数的幅角 θ 可通过电场波腹点位置由(6.6-22)式计算得

$$\theta=4\pi\left(\frac{l_{max}}{\lambda}\right) \tag{6.6-28}$$

式中 $l_{\max}$ 为距界面最近的电场波腹点到界面的距离。

在介质1中,入射波和反射波同时存在形成驻波,任一点的总电场和总磁场之比不仅与介质参数或波阻抗有关,还与该点到分界面的距离有关。定义驻波中距离分界面为 l 的点上电场强度与磁场强度之比为该点的输入阻抗,记为 Z_{in},即

$$Z_{in}(l)=\frac{E(z=-l)}{H(z=-l)} \tag{6.6-29}$$

将合成电场和磁场的表达式代入上式得

$$Z_{in}(l)=\frac{E^{i}(z=-l)+E^{r}(z=-l)}{H^{i}(z=-l)+H^{r}(z=-l)}=\frac{1+R\mathrm{e}^{\mathrm{j}2k_1 l}}{1-R\mathrm{e}^{\mathrm{j}2k_1 l}}Z_1 \tag{6.6-30}$$

将(6.6-15)式代入上式,输入阻抗又可写为

$$Z_{in}(l)=Z_1\frac{Z_2+\mathrm{j}Z_1\tan(k_1 l)}{Z_1+\mathrm{j}Z_2\tan(k_1 l)} \tag{6.6-31}$$

可以看出,输入阻抗为复数,且为周期函数,周期为 $\lambda_1/2$(λ_1 为介质1中的波长)。根据(6.6-31)式,如果 Z_1 和 Z_2 为实数,在 $\tan(k_1 l)=0$ 和 $\tan(k_1 l)=\infty$ 这两种情况下,输入阻抗为实数。在前一种情况下

$$l=n\frac{\lambda_1}{2}\quad n=0,1,2,3,\cdots \tag{6.6-32}$$

$$Z_{in}(l=n\frac{\lambda_1}{2})=Z_2 \tag{6.6-33}$$

在后一种情况下

$$l=\frac{\lambda_1}{4}+n\frac{\lambda_1}{2}\quad n=0,1,2,3,\cdots \tag{6.6-34}$$

$$Z_{in}(l=\frac{\lambda_1}{4}+n\frac{\lambda_1}{2})=\frac{Z_1^2}{Z_2} \tag{6.6-35}$$

根据(6.6-31)式,如果 Z_1 为实数,在 $2k_1 l+\theta=n\pi$ 的情况下,输入阻抗为实数。当 $2k_1 l_{\max}+\theta=2n\pi$ 时,对应于电场波腹点,输入阻抗为

$$Z_{in}(l_{\max})=\frac{1+|R|}{1-|R|}Z_1=Z_1\rho \tag{6.6-36}$$

而当 $2k_1 l_{\min}+\theta=(2n+1)\pi$ 时,对应于电场波节点,输入阻抗为

$$Z_{in}(l_{\min})=\frac{1-|R|}{1+|R|}Z_1=\frac{Z_1}{\rho} \tag{6.6-37}$$

下面分析分界面两侧功率流动情况。入射波、反射波和透射波平均功率流密度分别为

$$\boldsymbol{S}_{平}^{i}=\mathrm{Re}[\boldsymbol{E}^{i}\times\boldsymbol{H}^{i*}]=\hat{z}\frac{|\boldsymbol{E}_0^{i}|^2}{Z_1}=\hat{z}S^{i} \tag{6.6-38a}$$

$$\boldsymbol{S}_{平}^{r}=\mathrm{Re}[\boldsymbol{E}^{r}\times\boldsymbol{H}^{r*}]=-\hat{z}|R|^2\frac{|\boldsymbol{E}_0^{i}|^2}{Z_1}=-\hat{z}|R|^2S^{i} \tag{6.6-38b}$$

$$\boldsymbol{S}_{平}^{t}=\mathrm{Re}[\boldsymbol{E}^{t}\times\boldsymbol{H}^{t*}]=\hat{z}|T|^2\frac{|\boldsymbol{E}_0^{i}|^2}{Z_2}=\hat{z}|T|^2(\frac{Z_1}{Z_2})S^{i} \tag{6.6-38c}$$

式中 $S^{i}=|\boldsymbol{E}_0^{i}|^2/Z_1$ 为入射波平均功率流密度。在介质1中合成电磁场平均坡印亭矢量为

$$\boldsymbol{S}_{1平}=\mathrm{Re}[\boldsymbol{E}_1\times\boldsymbol{H}_1^{*}]=\mathrm{Re}\{[\hat{x}E_0^{i}(\mathrm{e}^{-\mathrm{j}k_1 z}+R\mathrm{e}^{\mathrm{j}k_1 z})]\times[\hat{y}\frac{E_0^{i}}{Z_1}(\mathrm{e}^{-\mathrm{j}k_1 z}-R\mathrm{e}^{\mathrm{j}k_1 z})]^{*}\}$$

$$= \mathrm{Re}\left[\hat{z}\,\frac{|E_0^{\mathrm{i}}|^2}{Z_1}\left[1-|R|^2+R\mathrm{e}^{\mathrm{j}2k_1z}-R^*\mathrm{e}^{-\mathrm{j}2k_1z}\right]\right\}$$

$$= \mathrm{Re}\left\{\hat{z}\,\frac{|E_0^{\mathrm{i}}|^2}{Z_1}\left[1-|R|^2+\mathrm{j}2|R|\sin(2k_1z+\theta)\right]\right\}$$

$$= \hat{z}(1-|R|^2)S^{\mathrm{i}} \tag{6.6-39}$$

显然,介质 1 中平均功率流密度等于平均入射功率流减平均反射功率流密度。从介质 1 中流向边界的平均功率等于从边界流到介质 2 中的功率,即

$$\boldsymbol{S}_{1平} = \boldsymbol{S}_{平}^{\mathrm{t}}$$

将(6.6-39)式和(6.6-38c)式代入得

$$1-|R|^2 = \frac{Z_1}{Z_2}|T|^2 \tag{6.6-40}$$

前面讨论均匀平面波在两理想介质分界面的反射和透射,如果将其中的媒质参数换成有耗媒质的对应参数,其结果就可用于分析均匀平面波在有耗媒质分界面的反射,如均匀平面波从理想介质垂直投射到导电媒质分界面。

例 6.6-1 频率为 $f=300$ MHz 的线极化均匀平面波,电场有效值为1 V/m,从空气中垂直投射到 $\varepsilon_r=4$,$\mu_r=1$ 的理想介质平面上。设入射波向 z 方向传播,极化为 x 方向。求:

(1) 反射系数,透射系数,驻波比;

(2) 入射波,反射波,透射波;

(3) 入射波功率流密度,反射波功率流密度,透射波功率流密度。

解 (1) $Z_1=\sqrt{\dfrac{\mu_1}{\varepsilon_1}}=\sqrt{\dfrac{\mu_0}{\varepsilon_0}}=120\pi\ (\Omega)$, $Z_2=\sqrt{\dfrac{\mu_2}{\varepsilon_2}}=\sqrt{\dfrac{\mu_0}{4\varepsilon_0}}=60\pi\ (\Omega)$

$$R=\frac{Z_2-Z_1}{Z_2+Z_1}=-\frac{1}{3},\quad T=\frac{2Z_2}{Z_2+Z_1}=\frac{2}{3},\quad \rho=\frac{1+|R|}{1-|R|}=2$$

(2) $f=300$ MHz, $\lambda_0=\dfrac{c}{f}=1\ (\mathrm{m})$, $\lambda_1=\dfrac{\lambda_0}{\sqrt{\mu_{r1}\varepsilon_{r1}}}=1\ (\mathrm{m})$, $\lambda_2=\dfrac{\lambda_0}{\sqrt{\mu_{r2}\varepsilon_{r2}}}=0.5\ (\mathrm{m})$

$$k_1=\frac{2\pi}{\lambda_1}=2\pi,\quad k_2=\frac{2\pi}{\lambda_2}=4\pi$$

入射波向 z 方向传播,极化为 x 方向,则

入射波为 $E_x^{\mathrm{i}}=E_0^{\mathrm{i}}\mathrm{e}^{-\mathrm{j}k_1z}=\mathrm{e}^{-\mathrm{j}2\pi z}$, $H_y^{\mathrm{i}}=\dfrac{E_x^{\mathrm{i}}}{Z_1}=\dfrac{1}{120\pi}\mathrm{e}^{-\mathrm{j}2\pi z}$

反射波为 $E_x^{\mathrm{r}}=RE_0^{\mathrm{i}}\mathrm{e}^{\mathrm{j}k_1z}=-\dfrac{1}{3}\mathrm{e}^{\mathrm{j}2\pi z}$, $H_y^{\mathrm{r}}=-\dfrac{E_x^{\mathrm{r}}}{Z_1}=\dfrac{1}{360\pi}\mathrm{e}^{\mathrm{j}2\pi z}$

透射波为 $E_x^{\mathrm{t}}=TE_0^{\mathrm{i}}\mathrm{e}^{-\mathrm{j}k_2z}=\dfrac{2}{3}\mathrm{e}^{-\mathrm{j}4\pi z}$, $H_y^{\mathrm{t}}=\dfrac{E_x^{\mathrm{t}}}{Z_2}=\dfrac{1}{90\pi}\mathrm{e}^{-\mathrm{j}4\pi z}$

(3) 入射波复功率流密度矢量为 $\boldsymbol{S}_c^{\mathrm{i}}=\boldsymbol{E}^{\mathrm{i}}\times\boldsymbol{H}^{\mathrm{i}*}=\hat{z}\,\dfrac{1}{120\pi}\ \mathrm{W/m^2}$

反射波复功率流密度矢量为 $\boldsymbol{S}_c^{\mathrm{r}}=\boldsymbol{E}^{\mathrm{r}}\times\boldsymbol{H}^{\mathrm{r}*}=-\hat{z}\,\dfrac{1}{1080\pi}\ \mathrm{W/m^2}$

透射波复功率流密度矢量为 $\boldsymbol{S}_c^{\mathrm{t}}=\boldsymbol{E}^{\mathrm{t}}\times\boldsymbol{H}^{\mathrm{t}*}=\hat{z}\,\dfrac{1}{135\pi}\ \mathrm{W/m^2}$

例 6.6-2 均匀平面波从空气中垂直投射到导电媒质界面上。经测量知,在距界面 7.5

cm处有一电场波腹点，$E_{\max}=5$ V/m，相邻的电场波节点在距界面20 cm处，$E_{\min}=1$ V/m。求：(1)电磁波的频率；(2)反射系数；(3)导电媒质的复波阻抗。

解 (1) 因为相邻波节点和波腹点的距离为$\lambda/4$，因此

$$\lambda=4\times(0.20-0.075)=0.5\ \text{m},\quad f=\frac{c}{\lambda_0}=\frac{c}{\lambda}=600\ \text{MHz}$$

(2) 驻波比 $\rho=\dfrac{E_{\max}}{E_{\min}}=\dfrac{5}{1}=5$，$|R|=\dfrac{\rho-1}{\rho+1}=\dfrac{2}{3}$

第一个电场波腹点到界面的距离 $l_{\max}=7.5$ cm，代入(6.6-28)得

$$\theta=4\pi\frac{l_{\max}}{\lambda}=4\pi\times\frac{7.5}{50}=0.6\pi$$

$$R=|R|\mathrm{e}^{\mathrm{j}\theta}=\frac{2}{3}\mathrm{e}^{\mathrm{j}0.6\pi}$$

(3) 由 $R=\dfrac{Z_2-Z_1}{Z_2+Z_1}$ 得 $Z_2=\dfrac{1+R}{1-R}Z_1=\dfrac{1+\dfrac{2}{3}\mathrm{e}^{\mathrm{j}0.6\pi}}{1-\dfrac{2}{3}\mathrm{e}^{\mathrm{j}0.6\pi}}\times120\pi=90\pi\mathrm{e}^{\mathrm{j}67^\circ}$

思考题

1. 什么是反射系数？什么是透射系数？
2. 驻行波有什么特点？什么是电场驻波比？电场驻波比与反射系数有什么关系？
3. 磁场驻行波和电场驻行波有什么区别？
4. 驻行波的电场波节点和波腹点怎么计算？
5. 试解释为什么相邻电场波节点会相距$\lambda/2$？
6. 什么是输入阻抗？在什么情况下输入阻抗是实数？

6.7 均匀平面波垂直投射到多层介质中

本节讨论均匀平面波垂直投射到多层介质中。设有N层介质，有$N-1$个互相平行的介质分界平面，各层介质是均匀的，介质参数及厚度给定。如第n层的介质参数及厚度分别记为ε_n、μ_n及d_n。线极化均匀平面波从左向右沿z向由第1层介质垂直投射到多层介质中，逐层在每个界面发生反射透射。在第1层中不但有向z向传播的入射波，还有从边界反射以及透射过来的向$-z$传播的反向波；在第$n(1<n<N)$层介质中，既有从左边(第$n-1$个)界面透射过来的以及反射的向z向传播的波，也有从右侧(第n个)界面反射的或透射过来的向$-z$传播的波；在第N层，仅有从第$n-1$界面透射过来的向z向传播的波。每层介质中的波可以按传播方向分为两部分，即向z向传播的前向波和向$-z$传播的后向波，如图6.7-1所示。

1. 多层介质中的前向波与后向波

设x方向极化的均匀平面波在介质1中向z向传播，垂直投射到介质分界面，入射电磁场为

$$E_{1x}^{+}=E_{11}^{+}\mathrm{e}^{-\mathrm{j}k_1(z-z_1)}\tag{6.7-1a}$$

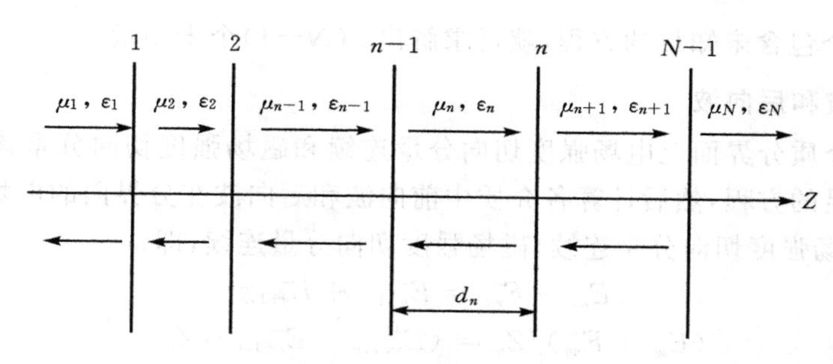

图 6.7-1　均匀平面波垂直投射到多层介质中

$$H_{1y}^{+}=\frac{E_{11}^{+}}{Z_1}\mathrm{e}^{-\mathrm{j}k_1(z-z_1)} \tag{6.7-1b}$$

式中 $k_1=\omega\sqrt{\mu_1\varepsilon_1}=\dfrac{2\pi}{\lambda_1}$是介质 1 的波数，$z_1$ 是界面 1 的坐标，E_{11}^{+}是入射电场在界面 1 上的值，$Z_1=\sqrt{\dfrac{\mu_1}{\varepsilon_1}}$是介质 1 的波阻抗。介质 1 中 $-z$ 方向传播的后向波可写为

$$E_{1x}^{-}=E_{11}^{-}\mathrm{e}^{\mathrm{j}k_1(z-z_1)} \tag{6.7-2a}$$

$$H_{1y}^{-}=-\frac{E_{11}^{-}}{Z_1}\mathrm{e}^{\mathrm{j}k_1(z-z_1)} \tag{6.7-2b}$$

式中 E_{11}^{-}是介质 1 中后向波电场在界面 1 上的值。介质 $n(1<n<N)$中向 z 方向传播的前向波可写为

$$E_{nx}^{+}=E_{nn}^{+}\mathrm{e}^{-\mathrm{j}k_n(z-z_n)} \tag{6.7-3a}$$

$$H_{ny}^{+}=\frac{E_{nn}^{+}}{Z_n}\mathrm{e}^{-\mathrm{j}k_n(z-z_n)} \tag{6.7-3b}$$

式中：$k_n=\omega\sqrt{\mu_n\varepsilon_n}=\dfrac{2\pi}{\lambda_n}$是介质 n 的波数；z_n 是界面 n 的坐标；E_{nn}^{+}是介质 n 中前向波电场强度在界面 n 上的值；$Z_n=\sqrt{\dfrac{\mu_n}{\varepsilon_n}}$是介质 n 的波阻抗。介质 n 中向 $-z$ 方向传播的后向波可写为

$$E_{nx}^{-}=E_{nn}^{-}\mathrm{e}^{\mathrm{j}k_n(z-z_n)} \tag{6.7-4a}$$

$$H_{ny}^{-}=-\frac{E_{nn}^{-}}{Z_n}\mathrm{e}^{\mathrm{j}k_n(z-z_n)} \tag{6.7-4b}$$

式中 E_{nn}^{-}是介质 n 中后向波电场在界面 n 上的值。介质 N 中向 z 方向传播的前向波可写为

$$E_{Nx}^{+}=E_{N,N-1}^{+}\mathrm{e}^{-\mathrm{j}k_N(z-z_{N-1})} \tag{6.7-5a}$$

$$H_{Ny}^{+}=\frac{E_{N,N-1}^{+}}{Z_N}\mathrm{e}^{-\mathrm{j}k_N(z-z_{N-1})} \tag{6.7-5b}$$

式中：$k_N=\omega\sqrt{\mu_N\varepsilon_N}=\dfrac{2\pi}{\lambda_N}$是介质 N 的波数；$E_{N,N-1}^{+}$是介质 N 中前向波电场强度在界面 $N-1$ 上的值；$Z_N=\sqrt{\dfrac{\mu_N}{\varepsilon_N}}$是介质 N 的波阻抗。以上各介质层电磁波表达式中，已知入射波在分界面的电场值 E_{11}^{+}，需要求出各介质中前向波和后向波在分界面的电场值 E_{11}^{-}、E_{nn}^{+}、E_{nn}^{-}、$E_{N,N-1}^{+}$，$n=2,\cdots,N-1$，共 $2(N-1)$个未知量。为求出这些未知量，利用在介质分界面上电场强度切向分量连续和磁场强度切向分量连续边界条件，列出这些未知量满足的方程。有 $N-1$ 个分界面，

可列出 2($N-1$)个包含未知量的方程,就可求解出 2($N-1$)个未知量。

2. 计算前向波和后向波

下面利用在介质分界面上电场强度切向分量连续和磁场强度切向分量连续边界条件,列出这些未知量满足的方程,然后计算各介质中前向波和后向波在分界面的电场值。

在边界 n,电场强度切向分量连续,磁场强度切向分量连续,即

$$E_{nn}^{+}+E_{nn}^{-}=E_{n+1,n}^{+}+E_{n+1,n}^{-} \tag{6.7-6a}$$

$$(E_{nn}^{+}-E_{nn}^{-})/Z_n=(E_{n+1,n}^{+}-E_{n+1,n}^{-})/Z_{n+1} \tag{6.7-6b}$$

式中:E_{nn}^{+}、E_{nn}^{-}分别是边界 n 左侧前向波和后向波电场强度;$E_{n+1,n}^{+}$、$E_{n+1,n}^{-}$分别是边界 n 右侧前向波和后向波电场强度。以上边界 n 两侧前向电场和后向电场的关系也可以写成矩阵形式

$$\begin{bmatrix}E_{n+1,n}^{+}\\E_{n+1,n}^{-}\end{bmatrix}=\begin{bmatrix}\dfrac{Z_n+Z_{n+1}}{2Z_n} & \dfrac{Z_n-Z_{n+1}}{2Z_n}\\ \dfrac{Z_n-Z_{n+1}}{2Z_n} & \dfrac{Z_n+Z_{n+1}}{2Z_n}\end{bmatrix}\begin{bmatrix}E_{nn}^{+}\\E_{nn}^{-}\end{bmatrix} \tag{6.7-7}$$

上式中系数矩阵的元素仅与边界两侧介质的特性阻抗有关。根据(6.7-3a)和(6.7-4a)式,介质 n 两侧边界处前向电场和后向电场的关系也可以写成矩阵形式

$$\begin{bmatrix}E_{nn}^{+}\\E_{nn}^{-}\end{bmatrix}=\begin{bmatrix}\mathrm{e}^{-\mathrm{j}k_nd_n} & 0\\0 & e^{jk_nd_n}\end{bmatrix}\begin{bmatrix}E_{n,n-1}^{+}\\E_{n,n-1}^{-}\end{bmatrix} \tag{6.7-8}$$

式中:E_{nn}^{+}、E_{nn}^{-}分别是介质 n 右侧界面 z_n 处前向波和后向波电场强度;$E_{n-1,n}^{+}$、$E_{n-1,n}^{-}$分别是介质 n 左侧界面 z_{n-1} 处前向波和后向波电场强度。如果已知介质 1 分界面上的前向波和后向波电场强度,就由(6.7-7)和(6.7-8)矩阵依次计算各层介质分界面的前向波和后向波电场强度。为计算各介质层的后向波电场与前向波方便,设在介质 n 的右边界面上后向波电场与前向波电场之比称为边界 n 的反射系数 R_n,即

$$R_n=\frac{E_{nn}^{-}}{E_{nn}^{+}} \tag{6.7-9}$$

介质 n 中左边界面处后向波电场与前向波电场之比为

$$R'_n=\frac{E_{n,n-1}^{-}}{E_{n,n-1}^{+}}=\frac{E_{nn}^{-}\mathrm{e}^{-\mathrm{j}k_nd_n}}{E_{nn}^{+}e^{jk_nd_n}}=R_n\mathrm{e}^{-\mathrm{j}2k_nd_n} \tag{6.7-10}$$

在介质 N 中无后向波,$R'_N=0$。边界 n 两侧前向波电场之比为

$$T_n=\frac{E_{n+1,n}^{+}}{E_{n,n}^{+}} \tag{6.7-11}$$

介质 n 中边界 $n-1$ 处后电场与磁场之比是该点的输入波阻抗

$$Z_{\mathrm{in},n}(z_{n-1})=\frac{E_{n,n-1}^{+}(1+R'_n)}{E_{n,n-1}^{+}(1-R'_n)}Z_n=\frac{(1+R_n\mathrm{e}^{-\mathrm{j}2k_nd_n})}{(1-R_n\mathrm{e}^{-\mathrm{j}2k_nd_n})}Z_n \tag{6.7-12}$$

在最后一个边界,即第 $N-1$ 边界上 $Z_{\mathrm{in},N}(z_{N-1})=Z_N$。

将 $E_{nn}^{-}=R_nE_{nn}^{+}$ 和 $E_{n+1,n}^{-}=R'_{n+1}E_{n+1,n}^{+}$ 代入边界条件(6.7-6)式得

$$E_{nn}^{+}(1+R_n)=(1+R'_{n+1})E_{n+1,n}^{+} \tag{6.7-13a}$$

$$(1-R_n)E_{nn}^{+}/Z_n=(1-R'_{n+1})E_{n+1,n}^{+}/Z_{n+1} \tag{6.7-13b}$$

上两式左边相除,右边相除,右边相除等于界面的输入阻抗,即

$$\frac{1+R_n}{1-R_n}Z_n=Z_{\mathrm{in},n+1}(z_n)$$

由上式得

$$R_n=\frac{Z_{\text{in},n+1}(z_n)-Z_n}{Z_{\text{in},n+1}(z_n)+Z_n} \tag{6.7-14}$$

由(6.7-13a)式得

$$T_n=\frac{1+R_n}{1+R'_{n+1}} \tag{6.7-15}$$

在最右边的 $N-1$ 边界上，输入阻抗 $Z_{in,N-1}=Z_N$，$R'_N=0$，因此有

$$R_{N-1}=\frac{Z_N-Z_{N-1}}{Z_N+Z_{N-1}} \tag{6.7-16}$$

$$T_{N-1}=1+R_{N-1} \tag{6.7-17}$$

从 R_{N-1}、T_{N-1} 开始，根据(6.7-10)、(6.7-12)、(6.7-14)和(6.7-15)式可依次计算出 R_n 和 T_n，直到 R_1，然后由(6.7-7)和(6.7-8)矩阵计算出各介质层分界面的前向波和后向波电场强度。也可以从介质 1 中开始，用以下公式

$$E_{nn}^{-}=R_nE_{nn}^{+} \tag{6.7-18}$$

$$E_{n+1,n}^{+}=T_nE_{nn}^{+} \tag{6.7-19}$$

$$E_{nn}^{+}=\mathrm{e}^{-\mathrm{j}k_nd_n}E_{n,n-1}^{+} \tag{6.7-20}$$

逐层计算出各介质层分界面的前向波和后向波电场强度。

3. 均匀平面波垂直投射到 3 层介质中

下面讨论 3 层介质，取坐标如图 6.7-2 所示。

3 层介质中前向波和后向波的电场分别为

$$E_{1x}^{+}=E_{11}^{+}\mathrm{e}^{-\mathrm{j}k_1(z+d)} \tag{6.7-21}$$

$$E_{1x}^{-}=E_{11}^{-}\mathrm{e}^{\mathrm{j}k_1(z+d)} \tag{6.7-22}$$

$$E_{2x}^{+}=E_{22}^{+}\mathrm{e}^{-\mathrm{j}k_2z} \tag{6.7-23}$$

$$E_{2x}^{-}=E_{22}^{-}\mathrm{e}^{\mathrm{j}k_2z} \tag{6.7-24}$$

$$E_{3x}^{+}=E_{32}^{+}\mathrm{e}^{-\mathrm{j}k_3z} \tag{6.7-25}$$

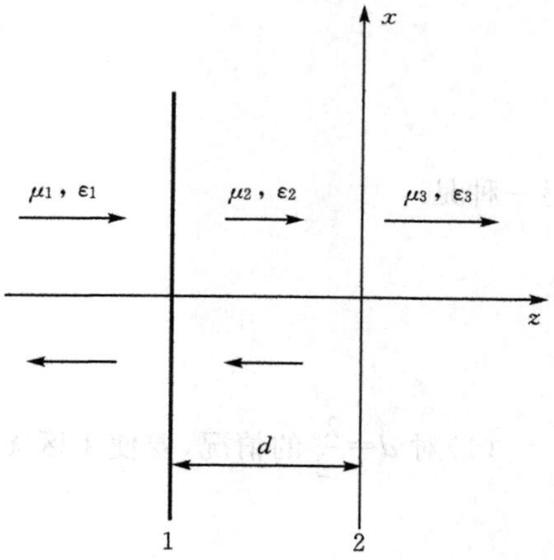

边界 2 的反射系数为

$$R_2=\frac{Z_3-Z_2}{Z_3+Z_2} \tag{6.7-26}$$

边界 2 的透射系数为

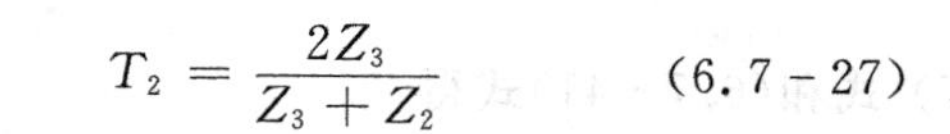

$$T_2=\frac{2Z_3}{Z_3+Z_2} \tag{6.7-27}$$

图 6.7-2　3 层介质

边界 1 处的输入阻抗为

$$Z_{\text{in},1}=\frac{(1+R_2\mathrm{e}^{-\mathrm{j}2k_2d})}{(1-R_2\mathrm{e}^{-\mathrm{j}2k_2d})}Z_2=\frac{Z_3+\mathrm{j}Z_2\tan(k_2d)}{Z_2+\mathrm{j}Z_3\tan(k_2d)}Z_2 \tag{6.7-28}$$

边界 1 的反射系数为

$$R_1=\frac{Z_{\text{in}1}-Z_1}{Z_{\text{in}1}+Z_1} \tag{6.7-29}$$

边界 1 的透射系数为

$$T_1=\frac{1+R_1}{1+R_2\mathrm{e}^{-\mathrm{j}2k_2d}} \tag{6.7-30}$$

各介质中界面两则的电场强度分别为

$$E_{11}^{-} = R_1 E_{11}^{+} \tag{6.7-31}$$

$$E_{21}^{+} = T_1 E_{11}^{+} \tag{6.7-32}$$

$$E_{22}^{+} = E_{21}^{+} e^{-jk_2 d} \tag{6.7-33}$$

$$E_{22}^{+} = T_1 e^{-jk_2 d} E_{11}^{+} \tag{6.7-34}$$

$$E_{22}^{-} = R_2 E_{22}^{+} = T_1 R_2 e^{-jk_2 d} E_{11}^{+} \tag{6.7-35}$$

$$E_{32}^{+} = T_2 E_{22}^{+} = T_1 T_2 e^{-jk_2 d} E_{11}^{+} \tag{6.7-36}$$

4. 3层介质中界面1无反射的条件

均匀平面波垂直投射到3层介质中,在介质1中的后向波可以看作是界面1的等效反射波。介质1中的等效反射波是界面反射波和一系列透射波的叠加。在一定的条件下,反射波就可能与透射波互相抵消,使 $R_1=0$。下面分析介质1中无反射波的条件。

从(6.7-29)式可以看出,只要使输入阻抗 $Z_{in}=Z_1$,即

$$Z_{in} = Z_2 \frac{Z_3 + jZ_2\tan(k_2 d)}{Z_2 + jZ_3\tan(k_2 d)} = Z_1 \tag{6.7-37}$$

有 $R_1=0$,就可以消除1区中的反射波。要使 $Z_{in}=Z_1$,首先 Z_{in} 必须是实数。当 Z_2 和 Z_3 是实数时,Z_{in} 是实数有两种情况,一种是

$$d = \frac{\lambda_2}{2} \tag{6.7-38}$$

$$Z_{in,1}\left(d = \frac{\lambda_2}{2}\right) = Z_3 \tag{6.7-39}$$

另一种是

$$d = \frac{\lambda_2}{4} \tag{6.7-40}$$

$$Z_{in}\left(d = \frac{\lambda_2}{4}\right) = \frac{Z_2^2}{Z_3} \tag{6.7-41}$$

(1)对 $d=\frac{\lambda_2}{2}$ 的情况,要使1区无反射,由(6.7-37)式和(6.7-39)式得

$$Z_1 = Z_3 \tag{6.7-42}$$

此结果说明,当3层介质中 $Z_1=Z_3$ 时,只要 $d=\frac{\lambda_2}{2}$ 就无反射。

(2)对于 $d=\frac{\lambda_2}{4}$ 的情况,由(6.7-37)式和(6.7-41)式得

$$Z_1 = \frac{Z_2^2}{Z_3} \tag{6.7-43}$$

也可写为

$$Z_2^2 = Z_1 Z_3 \tag{6.7-44}$$

此结果说明,对3层介质,只要满足 $d=\frac{\lambda_2}{4}$ 和 $Z_2^2=Z_1Z_3$,1区中也无反射。

例6.7-1 为了保护天线,将天线放在用介质板制作的天线罩盒内,天线辐射的电磁波近似看成垂直投射到空气中的介质板上。要使介质参数为 $\varepsilon_r=2.25$、$\mu_r=1$ 的介质板对频率为 $f=4$ GHz 电磁波无反射,求介质板的厚度。

解 天线辐射的电磁波垂直投射到天线罩的介质板上，这是 $Z_1=Z_3=Z_0$ 的情况，要使介质板无反射，介质板的厚度应为 $d=\frac{\lambda_2}{2}$。

当 $f=4$ GHz 时 $$\lambda_0=\frac{c}{f}=7.5\ \text{cm}$$

介质板中的波长为 $$\lambda_2=\frac{\lambda_0}{\sqrt{\mu_{r2}\varepsilon_{r2}}}=5\ \text{cm}$$

介质板无反射时的厚度为 $$d=\frac{\lambda_2}{2}=2.5\ \text{cm}$$

例 6.7-2 波长为 $\lambda_0=0.5\ \mu\text{m}$ 的光波从空气中垂直投射到 $\varepsilon_r=2.25$，$\mu_r=1$ 的半导体光学材料基片上，为了消除空气中的反射，提高效率，在半导体光学材料基片上镀一层非磁性抗反射膜。求抗反射膜的 ε_r 和厚度。

解 为消除空气中的反射给半导体光学材料基片上镀膜，根据 (6.7-40)和(6.7-44)式，抗反射膜的 Z_2 和厚度 d 应满足 $d=\frac{\lambda_2}{4}$ 和 $Z_2^2=Z_1Z_3$。由于 3 层介质都是非磁性材料，由 $Z_2^2=Z_1Z_3$ 得

$$\varepsilon_{r2}=\sqrt{\varepsilon_{r1}\varepsilon_{r3}}=1.5$$

光在这种膜材料中的波长为

$$\lambda_2=\frac{\lambda_0}{\sqrt{\varepsilon_r}}=\frac{0.5}{\sqrt{1.5}}=0.4082\ \mu\text{m}$$

抗反射膜厚度为

$$d=\frac{\lambda_2}{4}=0.1021\ \mu\text{m}$$

思考题

1. 在两理想介质界面两侧的输入阻抗连续吗？为什么？
2. 从物理上解释为什么会有 $R_1=0$？
3. 在哪些情况下，$R_1=0$？
4. 在 $R_1=0$ 的情况下，2 区中是行波还是驻波？

6.8 均匀平面波斜投射到两种介质分界面

本节讨论均匀平面波斜投射到两种介质分界面上的情况。设 $z<0$ 区域的介质参数为 μ_1 和 ε_1，$z>0$ 区域的介质参数为 μ_2 和 ε_2，分界面为 xOy 面，并设入射均匀平面波的表达式为

$$\boldsymbol{E}^{i}=\boldsymbol{E}_0^{i}\mathrm{e}^{-\mathrm{j}\boldsymbol{k}_i\cdot\boldsymbol{r}} \tag{6.8-1}$$

$$\boldsymbol{H}^{i}=\frac{1}{Z_1}\hat{k}_i\times\boldsymbol{E}^{i} \tag{6.8-2}$$

式中 $\boldsymbol{E}_0^{i}=\hat{e}^{i}E_0^{i}$，$E_0^{i}$ 是入射电场强度振幅有效值，$\hat{e}^{i}$ 是入射电场方向。

$$\boldsymbol{k}_i = k_1\hat{k}_i \tag{6.8-3}$$

为入射波传播矢量，k_1 为1区的波数，$\hat{k}_i$ 为入射波传播方向

$$\hat{k}_i = \hat{x}\cos\alpha_i + \hat{y}\cos\beta_i + \hat{z}\cos\gamma_i \tag{6.8-4}$$

α_i、β_i、γ_i 分别为入射波传播方向和 x、y、z 坐标轴的夹角。入射均匀平面波斜投射到分界面上后，在分界面两边激励起反射波和透射波，也称折射波。反射波和透射波也是均匀平面波，传播方向分别记为

$$\hat{k}_r = \hat{x}\cos\alpha_r + \hat{y}\cos\beta_r + \hat{z}\cos\gamma_r \tag{6.8-5}$$

$$\hat{k}_t = \hat{x}\cos\alpha_t + \hat{y}\cos\beta_t + \hat{z}\cos\gamma_t \tag{6.8-6}$$

式中 α_r、β_r、γ_r、α_t、β_t、γ_t 分别为反射波和透射波传播方向与 x、y、z 坐标轴的夹角。反射波和透射波的传播矢量分别可写为

$$\boldsymbol{k}_r = k_1\hat{k}_r \tag{6.8-7}$$

$$\boldsymbol{k}_t = k_2\hat{k}_t \tag{6.8-8}$$

反射波和透射波也是均匀平面波，一般表达式可以写为

$$\boldsymbol{E}^r = \hat{e}^r E_0^r e^{-j\boldsymbol{k}_r\cdot\boldsymbol{r}} \qquad \boldsymbol{H}^r = \frac{1}{Z_1}\hat{k}_r \times \boldsymbol{E}^r \tag{6.8-9}$$

$$\boldsymbol{E}^t = \hat{e}^t E_0^t e^{-j\boldsymbol{k}_t\cdot\boldsymbol{r}} \qquad \boldsymbol{H}^t = \frac{1}{Z_2}\hat{k}_t \times \boldsymbol{E}^t \tag{6.8-10}$$

式中：$\hat{e}^r$、$\hat{e}^t$ 分别表示反射波和透射波的电场方向；E_0^r 和 E_0^t 分别表示反射波和透射波的电场有效振幅。利用边界条件可以确定反射波和透射波的传播方向和电场振幅。下面首先根据入射波的传播方向确定反射波和透射波的传播方向。

1. 反射波和透射波的传播方向

在 $z=0$ 的边界上，分界面两边电场的切向分量连续，即

$$(\hat{n}\times\hat{e}^i)E_0^i e^{-j\boldsymbol{k}_i\cdot\boldsymbol{r}}\Big|_{z=0} + (\hat{n}\times\hat{e}^r)E_0^r e^{-j\boldsymbol{k}_r\cdot\boldsymbol{r}}\Big|_{z=0} = (\hat{n}\times\hat{e}^t)E_0^t e^{-j\boldsymbol{k}_t\cdot\boldsymbol{r}}\Big|_{z=0} \tag{6.8-11}$$

式中 $\hat{n}$ 为边界面法线方向单位矢量，$\hat{e}^i$ 为入射波电场方向。上式中有3项，取 $z=0$，每一项都包含 x、y，要使此等式对每一 x、y 都成立，则每一项 x 的系数应相等，每一项 y 的系数也应相等，有

$$k_1\cos\alpha_i = k_1\cos\alpha_r = k_2\cos\alpha_t \tag{6.8-12}$$

$$k_1\cos\beta_i = k_1\cos\beta_r = k_2\cos\beta_t \tag{6.8-13}$$

当入射方向与界面法线所在的面，即入射面为 xOz 平面时，$\beta_i=90°$，由(6.8-13)式得

$$\beta_i = \beta_r = \beta_t = 90°$$

这说明，反射波、折射波与入射波在同一平面，即反射波和折射波也在入射面内，如图6.8-1所示。由于反射波和折射波与入射波在同一平面，在该平面就可以用一个角度表示波传播的方向。习惯上，用入射线、反射线和折射线与分界面法线的夹角——入射角 θ_i、反射角 θ_r 和折射角 θ_t 表示其方向。采用入射角 θ_i、反射角 θ_r 和折射角 θ_t 后，(6.8-12)式可写为

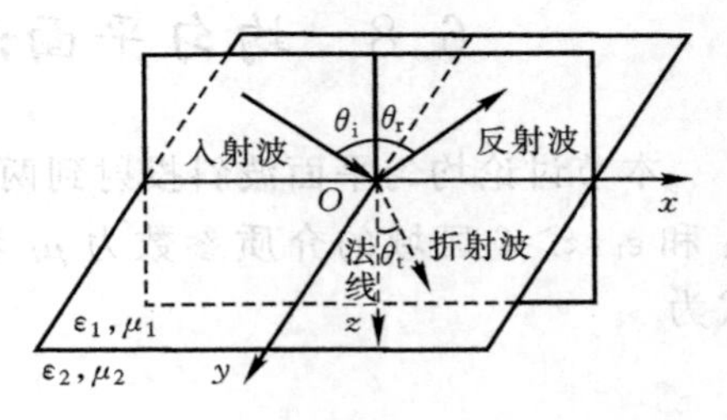

图6.8-1　平面波斜投射到两种介质分界面

$$k_1\sin\theta_i = k_1\sin\theta_r = k_2\sin\theta_t \tag{6.8-14}$$

由(6.8-14)式可得

(1) $\theta_r=\theta_i$，即反射角等于入射角，这就是反射定律；

(2)
$$\frac{\sin\theta_i}{\sin\theta_t}=\frac{k_2}{k_1}=\frac{\sqrt{\mu_2\varepsilon_2}}{\sqrt{\mu_1\varepsilon_1}}=\frac{n_2}{n_1} \tag{6.8-15}$$

式中，$n_1=\dfrac{c}{v_{p1}}$，$n_2=\dfrac{c}{v_{p2}}$分别为两种介质的折射率，这就是斯涅尔(Snell)折射定律。

对于非磁性介质

$$\frac{\sin\theta_i}{\sin\theta_t}=\frac{\sqrt{\varepsilon_2}}{\sqrt{\varepsilon_1}} \tag{6.8-16}$$

斯涅尔折射定律给出了折射角与入射角的关系。可以看出：当 $n_2>n_1$ 或 $\varepsilon_2>\varepsilon_1$ 时，$\theta_i>\theta_t$，折射角小于入射角；当 $n_2<n_1$ 或 $\varepsilon_2<\varepsilon_1$ 时，$\theta_i<\theta_t$，折射角大于入射角。

由前面的分析知道，如果已知入射波的入射角 θ_i，就可以确定反射角 θ_r，并由(6.8-15)式确定折射角 θ_t。也就是说，如果入射波传播方向确定

$$\hat{k}_i=\hat{x}\sin\theta_i+\hat{z}\cos\theta_i \tag{6.8-17}$$

那么，反射波和折射波的传播方向就可由反射定律和折射定律确定的反射角和折射角给出

$$\hat{k}_r=\hat{x}\sin\theta_i-\hat{z}\cos\theta_i \tag{6.8-18}$$

$$\hat{k}_t=\hat{x}\sin\theta_t+\hat{z}\cos\theta_t \tag{6.8-19}$$

2. 反射系数与透射系数

下面分析反射波和透射波的电场振幅与入射波电场振幅的关系。对于斜入射的均匀平面波，不论为何种极化方式，都可以分解为两个正交的线极化波，如图6.8-2所示，一个极化方向与入射面垂直，称为垂直极化波，另一个在入射面内，称为平行极化波，即

$$\boldsymbol{E}=\boldsymbol{E}^{\perp}+\boldsymbol{E}^{/\!/} \tag{6.8-20}$$

如果入射波是垂直极化波，那么反射波和折射波也是垂直极化波；如果入射波是平行极化波，那么反射波和折射波也是平行极化波。下面分别讨论这两种极化波斜入射时，反射波幅度、折射波幅度与入射波幅度的关系。

(1) 平行极化

设平行极化波以入射角 θ_i 斜投射到两种介质的分界面上，反射波和折射波也是平行极化波，如图 6.8-3 所示。入射波、反射波和折射波可分别表示为

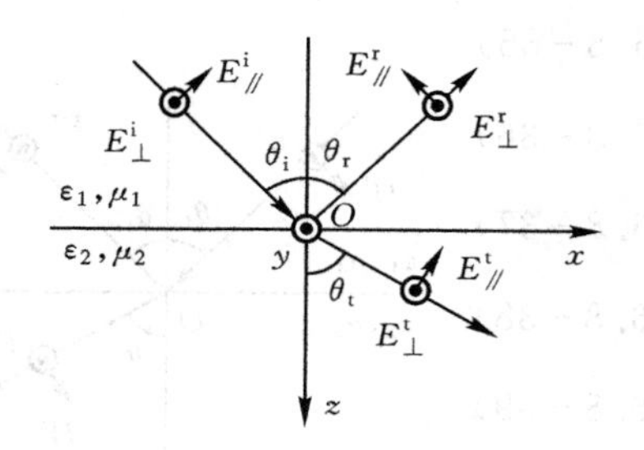

图 6.8-2　斜投射波的平行极化波与垂直极化

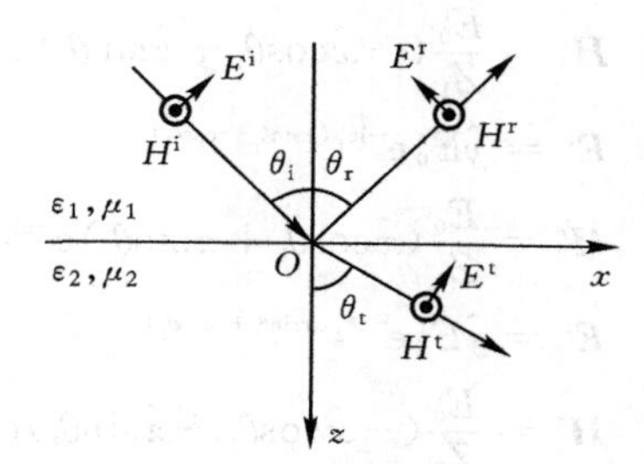

图 6.8-3　平行极化波斜投射

$$\boldsymbol{E}^i=E_0^i(\hat{x}\cos\theta_i-\hat{z}\sin\theta_i)e^{-jk_1(x\sin\theta_i+z\cos\theta_i)} \tag{6.8-21}$$

$$\boldsymbol{H}^{\mathrm{i}} = \hat{y}\frac{E_0^{\mathrm{i}}}{Z_1}\mathrm{e}^{-\mathrm{j}k_1(x\sin\theta_{\mathrm{i}}+z\cos\theta_{\mathrm{i}})} \tag{6.8-22}$$

$$\boldsymbol{E}^{\mathrm{r}} = E_0^{\mathrm{r}}(-\hat{x}\cos\theta_{\mathrm{i}} - \hat{z}\sin\theta_{\mathrm{i}})\mathrm{e}^{-\mathrm{j}k_1(x\sin\theta_{\mathrm{i}}-z\cos\theta_{\mathrm{i}})} \tag{6.8-23}$$

$$\boldsymbol{H}^{\mathrm{r}} = \hat{y}\frac{E_0^{\mathrm{r}}}{Z_1}\mathrm{e}^{-\mathrm{j}k_1(x\sin\theta_{\mathrm{i}}-z\cos\theta_{\mathrm{i}})} \tag{6.8-24}$$

$$\boldsymbol{E}^{\mathrm{t}} = E_0^{\mathrm{t}}(\hat{x}\cos\theta_{\mathrm{t}} - \hat{z}\sin\theta_{\mathrm{t}})\mathrm{e}^{-\mathrm{j}k_2(x\sin\theta_{\mathrm{t}}+z\cos\theta_{\mathrm{t}})} \tag{6.8-25}$$

$$\boldsymbol{H}^{\mathrm{t}} = \hat{y}\frac{E_0^{\mathrm{t}}}{Z_2}\mathrm{e}^{-\mathrm{j}k_2(x\sin\theta_{\mathrm{t}}+z\cos\theta_{\mathrm{t}})} \tag{6.8-26}$$

式中 E_0^{i}、E_0^{r} 和 E_0^{t} 分别为入射波、反射波和折射波的振幅。定义界面的反射系数和透射系数分别为

$$R^{/\!/} = \frac{E_0^{\mathrm{r}}}{E_0^{\mathrm{i}}} \tag{6.8-27}$$

$$T^{/\!/} = \frac{E_0^{\mathrm{t}}}{E_0^{\mathrm{i}}} \tag{6.8-28}$$

利用边界条件 $E_{1\mathrm{t}} = E_{2\mathrm{t}}$,$H_{1\mathrm{t}} = H_{2\mathrm{t}}$,可得到

$$E_0^{\mathrm{i}}\cos\theta_{\mathrm{i}} - R^{/\!/}E_0^{\mathrm{i}}\cos\theta_{\mathrm{i}} = T^{/\!/}E_0^{\mathrm{i}}\cos\theta_{\mathrm{t}} \tag{6.8-29}$$

$$\frac{E_0^{\mathrm{i}}}{Z_1} + R^{/\!/}\frac{E_0^{\mathrm{i}}}{Z_1} = T^{/\!/}\frac{E_0^{\mathrm{i}}}{Z_2} \tag{6.8-30}$$

求解以上两方程,可得到平行极化波的反射系数和透射系数分别为

$$R^{/\!/} = \frac{Z_1\cos\theta_{\mathrm{i}} - Z_2\cos\theta_{\mathrm{t}}}{Z_1\cos\theta_{\mathrm{i}} + Z_2\cos\theta_{\mathrm{t}}} \tag{6.8-31}$$

$$T^{/\!/} = \frac{2Z_2\cos\theta_{\mathrm{i}}}{Z_1\cos\theta_{\mathrm{i}} + Z_2\cos\theta_{\mathrm{t}}} = \frac{\cos\theta_{\mathrm{i}}}{\cos\theta_{\mathrm{t}}}(1 - R^{/\!/}) \tag{6.8-32}$$

由以上两式可知,$R^{/\!/}$ 和 $T^{/\!/}$ 的关系为

$$1 - R^{/\!/} = \frac{\cos\theta_{\mathrm{t}}}{\cos\theta_{\mathrm{i}}}T^{/\!/} \tag{6.8-33}$$

(2) 垂直极化

设垂直极化波以入射角 θ_{i} 斜投射到两种介质分界面,如图 6.8-4 所示。入射波、反射波和折射波可分别表示为

$$\boldsymbol{E}^{\mathrm{i}} = \hat{y}E_0^{\mathrm{i}}\mathrm{e}^{-\mathrm{j}k_1(x\sin\theta_{\mathrm{i}}+z\cos\theta_{\mathrm{i}})} \tag{6.8-34}$$

$$\boldsymbol{H}^{\mathrm{i}} = \frac{E_0^{\mathrm{i}}}{Z_1}(-\hat{x}\cos\theta_{\mathrm{i}} + \hat{z}\sin\theta_{\mathrm{i}})\mathrm{e}^{-\mathrm{j}k_1(x\sin\theta_{\mathrm{i}}+z\cos\theta_{\mathrm{i}})} \tag{6.8-35}$$

$$\boldsymbol{E}^{\mathrm{r}} = \hat{y}E_0^{\mathrm{r}}\mathrm{e}^{-\mathrm{j}k_1(x\sin\theta_{\mathrm{i}}-z\cos\theta_{\mathrm{i}})} \tag{6.8-36}$$

$$\boldsymbol{H}^{\mathrm{r}} = \frac{E_0^{\mathrm{r}}}{Z_1}(\hat{x}\cos\theta_{\mathrm{i}} + \hat{z}\sin\theta_{\mathrm{i}})\mathrm{e}^{-\mathrm{j}k_1(x\sin\theta_{\mathrm{i}}-z\cos\theta_{\mathrm{i}})} \tag{6.8-37}$$

$$\boldsymbol{E}^{\mathrm{t}} = \hat{y}E_0^{\mathrm{t}}\mathrm{e}^{-\mathrm{j}k_2(x\sin\theta_{\mathrm{t}}+z\cos\theta_{\mathrm{t}})} \tag{6.8-38}$$

$$\boldsymbol{H}^{\mathrm{t}} = \frac{E_0^{\mathrm{t}}}{Z_2}(-\hat{x}\cos\theta_{\mathrm{t}} + \hat{z}\sin\theta_{\mathrm{t}})\mathrm{e}^{-\mathrm{j}k_2(x\sin\theta_{\mathrm{t}}+z\cos\theta_{\mathrm{t}})} \tag{6.8-39}$$

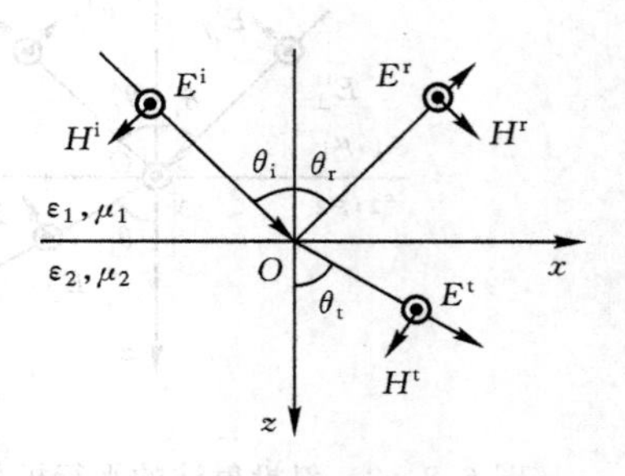

图 6.8-4 垂直极化波斜投射到两种介质分界面

利用边界条件 $E_{1\mathrm{t}} = E_{2\mathrm{t}}$,$H_{1\mathrm{t}} = H_{2\mathrm{t}}$,可得到垂直极化波的反射系数和透射系数分别为

$$R^{\perp} = \frac{E_0^{\mathrm{r}}}{E_0^{\mathrm{i}}} = \frac{Z_2\cos\theta_{\mathrm{i}} - Z_1\cos\theta_{\mathrm{t}}}{Z_2\cos\theta_{\mathrm{i}} + Z_1\cos\theta_{\mathrm{t}}} \tag{6.8-40}$$

$$= \frac{(Z_2/\cos\theta_t) - (Z_1/\cos\theta_i)}{(Z_2/\cos\theta_t) + (Z_1/\cos\theta_i)}$$

$$T^{\perp} = \frac{E_0^t}{E_0^i} = \frac{2Z_2\cos\theta_i}{Z_2\cos\theta_i + Z_1\cos\theta_t}$$

$$= \frac{2(Z_2/\cos\theta_t)}{(Z_2/\cos\theta_t) + (Z_1/\cos\theta_i)} \tag{6.8-41}$$

由以上两式可知，$R^{\perp}$ 和 $T^{\perp}$ 的关系为

$$1 + R^{\perp} = T^{\perp} \tag{6.8-42}$$

从以上得到的反射系数和透射系数可以看出，斜投射时，反射系数和透射系数不但与介质参数有关，还与入射角有关。为了解反射系数和透射系数随入射角变化的关系，图 6.8-5 分别给出了在 $\varepsilon_{r1}=1, \varepsilon_{r2}=3, \mu_1=\mu_2=\mu_0$ 和 $\varepsilon_{r1}=3, \varepsilon_{r2}=1, \mu_1=\mu_2=\mu_0$ 两种情况下，$|R^{/\!/}|$、$|T^{/\!/}|$、$|R^{\perp}|$、$|T^{\perp}|$ 随入射角变化的曲线。

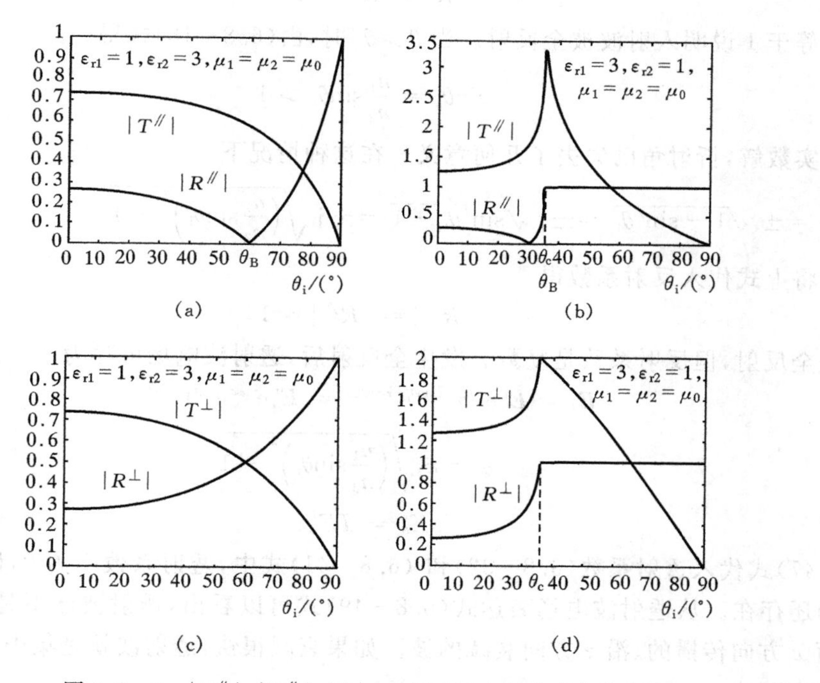

图 6.8-5　$|R^{/\!/}|$, $|T^{/\!/}|$, $|R^{\perp}|$, $|T^{\perp}|$ 随入射角变化的曲线

(3) 全折射

从图 6.8-5 可以看出，对于非磁性介质，平行极化波的反射系数随入射角从 0 到 90°不是单调变化，而是从垂直投射的反射系数值开始随入射角增加而减小，直到 0，然后又逐渐增大。反射系数等于 0 对应的入射角称为布儒斯特(Brewster)角，记为 θ_B。对于 $\mu_1=\mu_2=\mu_0$，从(6.8-31)式可以求出布儒斯特角 θ_B 为

$$\theta_B = \arcsin\sqrt{\frac{\varepsilon_2}{\varepsilon_1+\varepsilon_2}} \tag{6.8-43}$$

对于非磁性介质，当平行极化波的入射角等于布儒斯特角时，无反射波，也就是发生全折(透)

射。容易证明,发生全折射时 $\theta_B+\theta_t=\frac{\pi}{2}$。全折射现象可以用来进行极化滤波,当包含垂直极化和平行极化的电磁波以布儒斯特角斜投射时,就可以在反射波中滤除平行极化波,仅保留垂直极化波。

(4) 全反射

从图 6.8-5 的曲线中还可以看出,对于 $\varepsilon_1>\varepsilon_2$ 的情况,当 $\theta_i\geqslant\theta_c$ 时,$|R|=1$,θ_c 称为临界角。这种现象称为全反射。由斯涅尔折射定律知,对于 $\varepsilon_1>\varepsilon_2$,$\theta_t>\theta_i$。当 $\theta_t=\pi/2$ 时,对应的入射角就是临界角

$$\theta_c=\arcsin\sqrt{\frac{\varepsilon_2}{\varepsilon_1}} \tag{6.8-44}$$

将 $\theta_t=\pi/2$ 代入反射系数得

$$R^{/\!/}=R^{\perp}=1 \tag{6.8-45}$$

反射系数等于1说明入射波被全反射。当 $\theta_i>\theta_c$ 时,由(6.8-16)式得

$$\sin\theta_t=\frac{n_1}{n_2}\sin\theta_i>1 \tag{6.8-46}$$

θ_t 已没有实数解,折射角已失去了几何意义。在这种情况下

$$\cos\theta_t=\pm\sqrt{1-\sin^2\theta_t}=\pm\mathrm{j}\sqrt{\sin^2\theta_t-1}=\pm\mathrm{j}\sqrt{\left(\frac{n_1}{n_2}\sin\theta_i\right)^2-1} \tag{6.8-47}$$

为虚数。将上式代入反射系数得

$$|R^{\perp}|=|R^{/\!/}|=1 \tag{6.8-48}$$

可见也是全反射,但反射系数是复数。发生全反射后,透射波电场可写为

$$\boldsymbol{E}^t=\boldsymbol{E}_0^t\mathrm{e}^{-\mathrm{j}k_2(x\sin\theta_t+z\cos\theta_t)}=\boldsymbol{E}_0^t\mathrm{e}^{-\alpha z}\mathrm{e}^{-\mathrm{j}k_1x\sin\theta_i} \tag{6.8-49}$$

式中

$$\alpha=k_2\sqrt{\left(\frac{n_1}{n_2}\sin\theta_i\right)^2-1} \tag{6.8-50}$$

$$E_0^t=TE_0^i \tag{6.8-51}$$

将(6.8-47)式代入透射系数(6.8-32)和(6.8-41)式中,透射系数不为0,说明发生全反射后透射场还存在。从透射波电场表达式(6.8-49)式可以看出,透射波已不是均匀平面波,而是沿界面 x 方向传播的、沿 z 方向衰减的波。如果衰减很快,透射波就是集中在界面附近沿界面传播的表面波。

(5)平均功率流密度

下面分析斜投射平均功率流密度。入射波、反射波和折射波的复坡印亭矢量分别为

$$\boldsymbol{S}_c^i=\boldsymbol{E}^i\times\boldsymbol{H}^{i*}=\hat{k}^i|\boldsymbol{E}_0^i|^2/Z_1 \tag{6.8-52}$$

$$\boldsymbol{S}_c^r=\boldsymbol{E}^r\times\boldsymbol{H}^{r*}=\hat{k}^r|R|^2|\boldsymbol{E}_0^i|^2/Z_1 \tag{6.8-53}$$

$$\boldsymbol{S}_c^t=\boldsymbol{E}^t\times\boldsymbol{H}^{t*}=\hat{k}^t|T|^2\frac{Z_1}{Z_2}|\boldsymbol{E}_0^i|^2/Z_1 \tag{6.8-54}$$

在界面上,z 方向的平均功率流密度连续,因此有

$$S^i(1-|R|^2)\cos\theta_i=S^i|T|^2\frac{Z_1}{Z_2}\mathrm{Re}[\cos\theta_t] \tag{6.8-55}$$

式中,$S^i=|\boldsymbol{E}_0^r|/Z_1$ 是入射波平均功率流密度。对于非全反射情况,$\cos\theta_t$ 是实数

$$(1-|R|^2)\cos\theta_i = |T|^2 \frac{Z_1}{Z_2}\cos\theta_t \tag{6.8-56}$$

对于全反射情况，$\cos\theta_t$ 是虚数，(6.8-55)式左右两端实部为零，说明全反射时通过界面只有功率交换，流过界面平均功率流密度为零。

例 6.8-1 圆极化均匀平面波 $\boldsymbol{E}^i=(\frac{\sqrt{2}}{2}(\hat{x}-\hat{z})+j\hat{y})e^{-j\sqrt{2}\pi(x+z)}$ 由空气中斜投射到表面为 xy 面，$\varepsilon_{r2}=2$，$\mu_{r2}=1$ 的介质上，求反射波及折射波电场。

解 将入射波分为平行极化和垂直极化两部分

$$\boldsymbol{E}^i = \boldsymbol{E}^i_{/\!/} + \boldsymbol{E}^i_{\perp}$$

其中

$$\boldsymbol{E}^i_{/\!/} = \frac{\sqrt{2}}{2}(\hat{x}-\hat{z})e^{-j\sqrt{2}\pi(x+z)}, \quad \boldsymbol{E}^i_{\perp} = j\hat{y}e^{-j\sqrt{2}\pi(x+z)}$$

显然

$$E^i_{0/\!/} = 1, \quad E^i_{0\perp} = j$$

平行极化波用入射角表示为

$$\boldsymbol{E}^i_{/\!/} = E^i_{0/\!/}(\hat{x}\cos\theta_i - \hat{z}\sin\theta_i)e^{-jk_1(x\sin\theta_i + z\cos\theta_i)}$$

对比有

$$\cos\theta_i = \sin\theta_i = \frac{\sqrt{2}}{2}$$

可见入射角和波数分别为

$$\theta_i = \pi/4, \quad k_1 = 2\pi$$

波长为

$$\lambda_1 = \frac{2\pi}{k_1} = 1\ \text{m}$$

由(6.8-16)式得 $\sin\theta_t=\sqrt{\frac{\varepsilon_1}{\varepsilon_2}}\sin\theta_i=0.5$，$\theta_t=\frac{\pi}{6}$，$\cos\theta_t=\frac{\sqrt{3}}{2}$

$$Z_1=Z_0=120\pi\ \Omega, \quad Z_2=\frac{Z_0}{\sqrt{\varepsilon_{r2}}}=\frac{120\pi}{\sqrt{2}}\ \Omega$$

反射系数和透射系数分别为

$$R^{/\!/}=\frac{Z_1\cos\theta_i - Z_2\cos\theta_t}{Z_1\cos\theta_i + Z_2\cos\theta_t}=0.072$$

$$T^{/\!/}=\frac{2Z_2\cos\theta_i}{Z_1\cos\theta_i + Z_2\cos\theta_t}=0.758$$

$$R^{\perp}=\frac{Z_2\cos\theta_i - Z_1\cos\theta_t}{Z_2\cos\theta_i + Z_1\cos\theta_t}=-0.268$$

$$T^{\perp}=\frac{2Z_2\cos\theta_i}{Z_2\cos\theta_i + Z_1\cos\theta_t}=1+R^{\perp}=0.732$$

平行极化反射波和透射波电场为

$$\boldsymbol{E}^r_{/\!/}=R^{/\!/}E^i_{0/\!/}(-\hat{x}\cos\theta_i-\hat{z}\sin\theta_i)e^{-jk_1(x\sin\theta_i - z\cos\theta_i)}=-0.072\times\frac{\sqrt{2}}{2}(\hat{x}+\hat{z})e^{-j\sqrt{2}\pi(x-z)}$$

$$\boldsymbol{E}^t_{/\!/}=T^{/\!/}E^i_{0/\!/}(\hat{x}\cos\theta_t-\hat{z}\sin\theta_t)e^{-jk_2(x\sin\theta_t + z\cos\theta_t)}=0.758(\frac{\sqrt{3}}{2}\hat{x}-\frac{1}{2}\hat{z})e^{-j\sqrt{2}\pi(x+\sqrt{3}z)}$$

垂直极化反射波和透射波电场为

$$\boldsymbol{E}^r_{\perp}=R^{\perp}jE^i_{0\perp}\hat{y}e^{-jk_1(x\sin\theta_i - z\cos\theta_i)}=-\hat{y}j0.268e^{-j\sqrt{2}\pi(x-z)}$$

$$\boldsymbol{E}^t_{\perp}=T^{\perp}jE^i_{0\perp}\hat{y}e^{-jk_1(x\sin\theta_t + z\cos\theta_t)}=\hat{y}j0.732e^{-j\sqrt{2}\pi(x+\sqrt{3}z)}$$

反射波和透射波电场为

$$\boldsymbol{E}^{\mathrm{r}}=\boldsymbol{E}_{/\!/}^{\mathrm{r}}+E_{\perp}^{\mathrm{r}}=(-0.036\times\sqrt{2}(\hat{x}+\hat{z})-\hat{y}\mathrm{j}0.268)\mathrm{e}^{-\mathrm{j}\sqrt{2}\pi(x-z)}$$

$$\boldsymbol{E}^{\mathrm{t}}=\boldsymbol{E}_{/\!/}^{\mathrm{t}}+E_{\perp}^{\mathrm{t}}=(0.379(\sqrt{3}\hat{x}-\hat{z})+\hat{y}\mathrm{j}0.732)\mathrm{e}^{-\mathrm{j}\sqrt{2}\pi(x+\sqrt{3}z)}$$

例 6.8-2　真空中波长为 1.5 μm 的光波以 75°的入射角从 $\varepsilon_{\mathrm{r}}=1.5$，$\mu_{\mathrm{r}}=1$ 的介质投射到空气中，求界面附近空气中距界面一个波长处的电场强度与界面电场强度之比。

解　入射波从 $\varepsilon_{\mathrm{r}}=1.5$，$\mu_{\mathrm{r}}=1$ 的介质投射到空气中的临界角为

$$\theta_{\mathrm{c}}=\arcsin\sqrt{\frac{\varepsilon_2}{\varepsilon_1}}=\arcsin\sqrt{\frac{1}{1.5}}=54.7^{\circ}$$

$\theta_{\mathrm{i}}=75^{\circ}>\theta_{\mathrm{c}}$ 是全反射，故有

$$\alpha=k_2\sqrt{\left(\frac{n_1}{n_2}\sin\theta_{\mathrm{i}}\right)^2-1}=0.63k_2=\frac{3.97}{\lambda}$$

设界面的电场强度为 $E(0)$

$$E(\lambda)=E(0)\mathrm{e}^{-\alpha\lambda}=E(0)\mathrm{e}^{-3.97}=0.0189E(0)$$

$$\frac{E(\lambda)}{E(0)}=0.0189$$

思考题

1. 当入射波、反射波和透射波的传播方向角满足(6.8-12)和(6.8-13)式时，入射波、反射波和透射波的空间相位沿分界面有什么关系？

2. 从(6.8-12)式推导(6.8-14)式。

3. 如何由入射波传播方向确定反射波和透射波的传播方向？

4. 什么是平行极化？什么是垂直极化？为什么要将斜投射波分为平行极化和垂直极化分别讨论？

5. 平行极化和垂直极化的反射系数相同吗？为什么？

6. 在什么条件下会出现全折射？垂直极化波会出现全折射吗？

7. 全反射的条件是什么？发生全反射后有功率穿过分界面吗？

8. 发生全反射后透射波有什么特点？

6.9　均匀平面波斜投射到理想导体表面

本节讨论均匀平面波斜投射到理想导体表面，与反射波叠加后，合成波的特性。也分为垂直极化和平行极化两种情况分别讨论。

1. 垂直极化

垂直极化均匀平面波，以入射角 θ 投射到理想导体表面，如图 6.9-1 所示。入射波电磁场分别为

$$\boldsymbol{E}^{\mathrm{i}}=\hat{y}E_0^{\mathrm{i}}\mathrm{e}^{-\mathrm{j}k(x\sin\theta+z\cos\theta)}\tag{6.9-1}$$

$$\boldsymbol{H}^{\mathrm{i}}=\frac{E_0^{\mathrm{i}}}{Z}(-\hat{x}\cos\theta+\hat{z}\sin\theta)\mathrm{e}^{-\mathrm{j}k(x\sin\theta+z\cos\theta)}\tag{6.9-2}$$

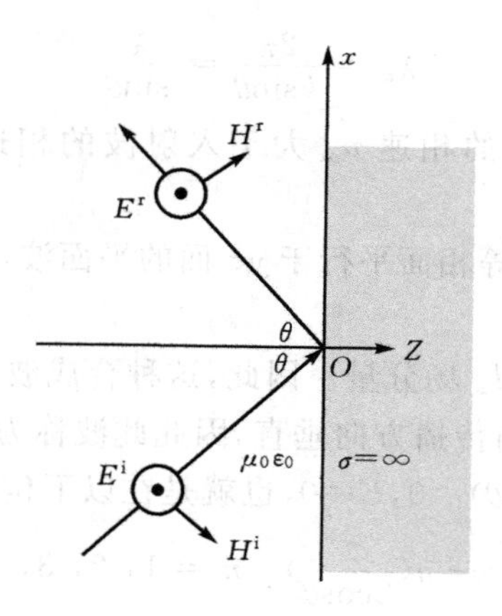

图 6.9-1 垂直极化的均匀平面波斜投射到理想导体表面

入射波在理想导体表面产生感应电流，这些感应电流产生垂直极化的均匀平面反射波

$$\boldsymbol{E}^r=\hat{y}E_0^r\mathrm{e}^{-\mathrm{j}k(x\sin\theta-z\cos\theta)} \tag{6.9-3}$$

$$\boldsymbol{H}^r=\frac{E_0^r}{Z}(\hat{x}\cos\theta+\hat{z}\sin\theta)\mathrm{e}^{-\mathrm{j}k(x\sin\theta-z\cos\theta)} \tag{6.9-4}$$

式中 E_0^r 为反射波电场振幅有效值，根据在理想导体表面上的边界条件，$E_t=0$，得

$$E_0^r=-E_0^i \tag{6.9-5}$$

将(6.9-5)式代入(6.9-3)式和(6.9-4)式，入射波和反射波叠加得到合成波电磁场分别为

$$\boldsymbol{E}=\hat{y}E_0^i(\mathrm{e}^{-\mathrm{j}kz\cos\theta}-\mathrm{e}^{\mathrm{j}kz\cos\theta})\mathrm{e}^{-\mathrm{j}kx\sin\theta}$$

$$\boldsymbol{H}=\frac{E_0^i}{Z}[-\hat{x}\cos\theta(\mathrm{e}^{-\mathrm{j}kz\cos\theta}+\mathrm{e}^{\mathrm{j}kz\cos\theta})+\hat{z}\sin\theta(\mathrm{e}^{-\mathrm{j}kz\cos\theta}-\mathrm{e}^{\mathrm{j}kz\cos\theta})]\mathrm{e}^{-\mathrm{j}kx\sin\theta}$$

以上两矢量式写成分量形式为

$$E_y=-\mathrm{j}2E_0^i\sin(kz\cos\theta)\mathrm{e}^{-\mathrm{j}kx\sin\theta} \tag{6.9-6}$$

$$H_x=-\frac{2E_0^i}{Z}\cos\theta\cos(kz\cos\theta)\mathrm{e}^{-\mathrm{j}kx\sin\theta} \tag{6.9-7}$$

$$H_z=-\mathrm{j}\frac{2E_0^i}{Z}\sin\theta\sin(kz\cos\theta)\mathrm{e}^{-\mathrm{j}kx\sin\theta} \tag{6.9-8}$$

合成波的复坡印亭矢量为

$$\begin{aligned}\boldsymbol{S}_c&=\boldsymbol{E}\times\boldsymbol{H}^*\\&=\frac{|2E_0^i|^2}{Z}\{\hat{x}\sin\theta[\sin(kz\cos\theta)]^2-\hat{z}\mathrm{j}\cos\theta\sin(kz\cos\theta)\cos(kz\cos\theta)\}\end{aligned} \tag{6.9-9}$$

从以上几式可以看出，合成波具有以下性质：

(1)合成波在垂直于界面的 z 方向是驻波，复坡印亭矢量的 z 分量是虚数，波在 z 方向的平均功率流密度为零。

(2)合成波在平行于界面的 x 方向是行波，复坡印亭矢量在该方向是实数，表明平均功率沿 x 方向流动。在 x 方向行波的空间相位常数是 $k_x=k\sin\theta$，相速为

$$v_{px}=\frac{\omega}{k\sin\theta}=\frac{v_p}{\sin\theta} \tag{6.9-10}$$

在 x 方向行波的波长为

$$\lambda_x = \frac{2\pi}{k\sin\theta} = \frac{\lambda}{\sin\theta} \tag{6.9-11}$$

可以看出,合成波在 x 方向行波的相速 v_{px} 大于入射波的相速 v_p,波长 λ_x 大于入射波的波长λ。

(3)合成波在 x 方向行波是等相面平行于 yz 面的平面波,在等相面上的振幅和 z 有关,是非均匀平面波。

(4)在波的传播方向上,有 H_x 场分量。因此,这种合成波不是 TEM 波,而是非 TEM 波。此合成波的电场只有 E_y 分量,与传播方向垂直,因此此波称为 TE(横电)波,也叫 H(磁)波。

由(6.9-6)式,当 $\sin(kz\cos\theta)=0$,$E=0$,也就是在以下位置

$$z = -n\left(\frac{\lambda}{2\cos\theta}\right) \quad n = 1, 2, 3, \cdots \tag{6.9-12}$$

是电场的波节点。在这些电场波节点面上放理想导电面,将不会改变场分布。这个理想导电面与 $z=0$ 的理想导电面之间就构成一个平行板波导,入射进入这个平行板波导的垂直极化 TEM 波在两个理想导电面之间反射形成 TE 波向 x 方向传播。

为什么 TEM 波斜投射到理想导电面后与反射波叠加后形成的 TE 波的波长大于入射 TEM 波的波长,相速大于 TEM 波的相速呢? 图 6.9-2 是垂直极化波以 θ 角斜投射到理想导电面上在某个时刻入射电场与反射波电场的等相面图。OB 是入射电场的波峰等相面,AA'是入射电场的波谷等相面。BB'是反射电场的波峰等相面,OA 是反射电场的波谷等相面。入射波电场和反射波电场在一点叠加,如果是波峰和波峰相遇就是合成波的波峰,如图中 B 点;如果是波谷和波谷相遇就是合成波的波谷,如图中 A 点;如果是波谷和波峰相遇就是合成波的

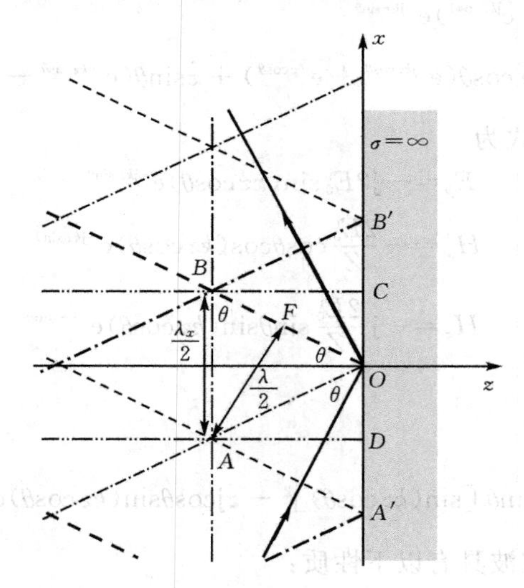

图 6.9-2 垂直极化波斜投射到理想导体表面入射波与反射波干涉

波节点,如图中理想导体面上的 A'、O、B'点。相邻波峰和波谷之间的距离是半个波长,OB 与 AA'分别是入射波相邻波峰和波谷,它们之间的距离 AF 就是入射波的半个波长 $\lambda/2$。B 点是合成波的波峰,BC 是合成波的波峰等相面,A 点是合成波的波谷,AD 是合成波的波谷等相面。那么 BC 与 AD 之间的距离 AB 就是合成 TE 波的半个波长 $\lambda_x/2$。AF 与 AB 是直角三

角形ABF中θ(等于入射角)的对边和斜边，因此，$\lambda/2=(\lambda_x/2)\sin\theta$，也就是$\lambda_x=\lambda/\sin\theta$，这就是(6.9－11)式。从图中可以看出，$AB$的距离$\lambda_x/2$也等于$OB'$的距离。也就是说。$\lambda_x$也是入射波的相邻波峰在理想导电面上沿$x$方向连线的距离。由于$x$方向和入射波的等相面夹角$\theta$小于$90^0$，因此入射波峰之间在这个方向的连线距离就大于垂直距离。在波传播过程，当入射波波谷以相速v_p从AA'位置移动距离$\lambda/2$到达OB位置，在这段时间，合成波波谷就以相速v_{px}从AD移动距离$\lambda_x/2$到达BC位置，即$(\lambda/2)/v_p=(\lambda_x/2)/v_{px}$，因此$v_{px}=(\lambda_x/\lambda)v_p=v_p/\sin\theta$，这就是(6.9－10)式。$v_{px}$也是入射波的波峰在理想导电面上沿$x$方向向前移动的速度。由于入射波等相面与$x$方向不垂直，因此入射波等相面在理想导电面上沿$x$方向掠过的速度就大于$v_p$。

下面分析沿x方向传播的TE波的能速v_{ex}。沿x方向靠理想导电面取立方体，z方向宽为$d=(\dfrac{\lambda}{2\cos\theta})$，$y$方向高为1，$x$方向长为$v_{ex}$。根据(6.9－9)式，沿$x$方向的平均功率流密度为

$$\overline{S}_x=\frac{(2E_0^i)^2}{Z}\sin\theta\left[\sin(kz\cos\theta)\right]^2$$

那么，从yz端面流进所取立方体的功率为

$$\overline{P}_x=\iint\limits_S\overline{S}_x\,\mathrm{d}y\mathrm{d}z=\int_0^d\frac{(2E_0^i)^2}{Z}\sin\theta\left[\sin(kz\cos\theta)\right]^2\mathrm{d}z=\frac{\lambda\,(E_0^i)^2\sin\theta}{Z\cos\theta}\tag{6.9-13}$$

平均电场能量密度为

$$\overline{w}_e=\frac{1}{2}\varepsilon_0\,|E_y|^2=2\varepsilon_0\,(E_0^i\sin(kz\cos\theta))^2$$

平均磁场能量密度为

$$\begin{aligned}\overline{w}_m&=\frac{1}{2}\mu_0\,|H|^2=\frac{1}{2}\mu_0(H_x^2+H_z^2)\\&=2\mu_0\,\left(\frac{E_0^i}{Z}\right)^2\{[\sin\theta\sin(kz\cos\theta)]^2+[\cos\theta\cos(kz\cos\theta)]^2\}\end{aligned}$$

由此计算立方体中的平均电场能量和磁场能量分别为

$$\overline{W}_e=\iiint\limits_V\overline{w}_e\mathrm{d}V=v_e\int_0^d\overline{w}_e\mathrm{d}z=\varepsilon_0\,(E_0^i)^2\,\frac{\lambda v_e}{2\cos\theta}\tag{6.9-14}$$

$$\overline{W}_m=\iiint\limits_V\overline{w}_m\mathrm{d}V=v_e\int_0^d\overline{w}_m\mathrm{d}z=\varepsilon_0\,(E_0^i)^2\,\frac{\lambda v_e}{2\cos\theta}\tag{6.9-15}$$

由于取立方体的长度为v_{ex}，那么单位时间从立方体yz端面流进去的平均能量就刚好在立方体中，等于该体积中的平均能量，即

$$\overline{P}_x=\overline{W}_e+\overline{W}_m$$

将(6.9－13)、(6.9－14)和(6.9－15)代入上式，得沿x方向的能速为

$$v_{ex}=\frac{\sin\theta}{\sqrt{\mu_0\varepsilon_0}}=v_p\sin\theta\tag{6.9-16}$$

由上式可见，沿x方向的能速小于TEM波的相速。

2. 平行极化波

平行极化均匀平面波以入射角θ投射到理想导体表面，如图6.9－3所示。入射波电磁场

分别为

$$\boldsymbol{E}^{\mathrm{i}} = E_0^{\mathrm{i}}(\hat{x}\cos\theta - \hat{z}\sin\theta)\mathrm{e}^{-\mathrm{j}k(x\sin\theta + z\cos\theta)} \tag{6.9-17}$$

$$\boldsymbol{H}^{\mathrm{i}} = \hat{y}\frac{E_0^{\mathrm{i}}}{Z}\mathrm{e}^{-\mathrm{j}k(x\sin\theta + z\cos\theta)} \tag{6.9-18}$$

理想导电面产生的反射波电磁场分别可写为

$$\boldsymbol{E}^{\mathrm{r}} = E_0^{\mathrm{r}}(-\hat{x}\cos\theta - \hat{z}\sin\theta)\mathrm{e}^{-\mathrm{j}k(x\sin\theta - z\cos\theta)} \tag{6.9-19}$$

$$\boldsymbol{H}^{\mathrm{r}} = \hat{y}\frac{E_0^{\mathrm{r}}}{Z}\mathrm{e}^{-\mathrm{j}k(x\sin\theta - z\cos\theta)} \tag{6.9-20}$$

式中 E_0^{r} 为反射波电场振幅有效值，利用理想导体表面的边界条件 $E_{\mathrm{t}}=0$，得

$$E_0^{\mathrm{r}} = E_0^{\mathrm{i}} \tag{6.9-21}$$

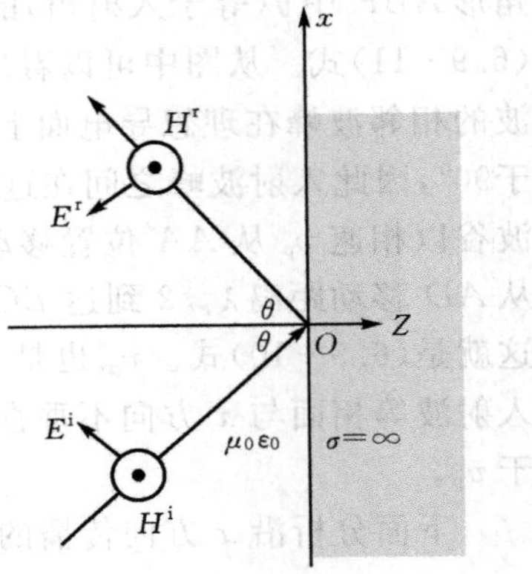

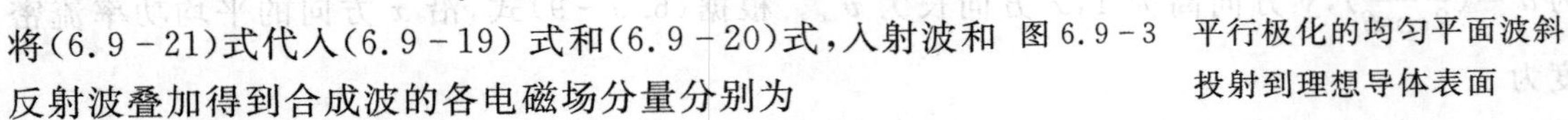

图 6.9-3　平行极化的均匀平面波斜投射到理想导体表面

将(6.9-21)式代入(6.9-19)式和(6.9-20)式，入射波和反射波叠加得到合成波的各电磁场分量分别为

$$E_x = -\mathrm{j}2E_0^{\mathrm{i}}\cos\theta\sin(kz\cos\theta)\mathrm{e}^{-\mathrm{j}kx\sin\theta} \tag{6.9-22}$$

$$E_z = -2E_0^{\mathrm{i}}\sin\theta\cos(kz\cos\theta)\mathrm{e}^{-\mathrm{j}kx\sin\theta} \tag{6.9-23}$$

$$H_y = \frac{2E_0^{\mathrm{i}}}{Z}\cos(kz\cos\theta)\mathrm{e}^{-\mathrm{j}kx\sin\theta} \tag{6.9-24}$$

可以看出，此合成波也是沿 x 方向传播的非均匀平面波，也是非 TEM 波。与垂直极化入射不同，对于平行极化入射，磁场与波传播方向垂直，在传播方向有电场 E_x 分量，这种波称为 TM(横磁)波，也称为 E(电)波。这种 TM 波的相速和波长分别与前面的 TE 波相速和波长一样，也分别大于入射的 TEM 波的相速和波长。

由(6.9-22)式，当 $\sin(kz\cos\theta)=0$，$E_x=0$，在 $z=-n(\frac{\lambda}{2\cos\theta})$ $(n=1,2,3,\cdots)$放平行的理想导电面，将不会改变电场场分布。平行极化 TEM 波入射进这个理想导电面与 $z=0$ 的理想导电面之间构成的平行板波导中，在两个理想导电面之间反射形成 TM 波向 x 方向传播。

思考题

1. 均匀平面波斜投射到理想导体表面上经反射后合成波有什么特点？

2. 均匀平面波斜投射到理想导体表面上经反射后合成波的相速是多少？可以大于光速吗？为什么？

3. 垂直极化和平行极化平面波投射到理想导体表面上经反射后的合成波有什么区别？

6.10　电磁波在等离子体中的传播

等离子体是一种电离气体，它由带负电的电子、带正电的离子以及中性分子组成。由于其中的正负离子数目相等，因此称为等离子体。就等离子体的整体来说，净电荷量等于0，对外界是呈电中性的。处于等离子态的物质有许多，如地球的电离层，太阳等恒星天体的表面，发光的日光灯及各种充气光源中的电离气体。航天飞船的返回舱以高速进入大气层时，返回舱表面的高温层会使气体和表面材料电离也会在返回舱外部形成一个等离子层。

地球高空的电离层是与无线电通信关系密切的等离子体。地球外层的大气在受到太阳发出的高能射线，例如紫外线、x 射线、高能粒子流等的激发时，大气中的各种分子和粒子就会被电离成为电子和失去电子的正粒子。同样，正负离子又可能复合。这样不断电离和复合，达到动态平衡，就在外层大气中形成具有一定离子密度的等离子体层，即电离层。电离层中等离子密度受各种复杂因素的影响，例如在高空，一方面由于这里的射线强，中性粒子电离的机会多，而且由于大气稀薄，电离的粒子复合的机会也少，就有利于等离子体的形成；另一方面，正是由于大气稀薄，因而可供电离的粒子密度就小，这又使等离子的密度不很大。而在低空，情况刚好相反。另外，随着高度的不同，大气组成成分不同，各种射线进入大气的深度也不相同。在诸多因素的共同制约下，电离层中的等离子密度随高度变化很复杂。观测表明，电离层分布在距地面 60～1000 km 的高空范围。在此范围内，等离子密度在不同的高度上有几个极大值出现，可以依极大值出现的高度将电离层划分成不同的层次。在 70～75 km 的高度上，有一个等离子密度较小的极大层，称为 D 层。D 层只有白天太阳能照射到，因此只有白天才会出现。在 90～120 km 范围有另一个等离子密度极大值层，称为 E 层。E 层在夜间虽不消失，但夜间的密度比白天小。在 160～200 km 处的极大层称为 F_1 层。在 200～400 km 处的极大层称为 F_2 层。在夜间和冬季 F_1 层会消失，与 F_2 层溶为极大值在 300 km 附近的 F 层。电离层的高度、密度都有日变化、月变化、年变化，以及随太阳活动周期的变化。

电磁波在地球外层的电离层中传播时，还要考虑地球磁场的影响。当等离子体处于恒定磁场与交变电磁场中时，等离子体中的正负离子就会受到洛伦兹力的作用运动而形成运流电流。为了简化分析，假定时变电磁场很弱，忽略时变磁场对运动带电粒子的力，并忽略电子与离子的碰撞损耗。由于正的带电粒子比电子质量大得多，因此，在分析时仅考虑电子运动形成的运流电流。

在电磁场的作用下，等离子体中电子的运动方程为

$$m\frac{\mathrm{d}\boldsymbol{v}(t)}{\mathrm{d}t}=-e[\boldsymbol{E}(t)+\boldsymbol{v}(t)\times\boldsymbol{B}_0] \tag{6.10-1}$$

式中 $\boldsymbol{B}_0$ 为恒定磁场（地球磁场），$\boldsymbol{E}(t)$ 为交变电场（电磁波电场），m 和 e 分别为电子的质量和电量，$\boldsymbol{v}$ 为电子运动速度。对于角频率为 ω 的正弦电磁场，上式的复数形式为

$$\mathrm{j}\omega m\boldsymbol{v}=-e(\boldsymbol{E}+\boldsymbol{v}\times\boldsymbol{B}_0) \tag{6.10-2}$$

设 $\boldsymbol{B}_0=B_0\hat{z}$，则由上式可得到电子运动速度的 3 个分量分别为

$$\begin{aligned} v_x&=\frac{e}{m}\frac{\mathrm{j}\omega}{\omega^2-\omega_0^2}E_x-\frac{e}{m}\frac{\omega_0}{\omega^2-\omega_0^2}E_y\\ v_y&=\frac{e}{m}\frac{\omega_0}{\omega^2-\omega_0^2}E_x+\frac{e}{m}\frac{\mathrm{j}\omega}{\omega^2-\omega_0^2}E_y\\ v_z&=\frac{e}{m}\frac{\mathrm{j}}{\omega}E_z \end{aligned} \tag{6.10-3}$$

式中 $\omega_0=\frac{e}{m}B_0$ 称为回旋角频率。

将(6.10-3)式写成距阵或矢量形式为

$$\boldsymbol{v}=\bar{\bar{\boldsymbol{\omega}}}\cdot\boldsymbol{E} \tag{6.10-4}$$

式中 $\bar{\bar{\boldsymbol{\omega}}}$ 为 3×3 矩阵，各元素为

$$\omega_{11}=\omega_{22}=\frac{e}{m}\frac{\mathrm{j}\omega}{\omega^2-\omega_0^2}$$

$$\omega_{21} = -\omega_{12} = \frac{e}{m}\frac{\omega_0}{\omega^2 - \omega_0^2} \tag{6.10-5}$$

$$\omega_{33} = \frac{e}{m}\frac{\mathrm{j}}{\omega}$$

$$\omega_{13} = \omega_{31} = \omega_{23} = \omega_{32} = 0$$

设等离子体中单位体积内的电子数为 N,则等离子体中的运流电流密度为

$$\boldsymbol{J} = \rho \boldsymbol{v} = -eN\boldsymbol{v}$$

式中 e 为电子电量。将(6.10-4)式代入上式得

$$\boldsymbol{J} = -Ne\bar{\bar{\boldsymbol{\omega}}} \cdot \boldsymbol{E} \tag{6.10-6}$$

在等离子体中,考虑到由上式给出的运流电流,麦克斯韦方程组 $\boldsymbol{H}$ 的旋度方程为

$$\nabla \times \boldsymbol{H} = -Ne\bar{\bar{\boldsymbol{\omega}}} \cdot \boldsymbol{E} + \mathrm{j}\omega\varepsilon_0 \boldsymbol{E}$$

为了分析波在等离子体中的传播特性,将上式写成如下形式

$$\nabla \times \boldsymbol{H} = \mathrm{j}\omega \bar{\bar{\boldsymbol{\varepsilon}}} \cdot \boldsymbol{E} \tag{6.10-7}$$

此式表明,考虑地磁影响的等离子体对电磁波具有电各向异性。式中 $\bar{\bar{\boldsymbol{\varepsilon}}}$ 为等离子体的各向异性介电常数矩阵

$$\bar{\bar{\boldsymbol{\varepsilon}}} = \begin{bmatrix} \varepsilon_{11} & \mathrm{j}\varepsilon_{12} & 0 \\ \mathrm{j}\varepsilon_{21} & \varepsilon_{22} & 0 \\ 0 & 0 & \varepsilon_{33} \end{bmatrix} \tag{6.10-8}$$

其中各矩阵元素分别为

$$\varepsilon_{11} = \varepsilon_{22} = \varepsilon_0 \left(1 - \frac{\omega_\mathrm{p}^2}{\omega^2 - \omega_0^2}\right)$$

$$\varepsilon_{21} = -\varepsilon_{12} = \varepsilon_0 \frac{\omega_0 \omega_\mathrm{p}^2}{(\omega^2 - \omega_0^2)\omega} \tag{6.10-9}$$

$$\varepsilon_{33} = \varepsilon_0 \left(1 - \frac{\omega_\mathrm{p}^2}{\omega^2}\right)$$

式中 $\omega_\mathrm{p} = \sqrt{\dfrac{Ne^2}{\varepsilon_0 m}}$ 称为等离子体频率或朗缪尔频率。

对 $\nabla \times \boldsymbol{E} = -\mathrm{j}\omega\mu_0 \boldsymbol{H}$ 两边取旋度,并将(6.10-7)式代入得

$$\nabla \times \nabla \times \boldsymbol{E} - \omega^2 \mu_0 \bar{\bar{\boldsymbol{\varepsilon}}} \cdot \boldsymbol{E} = \boldsymbol{0} \tag{6.10-10}$$

这就是等离子体中电场所满足的方程。原则上,求解此方程就可以得到有恒定磁场作用的等离子体中电磁波的通解。为简单起见,下面我们以波在等离子体中沿外加磁场方向(z 方向)传播为例进行分析。设恒定磁场作用下的等离子体中沿 z 方向传播的均匀平面波的电场形式为

$$\boldsymbol{E} = \boldsymbol{E}_0 \mathrm{e}^{-\mathrm{j}kz} \tag{6.10-11}$$

式中 $\boldsymbol{E}_0 = \hat{x}E_{x0} + \hat{y}E_{y0} + \hat{z}E_{z0}$ 是常矢量;$k = k_0 n$,n 是波沿外加磁场方向(z 方向)传播时等离子体的折射率,$k_0 = \dfrac{\omega}{c}$。为确定(6.10-11)式中的 n,将(6.10-11)式代入(6.10-10)式得

$$-k^2 \boldsymbol{E}_0 + \hat{z}k^2 E_{z0} + \omega^2 \mu \bar{\bar{\boldsymbol{\varepsilon}}} \cdot \boldsymbol{E}_0 = \boldsymbol{0} \tag{6.10-12}$$

将上式写成矩阵形式为

$$\begin{bmatrix} \varepsilon_{r11} - n^2 & j\varepsilon_{r21} & 0 \\ -j\varepsilon_{r21} & \varepsilon_{r11} - n^2 & 0 \\ 0 & 0 & \varepsilon_{r33} \end{bmatrix} \begin{bmatrix} E_{x0} \\ E_{y0} \\ E_{z0} \end{bmatrix} = 0 \tag{6.10-13}$$

这是一个关于电场强度3个坐标分量的齐次方程组，要使电场强度有非零解，其系数行列式必须为0，即

$$\begin{vmatrix} \varepsilon_{r11} - n^2 & j\varepsilon_{r21} & 0 \\ -j\varepsilon_{r21} & \varepsilon_{r11} - n^2 & 0 \\ 0 & 0 & \varepsilon_{r33} \end{vmatrix} = 0 \tag{6.10-14}$$

由此得到 n 所满足的方程

$$(\varepsilon_{r11} - n^2)(\varepsilon_{r11} - n^2)\varepsilon_{r33} - \varepsilon_{r21}\varepsilon_{r21}\varepsilon_{r33} = 0 \tag{6.10-15}$$

由此方程解得

$$n^2 = \varepsilon_{r11} \pm \varepsilon_{r21} \tag{6.10-16}$$

即 n 有两个解

$$n_L = \sqrt{\varepsilon_{r11} + \varepsilon_{r21}} \tag{6.10-17}$$

$$n_R = \sqrt{\varepsilon_{r11} - \varepsilon_{r21}} \tag{6.10-18}$$

将(6.10-17)式给出的 n 值代入齐次方程(6.10-13)式，可解得对应的电场为

$$\boldsymbol{E} = E_0(\hat{x} + j\hat{y})e^{-jk_0 n_L z} \tag{6.10-19}$$

这是一个左旋圆极化波。

将(6.10-18)式给出的 n 值代入齐次方程(6.10-13)式，可解得对应的电场为

$$\boldsymbol{E} = E_0(\hat{x} - j\hat{y})e^{-jk_0 n_R z} \tag{6.10-20}$$

这是一个右旋圆极化波。以上两个解表明，左旋圆极化波和右旋圆极化波是电磁波在等离子体中沿外加磁场方向（z 方向）传播时的本征波。这两种本征波在传播过程中的波数不同，也就是相速不同。

当线极化波，如 x 方向极化的线极化波

$$\boldsymbol{E} = \hat{x}E_0 e^{-jkz}$$

进入等离子体中沿外加磁场方向（z 方向）传播时，可以分解为左旋圆极化波和右旋圆极化波

$$\boldsymbol{E} = \frac{1}{2}E_0(\hat{x} + j\hat{y})e^{-jk_0 n_L z} + \frac{1}{2}E_0(\hat{x} - j\hat{y})e^{-jk_0 n_R z} \tag{6.10-21}$$

传播一段距离 l 后，电场的两个直角分量分别为

$$E_x = \frac{1}{2}E_0(e^{-jk_0 n_L l} + e^{-jk_0 n_R l}) \tag{6.10-22}$$

$$E_y = \frac{j}{2}E_0(e^{-jk_0 n_L l} - e^{-jk_0 n_R l}) \tag{6.10-23}$$

由此可得

$$\frac{E_y}{E_x} = \frac{j(e^{-jk_0 n_L l} - e^{-jk_0 n_R l})}{e^{-jk_0 n_L l} + e^{-jk_0 n_R l}} = \tan\left[\frac{k_0 l(n_L - n_R)}{2}\right] \tag{6.10-24}$$

上式表明，x 方向极化的线极化电磁波进入等离子体中沿外加磁场方向（z 方向）传播距离 l 后，极化方向沿右手方向旋转了 $\theta = \frac{k_0 l(n_L - n_R)}{2}$。线极化波极化方向在各向异性的等离子体

中旋转的现象称为法拉第旋转效应。这种旋转效应具有不可逆性。当卫星天线辐射的电磁波穿过电离层到达地面接收站时,就要考虑法拉第旋转效应对电磁波极化方向的影响。

电磁波在等离子体中沿其他方向传播的特性也可以按照以上方法进行分析。

当不考虑地磁场时,$\omega_0=\frac{e}{m}B_0=0$,由(6.10-9)式,等离子体的介电常数就退化为一个标量

$$\varepsilon_r=1-\left(\frac{\omega_p}{\omega}\right)^2 \tag{6.10-25}$$

当$\omega<\omega_p$时,$\varepsilon_r<0$,$k=\omega\sqrt{\mu_0\varepsilon}$为虚数,这时电场按指数衰减,不能传播;当$\omega>\omega_p$时,$0<\varepsilon_r<1$,$k$为实数,电磁波可以在电离层中传播。

显然,当电磁波要在电离层中传播时,必须有$\omega>\omega_p$。下面给出电离层各层f_p的典型值:

D层 100 kHz

E层 4.5 MHz

F_1层 5.5 MHz

F_2层 白天<13 MHz

夜晚 5 MHz

当$f>f_p$,而不满足$f\gg f_p$时,$0<\varepsilon_r<1$,在这种情况下,电离层的折射率小于空气的折射率,如果随着高度的增加,电离层中离子浓度增加,折射率就减小。当电磁波从地面空气中斜投射到电离层中后,折射角就大于入射角,随着高度的增加折射角越来越大,最终发生全反射,电磁波就又会折回到地面空气中。这相当于电离层对某一个频率范围的电磁波有反射作用。短波电台就是利用电磁波在电离层和地面之间的反射实现远距离的超视距广播和通信的。当$f\gg f_p$时,对应于$f>50$ MHz,$\varepsilon_r\approx1$,在这种情况下,电离层已成为“透明”的了,电磁波可穿过电离层。因此可以利用50 MHz以上频率的电磁波实现地面和卫星之间的通信。

航天飞船的返回舱以高速进入大气层时,返回舱表面高温形成的高浓度等离子层就像返回舱鞘套,吸收和反射电波,会使返回舱与外界的无线电通信中断,这种现象称为黑障。黑障现象对飞船返回舱再入大气层时影响很大,在黑障区内会使通信中断4~7 min,所以在这段时间里返回舱无法与指挥台联系。采取措施克服等离子鞘套的黑障现象是航天技术的重要课题。

思考题

1. 什么是等离子体?常见的等离子体都有哪些?

2. 地球磁场作用下的电离层对电磁波呈现什么特性?

3. 电磁波在电离层中沿地球磁场方向传播时的本征波是什么波?对应的相速分别是多少?

4. 什么是法拉第旋转效应?

5. 在什么频率范围,电磁波在电离层中不能传播?电离层对什么频率范围的电磁波是透明的?

6. 什么频率范围的电磁波可利用电离层反射传播?为什么?

本章小结

1. 理想介质中的均匀平面波

等相面是平面的波是平面波；

在等相平面上振幅也相等的平面波是均匀平面波；

电场和磁场方向均和传播方向垂直的电磁波是 TEM 波；

理想介质中的均匀平面波是 TEM 波；

在理想介质中向 z 方向传播的，电场在 x 方向的均匀平面波电场的复数形式为

$$E_x^+ = E_{x0}^+ \mathrm{e}^{-\mathrm{j}kz}$$

对应的时域瞬时正弦形式为

$$E_x^+(z,t) = \sqrt{2}\,|E_{x0}^+|\cos(\omega t - kz + \varphi_x)$$

$$k = \omega\sqrt{\mu\varepsilon}$$

波长、相速及其关系为

$$\lambda = \frac{2\pi}{k}, \quad v_{\mathrm{p}} = \frac{1}{\sqrt{\mu\varepsilon}}, \quad f\lambda = v_{\mathrm{p}}$$

磁场和电场的关系为

$$\boldsymbol{H} = \frac{1}{Z}\hat{k}\times\boldsymbol{E}, \quad Z = \sqrt{\frac{\mu}{\varepsilon}}$$

2. 导电媒质中的均匀平面波

导电媒质的复等效介电常数为

$$\varepsilon_{\mathrm{c}} = \varepsilon - \mathrm{j}\frac{\sigma}{\omega}$$

损耗角正切为 $\tan\delta_{\mathrm{c}} = \dfrac{\sigma}{\omega\varepsilon}$

对于向 z 方向传播的，电场在 x 方向的均匀平面波，电场的复数形式为

$$\boldsymbol{E} = \hat{x}E_0\mathrm{e}^{-k''z}\mathrm{e}^{-\mathrm{j}k'z}$$

$$k' = \omega\sqrt{\frac{\mu\varepsilon}{2}\left(\sqrt{1+\left(\frac{\sigma}{\omega\varepsilon}\right)^2}+1\right)}, \quad k'' = \omega\sqrt{\frac{\mu\varepsilon}{2}\left(\sqrt{1+\left(\frac{\sigma}{\omega\varepsilon}\right)^2}-1\right)}$$

$$\boldsymbol{H} = \frac{1}{Z_{\mathrm{c}}}\hat{k}\times\boldsymbol{E}, \quad Z_{\mathrm{c}} = \sqrt{\frac{\mu}{\varepsilon_{\mathrm{c}}}} = \sqrt{\frac{\mu}{\varepsilon\left(1-\mathrm{j}\dfrac{\sigma}{\omega\varepsilon}\right)}}$$

对于低损耗介质

$$k' \approx k = \omega\sqrt{\mu\varepsilon}, \quad k'' \approx \frac{\sigma}{2}\sqrt{\frac{\mu}{\varepsilon}}, \quad Z_{\mathrm{c}} \approx \sqrt{\frac{\mu}{\varepsilon}}$$

对于良导体

$$k' \approx k'' \approx \sqrt{\frac{\omega\mu\sigma}{2}} = \sqrt{\pi f\mu\sigma}, \quad Z_{\mathrm{c}} = (1+\mathrm{j})\sqrt{\frac{\pi f\mu}{\sigma}} = R_S(1+\mathrm{j})$$

集肤厚度为 $\delta = \dfrac{1}{k''} = \dfrac{1}{\sqrt{\pi f\mu\sigma}}$

导体表面单位面积下面薄层内的损耗功率可用导体表面电流密度和表面电阻表示为

$$P_S=|\boldsymbol{J}_S|^2R_S$$

导体的损耗功率为

$$P=\iint_S P_S\mathrm{d}S=\iint_S|\boldsymbol{J}_S|^2R_S\mathrm{d}S$$

3. 群 速

携带窄带信号的电磁波在色散媒质中传播时,波包传播的速度称为群速。

$$v_g\approx\frac{1}{\left(\dfrac{\mathrm{d}k}{\mathrm{d}\omega}\right)_{\omega_0}}$$

群速和相速的关系为 $v_g=\dfrac{v_p}{1-\dfrac{\omega}{v_p}\left(\dfrac{\mathrm{d}v_p}{\mathrm{d}\omega}\right)_{\omega_0}}$

4. 电磁波的极化

对于 $\boldsymbol{E}=(\hat{x}|E_{x0}|\mathrm{e}^{\mathrm{j}\varphi_x}+\hat{y}|E_{y0}|\mathrm{e}^{\mathrm{j}\varphi_y})\mathrm{e}^{-\mathrm{j}kz}$ 的电磁波,当满足

(1) $\varphi_y-\varphi_x=n\pi(n=0,1,2,\cdots)$时,是线极化波。

(2) 当满足$|E_{x0}|=|E_{y0}|=E_0$ 且 $\varphi_y-\varphi_x=\pm\dfrac{\pi}{2}$时,是圆极化波;

当 $\varphi_y-\varphi_x=-\dfrac{\pi}{2}$时,是右旋圆极化;

当 $\varphi_y-\varphi_x=\dfrac{\pi}{2}$时,是左旋圆极化。

圆极化波可以分解为两个极化方向相互垂直的基本线极化波。一个线极化波可以分解为两个旋转方向相反的圆极化波。

5. 均匀平面波垂直投射到理想导体表面

均匀平面波垂直投射到理想导体表面反射后的合成波是驻波,相邻波节点和波腹点相距$\lambda/4$。磁场也是驻波。磁场的驻波波形和电场的波形位置刚好错开,磁场驻波的波节点恰好是电场的波腹点,磁场的波腹点是电场的波节点。驻波中无平均功率流动。在驻波波节点和波腹点无功率交换。

6. 均匀平面波垂直投射到两种介质分界面

界面电场的反射系数和透射系数为

$$R=\frac{E_0^{\mathrm{r}}}{E_0^{\mathrm{i}}}=\frac{Z_2-Z_1}{Z_2+Z_1}$$

$$T=\frac{E_0^{\mathrm{t}}}{E_0^{\mathrm{i}}}=\frac{2Z_2}{Z_2+Z_1}$$

均匀平面波垂直投射到两种介质分界面后的合成波为驻行波。

电场驻波比为 $\rho=\dfrac{E_{\max}}{E_{\min}}=\dfrac{1+|R|}{1-|R|}$

电场波腹点位置为 $z_{\max}=-\dfrac{\theta}{4\pi}\lambda\pm n\dfrac{\lambda}{2}$

电场波节点位置为　$z_{\min}=-\frac{\theta}{4\pi}\lambda\pm(2n+1)\frac{\lambda}{4}$

输入阻抗为　$Z_{\text{in}}(l)=\frac{1+R\text{e}^{\text{j}2k_1 l}}{1-R\text{e}^{\text{j}2k_1 l}}Z_1=Z_1\frac{Z_2+\text{j}Z_1\tan(k_1 l)}{Z_1+\text{j}Z_2\tan(k_1 l)}$

电场波腹点的输入阻抗为　$Z_{\text{in}}(l)=Z_1\rho$

电场波节点的输入阻抗为　$Z_{\text{in}}(l)=\frac{Z_1}{\rho}$

7. 均匀平面波垂直投射到多层介质中

均匀平面波垂直投射到多层介质中，各区域中有前向波和后向波。如果有 n 层媒质就有 $2(n-1)$ 个未知常数，然后利用 $(n-1)$ 个边界上的 $2(n-1)$ 个电场和磁场切向分量连续的边界条件，得到 $2(n-1)$ 个方程。解此 $2(n-1)$ 个方程，就可以求出正向波和反向波的全部未知常数。

均匀平面波垂直投射到 3 层介质中，第 1 层介质中的反射系数为

$$R_1=\frac{Z_{\text{in}}-Z_1}{Z_{\text{in}}+Z_1}$$

对于 $R_1=0$ 有两种情况：

(1) $d=\frac{\lambda_2}{2}$　$Z_1=Z_3$

(2) $d=\frac{\lambda_2}{4}$　$Z_1=\frac{Z_2^2}{Z_3}$

8. 均匀平面波斜投射到两种不同介质的分界面

斜投射入射波：

$$\boldsymbol{E}^{\text{i}}=\boldsymbol{E}_0^{\text{i}}\text{e}^{-\text{j}k_1(x\sin\theta_{\text{i}}+z\cos\theta_{\text{i}})}$$

斜投射反射波和折射波：

$$\boldsymbol{E}^{\text{r}}=\boldsymbol{E}_0^{\text{r}}\text{e}^{-\text{j}k_1(x\sin\theta_{\text{i}}-z\cos\theta_{\text{i}})},\quad \boldsymbol{E}^{\text{t}}=\boldsymbol{E}_0^{\text{t}}\text{e}^{-\text{j}k_2(x\sin\theta_{\text{t}}+z\cos\theta_{\text{t}})}$$

斯涅尔折射定律：　$\frac{\sin\theta_{\text{i}}}{\sin\theta_{\text{t}}}=\frac{k_2}{k_1}=\frac{\sqrt{\mu_2\varepsilon_2}}{\sqrt{\mu_1\varepsilon_1}}=\frac{n_2}{n_1}$

斜入射的均匀平面波可以分解为垂直极化波和平行极化波，$\boldsymbol{E}=\boldsymbol{E}^{\perp}+\boldsymbol{E}^{/\!/}$。

界面的反射系数和折射系数分别为

$$R^{/\!/}=\frac{Z_1\cos\theta_{\text{i}}-Z_2\cos\theta_{\text{t}}}{Z_1\cos\theta_{\text{i}}+Z_2\cos\theta_{\text{t}}},\quad T^{/\!/}=\frac{2Z_2\cos\theta_{\text{i}}}{Z_1\cos\theta_{\text{i}}+Z_2\cos\theta_{\text{t}}}$$

$$R^{\perp}=\frac{Z_2\cos\theta_{\text{i}}-Z_1\cos\theta_{\text{t}}}{Z_2\cos\theta_{\text{i}}+Z_1\cos\theta_{\text{t}}},\quad T^{\perp}=\frac{2Z_2\cos\theta_{\text{i}}}{Z_2\cos\theta_{\text{i}}+Z_1\cos\theta_{\text{t}}}$$

平行极化波布儒斯特角为　$\theta_{\text{B}}=\arcsin\sqrt{\frac{\varepsilon_2}{\varepsilon_1+\varepsilon_2}}$

临界角为　$\theta_{\text{c}}=\arcsin\sqrt{\frac{\varepsilon_2}{\varepsilon_1}}$

发生全反射后折射场是集中在界面附近沿界面传播的表面波。

9. 均匀平面波斜投射到理想导体表面

均匀平面波斜投射到理想导体表面后合成波是沿界面传播的非 TEM 波。垂直极化斜投

射合成后的非 TEM 波为 TE 波,平行极化投射合成后的非 TEM 波为 TM 波。

10. 电磁波在等离子体中的传播

在地球磁场作用下,电离层中电场所满足方程

$$\nabla\times\nabla\times\boldsymbol{E}-\omega^2\mu_0\overline{\overline{\boldsymbol{\varepsilon}}}\cdot\boldsymbol{E}=0$$

等离子体中沿恒定磁场 z 方向传播的两个特征波:

$$\boldsymbol{E}=E_0(\hat{x}+\mathrm{j}\hat{y})\mathrm{e}^{-\mathrm{j}k_0n_\mathrm{L}z},\quad n_\mathrm{L}=\sqrt{\varepsilon_{\mathrm{r}11}+\varepsilon_{\mathrm{r}21}}$$

$$\boldsymbol{E}=E_0(\hat{x}-\mathrm{j}\hat{y})\mathrm{e}^{-\mathrm{j}k_0n_\mathrm{R}z},\quad n_\mathrm{R}=\sqrt{\varepsilon_{\mathrm{r}11}-\varepsilon_{\mathrm{r}21}}$$

法拉第旋转效应:线极化电磁波进入等离子体中沿外加磁场方向传播距离 l 后,极化方向沿右手方向旋转了 $\theta=\dfrac{k_0l(n_\mathrm{L}-n_\mathrm{R})}{2}$。

当不考虑地磁场时,等离子体的介电常数就退化为一个标量

$$\varepsilon_\mathrm{r}=1-\left(\frac{\omega_\mathrm{p}}{\omega}\right)^2$$

习 题 6

6.1 在 $\varepsilon_\mathrm{r}=2,\mu_\mathrm{r}=1$ 的理想介质中,频率为 $f=150$ MHz 的均匀平面波沿 y 方向传播,在 $y=0$ 处 $\boldsymbol{E}=\hat{z}10$ V/m,求 $\boldsymbol{E}$、$\boldsymbol{E}(y,t)$、$\boldsymbol{H}$、$\boldsymbol{H}(y,t)$、$\boldsymbol{S}_\mathrm{c}$、$v_\mathrm{p}$。

6.2 在真空中

$$\boldsymbol{H}=\hat{x}H_x=\hat{x}H_0\mathrm{e}^{\mathrm{j}2\pi z}$$

求 $\boldsymbol{E}$、$\boldsymbol{E}(z,t)$、λ、f、Z、$\boldsymbol{S}_\mathrm{c}$。

6.3 在理想介质中

$$\boldsymbol{E}(x,t)=\hat{y}80\pi\sqrt{2}\cos(10\times10^7\pi t+2\pi x)$$

$$\boldsymbol{H}(x,t)=-\hat{z}\sqrt{2}\cos(10\times10^7\pi t+2\pi x)$$

求 f、ε_r、μ_r、λ。

6.4 均匀平面电磁波在真空中沿 $\hat{k}=1/\sqrt{2}(\hat{y}+\hat{z})$ 方向传播,$k=2\pi$,$\boldsymbol{E}_0=10\hat{x}$,求 $\boldsymbol{E}$、$\boldsymbol{E}(y,z,t)$、$\boldsymbol{H}$、$\boldsymbol{H}(y,z,t)$、$\boldsymbol{S}_\mathrm{c}$

6.5 在均匀理想介质中

$$\boldsymbol{E}(t)=\hat{x}\sqrt{2}E_0\cos(\omega t-kz)+\hat{y}\sqrt{2}E_0\sin(\omega t-kz)$$

求 $\boldsymbol{H}(t)$及平均坡印亭矢量。

6.6 证明电磁波

$$\boldsymbol{E}=5(\hat{x}+\sqrt{3}\hat{y})\mathrm{e}^{-\mathrm{j}\pi(x\sqrt{3}-y)},\quad \boldsymbol{H}=\frac{5}{120\pi}\hat{z}\mathrm{e}^{-\mathrm{j}\pi(x\sqrt{3}-y)}$$

为均匀平面波。

6.7 由(6.2-5)式和(6.2-6)式推导(6.2-7)式。

6.8 求 $f=100$ kHz,1 MHz,100 MHz,10 GHz 时电磁波在铝($\sigma=3.6\times10^7\,(\Omega\cdot\mathrm{m})^{-1}$,$\varepsilon_\mathrm{r}=1,\mu_\mathrm{r}=1$)中的集肤深度。

6.9 银的 $\sigma=6.1\times10^7\,(\Omega\cdot\mathrm{m})^{-1}$,在什么频率上,$\delta=1$ mm?

6.10 电磁波的频率为100 MHz,媒质参数为$\varepsilon_r=8$,$\mu_r=1$,$\sigma=0.5\times10^{-3}(\Omega\cdot m)^{-1}$,求$v'_p$、$\lambda'$、$k_c$。

6.11 设一种土壤的$\varepsilon_r=8$,$\mu_r=1$,$\sigma=5\times10^{-3}(\Omega\cdot m)^{-1}$,在什么频率范围可将此土壤近似看作低损耗媒质?求该频率上的k''。

6.12 50 MHz的均匀平面波透入到湿土($\varepsilon_r=16$,$\mu_r=1$,$\sigma=0.02$ S/m)中,求相位常数、衰减常数、相速、波长、波阻抗、集肤厚度。

6.13 设$k(\omega)=\sqrt{\dfrac{\omega\mu_0\sigma}{2}}$,其中$\sigma=0.5\times10^{-3}(\Omega\cdot m)^{-1}$,求在$\omega_0=2\pi\times100$ kHz时的群速和相速。

6.14 设$k(\omega)=\dfrac{\omega}{c}\sqrt{1-\left(\dfrac{\omega_c}{\omega}\right)^2}$,其中$\omega_c=2\pi\times5$ GHz,求在$\omega_0=2\pi\times8$ GHz时的群速和相速。

6.15 分析下面波的极化类型

(1) $\boldsymbol{E}=\hat{y}10\mathrm{e}^{-\mathrm{j}2\pi x}-\hat{z}10\mathrm{e}^{-\mathrm{j}2\pi x}$

(2) $\boldsymbol{E}=\hat{y}10\mathrm{e}^{\mathrm{j}\pi/4}\mathrm{e}^{-\mathrm{j}2\pi x}-\hat{z}10\mathrm{e}^{-\mathrm{j}\pi/4}\mathrm{e}^{-\mathrm{j}2\pi x}$

(3) $\boldsymbol{E}=\hat{y}10\mathrm{e}^{\mathrm{j}\pi/4}\mathrm{e}^{-\mathrm{j}2\pi x}+\hat{z}20\mathrm{e}^{-\mathrm{j}\pi/4}\mathrm{e}^{-\mathrm{j}2\pi x}$

6.16 在真空中,均匀平面波

$$\boldsymbol{E}=(\hat{x}(-1+\mathrm{j}2)+\hat{y}(-2-\mathrm{j}))\mathrm{e}^{\mathrm{j}z}$$

是什么极化波?求λ、$\boldsymbol{H}$。

6.17 均匀平面波

$$\boldsymbol{E}(y,t)=\hat{x}\sqrt{2}E_0\sin(\omega t+4\pi y)+\hat{z}\sqrt{2}E_0\sin(\omega t+4\pi y-\pi/3)$$

是什么极化波?求$\boldsymbol{H}$。

6.18 均匀平面波

$$\boldsymbol{E}=(\mathrm{j}\hat{x}+\mathrm{j}2\hat{y}+\sqrt{5}\hat{z})\mathrm{e}^{\mathrm{j}(2x-y)}$$

是什么极化波?

6.19 证明一个线极化波可以分解为两个旋转方向相反的圆极化波。

6.20 推导(6.4-17)式和(6.4-18)式。

6.21 均匀平面波从空气中垂直投射到理想导体板上后,在距导体板$l_1=20$ mm,$l_2=25$ mm处相继出现电场波节点及波腹点,在电场波腹点上$E_0=2$ V/m。求f及J_S。

6.22 均匀平面波从空气中沿y方向正投射到理想导电板上后在理想导电板上$\boldsymbol{J}_S=\hat{x}\sqrt{2}\cos(300\times10^6\pi t)$,求入射波$\boldsymbol{E}^i$,$\boldsymbol{H}^i$。

6.23 均匀平面波$\boldsymbol{E}=\hat{x}10\mathrm{e}^{-\mathrm{j}2\pi z}$从$z<0$的空气中垂直投射到$z>0$的介质($\varepsilon_r=4$,$\mu_r=1$)中,求反射系数,透射系数,两区域中的电磁波以及电场波节点,波腹点的位置。

6.24 如果上题中电磁波方向相反,即从介质垂直投射到空气中,重新计算界面反射系数和透射系数以及电场波节点,波腹点的位置。

6.25 均匀平面波从空气中垂直投射到理想的非磁性介质中.由测量知,距离界面最近的电场波节点上电场的有效值为1 V/m,距界面$L=1$ m;电场波腹点上电场强度的有效值为2 V/m。求电磁波的频率,以及介质的介电常数。

6.26 均匀平面波 $\boldsymbol{E}=\hat{x}10\mathrm{e}^{-\mathrm{j}2\pi z}$ 从 $z<0$ 的空气中垂直投射到 $z>0$ 的良导体($\varepsilon_r=1$, $\mu_r=1$, $\sigma=6\times10^7$ S/m)中，求反射系数，透射系数，两区域中的电磁波以及电场波节点，波腹点的位置。

6.27 均匀平面波从波阻抗为 Z_1 的理想介质中垂直投射到波阻抗为 Z_2 的理想介质中。证明，对于 $Z_2>Z_1$，电场驻波比 $\rho=Z_2/Z_1$；对于 $Z_1>Z_2$，电场驻波比 $\rho=Z_1/Z_2$。

6.28 由(6.6-31)和(6.6-15)式推导(6.6-32)式。

6.29 在理想介质中均匀平面波电磁场分别为

$$\boldsymbol{E}=\boldsymbol{E}_0\mathrm{e}^{-\mathrm{j}\boldsymbol{k}\cdot\boldsymbol{r}}$$

$$\boldsymbol{H}=\boldsymbol{H}_0\mathrm{e}^{-\mathrm{j}\boldsymbol{k}\cdot\boldsymbol{r}}$$

由麦克斯韦方程组复数形式证明，在无源区，电磁场满足以下关系

$$\boldsymbol{k}\times\boldsymbol{E}=\omega\mu\boldsymbol{H}$$

$$\boldsymbol{k}\times\boldsymbol{H}=-\omega\varepsilon\boldsymbol{E}$$

$$\boldsymbol{k}\cdot\boldsymbol{E}=0$$

$$\boldsymbol{k}\cdot\boldsymbol{H}=0$$

6.30 均匀平面波 $E_x=5\mathrm{e}^{-\mathrm{j}\pi(z+d)}$，从空气中垂直投射到厚度为 $d=0.5m$，$\varepsilon_r=4$，$\mu_r=1$，两界面分别位于 $z=-d$，$z=0$ 的介质板上。求空气介质界面上的反射系数和空气中的电场驻波比，写出空气中及介质板中的电磁场。如果 $d=0.25$ m，重新计算以上各值。

6.31 频率 $f=30$ GHz 的均匀平面波从 $z<0$ 的空气中垂直投射到 $z>0$ 的介质($\varepsilon_r=2$，$\mu_r=1$)中，求空气中的驻波比。如果要使空气中无反射波，可在介质上覆盖另一种非磁性介质材料，求该介质材料的介电常数 ε_r 及厚度。

6.32 上题中如果频率增加了10%，其他参数不变，覆盖的介质材料还能否消除空气中的反射波？为什么？如果有反射波，驻波比有多大？

6.33 均匀平面波

$$\boldsymbol{E}^{\mathrm{i}}(z,t)=\hat{x}\sqrt{2}E_0\cos\left[\omega\left(t-\frac{z}{c}\right)\right]$$

从空气中垂直投射到理想导体面上放的厚度为 d、介电常数为 ε 的非磁性介质板上，如图所示。

(1)求 $\boldsymbol{E}_1^{\mathrm{r}}(z,t)$、$\boldsymbol{E}_1(z,t)$、$\boldsymbol{E}_2(z,t)$

(2)如果 $\boldsymbol{E}_1(z,t)$ 和没有介质板时相同，计算 d。

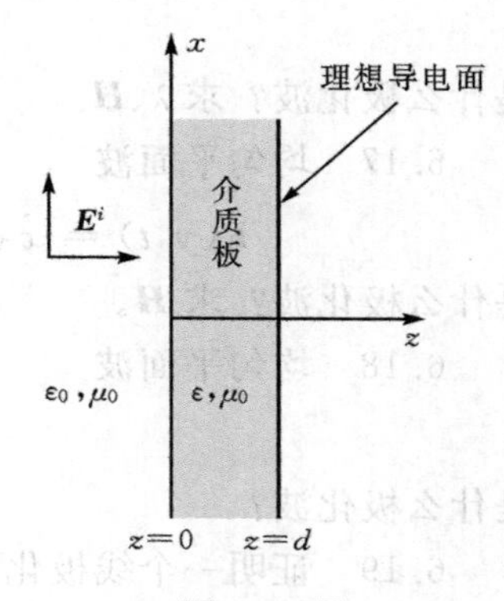

题 6.33 图

6.34 有效值为1 V/m 的圆极化均匀平面波，从空气中以 $\theta_i=\pi/6$ 的入射角度投射到 $\varepsilon_r=4$，$\mu_r=1$ 的理想介质中.求反射波及折射波.

6.35 对于非磁性介质，证明 $\theta_B+\theta_t=\pi/2$。

6.36 推导(6.8-40)和(6.8-41)式。

6.37 圆极化波从空气中斜投射到 $\varepsilon_r=4$，$\mu_r=1$ 的介质中，为了使反射波为线极化波，入射角度应为多少？反射波是哪种极化方向的线极化波？

6.38 电场为 $\boldsymbol{E}^{\mathrm{i}}=\hat{y}\mathrm{e}^{-\mathrm{j}2\sqrt{1.5}\pi(x\sin\theta+z\cos\theta)}$ 的垂直极化波从介质($\varepsilon_r=1.5$，$\mu_r=1$)中透过 $z=0$ 的界面斜投射到空气中，求临界角 θ_c，并分别求入射角为 θ_c，$\theta_c\pm\pi/12$ 时的反射波及折射波

电场。

6.39　均匀平面波 $\boldsymbol{E}^{\mathrm{i}}=\boldsymbol{E}_0^{\mathrm{i}}\mathrm{e}^{-\mathrm{j}k(x\sin\theta+z\cos\theta)}$ 从波阻抗为 Z_1 的理想介质透过 $z=0$ 的界面斜投射到波阻抗为 Z_2 的理想介质中。如果定义 $Z_{\mathrm{t1}}=\dfrac{E_x^{\mathrm{i}}}{H_y^{\mathrm{i}}}=-\dfrac{E_y^{\mathrm{i}}}{H_x^{\mathrm{i}}}$，$Z_{\mathrm{t2}}=\dfrac{E_x^{\mathrm{t}}}{H_y^{\mathrm{t}}}=-\dfrac{E_y^{\mathrm{t}}}{H_x^{\mathrm{t}}}$，求用 Z_{t1} 和 Z_{t2} 表示的 R 和 T。

6.40　均匀平面波从空气中垂直投射到厚度为 d 的铜板（$\sigma_{\mathrm{Cu}}=5.8\times10^7$ S/m）上，忽略铜板中的多次反射，计算：

(1) $\overline{S}_1^{\mathrm{r}}/\overline{S}_1^{\mathrm{i}}$；(2) $\overline{S}_3^{\mathrm{t}}/\overline{S}_1^{\mathrm{i}}$。

6.41　由(6.10-2)式推导(6.10-4)式。

6.42　推导(6.10-9)式。

6.43　设在电离层中的均匀平面波电场为 $\boldsymbol{E}=\boldsymbol{E}_0\mathrm{e}^{-\mathrm{j}k_0nx}$，求 n 及 $\boldsymbol{E}_0$。

6.44　设在电离层中的均匀平面波电场为 $\boldsymbol{E}=\boldsymbol{E}_0\mathrm{e}^{-\mathrm{j}k_0n\hat{k}\cdot\boldsymbol{r}}$，求 n。

第 7 章　导行电磁波

用于引导电磁波或高频电流从一处到另一处的装置叫导波系统。例如，在电视机中，将天线接收到的电磁波信号传送到高频头的电缆线就是一种常见的导波系统。图 7.0-1 给出了几种典型的导波系统。导波系统中传输的电磁波称为导行电磁波。导波系统有多种类型，可以按不同的方式进行分类。按导波系统中传输的导行电磁波的特征可以分为 TEM 波传输系统和非 TEM 波传输系统。TEM 波传输系统又称 TEM 波传输线，都是双导体结构，如平行双导线、同轴线；微带线是准 TEM 波传输线。矩形波导、圆形波导、介质波导是几种比较典型的非 TEM 波传输系统。光通信用的光纤也是一种非 TEM 波传输系统。

平行双导线是最简单的 TEM 波传输线，这种传输线主要用于米波和分米波低频端，随着工作频率的升高，其辐射损耗急剧增加。同轴线是使用十分普遍的 TEM 波传输线，其特点是抗干扰，无电磁幅射，频带宽。微带线可采用印刷电路技术制作，主要用于射频和微波电路。波导是良导体制作的金属管道，电磁波在金属管道内传输，损耗小，传输功率大，主要用于厘米波和毫米波低端。介质波导是无导电体的传输系统，用于毫米波直到光波段。

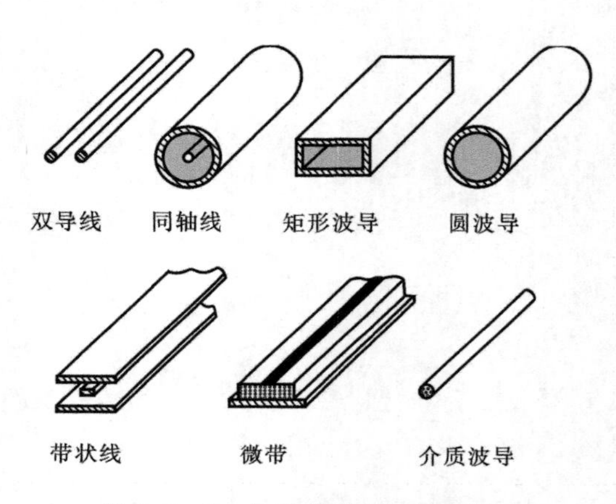

图 7.0-1　几种典型的导波系统

本章先讨论均匀导波系统中的电磁波，接着分别讨论 TEM 波传输线和矩形波导中的电磁波，最后讨论谐振腔。

7.1　均匀导波系统中的电磁波

本章讨论均匀导波系统。均匀导波系统的任一位置的横截面形状都是相同的。为分析方便起见，取坐标系 z 轴平行于导波系统，z 向就称为纵向，垂直于 z 的导波系统横截面上的方向就是横向。设导波系统中的电磁波沿 z 轴传输，导波系统中的电磁场可以写为以下形式

$$\boldsymbol{E}(x,y,z)=\boldsymbol{E}_0(x,y)\mathrm{e}^{-\mathrm{j}k_z z} \tag{7.1-1}$$

$$\boldsymbol{H}(x,y,z)=\boldsymbol{H}_0(x,y)\mathrm{e}^{-\mathrm{j}k_z z} \tag{7.1-2}$$

式中 k_z 表示电磁波在导波系统中的传输常数；$\boldsymbol{E}_0(x,y)$ 和 $\boldsymbol{H}_0(x,y)$ 分别表示在导波系统横截面上的电场和磁场分布。由于导波系统是均匀的，因此 $\boldsymbol{E}_0(x,y)$ 和 $\boldsymbol{H}_0(x,y)$ 与 z 无关。在无源导波系统，电磁场满足齐次亥姆霍兹方程

$$\nabla^2\boldsymbol{E}+k^2\boldsymbol{E}=\boldsymbol{0} \tag{7.1-3}$$

$$\nabla^2 \boldsymbol{H} + k^2 \boldsymbol{H} = \boldsymbol{0} \tag{7.1-4}$$

式中 $k^2 = \omega^2 \mu \varepsilon$。将(7.1-1)式和(7.1-2)式分别代入(7.1-3)式和(7.1-4)式，得

$$\nabla_t^2 \boldsymbol{E} - k_z^2 \boldsymbol{E} + k^2 \boldsymbol{E} = \boldsymbol{0} \tag{7.1-5}$$

$$\nabla_t^2 \boldsymbol{H} - k_z^2 \boldsymbol{H} + k^2 \boldsymbol{H} = \boldsymbol{0} \tag{7.1-6}$$

式中∇_t^2是拉普拉斯算符∇^2中对两个横向坐标变量求导的运算部分，对于直角坐标系

$$\nabla_t^2 = \frac{\partial^2}{\partial x^2} + \frac{\partial^2}{\partial y^2} \tag{7.1-7}$$

令

$$k_c^2 = k^2 - k_z^2 \tag{7.1-8}$$

(7.1-5)和(7.1-6)式可简化为

$$\nabla_t^2 \boldsymbol{E} + k_c^2 \boldsymbol{E} = \boldsymbol{0} \tag{7.1-9}$$

$$\nabla_t^2 \boldsymbol{H} + k_c^2 \boldsymbol{H} = \boldsymbol{0} \tag{7.1-10}$$

(7.1-9)式和(7.1-10)式两个矢量方程实际包含 6 个电磁场分量的标量方程，其中两个分量 E_z 和 H_z 的方程分别为

$$\nabla_t^2 E_z + k_c^2 E_z = 0 \tag{7.1-11}$$

$$\nabla_t^2 H_z + k_c^2 H_z = 0 \tag{7.1-12}$$

$\boldsymbol{E}$ 和 $\boldsymbol{H}$ 的 6 个标量通过麦克斯韦方程组相联系，不是完全独立的，因此不需要求解全部 6 个标量方程。在无源的均匀导波系统中，只有两个标量是独立的，只须求出独立的两个标量方程的解，就可通过麦克斯韦方程组求出其余场分量。

将(7.1-1)式和(7.1-2)式代入无源区麦克斯韦方程组中的两个旋度方程

$$\nabla \times \boldsymbol{H} = \mathrm{j}\omega\varepsilon \boldsymbol{E}$$

$$\nabla \times \boldsymbol{E} = -\mathrm{j}\omega\mu \boldsymbol{H}$$

考虑到$\frac{\partial \mathrm{e}^{-\mathrm{j}k_z z}}{\partial z} = -\mathrm{j}k_z \mathrm{e}^{-\mathrm{j}k_z z}$，在直角坐标系中，分解成 6 个标量方程

$$\frac{\partial H_z}{\partial y} + \mathrm{j}k_z H_y = \mathrm{j}\omega\varepsilon E_x \tag{7.1-13a}$$

$$-\mathrm{j}k_z H_x - \frac{\partial H_z}{\partial x} = \mathrm{j}\omega\varepsilon E_y \tag{7.1-13b}$$

$$\frac{\partial H_y}{\partial x} - \frac{\partial H_x}{\partial y} = \mathrm{j}\omega\varepsilon E_z \tag{7.1-13c}$$

$$\frac{\partial E_z}{\partial y} + \mathrm{j}k_z E_y = -\mathrm{j}\omega\mu H_x \tag{7.1-14a}$$

$$-\mathrm{j}k_z E_x - \frac{\partial E_z}{\partial x} = -\mathrm{j}\omega\mu H_y \tag{7.1-14b}$$

$$\frac{\partial E_y}{\partial x} - \frac{\partial E_x}{\partial y} = -\mathrm{j}\omega\mu H_z \tag{7.1-14c}$$

其中(7.1-13a)和(7.1-14b)式以及(7.1-13b)和(7.1-14a)式中只包含有对两个纵向场分量 E_z 和 H_z 的导数，由此 4 式可得到用两个纵向场分量的导数分别计算其余 4 个横向场分量的公式为

$$E_x = \frac{1}{k_c^2}\left(-\mathrm{j}k_z \frac{\partial E_z}{\partial x} - \mathrm{j}\omega\mu \frac{\partial H_z}{\partial y}\right) \tag{7.1-15a}$$

$$E_y = \frac{1}{k_c^2}\left(-jk_z \frac{\partial E_z}{\partial y} + j\omega\mu \frac{\partial H_z}{\partial x}\right) \tag{7.1-15b}$$

$$H_x = \frac{1}{k_c^2}\left(j\omega\varepsilon \frac{\partial E_z}{\partial y} - jk_z \frac{\partial H_z}{\partial x}\right) \tag{7.1-15c}$$

$$H_y = \frac{1}{k_c^2}\left(-j\omega\varepsilon \frac{\partial E_z}{\partial x} - jk_z \frac{\partial H_z}{\partial y}\right) \tag{7.1-15d}$$

以上分析表明，在无源均匀导波系统中，只要分别由(7.1-11)和(7.1-12)方程以及边界条件求解出两个纵向场分量 E_z 和 H_z，就可代入(7.1-15)式得到其余4个横向场分量场。这种先求解导波系统中电磁场纵向分量，然后利用纵向分量求横向场分量的方法称为纵向场法。

导波系统中传输的电磁波，根据两个纵向场分量是否为0可分为TEM波和非TEM波。对于TEM波，电磁场仅有平行于 xOy 面的横向分量，没有在传播方向的纵向分量，即 E_z 和 H_z 均为0。而对于非TEM波，电磁场不但有横向分量，还有纵向分量。如果电场只有横向分量，E_z 为0，磁场有纵向分量，就是TE(横电)波；如果磁场只有横向分量，H_z 为0，电场有纵向分量，就是TM(横磁)波；而如果不仅电场有纵向分量，磁场也有纵向分量就是混合波。

1. 横磁波

对于横磁(TM)波，$H_z=0$，求解满足导波系统边界条件的方程(7.1-11)式

$$\nabla_t^2 E_z + k_c^2 E_z = 0$$

求出 E_z 和 k_c。将 k_c 代入(7.1-8)式，可得到

$$k_z = \sqrt{k^2 - k_c^2} = k\sqrt{1-\left(\frac{k_c}{k}\right)^2} \tag{7.1-16}$$

将 E_z 代入(7.1-15)式，可得到其余4个横向场分量：

$$E_x = -\frac{jk_z}{k_c^2}\frac{\partial E_z}{\partial x} \tag{7.1-17a}$$

$$E_y = \frac{-jk_z}{k_c^2}\frac{\partial E_z}{\partial y} \tag{7.1-17b}$$

$$H_x = \frac{j\omega\varepsilon}{k_c^2}\frac{\partial E_z}{\partial y} \tag{7.1-17c}$$

$$H_y = \frac{-j\omega\varepsilon}{k_c^2}\frac{\partial E_z}{\partial x} \tag{7.1-17d}$$

由上式可以看出，E_x 与 H_y 之比和 E_y 与 H_x 之比是一个常数。定义TM波阻抗为

$$Z_{TM} = \frac{E_x}{H_y} = -\frac{E_y}{H_x} = \frac{k_z}{\omega\varepsilon} \tag{7.1-18}$$

TM波磁场强度可以用电场强度和波阻抗表示为

$$\boldsymbol{H} = \frac{1}{Z_{TM}}(\hat{z} \times \boldsymbol{E}) \tag{7.1-19}$$

由(7.1-16)式，要使 k_z 是实数，必须有 $k>k_c$。将 k 用频率或波长表示，即 $k=2\pi f\sqrt{\mu\varepsilon}=\frac{2\pi}{\lambda}$，代入(7.1-16)式，得

$$k_z = k\sqrt{1-\left(\frac{f_c}{f}\right)^2} \tag{7.1-20a}$$

或
$$k_z = k\sqrt{1-\left(\frac{\lambda}{\lambda_c}\right)^2} \tag{7.1-20b}$$
式中
$$f_c = \frac{k_c}{2\pi\sqrt{\mu\varepsilon}} \tag{7.1-21}$$
$$\lambda_c = \frac{2\pi}{k_c} \tag{7.1-22}$$
当 $f>f_c$ 或 $\lambda<\lambda_c$，k_z 是实数，是沿 z 传导的TM波；否则，k_z 是虚数，$e^{-jk_z z}=e^{-\alpha z}$，不再是沿 z 传播的波，是沿 z 衰减的场。当 $f=f_c$，或者说当 $\lambda=\lambda_c$ 时，$k_z=0$，导波系统中的波刚好截止，因此，f_c 称为截止频率，λ_c 称为截止波长。

对于TM波，相速为
$$v_p = \frac{\omega}{k_z} = \frac{v}{\sqrt{1-\left(\frac{\lambda}{\lambda_c}\right)^2}} \tag{7.1-23}$$
式中
$$v = \frac{\omega}{k} = \frac{1}{\sqrt{\mu\varepsilon}} \tag{7.1-24}$$
波在导波系统纵向的波长，称为波导波长，为
$$\lambda_g = \frac{2\pi}{k_z} = \frac{\lambda}{\sqrt{1-\left(\frac{\lambda}{\lambda_c}\right)^2}} \tag{7.1-25}$$
由上式，波长、波导波长和截止波长的关系还可以写作
$$\frac{1}{\lambda^2} = \frac{1}{\lambda_g^2} + \frac{1}{\lambda_c^2} \tag{7.1-26}$$
由(7.1-23)和(7.1-25)式可以看出，对于TM波，有 $v_p>v$，$\lambda_g>\lambda$。

2. 横电波

对于横电(TE)波，$E_z=0$，求解满足导波系统边界条件的方程(7.1-12)式
$$\nabla_t^2 H_z + k_c^2 H_z = 0$$
求出 H_z 和 k_c。

将 H_z 代入(7.1-15)式，可得到其余4个横向场分量
$$E_x = \frac{-j\omega\mu}{k_c^2}\frac{\partial H_z}{\partial y} \tag{7.1-27a}$$
$$E_y = \frac{j\omega\mu}{k_c^2}\frac{\partial H_z}{\partial x} \tag{7.1-27b}$$
$$H_x = \frac{-jk_z}{k_c^2}\frac{\partial H_z}{\partial x} \tag{7.1-27c}$$
$$H_y = \frac{-jk_z}{k_c^2}\frac{\partial H_z}{\partial y} \tag{7.1-27d}$$
由上式可以看出，E_x 与 H_y 之比和 E_y 与 H_x 之比也是一个常数。定义TE波阻抗为
$$Z_{TE} = \frac{E_x}{H_y} = -\frac{E_y}{H_x} = \frac{\omega\mu}{k_z} \tag{7.1-28}$$
TE波电场强度可以用磁场强度和波阻抗表示为
$$\boldsymbol{E} = -Z_{TE}(\hat{z}\times\boldsymbol{H}) \tag{7.1-29}$$

TE 波由 k_c 和 k 计算 k_z 的公式和 TM 波计算 k_z 的公式相同。和 TM 波一样，要使 k_z 为实数，必须要有 $\lambda<\lambda_c$ 或 $f>f_c$。计算 TE 波的截止波长、截止频率、波导波长和相速的公式也和 TM 波相应公式相同。

3. 横电磁波

对于横电磁(TEM)波，$E_z=H_z=0$，(7.1-15)式右端的分子为零，要使横向场量有非零值，该式右端的分母也应为零，即 $k_c^2=0$，分别代入 $k_c^2=k^2-k_z^2$，(7.1-9)式和(7.1-10)式得

$$k_z=k=\omega\sqrt{\mu\varepsilon} \tag{7.1-30}$$

和

$$\nabla_t^2\boldsymbol{E}_0(x,y)=\boldsymbol{0} \tag{7.1-31}$$

$$\nabla_t^2\boldsymbol{H}_0(x,y)=\boldsymbol{0} \tag{7.1-32}$$

以上两式是考虑到电磁场具有(7.1-1)式和(7.1-2)式的形式，并在等式两边除以 e^{-jk_zz} 得到的。(7.1-30)式说明导波系统中的 TEM 波传输常数是和上一章讨论的无界空间的 TEM 波传输常数相同的。(7.1-31)式和(7.1-32)式是导波系统中的 TEM 波横向场分布所满足的方程。可以看出，这两个方程和均匀导波系统中的静态场方程是相同的。也就是说，导波系统中的 TEM 波横向场分布和对应的静态场是相同的。例如，在同轴线中传输 TEM 波时，在同轴线横截面上的电场分布和该同轴线中可能存在的静电场在横截面上的分布是相同的，横向磁场分布也和同轴线中的恒定磁场分布是相同的。当一导波系统中不能建立静态场时，该导波系统横截面上的 TEM 波电场分布就为 0，这说明，该导波系统不能传输 TEM 波。例如，波导中不存在静态场，因此波导中就不能传输 TEM 波。像矩型波导和圆型波导这样的单导体管道不能传输 TEM 波也容易用麦克斯韦方程组说明。如果像矩型波导这样的单导体管道中有 TEM 波，由磁通连续性原理可知，磁力线是横截面内的闭合曲线，根据广义安培环路定律，一定要有纵向电流穿过闭合磁力线，而这样的单导体管内没有内导体支持传导电流，也没有纵向电场支持纵向位移电流，所以在这样的单导体导波系统中就不存在 TEM 波。

导波系统中 TEM 波的相速和为

$$v_p=\frac{\omega}{k_z}=\frac{\omega}{k}=\frac{1}{\sqrt{\mu\varepsilon}} \tag{7.1-33}$$

由(7.1-13a)式和(7.1-13b)式可得导波系统中 TEM 波的波阻抗为

$$Z_{\text{TEM}}=\frac{E_x}{H_y}=-\frac{E_y}{H_x}=\frac{k_z}{\omega\varepsilon}=\sqrt{\frac{\mu}{\varepsilon}} \tag{7.1-34}$$

电场强度和磁场强度的关系为

$$\boldsymbol{H}=\frac{1}{Z_{\text{TEM}}}\hat{z}\times\boldsymbol{E} \tag{7.1-35}$$

由于导波系统中的 TEM 波在横截面上的分布与静态场相同，那么在导波系统横截面上的电场也就具有静电场的性质，因此在 TEM 波导波系统横截面上可以定义两个导体之间的电压

$$V(z)=\int_a^b\boldsymbol{E}(x,y,z)\cdot\mathrm{d}\boldsymbol{l}=\int_a^b\boldsymbol{E}_0(x,y)e^{-jkz}\cdot\mathrm{d}\boldsymbol{l}=V_0e^{-jkz} \tag{7.1-36}$$

其中

$$V_0=\int_a^b\boldsymbol{E}_0(x,y)\cdot\mathrm{d}\boldsymbol{l}$$

式中 a 和 b 分别是导波系统横截面上两个导体上的点。在 TEM 波导波系统横截面上内导体上的电流

$$I(z)=\oint_l \boldsymbol{H}(x,y,z)\cdot \mathrm{d}\boldsymbol{l}=\oint_l \boldsymbol{H}_0(x,y)\cdot \mathrm{d}\boldsymbol{l}\mathrm{e}^{-\mathrm{j}kz}=I_0\mathrm{e}^{-\mathrm{j}kz} \tag{7.1-37}$$

其中　$I_0=\oint_l \boldsymbol{H}_0(x,y)\cdot \mathrm{d}\boldsymbol{l}$

式中 l 是导波系统横截面上围绕其中一个导体的闭合回路。(7.1-36)式和(7.1-37)式说明,在 TEM 波导波系统中可以定义电压波和电流波。如果在分析 TEM 波导波系统时,不关心横截面上的场分布,只分析波沿导波系统的传输特性,就可以用电压波和电流波进行分析,这样要比用电场和磁场分析简单得多。但如果要分析导波系统的横截面结构对波传播的影响,则还是要了解横截面上的电磁场分布。

例 7.1-1　(1) 分析导波系统中 TEM 波和非 TEM 波的相速和群速与频率的关系;

(2) 分析导波系统中 TEM 波和非 TEM 波的波阻抗与频率的关系。

解　(1) 电磁波沿波导波系统传输的速度由 k_z 和频率的关系决定。$\omega-k_z$ 关系图能直观的反映 k_z 和频率的关系,该关系曲线上某频率点和原点连线的斜率$\dfrac{\omega}{k_z}$就是该频率下的相速,该关系曲线上某频率点切线的斜率$\dfrac{\mathrm{d}\omega}{\mathrm{d}k_z}$就是该频率下的群速。对于导波系统中的 TEM 波,$k_z=k=\omega\sqrt{\mu\varepsilon}$,因此

$$\omega=\frac{k_z}{\sqrt{\mu\varepsilon}}=vk_z$$

式中,$v=\dfrac{1}{\sqrt{\mu\varepsilon}}$是介质中的光速。图 7.1-1 中虚线是按上式画出的 TEM 波的$\omega-k_z$关系,是经过原点的直线。$\omega-k_z$关系是经过原点的直线表明,TEM 波的相速 v_p 和群速 v_g 相同,与频率无关,且等于介质中的光速。

对于导波系统中非 TEM 波,$k_z=\dfrac{\omega}{v}\sqrt{1-\left(\dfrac{\omega_c}{\omega}\right)^2}$,图 7.1-1 中实线是非 TEM 波的 $\omega-k_z$ 关系。在 ω 轴上,$k_z=0$,$\omega=\omega_c$;当 $\omega\to\omega_c$,相速 $v_p\to\infty$,$v_g\to 0$;随着 ω 从 ω_c 开始增加,相速 v_p 减小,群速 v_g 增大;当$\omega\to\infty$,相速 $v_p\to v$,$v_g\to v$。在 $\omega_c<\omega<\infty$,如 P 点

$$v_p'=\frac{\omega}{k_z}=\frac{v}{\sqrt{1-\left(\dfrac{\omega_c}{\omega}\right)^2}}>v$$

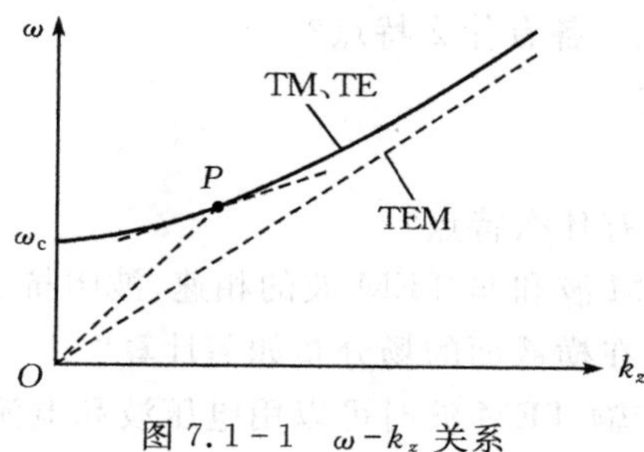

图 7.1-1　$\omega-k_z$ 关系

$$v_g' = \frac{d\omega}{dk_z} = v\sqrt{1-\left(\frac{\omega_c}{\omega}\right)^2} < v$$

由以上两式有 $v_p' v_g' = v^2$。

(2) 在导波系统中,对于 TEM 波,波阻抗为

$$Z_{\text{TEM}} = Z = \sqrt{\frac{\mu}{\varepsilon}}$$

和频率无关,与均匀平面波的波阻抗相同。对于 TE 波,波阻抗为

$$Z_{\text{TE}} = \frac{\omega\mu}{k_z} = \frac{Z}{\sqrt{1-\left(\dfrac{\lambda}{\lambda_c}\right)^2}} = \frac{Z}{\sqrt{1-\left(\dfrac{\omega_c}{\omega}\right)^2}}$$

对于 TM 波,波阻抗为

$$Z_{\text{TM}} = \frac{k_z}{\omega\varepsilon} = Z\sqrt{1-\left(\frac{\lambda}{\lambda_c}\right)^2} = Z\sqrt{1-\left(\frac{\omega_c}{\omega}\right)^2}$$

当 $\omega<\omega_c$,在导波系统中 TE 波和 TM 波是衰减场,可以看出,TE 波和 TM 波的波阻抗都是虚数,电抗性的;当 $\omega>\omega_c$,TE 波和 TM 波的波阻抗是实数。图 7.1-2中所示是由 Z 归一化的波阻抗和频率的关系。从曲线可以看出,$\omega:\omega_c\to\infty$,$Z_{\text{TE}}:\infty\to Z$,$Z_{\text{TM}}:-\infty\to Z$。在 $\omega_c<\omega<\infty$,$Z_{\text{TE}}>Z$,$Z_{\text{TM}}<Z$,$Z_{\text{TE}}\cdot Z_{\text{TM}}=Z^2$。

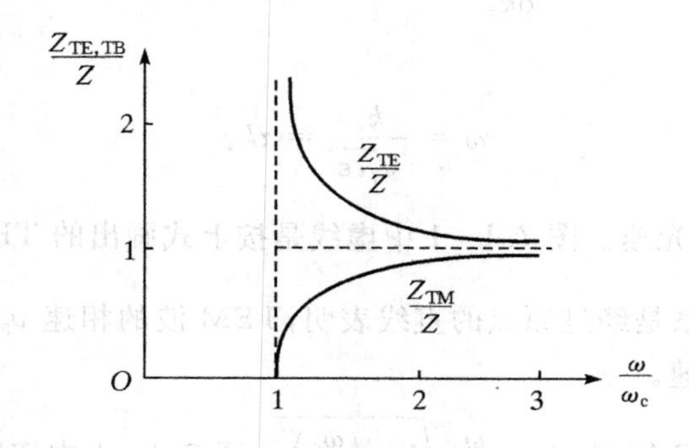

图 7.1-2 波阻抗和频率的关系

思考题

1. 什么是导波系统?什么是导行电磁波?
2. 有哪些常见的导波系统?各有什么特点?
3. 有哪些类型导行电磁波?
4. 什么是纵向场法?
5. 导波系统中的 TEM 波有什么特点?
6. 比较导波系统中的 TEM 波和非 TEM 波的相速、波阻抗、波导波长,有什么区别?
7. 导波系统中的 TEM 波在横截面的场分布如何计算?
8. 为什么在导波系统中传输 TEM 波时可以用电压波和电流波分析?
9. 什么是导波系统的截止波长和截止频率?

10. 工作波长、波导波长和截止波长之间有什么关系？

7.2　TEM 波传输线

工程上常用的 TEM 波导波传输线，可以工作在很宽的频率范围，例如同轴线的工作频率从零到几十赫兹。传输线的长度与波长之比称为电长度。如果传输线的电长度$\frac{l}{\lambda}\ll 1$，是短线，否则就称为长线。长线的几何长度不一定很长，而短线的几何长度不一定很短。例如传输射频电视信号用的同轴电缆，虽然其长度不过是几米，甚至几分米，但这个长度已经和波长相当，是长线。而传输市电的电力线，即使长度上千米，但和市电的波长(6000 km)相比，还是短线。

长线与短线上的电磁波有什么不同呢？比较图 7.2－1 所示的传输线上的电压分布。对于传输线上传输的电磁波的波长为 λ_1 的情况，传输线长度与波长相比很小，传输线上各点的电压大小可以近似认为是相同的，可视传输线为短线，这就是低频，即波长较长或传输线长度较短的情况。如果频率较高，波长变短，比如图中 λ_2，在某瞬时传输线上各点的电压大小不同，在这种情况下传输线就是长线。本节所讨论的传输线是长线，沿传输线上各点的电压各不相同，电压不但随时间变化，还随传输线位置变化。

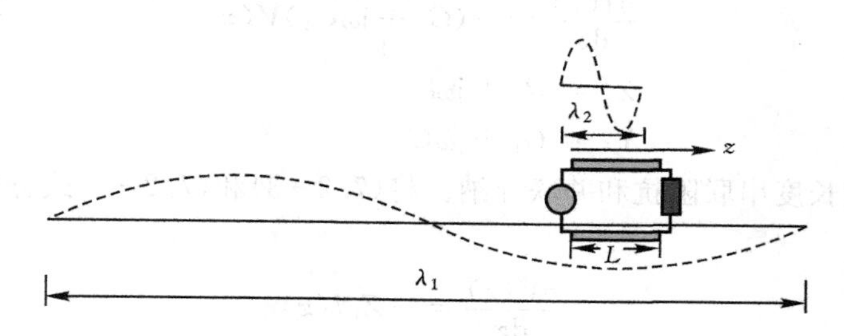

图 7.2－1　长线与短线上的电压分布

高频电压和电流沿传输线传输时，电流流过导线使导线发热，表明导线上处处有电阻；如果两导线间介质绝缘不理想而存在漏电流，导线间就有漏电导；由于导线之间有电压，因而就有电场，导线上有电荷，导线之间就存在电容；由于导线上有电流，导线周围有磁场，因此导线回路就有电感。这些电阻、电导、电容和电感是沿传输线分布的，称为分布参数。在低频电路中，电阻、电导、电容和电感是集中在器件中的，称为集总参数。在频率较低时，也就是传输线的长度比波长小得多时，分布参数对电路的影响往往可以忽略，而当频率很高时，也就是传输线的长度可以和波长相比拟，甚至大于波长时，分布参数对电路的影响就需要考虑而不能忽略，因此，在分析传输线上电压和电流分布时，必须考虑分布参数。

考虑一传输线电路，如图 7.2－2(a)所示，设单位长度的电阻、电导、电容和电感分别为 R_1、G_1、C_1 和 L_1。在传输线上 z 处，取微元 $\mathrm{d}z$，可以将该微元上的分布参数近似为集总参数元件，电阻、电导、电容和电感分别为 $R_1\mathrm{d}z$、$G_1\mathrm{d}z$、$C_1\mathrm{d}z$ 和 $L_1\mathrm{d}z$，对电路的影响用倒 L 形网络等效，如图 7.2－2(b)所示。设在传输线上 z 处的电压为 V，电流为 I，由电路定律，在该传输线小段 $\mathrm{d}z$ 上的电压和电流满足以下方程

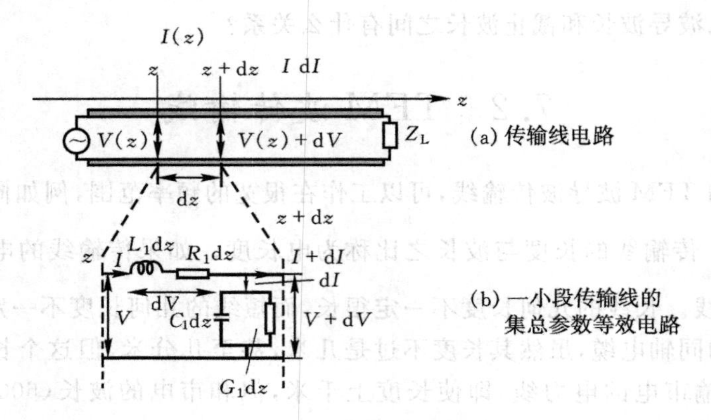

图 7.2-2 传输线等效电路

$$V(z)=I(z)[R_1\,\mathrm{d}z+\mathrm{j}\omega L_1\,\mathrm{d}z]+V(z+\mathrm{d}z)$$

$$I(z)=V(z+\mathrm{d}z)[G_1\,\mathrm{d}z+\mathrm{j}\omega C_1\,\mathrm{d}z]+I(z+\mathrm{d}z)$$

由以上两式,考虑到 $V(z+\mathrm{d}z)=V(z)+\mathrm{d}V$,$I(z+\mathrm{d}z)=I(z)+\mathrm{d}I$,并忽略高阶小项得

$$\frac{\mathrm{d}V(z)}{\mathrm{d}z}=-(R_1+\mathrm{j}\omega L_1)I(z) \tag{7.2-1}$$

$$\frac{\mathrm{d}I(z)}{\mathrm{d}z}=-(G_1+\mathrm{j}\omega C_1)V(z) \tag{7.2-2}$$

令

$$Z_1=R_1+\mathrm{j}\omega L_1 \tag{7.2-3}$$

$$Y_1=G_1+\mathrm{j}\omega C_1 \tag{7.2-4}$$

分别为传输线单位长度串联阻抗和并联导纳。将(7.2-3)和(7.2-4)式分别代入(7.2-1)和(7.2-2)式得

$$\frac{\mathrm{d}V(z)}{\mathrm{d}z}=-Z_1I(z) \tag{7.2-5}$$

$$\frac{\mathrm{d}I(z)}{\mathrm{d}z}=-Y_1V(z) \tag{7.2-6}$$

以上两式为传输线方程。每个方程两边对 z 求导,并将另一式代入得

$$\frac{\mathrm{d}^2V}{\mathrm{d}z^2}-\gamma^2V=0 \tag{7.2-7}$$

$$\frac{\mathrm{d}^2I}{\mathrm{d}z^2}-\gamma^2I=0 \tag{7.2-8}$$

式中

$$\gamma=\sqrt{Z_1Y_1} \tag{7.2-9}$$

称为传输线传播常数,是复数。设

$$\gamma=\alpha+\mathrm{j}\beta \tag{7.2-10}$$

将(7.2-10)、(7.2-3)和(7.2-4)式代入(7.2-9)式,可得

$$\alpha=\sqrt{\frac{1}{2}\left[\sqrt{(R_1^2+\omega^2L_1^2)(G_1^2+\omega^2C_1^2)}+(R_1G_1-\omega^2L_1C_1)\right]} \tag{7.2-11}$$

$$\beta=\sqrt{\frac{1}{2}\left[\sqrt{(R_1^2+\omega^2L_1^2)(G_1^2+\omega^2C_1^2)}-(R_1G_1-\omega^2L_1C_1)\right]} \tag{7.2-12}$$

(7.2-7)式是二阶常微分方程,其通解为

$$V(z) = V_0^+ e^{-\gamma z} + V_0^- e^{\gamma z} \tag{7.2-13}$$

式中 V_0^+ 和 V_0^- 是常数。将(7.2-10)式代入得

$$V(z) = V_0^+ e^{-\alpha z} e^{-j\beta z} + V_0^- e^{\alpha z} e^{j\beta z} \tag{7.2-14}$$

式中第一项表示向 z 方向传输的波，在传输过程中还伴随着衰减。α 称为衰减常数(Np/m)，β 称为相位常数(rad/m)；第二项为向 $-z$ 方向传输的波。如果传输线上仅有向 z 方向传输的波，则仅有第一项

$$V^+ = V_0^+ e^{-\alpha z} e^{-j\beta z} \tag{7.2-15}$$

将(7.2-15)式代入(7.2-5)式，可得到向 z 方向传输的电流波为

$$I^+ = \frac{V^+}{\sqrt{Z_1/Y_1}} \tag{7.2-16}$$

定义传输线特性阻抗为

$$Z_c = \frac{V^+}{I^+} = \sqrt{\frac{Z_1}{Y_1}} = \sqrt{\frac{R_1 + j\omega L_1}{G_1 + j\omega C_1}} \tag{7.2-17}$$

(7.2-16)式可重写为

$$I^+ = \frac{V^+}{Z_c} \tag{7.2-18}$$

对于向 $-z$ 方向传输的波，同理可得

$$V^- = V_0^- e^{\alpha z} e^{j\beta z} \tag{7.2-19}$$

$$I^- = -\frac{V^-}{Z_c} \tag{7.2-20}$$

可以看出，传输线上的电压波和电流波类似于导电媒质中的电磁波。下面分别分析无损耗传输线和低损耗传输线两种情况。

1. 无损耗传输线

对于无损耗传输线，$R_1=0$，$G_1=0$，由(7.2-11)、(7.2-12)和(7.2-17)式得

$$\begin{aligned} \alpha &= 0 \\ \beta &= \omega\sqrt{L_1 C_1} \\ Z_c &= Z = \sqrt{\frac{L_1}{C_1}} \end{aligned} \tag{7.2-21}$$

这种无耗传输线上的电压波和电流波为

$$V^+ = V_0^+ e^{-j\beta z} \tag{7.2-22}$$

$$I^+ = \frac{V^+}{Z} \tag{7.2-23}$$

由(7.1-33)式可知，传输线中 TEM 波的相速为

$$v_p = \frac{\omega}{\beta} = \frac{1}{\sqrt{L_1 C_1}} \tag{7.2-24}$$

波长为

$$\lambda = \frac{2\pi}{\beta} \tag{7.2-25}$$

表 7.2-1 给出了两种常用的 TEM 波传输线——同轴线和平行双导线的几个主要参数公式。

表 7.2-1 同轴线和平行双导线的主要参数公式

	同轴线	平行双导线
结构	2b 2a	D d
C_1(F/m)	$\dfrac{2\pi\varepsilon}{\ln\dfrac{b}{a}}$	$\dfrac{\pi\varepsilon}{\ln\dfrac{D+\sqrt{D^2-d^2}}{d}}$
L_1(H/m)	$\dfrac{\mu}{2\pi}\ln\dfrac{b}{a}$	$\dfrac{\mu}{\pi}\ln\dfrac{D+\sqrt{D^2-d^2}}{d}$
G_1(S/m)	$\dfrac{2\pi\sigma}{\ln\dfrac{b}{a}}$	$\dfrac{\pi\sigma}{\ln\dfrac{D+\sqrt{D^2-d^2}}{d}}$
R_1(Ω/m)	$\dfrac{R_S}{2\pi}(\dfrac{1}{a}+\dfrac{1}{b})$	$\dfrac{R_S}{\pi d}$
Z(Ω/m)	$60\sqrt{\dfrac{\mu_r}{\varepsilon_r}}\ln\dfrac{b}{a}$	$120\sqrt{\dfrac{\mu_r}{\varepsilon_r}}\ln\dfrac{D+\sqrt{D^2-d^2}}{d}$

由上表中的参数可知,对于无耗的同轴线或平行双导线

$$\beta=\omega\sqrt{L_1C_1}=\omega\sqrt{\mu\varepsilon}=k \tag{7.2-26}$$

2. 低损耗传输线

在 $R_1\ll\omega L_1$,$G_1\ll\omega C_1$ 的情况下,传输线是低损耗,(7.2-11)、(7.2-12)和(7.2-17)式近似为

$$\begin{cases}\alpha\approx\dfrac{1}{2}(\dfrac{R_1}{Z}+G_1Z)\\ \beta\approx\sqrt{L_1C_1}\\ Z_c\approx\sqrt{\dfrac{L_1}{C_1}}\left[1-\mathrm{j}\dfrac{1}{2\omega}(\dfrac{R_1}{L_1}-\dfrac{G_1}{C_1})\right]\\ v_p=\dfrac{\omega}{\beta}\approx\dfrac{1}{\sqrt{L_1C_1}}\end{cases} \tag{7.2-27}$$

在低损耗传输线中,相位常数及相速近似与无损耗线的相同,但有衰减,电压和电流相位稍有不同。在很多情况下,可以近似认为电压和电流相位相同。

例 7.2-1 求以下两种传输线的特性阻抗:

(1) 同轴线内导体直径为 3.04 mm,外导体内径为 7 mm,内外导体之间为空气;

(2) 平行双导线的导线直径为 1 mm,间距为 6 mm,介质为空气。

解 (1) 同轴线特性阻抗为

$$Z=60\sqrt{\frac{\mu_r}{\varepsilon_r}}\ln\frac{b}{a}$$

将 $2b=7$ mm,$2a=3.04$ mm,$\varepsilon_r=1$,$\mu_r=1$ 代入得

$$Z=60\ln\frac{7}{3.04}=50\ \Omega$$

（2）平行双导线的特性阻抗为

$$Z = 120\sqrt{\frac{\mu_r}{\varepsilon_r}}\ln\frac{D+\sqrt{D^2-d^2}}{d}$$

将 $D=6$ mm，$d=1$ mm，$\varepsilon_r=1$，$\mu_r=1$ 代入得

$$Z = 120\times\ln\frac{6+\sqrt{6^2-1^2}}{1} = 297\ \Omega$$

思考题

1. 什么是长线？什么是短线？

2. 什么是分布参数？结合等效电路解释电路的分布参数对电路有什么影响。

3. 什么是传输线单位长度的串联阻抗和并联导纳？什么是特性阻抗？

4. 传输线上的电压波和电流波有什么特点？什么是衰减常数？什么是相位常数？

5. 什么是无损耗传输线？什么是低损耗传输线？无损耗传输线与低损耗传输线上的波各有什么特点？

6. 低损耗平行双导线传输线上波的衰减与频率有什么关系？

7.3　无损耗传输线的工作状态

设有一段长为 l、特性阻抗为 Z 的无损耗传输线，左端接信号源，右端接负载 Z_L，如图 7.3－1 所示。信号源产生沿传输线 z 方向传输的 TEM 波，其电压和电流分别为

$$V^+ = V_0^+ e^{-j\beta z} \tag{7.3-1}$$

$$I^+ = \frac{V_0^+}{Z} e^{-j\beta z} \tag{7.3-2}$$

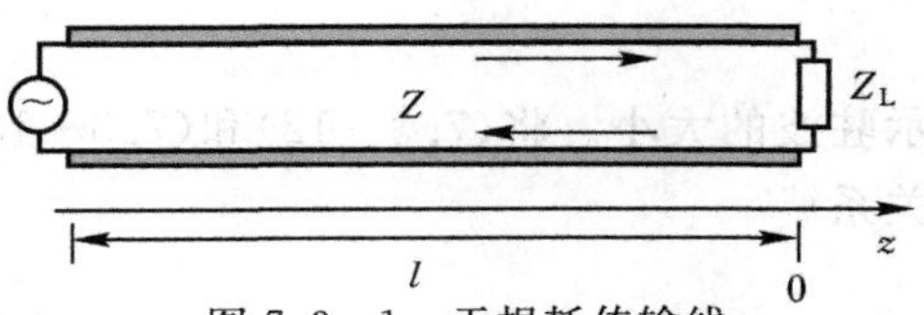

图 7.3－1　无损耗传输线

式中 $\beta=\dfrac{2\pi}{\lambda}$，$\lambda$ 为电磁波沿传输线传输的波长，Z 为传输线特性阻抗。入射波传输到负载后，一部分被负载吸收，另一部分被反射。反射电压、电流波可分别写为

$$V^- = V_0^- e^{j\beta z} \tag{7.3-3}$$

$$I^- = -\frac{V_0^-}{Z} e^{j\beta z} \tag{7.3-4}$$

定义传输线终端的电压反射系数

$$\Gamma = \frac{V^-(z=0)}{V^+(z=0)} = \frac{V_0^-}{V_0^+} \tag{7.3-5}$$

传输线上的总电压、电流波可分别写为

$$V(z) = V_0^+(e^{-j\beta z} + \Gamma e^{j\beta z}) \tag{7.3-6}$$

$$I(z) = \frac{V_0^+}{Z}(e^{-j\beta z} - \Gamma e^{j\beta z}) \tag{7.3-7}$$

为了求出电压反射系数，利用在终端 $z=0$ 处电压、电流和负载阻抗的关系

$$\frac{V(0)}{I(0)} = Z_L \tag{7.3-8}$$

将(7.3-6)和(7.3-7)式代入上式得

$$\frac{1+\Gamma}{1-\Gamma}Z = Z_L$$

由此得到传输线终端的电压反射系数为

$$\Gamma = \frac{Z_L - Z}{Z_L + Z} \tag{7.3-9}$$

由上式可知,传输线终端的电压反射系数只与传输线的特性阻抗和终端阻抗有关。按上式求出电压反射系数后,就可以确定电压和电流反射波。在反射系数不为0的情况下,传输线上同时存在入射波和反射波。为分析传输线上入射波和反射波合成后的特性,将Γ写成$|\Gamma|e^{j\theta}$的形式代入(7.3-6)式,和上一章均匀平面波在两种介质分界面上反射后合成电场的关系式对比可知,(7.3-6)式表示一电压驻波(驻行波)。由$2\beta z+\theta$是π的偶数倍或π的奇数倍容易得到电压波腹点到终端的距离l_{max}和电压波节点到终端的距离l_{min}分别为

$$l_{max} = \frac{\theta}{4\pi}\lambda + n\frac{\lambda}{2} \tag{7.3-10}$$

$$l_{min} = \frac{\theta}{4\pi}\lambda + \frac{\lambda}{4} + n\frac{\lambda}{2} \tag{7.3-11}$$

式中,$n=0,1,2,\cdots$是整数。电压波节点和电压波腹点处的电压分别为

$$V_{min} = V_0^+(1-|\Gamma|) \tag{7.3-12}$$

$$V_{max} = V_0^+(1+|\Gamma|) \tag{7.3-13}$$

定义电压驻波比(VSWR)为

$$\rho = \frac{V_{max}}{V_{min}} \tag{7.3-14}$$

表示驻波的大小。将(7.3-12)和(7.3-13)式代入(7.3-14)式得到电压驻波比和反射系数的关系

$$\rho = \frac{1+|\Gamma|}{1-|\Gamma|} \tag{7.3-15}$$

上式也可以写为

$$|\Gamma| = \frac{\rho-1}{\rho+1} \tag{7.3-16}$$

电压驻波比是反映射频和微波电路中反射波大小的一个很重要的参数。

定义距终端l处的总电压与总电流之比为该点的输入阻抗

$$Z_{in}(l) = \frac{V(z=-l)}{I(z=-l)} \tag{7.3-17}$$

将(7.3-6)和(7.3-7)式代入上式得

$$Z_{in}(l) = \frac{1+\Gamma e^{-j2\beta l}}{1-\Gamma e^{-j2\beta l}}Z \tag{7.3-18}$$

将(7.3-9)式代入上式,输入阻抗也可以写为

$$Z_{in}(l) = \frac{Z_L + jZ\tan(\beta l)}{Z + jZ_L\tan(\beta l)}Z \tag{7.3-19}$$

由上式可知,传输线上任一点的输入阻抗不但与传输线的特性阻抗、负载阻抗有关,还与到终

端的距离有关，而且是关于距离以$\lambda/2$为周期的函数。(7.3-19)式说明，在负载上接一段传输线具有阻抗变换作用。从(7.3-18)式可以看出，在驻波的波节点和波腹点，输入阻抗是实数。在其他位置，输入阻抗是复数。在电压波节点

$$Z_{in}(l_{min})=\frac{1-|\Gamma|}{1+|\Gamma|}Z=\frac{Z}{\rho} \tag{7.3-20}$$

在电压波腹点

$$Z_{in}(l_{max})=\frac{1+|\Gamma|}{1-|\Gamma|}Z=\rho Z \tag{7.3-21}$$

当终端负载$Z_L=R_L$是实数的情况，根据(7.3-19)式，在$l=n\frac{\lambda}{2}$，$n=0,1,2,3,\cdots$

$$Z_{in}=R_L \tag{7.3-22}$$

在$l=\frac{\lambda}{4}+n\frac{\lambda}{2}$，$n=0,1,2,3,\cdots$时

$$Z_{in}=\frac{Z^2}{R_L} \tag{7.3-23}$$

这说明，给负载电阻接一段波长为$\lambda/4$、特性阻抗为Z的传输线，可以将负载电阻R_L变换为Z^2/R_L。

下面分析3种特殊终端负载情况。

1. 匹配负载

当$Z_L=Z$时，根据(7.3-9)式，反射系数$\Gamma=0$。可见在这种负载电阻和传输线特性阻抗相同的情况下，传输线上无反射波，称为负载与传输线匹配。负载与传输线匹配时，入射波全部被负载吸收，传输效率最高。这种情况下的输入阻抗为常数。

$$Z_{in}=Z=Z_L$$

2. 终端短路

传输线终端短路时，$Z_L=0$，根据(7.3-9)式，反射系数$\Gamma=-1$，电压波和电流波被终端全反射，传输线上为纯驻波。将$\Gamma=-1$分别代入(7.3-6)和(7.3-7)式，将$Z_L=0$代入(7.3-19)式，传输线上的电压、电流和输入阻抗分别为

$$V(z)=-\mathrm{j}2V_0^+\sin(\beta z) \tag{7.3-24a}$$

$$I(z)=\frac{2V_0^+}{Z}\cos(\beta z) \tag{7.3-24b}$$

$$Z_{in}(l)=\mathrm{j}Z\tan(\beta l)=\mathrm{j}X_{ins} \tag{7.3-24c}$$

式中l为传输线的长度。可以看出，电压和电流为纯驻波，终端为电压波节点，电流波腹点，电压与电流相位相差90°，输入阻抗是纯电抗性的。图7.3-2为终端短路时一段传输线的输入阻抗(电抗)随传输线长度的变化曲线。可以看出，在$0<l<\frac{\lambda}{4}$，输入阻抗为感性电抗，该段短路线可等效为一电感；在$\frac{\lambda}{4}<l<\frac{\lambda}{2}$，输入阻抗为容性电抗，该段短路线可等效为一电容。换句话说，可用一

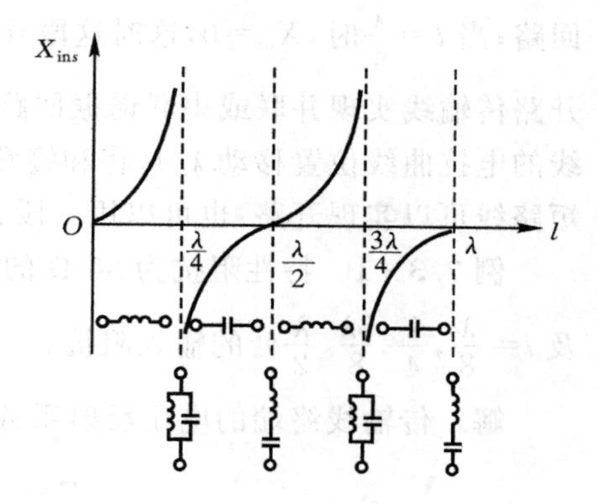

图7.3-2　短路传输线的输入阻抗

段短路传输线实现电感或电容。如果已知在某个频率的电感量或电容量,就可利用(7.3-24c)式计算短路传输线的长度。当 $l=\dfrac{\lambda}{4}$时,$X_{in}=\pm\infty$,这时这段短路线等效为并联谐振回路;当 $l=\dfrac{\lambda}{2}$时,$X_{in}=0$,这时这段短路线等效为串联谐振回路。因此,在工程上也可以用一段短路传输线实现并联或串联谐振回路。这种谐振回路损耗小,谐振频率高,Q值也高。

3. 终端开路

传输线终端开路时,$Z_L=\infty$,根据(7.3-9)式反射系数 $\Gamma=1$,电压波和电流波也被终端全反射,在传输线上呈纯驻波。传输线上的电压、电流和距离终端 l 处的输入阻抗分别为

$$V(z)=2V_0^+\cos(\beta z) \tag{7.3-25a}$$

$$I(z)=-\mathrm{j}\,\frac{2V_0^+}{Z}\sin(\beta z) \tag{7.3-25b}$$

$$Z_{in}(l)=-\mathrm{j}Z\,c\tan(\beta l)=\mathrm{j}X_{ino} \tag{7.3-25c}$$

可以看出,对于开路传输上的电压和电流为纯驻波,终端为电压波腹点,电流波节点。电压与电流相位也相差90°,输入阻抗也是纯电抗性的。图7.3-3为终端开路时一段传输线的输入阻抗随传输线长度的变化曲线。在 $0<l<\dfrac{\lambda}{4}$时,输入阻抗为容性电抗,该段开路线可等效为一电容;在$\dfrac{\lambda}{4}<l<\dfrac{\lambda}{2}$时,输入阻抗为感性电抗,该段开路线可等效为一电感。换句话说,也可用一段开路传输线实现电感或电容。如果已知在某个频率的电感量或电容量,就可利用(7.3-25c)式计算开路传输线的长度;当 $l=\dfrac{\lambda}{2}$时,$X_{in}=\pm\infty$,这时这段开路线等效为并联谐振回路;当 $l=\dfrac{\lambda}{4}$时,$X_{in}=0$,这时这段开路线等效为串联谐振回路。因此在工程上也可以用一段开路传输线实现并联或串联谐振回路。对比图7.3-3与图7.3-2可以看出,如果将终端开路线的电抗曲线位置移动$\lambda/4$,将和终端短路线的电抗曲线完全重合。这表明,用一段$\lambda/4$长的短路线可以实现开路,也可以用一段$\lambda/4$长的开路线实现短路。

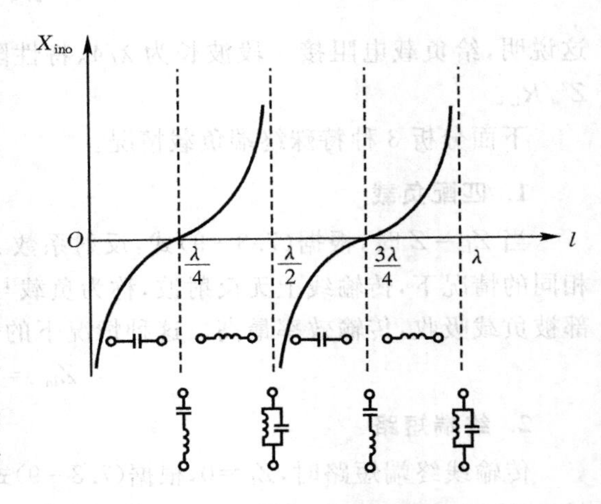

图7.3-3 开路传输线的输入阻抗

例7.3-1 特性阻抗为50 Ω的传输线,终端负载 $Z_L=100\ \Omega$,求传输线上的电压驻波比及 $l=\dfrac{\lambda}{8},\dfrac{\lambda}{4},\dfrac{3\lambda}{8},\dfrac{\lambda}{2}$处的输入阻抗。

解 传输线终端的电压反射系数为

$$\Gamma=\frac{Z_L-Z}{Z_L+Z}=\frac{100-50}{100+50}=\frac{1}{3}$$

电压驻波比为 $\rho=\dfrac{1+|\Gamma|}{1-|\Gamma|}=2$

输入阻抗为 $Z_{in}(l)=\dfrac{Z_L+jZ\tan(\beta l)}{Z+jZ_L\tan(\beta l)}Z$

当 $l=\dfrac{\lambda}{8}$ 时，$\beta l=\dfrac{2\pi}{\lambda}\times\dfrac{\lambda}{8}=\dfrac{\pi}{4}$

$$Z_{in}(l)=\frac{Z_L+jZ\tan(\beta l)}{Z+jZ_L\tan(\beta l)}Z=\frac{100+j50\tan(\pi/4)}{50+j100\tan(\pi/4)}\times 50=40-j30\Omega$$

当 $l=\dfrac{\lambda}{4}$ 时，$\beta l=\dfrac{2\pi}{\lambda}\times\dfrac{\lambda}{4}=\dfrac{\pi}{2}$

$$Z_{in}(l)=\frac{Z_L+jZ\tan(\beta l)}{Z+jZ_L\tan(\beta l)}Z=\frac{100+j50\tan(\pi/2)}{50+j100\tan(\pi/2)}\times 50=25\Omega$$

当 $l=\dfrac{3\lambda}{8}$ 时，$\beta l=\dfrac{2\pi}{\lambda}\times\dfrac{3\lambda}{8}=\dfrac{3\pi}{4}$

$$Z_{in}(l)=\frac{Z_L+jZ\tan(\beta l)}{Z+jZ_L\tan(\beta l)}Z=\frac{100+j50\tan(3\pi/4)}{50+j100\tan(3\pi/4)}\times 50=40+j30\Omega$$

当 $l=\dfrac{\lambda}{2}$ 时，$\beta l=\dfrac{2\pi}{\lambda}\times\dfrac{\lambda}{2}=\pi$

$$Z_{in}(l)=\frac{Z_L+jZ\tan(\beta l)}{Z+jZ_L\tan(\beta l)}Z=\frac{100+j50\tan(\pi)}{50+j100\tan(\pi)}\times 50=100\Omega$$

例 7.3-2 在频率 300 MHz，用一段特性阻抗为 50 Ω 空气填充的短路线，实现 $L=0.1\ \mu$H 的电感，求短路线的长度。

解 电感的电抗为

$$X_L=\omega L$$

长为 l 的短路传输线的电抗为

$$X_{in}=Z\tan(\beta l)$$

为使短路线等效为电感，使两者电抗相等，得

$$\omega L=Z\tan(\beta l)$$

由此得 $l=\dfrac{1}{\beta}\times\arctan\left(\dfrac{\omega L}{Z}\right)$

将 $\beta=\dfrac{2\pi}{\lambda}$ 代入得

$$l=\frac{\lambda}{2\pi}\times\arctan\left(\frac{\omega L}{Z}\right)$$

对于空气填充的传输线 $\lambda=\dfrac{c}{f}=1$ m，将波长、频率、电感、特性阻抗值代入上式，得短路线的长度为

$$l=0.209\lambda=0.209\ \text{m}$$

例 7.3-3 特性阻抗为 50 Ω 的传输线，终端负载 $Z_L=100$ Ω，要使传输线上无反射，在负载和传输线之间再另接一段传输线，求该段传输线的特性阻抗和长度。

解 在负载和传输线之间接一段长度为 $l=\lambda/4$、特性阻抗为 Z_2 的传输线，如图 7.3-4 所示。该传输线输入端的输入阻抗为

$$Z_{in}=\frac{Z_2^2}{R_L}$$

为使特性阻抗为 50 Ω 的传输线的传输线上无反射，取

$$Z_{in} = \frac{Z_2^2}{R_L} = Z_1$$

由上式得

$$Z_2 = \sqrt{Z_1 R_L} = \sqrt{50 \times 100} = 70.7\ \Omega$$

所以，在负载 $R_L = 100\ \Omega$ 和传输线 $Z_1 = 50\ \Omega$ 之间接一段长度为 $l = \lambda/4$、特性阻抗为 $Z_2 = 70.7\ \Omega$ 的传输线就可使传输线 Z_1 上无反射。

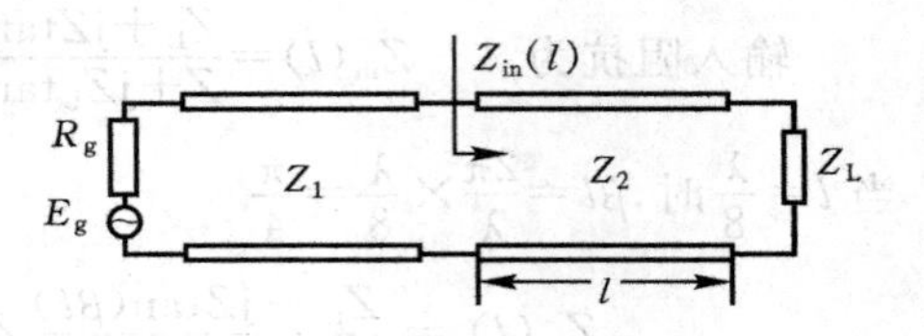

图 7.3-4 λ/4 传输线阻抗变换

例 7.3-4 传输线特性阻抗为 75 Ω，终端负载导纳为 $Y_L = \frac{1}{75} - j\frac{1}{75}(S)$。(1)计算电压反射系数；(2)在负载和传输线之间设计一传输线匹配电路，使传输线上无反射。

解 (1)计算电压反射系数

电压反射系数为

$$\Gamma = \frac{Z_L - Z}{Z_L + Z} = \frac{1 - Z/Z_L}{1 + Z/Z_L} = \frac{1 - ZY_L}{1 + ZY_L} = \frac{1 - 75 \times (1-j)/75}{1 + 75 \times (1-j)/75} = 0.447e^{j116.6^\circ}$$

(2)阻抗匹配

如果在负载和传输线之间插一传输线电路将负载阻抗变换为传输线特性阻抗值，传输线上就无反射，达到匹配。因此传输线匹配电路的作用就是将负载阻抗值变换为传输线特性阻抗值。上例中四分之一波长线可以实现对负载电阻匹配。对于实现传输线和复数阻抗负载匹配，可以分两步：第一步先将复数阻抗负载变换为实数电阻，第二步将第一步变换的电阻进一步变换到传输线的特性阻抗。

用传输线将复数负载变换为实数电阻可以有两种方法实现：一是在复数负载两端并联电抗性短路或开路传输线直接抵消负载导纳的虚部；二是利用传输线的阻抗变换作用将复阻抗转换为实阻抗。下面采用第一种方法将复数阻抗负载变换为实数电阻。

终端负载导纳为

$$Y_L = \frac{1}{75} - j\frac{1}{75}$$

为消除其虚部，给负载导纳并联一段短路传输线，如图 7.3-5 所示。选传输线的特性阻抗为 75Ω，长度为 l，使短路传输线的输入导纳等于负载导纳虚部的负值

$$Y_{in} = \frac{1}{Z_{in}} = \frac{1}{j75\tan(\beta l)} = \frac{j}{75}$$

由上式得 $\tan(\beta l) = -1$

解得 $l = \frac{3\pi}{4} \times \frac{\lambda}{2\pi} = \frac{3\lambda}{8}$

和短路传输线并联后，总负载导纳为

$$Y'_L = Y_L + Y_{in} = \frac{1}{75}$$

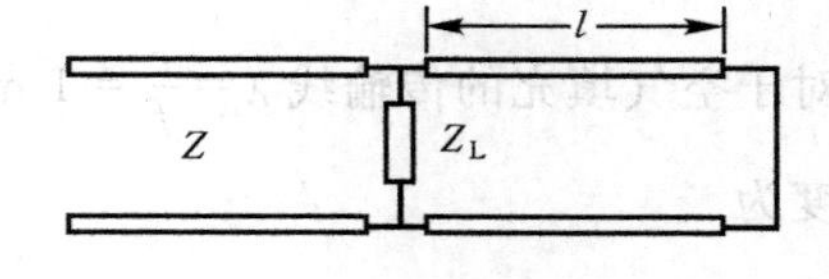

图 7.3-5 负载并联短路线

负载经短路线并联后的阻抗刚好等于传输线特性阻抗，与传输线达到匹配。

思考题

1. 什么是传输线终端的电压反射系数？什么是电压驻波比？
2. 在什么情况下输入阻抗是实数？怎样用传输线进行阻抗变换？
3. 什么叫匹配？传输线和负载匹配后有什么特点？
4. 如何用一段短路或开路传输线实现电容、电感？
5. 能用一段短路传输线实现开路吗？如何实现？

7.4　矩形波导

本节讨论矩形波导中传输的电磁波。矩形波导是由良导体制作的截面为矩形的导电壁管。为了简化分析，在下面讨论中将波导的良导电体壁近似为理想导电壁。由前面的讨论我们知道，矩形波导中不能传输 TEM 波，只能传输 TE 波和 TM 波。下面采用纵向场法求解矩形波导中传输的电磁波。

设矩形波导宽为 a，高为 $b(a>b)$，沿 z 轴放置，如图 7.4－1 所示。下面分别求解矩形波导中传输的 TE 波和 TM 波。

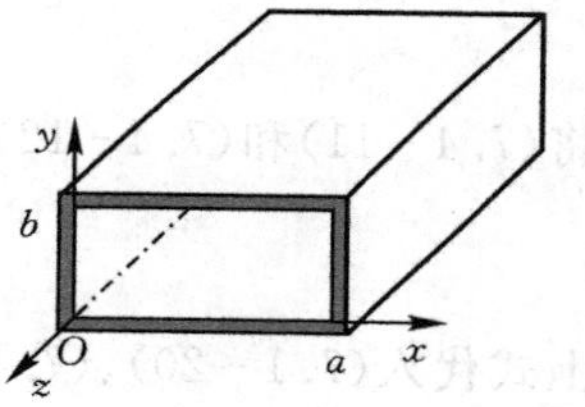

图 7.4－1　矩形波导

1. TM 波

对于 TM 波，$H_z=0$，E_z 可以表示为

$$E_z(x,y,z)=E_0(x,y)\mathrm{e}^{-\mathrm{j}k_z z} \tag{7.4-1}$$

式中 $E_0(x,y)$ 满足方程

$$\nabla_t^2 E_0(x,y)+k_c^2 E_0(x,y)=0 \tag{7.4-2}$$

采用分离变量法解此方程。在直角坐标系中，令

$$E_0(x,y)=X(x)Y(y) \tag{7.4-3}$$

代入(7.4－2)式，并在等式两边同除以 $X(x)Y(y)$ 得

$$\frac{X''(x)}{X(x)}+\frac{Y''(y)}{Y(y)}+k_c^2=0 \tag{7.4-4}$$

上式中 X'' 和 Y'' 的两撇表示二阶导数，第一项仅是 x 的函数，第二项仅是 y 的函数，第三项是与 x，y 无关的常数。要使上式对任何 x，y 都成立，第一和第二项也应均是常数，记

$$\frac{X''(x)}{X(x)}=-k_x^2$$

$$\frac{Y''(y)}{Y(y)}=-k_y^2$$

这样就得到两个常微分方程和 3 个常数 k_c、k_x 和 k_y 所满足的代数方程

$$X''(x)+k_x^2 X(x)=0 \tag{7.4-5}$$

$$Y''(y)+k_y^2 Y(y)=0 \tag{7.4-6}$$

$$k_c^2=k_x^2+k_y^2 \tag{7.4-7}$$

常微分方程(7.4－5)和(7.4－6)的通解为

$$X(x)=c_1\cos(k_x x)+c_2\sin(k_x x) \tag{7.4-8}$$

$$Y(y) = c_3\cos(k_y y) + c_4\sin(k_y y) \tag{7.4-9}$$

上式中 c_1, c_2, c_3, c_4 为常数。将(7.4-8)和(7.4-9)式代入(7.4-3)式,再代入(7.4-1)式,就得到 E_z 的通解为

$$E_z(x,y,z) = [c_1\cos(k_x x) + c_2\sin(k_x x)][c_3\cos(k_y y) + c_4\sin(k_y y)]\mathrm{e}^{-\mathrm{j}k_z z} \tag{7.4-10}$$

下面确定上式中的几个常数。根据理想导电面上的边界条件 $E_t=0$,在矩形波导4个理想导电壁上,E_z 是切向分量,因此有

(1) 在 $x=0$ 的波导壁上,由 $E_z(x=0,y,z)=0$,得 $c_1=0$;

(2) 在 $y=0$ 的波导壁上,由 $E_z(x,y=0,z)=0$,得 $c_3=0$;

(3) 在 $x=a$ 的波导壁上,要使 $E_z(x=a,y,z)=0$,有 $\sin(k_x a)=0$,从而必须有 $k_x a=m\pi$,其中 $m=1,2,3,\cdots$为整数,由此得

$$k_x = \frac{m\pi}{a} \tag{7.4-11}$$

(4) 在 $x=b$ 的波导壁上,要使 $E_z(x,y=b,z)=0$,有 $\sin(k_y b)=0$,从而必须有 $k_y b=n\pi$,其中 $n=1,2,3,\cdots$也为整数,由此得

$$k_y = \frac{n\pi}{b} \tag{7.4-12}$$

将(7.4-11)和(7.4-12)式代入(7.4-7)式得

$$k_c^2 = \left(\frac{m\pi}{a}\right)^2 + \left(\frac{n\pi}{b}\right)^2 \tag{7.4-13}$$

上式代入(7.1-20)、(7.1-21)和(7.1-22)式得

$$k_z = k\sqrt{k^2 - \left(\frac{f_c}{f}\right)^2} = k\sqrt{1 - \left(\frac{\lambda}{\lambda_c}\right)^2} \tag{7.4-14}$$

截止频率和截止波长分别为

$$f_c = \frac{1}{2\pi\sqrt{\mu\varepsilon}}\sqrt{\left(\frac{m\pi}{a}\right)^2 + \left(\frac{n\pi}{b}\right)^2} \tag{7.4-15}$$

$$\lambda_c = \frac{2}{\sqrt{\left(\frac{m}{a}\right)^2 + \left(\frac{n}{b}\right)^2}} \tag{7.4-16}$$

将以上利用边界条件求出的常数代入(7.4-10)式,波导中TM波的电场纵向分量为

$$E_z(x,y,z) = E_0\sin\left(\frac{m\pi}{a}x\right)\sin\left(\frac{n\pi}{b}y\right)\mathrm{e}^{-\mathrm{j}k_z z} \tag{7.4-17a}$$

式中常数 $E_0=c_2c_4$,由电磁波源确定.将(7.4-17a)式代入(7.1-17)式,就得到波导中TM波的其余横向场分量

$$E_x(x,y,z) = -\mathrm{j}\frac{k_z}{k_c^2}\left(\frac{m\pi}{a}\right)E_0\cos\left(\frac{m\pi}{a}x\right)\sin\left(\frac{n\pi}{b}y\right)\mathrm{e}^{-\mathrm{j}k_z z} \tag{7.4-17b}$$

$$E_y(x,y,z) = -\mathrm{j}\frac{k_z}{k_c^2}\left(\frac{n\pi}{b}\right)E_0\sin\left(\frac{m\pi}{a}x\right)\cos\left(\frac{n\pi}{b}y\right)\mathrm{e}^{-\mathrm{j}k_z z} \tag{7.4-17c}$$

$$H_x(x,y,z) = \mathrm{j}\frac{\omega\varepsilon}{k_c^2}\left(\frac{n\pi}{b}\right)E_0\sin\left(\frac{m\pi}{a}x\right)\cos\left(\frac{n\pi}{b}y\right)\mathrm{e}^{-\mathrm{j}k_z z} \tag{7.4-17d}$$

$$H_y(x,y,z)=-\mathrm{j}\frac{\omega\varepsilon}{k_c^2}\left(\frac{m\pi}{a}\right)E_0\cos\left(\frac{m\pi}{a}x\right)\sin\left(\frac{n\pi}{b}y\right)\mathrm{e}^{-\mathrm{j}k_z z} \qquad (7.4-17\mathrm{e})$$

从以上结果可以看出：

(1) 矩形波导中的 TM 波有 $m,n=1,2,3,\cdots$ 对应的无限多组解。我们将波导中一对 m、n 值对应的 TM 波称为一个 TM 模式，记作 TM_{mn}。例如，如果 $m=1$，$n=1$，对应的 TM 模式为 TM_{11}。

(2) m、n 值不同的模式，横截面的场分布不同。在横截面上，场在 x、y 方向为驻波分布，m、n 分别对应宽边和窄边上驻波的个数。

(3) 不同的模式，k_z 不同。每一给定 m、n 值的 TM_{mn} 模式，有对应的截止频率 f_c 和截止波长 λ_c。满足 $\lambda<\lambda_c$（或 $f>f_c$）条件的模式，k_z 是实数，是沿波导传输的波，称为传导模，否则，是沿波导衰减的场，称为凋落模。

(4) 传导模是非均匀平面波。由于不同的模式 k_z 不同，根据(7.1－23)、(7.1－25)和(7.1－18)式，不同的传导模的相速、波导波长、波阻抗也各不相同。

2. TE 波

对于 TE 波，$E_z=0$，采用同求解 TM 波相同的纵向场法，先用分离变量法求解 H_z 和 k_c，然后代入(7.1－27)式得到其余 4 个横向场分量。可求得 k_c^2 为

$$k_c^2=\left(\frac{m\pi}{a}\right)^2+\left(\frac{n\pi}{b}\right)^2$$

式中 $m,n=0,1,2,3,\cdots$，但 m、n 不能同时取 0。可见 TE 波的 k_c 和 TM 波的 k_c 相同。TE 波的各场分量表达式如下：

$$H_z(x,y,z)=H_0\cos\left(\frac{m\pi}{a}x\right)\cos\left(\frac{n\pi}{b}y\right)\mathrm{e}^{-\mathrm{j}k_z z} \qquad (7.4-18\mathrm{a})$$

$$H_x(x,y,z)=\mathrm{j}\frac{k_z}{k_c^2}\left(\frac{m\pi}{a}\right)H_0\sin\left(\frac{m\pi}{a}x\right)\cos\left(\frac{n\pi}{b}y\right)\mathrm{e}^{-\mathrm{j}k_z z} \qquad (7.4-18\mathrm{b})$$

$$H_y(x,y,z)=\mathrm{j}\frac{k_z}{k_c^2}\left(\frac{n\pi}{b}\right)H_0\cos\left(\frac{m\pi}{a}x\right)\sin\left(\frac{n\pi}{b}y\right)\mathrm{e}^{-\mathrm{j}k_z z} \qquad (7.4-18\mathrm{c})$$

$$E_x(x,y,z)=\mathrm{j}\frac{\omega\mu}{k_c^2}\left(\frac{n\pi}{b}\right)H_0\cos\left(\frac{m\pi}{a}x\right)\sin\left(\frac{n\pi}{b}y\right)\mathrm{e}^{-\mathrm{j}k_z z} \qquad (7.4-18\mathrm{d})$$

$$E_y(x,y,z)=\mathrm{j}\frac{\omega\mu}{k_c^2}\left(\frac{m\pi}{a}\right)H_0\sin\left(\frac{m\pi}{a}x\right)\cos\left(\frac{n\pi}{b}y\right)\mathrm{e}^{-\mathrm{j}k_z z} \qquad (7.4-18\mathrm{e})$$

截止波长和截止频率分别为

$$\lambda_c=\frac{2}{\sqrt{\left(\frac{m}{a}\right)^2+\left(\frac{n}{b}\right)^2}} \qquad (7.4-19)$$

$$f_c=\frac{1}{2\pi\sqrt{\mu\varepsilon}}\sqrt{\left(\frac{m\pi}{a}\right)^2+\left(\frac{n\pi}{b}\right)^2} \qquad (7.4-20)$$

可以看出：

(1) 矩形波导中的 TE 波也有 $m,n=0,1,2,3,\cdots$ 对应的无限多组解。类似地，将矩形波导中一对 m、n 值对应的 TE 波称为一个 TE 模式，记作 TE_{mn}。例如，如果 $m=1$，$n=0$，对应的 TE 模式为 TE_{10}。

(2) 对于TE波，m、n值不同的模式，横截面的场分布也不同。在横截面上，场在x、y方向为驻波分布，m、n分别对应宽边和窄边上驻波的个数。$m=0$的模式TE_{0n}，场不随x变化；$n=0$的模式TE_{m0}，场不随y变化。

(3) 不同的TE模式，k_z也不同。每个TE_{mn}模式，也有对应的截止频率f_c和截止波长λ_c。同样，满足$\lambda<\lambda_c$(或$f>f_c$)条件的模式，是传导模；否则，是凋落模。

(4) TE波的传导模也是非均匀平面波。不同的TE_{mn}传导模，相速，波导波长，波阻抗也各不相同。

对于给定尺寸和填充介质的矩形波导，每个模式的截止波长和截止频率是确定的。当某一频率的电磁波在矩形波导中传输时，可能存在一系列TE_{mn}和TM_{mn}模式。图7.4-2给出了在$a=2b$时几个模式的截止波长在波长轴上的分布。一般将m、n较小的称为低次模；m、n较大称为高次模；截止频率最小，即截止波长最大的模式称为基模或主模。如果有几个模式的截止波长相同，那么它们称为兼并模。从图中可以看出，对于$a>b$，TE_{10}模是基模，对应的截止波长是$\lambda_c=2a$。

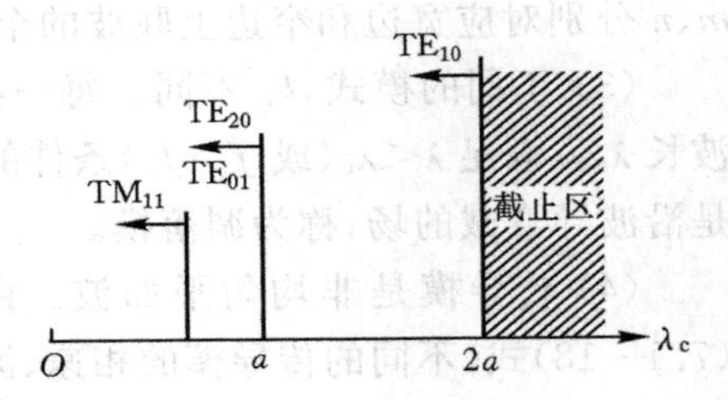

图7.4-2 矩形波导的截止波长

当$\lambda>2a$时，所有模式都被截止。波导中无传导模式。因此$\lambda>2a$的波长范围为截止区。

当$\lambda_{c,TE_{20}}(=a)<\lambda<\lambda_{c,TE_{10}}(=2a)$时，波导中仅有一个模式$TE_{10}$是传播模，其他高次模都是截止的。如果波导在工作时只有一个模式是传导模，就称为单模传输。

当$\lambda<\lambda_{c,TE_{20}}(=a)$，波导中就有两个以上的模式是传导模，这种情况为多模传输。在多模传输的情况下，根据传导模满足的条件$\lambda_c>\lambda$，可以判断波导中共有哪些传导模。λ越小，传导模数越多。当频率是有限值时，传导模的数量也是有限的。图7.4-3给出了几个传导模式在矩形波导三个横截面上的电力线和磁力线图。从不同模式的场图可以看出，不同的模式其场分布是不同的。

例7.4-1 频率为$f=14$ GHz的电磁波在$a=22.86$ mm，$b=10.16$ mm的矩形波导中传输，分别计算当波导中填充空气和波导填充$\varepsilon_r=2$，$\mu_r=1$的介质两种情况下，波导中有哪些模式是传导模？

解 空气填充时

$$\lambda=\lambda_0=\frac{c}{f}=\frac{3\times10^8}{14\times10^9}=21.43\text{ mm}$$

介质填充时

$$\lambda=\frac{\lambda_0}{\sqrt{\varepsilon_r}}=15.16\text{ mm}$$

由(7.4-19)式可算出各模式的截止波长

TE_{10} $\lambda_c=2a=45.72$ mm

TE_{20} $\lambda_c=a=22.86$ mm

TE_{01} $\lambda_c=2b=20.32$ mm

TE_{11}、TM_{11} $\lambda_c=\dfrac{2}{\sqrt{\dfrac{1}{a^2}+\dfrac{1}{b^2}}}=18.56$ mm

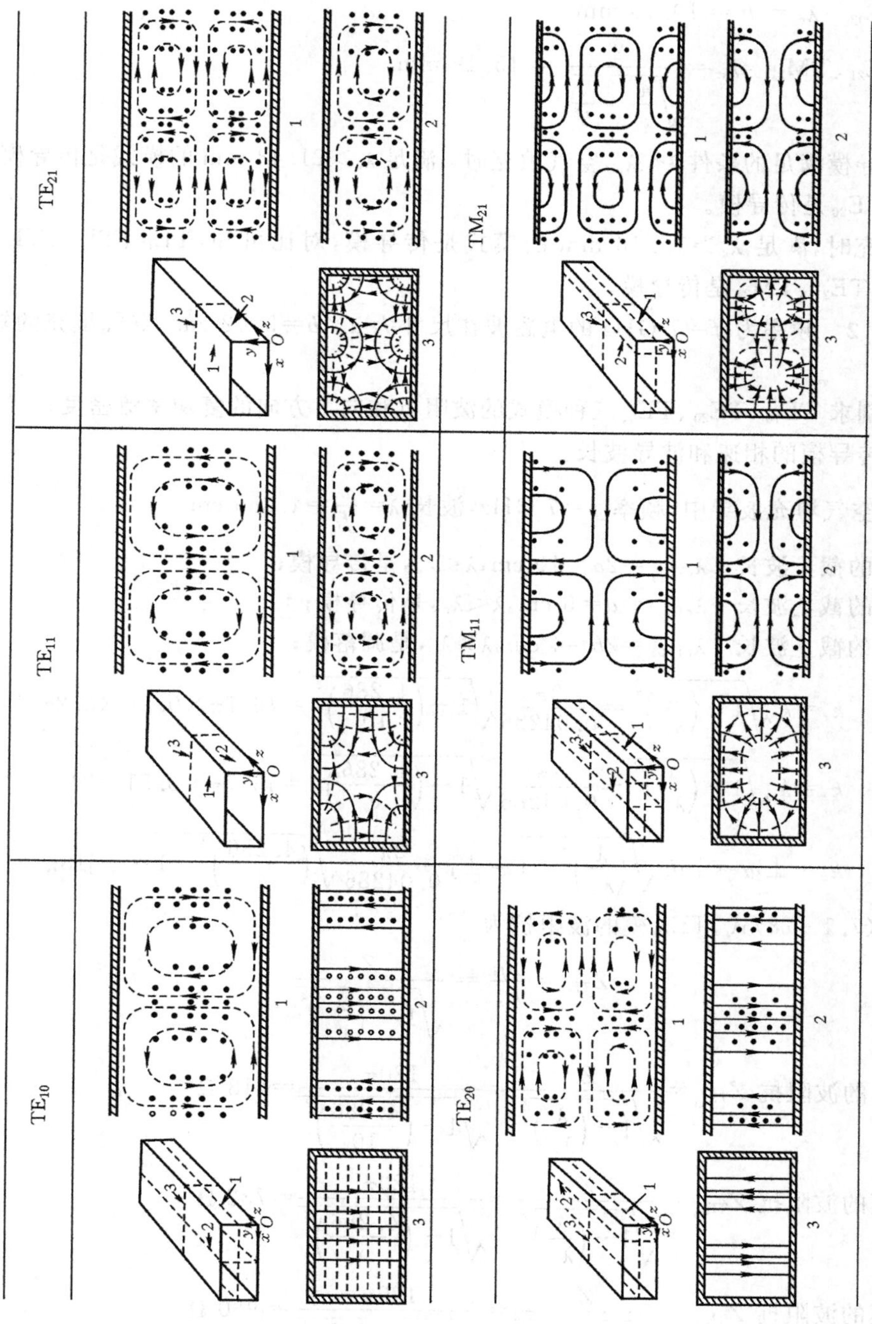

图 7.4-3　几个传导模式在矩形波导三个横截面上的电力线和磁力线图

$TE_{30}\quad \lambda_c=\frac{2}{3}a=15.24\ \text{mm}$

$TE_{02}\quad \lambda_c=b=10.16\ \text{mm}$

$TE_{21}、TM_{21}\quad \lambda_c=\frac{2}{\sqrt{\frac{4}{a^2}+\frac{1}{b^2}}}=15.19\ \text{mm}$

根据传导模满足的条件$\lambda<\lambda_c$,空气填充时,满足$\lambda_c>21.43$ mm的模式是传导模,对比可知,TE_{10}和TE_{20}是传导模。

介质填充时,满足$\lambda_c>15.16$ mm的模式是传导模,对比可知,TE_{10}、TE_{20}、TE_{01}、TE_{11}、TM_{11}、TE_{30}、TE_{21}、TM_{21}是传导模。

例7.4-2 频率为$f=7$ GHz的电磁波在尺寸为$a\times b=5\times 2\ \text{cm}^2$空气填充的矩形波导中传输。

(1) 分别求TE_{10}、TE_{20}、TE_{01}三种模式的波阻抗和向z方向的复功率流密度;

(2) 求传导模的相速和波导波长。

解 在空气填充波导中,频率$f=7$ GHz,波长$\lambda=\frac{v}{f}=4.286$ cm

TE_{10}模的截止波长 $\lambda_{cTE_{10}}=2a=10$ cm,$\lambda<\lambda_c$,是传导模;

TE_{20}模的截止波长 $\lambda_{cTE_{20}}=a=5$ cm,$\lambda<\lambda_c$,是传导模;

TE_{01}模的截止波长 $\lambda_{cTE01}=2b=4$ cm,$\lambda>\lambda_c$,是凋落模;

TE_{10}模 $k_z=k\sqrt{1-\left(\frac{\lambda}{\lambda_c}\right)^2}=\frac{2\pi}{0.04286}\sqrt{1-\left(\frac{4.286}{10}\right)^2}=46.7\pi\times 0.9=42.2\pi$

TE_{20}模 $k_z=k\sqrt{1-\left(\frac{\lambda}{\lambda_c}\right)^2}=\frac{2\pi}{0.04286}\sqrt{1-\left(\frac{4.286}{5}\right)^2}=46.7\pi\times 0.51=24\pi$

TE_{01}模 $k_z=\pm j\alpha=\pm jk\sqrt{\left(\frac{\lambda}{\lambda_c}\right)^2-1}=\pm j\frac{2\pi}{0.04286}\sqrt{\left(\frac{4.286}{4}\right)^2-1}=\pm j18\pi$

(1) 由(7.1-28)式,TE_{mn}模的波阻抗为

$$Z_{TE}=\frac{\omega\mu}{k_z}=\frac{Z}{\sqrt{1-\left(\frac{\lambda}{\lambda_c}\right)^2}}$$

TE_{10}模的波阻抗 $Z_{TE_{10}}=\frac{Z}{\sqrt{1-\left(\frac{\lambda}{\lambda_c}\right)^2}}=\frac{120\pi}{\sqrt{1-\left(\frac{4.286}{10}\right)^2}}=418\ \Omega$

TE_{20}模的波阻抗 $Z_{TE_{20}}=\frac{Z}{\sqrt{1-\left(\frac{\lambda}{\lambda_c}\right)^2}}=\frac{120\pi}{\sqrt{1-\left(\frac{4.286}{5}\right)^2}}=732\ \Omega$

TE_{01}模的波阻抗 $Z_{TE_{01}}=\frac{Z}{\sqrt{1-\left(\frac{\lambda}{\lambda_c}\right)^2}}=\frac{120\pi}{\sqrt{1-\left(\frac{4.286}{4}\right)^2}}=j980\ \Omega$

将$m=1,n=0$代入(7.4-18)得TE_{10}模的场分布为

$H_z(x,y,z)=H_0\cos\left(\frac{\pi}{a}x\right)e^{-j42.16\pi z}$

$$H_x(x,y,z)=\mathrm{j}\frac{k_z}{k_c^2}\left(\frac{\pi}{a}\right)\sin\left(\frac{\pi}{a}x\right)\mathrm{e}^{-\mathrm{j}k_z z}=\mathrm{j}2.1H_0\sin\left(\frac{\pi}{a}x\right)\mathrm{e}^{-\mathrm{j}42.15\pi z}$$

$$E_y(x,y,z)=-Z_{\mathrm{TE}}H_x=-\mathrm{j}878H_0\sin\left(\frac{\pi}{a}x\right)\mathrm{e}^{-\mathrm{j}42.15\pi z}$$

TE_{10} 模向 z 方向的复功率流密度为

$$S_z=-E_yH_x^*=Z_{\mathrm{TE}}|H_x|^2=1843H_0^2\sin^2\left(\frac{\pi}{a}x\right)$$

将 $m=2,n=0$ 代入(7.4-18)得 TE_{20} 模的场分布

$$H_z(x,y,z)=H_0\cos\left(\frac{2\pi}{a}x\right)\mathrm{e}^{-\mathrm{j}24\pi z}$$

$$H_x(x,y,z)=\mathrm{j}0.6H_0\sin\left(\frac{2\pi}{a}x\right)\mathrm{e}^{-\mathrm{j}24\pi z}$$

$$E_y(x,y,z)=-\mathrm{j}439H_0\sin\left(\frac{2\pi}{a}x\right)\mathrm{e}^{-\mathrm{j}24\pi z}$$

TE_{20} 模向 z 方向的复功率流密度为

$$S_z=-E_yH_x^*=Z_{\mathrm{TE}_{20}}|H_x|^2=264H_0^2\sin^2\left(\frac{2\pi}{a}x\right)$$

将 $m=0,n=1$ 代入(7.4-18)得 TE_{01} 模的场分布

$$H_z(x,y,z)=H_0\cos\left(\frac{\pi}{b}y\right)\mathrm{e}^{-18\pi z}$$

$$H_y(x,y,z)=-0.36H_0\sin\left(\frac{\pi}{b}y\right)\mathrm{e}^{-18\pi z}$$

$$E_x(x,y,z)=-\mathrm{j}353H_0\sin\left(\frac{\pi}{b}y\right)\mathrm{e}^{-18\pi z}$$

TE_{01} 模向 z 方向的复功率流密度为

$$S_z=E_xH_y^*=Z_{\mathrm{TE}_{01}}|H_x|^2=\mathrm{j}127H_0^2\sin^2\left(\frac{\pi}{b}y\right)\mathrm{e}^{-36\pi z}$$

(2) 由(7.1-23)式，传导模 TE_{10} 模的相速

$$v_{\mathrm{p}}=\frac{v}{\sqrt{1-\left(\frac{\lambda}{\lambda_c}\right)^2}}=\frac{c}{\sqrt{1-\left(\frac{\lambda}{2a}\right)^2}}=3.33\times10^8\ \mathrm{m/s}$$

传导模 TE_{20} 模的相速

$$v_{\mathrm{p}}=\frac{v}{\sqrt{1-\left(\frac{\lambda}{\lambda_c}\right)^2}}=\frac{c}{\sqrt{1-\left(\frac{\lambda}{a}\right)^2}}=5.88\times10^8\ \mathrm{m/s}$$

由(7.1-25)式，传导模 TE_{10} 模的波导波长

$$\lambda_g=\frac{\lambda}{\sqrt{1-\left(\frac{\lambda}{\lambda_c}\right)^2}}=\frac{\lambda}{\sqrt{1-\left(\frac{\lambda}{2a}\right)^2}}=4.762\ \mathrm{cm}$$

传导模 TE_{20} 模的波导波长

$$\lambda_g=\frac{\lambda}{\sqrt{1-\left(\frac{\lambda}{\lambda_c}\right)^2}}=\frac{\lambda}{\sqrt{1-\left(\frac{\lambda}{a}\right)^2}}=8.404\ \mathrm{cm}$$

由此例可以看出,传导模的波阻抗和功率密度是实数,表示沿波导有功率流动;凋落模的波阻抗和复功率密度是虚数,没有平均功率沿波导流动。

思考题

1. 什么是模式?不同的模式有什么区别?

2. 如何判断一个模式是传导模还是凋落模?

3. m 和 n 不同,模式场分布有什么不同?为什么 TM 模的 m 和 n 从 1 开始,而 TE 模的 m 和 n 是从 0 开始?

4. TE 模的波阻抗和 TM 模的波阻抗有什么区别?

5. 传导模的波阻抗和凋落模的波阻抗有什么区别?

7.5 TE_{10} 波

从上节分析知道,对于给定的矩形波导($a \geqslant 2b$),当波长满足 $a < \lambda < 2a$ 条件时,波导中只有基模 TE_{10} 是传导模。波导中只有一个传导模的情况称为单模传输。单模传输的优点是耦合效率高,色散小。因此矩形波导传输电磁波时,一般选择工作在单模。单模传输时,波导中的传导模 TE_{10} 称为主模或工作模。

为了使波长为 λ 的电磁波在矩形波导中传输的单模工作在主模 TE_{10} 上,波长应满足 $a < \lambda < 2a$,因此,矩形波导宽边尺寸要满足

$$\frac{\lambda}{2} < a < \lambda \tag{7.5-1}$$

波导窄边的尺寸取决于传输的功率、波导的衰减以及重量等因素,一般取

$$b \leqslant \frac{a}{2} \tag{7.5-2}$$

波导越窄,重量就越轻,越节约金属材料。但波导越窄,能传输的最大功率就越小,而且太窄的波导可能使制作困难。一般 a 取 0.7λ 左右,波导较小时,b 取 $(0.4 \sim 0.5)a$;波导较大时,b 取 $(0.1 \sim 0.2)a$。波导系统一般适合于厘米波和毫米波段。波长太长,波导尺寸太大,不但成本高,而且笨重。波长太短,波导尺寸太小,则难以加工,传输功率也小。工程上为便于生产、维护,波导尺寸规格已标准系列化。不同频段使用的波导规格型号尺寸可在微波工程手册上查到。

下面分析矩形波导中 TE_{10} 模的场分布。将 $m=1, n=0$ 代入(7.4-18)式,得到 TE_{10} 模的各场分量为

$$H_z(x,y,z) = H_0 \cos\left(\frac{\pi}{a}x\right) e^{-jk_z z} \tag{7.5-3a}$$

$$H_x(x,y,z) = jk_z \left(\frac{a}{\pi}\right) H_0 \sin\left(\frac{\pi}{a}x\right) e^{-jk_z z} \tag{7.5-3b}$$

$$E_y(x,y,z) = -j\omega\mu \left(\frac{a}{\pi}\right) H_0 \sin\left(\frac{\pi}{a}x\right) e^{-jk_z z} \tag{7.5-3c}$$

对应的时域瞬时形式为

$$H_z(x,y,z,t)=\sqrt{2}H_0\cos\left(\frac{\pi}{a}x\right)\cos(\omega t-k_z z) \tag{7.5-4a}$$

$$H_x(x,y,z,t)=\sqrt{2}\frac{ak_z}{\pi}H_0\sin\left(\frac{\pi}{a}x\right)\sin(\omega t-k_z z) \tag{7.5-4b}$$

$$E_y(x,y,z,t)=-\sqrt{2}\omega\mu\left(\frac{a}{\pi}\right)H_0\sin\left(\frac{\pi}{a}x\right)\sin(\omega t-k_z z) \tag{7.5-4c}$$

可以看出，TE_{10}模的电场仅有 E_y 分量，是垂直于矩形波导宽壁的线极化波。磁场有平行于宽壁的 H_x 和 H_z 两个分量。图 7.5-1 分别给出了在某时刻 E_y、H_x 和 H_z 随 x 和 z 的变化曲线，以及电力线和磁力线图。TE_{10}模的电力线是从一宽壁到另一宽壁的直线，沿 x 从 0 到 a 变化一个驻波，波腹在中间 $a/2$ 处。磁力线是在 xOz 面的闭合曲线，场在 y 方向不变化。了解矩形波导中 TE_{10}模的场分布不仅可以深入理解该模式，在工程中应用中也是很重要的，有一定实用意义。例如，从 TE_{10}波的电力线分布可以看出：电场垂直于宽壁，且在宽壁中线上具有最大值，在靠近窄壁处为 0；磁力线是平行于宽壁的闭合曲线，在靠近窄壁纵向分量最大。如果需要在矩形波导中采用插入探针的方式输入或输出电磁信号，那么探针要从矩形波导宽

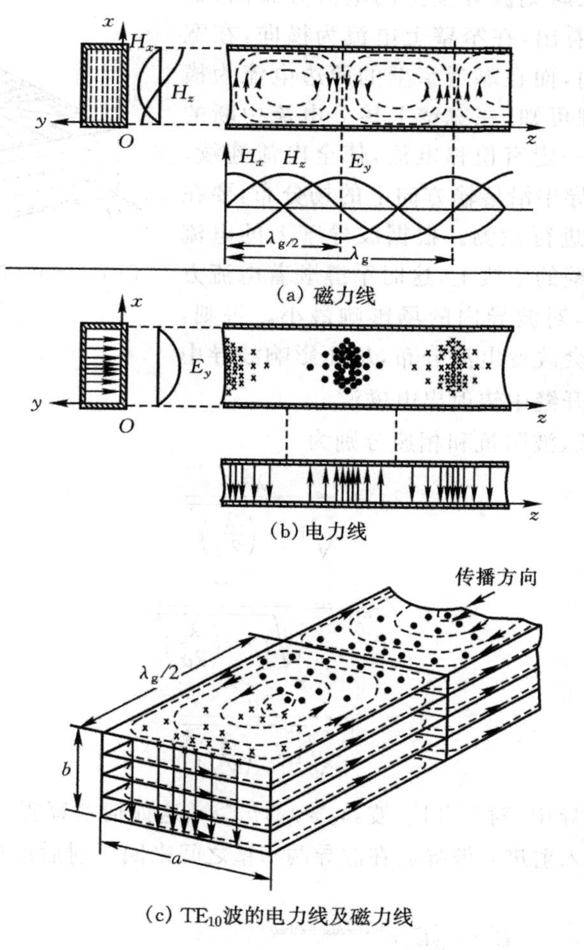

图 7.5-1　TE_{10}波的电力线和磁力线图

壁中线开孔插入，这样就使探针插在电场最强处，且和电场平行，从而在探针上感应的电流最大；而如果采用插入小导线环的方式，就要从窄壁上开孔插入垂直于磁力线的小导线环，使穿过小导线环的磁场最大。这两种耦合情况如图 7.5-2 所示。

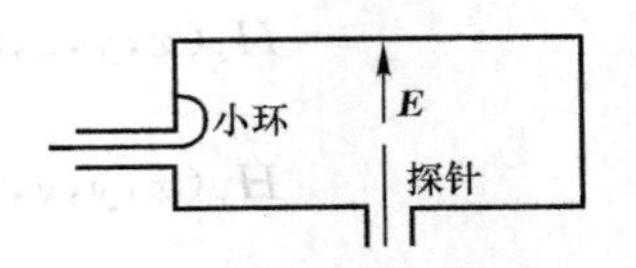

图 7.5-2 矩形波导中插入探针和小导线环

根据边界条件 $\boldsymbol{J}_S=\hat{n}\times\boldsymbol{H}$，由矩形波导壁上的磁场，可得到波导壁上的电流分布。

在 $y=0$ 的宽壁上

$$\boldsymbol{J}_S(t)=\hat{x}\sqrt{2}H_0\cos\left(\frac{\pi}{a}x\right)\cos(\omega t-k_z z)-\hat{z}\sqrt{2}\frac{k_z a}{\pi}H_0\sin\left(\frac{\pi}{a}x\right)\sin(\omega t-k_z z) \tag{7.5-5a}$$

在 $x=0$ 的窄壁上

$$\boldsymbol{J}_S(t)=-\hat{y}\sqrt{2}H_0\cos(\omega t-k_z z) \tag{7.5-5b}$$

根据上式可以画出在某时刻波导壁上的电流分布图，如图 7.5-3 所示。可以看出，在窄壁上电流为横向，在宽壁的中线上电流为纵向，而在靠近窄壁的两边电流为横向。由全电流连续原理可知，在宽壁上传导电流中断的地方，上下两宽壁之间一定有位移电流，使全电流连续。在实验中，为了检测波导中沿传输方向上的场分布，要在波导上开缝，插入探针进行检测。根据波导壁上的电流分布，窄缝必须开在宽壁的中线上，这时窄缝顺着电流方向，不改变电流的流向，对波导内的场影响最小。否则，如果开缝切断电流，就会改变电流分布，从而影响波导中的场分布，并且还会从开缝中辐射出电磁波。

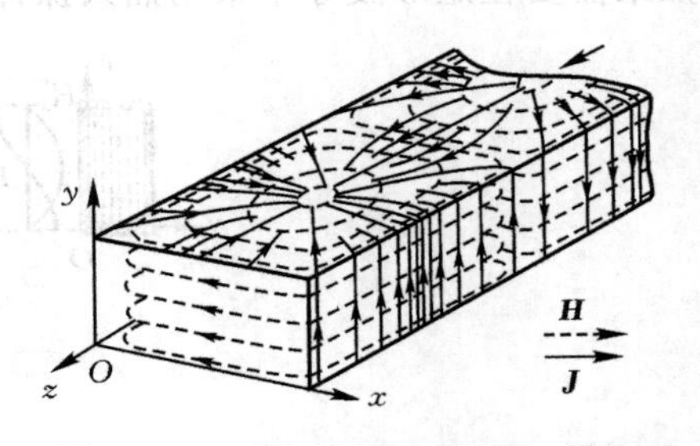

图 7.5-3 波导壁上的 TE_{10} 模电流分布图

TE_{10} 波的波导波长、波阻抗和相速分别为

$$\lambda_g=\frac{\lambda}{\sqrt{1-\left(\frac{\lambda}{2a}\right)^2}} \tag{7.5-6}$$

$$Z_{TE_{10}}=\frac{Z}{\sqrt{1-\left(\frac{\lambda}{2a}\right)^2}} \tag{7.5-7}$$

$$v_p=\frac{v}{\sqrt{1-\left(\frac{\lambda}{2a}\right)^2}} \tag{7.5-8}$$

显然，在空气填充的波导中，对于 TE_{10} 波，$\lambda_g>\lambda_0$，$v_p>c$，这如何解释呢？可以将 TE_{10} 波看作是由垂直极化的 TEM 波入射进入波导后在波导两窄壁之间来回反射后形成的，如图 7.5-4(a)所示。设入射波

$$\boldsymbol{E}^i=\hat{y}E_0\mathrm{e}^{-jk(x\cos\theta+z\sin\theta)} \tag{7.5-9}$$

$$\boldsymbol{H}^i=\frac{E_0}{Z}(-\hat{x}\sin\theta+\hat{z}\cos\theta)\mathrm{e}^{-jk(x\cos\theta+z\sin\theta)} \tag{7.5-10}$$

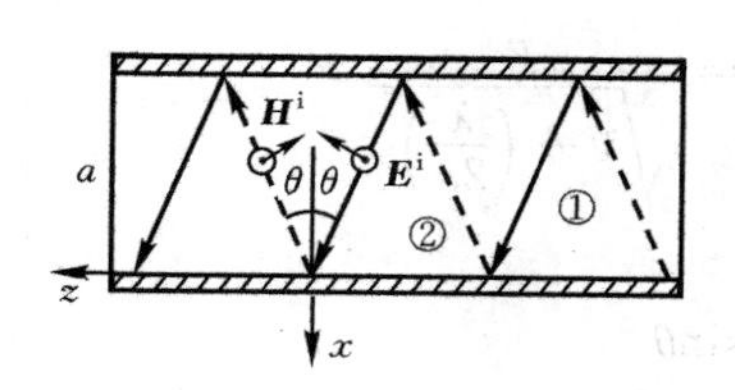

(a) 垂直极化波在两导体面之间反射

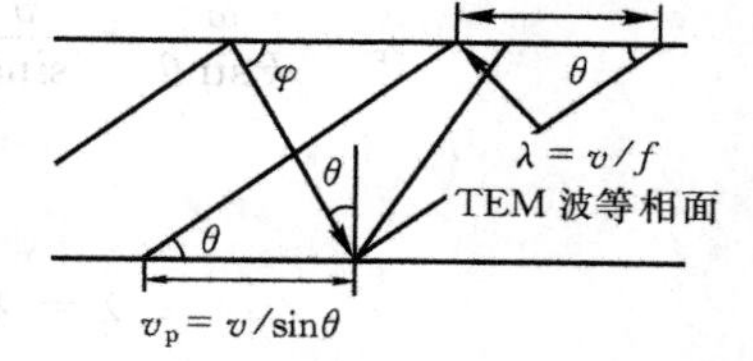

(b) 相邻波峰在传输方向的截距

图 7.5-4　垂直极化 TEM 波在波导两窄壁之间来回反射

TEM 波斜投射到矩形波导中一窄壁上发生反射，反射波斜投射到对面另一窄壁上又反射回来。这样在两壁之间来回不断之形反射，形成波导中的导行波。两窄壁之间入射波与反射波合成后的总场为

$$
\begin{aligned}
E_y &= -\mathrm{j}2E_0\sin(kx\cos\theta)\mathrm{e}^{-\mathrm{j}kz\sin\theta} \\
H_x &= \mathrm{j}\frac{2E_0}{Z}\sin\theta\sin(kx\cos\theta)\mathrm{e}^{-\mathrm{j}kz\sin\theta} \\
H_z &= \frac{2E_0}{Z}\cos\theta\cos(kx\cos\theta)\mathrm{e}^{-\mathrm{j}kz\sin\theta}
\end{aligned}
\tag{7.5-11}
$$

为了满足在 $x=-a$ 处 $E_y=0$ 的边界条件，取

$$ka\cos\theta = m\pi \quad m=1,2,3,\cdots$$

上式可重写为

$$k\cos\theta = m\frac{\pi}{a} \tag{7.5-12}$$

上式中取 $m=1$，得

$$k\cos\theta = \frac{\pi}{a} \tag{7.5-13}$$

也可写为

$$\cos\theta = \frac{\lambda}{2a} \tag{7.5-14}$$

由此得

$$\sin\theta = \sqrt{1-\cos^2\theta} = \sqrt{1-\left(\frac{\lambda}{2a}\right)^2} \tag{7.5-15}$$

将(7.5-13)式和(7.5-15)式代入(7.5-11)式，就得到与(7.5-3)式相同的场分布。这表明，TE_{10} 波可以看作垂直极化的 TEM 波入射进入波导，当满足 $\cos\theta=\frac{\lambda}{2a}$ 时，在波导两窄壁之间来回反射后形成的。从这个观点来看，当 TE_{10} 截止时，$\lambda=2a$，对应于 $\theta=0$，是波在两窄壁之间来回垂直反射。

对于 TEM 波在波导窄壁之间之形反射的情况，波导波长就是相邻两波峰面在 z 轴上的截距，如图 7.5-4(b)所示，或者说，波导波长在 TEM 波传播方向的投影就是波长，因此有

$$\lambda_g = \frac{2\pi}{k\sin\theta} = \frac{\lambda}{\sin\theta} = \frac{\lambda}{\sqrt{1-\left(\frac{\lambda}{2a}\right)^2}}$$

等相面在 z 轴上扫过的速度，就是波导的相速

$$v_{\mathrm{p}}=\frac{\omega}{k\sin\theta}=\frac{v}{\sin\theta}=\frac{v}{\sqrt{1-\left(\frac{\lambda}{2a}\right)^{2}}}$$

从上式得到

$$\lambda=\lambda_{\mathrm{g}}\sin\theta$$

$$v=v_{\mathrm{p}}\sin\theta$$

以上两式说明，$\lambda_{\mathrm{g}}>\lambda$，$v_{\mathrm{p}}>c$ 的原因是当波斜投射时，λ_{g} 和 v_{p} 不是从 TEM 波的传播方向，而是从与该方向有一夹角的 z 轴方向观察引起的。

在波导中，TE_{10} 波是 TEM 波在两波导窄壁之间之形反射形成的，那么，在波导中能量传播的速度应是 TEM 波能速在 z 轴上的投影值，即

$$v_{\mathrm{e}}=v\sin\theta=v\sqrt{1-\left(\frac{\lambda}{2a}\right)^{2}} \tag{7.5-16}$$

式中，$v=\frac{1}{\sqrt{\mu\varepsilon}}$是 TEM 的能速。显然，在矩形波导中

$$v_{\mathrm{e}}v_{\mathrm{p}}=v^{2} \tag{7.5-17}$$

例 7.5-1 三种型号的空气填充矩形波导尺寸为

BJ-40	58.20 mm × 29.10 mm
BJ-100	22.86 mm × 10.16 mm
BJ-120	19.05 mm × 9.52 mm

分别求其单模工作的频率范围。

解 矩形波导单模工作时，波长与尺寸的关系为

$$a<\lambda<2a$$

对应的波长范围最大波长为 $\lambda_1=2a$，最小波长为 $\lambda_2=a$。相应的最低和最高频率分别为

$$f_1=\frac{c}{2a},\quad f_2=\frac{c}{a}$$

将以上3种型号的波导尺寸代入得

BJ-40	2.57 ~ 5.15 GHz
BJ-100	6.562 ~ 13.12 GHz
BJ-120	7.88 ~ 15.7 GHz

例 7.5-2 设计一空气填充的矩形波导，使频率 $f=(3\pm0.3)$ GHz 范围的电磁波单模传输，并使 f 与截止频率之间至少还有 20% 的保护带。

解 根据矩形波导单模传输条件 $a<\lambda<2a$，单模传输波长范围 $\lambda_2\sim\lambda_1$ 与波导尺寸 a 之间的关系为

$$\lambda_1<2a,\lambda_2>a$$

波导中填充空气，将 $\lambda=\frac{c}{f}$代入以上不等式，得单模传输频率范围 $f_1\sim f_2$ 与波导尺寸之间的关系为

$$f_1>\frac{c}{2a},\ f_2<\frac{c}{a}$$

如果要留20%的保护带,单模传输频率范围与波导尺寸之间的关系应为

$$f_1 \geqslant \frac{c}{2a} \times 1.2,\ f_2 \leqslant \frac{c}{a} \times 0.8$$

由此不等式,代入 $f_1 = 2.7$ GHz 和 $f_2 = 3.3$ GHz 得

$$a \geqslant \frac{c}{2f_1} \times 1.2 = 0.6 \times \frac{3 \times 10^8}{(3-0.3) \times 10^9} = 0.0667\ \text{m}$$

$$a \leqslant \frac{c}{f} \times 0.8 = 0.8 \times \frac{3 \times 10^8}{(3+0.3) \times 10^9} = 0.0727\ \text{m}$$

取 $a = 0.07$ m, $b = 0.2a = 0.014$ m

例 7.5-3 电磁波在尺寸为22.86 mm×10.16 mm的空气填充的矩形波导中单模传输,测得相邻两波节点的距离为22.5 mm,求此波导中电磁波的频率。

解 波导中相邻两波节点的距离 l 是 $\frac{\lambda_g}{2}$,因此,波导中单模传输的 TE_{10} 波的波导波长为 $\lambda_g = 2 \times l = 45$ mm,由关系

$$\lambda_g = \frac{\lambda}{\sqrt{1-\left(\frac{\lambda}{2a}\right)^2}}$$

得

$$\lambda \frac{\lambda_g}{\sqrt{1+\left(\frac{\lambda_g}{2a}\right)^2}} = 32\ \text{mm}$$

由频率和波长的关系得

$$f = \frac{c}{\lambda} = 9.375\ \text{GHz}$$

思考题

1. 单模传输的条件是什么?单模传输有什么优点?
2. TE_{10} 模的场分布有什么特点?
3. 同一尺寸的矩形波导,如果在矩形波导中分别填充空气和介质,传输相同频率的电磁波,传输特性有哪些不同?
4. 矩形波导适合于传输什么频率范围的电磁波?为什么?
5. 矩形波导中 TE_{10} 波电场在两点之间的线积分 $\int_a^b \boldsymbol{E} \cdot d\boldsymbol{l}$ 是否和积分路径有关?为什么?

7.6 导波系统中的传输功率与损耗

1. 导波系统的平均传输功率

导波系统的平均传输功率等于穿过导波系统截面 S 上平均功率流密度矢量的通量,即

$$\overline{P} = \iint_S \text{Re}[\boldsymbol{E} \times \boldsymbol{H}^*] \cdot d\boldsymbol{S} \tag{7.6-1}$$

(1) TEM 波传输线的传输功率

对于 TEM 波传输线，例如对于同轴线，电磁场可以用电压和电流表示为

$$\boldsymbol{E}(x,y,z)=\boldsymbol{E}_0(x,y)\mathrm{e}^{-\mathrm{j}kz}=\hat{\rho}\frac{V}{\ln\frac{b}{a}}\frac{1}{\rho}\mathrm{e}^{-\mathrm{j}kz} \tag{7.6-2}$$

$$\boldsymbol{H}(x,y,z)=\boldsymbol{H}_0(x,y)\mathrm{e}^{-\mathrm{j}kz}=\hat{\varphi}\frac{I}{2\pi\rho}\mathrm{e}^{-\mathrm{j}kz} \tag{7.6-3}$$

代入(7.6-1)式得

$$\begin{aligned}\overline{P}&=\mathrm{Re}\Big[\iint_S\boldsymbol{E}_0(x,y)\times\boldsymbol{H}_0^*(x,y)\cdot\mathrm{d}\boldsymbol{S}\Big]=\mathrm{Re}\Big[\iint_S\frac{VI^*}{2\pi\ln\frac{b}{a}}\frac{1}{\rho^2}\hat{z}\cdot\hat{z}\mathrm{d}S\Big]\\&=\mathrm{Re}[VI^*]=\frac{2\pi V^2}{\sqrt{\frac{\mu}{\varepsilon}}\ln\frac{b}{a}}\end{aligned} \tag{7.6-4}$$

同轴线中的场也可以表示为

$$\boldsymbol{E}(x,y,z)=\boldsymbol{E}_0(x,y)\mathrm{e}^{-\mathrm{j}kz}=\hat{\rho}\frac{E_a a}{\rho}\mathrm{e}^{-\mathrm{j}kz} \tag{7.6-5}$$

$$\boldsymbol{H}(x,y,z)=\frac{1}{Z}\hat{z}\times\boldsymbol{E}=\hat{\varphi}\sqrt{\frac{\varepsilon}{\mu}}\frac{E_a a}{\rho}\mathrm{e}^{-\mathrm{j}kz} \tag{7.6-6}$$

式中 E_a 为同轴线中内导体表面上的场。代入(7.6-1)式得

$$\overline{P}=2\pi\sqrt{\frac{\varepsilon}{\mu}}E_a^2a^2\ln\frac{b}{a} \tag{7.6-7}$$

同轴线中传输的最大功率取决于同轴线的耐压或击穿场强。由(7.6-4)和(7.6-7)式，可根据同轴线的耐压或击穿场强计算出同轴线的最大传输功率。同轴线中除了可以传输主模 TEM 波以外，还可以传输非 TEM 波。经分析可知，同轴线中非 TEM 波最低模式的截止波长近似为 $\lambda_c=\pi(a+b)$，只要在同轴线中传输的波长满足 $\lambda>\pi(a+b)$，同轴线中就只传输主模 TEM 波。换句话说，对于给定尺寸的同轴线，单模传输的最高频率就是确定的。工作频率越高，要求同轴线越细；同轴线越细，最大传输功率也就越小。

(2) 矩形波导的传输功率

矩形波导单模传输时的横向电磁场可表示为

$$E_y=E_0\sin\left(\frac{\pi}{a}x\right)\mathrm{e}^{-\mathrm{j}k_z z} \tag{7.6-8}$$

$$H_x=-\frac{E_y}{Z_{\mathrm{TE}_{10}}} \tag{7.6-9}$$

代入(7.6-1)式，积分得到矩形波导单模平均传输功率为

$$\overline{P}=\frac{abE_0^2}{2Z_{\mathrm{TE}_{10}}} \tag{7.6-10}$$

从上式可以看出，矩形波导单模传输的最大传输功率与最大电场和 b 有关，且和 b 成正比。

2. 导波系统的功率损耗

导波系统在传输电磁波过程中，是有功率损耗的。引起功率损耗的原因一般有以下 3 种：一是导波系统中良导体的损耗；二是导波系统中介质的损耗；三是辐射或泄漏损耗。辐射或泄

漏损耗可采取措施消除。介质的损耗可通过采用在工作频段损耗小的介质来降低。导波系统的功率损耗一般比较小，是低损耗，在传输距离很短时可以忽略，但当传输距离比较长时就要考虑。

原则上说，要严格地计算导波系统的功率损耗，首先要计算导波系统中良导体内和有耗介质内的精确场分布，然后根据场分布计算功率损耗。但是，严格地计算导波系统中良导体内和有耗介质内的精确的场分布是十分复杂的。目前，在工程实际中往往采用近似估算的方法。

通过前面讨论有耗媒质和有耗传输线中电磁波的传播我们知道，低损耗媒质中的场分布可近似为在无损耗媒质中的场分布的基础上乘以指数形式的衰减因子。导波系统是低损耗的，因此其场分布可以用无损耗时的理想场分布乘以指数形式的衰减因子近似，以此为基础就可以近似估算损耗功率。下面分析导波系统的衰减指数与单位长度损耗功率的关系。

低损耗导波系统的电场可以表示为

$$\boldsymbol{E}(x,y,z)=\boldsymbol{E}_0(x,y)\mathrm{e}^{-\alpha z}\mathrm{e}^{-\mathrm{j}\beta z} \tag{7.6-11}$$

式中 α 为衰减指数。那么，对应的传输功率可表示为

$$P=P_0\mathrm{e}^{-2\alpha z} \tag{7.6-12}$$

导波系统单位长度的功率衰减 P_1 就等于传输功率对距离导数的负值，即

$$P_1=-\frac{\partial P}{\partial z} \tag{7.6-13}$$

将(7.6-12)式代入上式得

$$P_1=2\alpha P \tag{7.6-14}$$

由此得

$$\alpha=\frac{P_1}{2P} \tag{7.6-15}$$

这就是导波系统的衰减指数与单位长度损耗功率的关系。在计算单位长度损耗功率 P_1 和传输功率 P 时，场分布近似为无损耗时的理想场分布。

在实际中衰减指数 α 也可以通过测量得到。

对于 TEM 波传输线，(7.2-27)式给出了低损耗衰减指数，重写如下

$$\alpha\approx\frac{1}{2}\left(\frac{R_1}{Z}+G_1Z\right) \tag{7.6-16}$$

对于矩形波导，辐射损耗可以不计。和导体损耗相比，介质损耗也可以忽略，只需考虑良导体的功率损耗。矩形波导中波导壁单位面积的导体损耗为

$$p_1=|\hat{n}\times\boldsymbol{H}|^2R_S$$

上式对矩形波导单位长度的内壁面面积分

$$P_1=\iint_S|\hat{n}\times\boldsymbol{H}|^2R_S\mathrm{d}S \tag{7.6-17}$$

就是矩形波导单位长度的损耗功率。矩形波导平均传输功率由(7.6-10)式给出。由(7.6-17)和(7.6-10)式分别计算出矩形波导单位长度的损耗功率和传输功率，代入(7.6-15)式，就可计算出矩形波导的衰减指数。

例 7.6-1 计算良导体制作的矩形波导单模传输的衰减指数。

解 矩形波导单模平均传输功率为

$$\overline{P}=\frac{abE_0^2}{2Z_{\mathrm{TE}_{10}}}$$

其中
$$E_0 = \omega\mu\left(\frac{a}{\pi}\right)H_0$$
由(7.5-3)式,窄壁上的磁场为
$$H_z(x,y,z) = H_0\mathrm{e}^{-\mathrm{j}k_z z}$$
代入(7.6-17)式,窄壁(两边)上单位长度的损耗功率为
$$P_{1b} = \iint_S |\,\hat{n}\times\boldsymbol{H}\,|^2 R_S \mathrm{d}S = 2\int_0^b \mathrm{d}y\int_0^1 R_S H_0^2 \mathrm{d}z = 2bR_S H_0^2$$
由(7.5-3)式,宽壁上的磁场为
$$H_z(x,y,z) = H_0\cos\left(\frac{\pi}{a}x\right)\mathrm{e}^{-\mathrm{j}k_z z}$$
$$H_x(x,y,z) = \mathrm{j}k_z\left(\frac{a}{\pi}\right)H_0\sin\left(\frac{\pi}{a}x\right)\mathrm{e}^{-\mathrm{j}k_z z}$$
代入(7.6-17)式,宽壁(上下两壁)上单位长度的损耗功率为
$$\begin{aligned}P_{1a} &= \iint_S |\,\hat{n}\times\boldsymbol{H}\,|^2 R_S \mathrm{d}S\\ &= 2\int_0^1 \mathrm{d}z\int_0^a R_S\left\{\left[H_0\cos\left(\frac{\pi}{a}x\right)\right]^2 + \left[k_z\frac{aH_0}{\pi}\sin\left(\frac{\pi}{a}x\right)\right]^2\right\}\mathrm{d}x\\ &= 2R_S H_0^2\left[\frac{a}{2} + k_z^2\left(\frac{a}{\pi}\right)^2\frac{a}{2}\right]\end{aligned}$$
矩形波导单模传输的衰减指数为
$$\alpha = \frac{P_{1a}+P_{1b}}{2P} = \frac{R_S}{\sqrt{\dfrac{\mu}{\varepsilon}\left[1-\left(\dfrac{\lambda}{2a}\right)^2\right]}}\left[\frac{1}{b}+\frac{2}{a}\left(\frac{\lambda}{2a}\right)^2\right]$$

思考题

1. 如何计算导波系统的传输功率?
2. 导波系统有哪些损耗?
3. 如何近似计算低损耗导波系统的损耗功率?
4. 为什么使用频率越高,同轴电缆越细?

7.7 谐振腔

谐振腔是工作在很高频率的谐振器件。

在低频电路中,由电容器和电感器组成谐振回路。随着频率的升高,LC谐振回路出现以下缺点:(1)当波长小到和电路的尺寸相当时,LC电路会存在显著的辐射损耗;(2)集肤效应引起的导体损耗和介质损耗也随着频率的增加而急剧增加,使LC谐振回路的Q值显著降低;(3)频率升高,LC值减小,使元器件的尺寸很小,这不但难以加工,而且容易击穿,不得不降低工作电压,也就降低了振荡功率。而由具有分布参数的导波系统形成的谐振腔没有辐射损耗,导体和介质损耗都很小,因此Q值很高,而且制作方便,结构坚固。

一段导波系统两端短路或开路就可以构成谐振腔。谐振腔有同轴谐振腔、矩形谐振腔、圆

柱谐振腔、介质谐振腔等类型。本节简要介绍同轴谐振腔和矩形谐振腔。

1. 同轴谐振腔

同轴谐振腔可认为是由一段同轴线一端短路,另一端短路或开路构成的。为分析简单起见,下面仅讨论两端都短路的同轴谐振腔。谐振腔中的场分布可以用两种方法得到:一种是像求矩形波导中的场分布那样,直接解场方程求得;另一种是用导波系统中已知的波表达式,在两个端面之间反射叠加得到。下面我们采用后一种方法。

考虑一段同轴线沿 z 轴放置,在 $z=0$,$z=-d$ 两端短路,如图 7.7-1所示。设耦合进入同轴谐振腔中的电压电流波沿 z 方向传输,到达 $z=0$ 端面被反射后,向 $-z$ 方向传输,从 $z=0$ 传输到 $z=-d$ 又被反射,再沿 z 方向传输,这样不断地在两个端面之间来回反射。要在谐振腔中形成稳定的场分布,总场在两个端面必须满足边界条件。由于谐振腔中的场是电磁波来回反射形成的,因此谐振腔中的总场可分为两部分,一部分是沿 z 方向传输的波,另一部分是向 $-z$ 方向传输的波,对应的电压电流波分别为

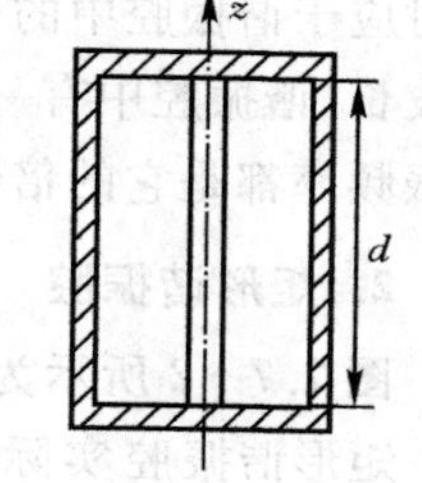

图 7.7-1　同轴谐振腔

$$V^+ = V_0^+ e^{-j\beta z} \qquad I^+ = \frac{V^+}{Z} \tag{7.7-1}$$

$$V^- = V_0^- e^{j\beta z} \qquad I^- = -\frac{V^-}{Z} \tag{7.7-2}$$

式中 Z 为同轴线的特性阻抗,$\beta=\dfrac{2\pi}{\lambda}$为同轴线的相位常数。总场为

$$V = V^+ + V^- = V_0^+ e^{-j\beta z} + V_0^- e^{j\beta z} \tag{7.7-3}$$

$$I = I^+ + I^- = \frac{1}{Z}(V_0^+ e^{-j\beta z} - V_0^- e^{j\beta z}) \tag{7.7-4}$$

要在谐振腔中形成稳定的场,电压应在两个短路面 $z=0$ 和 $z=-d$ 处等于0。由此可以得到

$$V_0^- = -V_0^+ \tag{7.7-5}$$

$$\beta d = m\pi \quad m = 1,2,3,\cdots \tag{7.7-6}$$

将此结果代入(7.7-3)和(7.7-4)式,得到谐振腔中稳定的电压、电流为

$$V(z) = -j2V_0^+ \sin\left(\frac{m\pi}{d}z\right) \tag{7.7-7}$$

$$I(z) = \frac{2V_0^+}{Z}\cos\left(\frac{m\pi}{d}z\right) \tag{7.7-8}$$

可以看出,谐振腔中稳定的场就是一系列(m 值不同的)驻波。在谐振腔的驻波场中,电场能量和磁场能量随着时间在不断地交换,当电场能量达到最大时,磁场能量为0;当磁场能量达到最大时,电场能量为0。这和 LC 回路在谐振时是相同的,有区别的是在 LC 回路中,电场能量集中在电容中,磁场能量集中在电感中,而在谐振腔中电场和磁场能量在同一区域。这就是说,只要谐振腔中形成稳定的驻波,谐振腔中的电磁能量就达到谐振。对于给定尺寸的谐振腔,并不是任何频率或波长的场都可以在谐振腔中形成稳定的驻波的。将 $\beta=\dfrac{2\pi}{\lambda}$代入(7.7-6)式,就得到同轴谐振腔中形成稳定驻波的条件,即谐振条件是

$$d = m\frac{\lambda}{2} \tag{7.7-9}$$

或

$$f = m\frac{1}{2d}\frac{1}{\sqrt{\mu\varepsilon}} \tag{7.7-10}$$

上式中 λ 和 f 分别就是同轴谐振腔的谐振波长和谐振频率。从上式可以看出,对于给定尺寸和填充介质的谐振腔,谐振频率不止一个,而有无穷多个,这和 LC 回路不同。每一个谐振频率对应于谐振腔中的一种驻波分布,也就是一个谐振模式。$m=1$ 时,谐振腔的长度刚好是半个波长,谐振腔中有一个电压波腹,对应的谐振波长最长,谐振频率最小,是基频,其他模式的谐振频率都是它的倍数。

2. 矩形谐振腔

图7.7-2所示为一宽为 a、高为 b、长为 d 的矩形谐振腔。矩形谐振腔实际就是一个良导体制作的长方体盒子(腔),可以看成是一段长度为 d、宽为 a、高为 b 的矩形波导两端短路形成的。因此,矩形谐振腔中的场也可以利用矩形波导中的波在两端面之间反射,总场满足边界条件,在长度方向也形成稳定的驻波这种方法得到。也就是说,矩形谐振腔中的场可用矩形波导中正反两个方向的波叠加,满足两个端面的边界条件得到。例如,设矩形波导中为 TE_{mn} 波,其中正反两个方向传输的 E_y 可表示为

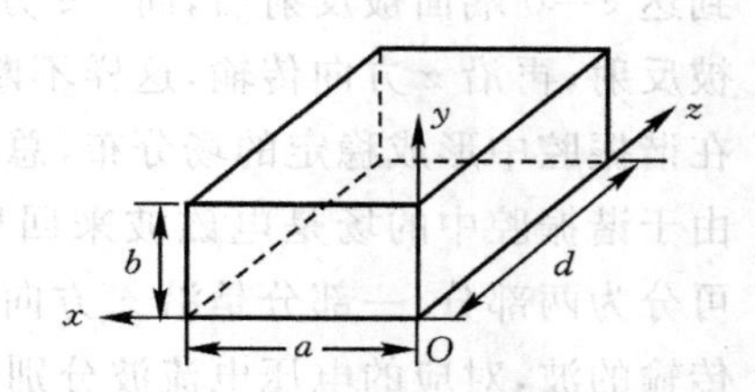

图7.7-2 矩形谐振腔

$$E_y^+ = -\mathrm{j}H_0^+\frac{\omega\mu}{k_c^2}\frac{m\pi}{a}\sin\left(\frac{m\pi}{a}x\right)\cos\left(\frac{n\pi}{b}y\right)\mathrm{e}^{-\mathrm{j}k_z z} \tag{7.7-11}$$

$$E_y^- = -\mathrm{j}H_0^-\frac{\omega\mu}{k_c^2}\frac{m\pi}{a}\sin\left(\frac{m\pi}{a}x\right)\cos\left(\frac{n\pi}{b}y\right)\mathrm{e}^{\mathrm{j}k_z z} \tag{7.7-12}$$

在矩形谐振腔中总的 E_y 是 E_y^+ 和 E_y^- 的叠加,要在矩形谐振腔中形成稳定的驻波,E_y 应在两个端面满足 $E_y=0$ 的边界条件。由此得

$$H_0^- = -H_0^+ \tag{7.7-13}$$

$$k_z d = l\pi \quad l = 1,2,3,\cdots \tag{7.7-14}$$

由上式得

$$k_z = \frac{l\pi}{d} \quad l = 1,2,3,\cdots \tag{7.7-15}$$

将(7.7-13)和(7.7-15)式代入(7.7-11)和(7.7-12)式,得到总 E_y 为

$$E_y = 2H_0^+\frac{\omega\mu}{k_c^2}\frac{m\pi}{a}\sin\left(\frac{m\pi}{a}x\right)\cos\left(\frac{n\pi}{b}y\right)\sin\left(\frac{l\pi}{d}z\right) \tag{7.7-16}$$

用类似的方法可以得到其余场分量。可以看出,矩形谐振腔中的场分布在3个方向都是驻波,对应于不同的 m、n、l,场分布亦不同。对于给定的 m、n、l,将以(7.7-16)式为代表的场分布称为一个模式,记作 TE_{mnl}。同理,由矩形波导中的TM波,按以上方法可以得到矩形谐振腔中的另一类场分布模式 TM_{mnl},其中 E_y 分量为

$$E_y = 2E_0^+\frac{1}{k_c^2}\frac{n\pi}{b}\frac{l\pi}{d}\sin\left(\frac{m\pi}{a}x\right)\cos\left(\frac{n\pi}{b}y\right)\sin\left(\frac{l\pi}{d}z\right) \tag{7.7-17}$$

矩形谐振腔中的每一个模式的形成是有条件的,要满足(7.7-15)式。在矩形波导中

$$k_z^2 = k^2 - \left(\frac{m\pi}{a}\right)^2 - \left(\frac{n\pi}{b}\right)^2 \tag{7.7-18}$$

将(7.7-15)式代入上式,考虑到$k=2\pi f\sqrt{\mu\varepsilon}$,得

$$f = \frac{1}{2\sqrt{\mu\varepsilon}}\sqrt{\left(\frac{m}{a}\right)^2 + \left(\frac{n}{b}\right)^2 + \left(\frac{l}{d}\right)^2} \tag{7.7-19}$$

这就是给定m、n、l的矩形谐振腔模式对应的谐振频率。可以看出,给定尺寸的矩形谐振腔的谐振频率也有无限多个。

3. 谐振腔的品质因数 Q

谐振腔在谐振时存储有电磁能量,由于有导体和介质损耗,所以它也损耗电磁能量。为了衡量谐振腔中损耗的相对大小,定义谐振腔的固有品质因数Q_0为

$$Q_0 = \frac{2\pi \times 谐振腔中存储的总电磁能量}{一个周期的损耗能量} = \omega_0 \frac{W}{P_l} \tag{7.7-20}$$

式中,ω_0为谐振频率,W是谐振腔中存储的总电磁能量,P_l是谐振腔中的损耗功率。在一般情况下,谐振腔中的损耗都很小,因此Q_0很大。例如,对于边长为3 cm的方形铜制($\sigma=5.8\times 10^7$ S/m)谐振腔,如果谐振于TE_{101}模,可以算出其Q_0是127000。

我们前面分析的是孤立的谐振腔,而在电路中具体应用时,谐振腔要和外电路耦合。谐振腔和外电路的耦合方式有电耦合和磁耦合两种,这类似于LC谐振回路和外电路通过电容或电感耦合。电耦合一般可采用在谐振腔中电场较大处的壁上开一小孔,插进一探针,使电场在探针上感应电流来实现。磁耦合一般可采用在谐振腔中磁场较大处的壁上开一小孔来实现,或通过小孔插进一导线环,使磁场在小导线环上感应电流来实现。谐振腔和外电路的耦合方式如图 7.7-3 所示。

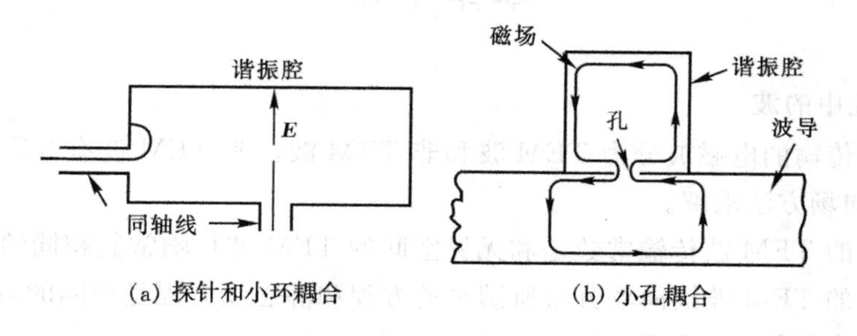

(a) 探针和小环耦合　　(b) 小孔耦合

图 7.7-3　谐振腔和外电路的耦合

例 7.7-1　用空气填充的同轴线两端短路形成一谐振腔,使其在$f=300$ MHz的频率上谐振。求该谐振腔的最短长度。该谐振腔还可以在哪些频率上谐振?

解　由(7.7-9)式,空气填充的同轴线两端短路形成一谐振腔的最短长度满足

$$d = \frac{\lambda}{2}$$

当$f=300$ MHz时,$\lambda=\dfrac{c}{f}=1$ m

因此,空气填充的同轴线两端短路形成的谐振腔的最短长度为

$$d=\frac{\lambda}{2}=0.5\ \text{m}$$

该谐振腔除了谐振于频率 $f=300$ MHz 外,根据(7.7-10)式,还可以谐振于此基频的倍频 $f_n=n\times300$ MHz 上。

例 7.7-2 边长为 3 cm 的方形谐振腔内为空气,求其谐振于 TE_{101}、TE_{102}、TM_{111} 模式的谐振频率。

解 由(7.7-19)式,矩形谐振腔的谐振频率为

$$f=\frac{1}{2\sqrt{\mu\varepsilon}}\sqrt{\left(\frac{m}{a}\right)^2+\left(\frac{n}{b}\right)^2+\left(\frac{l}{d}\right)^2}=\frac{c}{2a}\sqrt{m^2+n^2+l^2}$$

对于 TE_{101},将 $m=1,n=0,l=1$ 代入上式得

$$f_{101}=7.071\ \text{GHz}$$

同理,对于 TE_{102},$f_{102}=11.18$ GHz

对于 TM_{111},$f_{111}=8.66$ GHz

思考题

1. 什么是谐振腔?解释谐振腔中的谐振是怎样发生的。
2. 谐振腔和 LC 谐振回路相比,有什么特点?
3. 如何计算矩形谐振腔的谐振频率?
4. TE_{101} 和 TE_{10} 的场分布有什么不同?

本章小结

1. 导波系统中的波

导波系统中传输的电磁波分为 TEM 波和非 TEM 波。非 TEM 波有 TE 波、TM 波和混合波,可采用纵向场方法求解。

导波系统中的 TEM 波传输常数是和无界空间的 TEM 波传输常数相同的。

导波系统中的 TEM 波横向场分布所满足的方程和静态场方程是相同的,说明 TEM 波横向场分布具有静态场的一些性质。

导波系统中非 TEM 波的 k_z 为

$$k_z=k\sqrt{1-\left(\frac{\lambda}{\lambda_c}\right)^2}$$

相速和波导波长分别为

$$v_p=\frac{v}{\sqrt{1-\left(\frac{\lambda}{\lambda_c}\right)^2}},\quad \lambda_g=\frac{\lambda}{\sqrt{1-\left(\frac{\lambda}{\lambda_c}\right)^2}}$$

波阻抗为

$$Z_{\mathrm{TE}}=\frac{Z}{\sqrt{1-\left(\frac{\lambda}{\lambda_{\mathrm{c}}}\right)^{2}}},\quad Z_{\mathrm{TM}}=Z\sqrt{1-\left(\frac{\lambda}{\lambda_{\mathrm{c}}}\right)^{2}}$$

2. TEM 波传输线

分析传输线上的电压和电流时，必须考虑分布参数。

传输线上的电压和电流满足传输线方程。

传输线上的电压波和电流波类似于导电媒质中的电磁波。

对于无损耗传输线　$\beta=\omega\sqrt{L_1C_1}$，　$\lambda=\dfrac{2\pi}{\beta}$，　$Z=\sqrt{\dfrac{L_1}{C_1}}$

电压反射系数为　$\Gamma=\dfrac{Z_{\mathrm{L}}-Z}{Z_{\mathrm{L}}+Z}$

电压驻波比为　$\rho=\dfrac{1+|\Gamma|}{1-|\Gamma|}$

输入阻抗为　$Z_{\mathrm{in}}(l)=\dfrac{Z_{\mathrm{L}}+\mathrm{j}Z\tan(\beta l)}{Z+\mathrm{j}Z_{\mathrm{L}}\tan(\beta l)}Z$

短路传输线的输入阻抗为　$Z_{\mathrm{in}}(l)=\mathrm{j}Z\tan(\beta l)$

开路传输线的输入阻抗为　$Z_{\mathrm{in}}(l)=-\mathrm{j}Z\mathrm{ctan}(\beta l)$

3. 矩形波导

矩形波导中有 TM_{mn} 和 TE_{mn}。各模式的截止波长为

$$\lambda_{\mathrm{c}}=\frac{2\pi}{\sqrt{\left(\frac{m\pi}{a}\right)^{2}+\left(\frac{n\pi}{b}\right)^{2}}}$$

满足条件 $\lambda<\lambda_{\mathrm{c}}$ 的模式是传导模，否则为凋落模。传导模的相速、波导波长和波阻抗分别为

$$v_{\mathrm{p}}=\frac{v}{\sqrt{1-\left(\frac{\lambda}{\lambda_{\mathrm{c}}}\right)^{2}}},\quad \lambda_{\mathrm{g}}=\frac{\lambda}{\sqrt{1-\left(\frac{\lambda}{\lambda_{\mathrm{c}}}\right)^{2}}}$$

$$Z_{\mathrm{TE}}=\frac{Z}{\sqrt{1-\left(\frac{\lambda}{\lambda_{\mathrm{c}}}\right)^{2}}},\quad Z_{\mathrm{TM}}=Z\sqrt{1-\left(\frac{\lambda}{\lambda_{\mathrm{c}}}\right)^{2}}$$

单模传输的条件为 $a<\lambda<2a$，主模为 TE_{10}

TE_{10} 的截止波长为 $\lambda_{\mathrm{c}}=2a$，场分布为

$$H_z(x,y,z)=H_0\cos\left(\frac{\pi}{a}x\right)\mathrm{e}^{-\mathrm{j}k_z z}$$

$$H_x(x,y,z)=\mathrm{j}k_z\left(\frac{a}{\pi}\right)H_0\sin\left(\frac{\pi}{a}x\right)\mathrm{e}^{-\mathrm{j}k_z z}$$

$$E_y(x,y,z)=-\mathrm{j}\omega\mu\left(\frac{a}{\pi}\right)H_0\sin\left(\frac{\pi}{a}x\right)\mathrm{e}^{-\mathrm{j}k_z z}$$

4. 导波系统中的传输功率与损耗

导波系统的平均传输功率通过求穿过导波系统横截面 S 上的平均功率流密度矢量的通量计算

$$\bar{P}=\iint_S \mathrm{Re}[\boldsymbol{E}\times\boldsymbol{H}^*]\cdot \mathrm{d}\boldsymbol{S}$$

导波系统的衰减指数与单位长度损耗功率的关系为

$$\alpha=\frac{P_1}{2P}$$

5. 谐振腔

长度为 d 的两端短路同轴谐振腔的谐振频率为

$$f=m\frac{1}{2d}\frac{1}{\sqrt{\mu\varepsilon}}$$

矩形谐振腔的谐振频率为

$$f=\frac{1}{2\sqrt{\mu\varepsilon}}\sqrt{\left(\frac{m}{a}\right)^2+\left(\frac{n}{b}\right)^2+\left(\frac{l}{d}\right)^2}$$

习　题　7

7.1　如果 E_z、H_z 已知，由无源区的麦克斯韦方程组，求圆柱坐标系中 E_ρ、E_φ、H_ρ、H_φ 与 E_z、H_z 的关系。

7.2　从图7.2-2的等效电路，求(7.2-1)和(7.2-2)式对应的传输线方程的时域形式。

7.3　由(7.2-10)、(7.2-3)、(7.2-4)和(7.2-9)式推导(7.2-11)和(7.2-12)式。

7.4　证明(7.2-13)式为(7.2-7)式的解。

7.5　同轴线内导体外径为 $d=3.04$ mm，外导体内径为7 mm，内、外导体之间为 $\varepsilon_r=2.2$ 的非磁性介质，求特性阻抗。

7.6　型号为SYV-5-2-2的同轴电缆内导体外径为0.68 mm，外导体内径为2.2 mm，内、外导体之间 $\varepsilon_r=1.99$ 的非磁性介质，求特性阻抗。

7.7　特性阻抗为75 Ω的传输线，终端负载为 $Z_L=50$ Ω。求：

(1) 终端的反射系数；

(2) 传输线上的电压驻波比；

(3) 距终端 $l=\lambda/8, \lambda/4, 3\lambda/8, \lambda/2, \lambda$ 处的输入阻抗。

7.8　特性阻抗为 $Z_c=300$ Ω的传输线，终端接负载为 $Z_L=300+\mathrm{j}300$ Ω，波长为 $\lambda=1$ m。求终端反射系数、驻波比、电压波节点及波腹点的位置。

7.9　特性阻抗为75 Ω的传输线，终端负载为 Z_L，测得距终端负载20 cm处是电压波节点，30 cm处是相邻的电压波腹点，电压驻波比为2，求终端负载。设入射电压波为 $V^+=10\mathrm{e}^{-\mathrm{j}\beta z}$，负载处 $z=0$，写出总电压、电流波。

7.10　特性阻抗为75 Ω的传输线，终端负载为 Z_L，测得距终端负载20 cm处是电压波腹点，30 cm处是相邻的电压波节点，电压驻波比为2，求终端负载。

7.11　特性阻抗为 75 Ω 的传输线，终端负载为 Z_L，测得距终端负载 10 cm 处是电压波腹点，30 cm 处是相邻的电压波节点，电压驻波比为 2，求终端负载。

7.12　特性阻抗为 Z 的传输线，终端接一负载，设终端负载处电压和电流分别为 V_0 和 I_0，证明传输线上任一位置的电压 $V(z)$ 和电流 $I(z)$ 与 V_0 和 I_0 的关系可写为

$$\begin{bmatrix} V(z) \\ I(z) \end{bmatrix} = \begin{bmatrix} \cos(\beta z) & jZ\sin(\beta z) \\ \frac{j}{Z}\sin(\beta z) & \cos(\beta z) \end{bmatrix} \begin{bmatrix} V_0 \\ I_0 \end{bmatrix}$$

7.13　用一段特性阻抗为 $Z_c=50\ \Omega$，$v_p=1.50\times10^8$ m/s，终端短路的传输线，在 $f=300$ MHz 的频率上形成(1) $C=1.60\times10^{-3}$ pF 的电容；(2) $L=2.65\times10^{-2}$ μH的电感。求短路传输线的长度。

7.14　如果上题中电感、电容用开路传输线实现，传输线应多长？

7.15　某仪器的信号输入端为同轴接口，输入阻抗为 75 Ω，如果要使特性阻抗为 $Z_c=50\ \Omega$ 的同轴电缆接上后对波长为 $\lambda=1$ m 的波无反射，应如何进行阻抗匹配变换？

7.16　某天线的输入阻抗为 75－j37.5 Ω，天线作为负载与特性阻抗为 $Z_c=75\ \Omega$ 的传输线相连。要使传输线上无反射，应如何进行阻抗匹配变换？

7.17　推导矩形波导中 TE 波场分量(7.4－18)式。

7.18　电磁波在分别位于 $x=0$，a 处的无限大理想导体平板之间的空气中沿 z 方向传输。求 TE 波的各电磁场分量以及各模式的截止波长、相速、波导波长和波阻抗。

7.19　电磁波在分别位于 $x=0$，a 处的无限大理想导体平板之间的空气中沿 z 方向传输。求 TM 波的各电磁场分量以及 TM_1 模式的截止波长、相速、波导波长和波阻抗。

7.20　矩形波导尺寸为 58.2 mm×29.1 mm，中间为空气，当 $f=4.5$ GHz 的电磁波在其中传输时，求有哪些传导模式，并求这些模式的 λ_g，v_p，λ_c。如果波导中填满 $\varepsilon_r=2.2$、$\mu_r=1$ 的介质，又有哪些传导模式？

7.21　截面积为 4 cm^2 的空气填充方波导，对于 $f=10$ GHz 的波，有哪些传导模式？

7.22　矩形波导尺寸为 1.5 cm×0.7 cm，空气填充，求单模传输的频率范围。

7.23　空气填充的矩形波导尺寸为 22.86 mm×10.16 mm，单模传输，当终端短路时，波导中形成驻波，相邻波节点距离为 23 mm，求电磁波频率。

7.24　正方形波导填充 $\varepsilon_r=2$ 的非磁性理想介质，频率为 3 GHz 的波工作于主模，群速为 2×10^8 m/s。计算波导截面尺寸。

7.25　频率分别为 $f_1=3997$ MHz 与 $f_2=4003$ MHz 的电磁波在空气填充的 58.2 mm×7 mm 矩形波导中单模传输传播了 1000 m，求两频率电磁波的时延差。

7.26　工作波长为 $\lambda=28$ mm 的电磁波在尺寸为 58.2 mm×29.1 mm 的空气填充的矩形波导中多模传输，传播了 1000 m，求 TE_{10} 和 TE_{20} 两模式的时延差是多少。

7.27　设计矩形波导尺寸使 $f=4$ GHz 的电磁波单模传播。

7.28　设计矩形波导，使频率在(4±0.3) GHz 之间的电磁波能单模传播，并至少在两边留有 10%的保护带。

7.29　无限长 $a\times b$ 矩形波导中 $z>0$ 段为空气，$z\leqslant0$ 段为 $\varepsilon_r=1.5$ 的理想介质，频率为 f 的电磁波沿 z 方向单模传播。仅考虑主模时，求 $z<0$ 区域的电场驻波比。

7.30 矩形波导尺寸为 58.2 mm×7 mm,工作频率为 $f=4$ GHz,空气的击穿场强为 3×10^6 V/m,求该波导能传输的最大功率。

7.31 铜制作的矩形波导尺寸为 22.86 mm×10.16 mm,中间为空气,工作频率为 $f=$ 9 GHz,求该波导每公里衰减值(以 dB 表示)。

7.32 一段尺寸为 22.86 mm×10.16 mm 的空气填充矩形波导,长为45 mm,两端用理想导电板短路形成谐振腔,求原来波导中主模传输频率范围的电磁波在此谐振腔中有哪些振荡频率。

7.33 矩形谐振腔尺寸为 8 cm×6 cm×5 cm,空气填充,试求发生谐振的 4 个最低模式及其谐振频率。

7.34 用尺寸为 22.86 mm×10.16 mm 的矩形波导制作一个谐振腔,使其谐振于 TE_{101},谐振频率为 $f=9.5$ GHz,求谐振腔的长度。

7.35 正立方体谐振腔,TE_{101} 模的谐振频率为 9 GHz。求谐振腔尺寸。

7.36 中空的同轴线长为 0.5 m,内导体外径为 6 cm,外导体内径为 20 cm,两端短路,求谐振频率。

第 8 章　电磁辐射与天线

第 6 章讨论了平面电磁波在无源空间中的传播特性，没有涉及波源和电磁波的产生。电磁波是由时变电荷和电流这样的波源产生的，为了向空间指定方向有效的辐射电磁波，时变电荷和电流应按一定的方式分布。天线，就是有效地向空间辐射电磁波的装置。

天线及电磁辐射最广泛的应用是无线电通信、雷达和广播系统中的信息传送。在这些系统中要求合理地设计天线上的电流分布，使其辐射电磁波能量的效率高、性能好。在除天线外的电子系统中，并不希望有电磁辐射，因为电磁辐射会造成电子设备之间的干扰，使之性能降低，甚至无法正常工作。在这种情况下，就要求对电子系统进行合理设计，减少或消除电磁辐射。

本章讨论时变电流产生的辐射场。首先分析最简单的辐射单元——电流元的辐射，接着介绍给定电流分布的线天线的辐射场计算和天线的基本特性，最后讨论天线阵的辐射特性。

8.1　电流元的辐射场

电流元是指某一电流分布区中的一个微小单元，即 $\boldsymbol{J}\mathrm{d}V$。在本章中的电流均为随时间正弦变化的电流。对于分布在细导线上的线电流，电流元为 $I\mathrm{d}\boldsymbol{l}$。

一对随时间变化的正负电荷 $\pm q$，间距为 $\mathrm{d}l$，组成时变电偶极子，其电偶极矩为 $\boldsymbol{p}=q\mathrm{d}\boldsymbol{l}$。用导线将时变电偶极子的正负电荷连接，如图 8.1－1 所示，流过导线的电流强度为 $i(t)=-\dfrac{\mathrm{d}q(t)}{\mathrm{d}t}$。如果电荷随时间正弦变化，那么流过导线的电流也随时间正弦变化，则电流强度的复数形式为 $I=-\mathrm{j}\omega q$。由此可见，电偶极子中连线上的电流就构成一电流元，$I\mathrm{d}\boldsymbol{l}=-\mathrm{j}\omega q\mathrm{d}\boldsymbol{l}=-\mathrm{j}\omega\boldsymbol{p}$。因此，时变电流元也可以看作是时变电偶极子。

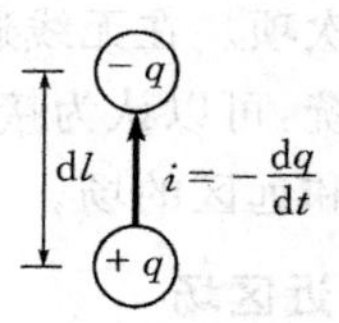

图 8.1－1　时变电偶极子

电流元是最基本的辐射单元，这不仅是因为电流元的辐射场形式最简单，而且电流元的主要辐射特性也是电磁辐射场所共有的。如果已知电流元的辐射场，就可以通过积分求出各种给定电流分布的辐射场。下面分析位于自由空间的电流元的辐射场，首先计算电流元产生的矢量位 $\boldsymbol{A}$，然后依次计算 $\boldsymbol{H}$ 和 $\boldsymbol{E}$。

为简单起见，取坐标系使电流元 $I\mathrm{d}\boldsymbol{l}$ 位于坐标原点，电流方向指向 z 轴，如图 8.1－2 所示。根据(5.7－26a)式，用 $I\mathrm{d}\boldsymbol{l}$ 代替 $\boldsymbol{J}\mathrm{d}V'$，线分布正弦电流的矢量位为

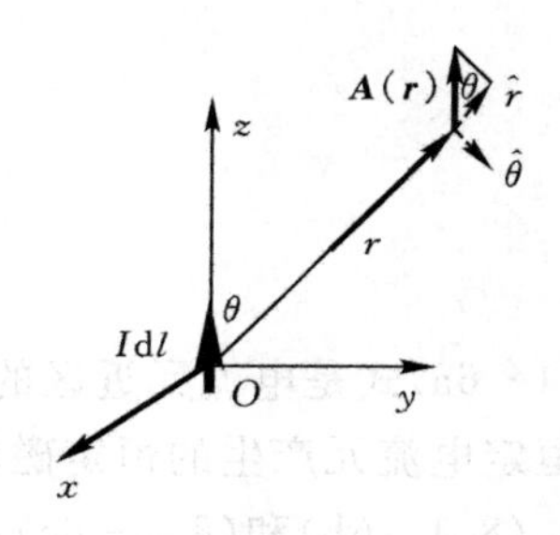

图 8.1－2　电流元的矢量位

$$\boldsymbol{A}=\frac{\mu_0}{4\pi}\int\frac{I\mathrm{e}^{-\mathrm{j}kR}}{R}\mathrm{d}\boldsymbol{l} \qquad (8.1-1)$$

显然,位于坐标原点、电流方向指向 z 轴的电流元的矢量位为

$$\boldsymbol{A}=\hat{z}\frac{\mu_0}{4\pi}\frac{I\mathrm{d}l\mathrm{e}^{-\mathrm{j}kr}}{r} \tag{8.1-2}$$

采用圆球坐标系,考虑到 $\hat{z}=\hat{r}\cos\theta-\hat{\theta}\sin\theta$,代入上式得

$$\boldsymbol{A}=\frac{\mu_0}{4\pi}\frac{I\mathrm{d}l\mathrm{e}^{-\mathrm{j}kr}}{r}(\hat{r}\cos\theta-\hat{\theta}\sin\theta) \tag{8.1-3}$$

代入 $\boldsymbol{H}=\dfrac{1}{\mu_0}\nabla\times\boldsymbol{A}$,可求出 $\boldsymbol{H}$ 的3个分量为

$$\begin{cases} H_\varphi=\dfrac{k^2I\mathrm{d}l}{4\pi}\sin\theta\left(\dfrac{\mathrm{j}}{kr}+\dfrac{1}{(kr)^2}\right)\mathrm{e}^{-\mathrm{j}kr} \\ H_r=H_\theta=0 \end{cases} \tag{8.1-4}$$

将上式代入 $\nabla\times\boldsymbol{H}=\mathrm{j}\omega\varepsilon_0\boldsymbol{E}$,可得到电场的3个分量为

$$\begin{cases} E_r=-\mathrm{j}\dfrac{k^3I\mathrm{d}l}{2\pi\omega\varepsilon_0}\cos\theta\left(\dfrac{\mathrm{j}}{(kr)^2}+\dfrac{1}{(kr)^3}\right)\mathrm{e}^{-\mathrm{j}kr} \\ E_\theta=\dfrac{k^3I\mathrm{d}l}{4\pi\omega\varepsilon_0}\sin\theta\left(\dfrac{\mathrm{j}}{kr}+\dfrac{1}{(kr)^2}-\dfrac{\mathrm{j}}{(kr)^3}\right)\mathrm{e}^{-\mathrm{j}kr} \\ E_\varphi=0 \end{cases} \tag{8.1-5}$$

可以看出,电流元的电磁场与距离的关系比较复杂,和距离的关系有 $\dfrac{1}{kr}$、$\dfrac{1}{(kr)^2}$、$\dfrac{1}{(kr)^3}$ 三项。由于 $kr=2\pi\dfrac{r}{\lambda}$,在 $r\ll\lambda$ 的范围(称为近区),$\dfrac{1}{kr}\gg1$,高次项的值比低次项的值大得多,因此可以忽略低次项;而在 $r\gg\lambda$ 的范围(称为远区),$\dfrac{1}{kr}\ll1$,低次项的值比高次项的值大得多,因此可以忽略高次项。在无线通信、无线广播、雷达等许多工程实际中,无线接收系统一般都远离无线发射系统,可以认为接收系统都处于发射系统产生的电磁场的远区。下面分别讨论电流元近区的场和远区的场。

1. 近区场

在近区,$kr\ll1$,$\dfrac{1}{kr}\gg1$,在(8.1-4)和(8.1-5)式中仅保留 r 的最高次项,而且取 $\mathrm{e}^{-\mathrm{j}kr}\approx1$,电流元的近区场可近似为

$$H_\varphi=\frac{I\mathrm{d}l}{4\pi r^2}\sin\theta \tag{8.1-6a}$$

$$E_r=-\mathrm{j}\frac{I\mathrm{d}l}{2\pi\omega\varepsilon_0r^3}\cos\theta \tag{8.1-6b}$$

$$E_\theta=-\mathrm{j}\frac{I\mathrm{d}l}{4\pi\omega\varepsilon_0r^3}\sin\theta \tag{8.1-6c}$$

(8.1-6a)式是电流元近区的磁场,与 r^2 成反比。场除了随时间正弦变化以外,在空间的分布和恒定电流元产生的恒定磁场是相同的。

(8.1-6b)和(8.1-6c)式是电流元在近区的电场,与 r^3 成反比。由于电流元可以看作是电偶极子,在(8.1-6b)和(8.1-6c)式中,取 $I=-\mathrm{j}\omega q$,得

$$E_r=-\frac{q\mathrm{d}l}{2\pi\varepsilon_0r^3}\cos\theta \tag{8.1-7a}$$

$$E_\theta = -\frac{q\mathrm{d}l}{4\pi\varepsilon_0 r^3}\sin\theta \tag{8.1-7b}$$

可以看出，电场除了随时间正弦变化以外，在空间的分布和静电场中的电偶极子产生的静电场是相同的。(8.1-6)式电场的两个分量与磁场的相位相差 $\pi/2$，那么对应的复坡印亭矢量在两个方向上都是虚数，说明这种场在空间没有平均功率流动，不是辐射场。

2. 远区场

在远区，$kr\gg1$，$\frac{1}{kr}\ll1$，在(8.1-4)和(8.1-5)式中仅保留 r 的一次方项，电流元的远区场可近似为

$$H_\varphi = \mathrm{j}\,\frac{I\mathrm{d}l}{2\lambda r}\sin\theta \mathrm{e}^{-\mathrm{j}kr} \tag{8.1-8a}$$

$$E_\theta = \mathrm{j}Z\,\frac{I\mathrm{d}l}{2\lambda r}\sin\theta \mathrm{e}^{-\mathrm{j}kr} \tag{8.1-8b}$$

式中，$Z=\sqrt{\frac{\mu_0}{\varepsilon_0}}$ 是空间介质波阻抗。可以看出，电流元的远区场具有以下特点：

(1) 远区场是球面波，以 $\mathrm{e}^{-\mathrm{j}kr}$ 形式向 $\hat{r}$ 方向传播。

(2) 是 TEM 波，线极化，$E_\theta/H_\varphi=Z$，且电场与磁场同相。

(3) 远区场随距离以 $\frac{1}{r}$ 规律减小，且与 $\sin\theta$ 有关，是非均匀球面波，说明场还和方向有关，具有方向性。

(4) 功率流密度的平均值为

$$\bar{\boldsymbol{S}} = \mathrm{Re}[\boldsymbol{S}_\mathrm{c}] = \mathrm{Re}[\boldsymbol{E}\times\boldsymbol{H}^*] = \hat{r}\,\frac{Z}{4}I^2\left(\frac{\mathrm{d}l}{\lambda}\right)^2\frac{1}{r^2}\sin^2\theta \tag{8.1-9}$$

上式说明有平均功率向外流动，也就是说有能量向外辐射，因此这是辐射场。

(5) 通过半径为 r 的球面向外辐射的总功率为

$$P_{\mathrm{rad}} = \oint\!\!\!\oint_S \bar{S}\cdot\mathrm{d}\boldsymbol{S} = 30\pi I^2\left(\frac{\mathrm{d}l}{\lambda}\right)^2\int_0^{2\pi}\mathrm{d}\varphi\int_0^{\pi}\frac{1}{r^2}\sin^2\theta\hat{r}\cdot\hat{r}r^2\sin\theta\mathrm{d}\theta$$

积分后结果为

$$P_{\mathrm{rad}} = 80\pi^2 I^2\left(\frac{\mathrm{d}l}{\lambda}\right)^2 \quad \mathrm{W} \quad (\mathrm{d}l\ll\lambda) \tag{8.1-10}$$

上式说明，电流元的辐射功率正比于电流元的电流强度的平方和长度与波长比的平方，因此为了增大辐射功率，就要加长电流长度；另一方面，减小电流长度就可以减小辐射功率。比如为了减小印刷电路板上布线电流的辐射影响，在设计时就要尽量减小载流导线长度。

辐射功率可以等效为一个电阻吸收功率。定义辐射电阻 R_r 为

$$R_\mathrm{r} = \frac{P_{\mathrm{rad}}}{I^2} \tag{8.1-11}$$

将(8.1-10)式代入上式，得到电流元的辐射电阻为

$$R_\mathrm{r} = 80\pi^2\left(\frac{\mathrm{d}l}{\lambda}\right)^2 \tag{8.1-12}$$

可见，$\frac{\mathrm{d}l}{\lambda}$ 愈大，辐射电阻就愈大，辐射能力愈强。

前面在分析电流元的辐射场时，为了简单起见，取坐标系使电流元位于坐标原点，且电流元方向指向 z 向。当电流元不在坐标原点而在 $\boldsymbol{r}'$ 点，且电流元方向也不是指向 z 向时，远区辐射场可以表示为

$$\boldsymbol{H}=\mathrm{j}\frac{I\mathrm{d}\boldsymbol{l}\times\hat{R}}{2\lambda R}\mathrm{e}^{-\mathrm{j}kR} \tag{8.1-13}$$

$$\boldsymbol{E}=Z\boldsymbol{H}\times\hat{R} \tag{8.1-14}$$

式中 $\boldsymbol{R}=\boldsymbol{r}-\boldsymbol{r}'$ 是从源点指向场点的位置矢量。

例 8.1-1　计算在自由空间中，频率为 900 MHz、长度为 1 cm、电流强度为1 mA的短电流线的辐射电阻和辐射功率。

解　在 900 MHz，自由空间的波长为

$$\lambda_0=\frac{c}{f}=33.3\ \text{cm}$$

由于 $\Delta l=1\ \text{cm}\ll\lambda$，代入(8.1-12)式得

$$R_{\mathrm{r}}=80\pi^2\left(\frac{\mathrm{d}l}{\lambda}\right)^2=0.711\ \Omega$$

由(8.1-11)式得

$$P_{\mathrm{rad}}=I^2R_{\mathrm{r}}=0.711\ \mu\text{W}$$

例 8.1-2　若电流元位于坐标原点，电流指向 x 方向，如图 8.1-3 所示，写出辐射场。

解　电流元位于坐标原点，电流指向 x 方向

因此 $\boldsymbol{R}=\boldsymbol{r}$，$\mathrm{d}\boldsymbol{l}=\hat{x}\mathrm{d}l$，代入(8.1-13)式和(8.1-14)式，得

$$\boldsymbol{H}=\mathrm{j}\frac{I\mathrm{d}\boldsymbol{l}\times\hat{R}}{2\lambda R}\mathrm{e}^{-\mathrm{j}kR}=\mathrm{j}\frac{I\mathrm{d}l\hat{x}\times\hat{r}}{2\lambda r}\mathrm{e}^{-\mathrm{j}kr}$$

$$\boldsymbol{E}=Z\boldsymbol{H}\times\hat{R}=\mathrm{j}Z\frac{I\mathrm{d}l(\hat{x}\times\hat{r})\times\hat{r}}{2\lambda r}\mathrm{e}^{-\mathrm{j}kr}$$

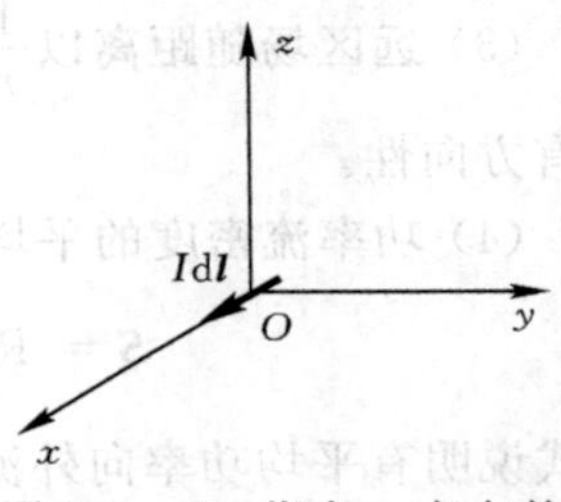

图 8.1-3　指向 x 方向的电流元

在上式中

$$\begin{aligned}\hat{x}\times\hat{r}&=(\sin\theta\cos\varphi\hat{r}+\cos\theta\cos\varphi\hat{\theta}-\sin\varphi\hat{\varphi})\times\hat{r}\\&=-\cos\theta\cos\varphi\hat{\varphi}-\sin\varphi\hat{\theta}\end{aligned}$$

$$(\hat{x}\times\hat{r})\times\hat{r}=(-\cos\theta\cos\varphi\hat{\varphi}-\sin\varphi\hat{\theta})\times\hat{r}=-\cos\theta\cos\varphi\hat{\theta}+\sin\varphi\hat{\varphi}$$

代入得

$$\boldsymbol{H}=\mathrm{j}\frac{I\mathrm{d}l}{2\lambda r}\mathrm{e}^{-\mathrm{j}kr}(-\cos\theta\cos\varphi\hat{\varphi}-\sin\varphi\hat{\theta})$$

$$\boldsymbol{E}=\mathrm{j}Z\frac{I\mathrm{d}l}{2\lambda r}\mathrm{e}^{-\mathrm{j}kr}(-\cos\theta\cos\varphi\hat{\theta}+\sin\varphi\hat{\varphi})$$

思考题

1. 时变电流元的电磁场是如何计算的？
2. 电流元的近区场有什么特点？为什么时变电流元称为电偶极子？
3. 电流元的远区场有什么性质？
4. 电流元的辐射场和平面波有什么相同和不同之处？

5. 辐射系统的长度对辐射有什么影响？

6. 什么是辐射电阻？解释其意义。

8.2　小电流环的辐射场

将一根金属导线绕成一定形状结构，如圆形、方形等，以导线两端点作为馈电端，就构成环形天线。绕一圈圆形的为单圈环天线，绕多圈的为多圈环天线。环的导线总长度远小于自由空间波长的，称为电小环天线，当环周长接近波长时，称为电大环天线。电小环天线应用广泛，如收音机天线、便携电台接收天线、无线电导航定位天线等。

由于小环天线的总长度远小于自由空间波长，因此在输入端电压源激励时，可认为沿小环导线的电流是均匀的，电流强度记为 I_0。本节分析半径为 a 的小圆环天线加激励后形成电流强度为 I_0 的小电流环产生的电磁场。采用计算电流元辐射场的方法，先计算电流产生的矢量位，然后计算磁场和电场。

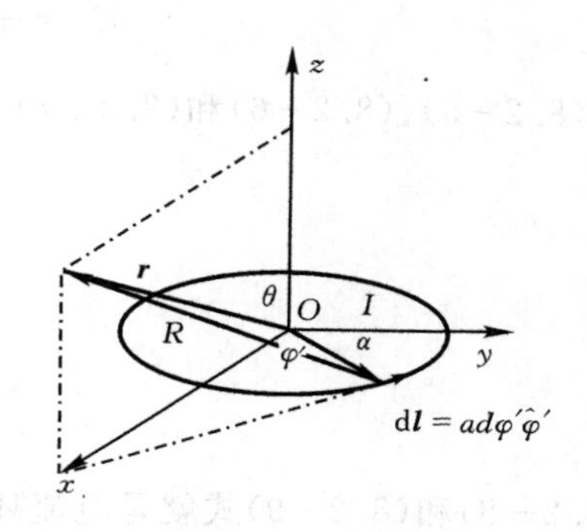

图 8.2-1　小电流环的辐射场

为简单起见，取坐标系使半径为 a 的小圆环在 xOy 平面，中心在坐标原点，如图 8.2-1 所示。在圆环上 $\boldsymbol{r}'(a,\varphi',0)$ 点取电流元 $I_0\mathrm{d}\boldsymbol{l}'=I_0 a\mathrm{d}\varphi'\hat{\varphi}'$，先计算此电流元在场点 $\boldsymbol{r}(r,\theta,\varphi)$ 的矢量位，然后沿电流环积分，得到小电流环在场点的矢量位为

$$\boldsymbol{A}=\frac{\mu_0}{4\pi}\oint_c\frac{I_0\mathrm{e}^{-\mathrm{j}kR}}{R}\mathrm{d}\boldsymbol{l}' \tag{8.2-1}$$

式中 R 为场点到源点的距离。

为了计算环线积分，将被积函数中的虚指数项重写为

$$\mathrm{e}^{-\mathrm{j}kR}=\mathrm{e}^{-\mathrm{j}kr}\mathrm{e}^{-\mathrm{j}k(R-r)}$$

考虑到对于小电流环，$a\ll r$，因此 R 和 r 非常接近，$k(R-r)$ 就很小，上式的第二个虚指数项就可以近似展开为

$$\mathrm{e}^{-\mathrm{j}k(R-r)}\approx 1-\mathrm{j}k(R-r)$$

代入(8.2-1)式，得

$$\boldsymbol{A}=\frac{\mu I_0}{4\pi}\mathrm{e}^{-\mathrm{j}kr}\left((1+\mathrm{j}kr)\oint_c\frac{\mathrm{d}\boldsymbol{l}'}{R}-\mathrm{j}k\oint_c\mathrm{d}\boldsymbol{l}'\right) \tag{8.2-2}$$

由于是闭合环路积分，显然上式中的第二个线积分结果为0。第一个线积分，我们在第4章计算恒定电流环的磁场时计算过，根据(4.3-10)和(4.3-14)式

$$\oint_c\frac{\mathrm{d}\boldsymbol{l}'}{R}\approx\frac{S}{r^2}\sin\theta\hat{\varphi}\quad r\gg a \tag{8.2-3}$$

式中 S 是电流环的面积。将(8.2-3)式代入(8.2-2)式，得

$$\boldsymbol{A}=\hat{\varphi}\frac{\mu_0 SI_0}{4\pi}\left(\frac{\mathrm{j}k}{r}+\frac{1}{r^2}\right)\sin\theta\mathrm{e}^{-\mathrm{j}kr}\quad(r\gg a,a\ll\lambda) \tag{8.2-4}$$

利用 $\boldsymbol{H}=\frac{1}{\mu}\nabla\times\boldsymbol{A}$，计算旋度，可得到磁场强度的各分量为

$$H_r=\frac{\mathrm{j}kSI_0}{2\pi}\left(\frac{1}{r^2}-\frac{\mathrm{j}}{kr^3}\right)\cos\theta\mathrm{e}^{-\mathrm{j}kr} \tag{8.2-5}$$

$$H_\theta=\frac{\mathrm{j}kSI_0}{4\pi}\left(\frac{\mathrm{j}k}{r}+\frac{1}{r^2}-\frac{\mathrm{j}}{kr^3}\right)\sin\theta\mathrm{e}^{-\mathrm{j}kr} \tag{8.2-6}$$

$$H_\varphi=0$$

利用$\boldsymbol{E}=\frac{1}{\mathrm{j}\omega\varepsilon}\nabla\times\boldsymbol{H}$,计算旋度,可得到电场强度的各分量为

$$E_r=0$$

$$E_\theta=0$$

$$E_\varphi=-\frac{\mathrm{j}ZkSI_0}{4\pi}\left(\frac{\mathrm{j}k}{r}+\frac{1}{r^2}\right)\sin\theta\mathrm{e}^{-\mathrm{j}kr} \tag{8.2-7}$$

由(8.2-5)、(8.2-6)和(8.2-7)式可得到近区场为

$$H_r=\frac{SI_0}{2\pi r^3}\cos\theta \tag{8.2-8}$$

$$H_\theta=\frac{SI_0}{4\pi r^3}\sin\theta \tag{8.2-9}$$

$$E_\varphi=-\frac{\mathrm{j}ZkSI_0}{4\pi r^2}\sin\theta \tag{8.2-10}$$

(8.2-8)和(8.2-9)式就是电流环在近区产生的磁场,与r^3成反比,可以看出,小电流环近区磁场除了随时间正弦变化以外,它在空间的分布和恒定磁场中的电流环产生的恒定磁场是相同的。(8.2-8)和(8.2-9)式中磁场的两个分量与(8.2-10)式中电场的相位相差$\pi/2$,那么对应的复坡印亭矢量是虚数,说明这种场在空间没有平均功率流动。

在远区,由(8.2-5)、(8.2-6)和(8.2-7)式,忽略$\frac{1}{r}$的高次方项,仅保留$\frac{1}{r}$项,可得到远区场为

$$H_\theta=-\frac{k^2SI_0}{4\pi r}\sin\theta\mathrm{e}^{-\mathrm{j}kr} \tag{8.2-11}$$

$$E_\varphi=\frac{Zk^2SI_0}{4\pi r}\sin\theta\mathrm{e}^{-\mathrm{j}kr} \tag{8.2-12}$$

式中$Z=\sqrt{\frac{\mu}{\varepsilon}}$为波阻抗。比较小电流环的远区场和电流元的远区场可以发现:小电流环的磁场和电流元的电场对应,二者基本相同;小电流环的电场和电流元的磁场对应,二者也基本相同。这两种源的电场和磁场具有这种交叉对应基本相等的性质,我们说这两种源是对偶的。也就是说,小电流环和电流元是对偶的。

小电流环向外的辐射功率为

$$P_{\mathrm{rad}}=\oint\!\!\!\oint_S\mathrm{Re}[\boldsymbol{E}\times\boldsymbol{H}^*]\cdot\mathrm{d}\boldsymbol{S}=\int_0^\pi Z\left(\frac{k^2SI_0}{4\pi r}\sin\theta\right)^2 2\pi r^2\sin\theta\mathrm{d}\theta=320\pi^6\left(\frac{a}{\lambda}\right)^4 I_0^2 \tag{8.2-13}$$

辐射电阻为

$$R_r=\frac{P_{\mathrm{rad}}}{I_0^2}=320\pi^6\left(\frac{a}{\lambda}\right)^4 \tag{8.2-14}$$

例 8.2-1　小圆环天线半径 $a=1$ cm，工作频率为 30 MHz，分别计算单圈和 1000 圈的辐射电阻。

解　(1) 单圈电小环天线的辐射电阻

已知工作频率为 30 MHz，则波长为

$$\lambda = \frac{c}{f} = \frac{3\times10^8}{30\times10^6} = 10 \text{ m}$$

利用(8.2-14)式得

$$R_r = 320\pi^6\left(\frac{a}{\lambda}\right)^4 = 320\pi^6\left(\frac{0.01}{10}\right)^4 = 0.000000307\ \Omega$$

(2) 多圈电小环天线的辐射电阻

如果是 N 匝线圈，电流不变，那么电场和磁场分别是单匝的 N 倍，辐射功率就是单匝的 N^2 倍，因此辐射电阻也就是单匝的 N^2 倍，即

$$R_r = 320\pi^6\left(\frac{a}{\lambda}\right)^4 N^2 = 320\pi^6\left(\frac{0.01}{10}\right)^4\times(1000)^2 = 0.307\ \Omega$$

思考题

1. 怎样计算小电流环的电磁场？
2. 小电流环的近区场有什么特点？
3. 小电流环的远区场有什么特点？和电流元的远区场有什么对应关系？

8.3　对偶原理

从前面小电流环的场和电流元的场的对比中可以看出，小电流环的场和电流元的场有一定的对应关系。本节我们就分析电磁场中的这种内在联系。

如果产生电磁场的源除了电荷和电流外，还存在磁荷和磁流，假定磁荷和磁流之间也满足与电荷守恒定律相同的守恒定律；电荷产生电场，磁荷以同样的规律产生磁场；电流产生磁场，而磁流以类似的规律产生电场。增加了磁荷和磁流以后，麦克斯韦方程组推广为

$$\nabla\times\boldsymbol{H} = \boldsymbol{J} + \mathrm{j}\omega\varepsilon\boldsymbol{E} \tag{8.3-1a}$$

$$\nabla\times\boldsymbol{E} = -\boldsymbol{J}^{\mathrm{m}} - \mathrm{j}\omega\mu\boldsymbol{H} \tag{8.3-1b}$$

$$\nabla\cdot\boldsymbol{D} = \rho \tag{8.3-1c}$$

$$\nabla\cdot\boldsymbol{B} = \rho^{\mathrm{m}} \tag{8.3-1d}$$

式中 $\boldsymbol{J}^{\mathrm{m}}$ 和 ρ^{m} 分别为磁流密度和磁荷密度。上式称为广义麦克斯韦方程组。可以看出，加上磁荷和磁流以后，麦克斯韦方程组在形式上具有很好的对称性。

下面分析两种情况：一种是场源只有电荷和电流，产生的场记作 $\boldsymbol{E}^{\mathrm{e}}$ 和 $\boldsymbol{H}^{\mathrm{e}}$；另一种是场源只有磁荷和磁流，产生的场记作 $\boldsymbol{E}^{\mathrm{m}}$ 和 $\boldsymbol{H}^{\mathrm{m}}$。两组源和场满足的麦克斯韦方程组分别为

$$\nabla\times\boldsymbol{H}^{\mathrm{e}} = \boldsymbol{J} + \mathrm{j}\omega\varepsilon\boldsymbol{E}^{\mathrm{e}} \qquad \nabla\times\boldsymbol{E}^{\mathrm{m}} = -\boldsymbol{J}^{\mathrm{m}} - \mathrm{j}\omega\mu\boldsymbol{H}^{\mathrm{m}}$$

$$\nabla\times\boldsymbol{E}^{\mathrm{e}} = -\mathrm{j}\omega\mu\boldsymbol{H}^{\mathrm{e}} \qquad \nabla\times\boldsymbol{H}^{\mathrm{m}} = \mathrm{j}\omega\varepsilon\boldsymbol{E}^{\mathrm{m}}$$

$$\nabla\cdot(\varepsilon H^{\mathrm{e}}) = \rho \qquad \nabla\cdot(\mu H^{\mathrm{m}}) = \rho^{\mathrm{m}}$$

$$\nabla\cdot(\mu\boldsymbol{H}^{\mathrm{e}}) = 0 \qquad \nabla\cdot(\varepsilon E^{\mathrm{m}}) = 0$$

可以看出,左右两组方程之间有以下对应关系

$$\boldsymbol{J}\leftrightarrow\boldsymbol{J}^{\mathrm{m}},\quad \rho\leftrightarrow\rho^{\mathrm{m}},\quad \varepsilon\leftrightarrow\mu,\quad \mu\leftrightarrow\varepsilon,\quad \boldsymbol{H}^{\mathrm{e}}\leftrightarrow-\boldsymbol{E}^{\mathrm{m}},\quad \boldsymbol{E}^{\mathrm{e}}\leftrightarrow\boldsymbol{H}^{\mathrm{m}}$$

也就是说,只要按以上关系作场量代换,就可以从左边的方程变换为右边的方程,也可以从右边的方程变换为左边的方程。麦克斯韦方程组对电荷和电流与磁荷和磁流及其场之间的这种内在的对应关系,称为对偶原理或二重性原理。对偶原理说明,电荷和电流产生的场与磁荷和磁流产生的场是对偶的。根据对偶原理,可以由电荷和电流产生的场经过简单的变量替换,得到磁荷和磁流产生的场,反之依然。例如,我们已知道电偶极子 qdl 或电流元 Idl 的辐射场为

$$H_{\varphi}=\mathrm{j}\,\frac{I\mathrm{d}l}{2\lambda r}\sin\theta\mathrm{e}^{-\mathrm{j}kr} \tag{8.3-2a}$$

$$E_{\theta}=\mathrm{j}Z\,\frac{I\mathrm{d}l}{2\lambda r}\sin\theta\mathrm{e}^{-\mathrm{j}kr} \tag{8.3-2b}$$

根据对偶原理,作变换 $Idl\rightarrow I^{\mathrm{m}}\mathrm{d}l,\varepsilon\rightarrow\mu,\mu\rightarrow\varepsilon,\boldsymbol{H}^{\mathrm{e}}\rightarrow-\boldsymbol{E}^{\mathrm{m}},\boldsymbol{E}^{\mathrm{e}}\rightarrow\boldsymbol{H}^{\mathrm{m}}$,就得到磁偶极子 $q^{\mathrm{m}}\mathrm{d}l$ 或磁流元 $I^{\mathrm{m}}\mathrm{d}l$ 产生的场为

$$E_{\varphi}=-\mathrm{j}\,\frac{I^{\mathrm{m}}\mathrm{d}l}{2\lambda r}\sin\theta\mathrm{e}^{-\mathrm{j}kr} \tag{8.3-3a}$$

$$H_{\theta}=\mathrm{j}\,\frac{I^{\mathrm{m}}\mathrm{d}l}{2Z\lambda r}\sin\theta\mathrm{e}^{-\mathrm{j}kr} \tag{8.3-3b}$$

如果我们取

$$I^{\mathrm{m}}\mathrm{d}l=\mathrm{j}kZIS \tag{8.3-4}$$

代入(8.3-3)式后就是小电流环产生的辐射场。也就是说,小电流环作为磁偶极子,是和电偶极子对偶的。了解了电磁场的这种对偶关系,就可以在分析电磁场问题的过程中应用,因为有一些电磁场的源从理论上可以看作是磁流源。

思考题

1. 磁荷和磁流之间满足什么关系?
2. 什么是对偶原理?
3. 电流产生的磁场和磁流产生的电场相差一个负号,其意义是什么?
4. 小磁流环的对偶是什么?
5. 无限大理想导电平面上方电流元这一镜像问题的对偶问题是什么?

8.4　发射天线的特性

从前面分析电流元和小电流环的辐射场可知,时变电流具有辐射电磁能量的作用。天线就是有效地辐射电磁能量的装置。发射天线把发射机通过馈线送来的高频电流能量转化为空间电磁波能量。天线的结构装置使从馈线输入的电流达到特定的分布,从而有效地将能量集中辐射到空间需要的方向。本节介绍天线的基本特性,包括方向性、输入阻抗、工作频率和带宽。

1. 方向性因子与辐射强度

从本章前两节的分析可以看出,电流元和小电流环产生的辐射场和距离 r 成反比,并且是

角度 θ 的函数。在以电流元或小电流环为中心的球面上，不同的角度，即不同的方向上辐射场不同，也就是说电流元和小电流环的辐射场具有方向性。实际天线的辐射场也具有方向性，不同的天线，具有不同的方向性。

当电流元放在坐标原点，沿 z 轴放置时，其辐射场中和角度有关系的函数因子 $\sin\theta$ 表示其方向性。天线的辐射电场中都会有和角度有关的函数因子 $f(\theta,\varphi)$，该角度函数因子能表示天线辐射场的方向性，因此称为天线的方向性因子，或方向性函数。方向性因子 $f(\theta,\varphi)$ 除以其最大值 $f_{\max}$，称为归一化方向因子 $F(\theta,\varphi)$，即

$$F(\theta,\varphi)=\frac{f(\theta,\varphi)}{f_{\max}} \tag{8.4-1}$$

天线辐射场的辐射功率密度，也就是平均功率流密度 $\bar{\boldsymbol{S}}=\mathrm{Re}[\boldsymbol{E}\times\boldsymbol{H}^*]$，和距离 r 的平方成反比，还和方向角有关，因此可以表示为一个角度函数除以 r^2，即

$$\bar{\boldsymbol{S}}=\hat{r}\frac{U(\theta,\varphi)}{r^2}\quad \mathrm{W/m^2} \tag{8.4-2}$$

式中函数 $U(\theta,\varphi)$ 称为辐射强度。上式对包围天线的半径为 r 的球面进行通量积分，可得到平均辐射功率为

$$P_{\mathrm{rad}}=\oiint_S U(\theta,\varphi)\,\mathrm{d}\Omega \tag{8.4-3}$$

式中 $\mathrm{d}\Omega=\sin\theta\mathrm{d}\theta\mathrm{d}\varphi$。上式表明，辐射强度 $U(\theta,\varphi)$ 表示在 (θ,φ) 方向穿过单位立体角的功率，单位是 W/sr。远区辐射场是 TEM 波，且 $\boldsymbol{H}=\frac{1}{Z}\hat{r}\times\boldsymbol{E}$，因此

$$\bar{\boldsymbol{S}}=\hat{r}\frac{|\boldsymbol{E}|^2}{Z} \tag{8.4-4}$$

式中 Z 是空间波阻抗。由(8.4-4)式和(8.4-2)式，得到辐射强度 $U(\theta,\varphi)$ 和电场强度的关系为

$$U(\theta,\varphi)=r^2\frac{|\boldsymbol{E}|^2}{Z} \tag{8.4-5}$$

2. 天线的方向图

天线的方向性可以用图形直观地表示。表示天线方向性的图形称为天线的方向图。根据归一化方向性因子绘制的，表示辐射场强大小方向性的方向图，称为场强振幅方向图；根据对辐射强度进行归一化绘制的，表示辐射功率大小方向性的方向图，称为辐射功率方向图。除此之外，还有相位方向图和极化方向图。这里我们仅讨论按归一化方向性因子 $|F(\theta,\varphi)|$ 绘制的场强振幅方向图。

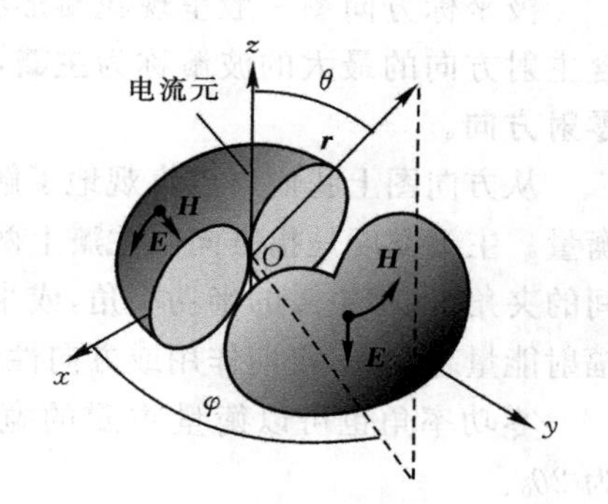

图 8.4-1 电流元的立体方向图

按归一化方向性因子 $|F(\theta,\varphi)|$ 绘制的场强振幅方向图一般是一个立体的曲面图形。图 8.4-1 就是电流元辐射场的立体方向图。在工程上为了绘制方便，只画出包括主射方向在内的两个相互垂直的平面图，其中电场方向矢量所在的平面方向图叫 E 面方向图，磁场方向矢量所在的平面方向图叫 H 面方向图。通常，E 面方向图和 H 面方向图中，一个是固定 φ，仅 θ 变化画出的 $|F(\theta,\varphi_0)|$ 图；另一个是固定 θ，仅 φ 变化画出的 $|F(\theta_0,\varphi)|$ 图。对

于放在坐标原点，指向 z 方向的电流元，电场是 $\hat{\theta}$ 方向，φ 为常数(可取 $\varphi=0$ 或 $90°$)的平面是 E 面；磁场是 $\hat{\varphi}$ 方向，$\theta=90°$的平面是 H 面。图 8.4-2 给出了电流元的 E 面方向图和 H 面方向图。

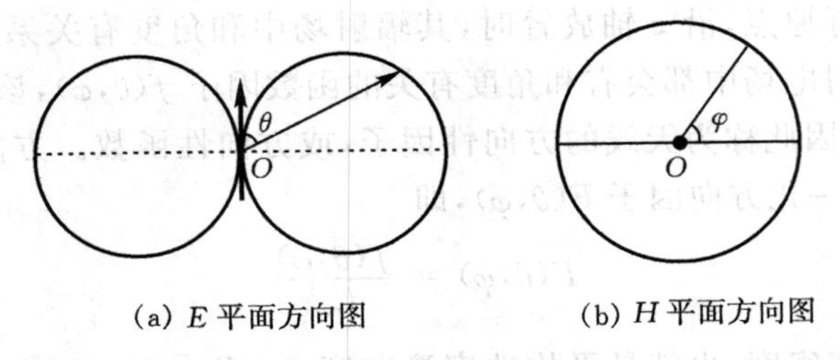

(a) E 平面方向图　　(b) H 平面方向图

图 8.4-2　电流元的 E 平面方向图和 H 平面方向图

绘制某一平面的方向图，可以采用极坐标，也可以采用直角坐标。图 8.4-3 分别采用极坐标和直角坐标给出了一个典型的天线方向图。

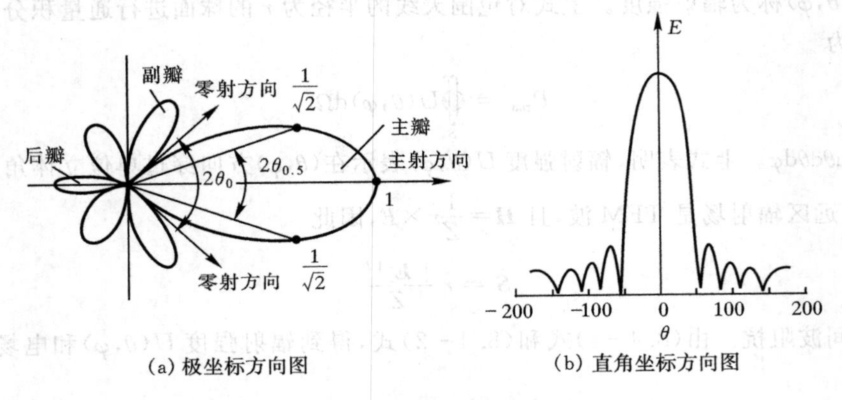

(a) 极坐标方向图　　(b) 直角坐标方向图

图 8.4-3　典型的天线方向图

极坐标方向图一般呈现花瓣形状，所以有时也称**波瓣图**。辐射最大的方向是**主射方向**，包含主射方向的最大的波瓣称为**主瓣**，其余的波瓣称为**副瓣**或**旁瓣**，主瓣两侧辐射为 0 的方向是**零射方向**。

从方向图上我们可以直观地了解天线的方向性。天线方向性的强弱可以用方向图**主瓣宽度**衡量。主瓣宽度是指方向图主瓣上两个半功率电平点(即场强从最大值降到 0.707 最大值处)之间的夹角，也称主瓣的半功率角，或半功率波束宽度，记为 $2\theta_{0.5}$。显然，主瓣宽度越小，说明天线辐射能量越集中，定向作用或方向性越强。

零功率角也可以衡量主瓣的宽度。零功率角是指主瓣两侧两零射方向之间的夹角，记为 $2\theta_0$。

副瓣的方向通常是不需要辐射能量的方向，因此，向副瓣的方向辐射的能量越小越好。副瓣方向辐射能量的大小用**副瓣电平**表示。副瓣电平是指副瓣最大值与主瓣最大值之比，通常用分贝数表示为

$$\text{副瓣电平} = 20\lg \frac{\text{副瓣最大场值}}{\text{主瓣最大场值}} \text{ dB} \tag{8.4-6}$$

副瓣电平愈低，表明天线在不需要辐射的方向上辐射的能量愈弱。

向后通常也是不需要辐射能量的方向，后向辐射能量的大小用**前后比**表示。前后比是指主瓣的最大值与后瓣的最大值之比，前后比的分贝数为

$$\text{前后比} = 20\lg\frac{\text{主瓣最大场值}}{\text{后瓣最大场值}}\ \text{dB} \tag{8.4-7}$$

3. 方向性系数

方向性系数是表征天线辐射能量在空间集中能力的量。

对于辐射强度为 $U(\theta,\varphi)$，辐射功率为 P_{rad} 的天线，主射方向的方向性系数 D 定义为

$$D = \frac{U_{\max}}{U_{\text{ref}}} \tag{8.4-8}$$

式中

$$U_{\text{ref}} = \frac{P_{\text{rad}}}{4\pi} \tag{8.4-9}$$

为相同辐射功率的参考天线（无方向性的全向天线）的辐射强度，也称为平均辐射强度，$U_{\max}$ 为主射方向的辐射强度。

由(8.4-2)和(8.4-8)式，方向性系数也可以用辐射功率密度表示为

$$D = \frac{S_{\max}}{S_{\text{ref}}} \tag{8.4-10}$$

式中

$$S_{\max} = \frac{U_{\max}}{r^2}$$

为有向天线在主射方向距离为 r 处的辐射功率密度，

$$S_{\text{ref}} = \frac{P_{\text{rad}}}{4\pi r^2} = \frac{U_{\text{ref}}}{r^2}$$

为参考天线在距离为 r 处的的辐射功率密度，或称为平均辐射功率密度。

可以看出，方向性系数是主射方向的辐射强度（或辐射功率密度）相对于相同辐射功率的参考天线的辐射强度（或辐射功率密度）的倍数，反映了天线向空间辐射功率在主射方向的集中程度。方向性系数也可以表示为

$$D = \left.\frac{P_0}{P_{\text{rad}}}\right|_{E_d = E_0} \tag{8.4-11}$$

式中，E_d 为辐射功率为 P_{rad} 的有向天线在主射方向距离 d 处的电场强度，E_0 为辐射功率为 P_0 的参考天线（无方向性的全向天线）在距离 d 处的电场强度。(8.4-11)式表明，当有向天线和参考天线在主射方向同一点的电场相同时，方向性系数就是参考天线的辐射功率比有向天线辐射功率大的倍数。

对于归一化方向因子为 $F(\theta,\varphi)$ 的天线，辐射强度为

$$U(\theta,\varphi) = r^2\frac{|\boldsymbol{E}|^2}{Z} = U_{\max}F^2(\theta,\varphi)$$

相同辐射功率的参考（全向）天线的辐射强度为

$$U_{\text{ref}} = \frac{1}{4\pi}\int_0^{2\pi}\int_0^{\pi}U_{\max}F^2(\theta,\varphi)\sin\theta\mathrm{d}\theta\mathrm{d}\varphi$$

上式代入(8.4-8)式，得到用归一化方向性因子表示的方向性系数

$$D = \frac{4\pi}{\displaystyle\int_0^{2\pi}\int_0^{\pi}F^2(\theta,\varphi)\sin\theta\mathrm{d}\theta\mathrm{d}\varphi} \tag{8.4-12}$$

4. 天线的效率和增益

实际天线是有损耗的,这是因为制作天线的良导体和介质不理想,有功率损耗。这就意味着输入给天线的功率 P_{in} 包括辐射功率 P_{rad} 和损耗功率两部分。为了表示辐射功率相对于输入功率的大小,定义天线的效率为

$$\eta = \frac{P_{rad}}{P_{in}} \tag{8.4-13}$$

为了综合考虑天线的方向性和效率,定义天线的增益为

$$G = \left.\frac{P_{in0}}{P_{in}}\right|_{E_d = E_0} \tag{8.4-14}$$

式中,E_d 为输入功率为 P_{in} 的有向天线在主射方向距离 d 处的电场强度,E_0 为输入功率为 P_{in0} 的参考天线(无损耗的全向天线)在距离 d 处的电场强度。考虑到有向天线辐射功率 $P_{rad} = \eta P_{in}$,参考天线无损耗,辐射功率 $P_{r0} = P_{in}$,代入(8.4-14)式,得

$$G = \eta D \tag{8.4-15}$$

天线增益通常用分贝数表示,有时也称为增益系数或功率增益。

5. 天线阻抗

图 8.4-4(a)给出了一副带有一对输入端 a、b 的发射天线。如果该天线不从空间接收其他源产生的电磁波功率,那么从输入端看进去的戴维南等效电路仅是一阻抗

$$Z_{in} = R_{in} + jX_{in} \tag{8.4-16}$$

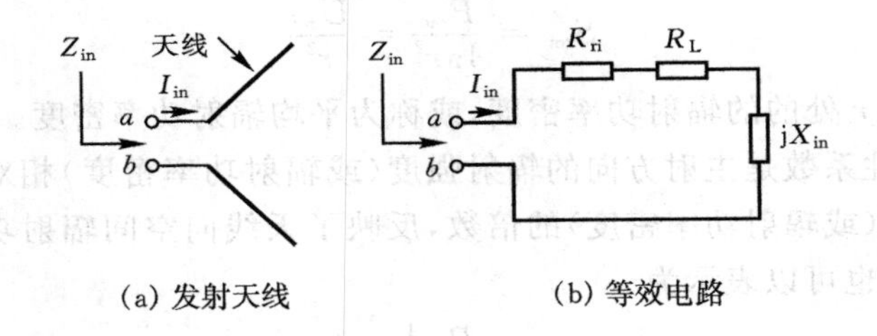

图 8.4-4 天线阻抗

式中 R_{in} 和 X_{in} 分别是输入电阻和电抗。戴维南等效电路如图 8.4-4(b)所示。一般天线的输入电阻包括两部分

$$R_{in} = R_{ri} + R_{Loss} \tag{8.4-17}$$

R_{ri} 和 R_{Loss} 分别是天线的输入辐射电阻和损耗电阻,满足以下关系

$$P_{rad} = I_{in}^2 R_{ri} \tag{8.4-18}$$

$$\eta = \frac{P_{rad}}{P_{in}} = \frac{R_{ri}}{R_{ri} + R_{Loss}} \tag{8.4-19}$$

由(8.4-18)式得

$$R_{ri} = \frac{P_{rad}}{I_{in}^2} \tag{8.4-20}$$

设天线上最大电流为 I_{max},利用(8.1-11)式,辐射电阻为

$$R_r = \frac{P_{rad}}{I_{max}^2} \tag{8.4-21}$$

由此可见，输入辐射电阻和辐射电阻的关系为

$$R_{ri}=\left(\frac{I_{max}}{I_{in}}\right)^2 R_r \tag{8.4-22}$$

和计算输入辐射电阻相比，计算输入电抗 X_{in} 十分复杂，因为 X_{in} 与存储在天线周围的电磁场能量有关，因此要计算 X_{in}，必须首先计算天线附近的电磁场以及天线周围包围天线的电磁场的能量，这比计算远区场困难得多。天线输入阻抗通常可通过测量获得。

6. 天线带宽

对于一个给定的天线，辐射不同频率电磁波的性能往往是不同的。通常根据对天线的要求和给定的中心频率，人们可以设计一个满足性能指标要求的天线。但当偏离中心工作频率时，天线的某些电性能将会下降，电性能下降到允许值的频率范围，就称为天线的频带宽度。

不同的应用对天线的工作频率及频带宽度要求是不同的。例如，中波广播发射天线要求工作频率在中频，对带宽要求不高，而电子对抗天线为进行干扰和抗干扰，往往需要有很宽的频带。不同形式的天线的电性能，比如方向性和输入阻抗，随频率变化的敏感程度也不同。

有些天线的方向性随频率变化敏感，而有些天线的方向性随频率变化不敏感。比如某些天线，随着工作频率偏离中心频率，主瓣偏离预定方向，副瓣电平升高。

例 8.4-1　已知某天线在主射方向的增益为 G，当输入功率为 P_{in} 时，求在主射方向上，距离天线 r 处的辐射功率密度。

解　主射方向的辐射功率密度　$\boldsymbol{S}=\hat{r}\dfrac{U_{max}}{r^2}$

而　$G=\eta D=\dfrac{4\pi U_{max}}{P_{in}}$

因此　$\boldsymbol{S}=\hat{r}G\dfrac{P_{in}}{4\pi r^2}$

例 8.4-2　计算电流元的方向性系数。

解　电流元的电场强度为

$$E_\theta=\mathrm{j}Z\frac{I\mathrm{d}l}{2\lambda r}\sin\theta \mathrm{e}^{-\mathrm{j}kr}$$

电流元的辐射强度为

$$U(\theta,\varphi)=r^2\frac{|\boldsymbol{E}|^2}{Z}=\frac{1}{4}ZI^2\left(\frac{\mathrm{d}l}{\lambda}\right)^2\sin^2\theta$$

电流元的辐射功率为

$$P_{rad}=80\pi^2 I^2\left(\frac{\mathrm{d}l}{\lambda}\right)^2$$

电流元的平均辐射强度为

$$U_{ave}=\frac{P_{rad}}{4\pi}=20\pi I^2\left(\frac{\mathrm{d}l}{\lambda}\right)^2$$

电流元的方向性系数为

$$D=\frac{U_{max}}{U_{ave}}=\frac{\dfrac{1}{4}ZI^2\left(\dfrac{\mathrm{d}l}{\lambda}\right)^2}{20\pi I^2\left(\dfrac{\mathrm{d}l}{\lambda}\right)^2}=1.5$$

电流元的方向性系数也可以由将电流元的方向性因子 $F(\theta,\varphi)=\sin\theta$ 代入(8.4-12)式直接积分得到

$$D=\frac{4\pi}{\int_0^{2\pi}\int_0^{\pi}F^2(\theta,\varphi)\sin\theta\mathrm{d}\theta\mathrm{d}\varphi}=\frac{4\pi}{\int_0^{2\pi}\int_0^{\pi}\sin^2(\theta)\sin\theta\mathrm{d}\theta\mathrm{d}\varphi}=1.5$$

思考题

1. 天线主要有哪些电特性?
2. 什么是方向性因子? 什么是辐射强度?
3. 辐射强度分别与辐射功率密度、电场强度之间有什么关系?
4. 什么是方向性系数? 解释方向性系数的意义。
5. 如何计算方向性系数? 方向性系数与辐射强度,方向性因子之间有什么关系?
6. 什么是天线的增益? 请用例 8.4-1 中得到的结果 $S=G\dfrac{P_{\text{in}}}{4\pi r^2}$,解释天线增益的意义。
7. 什么是 $\boldsymbol{E}$ 面和 $\boldsymbol{H}$ 面方向图? 如何画方向图?
8. 方向图主要有哪几个定量参数? 解释其意义。
9. 什么是天线的输入阻抗? 输入阻抗和辐射阻抗有什么关系?
10. 什么是天线的工作频率和带宽?

8.5 对称线天线的辐射场

前面已经讨论了电流元和小电流环的辐射场。这一节我们讨论一种既简单又应用广泛的半波振子天线。半波振子天线是长度为半波长的对称线天线。对称线天线的结构简单,由两根长度相等的细导线一字排列构成,两导线的中间两端点作为输入馈电端。

为了计算对称线天线的辐射场,首先必须确定天线输入端在电压激励下对称线天线上的电流分布。直接由麦克斯韦方程组计算这些电流是很复杂的,这里采用一种很简单的近似方法。天线结构如图 8.5-1(a)所示,沿 z 轴放置,中心在坐标原点。对称天线的长度为 L,电压源在中心激励。此天线结构可以看成长度为 $L/2$ 的开路传输线的两根导线从平行逐渐张开,

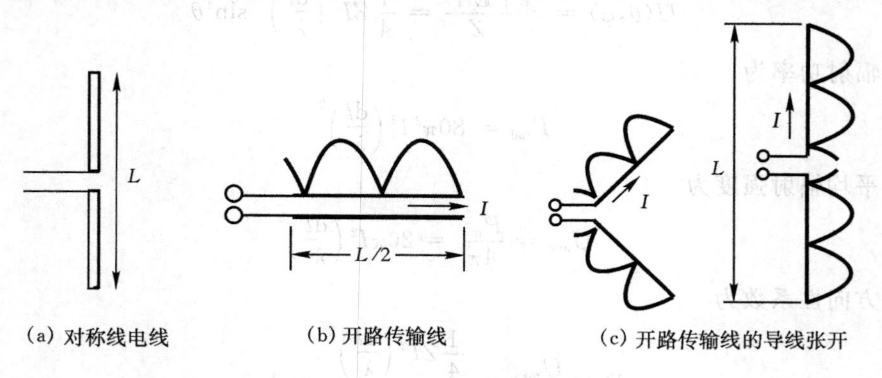

图 8.5-1 对称线天线

直到成一条线而形成的，如图8.5-1(b)和(c)所示。

尽管对称天线和开路传输线的结构不同，但可以近似认为在开路传输线两臂从平行逐渐张开，直到成一条线的过程中，电流分布保持不变。这意味着我们可以用开路传输线上的电流分布作为对称线天线上电流分布的近似。开路传输线上边一条导线上的电流为驻波分布，函数形式为

$$I(z) = I_m \sin\left[k\left(\frac{L}{2} - z\right)\right]$$

式中 $k=\frac{2\pi}{\lambda}$ 是空气介质传输线的相位常数。在输入端口，$z=0$。由于上下导线上的电流是对称的，那么对称线天线上的电流分布可以表示为

$$I(z) = I_m \sin\left[k\left(\frac{L}{2} - |z|\right)\right] \tag{8.5-1}$$

图 8.5-2 给出了对称线天线 3 种长度的电流分布。

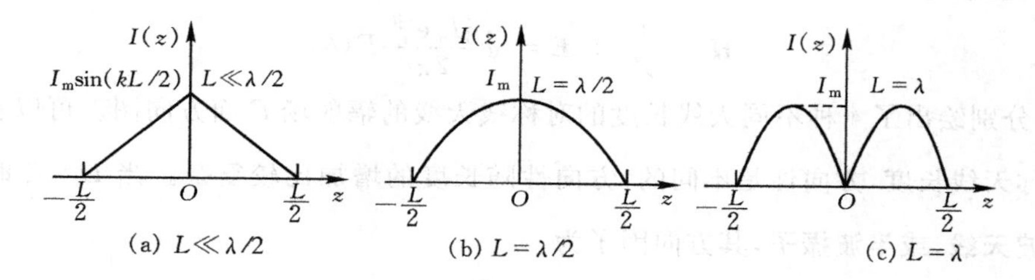

图 8.5-2 对称线天线 3 种长度的电流分布

由图可以看出，当 $L \ll \lambda/2$ 时，电流分布近似为三角形；当长度较长时，是正弦分布，长度越长波瓣越多。在天线的对称中心，电流是 $I(0)=I_m\sin(kL/2)$。只有当天线的长度 L 等于半波长的奇数倍时，$I(0)=I_m$。

得到了天线上的电流分布后，下面通过对天线上电流元产生的辐射场积分求和，求解对称线天线的辐射场。首先在天线上 z' 处取电流元 $I(z')\mathrm{d}z'$，如图 8.5-3 所示，在场点 $\boldsymbol{r}$ 处的辐射电场为

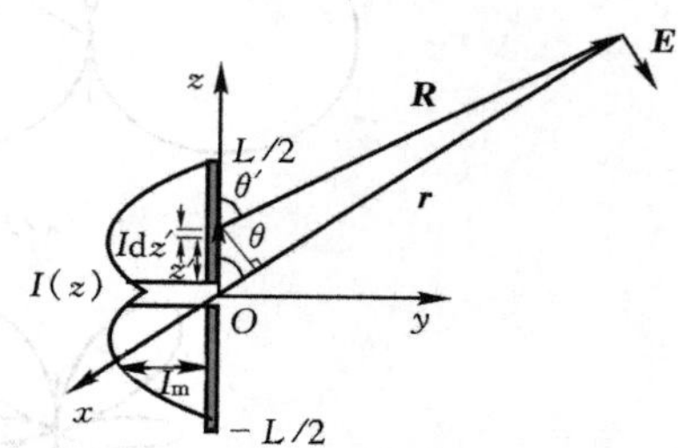

图 8.5-3 对称线天线的辐射场

$$\begin{aligned} \mathrm{d}\boldsymbol{E} &= \mathrm{j}Z\frac{I(z')\mathrm{d}z'\hat{z}\times\hat{R}}{2\lambda R}\times\hat{R}\mathrm{e}^{-\mathrm{j}kR} \\ &= \hat{\theta}'\mathrm{j}Z\frac{I(z')\mathrm{d}z'}{2\lambda R}\sin\theta'\mathrm{e}^{-\mathrm{j}kR} \end{aligned} \tag{8.5-2}$$

式中：R 是电流元到场点的距离；θ' 是 R 与 z 轴的夹角，$\hat{\theta}'=\hat{\varphi}\times\hat{R}$。当 $r\gg L/2$ 时，可以近似认为 R 线和 r 线平行，因此可取近似

$$\begin{aligned} &\hat{\theta}' \approx \hat{\theta} \\ &\theta' \approx \theta \\ &R \approx r - z'\cos\theta \\ &\frac{1}{R} \approx \frac{1}{r} \end{aligned} \tag{8.5-3}$$

代入(8.5-2)式得

$$\mathrm{d}\boldsymbol{E}=\hat{\theta}\mathrm{j}Z\frac{I(z')\mathrm{e}^{-\mathrm{j}kr}\mathrm{d}z'}{2\lambda r}\sin\theta\mathrm{e}^{\mathrm{j}kz'\cos\theta} \tag{8.5-4}$$

将(8.5-1)式代入上式后沿天线进行积分,就是对称线天线的辐射电场

$$\boldsymbol{E}=\hat{\theta}\mathrm{j}Z\frac{I_{\mathrm{m}}\mathrm{e}^{-\mathrm{j}kr}}{2\lambda r}\sin\theta\int_{-L/2}^{L/2}\sin\left[k\left(\frac{L}{2}-|z'|\right)\right]\mathrm{e}^{\mathrm{j}kz'\cos\theta}\mathrm{d}z' \tag{8.5-5}$$

采用分部积分方法,可得到对称线天线的辐射电场为

$$\boldsymbol{E}=\hat{\theta}\frac{\mathrm{j}60I_{\mathrm{m}}\mathrm{e}^{-\mathrm{j}kr}}{r}F(\theta) \tag{8.5-6}$$

式中方向性因子 $F(\theta)$ 为

$$F(\theta)=\frac{\cos\left(\frac{kL}{2}\cos\theta\right)-\cos\left(\frac{kL}{2}\right)}{\sin\theta} \tag{8.5-7}$$

远区的辐射磁场为

$$\boldsymbol{H}=\frac{1}{Z}\hat{r}\times\boldsymbol{E}=\hat{\varphi}\frac{\mathrm{j}I_{\mathrm{m}}\mathrm{e}^{-\mathrm{j}kr}}{2\pi r}F(\theta) \tag{8.5-8}$$

图8.5-4分别绘出了4种不同天线长度的对称线天线的辐射场 E 面方向图。可以看出,对于不同的对称天线长度,方向性是不同的,方向性随长度的增加比较复杂。当 $L=\frac{\lambda}{2}$ 时,对称天线称为**半波天线**,或**半波振子**,其方向因子为

$$F(\theta)=\frac{\cos\left(\frac{\pi}{2}\cos\theta\right)}{\sin\theta} \tag{8.5-9}$$

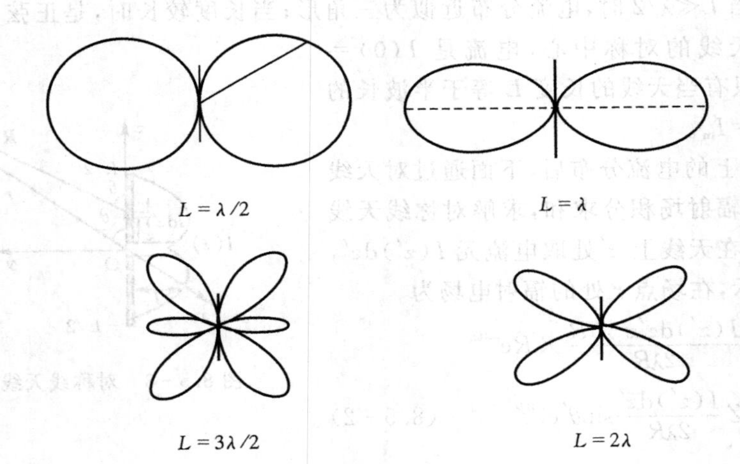

图8.5-4 4种不同长度对称线天线的 E 面方向图

将(8.5-9)式代入(8.4-12)式,可以得到半波振子的方向性系数为

$$D=\frac{4\pi}{\int_0^{2\pi}\int_0^{\pi}F^2(\theta,\varphi)\sin\theta\mathrm{d}\theta\mathrm{d}\varphi}=1.64=2.15\ \mathrm{dB} \tag{8.5-10}$$

辐射功率为

$$P_{rad} = \oint\!\!\oint_S \frac{|E_\theta|^2}{Z} dS = I_m^2 60\int_0^\pi \frac{\cos^2\left(\frac{\pi}{2}\cos\theta\right)}{\sin\theta}d\theta$$

式中

$$\int_0^\pi \frac{\cos^2\left(\frac{\pi}{2}\cos\theta\right)}{\sin\theta}d\theta = 1.218$$

因此半波振子的平均辐射功率为

$$P_{rad} = 60 \times I_m^2 \times 1.218 = 73.08 I_0^2 \qquad (8.5-11)$$

辐射电阻为

$$R_r = 60\int_0^\pi \frac{\cos^2\left(\frac{\pi}{2}\cos\theta\right)}{\sin\theta}d\theta \approx 73\ \Omega \qquad (8.5-12)$$

由于半波振子的半长度为$\lambda/4$，是谐振长度，则$I(0)=I_m$，$R_{ri}=R_r$，$X_{in}=0$，因此

$$Z_{in} \approx 73 \qquad (8.5-13)$$

对称线天线还有别的谐振长度，但由于半波振子的长度较短，输入阻抗容易和传输线匹配，因此得到了广泛的应用。

例 8.5-1　工作于900 MHz的半波天线用半径为3 mm的铜线($\sigma=5.8\times10^7$ S/m)制作，计算此半波天线的增益。

解　频率为900 MHz的电磁波的波长为　$\lambda=\frac{c}{f}=0.333$ m

半波天线长度为　$l=\frac{\lambda}{2}=0.166$ m

铜线在900 MHz的集肤厚度

$$\delta = \frac{1}{\sqrt{\mu_0 \pi f \sigma}} = \frac{1}{\sqrt{4\pi \times 10^{-7} \times \pi \times 9 \times 10^8 \times 5.8 \times 10^7}} = 2.2 \times 10^{-6}\ \text{m}$$

半波天线的损耗电阻为

$$R_c = \frac{l}{\sigma S} = \frac{l}{2\pi a\delta\sigma} = \frac{0.166}{2\times\pi\times0.003\times2.2\times10^{-6}\times5.8\times10^7} = 0.07\ \Omega$$

半波天线辐射电阻为　$R_{rad}=73\ \Omega$

天线效率为　$\eta=\frac{R_{rad}}{R_{rad}+R_c}=0.999$

此半波天线的增益为　$G=\eta D=0.999\times1.64=1.638=2.144$ dB

思考题

1. 什么是对称线天线？

2. 什么是半波振子？半波振子有什么特点？半波振子的辐射特性和电流元的辐射特性相比，有什么区别？

3. 对称线天线越长越好吗？为什么？

4. 在计算对称线天线的辐射场时，做了哪些近似？

*8.6 口径天线

有一些天线,其辐射场可以看成是从某一面积有限的口径上发射出来的,这种类型的天线统称为口径天线,如喇叭天线、反射面天线、透镜天线、缝隙天线和微带天线等,如图8.6-1所示。这些天线的辐射源均可以归结为一无限大平面上具有有限尺寸的口径上的电磁场分布,而该平面上口径以外的部分相应的场分布可视为0。分析口径天线的辐射场一般主要分两步:第一步是根据口径天线具体的结构特点,利用一些有效方法求出口径上的电磁场分布;第二步是根据惠更斯(Christiaan Huygens,1629—1695)原理,由口径场分布计算远区辐射场。

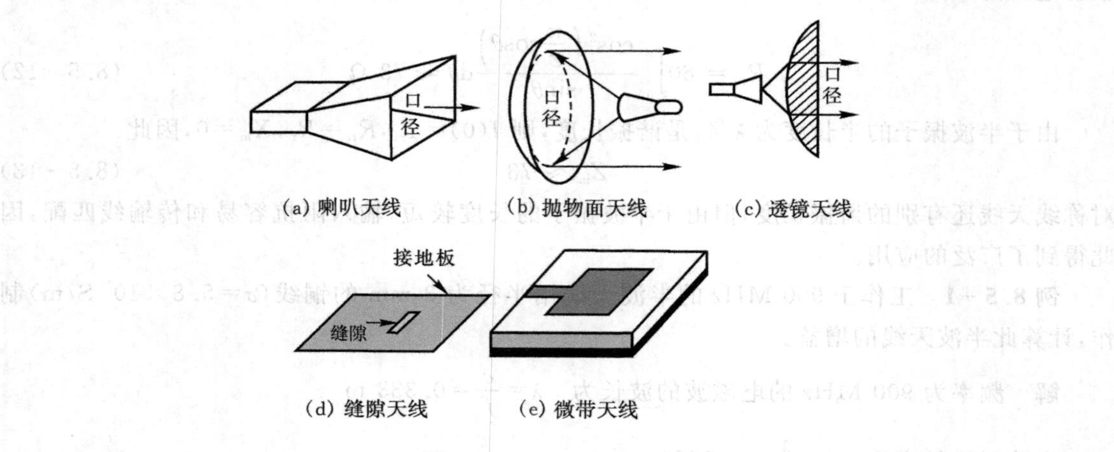

图8.6-1 一些口径天线

1. 惠更斯原理

惠更斯原理指出,包围波源的封闭面上任一点的场都可以作为二次波源,封闭面外任一点的场可以由封闭面上的场,即二次波源决定。

设封闭面S中的源在封闭面S上产生的场为$\boldsymbol{E}_S$和$\boldsymbol{H}_S$,在封闭面外一点P产生的场为$\boldsymbol{E}_P$和$\boldsymbol{H}_P$。下面推导由$\boldsymbol{E}_S$和$\boldsymbol{H}_S$计算$\boldsymbol{E}_P$和$\boldsymbol{H}_P$的公式——基尔霍夫公式。

如图8.6-2所示,空间有两个封闭面:包围区域V_0的封闭面S和包围全空间区域的无限大的封闭面S_∞。设封闭面S内的源在封闭面S上产生的场为$\boldsymbol{E}_S$和$\boldsymbol{H}_S$,在封闭面外产生的场为$\boldsymbol{E}$和$\boldsymbol{H}$。由于在封闭面S外V区无源,因此在该区域V,$\boldsymbol{E}$和$\boldsymbol{H}$的任一直角坐标分量满足齐次标量亥姆霍兹方程,即

$$\nabla^2\psi(\boldsymbol{r})+k^2\psi(\boldsymbol{r})=\boldsymbol{0} \tag{8.6-1}$$

为了方便地得到V区中P点的场,将坐标原点放在P点,并在该点另放一个点源,它的场G满足方程

$$\nabla^2G(\boldsymbol{r})+k^2G(\boldsymbol{r})=-\delta(\boldsymbol{r}) \tag{8.6-2}$$

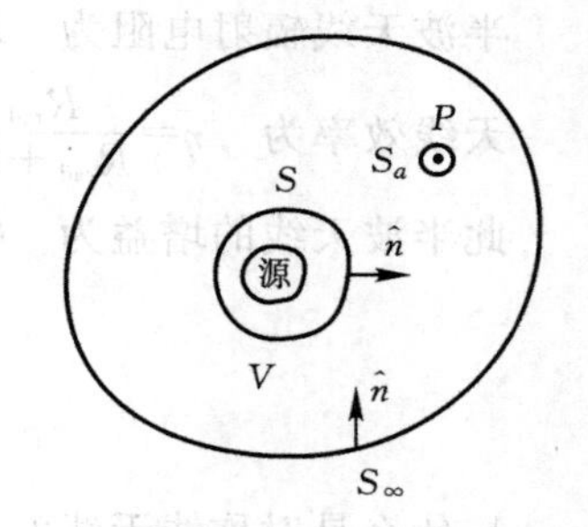

图8.6-2 惠更斯原理

此方程和电流元产生的矢量位满足的方程形式相同,因此,可参照电流元产生的矢量位得到

$$G(r)=\frac{\mathrm{e}^{-\mathrm{j}kr}}{4\pi r} \tag{8.6-3}$$

以坐标原点为中心取半径为 a 的球面 S_a，S_a 包围坐标原点的点源。在由 S、S_a 和 S_∞ 包围的区域 V 中，ψ 和 G 满足标量第二格林定理：

$$\iiint_V (\psi\nabla^2 G - G\nabla^2\psi)\mathrm{d}V = \oiint_{S+S_\infty+S_a}\left(\psi\frac{\partial G}{\partial n} - G\frac{\partial\psi}{\partial n}\right)\mathrm{d}S \tag{8.6-4}$$

在区域 V 中，ψ 和 G 均无源，满足齐次标量亥姆霍兹方程，于是上式左边体积分的被积函数

$$\psi\nabla^2 G - G\nabla^2\psi = -k^2\psi G + k^2 G\psi = 0$$

因此，(8.6-4)式左边体积分为 0，那么右边包含 3 个封闭面积分之和的面积分也为 0。其中对于 S_∞ 的面积分，可认为 S_∞ 为 $r\to\infty$ 的球面，在 S_∞ 上的场就可看成是其辐射源都集中在坐标原点的点源产生的场，因此有 $\frac{\partial\psi}{\partial n} = -\frac{\partial\psi}{\partial r}$，$\frac{\partial G}{\partial n} = -\frac{\partial G}{\partial r}$，$\psi \xrightarrow[r\to\infty]{} \psi_0\frac{\mathrm{e}^{-\mathrm{j}kr}}{4\pi r}f(\theta,\varphi)$，代入面积分后得

$$\oiint_{S_\infty}\left(\psi\frac{\partial G}{\partial n} - G\frac{\partial\psi}{\partial n}\right)\mathrm{d}S = 0 \tag{8.6-5}$$

在 S_a 上，$\frac{\partial\psi}{\partial n} = \frac{\partial\psi}{\partial r}$，$\frac{\partial G}{\partial n} = \frac{\partial G}{\partial r} = -\left(\mathrm{j}k + \frac{1}{r}\right)G$，代入面积分得

$$\begin{aligned}\oiint_{S_a}\left(\psi\frac{\partial G}{\partial n} - G\frac{\partial\psi}{\partial n}\right)\mathrm{d}S &= \oiint_{S_a}\left(\psi\frac{\partial G}{\partial r} - G\frac{\partial\psi}{\partial r}\right)\mathrm{d}S \\ &= -\left(\mathrm{j}k + \frac{1}{r}\right)G\Big|_{r=a}\oiint_{S_a}\psi\mathrm{d}S - G\Big|_{r=a}\oiint_{S_a}\frac{\partial\psi}{\partial r}\mathrm{d}S\end{aligned} \tag{8.6-6}$$

当 $a\to 0$ 时

$$\oiint_{S_a}\psi\mathrm{d}S \xrightarrow[a\to 0]{} \psi(0)4\pi a^2 \tag{8.6-7}$$

$$\oiint_{S_a}\frac{\partial\psi}{\partial r}\mathrm{d}S = \oiint_{S_a}\nabla\psi\cdot\mathrm{d}\boldsymbol{S} = \iiint_{V_a}\nabla^2\psi\mathrm{d}V = -k^2\iiint_{V_a}\psi\mathrm{d}V \xrightarrow[a\to 0]{} -k^2\psi(0)\frac{4}{3}\pi a^3 \tag{8.6-8}$$

代入(8.6-6)式得

$$\oiint_{S_a}\left(\psi\frac{\partial G}{\partial n} - G\frac{\partial\psi}{\partial n}\right)\mathrm{d}S \xrightarrow[a\to 0]{} -\psi(0) \tag{8.6-9}$$

将以上体积分和面积分结果代入(8.6-4)式得

$$\psi(0) = \oiint_S\left(\psi\frac{\partial G}{\partial n} - G\frac{\partial\psi}{\partial n}\right)\mathrm{d}S \tag{8.6-10}$$

对上式中的积分进行变量代换 $\boldsymbol{r}\to\boldsymbol{r}'$，当 P 点不在坐标原点而在 $\boldsymbol{r}$ 点时，格林函数为 $G = \frac{\mathrm{e}^{-\mathrm{j}k|\boldsymbol{r}-\boldsymbol{r}'|}}{4\pi|\boldsymbol{r}-\boldsymbol{r}'|}$，然后代入坐标变换后的格林函数得

$$\psi(\boldsymbol{r}) = \frac{1}{4\pi}\oiint_S\left(\psi\frac{\partial}{\partial n}\left(\frac{\mathrm{e}^{-\mathrm{j}k|\boldsymbol{r}-\boldsymbol{r}'|}}{|\boldsymbol{r}-\boldsymbol{r}'|}\right) - \frac{\mathrm{e}^{-\mathrm{j}k|\boldsymbol{r}-\boldsymbol{r}'|}}{|\boldsymbol{r}-\boldsymbol{r}'|}\frac{\partial\psi}{\partial n}\right)\mathrm{d}S' \tag{8.6-11}$$

上式说明，如果已知封闭面 S 上的场 ψ 及其法向导数 $\frac{\partial\psi}{\partial n}$，按上式对该封闭面上的场及其法向导数面积分，就可求出封闭面外一点 $\boldsymbol{r}$ 的场。这就是惠更斯原理的数学形式——标量基尔霍夫公式。电磁场的任一直角坐标分量都满足上式，那么电场和磁场的 3 个分量分别合成后，就得到矢量基尔霍夫公式

$$\boldsymbol{E}(\boldsymbol{r}) = \frac{1}{4\pi}\oiint_S \left(\boldsymbol{E}\frac{\partial}{\partial n}\left(\frac{\mathrm{e}^{-\mathrm{j}k|\boldsymbol{r}-\boldsymbol{r}'|}}{|\boldsymbol{r}-\boldsymbol{r}'|}\right) - \frac{\mathrm{e}^{-\mathrm{j}k|\boldsymbol{r}-\boldsymbol{r}'|}}{|\boldsymbol{r}-\boldsymbol{r}'|}\frac{\partial \boldsymbol{E}}{\partial n}\right)\mathrm{d}S' \tag{8.6-12}$$

$$\boldsymbol{H}(\boldsymbol{r}) = \frac{1}{4\pi}\oiint_S \left(\boldsymbol{H}\frac{\partial}{\partial n}\left(\frac{\mathrm{e}^{-\mathrm{j}k|\boldsymbol{r}-\boldsymbol{r}'|}}{|\boldsymbol{r}-\boldsymbol{r}'|}\right) - \frac{\mathrm{e}^{-\mathrm{j}k|\boldsymbol{r}-\boldsymbol{r}'|}}{|\boldsymbol{r}-\boldsymbol{r}'|}\frac{\partial \boldsymbol{H}}{\partial n}\right)\mathrm{d}S' \tag{8.6-13}$$

可以看出,只要给定封闭面 S 上的电场或磁场及其法向导数,就可以按以上面积分,分别求出封闭面外一点 $\boldsymbol{r}$ 的电场或磁场。

2. 同相口径面的辐射场

前面已提到,口径天线的辐射源可近似看成是一无限大平面上具有有限尺寸的口径上的电磁场分布,而该平面上口径以外部分相应的场分布可视为 0。将基尔霍夫公式用于口径面得

$$\psi(\boldsymbol{r}) = \frac{1}{4\pi}\iint_A \left(\psi\frac{\partial}{\partial n}\left(\frac{\mathrm{e}^{-\mathrm{j}k|\boldsymbol{r}-\boldsymbol{r}'|}}{|\boldsymbol{r}-\boldsymbol{r}'|}\right) - \frac{\mathrm{e}^{-\mathrm{j}k|\boldsymbol{r}-\boldsymbol{r}'|}}{|\boldsymbol{r}-\boldsymbol{r}'|}\frac{\partial \psi}{\partial n}\right)\mathrm{d}S' \tag{8.6-14}$$

上式只是对口径面 A 的面积分,因为已近似认为封闭面上除口径面以外其他部分的场为 0。应该指出,这只是一种近似,因为口径之外的场不可能绝对是 0,但是尽管如此,在高频条件下,用这种方法计算口径天线主瓣上辐射场的近似程度还是比较好的。

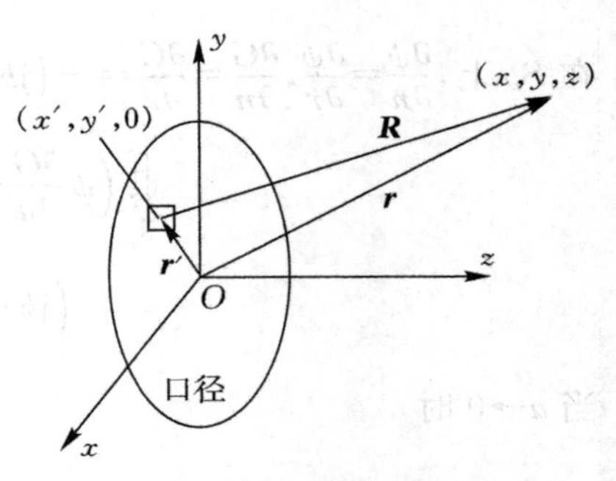

图 8.6-3 同相口径的远区辐射场

取坐标系使口径面在 xOy 面,其法向为 $\hat{z}$,如图 8.6-3 所示。如果口径面上的场是同相场,可以表示为

$$\psi_S = \psi_{S0}\mathrm{e}^{-\mathrm{j}kz} \tag{8.6-15}$$

那么(8.6-14)式中的 $\dfrac{\partial\psi}{\partial n}$ 可以写为

$$\left.\frac{\partial\psi}{\partial n}\right|_S = \left.\frac{\partial\psi}{\partial z}\right|_{z=0} = -\mathrm{j}k\psi_{S0} \tag{8.6-16}$$

在(8.6-14)式中,记 $|\boldsymbol{r}-\boldsymbol{r}|=R$ 得

$$\frac{\partial}{\partial n}\frac{\mathrm{e}^{-\mathrm{j}kR}}{R} = \frac{\partial}{\partial z'}\frac{\mathrm{e}^{-\mathrm{j}kR}}{R} = \left(\nabla'\frac{\mathrm{e}^{-\mathrm{j}kR}}{R}\right)\cdot\hat{z} = \frac{\mathrm{e}^{-kR}}{R}\left(\mathrm{j}k+\frac{1}{R}\right)\hat{R}\cdot\hat{z} \tag{8.6-17}$$

将(8.6-16)式和(8.6-17)式代入(8.6-14)式,得

$$\psi(\boldsymbol{r}) = \frac{1}{4\pi}\iint_A \psi_{S0}\left[\left(\mathrm{j}k+\frac{1}{R}\right)\hat{R}\cdot\hat{z}+\mathrm{j}k\right]\frac{\mathrm{e}^{-\mathrm{j}kR}}{R}\mathrm{d}S' \tag{8.6-18}$$

由于 $\boldsymbol{R}=\boldsymbol{r}-\boldsymbol{r}'$,因此有 $R^2=(\boldsymbol{r}-\boldsymbol{r})\cdot(\boldsymbol{r}-\boldsymbol{r}')=r^2-2\boldsymbol{r}\cdot\boldsymbol{r}'+r'^2$,还可以写为

$$R^2 = r^2\left[1-\frac{2\hat{r}\cdot\boldsymbol{r}'}{r}+\left(\frac{r'}{r}\right)^2\right]$$

上式两边开 2 次方,得

$$R = r\sqrt{1-\frac{2\hat{r}\cdot\boldsymbol{r}'}{r}+\left(\frac{r'}{r}\right)^2}$$

对于口径的远区场,$\dfrac{r'}{r}\ll 1$,忽略 $\left(\dfrac{r'}{r}\right)^2$ 项,利用近似 $\sqrt{1+x}\approx 1+\dfrac{x}{2}$,上式近似为

$$R \approx r-\hat{r}\cdot\boldsymbol{r}' \tag{8.6-19}$$

将(8.6-19)式代入(8.6-18)式,并取近似 $\dfrac{1}{R}\approx\dfrac{1}{r}$、$\hat{R}\cdot\hat{z}\approx\cos\theta$,忽略 $\dfrac{1}{R^2}$ 项,得

$$\psi(\boldsymbol{r}) = \frac{\mathrm{j}k\mathrm{e}^{-\mathrm{j}kr}}{4\pi r}(1+\cos\theta)\iint_A \psi_{S0}\,\mathrm{e}^{\mathrm{j}k\hat{r}\cdot\boldsymbol{r}'}\mathrm{d}x'\mathrm{d}y' \tag{8.6-20}$$

例 8.6-1 矩形口径，x 向边长为 $2a$、y 向边长为 $2b$，口径面上的均匀同相口径场为 $\boldsymbol{E}_a=\hat{x}E_0$，求该口径场的远区辐射场、$E$ 面方向性因子、H 面方向性因子及方向性系数。

解 口径平面位于 xOy 面，如图 8.6-4 所示，将口径场 $\psi_{S0}=E_0$ 代入(8.6-20)式，有

$$\psi(\boldsymbol{r}) = \frac{\mathrm{j}kE_0\mathrm{e}^{-\mathrm{j}kr}}{4\pi r}(1+\cos\theta)\int_{-a}^{a}\int_{-b}^{b}\mathrm{e}^{\mathrm{j}k\hat{r}\cdot\boldsymbol{r}'}\mathrm{d}x'\mathrm{d}y' \tag{8.6-21}$$

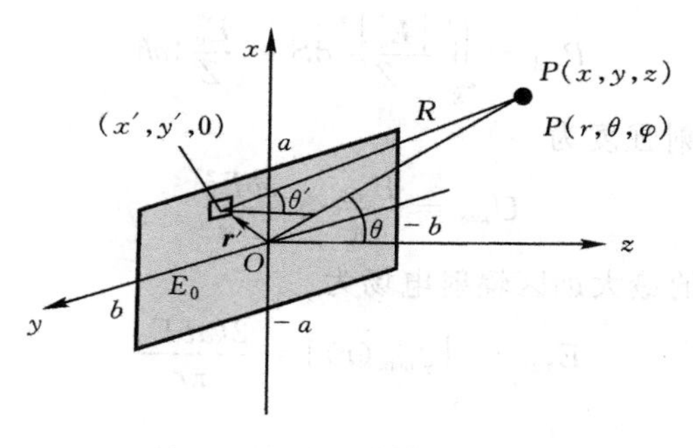

图 8.6-4 均匀同相口径的远区辐射场

式中

$$\hat{r}=\hat{x}\sin\theta\cos\varphi+\hat{y}\sin\theta\sin\varphi+\hat{z}\cos\theta$$

$$\boldsymbol{r}'=x'\hat{x}+y'\hat{y}$$

$$\hat{r}\cdot\boldsymbol{r}'=x'\sin\theta\cos\varphi+y'\sin\theta\sin\varphi$$

代入(8.6-21)式中积分得

$$\int_{-a}^{a}\mathrm{e}^{\mathrm{j}kx'\sin\theta\cos\varphi}\mathrm{d}x'\int_{-b}^{b}\mathrm{e}^{\mathrm{j}ky'\sin\theta\sin\varphi}\mathrm{d}y' = 4ab\,\frac{\sin(ka\sin\theta\cos\varphi)}{ka\sin\theta\cos\varphi}\,\frac{\sin(kb\sin\theta\sin\varphi)}{kb\sin\theta\sin\varphi}$$

以上积分结果代入(8.6-21)式得辐射电场为

$$\psi(\boldsymbol{r}) = \frac{\mathrm{j}kabE_0\mathrm{e}^{-\mathrm{j}kr}}{\pi r}(1+\cos\theta)\,\frac{\sin(ka\sin\theta\cos\varphi)}{ka\sin\theta\cos\varphi}\,\frac{\sin(kb\sin\theta\sin\varphi)}{kb\sin\theta\sin\varphi} \tag{8.6-22}$$

在 $\varphi=0$ 面

$$\psi(\varphi=0) = \frac{\mathrm{j}kabE_0\mathrm{e}^{-\mathrm{j}kr}}{\pi r}(1+\cos\theta)\,\frac{\sin(ka\sin\theta)}{ka\sin\theta}$$

在 $\varphi=\pi/2$ 面

$$\psi\left(\varphi=\frac{\pi}{2}\right) = \frac{\mathrm{j}kabE_0\mathrm{e}^{-\mathrm{j}kr}}{\pi r}(1+\cos\theta)\,\frac{\sin(kb\sin\theta)}{kb\sin\theta}$$

可以看到，均匀同相矩形口径辐射场 E 面($\varphi=0$)及 H 面($\varphi=\frac{\pi}{2}$)的方向性因子分别为

$$f_{\varphi=0}(\theta) = (1+\cos\theta)\,\frac{\sin(ka\sin\theta)}{ka\sin\theta}$$

$$f_{\varphi=\pi/2}(\theta) = (1+\cos\theta)\,\frac{\sin(kb\sin\theta)}{kb\sin\theta}$$

在 $\varphi=0$ 面 a 越大，方向图主瓣就越窄，方向性越强。图 8.6-5 给出了 E 面方向图。

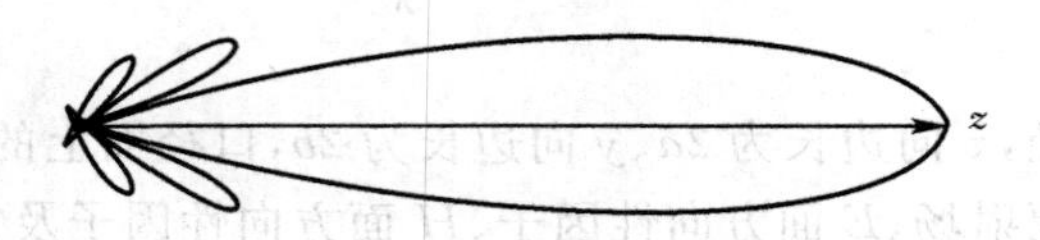

图 8.6-5　均匀同相矩形口径的方向图

此矩形均匀同相口径天线辐射的功率为

$$P_{\mathrm{rad}}=\iint_S \frac{|\boldsymbol{E}_a|^2}{Z}\mathrm{d}S=\frac{E_0^2}{Z}4ab$$

其中 Z 为波阻抗。平均辐射强度为

$$U_{\mathrm{ave}}=\frac{P_{\mathrm{rad}}}{4\pi}=\frac{abE_0^2}{Z\pi}$$

由(8.6-21)式，主射方向的最大远区辐射电场为

$$E_{\max}=|\psi_{\max}(\boldsymbol{r})|=\frac{2kabE_0}{\pi r}$$

最大辐射强度为

$$U_{\max}=r^2\frac{E_{\max}^2}{Z}=\frac{k^2 4(ab)^2E_0^2}{Z\pi^2}$$

方向性系数为

$$D=\frac{U_{\max}}{U_{\mathrm{ave}}}=\frac{4abk^2}{\pi}=A\frac{4\pi}{\lambda^2}\tag{8.6-23}$$

式中 $A=4ab$ 是口径的面积。由此看见，口径天线的方向性系数和面积成正比，和波长的 2 次方成反比。口径面积越大，方向性系数就越大，增益越高；波长越短，方向性系数也越大，增益越高。一般口径天线的增益可以表示为

$$G=\eta A_{\mathrm{eff}}\frac{4\pi}{\lambda^2}\tag{8.6-24}$$

式中：η 为口径天线的效率；$A_{\mathrm{eff}}=\alpha A$ 是口径天线的有效面积，$0<\alpha\leqslant 1$ 是取决于口径面上场分布的系数，对于等幅同相口径场，$\alpha=1$。

思考题

1. 什么是口径天线？
2. 口径天线的辐射场怎样计算？
3. 什么是惠更斯原理？
4. 用矢量基尔霍夫公式计算口径天线的辐射场做了哪些近似？
5. 口径天线的增益和口径面积以及波长有什么关系？

8.7　天线阵

对于一般应用，单个天线就可以满足无线发射和接收的要求。但在一些有特殊要求的应

用中，对天线的性能要求很高，比如不但要求增益高，还要求旁瓣低，有时还要求天线的波瓣可以扫描，并且有一定的形状，等等。一单个天线要实现这些要求是很困难的，这时就需要将多个天线按一定的方式排列形成一个天线阵列，来实现所要求的天线特性。组成天线阵的单个天线称作单元天线或阵元。根据单元天线的排列方式不同，可以形成各种几何结构的天线阵。最常见的天线阵是平面阵，即天线阵中所有单元天线的中心在一个平面上。平面阵包括线阵、方阵、圆阵等，线阵又分为直线阵、环阵等。

本节讨论最简单的二元阵和均匀直线阵。

1. 二元阵

二元阵由两个天线组成。下面以两个电流元组成的二元阵为例进行分析。取坐标系如图 8.7-1 所示，电流元指向 z 轴，间距为 d，两电流元大小相等，相位差为 α。分别为

$$I_1 = I_0 e^{j\alpha/2} \tag{8.7-1a}$$

$$I_2 = I_0 e^{-j\alpha/2} \tag{8.7-1b}$$

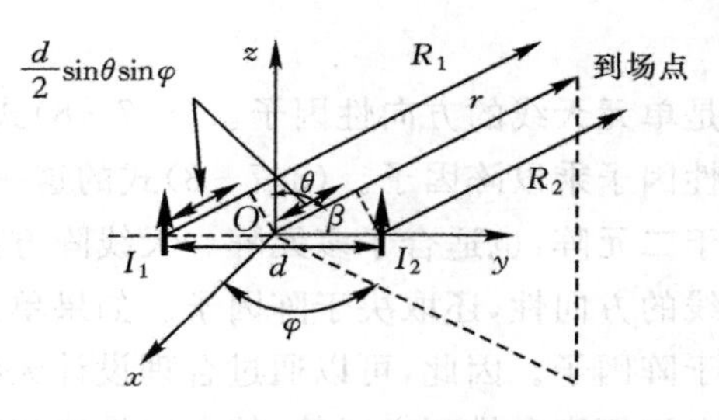

图 8.7-1　两个电流元组成的二元阵

这两个电流元在远区场点产生的辐射场满足叠加原理，是它们各自在场点产生的辐射场之和，即

$$\begin{aligned} \boldsymbol{E} &= \boldsymbol{E}_1 + \boldsymbol{E}_2 \\ &= \hat{\theta}_1 jZ \frac{I_0 e^{j\alpha/2}\Delta l}{2\lambda R_1}\sin\theta_1 e^{-jkR_1} + \hat{\theta}_2 jZ \frac{I_0 e^{-j\alpha/2}\Delta l}{2\lambda R_2}\sin\theta_2 e^{-jkR_2} \end{aligned} \tag{8.7-2}$$

式中 R_1 和 R_2 分别为两个电流元到场点的距离，θ_1 和 θ_2 分别为 R_1 和 R_2 与 z 轴的夹角，$\hat{\theta}_1$ 和 $\hat{\theta}_2$ 分别为两电流元的辐射电场方向。因为 R_1 和 R_2 远远大于阵元间的距离 d，R_1、R_2 和 $\boldsymbol{r}$ 可看成是互相平行的，所以可取近似

$$\hat{\theta}_1 \approx \hat{\theta}_2 \approx \hat{\theta} \tag{8.7-3a}$$

$$\theta_1 \approx \theta_2 \approx \theta \tag{8.7-3b}$$

$$R_1 = r + \frac{d}{2}\cos\beta \tag{8.7-3c}$$

$$R_1 = r - \frac{d}{2}\cos\beta \tag{8.7-3d}$$

式中 β 是 $\boldsymbol{r}$ 线和阵元中心连线（阵轴线）的夹角。将(8.7-3)式代入(8.7-2)式，并取近似 $\frac{1}{R_1} \approx \frac{1}{R_2} \approx \frac{1}{r}$ 得

$$\boldsymbol{E} = \hat{\theta} jZ \frac{I_0 \Delta l}{2\lambda r} e^{-jkr} \sin\theta \left(e^{-j\frac{1}{2}(kd\cos\beta-\alpha)} + e^{j\frac{1}{2}(kd\cos\beta-\alpha)} \right) \tag{8.7-4}$$

上式包含两部分，方括号外的部分是放在天线阵中心（即坐标原点）的电流元在场点产生的场，方括号内的部分是各个阵元的相对空间相位差和相对时间相位差因子之和。利用欧拉恒等式，上式可写为

$$\boldsymbol{E} = \hat{\theta} jZ \frac{I_0 \Delta l}{2\lambda r} e^{-jkr} \sin\theta \times 2\cos\left[\frac{1}{2}(kd\cos\beta - \alpha)\right] \tag{8.7-5}$$

也可以写成

$$\boldsymbol{E} = \hat{\theta}\mathrm{j}Z\frac{I_0\Delta l}{2\lambda r}\mathrm{e}^{-\mathrm{j}kr}\sin\theta f_2(\theta,\varphi) \tag{8.7-6}$$

式中

$$f_2(\theta,\varphi) = 2\cos\left[\frac{1}{2}(kd\cos\beta - \alpha)\right] \tag{8.7-7}$$

称为二元阵的阵因子。(8.7-6)式表明,二元天线阵的辐射场等于在阵中心的单元天线的辐射场乘以阵因子。根据(8.7-6)式,二元天线阵的方向性因子为

$$f(\theta,\varphi) = f_1(\theta,\varphi)f_2(\theta,\varphi) \tag{8.7-8}$$

式中

$$f_1(\theta,\varphi) = \sin\theta \tag{8.7-9}$$

是单元天线的方向性因子。(8.7-8)式表明,二元天线阵的方向性因子等于单元天线的方向性因子乘以阵因子。(8.7-8)式的这一关系称为方向图相乘原理。方向图相乘原理不但适合于二元阵,也适合于多元阵。天线阵方向图相乘原理说明,天线阵的方向性不仅取决于单元天线的方向性,还取决于阵因子。如果单元天线的方向性很弱,那么天线阵的方向性就主要取决于阵因子。因此,可以通过合理设计天线阵的有关参数,如阵元个数,间距 d,电流相差 α,甚至电流幅度和排列方式等,使方向性达到特定要求。

如果我们在天线阵中不是用电流元作阵元,而是用例如半波阵子或喇叭天线来作阵元,那么在计算辐射场时,在(8.7-6)式中只要用半波阵子或喇叭天线的辐射场代替电流元的辐射场即可。对应地在天线阵方向性因子中,只要将(8.7-9)式中电流元的方向性因子用半波阵子或喇叭天线的方向性因子代替即可,阵因子保持不变。

(8.7-7)式表示的阵因子中,表示方向的角度 β 是场点位置矢量和阵轴的夹角。阵因子关于 θ 和 φ 的函数关系与阵轴的取向有关。阵轴沿不同的坐标轴时,阵因子关于 θ 和 φ 的函数是不同的。对于阵轴沿 y 的二元阵,阵因子中

$$\cos\beta = \hat{r}\cdot\hat{y}$$

将 $\hat{r}=\hat{x}\sin\theta\cos\varphi+\hat{y}\sin\theta\sin\varphi+\hat{z}\cos\theta$ 代入得

$$\cos\beta = \sin\theta\sin\varphi$$

将上式代入(8.7-7)式,得到阵轴沿 y 轴时关于 θ 和 φ 的二元阵阵因子为

$$f_2(\theta,\varphi) = 2\cos\left[\frac{1}{2}(kd\sin\theta\sin\varphi - \alpha)\right] \tag{8.7-10}$$

图 8.7-2 给出了电流相差 $\alpha=0$,间距 d 分别为 0.25λ、0.5λ 和 0.75λ 的 3 种不同间距情况的阵因子方向图。从图中可以看出:(1)在 3 种不同间距情况,方向图主瓣的主射方向均在

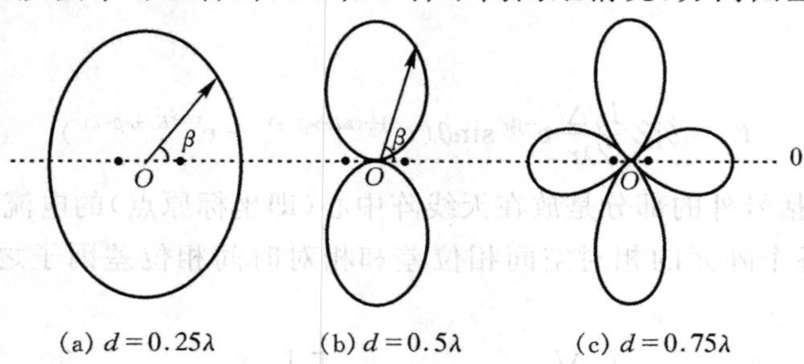

图 8.7-2 电流相差 $\alpha=0$,间距为不同情况的二元阵因子方向图

垂直于阵轴的方向(这是由于 3 种情况都有 $\alpha=0$);(2)随着间距的逐渐增大,主瓣逐渐变窄,方向性逐渐变强;(3)当 $d=\lambda/2$ 时,在两阵轴方向出现了零射方向;(4)当 $d>\lambda/2$ 时,主瓣变得更窄,但出现了旁瓣。

图 8.7-3 给出了二元阵间距 $d=\lambda/3$,电流相差 α 分别为 0、$\pi/3$ 和 $2\pi/3$ 三种不同情况的二元阵因子方向图。从图中可以看出:主射方向随着 α 的变化而变化。当 $\alpha=0$ 时,主瓣的主射方向垂直于阵轴的方向,随着 α 增加,主瓣逐渐向阵轴 $\beta=0$ 方向倾斜,直到 $\alpha=kd$(对 $d=\lambda/3$,$\alpha=2\pi/3$),主瓣主射方向指向阵轴 $\beta=0$ 方向。显然,如果控制天线阵单元电流的相位使它按一定的方式(比如随时间)在一定的范围内变化,就可实现天线阵的主瓣方向在空间扫描。这就是相控阵天线的原理。

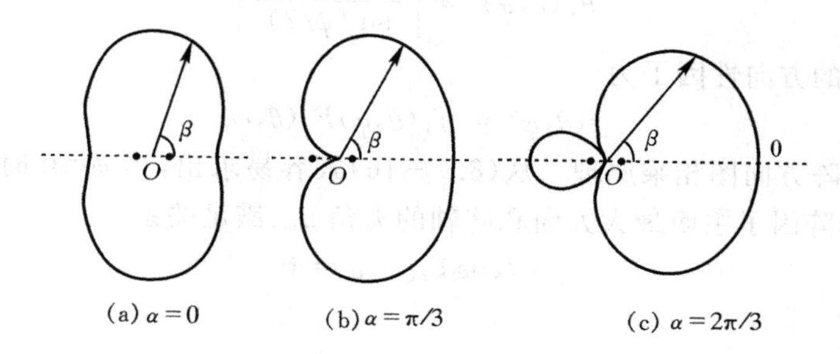

图 8.7-3 二元阵间距 $d=\lambda/3$,电流相差为不同情况的二元阵因子方向图

2. N 元均匀线阵

下面将前面对二元阵的分析扩展到 N 元均匀直线阵。这里直线阵是指 N 个阵元的中心连线是一条直线。均匀是指:(1)相邻阵元间距相同,记为 d;(2)相邻阵元相位差相同,记为 α;(3)每个阵元的辐射场和方向性因子是相同的,分别记为 $\boldsymbol{E}_1(\boldsymbol{r})$ 和 $f_1(\theta,\varphi)$。

设 N 元均匀直线阵间距为 d,相邻阵元相差为 α,天线阵到场点的连线和阵轴的夹角为 β,如图 8.7-4 所示。根据前面对二元阵的分析,天线阵的场等于单元天线的辐射场乘以各个阵元的相对空间相位差和相对时间相位差因子之和,因此 N 元天线阵在远区场点的辐射电场可表示为

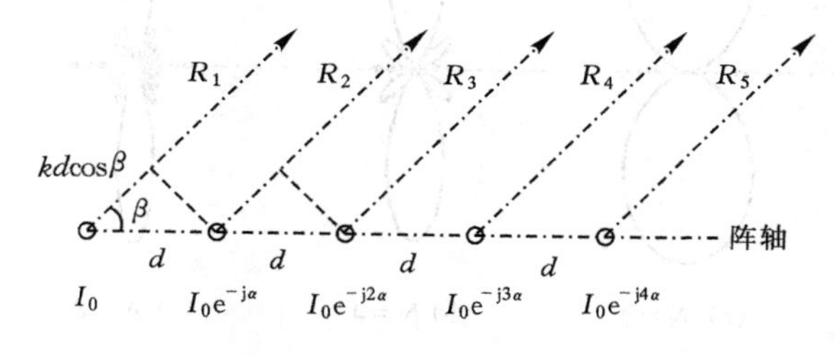

图 8.7-4 N 元均匀线阵

$$\boldsymbol{E}=\boldsymbol{E}_1(1+\mathrm{e}^{\mathrm{j}\psi}+\mathrm{e}^{\mathrm{j}2\psi}+\cdots+\mathrm{e}^{\mathrm{j}(N-1)\psi})=\boldsymbol{E}_1 f_n(\psi) \tag{8.7-11}$$

式中

$$f_n(\psi)=1+\mathrm{e}^{\mathrm{j}\psi}+\mathrm{e}^{\mathrm{j}2\psi}+\cdots+\mathrm{e}^{\mathrm{j}(N-1)\psi} \tag{8.7-12}$$

$$\psi=kd\cos\beta-\alpha \tag{8.7-13}$$

为了化简 $f_n(\psi)$，将(8.7-12)式乘以 $e^{j\psi}$ 得

$$e^{j\psi}f_n(\psi) = e^{j\psi} + e^{j2\psi} + \cdots + e^{jN\psi} \tag{8.7-14}$$

(8.7-12)式减上式，得

$$(1 - e^{j\psi})f_n(\psi) = 1 - e^{jN\psi}$$

显然有

$$f_n(\psi) = \frac{1 - e^{jN\psi}}{1 - e^{j\psi}} = \frac{e^{jN\psi/2}(e^{-jN\psi/2} - e^{jN\psi/2})}{e^{j\psi/2}(e^{-j\psi/2} - e^{j\psi/2})} = e^{j(N-1)\psi/2}\,\frac{\sin(N\psi/2)}{\sin(\psi/2)} \tag{8.7-15}$$

由于我们现在仅考虑幅度的方向性，因此忽略上式中的相位项，从而得到 N 元天线阵的阵因子为

$$F_n(\theta,\varphi) = \left|\frac{\sin(N\psi/2)}{\sin(\psi/2)}\right| \tag{8.7-16}$$

那么 N 元天线阵的方向性因子为

$$f(\theta,\varphi) = f_1(\theta,\varphi)F_n(\theta,\varphi) \tag{8.7-17}$$

这就是 N 元天线阵方向图相乘原理。从(8.7-16)式容易求出，当 $\psi=0$ 时，N 元阵因子取最大值。也就是说，阵因子主瓣最大方向和阵轴的夹角 $\beta_{\max}$ 满足关系

$$kd\cos\beta_{\max} - \alpha = 0 \tag{8.7-18}$$

或者

$$\beta_{\max} = \arccos\left(\frac{\alpha}{kd}\right) = \arccos\left(\frac{\alpha}{2\pi\left(\dfrac{d}{\lambda}\right)}\right) \tag{8.7-19}$$

可见，当 $\alpha=0$ 时，$\beta_{\max}=90°$，主瓣指向和阵轴垂直的方向，为侧射阵；当 $\alpha=2\pi\dfrac{d}{\lambda}$ 时，$\beta_{\max}=0°$，主瓣指向阵轴方向，为端射阵。

图 8.7-5 分别给出了 $\alpha=0$，$d=\dfrac{\lambda}{2}$，$N=2,4,8$ 三种不同阵元数的阵因子方向图。可以看出，阵元数越多，主瓣就越窄，副瓣越多。

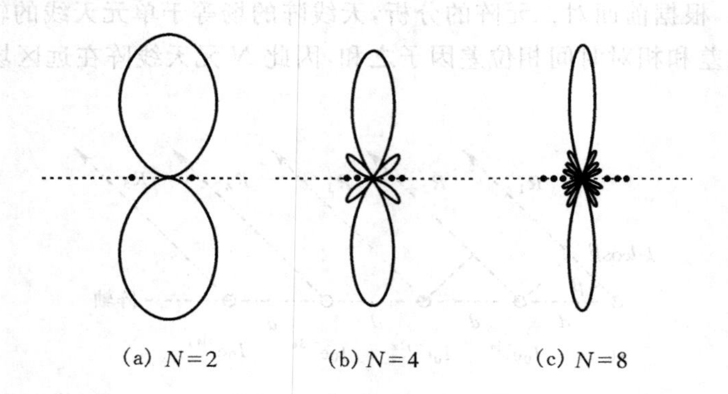

图 8.7-5　$\alpha=0$，$d=\dfrac{\lambda}{2}$ 时 3 种不同阵元数的阵因子方向图

例 8.7-1　画出二元阵 $d=\dfrac{\lambda}{2}$，(1) $\alpha=0°$，(2) $\alpha=90°$，(3) $\alpha=180°$ 时的阵因子方向图。

解　(1) 二元阵的方向因子为

$$f_2(\theta,\varphi) = 2\cos\left[\frac{1}{2}(kd\cos\beta - \alpha)\right]$$

代入 $d=\frac{\lambda}{2}$ 和 $\alpha=0°$ 得

$$F_2(\theta,\varphi) = \left|\cos\left(\frac{\pi}{2}\cos\beta\right)\right|$$

取 β 值为 0°, 15°, 30°, 45°, …, 180°，计算出相应的 $F_2(\beta)$，画极坐标图，如图 8.7-6(a)所示。同理可得

(2) $F_2(\theta,\varphi)=\left|\cos\left(\frac{\pi}{2}\cos\beta-\frac{\pi}{4}\right)\right|$

(3) $F_2(\theta,\varphi)=\left|\sin\left(\frac{\pi}{2}\cos\beta\right)\right|$

按(1)的方法，计算出相应的 $F_2(\beta)$，并画极坐标图，如图 8.7-6(b)、(c)所示。

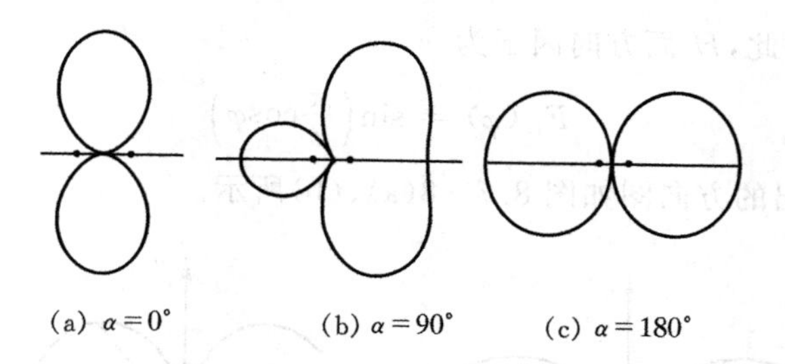

图 8.7-6　二元阵在 $d=\frac{\lambda}{2}$，不同 α 时的阵因子方向图

例 8.7-2　两半波天线组成一个二元天线阵，阵轴沿 x 轴，$d=\frac{\lambda}{2}$，$\alpha=\pi$，半波阵子平行于 z 轴，如图 8.7-7所示，求此二元阵的辐射场，并分别画出 E 面和 H 面方向图。

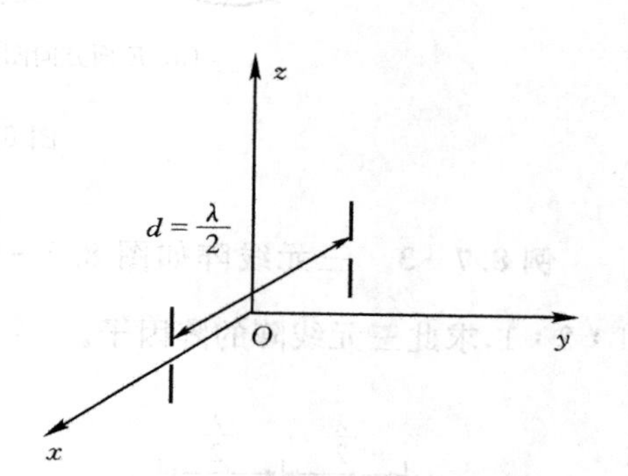

图 8.7-7　两半波天线组成一个二元天线阵

解　由(8.5-6)和(8.5-9)式得半波天线的辐射场为

$$\boldsymbol{E}_1 = \hat{\theta}\,\frac{\mathrm{j}60I_{\mathrm{m}}\mathrm{e}^{-\mathrm{j}kr}}{r}\,\frac{\cos\left(\frac{\pi}{2}\cos\theta\right)}{\sin\theta}$$

二元阵的阵因子为

$$f_2(\theta,\varphi) = 2\cos\left[\frac{1}{2}(kd\cos\beta - \alpha)\right]$$

当阵轴沿 x 轴时，二元阵的阵因子也可以写为

$$f_2(\theta,\varphi) = 2\cos\left[\frac{1}{2}(kd\sin\theta\cos\varphi - \alpha)\right]$$

将 $d=\frac{\lambda}{2}$，$\alpha=\pi$ 代入得

$$f_2(\theta,\varphi)=2\sin\left(\frac{\pi}{2}\sin\theta\cos\varphi\right)$$

两半波天线组成的二元阵的辐射电场为

$$\boldsymbol{E}=\hat{\theta}\frac{\mathrm{j}60I_{\mathrm{m}}\mathrm{e}^{-\mathrm{j}kr}}{r}\frac{\cos\left(\frac{\pi}{2}\cos\theta\right)}{\sin\theta}2\sin\left(\frac{\pi}{2}\sin\theta\cos\varphi\right)$$

磁场为

$$\boldsymbol{H}=\frac{1}{Z}\hat{r}\times\boldsymbol{E}=\hat{\varphi}\frac{\mathrm{j}I_{\mathrm{m}}\mathrm{e}^{-\mathrm{j}kr}}{2\pi r}\frac{\cos\left(\frac{\pi}{2}\cos\theta\right)}{\sin\theta}2\sin\left(\frac{\pi}{2}\sin\theta\cos\varphi\right)$$

E 面是 $\varphi=0$ 的面,因此,E 面方向因子为

$$F_E(\theta)=\frac{\cos\left(\frac{\pi}{2}\cos\theta\right)}{\sin\theta}\sin\left(\frac{\pi}{2}\sin\theta\right)$$

H 面是 $\theta=90°$的面,因此,H 面方向因子为

$$F_H(\varphi)=\sin\left(\frac{\pi}{2}\cos\varphi\right)$$

按 $F_E(\theta)$和 $F_H(\varphi)$画出的方向图如图 8.7-8(a)、(b)所示。

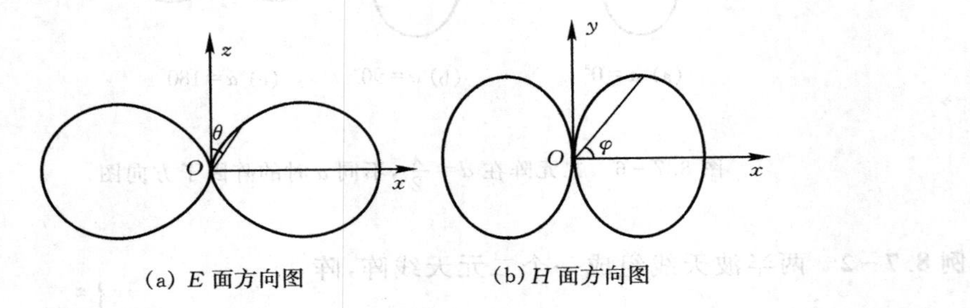

(a) E 面方向图　　(b) H 面方向图

图 8.7-8　例题 8.7-2 图

例 8.7-3　三元线阵如图 8.7-9 所示,三个单元天线同相,间距$\frac{\lambda}{2}$,电流振幅比例为1∶2∶1,求此三元线阵的阵因子。

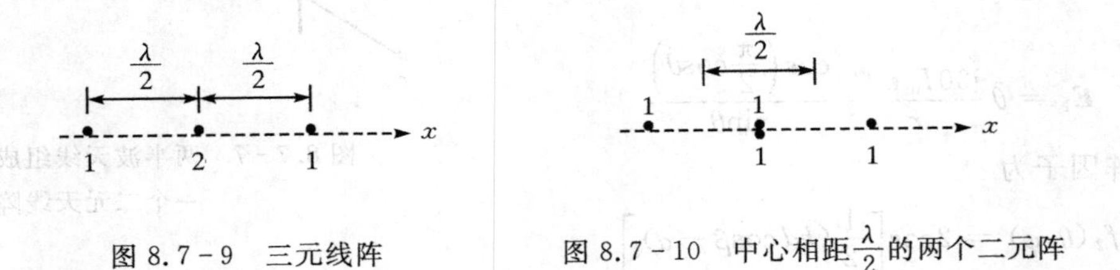

图 8.7-9　三元线阵　　图 8.7-10　中心相距$\frac{\lambda}{2}$的两个二元阵

解　这个三元阵由于电流振幅不同,不是均匀阵,可以看作是中心相距$\frac{\lambda}{2}$的两个二元阵组成的二元阵,如图 8.7-10 所示。根据方向图相乘原理,这个三元线阵的阵因子是两个二元阵的阵因子相乘

$$f_3(\beta)=f_2(\beta)f'_2(\beta)$$

可以看出，单个二元阵和由两个二元阵组成的二元阵的间距和相位分别都相同，那么，归一化阵因子相同

$$f_2(\beta)=f'_2(\beta)=\cos\left[\frac{1}{2}\left(\frac{2\pi}{\lambda}\frac{\lambda}{2}\cos\beta-\alpha\right)\right]=\cos\left(\frac{\pi}{2}\cos\beta\right)$$

因此，此三元线阵的归一化阵因子为

$$f_3(\beta)=\left|\cos\left(\frac{\pi}{2}\cos\beta\right)\right|^2$$

思考题

1. 什么是天线阵？为什么要采用天线阵？
2. 什么是均匀直线阵？
3. 什么是天线阵方向图相乘原理？
4. 阵因子方向特性分别随着阵元数 N、阵元间距 d 和阵元相差 α 的变化如何变化？
5. 什么是侧射阵？什么是端射阵？这两种阵中的阵元间距 d 和阵元相差 α 各满足什么条件？

8.8 镜像原理

在许多实际环境中，天线位于很大的导电面的上方，比如在地面上架设的天线，固定在导电体底盘附近的载流导线等。在导电面很大，天线在导电面上方中间位置，距导电面比较近情况下，可近似认为这些导电面是理想的，并且是无限大的。在静电场中，为了考虑导电面对电荷产生场的影响，引入了镜像电荷来等效导电面上的感应面电荷，使一个复杂问题的求解得到简化。这种方法也可以推广到时变电磁场。

设在无限大的理想导电平面上方，距离理想导电平面 h 处，有一垂直放置的时变电流元 Il，如图 8.8-1(a)所示。在这种情况下，在无限大的理想导电平面上方的任一场点的场包括两部分，一部分是从电流元直接辐射到场点的直达波，另一部分是经无限大的理想导电平面的反射波，即

$$\boldsymbol{E}=\boldsymbol{E}_{直}+\boldsymbol{E}_{反}$$

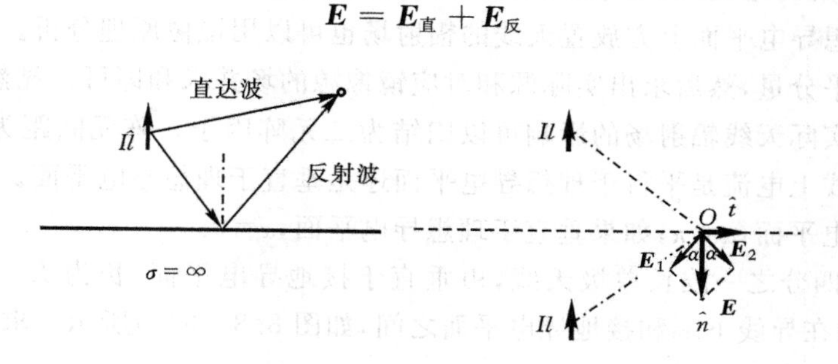

图 8.8-1　镜像原理

总电场在无限大的理想导电平面上应满足边界条件 $E_t=0$。直达波很容易求出,但反射波由于不是平面波,就不容易直接计算。为了求出理想导体平面的反射波,可以利用时变电磁场的唯一性定理,将反射波等效为在平面边界下面对称位置的镜像电流元产生的直达波。原电流元和镜像电流元在边界上产生的总电场如果满足边界条件 $E_t=0$,根据时变电磁场的唯一性定理,理想导体平面的反射波就和镜像电流元产生的直达波等效。

对于理想导体平面上垂直放置的电流元,取对应的镜像电流元大小相同,取向也和界面垂直且同向,如图 8.8-1(b)所示。设原电流元产生的直达波电场是 $\boldsymbol{E}_1$,镜像电流元产生的直达波的电场是 $\boldsymbol{E}_2$,这两个电流元在无限大的理想导电平面边界上产生的电场可以分解为边界的法向分量和切向分量,$\boldsymbol{E}_1=E_{1n}\hat{n}+E_{1t}\hat{t}$,$\boldsymbol{E}_2=E_{2n}\hat{n}+E_{2t}\hat{t}$。由于两个电流元大小相等,位置对称,因此在边界上场点的电场大小相等,并关于法线方向对称,即有 $E_{1n}=E_{2n}$,$E_{1t}=-E_{2t}$,边界上场点的总电场为

$$\boldsymbol{E}=E_{1n}\hat{n}+E_{2n}\hat{n}=2E_{1n}\hat{n}$$

即在边界上场点的总电场只有法向分量,$E_t=0$,满足时变场的唯一性定理条件,因此,垂直电流元的反射场可以等效为位于镜像位置的同大小、同方向的垂直电流元直接产生的场。

如果在无限大的理想导电平面上方的电流元水平放置,同理可以证明,其反射场可以等效为位于镜像位置的大小相同、方向相反的水平电流元产生的场,如图8.8-2所示。

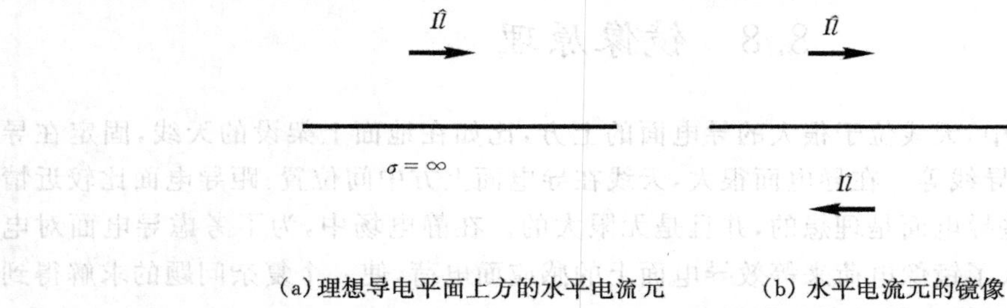

(a) 理想导电平面上方的水平电流元　　(b) 水平电流元的镜像

图 8.8-2　水平电流元的镜像

当电流元距离理想导电平面很近时,$h\ll\lambda$,从远区的场点看,电流元就在理想导电平面上,这时镜像源就和实际源重合。对于垂直放置的电流元,其场就等效为 2 倍的垂直电流元产生的场;对于水平放置的电流元,镜像源就和实际源互相抵消,场也互相抵消,为 0。

无限大的理想导电平面上方放置天线的辐射场也可以用镜像原理分析。将天线上的电流分解为垂直和水平分量,然后求出实际源和对应镜像源的场并求和即可。显然,这时无限大的理想导电平面对实际天线辐射场的影响可以归结为二元阵因子。阵元间距为高度的 2 倍,而相位差取决于天线上电流是平行于理想导电平面还是垂直于理想导电平面。如果天线上的电流平行于理想导电平面,$\alpha=\pi$;如果垂直于理想导电平面,$\alpha=0$。

例 8.8-1　四分之一波长单极天线,由垂直于接地导电平面,长为 $L=\lambda/4$ 的直导线组成,电压源馈电端在导线下端和接地导电平面之间,如图 8.8-3(a)所示。求单极天线的方向性因子,辐射电阻和方向性系数。

解　接地导电平面近似看成无限大理想导电平面,利用镜像原理,镜像电流与实际电流大小、方向都相同,如图 8.8-3(b)所示。显然,天线实际电流和镜像电流一起形成一个对称线天线。因此,其方向性因子就是长度为 $2L$ 的对称线天线的方向性因子,即

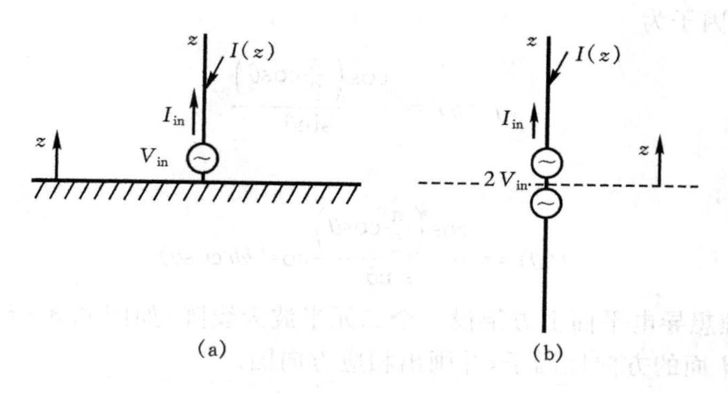

图 8.8－3　单极天线

$$F(\theta)=\frac{\cos\left(\frac{\pi}{2}\cos\theta\right)}{\sin\theta}\qquad 0\leqslant\theta\leqslant 90^{\circ}$$

单极天线的辐射场在导电平面上的半空间，因此其平均辐射功率是半波线天线平均辐射功率的一半，即

$$P_{\mathrm{rad}}=\frac{1}{2}\times 73.08I_{\mathrm{m}}^{2}=36.53I_{\mathrm{m}}^{2}$$

辐射电阻为

$$R_{\mathrm{r}}=\frac{P_{\mathrm{rad}}}{I_{\mathrm{m}}^{2}}=36.53\ [\Omega]$$

单极天线的方向性系数为

$$D=\frac{U_{\max}}{U_{\mathrm{av}}}=\frac{U_{\max}}{P_{\mathrm{rad}}/2\pi}=1.64$$

与半波天线方向性系数相同。

例 8.8－2　在地面上方距地面 h 处垂直架设一半波天线，求方向性因子。

解　将地面近似为理想导电平面，利用镜像原理，实际天线和镜像天线组成间距为 $d=2h$，相位差为 $\alpha=0$ 的一个二元阵，阵因子为

$$f_{2}(\theta,\varphi)=\cos\left[\frac{1}{2}(kd\cos\beta-\alpha)\right]=\cos(kh\cos\beta)$$

取阵轴为 z 轴，如图 8.8－4 所示，$\beta=\theta$，代入得

$$f_{2}(\theta,\varphi)=\cos(kh\cos\theta)$$

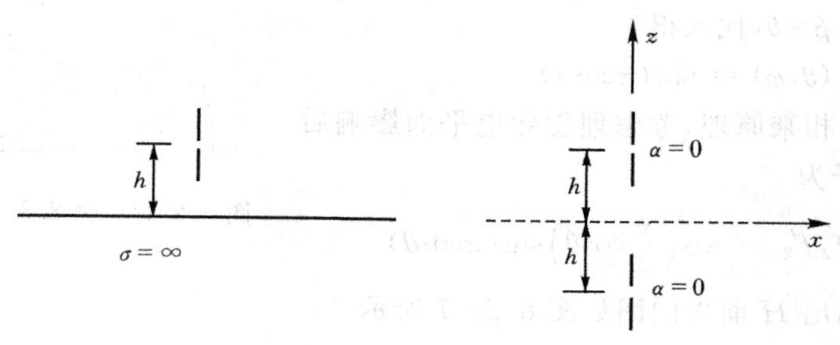

图 8.8－4　地面上方距地面 h 处垂直架设一半波天线

半波天线的方向性因子为

$$f_1(\theta) = \frac{\cos\left(\frac{\pi}{2}\cos\theta\right)}{\sin\theta}$$

总的方向性因子为

$$f(\theta) = \frac{\cos\left(\frac{\pi}{2}\cos\theta\right)}{\sin\theta}\cos(kh\cos\theta)$$

例 8.8-3 理想导电平面上方架设一个二元半波天线阵,如图 8.8-5 所示,求考虑理想导电平面影响后 H 面的方向性因子,并画出相应方向图。

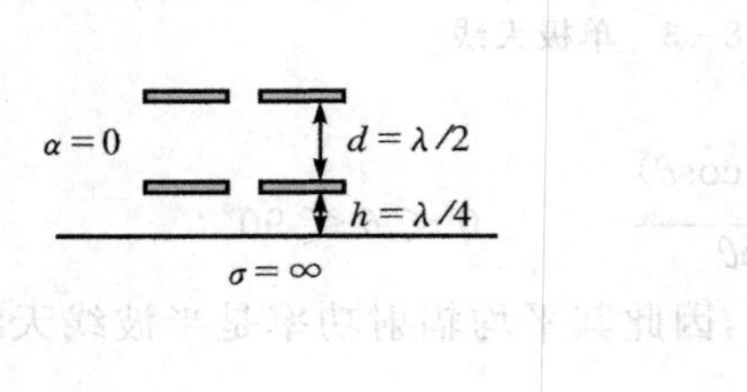

图 8.8-5 理想导体平面上的二元阵

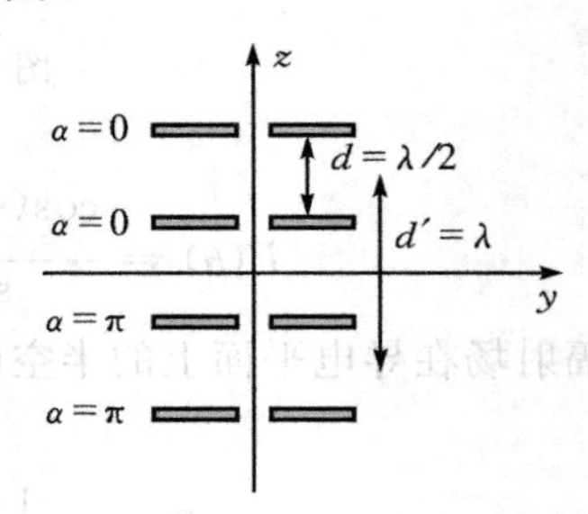

图 8.8-6 理想导体平面上的二元阵的镜像

解 理想导体平面的影响可等效为一镜像二元阵,如图 8.8-6 所示。形成一个非均匀四元阵。理想导体平面上的二元阵可看成一个单元天线,其 H 面,即 xz 面的方向性因子为二元阵的阵因子

$$f_2(\theta,\varphi) = \cos\left(\frac{kd}{2}\cos\beta - \frac{\alpha}{2}\right)$$

其中,$d=\frac{\lambda}{2}$,$\alpha=0$,$\beta=\theta$,代入得

$$f_2(\theta,\varphi) = \cos\left(\frac{\pi}{2}\cos\theta\right)$$

天线阵和其镜像构成的新的二元阵,阵因子为

$$f'_2(\theta,\varphi) = \cos\left(\frac{kd'}{2}\cos\beta - \frac{\alpha'}{2}\right)$$

其中,$d'=\lambda$,$\alpha'=\pi$,$\beta=\theta$,代入得

$$f'_2(\theta,\varphi) = \sin(\pi\cos\theta)$$

根据天线阵方向图相乘原理,考虑理想导电平面影响后 H 面的方向性因子为

$$f_H(\theta,\varphi) = f_2 f'_2 = \cos\left(\frac{\pi}{2}\cos\theta\right)\sin(\pi\cos\theta)$$

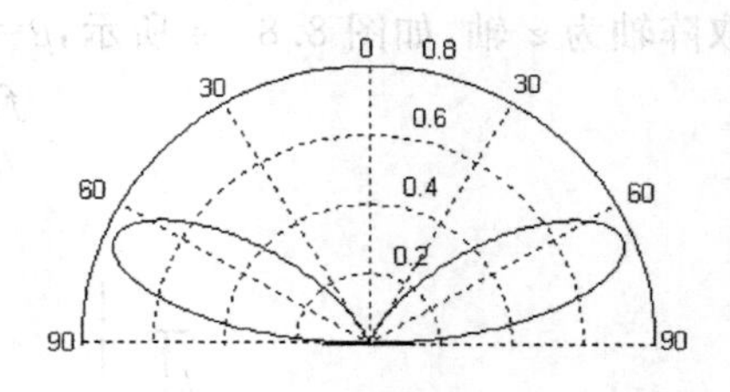

图 8.8-7 例 8.8-3 的 H 面方向图

按此方向性因子画出 H 面方向图如图 8.8-7 所示。

思考题

1. 什么是镜像原理？

2. 镜像电流与原电流有什么关系？如果原电流既有垂直分量又有水平分量，对应的镜像电流如何取？

3. 在理想导电平面上方水平放置的对称天线和垂直放置的对称天线的镜像有什么区别？

4. 应用镜像原理要有什么条件？

5. 如果将无限大的理想导电面换成无限大的理想导磁平面，对电流元还能用镜像原理吗？如果能用镜像原理，如何取镜像电流？

6. 地面对天线有什么影响？

8.9　互易定理

互易定理是电磁场的一个重要定理，可利用麦克斯韦方程组得到。

设空间有两组源 $\boldsymbol{J}_1$ 和 $\boldsymbol{J}_2$，各自分别产生的场为 $\boldsymbol{E}_1$、$\boldsymbol{H}_1$ 和 $\boldsymbol{E}_2$、$\boldsymbol{H}_2$，如图 8.9-1 所示。用这两组场形成两个新的矢量 $\boldsymbol{E}_1\times\boldsymbol{H}_2$ 和 $\boldsymbol{E}_2\times\boldsymbol{H}_1$，分别求散度，并利用矢量恒等式展开，得

$$\nabla\cdot(\boldsymbol{E}_1\times\boldsymbol{H}_2)=\boldsymbol{H}_2\cdot\nabla\times\boldsymbol{E}_1-\boldsymbol{E}_1\cdot\nabla\times\boldsymbol{H}_2 \tag{8.9-1a}$$

$$\nabla\cdot(\boldsymbol{E}_2\times\boldsymbol{H}_1)=\boldsymbol{H}_1\cdot\nabla\times\boldsymbol{E}_2-\boldsymbol{E}_2\cdot\nabla\times\boldsymbol{H}_1 \tag{8.9-1b}$$

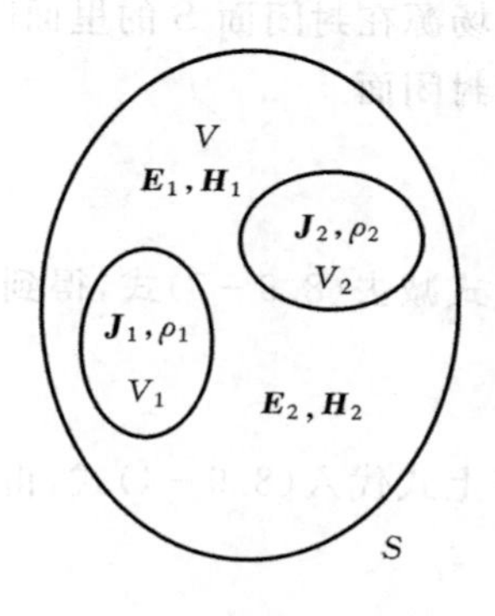

图 8.9-1　互易定理

对于简单媒质，将源和场满足的麦克斯韦方程组

$$\nabla\times\boldsymbol{E}_1=-\mathrm{j}\omega\mu\boldsymbol{H}_1$$
$$\nabla\times\boldsymbol{H}_1=\boldsymbol{J}_1+\mathrm{j}\omega\varepsilon\boldsymbol{E}_1$$
$$\nabla\times\boldsymbol{E}_2=-\mathrm{j}\omega\mu\boldsymbol{H}_2$$
$$\nabla\times\boldsymbol{H}_2=\boldsymbol{J}_2+\mathrm{j}\omega\varepsilon\boldsymbol{E}_2$$

代入得

$$\nabla\cdot(\boldsymbol{E}_1\times\boldsymbol{H}_2)=-\mathrm{j}\omega\mu\boldsymbol{H}_2\cdot\boldsymbol{H}_1-\boldsymbol{E}_1\cdot(\boldsymbol{J}_2+\mathrm{j}\omega\varepsilon\boldsymbol{E}_2) \tag{8.9-2a}$$

$$\nabla\cdot(\boldsymbol{E}_2\times\boldsymbol{H}_1)=-\mathrm{j}\omega\mu\boldsymbol{H}_1\cdot\boldsymbol{H}_2-\boldsymbol{E}_2\cdot(\boldsymbol{J}_1+\mathrm{j}\omega\varepsilon\boldsymbol{E}_1) \tag{8.9-2b}$$

以上两式相减得

$$\nabla\cdot(\boldsymbol{E}_1\times\boldsymbol{H}_2-\boldsymbol{E}_2\times\boldsymbol{H}_1)=\boldsymbol{E}_2\cdot\boldsymbol{J}_1-\boldsymbol{E}_1\cdot\boldsymbol{J}_2 \tag{8.9-3}$$

上式两边对区域 V 进行体积分，并利用高斯定理，将左边的体积分化为包围区域 V 的封闭面积分得

$$\oint\!\!\!\oint_S(\boldsymbol{E}_1\times\boldsymbol{H}_2-\boldsymbol{E}_2\times\boldsymbol{H}_1)\cdot\mathrm{d}\boldsymbol{S}=\iiint_V(\boldsymbol{E}_2\cdot\boldsymbol{J}_1-\boldsymbol{E}_1\cdot\boldsymbol{J}_2)\mathrm{d}V \tag{8.9-4}$$

下面证明不管场源在封闭面 S 的里面还是外面，上式左边的面积分总为 0。

当场源在封闭面 S 的外面时，封闭面里面区域 V 中无源，上式右边体积分的被积函数为 0，体积分也就为 0，那么左边的面积分为 0。

当场源在封闭面 S 的里面时，先证明当封闭面 S 为无限大时，面积分为 0。如果封闭面无

限大,记作 S_∞,可以认为是半径为无限大的球面。有限源在无限大的球面上产生的场是 TEM 球面波,因此有

$$\boldsymbol{H}_1 = \frac{1}{Z}\hat{r} \times \boldsymbol{E}_1, \quad \boldsymbol{H}_2 = \frac{1}{Z}\hat{r} \times \boldsymbol{E}_2$$

式中 $\hat{r}$ 为无限大的球面的法线方向,也为波传播方向。将上式代入(8.9-4)式左边的被积函数,得

$$\boldsymbol{E}_1 \times \boldsymbol{H}_2 - \boldsymbol{E}_2 \times \boldsymbol{H}_1 = \boldsymbol{E}_1 \times \left(\frac{\hat{r} \times \boldsymbol{E}_2}{Z}\right) - \boldsymbol{E}_2 \times \left(\frac{\hat{r} \times \boldsymbol{E}_1}{Z}\right)$$

利用矢量恒等式 $\boldsymbol{A}\times(\boldsymbol{B}\times\boldsymbol{C})=(\boldsymbol{A}\cdot\boldsymbol{C})\boldsymbol{B}-(\boldsymbol{A}\cdot\boldsymbol{B})\boldsymbol{C}$,考虑到对于 TEM 球面波,$\boldsymbol{E}\cdot\hat{r}=0$,得

$$\boldsymbol{E}_1 \times \boldsymbol{H}_2 - \boldsymbol{E}_2 \times \boldsymbol{H}_1 = (\boldsymbol{E}_1 \cdot \boldsymbol{E}_2)\hat{r} - (\boldsymbol{E}_2 \cdot \boldsymbol{E}_1)\hat{r} = \boldsymbol{0}$$

因此有

$$\oint\!\!\!\oint_{S_\infty} (\boldsymbol{E}_1 \times \boldsymbol{H}_2 - \boldsymbol{E}_2 \times \boldsymbol{H}_1) \cdot \mathrm{d}\boldsymbol{S} = 0 \tag{8.9-5}$$

当场源在封闭面 S 的里面时,封闭面 S 外面的区域 V' 中无源,对于由 S 和 S_∞ 组成的包围 V' 的封闭面

$$\oint\!\!\!\oint_{S+S_\infty} (\boldsymbol{E}_1 \times \boldsymbol{H}_2 - \boldsymbol{E}_2 \times \boldsymbol{H}_1) \cdot \mathrm{d}\boldsymbol{S} = 0 \tag{8.9-6}$$

上式减去(8.9-5)式,得到当场源在封闭面 S 的里面时也有

$$\oint\!\!\!\oint_{S} (\boldsymbol{E}_1 \times \boldsymbol{H}_2 - \boldsymbol{E}_2 \times \boldsymbol{H}_1) \cdot \mathrm{d}\boldsymbol{S} = 0 \tag{8.9-7}$$

将上式代入(8.9-4)式,得

$$\iiint_V (\boldsymbol{E}_2 \cdot \boldsymbol{J}_1 - \boldsymbol{E}_1 \cdot \boldsymbol{J}_2)\mathrm{d}V = 0 \tag{8.9-8}$$

也可写成

$$\iiint_V \boldsymbol{E}_2 \cdot \boldsymbol{J}_1 \mathrm{d}V = \iiint_V \boldsymbol{E}_1 \cdot \boldsymbol{J}_2 \mathrm{d}V \tag{8.9-9}$$

(8.9-7)式称作洛伦兹互易定理,(8.9-9)式称作卡森互易定理。互易定理给出了在空间区域中两种源和场之间的互换关系。

下面用卡森互易定理证明:一副天线用作接收和用作发射时的方向性是相同的。

设天线1为待测天线,天线2为测试天线,有两种接法,形成两组源:第一种是天线1作发射,接电压源 V_1,天线2作接收,将其短路,这组源是天线1上的电流为 I_{11},天线2上电流为 I_{21},产生的场为 $\boldsymbol{E}_1,\boldsymbol{H}_1$;第二种是天线1作接收,将其短路,天线2作发射,接电压源 V_2,这组源是天线1上的电流为 I_{12},天线2上电流为 I_{22},产生的场为 $\boldsymbol{E}_2,\boldsymbol{H}_2$,如图8.9-2所示。两组源和对应的场满足卡森互易定理

$$\iiint_V \boldsymbol{E}_2 \cdot \boldsymbol{J}_1 \mathrm{d}V = \iiint_V \boldsymbol{E}_1 \cdot \boldsymbol{J}_2 \mathrm{d}V$$

对于分布在两副天线上的线电流,上式可简化为

$$\int_{l_1} \boldsymbol{E}_2 \cdot I_{11}\mathrm{d}\boldsymbol{l}_1 + \int_{l_2} \boldsymbol{E}_2 \cdot I_{21}\mathrm{d}\boldsymbol{l}_2 = \int_{l_1} \boldsymbol{E}_1 \cdot I_{12}\mathrm{d}\boldsymbol{l}_1 + \int_{l_2} \boldsymbol{E}_1 \cdot I_{22}\mathrm{d}\boldsymbol{l}_2 \tag{8.9-10}$$

其中

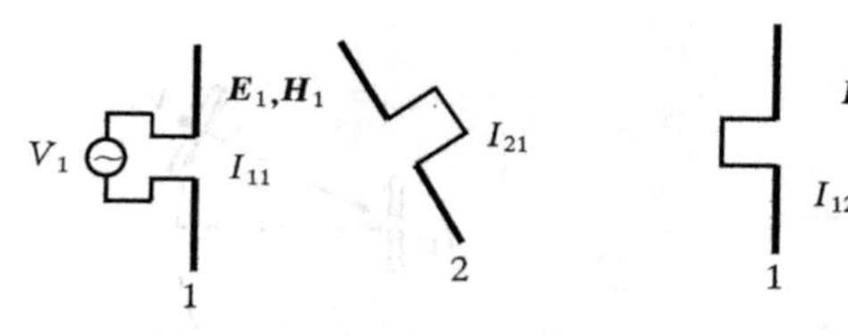

(a) 天线 1 作发射，天线 2 作接收　　(b) 天线 1 作接收，天线 2 作发射

图 8.9－2　天线 1 和天线 2 的两种接法形成的两组源

$$\int_{l_1} \boldsymbol{E}_2 \cdot I_{11} \mathrm{d}\boldsymbol{l}_2 = I_{11} \int_{l_1} \boldsymbol{E}_2 \cdot \mathrm{d}\boldsymbol{l}_2 = 0$$

因为 $\boldsymbol{E}_2$ 在整个 l_1 上切向分量为 0。同理

$$\int_{l_2} \boldsymbol{E}_1 \cdot I_{22} \mathrm{d}\boldsymbol{l}_2 = I_{22} \int_{l_2} \boldsymbol{E}_1 \cdot \mathrm{d}\boldsymbol{l}_2 = 0$$

因为 $\boldsymbol{E}_1$ 在 l_2 导线上的积分也为 0。在电场沿天线导线积分时，在接有电压源的馈电端的积分等于电压 V_1，即

$$\int_{l_1} \boldsymbol{E}_1 \cdot I_{12} \mathrm{d}\boldsymbol{l}_1 = I_{12} \int_{l_1} \boldsymbol{E}_1 \cdot \mathrm{d}\boldsymbol{l}_1 = I_{12} V_1$$

同理

$$\int_{l_2} \boldsymbol{E}_2 \cdot I_{21} \mathrm{d}\boldsymbol{l}_2 = I_{21} \int_{l_2} \boldsymbol{E}_2 \cdot \mathrm{d}\boldsymbol{l}_2 = I_{21} V_2$$

将以上结果代入(8.9－10)式，得

$$\frac{I_{21}}{V_1} = \frac{I_{12}}{V_2} \tag{8.9-11}$$

如果将两天线组成的系统看成是一个网络，那么上式表明此网络的两个互导纳相等，即

$$Y_{21} = Y_{12} \tag{8.9-12}$$

式中

$$Y_{21} = \frac{I_{21}}{V_1} \tag{8.9-13}$$

$$Y_{12} = \frac{I_{12}}{V_2} \tag{8.9-14}$$

如果在天线 1 作发射、天线 2 作接收的情况下，保持天线 1 不动，而天线 2 在以天线 1 为中心的球面上移动，但其主射方向始终对准天线 1，如图 8.9－3(a)所示，这时天线 2 接收到的电流不但和天线 1 的电压成正比，也和天线 1 作为发射的方向性因子 $f_{发}(\theta,\varphi)$ 成正比，可表示为

$$I_{21} = K_1 f_{发}(\theta,\varphi) V_1 \tag{8.9-15}$$

如果在天线 1 作接收、天线 2 作发射的情况下，还保持天线 1 不动，天线 2 在以天线 1 为中心的球面上移动，但其主射方向始终对准天线 1，如图 8.9－3(b)所示，这时天线 1 接收到的电流不但和天线 2 的电压成正比，也和天线 1 作为接收的方向性因子 $f_{收}(\theta,\varphi)$ 成正比，可表示为

$$I_{12} = K_2 f_{收}(\theta,\varphi) V_2 \tag{8.9-16}$$

将(8.9－15)和(8.9－16)式代入 (8.9－11)式，得

$$K_1 f_{发}(\theta,\varphi) = K_2 f_{收}(\theta,\varphi) \tag{8.9-17}$$

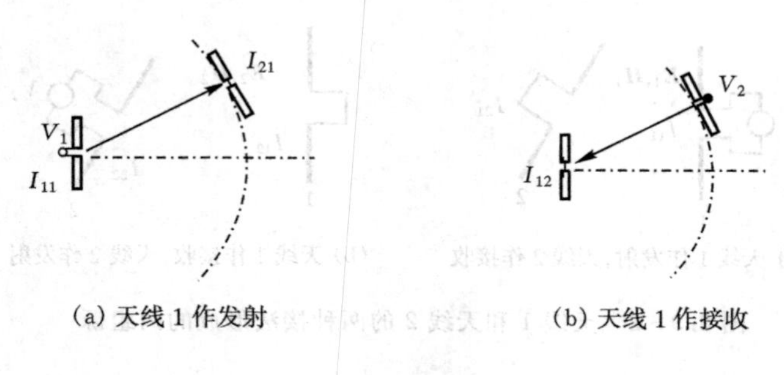

(a) 天线1作发射　　(b) 天线1作接收

图 8.9-3　测试天线1的方向性

对两边归一化,显然有

$$F_{发}(\theta,\varphi)=F_{收}(\theta,\varphi) \tag{8.9-18}$$

这就证明了一副天线用作接收和用作发射时的方向性是相同的。

例 8.9-1　利用卡森互易定理证明:紧贴在理想导电体表面上的电流元的辐射场为0。

证　设一电流元 $I_1\mathrm{d}\boldsymbol{l}_1$ 紧贴在一块理想导电体表面上,如图 8.9-4 所示。假设该电流元产生的辐射场在空间某一点 P 不为0,为 $\boldsymbol{E}_1$,在 P 点沿 $\boldsymbol{E}_1$ 方向另放一电流元 $I_2\mathrm{d}\boldsymbol{l}_2$,在 $I_1\mathrm{d}\boldsymbol{l}_1$ 处产生的场为 $\boldsymbol{E}_2$。这两组源和场满足卡森互易定理

$$I_1\mathrm{d}\boldsymbol{l}_1\cdot\boldsymbol{E}_2=I_2\mathrm{d}\boldsymbol{l}_2\cdot\boldsymbol{E}_1$$

在上式的左端,$I_1\mathrm{d}\boldsymbol{l}_1$ 在理想导电体表面的切向,而 $\boldsymbol{E}_2$ 是在法向,因此 $I_1\mathrm{d}\boldsymbol{l}_1\cdot\boldsymbol{E}_2=0$。在上式的右端,$I_2\mathrm{d}\boldsymbol{l}_2$ 和 $\boldsymbol{E}_1$ 方向一致,$I_2\mathrm{d}\boldsymbol{l}_2\cdot\boldsymbol{E}_1=I_2\mathrm{d}l_2E_1=0$,且 $I_2\mathrm{d}l_2\neq0$,因此有 $E_1=0$。也就是说,紧贴在理想导电体表面上的电流元的辐射场为0。证毕。

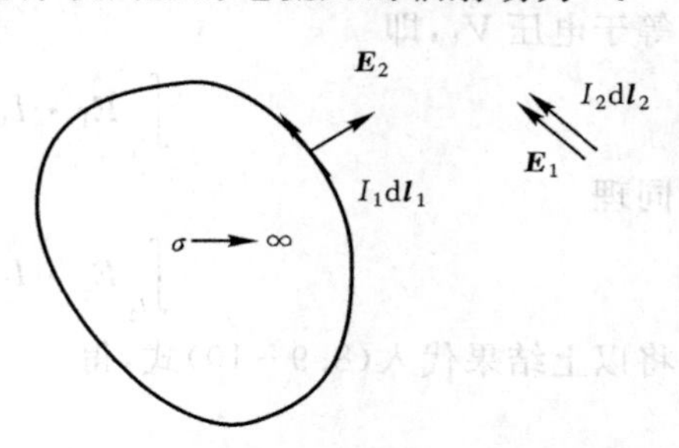

图 8.9-4　紧贴在理想导电体表面上的电流元

思考题

1. 什么是洛伦兹互易定理?
2. 什么是卡森互易定理?
3. 对于任何媒质互易定理都成立吗?为什么?

8.10　接收天线的特性

8.4节讨论了发射天线的特性,这一节讨论接收天线的特性。捕获或接收从空间传来的电磁波功率,并通过导波系统传送给负载(接收机)的装置称为接收天线。接收天线的目的是接收从特定方向传来的入射波功率。接收天线的特性包括天线的有效接收面积、方向性、阻抗、工作频率和带宽等。天线的接收方向性是指接收不同方向来波的性能。前面已经由互易定理证明了一副天线用作接收和用作发射时的方向性是相同的,下面分析天线的接收功率和

天线的方向性系数或增益之间的关系。

首先分析接收天线是面积为 A 的均匀同相口径天线的情况。当振幅为 E_0 的均匀平面波沿天线的主射方向投射到面积为 A 的均匀同相口径上时，口径上功率密度的大小为

$$S_{\mathrm{rad}} = |\boldsymbol{E} \times \boldsymbol{H}| = \frac{E_0^2}{Z}$$

那么进入口径中的电磁波功率，也就是天线接收的电磁波功率为

$$P_{\mathrm{r}} = S_{\mathrm{rad}} A \tag{8.10-1}$$

由 8.6 节中均匀同相口径天线辐射的例题中我们知道 $D = A\dfrac{4\pi}{\lambda^2}$，因此口径面积可用方向性系数表示为

$$A = \frac{\lambda^2}{4\pi} D \tag{8.10-2}$$

代入(8.10-1)式得均匀同相口径天线接收的电磁波功率为

$$P_{\mathrm{r}} = S_{\mathrm{rad}} D \frac{\lambda^2}{4\pi} \tag{8.10-3}$$

对于一般口径天线，由于口径场非均匀同相，且天线有损耗，需要用增益 G 代替方向性系数 D，用天线有效面积 A_{eff} 代替实际口径面积 A，即一般口径天线接收的功率为

$$P_{\mathrm{r}} = S_{\mathrm{rad}} A_{\mathrm{eff}} \tag{8.10-4}$$

式中，A_{eff} 为天线有效面积

$$A_{\mathrm{eff}} = \frac{\lambda^2}{4\pi} G \tag{8.10-5}$$

以上两式不仅适用于口径天线，也适用于任何天线。下面证明对于电流元天线，接收功率也满足(8.10-4)和(8.10-5)式。

设长为 l 的导线元在坐标原点沿 z 轴放置，振幅为 E_0 的均匀平面波从 θ 角方向投射到电流元上，如图 8.10-1 所示。在电流元处，电磁波功率密度为

$$S_{\mathrm{rad}} = \frac{E_0^2}{Z} \tag{8.10-6}$$

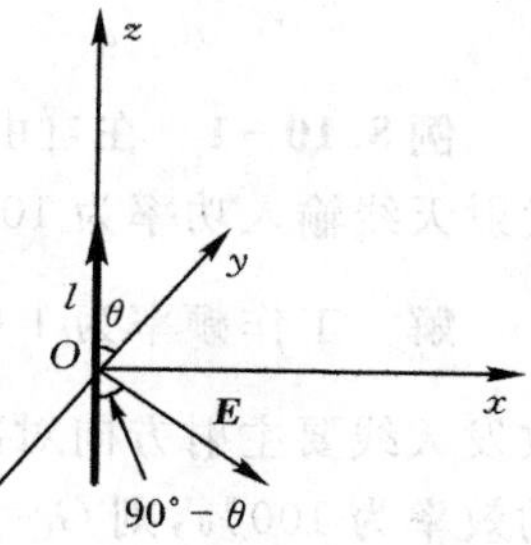

图 8.10-1　均匀平面波投射到长为 l 的导线元上

电场和电流元的夹角为 $90° - \theta$，电场在长度为 l 的导线元天线上的感应电压为

$$V = E_0 l \sin\theta \tag{8.10-7}$$

设导线元天线的输入阻抗为 $Z_{\mathrm{in}} = R_{\mathrm{a}} + \mathrm{j}X_{\mathrm{a}}$，对于无耗天线 $R_{\mathrm{a}} = R_{\mathrm{rad}}$。根据电路理论，当天线与负载匹配时，负载阻抗为 $Z_{\mathrm{L}} = Z_{\mathrm{in}}^* = R_{\mathrm{rad}} - \mathrm{j}X_{\mathrm{a}}$，传输到负载的功率最大，为

$$P_R = \left|\frac{V}{2R_{\mathrm{rad}}}\right|^2 R_{\mathrm{rad}} = \frac{E_0^2 l^2 \sin^2\theta}{4R_{\mathrm{rad}}}$$

当平面波从电流元的主射方向投射时，$\theta = 90°$，接收功率为

$$P_R = \frac{E_0^2 l^2}{4R_{\mathrm{rad}}} \tag{8.10-8}$$

将电流元的辐射电阻

$$R_{\mathrm{rad}} = 80\pi^2\left(\frac{l}{\lambda}\right)^2$$

方向性系数

$$D = 1.5$$

以及入射波功率密度

$$S_{\mathrm{rad}} = \frac{E_0^2}{Z} = \frac{E_0^2}{120\pi}$$

代入(8.10-8)式得

$$P_{\mathrm{r}} = S_{\mathrm{rad}} A_{\mathrm{eff}}$$

其中

$$A_{\mathrm{eff}} = \left(\frac{\lambda^2}{4\pi}\right)D \tag{8.10-9}$$

如果天线的效率为 η，增益为 $G=\eta D$，则最大有效接收面积为

$$A_{\mathrm{eff}} = \left(\frac{\lambda^2}{4\pi}\right)G$$

显然，电流元天线的接收功率与(8.10-4)和(8.10-5)式相同。

考虑在自由空间有相距为 R 的两副天线，一收一发，工作频率为 f，波长为 λ，发射天线输入功率为 P_{t}，增益为 G_{t}，接收天线增益为 G_{r}，则在接收天线处的功率密度为

$$S_{\mathrm{rad}} = \frac{P_{\mathrm{t}}}{4\pi R^2} G_{\mathrm{t}} \tag{8.10-10}$$

将(8.10-10)和(8.10-5)式代入(8.10-4)式，接收天线的接收功率为

$$P_{\mathrm{r}} = P_{\mathrm{t}} G_{\mathrm{t}} G_{\mathrm{r}}\left(\frac{\lambda}{4\pi R}\right)^2 \tag{8.10-11}$$

例 8.10-1　在自由空间有相距为 2 km 的两副半波天线，一收一发。工作频率为1 GHz，发射天线输入功率为 100 W，求接收天线的最大接收功率。

解　工作频率为 1 GHz，则对应的波长为 $\lambda=\frac{c}{f}=0.3\ \mathrm{m}$。要使接收天线接收功率最大，收发天线要主射方向对准。在这种情况下，半波天线的方向性系数 $D=1.64$。近似认为天线的效率为 100%，则 $G_{\mathrm{r}}=G_{\mathrm{t}}=1.64$。根据(8.10-11)式，接收天线的最大接收功率为

$$P_{\mathrm{r}} = P_{\mathrm{t}} G_{\mathrm{t}} G_{\mathrm{r}}\left(\frac{\lambda}{4\pi R}\right)^2 = 100\times 1.64\times 1.64\times\left(\frac{0.3}{4\pi\times 2000}\right)^2 = 38.36\ \mathrm{nW}$$

思考题

1. 什么是天线的有效面积？天线的有效面积和方向性系数有什么关系？
2. 全向天线的增益和有效面积各是多少？
3. 如何计算天线接收功率？

本章小结

1. 电流元的辐射场

电流元的场分为近区场和远区场。近区场和静态场类似。

电流元的远区辐射场

$$\boldsymbol{H}=\mathrm{j}\,\frac{I\mathrm{d}\boldsymbol{l}\times\hat{R}}{2\lambda R}\mathrm{e}^{-\mathrm{j}kR}$$

$$\boldsymbol{E}=Z\boldsymbol{H}\times\hat{R}$$

电流元的辐射电阻为　$R_{\mathrm{r}}=80\pi^2\left(\frac{\mathrm{d}l}{\lambda}\right)^2$

2. 小电流环的辐射场

电流环的场也分为近区场和远区场。近区场和静态场类似。

电流环的远区辐射场

$$H_\theta=-\frac{k^2SI_0}{4\pi r}\sin\theta\mathrm{e}^{-\mathrm{j}kr},\quad E_\varphi=\frac{Zk^2SI_0}{4\pi r}\sin\theta\mathrm{e}^{-\mathrm{j}kr}$$

3. 对偶原理

电荷和电流产生的场与磁荷和磁流产生的场是对偶的。根据对偶原理，可以由电荷和电流产生的场经过简单的变量替换，得到磁荷和磁流产生的场，反之亦然。

4. 发射天线的特性

天线一般主要有 3 个方面的电性能参数，分别是天线辐射的方向性、从天线输入端看进去的输入阻抗和带宽。

天线的方向性可以由方向性因子、方向图、方向性系数 D 和增益 G 表示：

$$D=\frac{4\pi}{\int_0^{2\pi}\int_0^{\pi}F^2(\theta,\varphi)\sin\theta\mathrm{d}\theta\mathrm{d}\varphi},\quad G=\eta D$$

5. 对称线天线的辐射场

对称天线的辐射场通过对天线上电流元产生的辐射场积分求和进行求解。

$$\boldsymbol{E}=\hat{\theta}\,\frac{\mathrm{j}60I_{\mathrm{m}}\mathrm{e}^{-\mathrm{j}kr}}{r}F(\theta),\quad F(\theta)=\frac{\cos\left(\frac{kL}{2}\cos\theta\right)-\cos\left(\frac{kL}{2}\right)}{\sin\theta}$$

半波天线方向因子为　$F(\theta)=\frac{\cos\left(\frac{\pi}{2}\cos\theta\right)}{\sin\theta}$

6. 口径天线

分析口径天线的辐射场一般主要分两步：第一步是根据口径天线具体的结构特点，利用一些合适的方法求出口径上的电磁场分布；第二步是根据惠更斯原理，由口径场分布计算远区辐射场。

同相口径面的远区辐射场可简化为

$$\psi(r)=\frac{\mathrm{j}k\mathrm{e}^{-\mathrm{j}kr}}{4\pi r}(1+\cos\theta)\iint_A \psi_{s0}\mathrm{e}^{\mathrm{j}k\hat{r}\cdot r'}\mathrm{d}x'\mathrm{d}y'$$

口径天线的增益为 $G=\eta A_{\mathrm{eff}}\frac{4\pi}{\lambda^2}$

7. 天线阵

天线阵方向图相乘原理: $f(\theta,\varphi)=f_1(\theta,\varphi)F_n(\theta,\varphi)$

二元阵阵因子为 $f_2(\theta,\varphi)=2\cos\left(\frac{1}{2}(kd\cos\beta-\alpha)\right)$

N 元阵阵因子为 $F_n(\theta,\varphi)=\left|\frac{\sin(N\psi/2)}{\sin(\psi/2)}\right|,\quad \psi=kd\cos\beta-\alpha$

N 元阵的辐射场为 $\boldsymbol{E}=\boldsymbol{E}_1F(\theta,\varphi)$

8. 镜像原理

在无限大的理想导电平面上方,距离理想导电平面 h 处,电流元垂直放置,其反射场可以等效为位于镜像位置的大小相同、方向相同的垂直电流元直接产生的场。

在无限大的理想导电平面上方,距离理想导电平面 h 处,电流元水平放置,其反射场可以等效为位于镜像位置的大小相同、方向相反的水平电流元直接产生的场。

无限大的理想导电平面上方放置的天线的辐射场也可以用镜像原理分析,这时无限大的理想导电平面对实际天线辐射场的影响可以归结为二元阵因子。

9. 互易定理

卡森互易定理 $\iiint_V \boldsymbol{E}_2\cdot\boldsymbol{J}_1\mathrm{d}V=\iiint_V \boldsymbol{E}_1\cdot\boldsymbol{J}_2\mathrm{d}V$

10. 接收天线的特性

接收天线的特性包括天线的有效接收面积、方向性、阻抗、工作频率和带宽等。天线的接收方向性是指接收从不同方向来波的性能。一副天线用作接收和用作发射时的方向性是相同的。

天线接收的功率为 $P_{\mathrm{r}}=S_{\mathrm{rad}}A_{\mathrm{eff}}$, $P_{\mathrm{r}}=P_{\mathrm{t}}G_{\mathrm{t}}G_{\mathrm{r}}\left(\frac{\lambda}{4\pi R}\right)^2$

天线有效面积为 $A_{\mathrm{eff}}=\frac{\lambda^2}{4\pi}G$

习 题 8

8.1 由(8.1-3)式推导(8.1-4)及(8.1-5)式。

8.2 如果电流元 $Il\hat{y}$ 放在坐标原点,求远区辐射场。

8.3 3 副天线工作频率分别为 30 MHz,100 MHz,300 MHz,其产生的电磁场在多远距离之外主要是远区辐射场?

8.4 某天线上电流产生的矢量位为

$$\mathbf{A} = \hat{z}\frac{\mu I l}{2\pi kr}\frac{\cos\left(\frac{\pi}{2}\cos\theta\right)}{\sin^2\theta}\mathrm{e}^{-\mathrm{j}kr}$$

求该天线的远区辐射电磁场。

8.5　计算(8.2-4)式矢量磁位的旋度。

8.6　磁芯环天线的辐射功率为

$$P_{\mathrm{r}} = 20\pi^2 I^2\left(\frac{2\pi a}{\lambda}\right)^2\mu_{\mathrm{r}}^2 N^2$$

式中，a 是环天线的半径，N 是圈数，μ_r 是磁芯的相对磁导率。如果 $a=1$ cm，$\mu_r=20$，$N=100$，$f=3$ MHz，求此磁芯环天线的辐射电阻。

8.7　求磁流强度为 I^{m}、面积为 S 的小磁流环的远区辐射场。

8.8　由(8.4-8)式证明(8.4-12)式。

8.9　在坐标原点放一电偶极子和一小电流环，电流强度同为 I_0，电偶极子长度为 L、沿 z 轴取向，小电流环面积为 S，位于在 xOy 平面。

(1) 证明远区辐射场是椭圆极化波；

(2) 求辐射场是圆极化波的条件。

8.10　边长为 $a(a\ll\lambda)$ 的正方形细导线环，载有角频率为 ω 的电流 I，取坐标系，使矩形细导线环在 xOy 平面，中心在坐标原点，a、b 边分别平行于 x、y 轴，求：

(1) 矢量磁位 $\mathbf{A}$；

(2) 远区辐射场。

8.11　对称线天线长度 $2L(L\ll\lambda)$，电流分布为

$$I(z) = I_0,\quad -L\leqslant z\leqslant L$$

求远区辐射电磁场。

8.12　对称线天线长度 $2L(L\ll\lambda)$，电流分布为

$$I(z) = I_0\left(1-\frac{|z|}{L}\right),\quad -L\leqslant z\leqslant L$$

求远区辐射电磁场。

8.13　长度为一个波长的对称线天线称为全波天线。写出全波天线的方向性因子。

8.14　工作于 100 MHz 的半波天线的平均辐射功率为 100 W。求

(1) 天线中心馈电处的电流强度；

(2) 在最大辐射方向上距离 10 km 处的电场强度。

8.15　长度为 l 的行波天线沿 z 轴放置，电流分布为 $I=I_0\mathrm{e}^{-\mathrm{j}kz}$，$0<z<l$，求该行波天线的远区场。并写出 $l=\lambda/2$ 的行波天线的方向性因子，画出 E 面方向图。

8.16　计算半波天线的方向性系数和辐射电阻。

8.17　计算半径为 a，载有均匀同相电流 I_0 的圆环线天线的远区辐射场。

8.18　矩形口径尺寸为 $a\times b$，口径相位为同相场，极化方向为 y 方向。若口径内的电场振幅为

$$E_y(x) = \cos\left(\frac{\pi}{a}x\right),\quad -\frac{a}{2}\leqslant x\leqslant\frac{a}{2}$$

求远区辐射场。并写出方向性因子。

8.19 求上题口径天线的方向性系数。

8.20 由(8.6-11)式推导(8.6-12)式。

8.21 均匀同相圆口径场半径为 a、$\psi_s=E_0$,计算远区辐射场。

8.22 对直径为 3 m 的反射面天线,如果口径场不均匀分布系数为 $\alpha=0.7$,效率为 $\eta=0.8$,求此反射面天线工作于 $f=6$ GHz 时的增益。

8.23 若二元天线阵的间距 $d=\lambda/4$,分别绘出相差为 $\alpha=0,\pi/4,\pi/2,\pi$ 时阵因子的方向图。

8.24 若二元天线阵的间距 $d=\lambda/2$,分别绘出相差为 $\alpha=0,\pi/4,\pi/2,\pi$ 时阵因子的方向图。

8.25 若二元天线阵的相差为 $\alpha=0$,分别绘出间距 $d=\lambda/8,\lambda/4,\lambda/2$ 时阵因子的方向图。

8.26 若二元天线阵的相差为 $\alpha=\pi$,分别绘出间距 $d=\lambda/8,\lambda/4,\lambda/2$ 时阵因子的方向图。

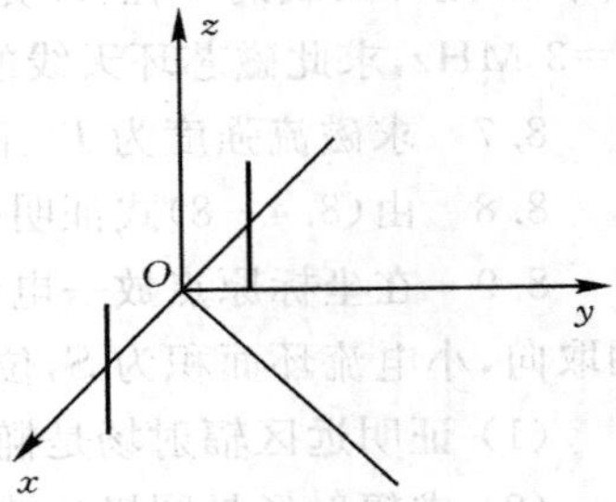

8.27 两半波天线组成的二元天线阵轴沿 x 轴,天线取向为 z 向,间距为 $d=\lambda/2$,要使主射方向为 $\varphi=60°,\theta=90°$,求两半波天线上电流的相位差 α。

题 8.27 图

8.28 4 个半波天线组成的均匀线阵,取阵轴为 z 轴,半波天线取向为 x 方向,间距 $d=\lambda/4$,电流相位差为 $\alpha=\dfrac{\pi}{2}$,求

(1)主射方向;(2)分别写出 E 面和 H 面的方向因子。

8.29 均匀直线阵间距为 $\lambda/2$,相位差 $\alpha=\pi$,分别绘出阵元数 $N=3,4,6$ 时阵因子的方向图。

8.30 4 个半波天线组成方阵,平行 z 轴放置,如图所示,同相激励,求阵因子 $f(\theta,\varphi)$。

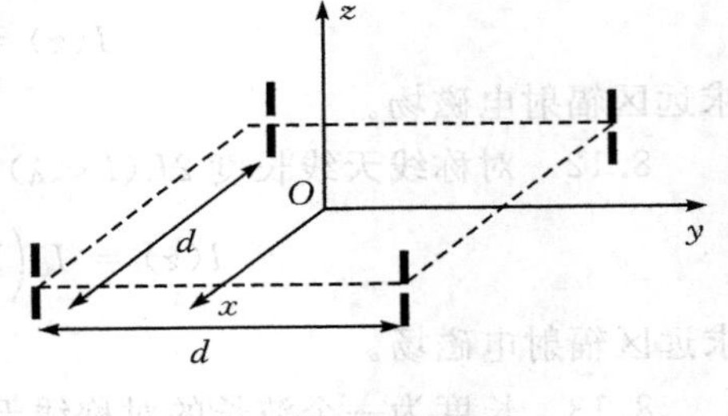

题 8.30 图

8.31 电路板上有两种导线走线,第一种为两导线平行,长度均为 l,间距为 d,且 $l\ll\lambda,d\ll\lambda$,导线上电流均匀,电流强度均为 I_0,两导线相位相反;第二种为三导线平行,长度均为 l,间距均为 d,且 $l\ll\lambda,d\ll\lambda$,导线上电流均匀,中间导线电流强度为 I_0,相位为 0,两侧两导线电流强度为 $I_0/2$,相位为 π。分别求这两种情况下的辐射场。

8.32 证明在理想导电面上方平行放置的电流元与其具有相反相位的镜像电流元,在对称面上的总辐射电场切向分量为 0。

8.33 证明在理想导电面上方垂直放置的电流元与其具有相同相位的镜像电流元,在对称面上的总辐射电场切向分量为 0。

8.34 近似为理想导电面的地面上空 $h=\lambda/4$ 处水平架设长度 $l=\lambda/2$ 的行波天线,行波天线电流分布为 $I=I_0e^{-jkz}$,求辐射场及方向因子。

8.35 近似为理想导电面的地面上空水平架设一半波天线,为使其在 H 面内仰角 30°的方向为主射方向,求天线的架设高度。

8.36 在近似为理想导电面的无限大地面上高度为 h 处垂直架设一半波天线,分别写出

E 面和 H 面方向性因子。

8.37　分别求出在无限大的理想导电平面上方水平或垂直放置的磁流元的镜像。

8.38　推导包括电性源 $\boldsymbol{J}$ 和磁性源 $\boldsymbol{J}^{m}$ 的互易定理。

8.39　在自由空间有相距为 30 km 的两副相同的反射面天线，一收一发，工作频率为 4 GHz，增益为 40 dB，发射天线输入功率为 100 W，求接收天线的接收功率。

8.40　地球站和卫星通信上行链路，距离 38000 km，载波频率为 14 GHz，地球站发射天线增益为 55 dB，卫星上接收天线增益为 35 dB，如果要求卫星上接收天线接收的最小功率为 0.8 nW。那么地球站天线发射功率应为多大？

附　录

A　有关物理量的符号和单位

物理量	符号	单位
长度	l	米(m)
质量	m	千克(kg)
时间	t	秒(s)
电流	I,i	安(A)
电荷	Q,q	库(C)
电荷体密度	ρ	库/米^2(C/m^2)
电荷面密度	ρ_S	库/米^2(C/m^2)
电荷线密度	ρ_l	库/米(C/m)
电场强度	E	伏/米(V/m)
电通量	Φ^e	伏·米(V·m)
电位	Φ	伏(V)
电容	C	法(F)
介电常数	ε	法/米(F/m)
真空介电常数	ε_0	法/米(F/m)
相对介电常数	ε_r	
极化率	χ_e	
极化强度	$\boldsymbol{P}$	库/米^2(C/m^2)
电位移矢量	$\boldsymbol{D}$	库/米^2(C/m^2)
力	$\boldsymbol{F}$	牛(N)
能量(功)	W	焦(J)
能量密度	w	焦/米^3(J/m^3)
电流体密度	$\boldsymbol{J}$	安/米^2(A/m^2)
电流面密度	$\boldsymbol{J}_S$	安/米(A/m)
电阻	R	欧(Ω)
电抗	X	欧(Ω)
阻抗	Z	欧(Ω)
电导	G	西(S)
电纳	B	西(S)
导纳	Y	西(S)
电导率	σ	西/米(S/m)

磁荷	q^m, Q^m	韦(Wb)
磁荷体密度	ρ^m	韦/米³(Wb/m³)
磁荷面密度	ρ_S^m	韦/米²(Wb/m²)
磁荷线密度	ρ_l^m	韦/米(Wb/m)
磁流	$\boldsymbol{I}^m$	伏(V)
磁流体密度	$\boldsymbol{J}^m$	伏/米²(V/m²)
磁流面密度	$\boldsymbol{J}_S^m$	伏/米(V/m)
磁感应强度	$\boldsymbol{B}$	特(T)
磁通量	Φ^m	韦(Wb)
电感	L	亨(H)
互感	M	亨(H)
磁导率	μ	亨/米(H/m)
真空磁导率	μ_0	亨/米(H/m)
相对磁导率	μ_r	
磁化率	χ_m	
磁化强度	$\boldsymbol{M}$	安/米(A/m)
磁场强度	$\boldsymbol{H}$	安/米(A/m)
功率	P	瓦(W)
能流密度(坡印延矢量)	$\boldsymbol{S}$	瓦/米²(W/m²)
复能流密度	$\boldsymbol{S}_c$	瓦/米²(W/m²)
频率	f	赫(Hz)
角频率	ω	弧度/秒(rad/s)
周期	T	秒(s)
波长	λ	米(m)
相速	v_p	米/秒(m/s)
能速	v_e	米/秒(m/s)
群速	v_g	米/秒(m/s)
波数	k	弧度/米(rad/m)
相位系数	k', β	弧度/米(rad/m)
衰减系数	k'', α	奈培/米(Np/m)
传播系数	k_c, γ	
方向性系数	D	
增益	G	
效率	η	

B SI 单位制中用于构成十进倍数和分数的常用词头名称及其符号

因数	名称	符号
10^{12}	太	T
10^{9}	吉	G

10^6	兆	M
10^3	千	k
10^{-1}	分	d
10^{-2}	厘	c
10^{-3}	毫	m
10^{-6}	微	μ
10^{-9}	纳	n
10^{-12}	皮	p
10^{-15}	飞	f

C 有关物理常数

名称		数值
真空中光(电磁波)速	c	$2.997\,924\,58\times10^8$ m/s$\approx3\times10^8$ m/s
真空介电常数	ε_0	$\frac{1}{4\pi c^2}\times10^7$ F/m$\approx8.854\,188\times10^{-12}$ F/m
真空磁导率	μ_0	$4\pi\times10^{-7}$ H/m$\approx1.256\,637\times10^{-6}$ H/m
真空波阻抗	Z_0	$120\,\pi\Omega\approx377\,\Omega$
电子电荷量	e	$1.602\,177\,32\times10^{-19}$ C
电子静止质量	m_e	$9.109\,389\,71\times10^{-31}$ kg
玻尔兹曼常数	k	$1.380\,658\times10^{-23}$ J/K

D 矢量分析公式

1. 矢量和与积恒等式

$$\boldsymbol{A}+\boldsymbol{B}=\boldsymbol{B}+\boldsymbol{A}$$

$$\boldsymbol{A}\cdot\boldsymbol{B}=\boldsymbol{B}\cdot\boldsymbol{A}$$

$$\boldsymbol{A}\cdot\boldsymbol{A}=|\boldsymbol{A}|^2=\boldsymbol{A}^2$$

$$\boldsymbol{A}\times\boldsymbol{B}=-\boldsymbol{B}\times\boldsymbol{A}$$

$$(\boldsymbol{A}+\boldsymbol{B})\cdot\boldsymbol{C}=\boldsymbol{A}\cdot\boldsymbol{C}+\boldsymbol{B}\cdot\boldsymbol{C}$$

$$(\boldsymbol{A}+\boldsymbol{B})\times\boldsymbol{C}=\boldsymbol{A}\times\boldsymbol{C}+\boldsymbol{B}\times\boldsymbol{C}$$

$$\boldsymbol{A}\cdot(\boldsymbol{B}\times\boldsymbol{C})=\boldsymbol{B}\cdot(\boldsymbol{C}\times\boldsymbol{A})=\boldsymbol{C}\cdot(\boldsymbol{A}\times\boldsymbol{B})$$

$$\boldsymbol{A}\times(\boldsymbol{B}\times\boldsymbol{C})=(\boldsymbol{A}\cdot\boldsymbol{C})\boldsymbol{B}-(\boldsymbol{A}\cdot\boldsymbol{B})\boldsymbol{C}$$

$$(\boldsymbol{A}\times\boldsymbol{B})\cdot(\boldsymbol{C}\times\boldsymbol{D})=\mathrm{A}\cdot(\boldsymbol{B}\times(\boldsymbol{C}\times\boldsymbol{D}))$$

2. 矢量微分

$$\nabla\cdot(\nabla\times\boldsymbol{A})=0$$

$$\nabla\times\nabla\Psi=\boldsymbol{0}$$

$$\nabla(\Phi+\Psi)=\nabla\Phi+\nabla\Psi$$

$$\nabla(\Phi\Psi)=\Phi\nabla\Psi+\Phi\nabla\Psi$$

$$\nabla\cdot(\boldsymbol{A}+\boldsymbol{B})=\nabla\cdot\boldsymbol{A}+\nabla\cdot\boldsymbol{B}$$

$$\nabla\times(\boldsymbol{A}+\boldsymbol{B})=\nabla\times\boldsymbol{A}+\nabla\times\boldsymbol{B}$$

$$\nabla\cdot(\Phi\boldsymbol{A})=\boldsymbol{A}\cdot\nabla\Phi+\Phi\nabla\cdot\boldsymbol{A}$$

$$\nabla\times(\Phi\boldsymbol{A})=\nabla\Phi\times\boldsymbol{A}+\Phi\nabla\times\boldsymbol{A}$$

$$\nabla(\boldsymbol{A}\cdot\boldsymbol{B})=(\boldsymbol{A}\cdot\nabla)\boldsymbol{B}+(\boldsymbol{B}\cdot\nabla)\boldsymbol{A}+\boldsymbol{A}\times(\nabla\times\boldsymbol{B})+\boldsymbol{B}\times(\nabla\times\boldsymbol{A})$$

$$\nabla\cdot(\boldsymbol{A}\times\boldsymbol{B})=\boldsymbol{B}\cdot\nabla\times\boldsymbol{A}-\boldsymbol{A}\cdot\nabla\times\boldsymbol{B}$$

$$\nabla\times(\boldsymbol{A}\times\boldsymbol{B})=\boldsymbol{A}\nabla\cdot\boldsymbol{B}-\boldsymbol{B}\nabla\cdot\boldsymbol{A}+(\boldsymbol{B}\cdot\nabla)\boldsymbol{A}-(\boldsymbol{A}\cdot\nabla)\boldsymbol{B}$$

$$\nabla\times\nabla\times\boldsymbol{A}=\nabla\nabla\cdot\boldsymbol{A}-\nabla\cdot\nabla\boldsymbol{A}$$

3. 矢量积分

$$\oint_l \boldsymbol{A}\cdot d\boldsymbol{l}=\iint_S(\nabla\times\boldsymbol{A})\cdot d\boldsymbol{S}$$

$$\oiint_S \boldsymbol{A}\cdot d\boldsymbol{S}=\iiint_V(\nabla\cdot\boldsymbol{A})dV$$

$$\oiint_S(\hat{n}\times\boldsymbol{A})d\boldsymbol{S}=\iiint_V(\nabla\times\boldsymbol{A})dV$$

$$\oiint_S \Psi d\boldsymbol{S}=\iiint_V \nabla\Psi dV$$

$$\oint_l \Psi d\boldsymbol{l}=\iint_S \hat{n}\times\nabla\Psi d\boldsymbol{S}$$

4. 直角坐标系

$$\boldsymbol{A}=A_x\hat{x}+A_y\hat{y}+A_z\hat{z}$$

$$\nabla\Psi=\hat{x}\frac{\partial\Psi}{\partial x}+\hat{y}\frac{\partial\Psi}{\partial y}+\hat{z}\frac{\partial\Psi}{\partial z}$$

$$\nabla\cdot\boldsymbol{A}=\frac{\partial A_x}{\partial x}+\frac{\partial A_y}{\partial y}+\frac{\partial A_z}{\partial z}$$

$$\nabla\times\boldsymbol{A}=\begin{vmatrix}\hat{x} & \hat{y} & \hat{z}\\ \frac{\partial}{\partial x} & \frac{\partial}{\partial y} & \frac{\partial}{\partial z}\\ A_x & A_y & A_z\end{vmatrix}$$

$$=\hat{x}(\frac{\partial A_z}{\partial y}-\frac{\partial A_y}{\partial z})+\hat{y}(\frac{\partial A_x}{\partial z}-\frac{\partial A_z}{\partial x})+\hat{z}(\frac{\partial A_y}{\partial x}-\frac{\partial A_x}{\partial y})$$

$$\nabla^2\Psi=\frac{\partial^2\Psi}{\partial x^2}+\frac{\partial^2\Psi}{\partial y^2}+\frac{\partial^2\Psi}{\partial z^2}$$

$$\nabla^2\boldsymbol{A}=\hat{x}\nabla^2A_x+\hat{y}\nabla^2A_y+\hat{z}\nabla^2A_z$$

5. 圆柱坐标系

$$\boldsymbol{A}=A_\rho\hat{\rho}+A_\varphi\hat{\varphi}+A_z\hat{z}$$

$$\nabla\Psi=\hat{\rho}\frac{\partial\Psi}{\partial\rho}+\hat{\varphi}\frac{1}{\rho}\frac{\partial\Psi}{\partial\varphi}+\hat{z}\frac{\partial\Psi}{\partial z}$$

$$\nabla\cdot\boldsymbol{A}=\frac{1}{\rho}\frac{\partial}{\partial\rho}(\rho A_\rho)+\frac{1}{\rho}\frac{\partial A_\varphi}{\partial\varphi}+\frac{\partial A_z}{\partial z}$$

$$\nabla\times\boldsymbol{A}=\begin{vmatrix}\frac{1}{\rho}\hat{\rho} & \hat{\varphi} & \frac{1}{\rho}\hat{z}\\ \frac{\partial}{\partial\rho} & \frac{\partial}{\partial\varphi} & \frac{\partial}{\partial z}\\ A_\rho & \rho A_\varphi & A_z\end{vmatrix}$$

$$=\hat{\rho}\left(\frac{1}{\rho}\frac{\partial A_z}{\partial\varphi}-\frac{\partial A_\varphi}{\partial z}\right)+\hat{\varphi}\left(\frac{\partial A_\rho}{\partial z}-\frac{\partial A_z}{\partial\rho}\right)+\hat{z}\left(\frac{1}{\rho}\frac{\partial(\rho A_\varphi)}{\partial\rho}-\frac{1}{\rho}\frac{\partial A_\rho}{\partial\varphi}\right)$$

$$\nabla^2\boldsymbol{\Psi}=\frac{1}{\rho}\frac{\partial}{\partial\rho}\left(\rho\frac{\partial\boldsymbol{\Psi}}{\partial\rho}\right)+\frac{1}{\rho^2}\frac{\partial^2\boldsymbol{\Psi}}{\partial\varphi^2}+\frac{\partial^2\varphi}{\partial z^2}$$

$$\nabla^2\boldsymbol{A}=\hat{\rho}\left(\nabla^2A_\rho-\frac{A_\rho}{\rho^2}-\frac{2}{\rho^2}\frac{\partial A_\varphi}{\partial\varphi}\right)+\hat{\varphi}\left(\nabla^2A_\varphi-\frac{A_\varphi}{\rho^2}+\frac{2}{\rho^2}\frac{\partial A_\rho}{\partial\varphi}\right)+\hat{z}\nabla^2A_z$$

6. 圆球坐标系

$$\boldsymbol{A}=A_r\hat{r}+A_\theta\hat{\theta}+A_\varphi\hat{\varphi}$$

$$\nabla\boldsymbol{\Psi}=\hat{r}\frac{\partial\boldsymbol{\Psi}}{\partial r}+\hat{\theta}\frac{1}{r}\frac{\partial\boldsymbol{\Psi}}{\partial\theta}+\hat{\varphi}\frac{1}{r\sin\theta}\frac{\partial\boldsymbol{\Psi}}{\partial\varphi}$$

$$\nabla\cdot\boldsymbol{A}=\frac{1}{r^2}\frac{\partial}{\partial r}(r^2A_r)+\frac{1}{r\sin\theta}\frac{\partial}{\partial\theta}(\sin\theta A_\theta)+\frac{1}{r\sin\theta}\frac{\partial A_\varphi}{\partial\varphi}$$

$$\nabla\times\boldsymbol{A}=\begin{vmatrix}\dfrac{\hat{r}}{r^2\sin\theta} & \dfrac{\hat{\theta}}{r\sin\theta} & \dfrac{\hat{\varphi}}{r}\\ \dfrac{\partial}{\partial r} & \dfrac{\partial}{\partial\theta} & \dfrac{\partial}{\partial\varphi}\\ A_r & rA_\theta & r\sin\theta A_\varphi\end{vmatrix}$$

$$=\frac{\hat{r}}{r\sin\theta}\left[\frac{\partial}{\partial\theta}(A_\varphi\sin\theta)-\frac{\partial A_\theta}{\partial\varphi}\right]+\frac{\hat{\theta}}{r}\left[\frac{1}{\sin\theta}\frac{\partial A_r}{\partial\varphi}-\frac{\partial}{\partial r}(rA_\varphi)\right]+\frac{\hat{\varphi}}{r}\left[\frac{\partial}{\partial r}(rA_\theta)-\frac{\partial A_r}{\partial\theta}\right]$$

$$\nabla^2\boldsymbol{\Psi}=\frac{1}{r^2}\frac{\partial}{\partial r}\left(r^2\frac{\partial\boldsymbol{\Psi}}{\partial r}\right)+\frac{1}{r^2\sin\theta}\frac{\partial}{\partial\theta}\left(\sin\theta\frac{\partial\boldsymbol{\Psi}}{\partial\theta}\right)+\frac{1}{r^2\sin^2\theta}\frac{\partial^2\boldsymbol{\Psi}}{\partial\varphi^2}$$

$$\nabla^2\boldsymbol{A}=\hat{r}\left[\nabla^2A_r-\frac{2}{r^2}A_r-\frac{2}{r^2\sin\theta}\frac{\partial}{\partial\theta}(\sin\theta A_\theta)-\frac{2}{r^2\sin\theta}\frac{\partial A_\varphi}{\partial\varphi}\right]$$
$$+\hat{\theta}\left[\nabla A_\theta-\frac{A_\theta}{r^2\sin^2\theta}+\frac{2}{r^2}\frac{\partial A_r}{\partial\theta}-\frac{2\cos\theta}{r^2\sin^2\theta}\frac{\partial A_\varphi}{\partial\varphi}\right]$$
$$+\hat{\varphi}\left[\nabla A_\varphi-\frac{A_\theta}{r^2\sin^2\theta}+\frac{2}{r^2\sin\theta}\frac{\partial A_r}{\partial\theta}+\frac{2\cos\theta}{r^2\sin^2\theta}\frac{\partial A_\varphi}{\partial\varphi}\right]$$

E 电磁波的频段

名称	频率范围	波长范围	主要应用
甚低频 VLF(超长波)	3～30 kHz	100～10 km	导航，声呐
低频 LF(长波 LW)	30～300 kHz	10～1 km	导航，授时
中频 MF(中波 MW)	300～3000 kHz	1000～100 m	中波调幅广播 AM： 550～1650 kHz
高频 HF(短波 SW)	3～30 MHz	100～10 m	短波调幅广播：2～30 MHz 短波通信

续表

名称	频率范围	波长范围	主要应用
甚高频 VHF(超短波，米波)	30～300 MHz	10～1 m	调频广播 FM:88～108 MHz 广播电视:50～100 MHz 170～200 MHz 移动通信,雷达
特高频 UHF(微波,分米波)	300～3000 MHz	100～10 cm	广播电视:470～870 MHz 移动通信,卫星导航,无线局域网,雷达
超高频 SHF(微波,厘米波)	3～30 GHz	10～1 cm	卫星广播电视,卫星通信,无线局域网,雷达
极高频 EHF(微波,毫米波)	30～300 GHz	10～1 mm	通信,雷达,射电天文
太赫兹波	100 GHz～10 THz	3～0.03 mm	雷达,通信,探测
红外光波		1000～0.76 μm	近红外:0.7～3 μm 中红外:3～40 μm 远红外:40～1000 μm 光纤通信:0.85 μm,1.31 μm,1.55 μm

习题答案

第 1 章习题答案

1.1 (a) $A = 3.74; B = 2.45$

(b) $\hat{a} = 0.535\hat{x} + 0.802\hat{y} - 0.267\hat{z}$; $\hat{b} = 0.408\hat{x} + 0.408\hat{y} - 0.816\hat{z}$

(c) $\boldsymbol{A} \cdot \boldsymbol{B} = 7$

(d) $\boldsymbol{A} \times \boldsymbol{B} = -5\hat{x} + 3\hat{y} - \hat{z}$

(e) $\alpha = 40.19°$

(f) $\boldsymbol{A} \cdot \hat{b} = 2.86$

1.4 $\alpha = -5$

1.5 三角形的面积为 $\Delta = 10.6$

1.6 $\boldsymbol{R} = \boldsymbol{r}_Q - \boldsymbol{r}_P = -3\hat{x} - 15\hat{y}; R = 15.3$

1.7 $\hat{C} = 0.169\hat{x} + 0.507\hat{y} + 0.845\hat{z}$

1.8 $\hat{x} = \cos\varphi\hat{\rho} - \sin\varphi\hat{\varphi} = \sin\theta\cos\varphi\hat{r} + \cos\theta\cos\varphi\hat{\theta} - \sin\varphi\hat{\varphi}$

$\hat{y} = \sin\varphi\hat{\rho} + \cos\varphi\hat{\varphi} = \sin\theta\sin\varphi\hat{r} + \cos\theta\sin\varphi\hat{\theta} + \cos\varphi\hat{\varphi}$

1.9 $2\hat{\rho} = \dfrac{2}{\sqrt{x^2 + y^2}}(x\hat{x} + y\hat{y}); 3\hat{\varphi} = \dfrac{3}{\sqrt{x^2 + y^2}}(x\hat{y} - y\hat{x})$

1.10 $5\hat{r} = \dfrac{5}{\sqrt{x^2 + y^2 + z^2}}(x\hat{x} + y\hat{y} + z\hat{z})$;

$$\hat{\theta} = \frac{1}{\sqrt{x^2 + y^2}} \frac{1}{\sqrt{x^2 + y^2 + z^2}}[-\hat{z}(x^2 + y^2) + xz\hat{x} + yz\hat{y}]$$

1.11 $d = 3.56$

1.12 (1)$\boldsymbol{A} + \boldsymbol{B} = 5\hat{\rho} + 9\hat{\varphi} - \hat{z}$, (2)$\boldsymbol{A} \times \boldsymbol{B} = 31\hat{\rho} - 17\hat{\varphi} + 2\hat{z}$;

(3)$\hat{a} = \dfrac{3\hat{\rho} + 5\hat{\varphi} - 4\hat{z}}{\sqrt{50}}; \hat{b} = \dfrac{1}{5.385}(2\hat{\rho} + 4\hat{\varphi} + 3\hat{z})$

(4)$\theta = 68.4°$, (5)$A = 7.071; B = 5.385$; (6) $\boldsymbol{A} \cdot \hat{b} = 2.6$

1.13 (a)$\boldsymbol{A} + \boldsymbol{B} = 12\hat{y}$ (b)$\boldsymbol{A} \cdot \boldsymbol{B} = 11$ (c)$\boldsymbol{A}$ 和 $\boldsymbol{B}$ 之间的夹角 $\theta = 5.17°$

1.14 $d = 10.87, \boldsymbol{d} = -5.535\hat{x} - 6.122\hat{y} - 7.07\hat{z}$

1.15 (a)$\boldsymbol{A} + \boldsymbol{B} = 5\hat{r} + 9\hat{\varphi}$ (b) $\boldsymbol{A} \cdot \boldsymbol{B} = 25$ (c)$\boldsymbol{A}$ 和 $\boldsymbol{B}$ 的单位矢量

$\hat{a} = \dfrac{1}{\sqrt{35}}(3\hat{r} + \hat{\theta} + 5\hat{\varphi}); \hat{b} = \dfrac{1}{\sqrt{21}}(2\hat{r} - \hat{\theta} + 4\hat{\varphi})$

(d)$\boldsymbol{A}$ 和 $\boldsymbol{B}$ 之间的夹角 $\theta = 22.75°$ (e)$A = 5.92$; $B = 4.58$

(f)$\boldsymbol{A}$ 在 $\boldsymbol{B}$ 上的投影 $\boldsymbol{A} \cdot \hat{b} = 5.455$

1.16 $\nabla f = 3x^2 y^2 z\hat{x} + 2x^3 yz\hat{y} + x^3 y^2 \hat{z}$

1.17 $\dfrac{\partial f}{\partial l} = \dfrac{3}{\sqrt{6}}$

1.19 $\nabla f = \hat{\rho}\cos\varphi - \hat{\varphi}\sin\varphi$

1.21 $\nabla f=\hat{r}2r\sin\theta\cos\varphi+\hat{\theta}r\cos\theta\cos\varphi-\hat{\varphi}r\sin\varphi$

1.22 $\nabla\rho=\hat{\rho}$；$\nabla r=\hat{r}$；$\nabla e^{kr}=\hat{r}ke^{kr}$

1.27 a) $\nabla\cdot\boldsymbol{F}=z+x$ b) $\nabla\cdot\boldsymbol{F}=\dfrac{1}{\rho}$ c) $\nabla\cdot\boldsymbol{F}=\dfrac{4}{r}-\sin\theta+\dfrac{\cos^2\theta}{\sin\theta}$

1.28 $\nabla\cdot(\hat{\rho}\rho)=2$； $\nabla\cdot\boldsymbol{r}=3$； $\nabla\cdot(\boldsymbol{k}e^{\boldsymbol{k}\cdot\boldsymbol{r}})=k^2e^{\boldsymbol{k}\cdot\boldsymbol{r}}$

1.30 a) $\nabla^2 f=2z$ b) $\nabla^2 f=\dfrac{1}{\rho}$ c) $\nabla^2 f=\dfrac{2}{r}$

1.31 $\oiint_S\boldsymbol{F}\cdot d\boldsymbol{S}=3\pi/2$

1.33 $\nabla\times\boldsymbol{F}=-2y\hat{x}-x\hat{z}$

1.34 $\nabla\times\boldsymbol{\rho}=\boldsymbol{0}$ $\nabla\times(z\hat{\rho})=\hat{\varphi}$ $\nabla\times\boldsymbol{r}=\boldsymbol{0}$ $\nabla\times\hat{\varphi}=\hat{r}\dfrac{\cos\theta}{r\sin\theta}-\hat{\theta}\dfrac{1}{r}$

1.35 $\boldsymbol{A}\cdot(\nabla\times\boldsymbol{A})=0$

1.39 $\boldsymbol{F}(\boldsymbol{r})=\dfrac{\hat{r}}{4\pi r^2}$

1.40 $\boldsymbol{F}(\boldsymbol{r})=\dfrac{\sin\theta}{4\pi r^2}\hat{\varphi}$

第2章习题答案

2.1 $\boldsymbol{E}=\dfrac{3\hat{x}+6\hat{y}+15\hat{z}}{4\pi\varepsilon_0\sqrt{8}}$

2.2 (a)0；(b)0；(c)0

2.3 $\boldsymbol{E}=-\dfrac{\rho_S}{\pi\varepsilon_0}\hat{y}$

2.4 $\boldsymbol{E}(x,y)=\dfrac{\rho_S}{4\pi\varepsilon_0}\left[\hat{x}\ln\dfrac{(x+a/2)^2+y^2}{(x-a/2)^2+y^2}+\hat{y}2(\arctan\dfrac{x+a/2}{y}-\arctan\dfrac{x-a/2}{y})\right]$

2.5 $E_r=\begin{cases}\dfrac{r^3}{5\varepsilon_0 a^2}; & r<a\\ \dfrac{a^3+5ba^2}{5\varepsilon_0 r^2}; & r>a\end{cases}$

2.6 $E_r=\begin{cases}\dfrac{r^2}{3a\varepsilon_0}; & r<a\\ \dfrac{a^2}{3\varepsilon_0 r}; & r>a\end{cases}$

2.7 $E_x=\begin{cases}\dfrac{\rho_0 x}{\varepsilon_0}; & |x|<a\\ \dfrac{\rho_0 a}{\varepsilon_0}; & x>a\end{cases}$

2.8 $E_x=\begin{cases}-\dfrac{a^2}{2\varepsilon_0}; & x<-a\\ -\dfrac{x^2}{2\varepsilon_0}; & -a\leqslant x\leqslant 0\\ \dfrac{x^2}{2\varepsilon_0}; & 0<x\leqslant a\\ \dfrac{a^2}{2\varepsilon_0}; & x>a\end{cases}$

2.9 $\boldsymbol{E}=\dfrac{\rho\boldsymbol{c}}{3\varepsilon_0}$

2.10 $\rho=\begin{cases}\dfrac{2\varepsilon_0}{b}; & |x|<b/2\\ 0; & |x|>b/2\end{cases}$

2.11 $\rho=0,\rho_S=\begin{cases}\dfrac{C}{a}; & r=a\\ -\dfrac{C}{b}; & r=b\end{cases}$

2.12 $\rho=0\ ;\ \rho_S=\begin{cases}\varepsilon_0 b/a; & r=a\\ -\varepsilon_0 a/b; & r=b\end{cases}$

2.13 (1)$\Phi(z)=\dfrac{\rho_l}{\pi\varepsilon_0}\ln\dfrac{\sqrt{z^2+L^2/2}+L/2}{\sqrt{z^2+L^2/2}-L/2}$

(2)$\Phi(z)=\dfrac{a\rho_l}{2\varepsilon_0\sqrt{a^2+z^2}}$

2.14 $\Phi(r)=\begin{cases}\dfrac{1}{5\varepsilon_0}(\dfrac{5a^2}{4}+5ab-\dfrac{r^4}{4a^2}); & r<a\\ \dfrac{a^2}{5\varepsilon_0 r}(a+5b); & r>a\end{cases}$

2.15 $\Phi(\boldsymbol{r})=\dfrac{aq}{2\pi\varepsilon_0 r^2}\sin\theta(\cos\varphi+\sin\varphi)$

2.16 $V=6$

2.17 $V=3(\dfrac{1}{a}-\dfrac{1}{b})$

2.18 $V=2\ln\dfrac{b}{a}$

2.19 $\rho'=0;\rho'_S=\begin{cases}P_0, & z=\dfrac{L}{2}\\ -P_0, & z=-\dfrac{L}{2}\end{cases}$

2.20 $E_z=\begin{cases}\dfrac{P_0}{2\varepsilon_0}[\dfrac{z+L/2}{\sqrt{(z+L/2)+a^2}}-\dfrac{z-L/2}{\sqrt{(z-L/2)^2+a^2}}]; & z>L/2\\ \dfrac{P_0}{2\varepsilon_0}[-2+\dfrac{z+L/2}{\sqrt{(z+L/2)^2+a^2}}-\dfrac{z-L/2}{\sqrt{(z-L/2)+a^2}}]; & -L/2<z<L/2\\ \dfrac{P_0}{2\varepsilon_0}[\dfrac{z+L/2}{\sqrt{(z+L/2)^2+a^2}}-\dfrac{z-L/2}{\sqrt{(z-L/2)^2+a^2}}]; & z<-L/2\end{cases}$

2.21 $\rho'=0;\rho'_S=P_0\cos\theta$

2.22 $E_z=-\dfrac{P_0\pi}{16\varepsilon_0}$

2.23 $E_\rho=\dfrac{\rho_l}{2\pi\varepsilon\rho}$

2.24 $E_r=\begin{cases}\dfrac{a^2\rho_S}{\varepsilon r^2}; a<r<a+d\\ \dfrac{a^2\rho_S}{\varepsilon_0 r^2}; r>a+d\end{cases}$

2.25 $E_r=\dfrac{abV}{b-a}\dfrac{1}{r^2}$, $\rho_S(r=a)=\dfrac{\varepsilon bV}{b-a}\dfrac{1}{a}$,$\rho_S(r=b)=-\dfrac{a\varepsilon V}{b-a}\dfrac{1}{b}$

2.26 $E_r = \begin{cases} \dfrac{V}{[(\frac{1}{a}-\frac{1}{c})+\frac{\varepsilon_1}{\varepsilon_2}(\frac{1}{c}-\frac{1}{b})]r^2}; & a<r<c \\ \dfrac{V}{[\frac{\varepsilon_2}{\varepsilon_1}(\frac{1}{a}-\frac{1}{c})+(\frac{1}{c}-\frac{1}{b})]r^2}; & c<r<b \end{cases}$

$$\rho_S(r=a) = \frac{\varepsilon_1 V}{[(\frac{1}{a}-\frac{1}{c})+\frac{\varepsilon_1}{\varepsilon_2}(\frac{1}{c}-\frac{1}{b})]a^2}$$

$$\rho_S(r=b) = -\frac{\varepsilon_2 V}{[\frac{\varepsilon_2}{\varepsilon_1}(\frac{1}{a}-\frac{1}{c})+(\frac{1}{c}-\frac{1}{b})]b^2}$$

$$\rho'_S(r=c) = \frac{\varepsilon_0 V}{c^2}\left[\frac{1}{\frac{\varepsilon_2}{\varepsilon_1}(\frac{1}{a}-\frac{1}{c})+(\frac{1}{c}-\frac{1}{b})} - \frac{1}{(\frac{1}{a}-\frac{1}{c})+\frac{\varepsilon_1}{\varepsilon_2}(\frac{1}{c}-\frac{1}{b})}\right]$$

2.27 $V = aE_b \ln\dfrac{b}{a}$

2.28 $E_r = \begin{cases} \dfrac{q}{4\pi\varepsilon_0 r^2}; & r<a, r>b \\ \dfrac{q}{4\pi\varepsilon r^2}; & a<r<b \end{cases}$

$$\boldsymbol{P} = \frac{\varepsilon-\varepsilon_0}{\varepsilon}\frac{q}{4\pi r^2}\hat{r}, \rho' = 0$$

$$\rho'_S(r=a) = -\frac{\varepsilon-\varepsilon_0}{\varepsilon}\frac{q}{4\pi a^2}$$

$$\rho'_S(r=b) = \frac{\varepsilon-\varepsilon_0}{\varepsilon}\frac{q}{4\pi b^2}$$

2.30 $\boldsymbol{E}_2 = 3\hat{x} + 2\varepsilon_1/\varepsilon_2\hat{z}, \boldsymbol{E}_3 = 3\hat{x} + 2\varepsilon_1/\varepsilon_3\hat{z}$

2.31 (1) 有点电荷的腔中的电场 $\boldsymbol{E}_1 = \dfrac{q\hat{r}_1}{4\pi\varepsilon_0 r_1^2}$ r_1 为腔中心到场点的距离。

(2) 无点电荷腔中的电场 $\boldsymbol{E}_2 = \boldsymbol{0}$。

(3) 导体球外的电场 $\boldsymbol{E}_3 = \dfrac{q\hat{r}}{4\pi\varepsilon_0 r^2}$；$r$ 为球心到场点的距离。

2.32 $E_r = \dfrac{V}{r\ln\frac{b}{a}}$

电荷分布为

$$\varepsilon_1 \text{ 介质侧 } \rho_S = \begin{cases} \dfrac{\varepsilon_1 V}{a\ln\frac{b}{a}}; & r=a \\ -\dfrac{\varepsilon_1 V}{b\ln\frac{b}{a}}; & r=b \end{cases}; \varepsilon_2 \text{ 介质侧 } \rho_S = \begin{cases} \dfrac{\varepsilon_2 V}{a\ln\frac{b}{a}}; & r=a \\ -\dfrac{\varepsilon_2 V}{b\ln\frac{b}{a}}; & r=b \end{cases}$$

2.33 (1)$E_r = \dfrac{q}{2\pi(\varepsilon_1+\varepsilon_2)r^2}$ (2)$E_r = \dfrac{\rho_l}{\pi(\varepsilon_1+\varepsilon_2)r}$

2.34 (1)$E_e = \dfrac{V}{t+\varepsilon_r(d-t)}$；$E_0 = \dfrac{\varepsilon_r V}{t+\varepsilon_r(d-t)}$

$$\rho_S = \pm\frac{\varepsilon V}{t+\varepsilon_r(d-t)}$$

(2)$E = V/d$

$\rho_{0S}=\pm\varepsilon_0 V/d, \rho_{eS}=\pm\varepsilon V/d$

2.35 $\Phi(\rho)=\dfrac{V}{\ln\dfrac{b}{a}}\ln\dfrac{b}{\rho}$

2.36 $\Phi(r)=\dfrac{A}{\varepsilon}(b-r)+\dfrac{V-\dfrac{A}{\varepsilon}(b-a)}{\ln\dfrac{b}{a}}\ln\dfrac{b}{r}$

2.37 $\Phi=\dfrac{V}{\alpha}\varphi$

2.38 $\Phi(x,y,z)=\sum\limits_{n,m=1}^{\infty}\dfrac{16V}{mn\pi^2\operatorname{sh}(\alpha b)}\sin\dfrac{m\pi}{a}x\sin\dfrac{n\pi}{c}y(\mathrm{e}^{-\alpha z}-\mathrm{e}^{\alpha z})$

$\alpha=\sqrt{\left(\dfrac{m\pi}{a}\right)^2+\left(\dfrac{n\pi}{c}\right)^2}$

2.39 $\Phi(\rho,\varphi)=-E_0(\rho-\dfrac{a^2}{\rho})\cos\varphi$

2.40 $\boldsymbol{E}=\dfrac{\rho_l}{2\pi\varepsilon_0}(\dfrac{\boldsymbol{r}_1}{r^2}-\dfrac{\boldsymbol{r}_2}{r_2^2})$ 式中 $\boldsymbol{r}_1$、$\boldsymbol{r}_2$ 分别为线电荷及其镜像线电荷到场点的距离矢量。

2.42 $F=\dfrac{q}{4\pi\varepsilon_0}[\dfrac{Q+aq/f}{f^2}-\dfrac{aq/f}{(f-d)^2}]$

2.43 (1)$\Phi=\dfrac{1}{4\pi\varepsilon_0}\{\dfrac{q}{r_1}+\dfrac{q'}{r_2}\}$,$r_1$、$r_2$ 分别为场点与点电荷及镜像电荷的距离。

$q'=-\dfrac{a}{d}q; f=\dfrac{a^2}{d}$

(2)$\Phi=\dfrac{1}{4\pi\varepsilon_0}\left(\dfrac{q}{r_1}+\dfrac{q'}{r_2}\right)+V$

(3)$\Phi=\dfrac{1}{4\pi\varepsilon_0}\left[(\dfrac{q}{r_1}+\dfrac{q'}{r_2})+\dfrac{Q+q}{b}\right]$

2.44 $\boldsymbol{F}=\hat{z}\dfrac{q^2}{4\pi\varepsilon_0}\left[-\dfrac{a/h}{(h-a^2/h)^2}+\dfrac{a/h}{(h+a^2/h)^2}-\dfrac{1}{(2h)^2}\right]$

2.45 $C_1=\dfrac{2\pi\varepsilon_0}{\ln(\dfrac{h+\sqrt{h^2-a^2}}{a})}$

2.46 $F_1=\dfrac{q_1 q'_2}{16\pi\varepsilon_1 h^2}; q'_2=\dfrac{2\varepsilon_1}{\varepsilon_1+\varepsilon_2}q_2+\dfrac{\varepsilon_1-\varepsilon_2}{\varepsilon_1+\varepsilon_2}q_1$

2.47 $C=\dfrac{4\pi\varepsilon ab}{b-a}$

2.48 $C=\dfrac{4\pi}{\dfrac{1}{\varepsilon_1}(\dfrac{1}{a}-\dfrac{1}{c})+\dfrac{1}{\varepsilon_2}(\dfrac{1}{c}-\dfrac{1}{b})}$

2.49 (1)$C=\dfrac{\varepsilon AS}{t+\varepsilon_r(d-t)}$;(2) $C=\dfrac{\varepsilon_0 A(a-t)}{ad}+\dfrac{\varepsilon At}{ad}$

2.50 $\Phi(\varphi)=\dfrac{6V}{\pi}\varphi$; $\boldsymbol{E}=-\hat{\varphi}\dfrac{6V}{\pi\rho}$; $C_1=\dfrac{6}{\pi}\ln\dfrac{b}{a}$

2.51 $W_e=2\pi\varepsilon_0 aV^2$

2.52 $W_e=\dfrac{2\pi\varepsilon_1\varepsilon_2 V^2}{\varepsilon_2(\dfrac{1}{a}-\dfrac{1}{c})+\varepsilon_1(\dfrac{1}{c}-\dfrac{1}{b})}$

2.53 $W_e=\dfrac{2\pi\varepsilon_1\varepsilon_2 dV^2}{\varepsilon_2\ln\dfrac{c}{a}+\varepsilon_1\ln\dfrac{b}{c}}$

2.54 $A = \frac{q^2}{4\pi\varepsilon d}$

2.55 $F = \frac{q^2 ad(\varepsilon_2 - \varepsilon_1)}{2[a(a-x)\varepsilon_1 + ax\varepsilon_2]^2}$

第3章习题答案

3.1 $\boldsymbol{J}_S = \rho_S r\omega\hat{\varphi}$

3.2 (1)$E = 10$ V/m；(2)$v = 3.2 \times 10^{-2}$ m/s；(3)$\sigma = 5.8 \times 10^7$ S/m；
(4)$J = 5.8 \times 10^8$ A/m^2

3.3 $\rho_S = 8.33\ \mu$C/m^2

3.5 $R = 4.75 \times 10^{-6}\,\Omega$

3.6 $R = \frac{1}{2\pi\sigma}(\frac{1}{a} - \frac{1}{b})$

3.8 $J_2 = 43.37$ A/m^2，$\alpha_2 = 3.3°$，$\rho_S = 1.53 \times 10^{-10}$ C/m^2

3.9 (1)$C_1 = 0.16 \times 10^{-4}$ C　$C_2 = 0.32 \times 10^{-4}$ C
(2)$G_1 = 0.453 \times 10^{-3}$ S，$G_2 = 0.906 \times 10^{-3}$ S
(3)$G = 0.0302 \times 10^{-3}$ S

3.10 $$\rho_S(r=a) = \frac{\varepsilon_1 V}{\frac{1}{\sigma_1}\ln\frac{b}{a} + \frac{1}{\sigma_2}\ln\frac{c}{b}}\frac{1}{\sigma_1 a}$$

$$\rho_S(r=c) = \frac{\varepsilon_2 V}{\frac{1}{\sigma_1}\ln\frac{b}{a} + \frac{1}{\sigma_2}\ln\frac{c}{b}}\frac{1}{\sigma_2 c}$$

$$\rho_S(r=b) = \frac{V}{\frac{1}{\sigma_1}\ln\frac{b}{a} + \frac{1}{\sigma_2}\ln\frac{c}{b}}\left(\frac{\varepsilon_2}{\sigma_2 b} - \frac{\varepsilon_1}{\sigma_1 b}\right)$$

3.11 (1)$C_1 = \frac{2\pi\varepsilon_1}{\frac{1}{a} - \frac{1}{b}}$；$C_2 = \frac{2\pi\varepsilon_2}{\frac{1}{b} - \frac{1}{c}}$

(2)$G_1 = \frac{2\pi\sigma_1 ba}{b-a}$；$G_2 = \frac{2\pi\sigma_2 bc}{c-b}$

(3)$G = \frac{2\pi}{\frac{1}{\sigma_1}(\frac{1}{a} - \frac{1}{b}) + \frac{1}{\sigma_2}(\frac{1}{b} - \frac{1}{c})}$

3.12 $$\rho_S(r=a) = \frac{\varepsilon_1 V}{\frac{1}{\sigma_1}(\frac{1}{a} - \frac{1}{b}) + \frac{1}{\sigma_2}(\frac{1}{b} - \frac{1}{c})}\frac{1}{\sigma_1 a^2}$$

$$\rho_S(r=c) = \frac{\varepsilon_1 V}{\frac{1}{\sigma_1}(\frac{1}{a} - \frac{1}{b}) + \frac{1}{\sigma_2}(\frac{1}{b} - \frac{1}{c})}\frac{1}{\sigma_2 c^2}$$

$$\rho_S(r=b) = \frac{V}{\frac{1}{\sigma_1}(\frac{1}{a} - \frac{1}{b}) + \frac{1}{\sigma_2}(\frac{1}{b} - \frac{1}{c})}\left(\frac{\varepsilon_2}{\sigma_2 b^2} - \frac{\varepsilon_1}{\sigma_1 b^2}\right)$$

3.13 $$E_1 = \frac{\sigma_2\sigma_3 V}{\sigma_2\sigma_3 d_1 + \sigma_1\sigma_3 d_3 + \sigma_1\sigma_2 d_3}$$

$$E_2 = \frac{\sigma_1\sigma_3 V}{\sigma_2\sigma_3 d_1 + \sigma_1\sigma_3 d_3 + \sigma_1\sigma_2 d_3}$$

$$E_3 = \frac{\sigma_2\sigma_1 V}{\sigma_2\sigma_3 d_1 + \sigma_1\sigma_3 d_3 + \sigma_1\sigma_2 d_3}$$

3.14 $R=\frac{2}{\pi\sigma b}\ln\frac{a+c}{c}$

3.15 $E_1=\frac{\sigma_2 V}{\sigma_2(\frac{1}{a}-\frac{1}{b})+\sigma_1(\frac{1}{b}-\frac{1}{c})}\frac{1}{r^2}\quad E_2=\frac{\sigma_1 V}{\sigma_2(\frac{1}{a}-\frac{1}{b})+\sigma_1(\frac{1}{b}-\frac{1}{c})}\frac{1}{r^2}$

$\rho_{S1}=\frac{\varepsilon_1\sigma_2 V}{\sigma_2(\frac{1}{a}-\frac{1}{b})+\sigma_1(\frac{1}{b}-\frac{1}{c})}\frac{1}{a^2}$; $\rho_{S2}=-\frac{\varepsilon_2\sigma_1 V}{\sigma_2(\frac{1}{a}-\frac{1}{b})+\sigma_1(\frac{1}{b}-\frac{1}{c})}\frac{1}{c^2}$

$\rho_{S3}=\frac{(\sigma_1\varepsilon_2-\sigma_2\varepsilon_1)V}{\sigma_2(\frac{1}{a}-\frac{1}{b})+\sigma_1(\frac{1}{b}-\frac{1}{c})}\frac{1}{b^2}$

3.16 $G=\frac{\sigma_1\sigma_2\sigma_3 S}{\sigma_2\sigma_3 d_1+\sigma_1\sigma_3 d_3+\sigma_1\sigma_2 d_3}$

3.17 $C_1=\frac{4\pi\varepsilon_1}{\frac{1}{a}-\frac{1}{b}}$;$C_2=\frac{4\pi\varepsilon_2}{\frac{1}{b}-\frac{1}{c}}$;$G_1=\frac{4\pi\sigma_1}{\frac{1}{a}-\frac{1}{b}}$;$G_2=\frac{4\pi\sigma_2}{\frac{1}{b}-\frac{1}{c}}$

3.18 3.14题:$P=\frac{\sigma_1\sigma_2\sigma_3 SV^2}{\sigma_2\sigma_3 d_1+\sigma_1\sigma_3 d_3+\sigma_1\sigma_2 d_3}$

3.15题:$P=\frac{4\pi V^2}{\frac{b-a}{\sigma_1 ab}+\frac{c-b}{\sigma_2 bc}}$

3.19 $\Phi(x,y,z)=\sum_{n,m=1}^{\infty}\frac{16V}{mn\pi^2\,\mathrm{sh}(\alpha a)}\sin\frac{m\pi}{a}x\sin\frac{n\pi}{c}y(\mathrm{e}^{-\alpha z}-\mathrm{e}^{\alpha z})$

$\alpha=\sqrt{(\frac{m\pi}{a})^2+(\frac{n\pi}{a})^2}$

3.20 $R=\frac{1}{2\pi\sigma a}$

3.21 $G=\frac{\pi\sigma}{\ln\frac{D+\sqrt{D^2-4a^2}}{2a}}$

第4章习题答案

4.1 $\boldsymbol{F}=(4\hat{x}-\hat{y})\times 3\times 10^{-4}$ N

4.2 $\boldsymbol{B}=\hat{z}\frac{4\mu_0 I}{\sqrt{2}\pi a}$

4.3 $\boldsymbol{B}=\hat{z}4.5\frac{\mu_0 I}{\pi a}$

4.4 (1)$\boldsymbol{B}=\hat{z}\frac{\mu_0 I}{4a}$,(2)$\boldsymbol{B}=-\hat{z}\frac{\mu_0 I}{4\pi a}(\pi+2)$,(3) $\boldsymbol{B}=\hat{z}\frac{\mu_0 I}{4}(\frac{1}{a}-\frac{1}{b})$

4.5 $\boldsymbol{B}=\frac{\mu_0 I}{4a}(\hat{x}+\hat{y})$

4.6 $B=1.256\times 10^{-2}$ T

4.8 $\boldsymbol{B}=\hat{z}\frac{\mu_0\rho_{S0}\omega}{2}\left(\frac{a^2+2z^2}{\sqrt{a^2+z^2}}-2|z|\right)$

4.9 $\boldsymbol{B}=\frac{\mu_0 J_0}{2\pi}\left[\hat{z}\ln\frac{(x+W/2)^2+z^2}{(x-W/2)^2+z^2}+\hat{x}2(\arctan\frac{x+W/2}{z}-\arctan\frac{x-W/2}{z})\right]$

4.11 $c=-36$

4.12 $B_\varphi=\dfrac{\mu_0 a J_S}{\rho}$

4.13 $B_z=\mu_0 J_S$

4.14 $B_\varphi=\begin{cases}\dfrac{\mu_0 J_0 \rho^3}{4a^2}; & \rho<a\\ \dfrac{\mu_0 J_0 a^2}{4\rho}; & \rho>a\end{cases}$

4.15 $B_\varphi=\begin{cases}0; & 0<\rho<a\\ \dfrac{\mu_0(\rho^3-a^3)}{3b\rho}; & a<\rho<b\\ \mu_0\left(\dfrac{b^3-a^3}{3b}+bJ_0\right)/\rho; & \rho>b\end{cases}$

4.16 $B_\varphi=\dfrac{\mu_0 I'}{2\pi\rho}=\begin{cases}\dfrac{\mu_0 I\rho}{2\pi a^2}; & \rho<a\\ \dfrac{\mu_0 I}{2\pi\rho}; & a\leqslant\rho\leqslant b\\ \dfrac{\mu_0 I}{2\pi\rho}\left(1-\dfrac{\rho^2-b^2}{c^2-b^2}\right); & b<\rho<c\\ 0; & \rho>c\end{cases}$

4.17 $\boldsymbol{B}=\dfrac{\mu_0 J_0}{2}\hat{z}\times\boldsymbol{c}$

4.18 $\boldsymbol{B}=\begin{cases}\hat{y}\dfrac{\mu_0 J_0}{2}; z<0\\ -\hat{y}\dfrac{\mu_0 J_0}{2}; z>0\end{cases}$

4.19 $I=199$ A

4.20 $J_{S0}=100$ A/m

4.21 0

4.22 0

4.23 $\boldsymbol{B}=[-0.036\hat{x}\quad -0.4\hat{y}]\mu_0$ (T)， $\boldsymbol{A}=-\hat{z}5.86\times10^6$ (Wb/m)

4.24 $\boldsymbol{M}=\hat{z}$

4.25 $\boldsymbol{J}'=\boldsymbol{0}$，圆柱侧面 $\boldsymbol{J}'_S=M_0\hat{\varphi}$，$\boldsymbol{B}=\hat{z}\dfrac{\mu_0 M_0}{2}\left[\dfrac{z+\frac{d}{2}}{\sqrt{\left(z+\frac{d}{2}\right)^2+a^2}}-\dfrac{z-\frac{d}{2}}{\sqrt{\left(z-\frac{d}{2}\right)^2+a^2}}\right]$

4.26 $\boldsymbol{J}'_S=M_0\hat{l}$，$\boldsymbol{B}=\hat{z}\dfrac{\mu_0 M_0 d}{2\pi\left[z^2+\left(\frac{a}{2}\right)^2\right]}\dfrac{a^2}{\sqrt{z^2+2\left(\frac{a}{2}\right)^2}}$

4.27 $\Delta M=237653.5$ A/m

4.28 $B_{\max}=0.1667$ T，$B_{\min}=0.125$ T，$\Phi^{m}=7.2\times10^{-4}$ Wb

4.29 (1)$\boldsymbol{B}_2=150\hat{x}+80\hat{y}+0.6\hat{z}$

(2)$\boldsymbol{M}_1=\boldsymbol{0}$；$\boldsymbol{M}_2=\dfrac{99}{100\mu_0}(150\hat{x}+80\hat{y}+0.6\hat{z})$

(3)$\boldsymbol{J}'_S=\dfrac{99}{100\mu_0}(-150\hat{y}+80\hat{x})$

4.30 $\boldsymbol{H}_2=(28\hat{x}+50\hat{y}+12/5\hat{z})$ kA/m

4.31 单位长度 I_1 所受的引力为 $F_1 = \frac{\mu_1 I_1}{4\pi h}[\frac{(\mu_2-\mu_1)I_1+2\mu_2 I_2}{\mu_2+\mu_1}]$

单位长度 I_2 所受的引力为 $F_2 = \frac{\mu_2 I_2}{4\pi h}[\frac{(\mu_2-\mu_1)I_2+2\mu_1 I_1}{\mu_2+\mu_1}]$

4.33 $\Phi^{\mathrm{m}} = 1.96\times 10^{-4}$ Wb

4.34 $\varepsilon = \omega 2NBDR\sin\varphi$

4.35 0

4.37 $L = \frac{\mu N^2}{2\pi}(R_2-R_1)\ln\frac{R_2}{R_1}$

4.38 $L = \frac{\mu_0}{\pi}\ln\frac{D-a}{a}$

4.39 $L_1 = \frac{\mu a^2 m^2}{2\pi R}, L_2 = \frac{\mu a^2 n^2}{2\pi R}, M = \frac{\mu a^2 mn}{2\pi R}$

4.40 $M = \frac{\mu_0 b}{2\pi}\ln\frac{r_2}{r_1}$

其中 $r_1 = \sqrt{(a/2)^2+d^2-ad\cos\alpha}$

$r_2 = \sqrt{(a/2)^2+d^2+ad\cos\alpha}$

4.41 $M = \frac{\sqrt{3}\mu_0}{2\pi}[d\ln\frac{d(d+a)}{(d+a/2)^2}+a\ln\frac{d+a}{d+a/2}]$

4.42 $F = \frac{\sqrt{3}\mu_0}{2\pi}[\ln\frac{d(d+a)}{(d+a/2)^2}-1]$

4.43 力矩 $T = \frac{\mu_0 bI_1 I_2 ad\sin\alpha}{4\pi}\left(\frac{1}{r_2^2}+\frac{1}{r_1^2}\right)$

式中 $r_1 = \sqrt{(a/2)^2+d^2-ad\cos\alpha}$

$r_2 = \sqrt{(a/2)^2+d^2+ad\cos\alpha}$

第5章习题答案

5.4 $\boldsymbol{E}_2 = E_{x0}\hat{x}+E_{y0}\hat{y}+\frac{\varepsilon_1}{\varepsilon_2}E_{z0}\hat{z}$, $\boldsymbol{H}_2 = H_{x0}\hat{x}+H_{y0}\hat{y}+\frac{\mu_1}{\mu_2}H_{z0}\hat{z}$

5.5 $\boldsymbol{H}_{\mathrm{t}} = \hat{y}J_{z0}\sin\omega t+\hat{z}J_{y0}\cos\omega t$

5.6 $\Phi(r,t) = \frac{1}{4\pi\varepsilon_0}\frac{q_0 \mathrm{e}^{-(t-\frac{r}{v}-t_0)^2/\tau^2}}{r}$

5.8 (1)$\boldsymbol{H}(\boldsymbol{r},t) = \frac{\hat{y}E_{\mathrm{m}}}{\omega\mu}k_0\sin(\omega t-k_0 z)$

(2)$w(\boldsymbol{r},t) = \frac{1}{2}\varepsilon E^2(\boldsymbol{r},t) = \frac{1}{2}\left(\varepsilon+\frac{k_0^2}{\omega^2\mu}\right)E_{\mathrm{m}}^2\sin^2(\omega t-k_0 z)$

(3)$\boldsymbol{S}(\boldsymbol{r},t) = \hat{z}\frac{2E_0^2 k_0}{\omega\mu}\sin^2(\omega t-k_0 z)$

5.9 $\boldsymbol{H} = -\hat{x}\mathrm{j}H_{x0}\mathrm{e}^{-\mathrm{j}k_0 y}+\hat{z}H_{z0}\mathrm{e}^{-\mathrm{j}k_0 y}$

$\boldsymbol{E} = \frac{k_0}{\omega\varepsilon}[-\hat{x}H_{z0}-\hat{z}\mathrm{j}H_{x0}]\mathrm{e}^{-\mathrm{j}k_0 y}$

$\boldsymbol{E}(y,t) = \sqrt{2}\frac{k_0}{\omega\varepsilon}[-\hat{x}H_{z0}\cos(\omega t-k_0 y)+\hat{z}H_{x0}\sin(\omega t-k_0 y)]$

5.10 $\dot{\boldsymbol{H}} = \hat{\varphi}\frac{kE_0}{\omega\mu}\frac{\sin\theta}{r}\mathrm{e}^{-\mathrm{j}kr}$

$\boldsymbol{E}(\boldsymbol{r},t) = \hat{\theta}\sqrt{2}E_0\frac{\sin\theta}{r}\cos(\omega t-kr)$

$$\boldsymbol{H}(\boldsymbol{r},t)=\hat{\varphi}\frac{\sqrt{2}kE_0\sin\theta}{\omega\mu r}\cos(\omega t-kr)$$

$$\boldsymbol{S}_c=\hat{r}\frac{kE_0^2\sin^2\theta}{\omega\mu r^2}$$

5.11 $\dot{H}_r=0$

$$\dot{H}_\theta=0$$

$$\dot{H}_\varphi=\frac{1}{\mu}A_0\sin\theta\left(\frac{\mathrm{j}k}{r}+\frac{1}{r^2}\right)\mathrm{e}^{-\mathrm{j}kr}$$

$$\dot{E}_r=-\mathrm{j}\frac{2A_0\cos\theta}{\omega\varepsilon\mu}\left(\frac{\mathrm{j}k}{r^2}+\frac{1}{r^3}\right)\mathrm{e}^{-\mathrm{j}kr}$$

$$\dot{E}_\theta=\frac{A_0\sin\theta}{\omega\varepsilon\mu}\left(\frac{\mathrm{j}k^2}{r}+\frac{k}{r^2}-\frac{\mathrm{j}}{r^3}\right)\mathrm{e}^{-\mathrm{j}kr}$$

$$\dot{E}_\varphi=0$$

5.12 (1) $H_x=-\frac{k_zE_0}{\omega\mu}\sin\left(\frac{\pi}{a}x\right)\mathrm{e}^{-\mathrm{j}k_zz}$, $H_z=\frac{\mathrm{j}\pi E_0}{\omega\mu a}\cos\left(\frac{\pi}{a}x\right)\mathrm{e}^{-\mathrm{j}k_zz}$

(2) $E_y(\boldsymbol{r},t)=\sqrt{2}E_0\sin\left(\frac{\pi}{a}x\right)\cos(\omega t-k_zz)$

$$H_x(\boldsymbol{r},t)=-\frac{\sqrt{2}k_zE_0}{\omega\mu}\sin\left(\frac{\pi}{a}x\right)\cos(\omega t-k_zz)$$

$$H_z(\boldsymbol{r},t)=\frac{\sqrt{2}\pi E_0}{\omega\mu a}\cos\left(\frac{\pi}{a}x\right)\cos\left(\omega t-k_zz+\frac{\pi}{2}\right)$$

(5) $P=\frac{abk_zE_0^2}{2\omega\mu}$

5.18 $\frac{1}{\mu_1}A_{z1}=\frac{1}{\mu_2}A_{z2}$ $\frac{1}{\mu_1\varepsilon_1}\frac{\partial A_{z1}}{\partial z}=\frac{1}{\mu_2\varepsilon_2}\frac{\partial A_{z2}}{\partial z}$

5.20 $\boldsymbol{S}=\hat{z}\frac{VI}{ab}$; $P=VI$

第6章

6.1 $\boldsymbol{E}=\hat{z}10\mathrm{e}^{-\mathrm{j}\sqrt{2}\pi y}$, $\boldsymbol{H}=-\hat{x}\frac{\sqrt{2}}{12\pi}\mathrm{e}^{-\mathrm{j}\sqrt{2}\pi y}$

$$\boldsymbol{E}(y,t)=\hat{z}10\sqrt{2}\cos(2\pi\times150\times10^6t-\sqrt{2}\pi y)$$

$$\boldsymbol{H}(y,t)=-\hat{x}\frac{1}{6\pi}\cos(2\pi\times150\times10^6t-\sqrt{2}\pi y)$$

$$\boldsymbol{S}_c=\hat{y}\frac{5\sqrt{2}}{6\pi}$$

$$v_p=\frac{c}{\sqrt{\mu_r\varepsilon_r}}=2.12\times10^8\ \mathrm{m/s}$$

6.2 $\lambda=1\ \mathrm{m}$, $f=3\times10^8\ \mathrm{Hz}$, $Z=120\pi\ \Omega$

$$\boldsymbol{E}=\hat{y}120\pi H_0\mathrm{e}^{\mathrm{j}2\pi z}$$

$$\boldsymbol{E}(z,t)=\hat{y}\sqrt{2}120\pi H_0\cos(2\pi\times10^8t+2\pi z)$$

$$\boldsymbol{S}_c=-\hat{z}120\pi H_0^2$$

6.3 $f=5\times10^7\ \mathrm{Hz}$, $\lambda=6\ \mathrm{m}$, $\varepsilon_r=9$, $\mu_r=4$。

6.4 $\boldsymbol{E}=\hat{x}10\mathrm{e}^{-\mathrm{j}\sqrt{2}\pi(y+z)}$, $\boldsymbol{H}=\frac{\sqrt{2}}{24\pi}(\hat{y}-\hat{z})\mathrm{e}^{-\mathrm{j}\sqrt{2}\pi(y+z)}$

$$\boldsymbol{E}(y,z;t)=\hat{x}\sqrt{2}\times10\cos(6\pi\times10^8t-\sqrt{2}\pi y-\sqrt{2}\pi z)$$

$$\boldsymbol{H}(y,z;t)=\frac{1}{12\pi}(\hat{y}-\hat{z})\cos(6\pi\times10^8t-\sqrt{2}\pi y-\sqrt{2}\pi z)$$

$$\boldsymbol{S}_c=\frac{5}{6\sqrt{2}\pi}(\hat{y}+\hat{z})$$

6.5 $\boldsymbol{H}(t)=\frac{E_0}{Z}(\hat{y}\sqrt{2}\cos(\omega t-kz)+\hat{x}\sqrt{2}\sin(\omega t-kz))$ $\boldsymbol{S}_{平}=\hat{z}\frac{2E_0^2}{Z}$

6.8 $f=100\ \text{kHz}$, $\delta=2.6526\times10^{-4}\ \text{m}$ $f=1\ \text{MHz}$, $\delta=8.3882\times10^{-5}\ \text{m}$
$f=100\ \text{MHz}$, $\delta=8.3882\times10^{-6}\ \text{m}$ $f=10\ \text{GHz}$, $\delta=8.3882\times10^{-7}\ \text{m}$

6.9 $f=4.156\ \text{kHz}$

6.10 $v_p'=1.061\times10^8\ \text{m/s}, \lambda'=1.06\ \text{m}$

6.11 $f>898.8\ \text{MHz}, k''=0.3332$

6.12 $k'=1.36\pi\ \text{rad/m}, k''=0.3\pi\ \text{Np/m}, v_p'=0.74\times10^8\ \text{m/s}$
$\lambda'=1.47\ \text{m}$, $Z_c=27.4\pi e^{j0.135\pi}, \delta=1.06\ \text{m}$

6.13 $v_p=0.447\times10^8\ \text{m/s}, v_g=0.894\times10^8\ \text{m/s}$

6.14 $v_p=3.84\times10^8\ \text{m/s}, v_g=1.667\times10^8\ \text{m/s}$

6.15 (1) 线极化波;(2) 左旋圆极化波;(3) 右旋椭圆极化波。

6.16 右旋圆极化波,$\lambda=2\pi, \boldsymbol{H}=\frac{-1+j2}{120\pi}[-\hat{y}+jx]e^{jz}$

6.17 椭圆极化波,$\boldsymbol{H}=\frac{E_0}{Z}[\hat{z}j-\hat{x}e^{j\frac{\pi}{6}}]e^{j4\pi y}$

6.18 左旋圆极化波

6.21 $f=\frac{c}{\lambda}=15\ \text{GHz}, J_S=0.0053\ \text{A/m}$

6.22 $\boldsymbol{E}^i=\hat{x}60\pi e^{-j\pi y}, \boldsymbol{H}^i=-\hat{z}\frac{e^{-j\pi y}}{2}$

6.23 $R=-\frac{1}{3}, T=\frac{2}{3}$

$$\boldsymbol{E}_1=\hat{x}10(e^{-j2\pi z}-\frac{1}{3}e^{j2\pi z});\ \dot{H}_1=\hat{y}\frac{10}{120\pi}(e^{-j2\pi z}+\frac{1}{3}e^{j2\pi z})$$

$$\boldsymbol{E}_2=\hat{x}\frac{20}{3}e^{-j4\pi z},\ \dot{H}_2=\hat{y}\frac{1}{18\pi}e^{-j4\pi z}$$

电场波节点距离界面为 $l_{\min}=\frac{n\lambda}{2}=n\times0.5\ \text{m}$

电场波腹点距离界面为 $l_{\max}=\frac{n\lambda}{2}+\frac{\lambda}{4}=n\times0.5+0.25\ \text{m}$

6.24 $R=\frac{Z_2-Z_1}{Z_2+Z_1}=\frac{1}{3}; T=\frac{2Z_2}{Z_2+Z_1}=\frac{4}{3}$

电场波腹点距离界面为 $l_{\max}=\frac{n\lambda}{2}=n\times0.5\ \text{m}$

电场波节点距离界面为 $l_{\min}=\frac{n\lambda}{2}+\frac{\lambda}{4}=n\times0.5+0.25\ \text{m}$

6.25 $f=150\ \text{MHz}, \varepsilon_r=4$

6.26 $R\approx-1; T\approx0$

$$\boldsymbol{E}_1=-\hat{x}j20\sin(2\pi z)$$

$$\boldsymbol{H}_1=\hat{y}\frac{20}{120\pi}\cos(2\pi z)$$

$z > 0$ 区域的场为：$\boldsymbol{E}_2 \approx \boldsymbol{H}_2 \approx 0$

6.30 (1) $d = 0.5 \text{ m} = \lambda_2/2; R_1 = 0, \rho = 1$

$$\boldsymbol{E}_2^+ = -\hat{x}\frac{15}{4}\mathrm{e}^{-\mathrm{j}2\alpha z} \qquad \boldsymbol{H}_2^+ = -\hat{y}\frac{1}{16\pi}\mathrm{e}^{-\mathrm{j}2\pi z}$$

$$\boldsymbol{E}_2^- = -\hat{x}\frac{5}{4}\mathrm{e}^{\mathrm{j}2\pi z} \qquad \boldsymbol{H}_2^- = \hat{y}\frac{1}{48\pi}\mathrm{e}^{\mathrm{j}2\pi z}$$

$$\boldsymbol{E}_3^+ = -\hat{x}5\mathrm{e}^{-\mathrm{j}\pi z} \qquad \boldsymbol{H}_3^+ = -\hat{y}\frac{1}{24\pi}\mathrm{e}^{-\mathrm{j}\pi z}$$

(2) $d = 0.25 \text{ m} = \lambda_2/4, R_1 = -\frac{3}{5}, \rho = 4$

$$\boldsymbol{E}_1^+ = \hat{x}5\mathrm{e}^{-\mathrm{j}\pi(z+d)}, \qquad \boldsymbol{H}_1^+ = \hat{y}\frac{1}{24\pi}\mathrm{e}^{-\mathrm{j}\pi(z+d)}$$

$$\boldsymbol{E}_1^- = -\hat{x}3\mathrm{e}^{-\pi(z+d)}, \qquad \boldsymbol{H}_1^- = \hat{y}\frac{1}{40\pi}\mathrm{e}^{\mathrm{j}\pi(z+d)}$$

$$\boldsymbol{E}_2^+ = -\hat{x}\mathrm{j}3\mathrm{e}^{-\mathrm{j}\mathrm{e}^{-\mathrm{j}2\pi z}} \qquad \boldsymbol{H}_2^+ = -\hat{y}\frac{\mathrm{j}}{20\pi}\mathrm{e}^{-\mathrm{j}2\pi z}$$

$$\boldsymbol{E}_2^- = -\hat{x}\mathrm{j}\mathrm{e}^{\mathrm{j}2\pi z} \qquad \boldsymbol{H}_2^- = \hat{y}\frac{\mathrm{j}}{60\pi}\mathrm{e}^{\mathrm{j}2\pi z}$$

$$\boldsymbol{E}_3^+ = -\hat{x}\mathrm{j}4\mathrm{e}^{-\mathrm{j}\pi z} \qquad \boldsymbol{H}_3^+ = -\hat{y}\frac{\mathrm{j}}{30\pi}\mathrm{e}^{-\mathrm{j}\pi z}$$

6.31 $\rho = \sqrt{2} = 1.414; \varepsilon_r = 1.414, d = 0.0021 \text{ m}$

6.32 不能消除空气中的反射波，因为 $d \neq \lambda/4, Z_{in} \neq Z_0 \quad \rho = 1.0111$

6.33 (1)$\alpha = \arctan(\frac{Z}{Z_0}\tan(k_2 d)), \boldsymbol{E}_1^r(z,t) = -\hat{x}\sqrt{2}E_0\cos(\omega t + \frac{\omega z}{c} - 2\alpha)$

$$\boldsymbol{E}_1(z,t) = \hat{x}\sqrt{2}E_0[\cos(\omega t - \frac{\omega z}{c}) - \cos(\omega t + \frac{\omega z}{c} - 2\alpha)]$$

$$E_{2x}(z,t) = \sqrt{2}E_0\frac{2\sin(\alpha/2)}{\sin(k_2 d)}\sin[k_2(z-d)]\sin(\omega t - \alpha/2)$$

(2)$d = \frac{\lambda_0}{2\sqrt{\varepsilon_r}}$

6.34 $\boldsymbol{E} = \boldsymbol{E}_{//} + \boldsymbol{E}_{\perp}$

$\boldsymbol{E}_{//}^i = (0.866\hat{x} + 0.5\hat{z})\mathrm{e}^{-\mathrm{j}k_1(0.5x+0.866z)}$

$\boldsymbol{E}_{//}^r = 0.2828(-0.866\hat{x} - 0.5\hat{z})\mathrm{e}^{-\mathrm{j}k_1(0.5x-0.866z)}$

$\boldsymbol{E}_{//}^t = 0.6415(0.9682\hat{x} - 0.25\hat{z})\mathrm{e}^{-\mathrm{j}2k_1(0.25x+0.9682z)}$

$\boldsymbol{E}_{\perp}^i = \hat{y}\mathrm{j}\mathrm{e}^{-\mathrm{j}k_1(0.5x+0.866z))}$

$\boldsymbol{E}_{\perp}^r = \hat{y}(-0.3819\mathrm{j})\mathrm{e}^{-\mathrm{j}k_1(0.5x-0.866z)}$

$\boldsymbol{E}_{\perp}^t = \mathrm{j}0.6181\hat{y}\mathrm{e}^{-\mathrm{j}2k_1(0.25x+0.9682y)}$

6.37 反射波为垂直线极化的波。入射角度为

$$\theta_i = \arcsin\sqrt{\frac{\varepsilon_2}{\varepsilon_1 + \varepsilon_2}} = 53.13^\circ$$

6.38 $\theta_c = 54.7^\circ$

(1) $\theta_i = \theta_c, \boldsymbol{E}_r = \hat{y}\mathrm{e}^{-\mathrm{j}\sqrt{1.5}k_2(0.8165x-0.5774z)}$

$\boldsymbol{E}_t = \hat{y}2\mathrm{e}^{-\mathrm{j}2\pi x}$

(2) $\theta_i = \theta_c - \frac{\pi}{12}, \boldsymbol{E}_r = \hat{y}\,0.2045\mathrm{e}^{-\mathrm{j}2\sqrt{1.5}\pi(0.639x-0.769z)}$

$\boldsymbol{E}_t = \hat{y}\,1.2045\mathrm{e}^{-\mathrm{j}2\pi(0.783x+0.622z)}$

(3) $\theta_i = \theta_c + \dfrac{\pi}{12}$

$$\boldsymbol{E}_r = \hat{y}\, \mathrm{e}^{\mathrm{j}106.2^\circ} \mathrm{e}^{-\mathrm{j}2\sqrt{1.5}\pi(0.938x-0.347z)}$$

$$\boldsymbol{E}_t = \hat{y} 1.332 \mathrm{e}^{\mathrm{j}53.1^\circ} \mathrm{e}^{-0.566z} \mathrm{e}^{-\mathrm{j}2.296\pi x}$$

6.39 $R^{//} = \dfrac{Z_{t1} - Z_{t2}}{Z_{t1} + Z_{t2}}, T^{//} = \dfrac{2Z_{t2}}{Z_{t1} + Z_{t2}} \dfrac{\cos\theta_i}{\cos\theta_t}$

$$R^{\perp} = \frac{Z_{t2} - Z_{t1}}{Z_{t2} + Z_{t1}}; T^{\perp} = \frac{2Z_{t2}}{Z_{t2} + Z_{t1}}$$

6.40 $R_s = \sqrt{\dfrac{\pi f \mu_0}{\sigma}}, \alpha = \sqrt{\pi f \mu_0 \sigma}$

$$\frac{S_1^r}{S_1^i} = \left| \frac{R_s - Z_0 + \mathrm{j}R_s}{R_s + Z_0 + \mathrm{j}R_s} \right|; \frac{S_3^t}{S_1^i} = \mathrm{e}^{-\alpha_2 d} \left| \frac{4Z_0 R_s (1+\mathrm{j})}{(R_s + Z_0 + \mathrm{j}R_s)} \right|^2$$

6.43 $n_1 = \sqrt{\dfrac{\varepsilon_{r11}^2 - \varepsilon_{r21}^2}{\varepsilon_{r11}}}, \boldsymbol{E} = E_0 (\hat{x} + \mathrm{j} \dfrac{\varepsilon_{r11}}{\varepsilon_{r21}} \hat{y}) \mathrm{e}^{-\mathrm{j}k_0 n_1 x}$

$$n_2 = \sqrt{\varepsilon_{r33}}, \boldsymbol{E} = \hat{z} E_0 \mathrm{e}^{-\mathrm{j}k_0 n_2 x}$$

6.44 $n_1^2 = \dfrac{\dfrac{1+\cos^2\theta}{\cos^2\theta}\varepsilon_{r11} \pm \sqrt{\left(\dfrac{1+\cos^2\theta}{\cos^2\theta}\right)^2 \varepsilon_{r11}^2 - 4 \times \dfrac{\varepsilon_{r11}^2 - \varepsilon_{r21}^2}{\cos^2\theta}}}{2}$

$$n_2^2 = \frac{\varepsilon_{r33}^2}{\sin^2\theta}$$

第 7 章

7.2 传输线方程的时域形式

$$\frac{\mathrm{d}u}{\mathrm{d}z} = -(iR_1 + L_1 \frac{\mathrm{d}i}{\mathrm{d}t}) \qquad \frac{\mathrm{d}i}{\mathrm{d}z} = -(uG_1 + C_1 \frac{\mathrm{d}u}{\mathrm{d}t})$$

7.5 $Z = 60\sqrt{\dfrac{\mu_r}{\varepsilon_r}} \ln \dfrac{b}{a} = 33.74\ \Omega$

7.6 $Z = 60\sqrt{\dfrac{\mu_r}{\varepsilon_r}} \ln \dfrac{b}{a} = 49.93\ \Omega$

7.7 (1) 终端的反射系数 $\Gamma = -\dfrac{1}{5}$;

(2) 电压驻波比 $\rho = 1.5$;

(3) 距终端 l 输入阻抗

$Z_{in}(\lambda/8) = 69.23 + 28.84\mathrm{j}\ \Omega$

$Z_{in}(\lambda/4) = 112.5\ \Omega$

$Z_{in}(3\lambda/8) = 69.23 - \mathrm{j}28.84\ \Omega$

$Z_{in}(\lambda/2) = 50\ \Omega$

$Z_{in}(\lambda) = 50\ \Omega$

7.8 $\Gamma = 0.447\mathrm{e}^{\mathrm{j}63.4^\circ}$

$\rho = 2.62$

$$l_{min} = n\frac{\lambda}{2} + \frac{\alpha}{4\pi}\lambda = n/2 + 0.176\ \mathrm{m}$$

$$l_{max} = l_{min} + \frac{\lambda}{4} = n/2 + 0.426\ \mathrm{m}$$

7.9 $Z_L = 75/2\ \Omega$

$$V(z) = 10(e^{-j5\pi z} - \frac{1}{3}e^{j5\pi z})$$

$$I(z) = \frac{10}{75}(e^{-j5\pi z} + \frac{1}{3}e^{j5\pi z})$$

7.10 $Z_L = 150\ \Omega$

7.11 $Z_L = 48 + j36\ \Omega$

7.13 (1) $l = 0.125$ m (2) $l = 0.0625$ m

7.14 (1) $l = 0.375$ m (2) $l = 0.3125$ m

7.15 四分之一波长变换 $Z = \sqrt{Z_L Z_C} = 61.23\ \Omega$

7.16 并联短路线消除负载导纳虚部 $l_1 = 0.189\lambda$

四分之一波长变换 $Z = 83.85\ \Omega$

7.18 $H_z(x,z) = H_0\cos(\frac{m\pi}{a}x)e^{-jk_z z}$

$$H_x = j\frac{aH_0}{m\pi}k_z\sin(\frac{m\pi}{a})e^{-jk_z z}$$

$$E_y = -j\frac{a\omega\mu H_0}{m\pi}\sin(\frac{m\pi}{a})e^{-jk_z z}$$

截止波长 $\lambda_c = \frac{2a}{m}$

相速 $v_p = \frac{v}{\sqrt{1-(\frac{\lambda}{\lambda_c})^2}}$

波导波长 $\lambda_g = \frac{\lambda}{\sqrt{1-(\frac{\lambda}{\lambda_c})^2}}$

波阻抗 $Z_{TE} = \frac{Z}{\sqrt{1-(\frac{\lambda}{\lambda_c})^2}}$

7.19 $E_z(x,z) = E_0\sin(\frac{m\pi}{a}x)e^{-jk_z z}$

$$E_x = -j\frac{aE_0}{m\pi}k_z\cos(\frac{m\pi}{a})e^{-jk_z z}$$

$$H_y = -j\frac{a\varepsilon\omega E_0}{m\pi}\cos(\frac{m\pi}{a})e^{-jk_z z}$$

$$\lambda_c = \frac{2a}{m}$$

$$v_p = \frac{v}{\sqrt{1-(\frac{\lambda}{\lambda_c})^2}}$$

$$\lambda_g = \frac{\lambda}{\sqrt{1-(\frac{\lambda}{\lambda_c})^2}}$$

$$Z_{TM} = Z\sqrt{1-(\frac{\lambda}{\lambda_c})^2}$$

7.20 (1) TE_{10}

$\lambda_{c,TE10} = 2a = 116.4$ mm

$\lambda_g = 0.0813$ m

$v_p = 3.66 \times 10^8$ m/s

(2)TE_{10},TE_{20},TE_{01},TE_{11},TM_{11},TM_{21},TE_{21},TE_{12},TM_{12}, TE_{30}

7.21 TE_{10}、TE_{01}、TE_{11}、TM_{11}、TE_{21}、TE_{12}、TM_{21}、TM_{12}

7.22 $10 \sim 20$ GHz

7.23 $f = 9.25$ GHz

7.24 $a = 0.148$ m

7.25 $\Delta t = 2.94 \times 10^{-9}$ s

7.26 $\Delta t = 0.31 \times 10^{-6}$ s

7.27 $37.5\ \text{mm} < a < 75\ \text{mm}, b = a/2$

7.28 $44.6\ \text{mm} < a < 62.8\ \text{mm}, b = a/2$

7.29 $\rho = \dfrac{1+|\Gamma|}{1-|\Gamma|} = \sqrt{\dfrac{\varepsilon_r - (\frac{\lambda_0}{2a})^2}{1-(\frac{\lambda_0}{2a})^2}}$

7.30 $P_m < P_b = abE_b^2/4Z_{TE10} = 1.86$ MW

7.31 60.366 dB

7.32 $f_{101} = 7.36$ GHz

$f_{102} = 9.354$ GHz

$f_{103} = 11.96$ GHz

7.33 $f_{TE101} = 3.53$ GHz

$f_{TE011} = 3.90$ GHz

$f_{TE110} = 3.12$ GHz

$f_{TE111} = 4.33$ GHz

7.34 $d = 21.83$ mm

7.35 $a = 0.02357$ m

7.36 $f = 300n$ MHz

第8章习题答案

8.2 $H_\theta = \mathrm{j}\,\dfrac{Il\cos\varphi}{2\lambda r}e^{-\mathrm{j}kr}$

$H_\varphi = -\mathrm{j}\,\dfrac{Il\cos\theta\sin\varphi}{2\lambda r}e^{-\mathrm{j}kr}$

$E_\theta = -\mathrm{j}Z\,\dfrac{Il\cos\theta\sin\varphi}{2\lambda r}e^{-\mathrm{j}kr}$

$E_\varphi = -\mathrm{j}Z\,\dfrac{Il\cos\varphi}{2\lambda r}e^{-\mathrm{j}kr}$

8.3 $f = 30\ \text{MHz}, \lambda = 10\ \text{m}, r > 100$ m

$f = 100\ \text{MHz}, \lambda = 3\ \text{m}, r > 30$ m

$f = 300\ \text{MHz}, \lambda = 1\ \text{m}, r > 10$ m

8.4 $E_\theta = \mathrm{j}\,\dfrac{ZIl}{2\pi r}\,\dfrac{\cos(\frac{\pi}{2}\cos\theta)}{\sin\theta}e^{-\mathrm{j}kr}$

8.6 $R_r = 20\pi^2\left(\dfrac{2\pi a}{\lambda}\right)^4\mu_r^2N^2 = 1.2 \times 10^{-4}\ \Omega$

8.7 $E_\theta = \dfrac{k^2SI_0^m}{4\pi r}\sin\theta e^{-\mathrm{j}kr}$

8.9 (1)$\boldsymbol{E}=\dfrac{Zk}{4\pi r}(\mathrm{j}Il\hat{\theta}+kIS\hat{\varphi})\sin\theta\mathrm{e}^{-\mathrm{j}kr}$

(2) 当 $L=kS$,辐射场是圆极化波。

8.10 (1)$\boldsymbol{A}=\hat{\varphi}\mathrm{j}\dfrac{\mu_0 km}{2\pi r}\sin\theta\mathrm{e}^{-\mathrm{j}kr}$

(2)$\boldsymbol{H}=-\dfrac{Ika^2}{2\lambda r}\sin\theta\mathrm{e}^{-\mathrm{j}kr}\hat{\theta}$

8.11 $\boldsymbol{E}=\hat{\theta}\mathrm{j}Z\dfrac{I_0L}{\lambda r}\mathrm{e}^{-\mathrm{j}kr}\sin\theta$

8.12 $E_\theta=\mathrm{j}Z\dfrac{I_0L\sin\theta}{2\lambda r}\mathrm{e}^{-\mathrm{j}kr}$

8.13 $F(\theta)=\dfrac{\cos(\pi\cos\theta)+1}{\sin\theta}$

8.14 (1) 天线中心馈电处的电流强度 $I_\mathrm{m}=\sqrt{\dfrac{P_\mathrm{rad}}{R_\mathrm{r}}}=\sqrt{\dfrac{100}{73}}=1.17\ \mathrm{A}$

(2) 在最大辐射方向上距离 10 km 处的电场强度 $|E|=7.02\ \mathrm{mV/m}$

8.15 行波天线的远区场 $E_\theta=\mathrm{j}\dfrac{ZI_0}{4\lambda r}f(\theta,\varphi)\mathrm{e}^{-\mathrm{j}\frac{1}{2}kl(1-\cos\theta)}\mathrm{e}^{-\mathrm{j}kr}$

方向性因子 $f(\theta,\varphi)=\dfrac{\sin\left[\frac{\pi}{2}(1-\cos\theta)\right]}{\frac{\pi}{2}(1-\cos\theta)}\sin\theta$

E 面方向图

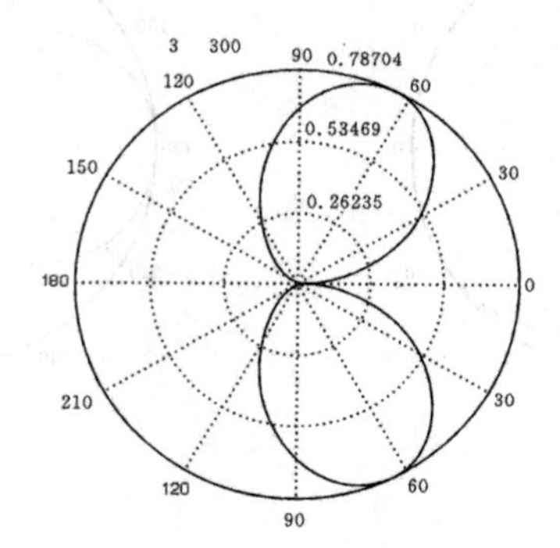

8.16 半波天线的辐射电阻为

$$R_\mathrm{r}=\frac{P_\mathrm{rad}}{I_\mathrm{m}^2}=73\ \Omega$$

方向性系数

$$D=\frac{4\pi}{\int_0^{2\pi}\int_0^{\pi}F^2(\theta,\varphi)\sin\theta d\theta d\varphi}=1.64$$

8.17 圆环线天线的远区辐射电场 $E_\varphi=\dfrac{\mu_0\omega I_0 a}{2r}J_1(ka\sin\theta)\mathrm{e}^{-\mathrm{j}kr}$

8.18 远区辐射场为

$$\psi=\frac{\mathrm{j}2abk\mathrm{e}^{-\mathrm{j}kr}}{4\pi r}f(\theta,\varphi)$$

$$f(\theta,\varphi)=(1+\cos\theta)\left[\frac{\sin(ka\sin\theta\cos\varphi+\pi)}{ka\sin\theta\cos\varphi+\pi}+\frac{\sin(ka\sin\theta\cos\varphi-\pi)}{ka\sin\theta\cos\varphi-\pi}\right]\frac{\sin(kb\sin\theta\sin\varphi)}{kb\sin\theta\sin\varphi}$$

8.19　$D=\frac{4\pi}{\lambda^2}ab\,\frac{f_{\max}^2}{8\pi Z}Z_{\mathrm{TE10}}$

8.21　辐射电场为　$\psi(\boldsymbol{r})=\frac{\mathrm{j}ka^2E_0\mathrm{e}^{-\mathrm{j}kr}}{2r}(1+\cos\theta)\,\frac{J_1(ka\sin\theta)}{ka\sin\theta}$

8.22　$G=\eta A_{\mathrm{eff}}\,\frac{4\pi}{\lambda^2}=42.98\ \mathrm{dB}$

8.23　二元天线阵的阵因子为　$f_2(\theta,\varphi)=\cos\left(\frac{1}{2}kd\cos\beta-\frac{\alpha}{2}\right)$

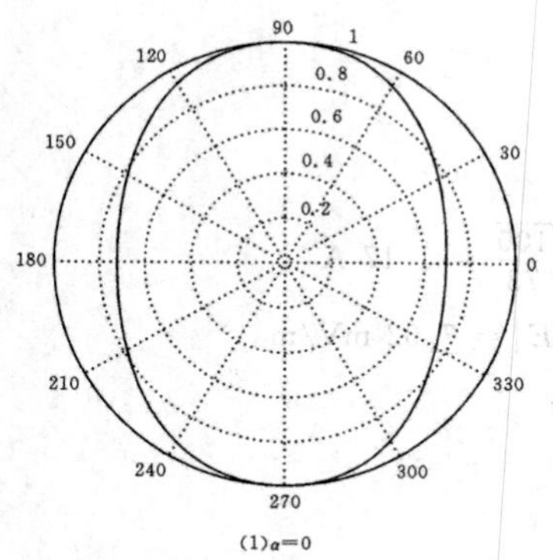

(1)α=0

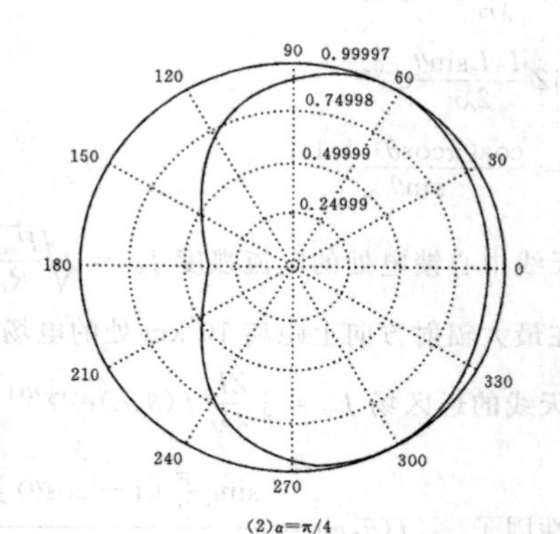

(2)α=π/4

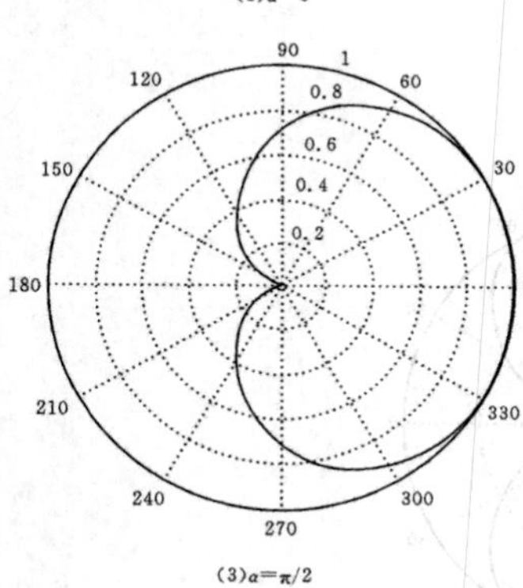

(3)α=π/2

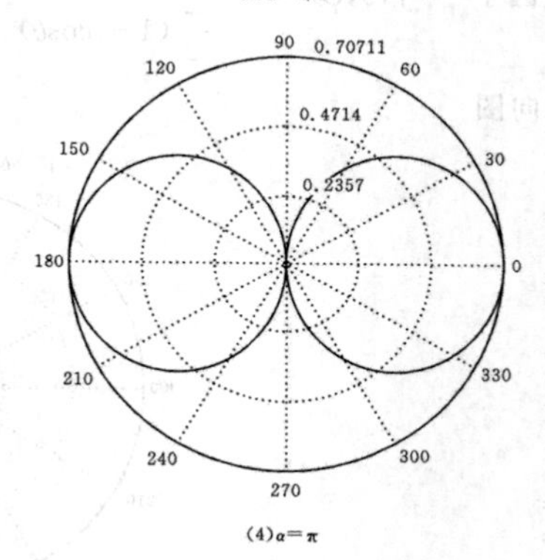

(4)α=π

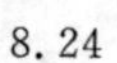
8.24

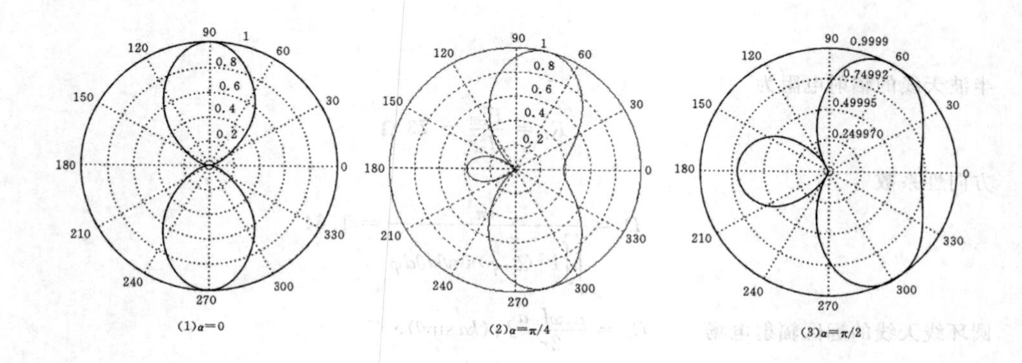

8.25

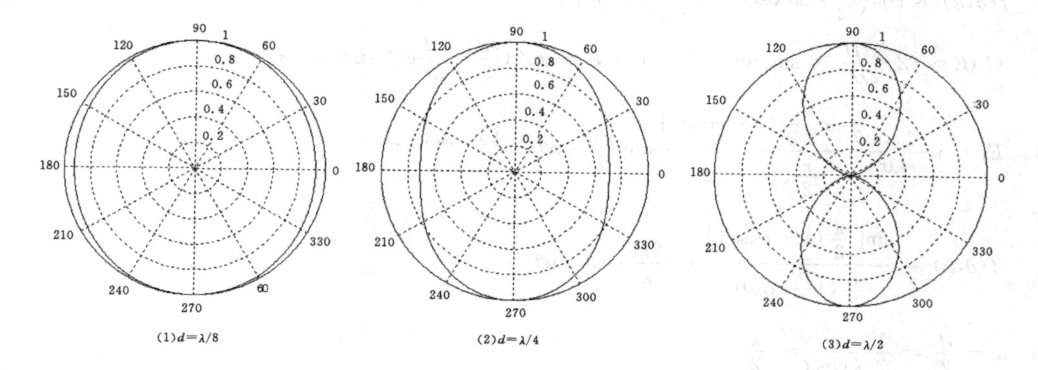
(1) $d=\lambda/8$　(2) $d=\lambda/4$　(3) $d=\lambda/2$

8.26

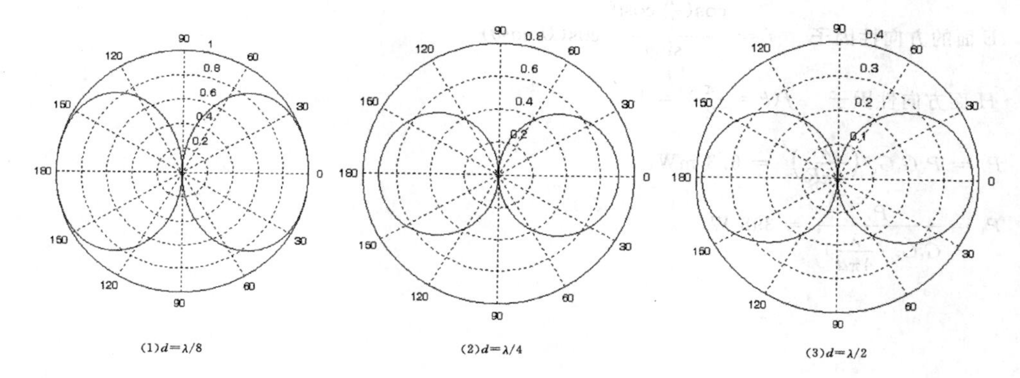
(1) $d=\lambda/8$　(2) $d=\lambda/4$　(3) $d=\lambda/2$

8.27　两半波天线上电流的相位差 $\alpha = kd\cos\beta = \frac{\pi}{2}$

8.28　(1) 主射方向　$\beta_{\max} = \arccos\frac{\alpha}{kd} = 0^0$

(2) H 面方向因子　$f(\theta,\varphi) = \dfrac{\sin(\pi\cos\theta)}{\sin(\frac{\pi}{4}\cos\theta - \frac{\pi}{4})}$

E 面方向因子　$f(\theta,\varphi) = \dfrac{\cos(\frac{\pi}{2}\sin\theta)}{\cos\theta}\dfrac{\sin(\pi\cos\theta)}{\sin(\frac{\pi}{4}\cos\theta - \frac{\pi}{4})}$

8.29

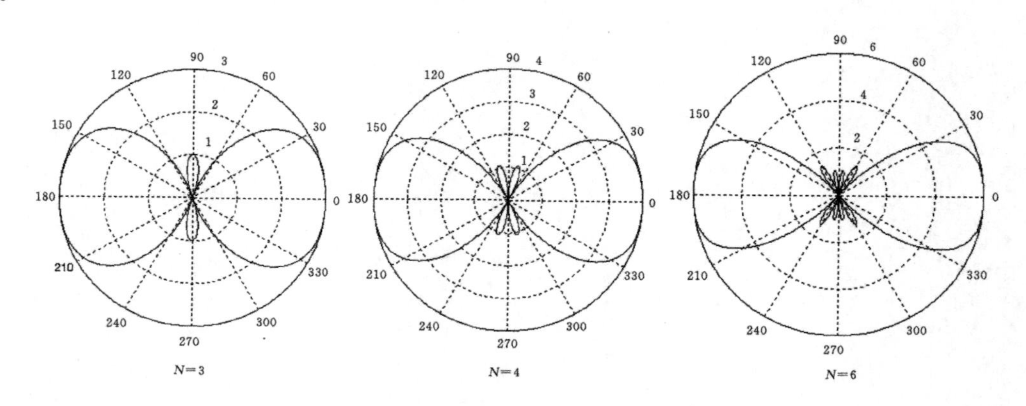
$N=3$　$N=4$　$N=6$

8.30 $f(\theta,\varphi)=\cos\left(\frac{kd}{2}\sin\theta\cos\varphi\right)\cos\left(\frac{kd}{2}\sin\theta\sin\varphi\right)$

8.31 (1)$\boldsymbol{E}\approx\hat{\theta}Z\frac{kdIl}{2\lambda r}\mathrm{e}^{-\mathrm{j}kr}\sin\theta\cos\beta$ (2) $\boldsymbol{E}\approx\hat{\theta}\mathrm{j}Z\left(\frac{kd}{2}\right)^2\frac{Il}{\lambda r}\mathrm{e}^{-\mathrm{j}kr}\sin\theta\cos^2\beta$

8.34 $E_\theta=\mathrm{j}\frac{ZI_0\sin\theta}{4\lambda r}\frac{\sin[\frac{\pi}{2}(1-\cos\theta)]}{\frac{\pi}{2}(1-\cos\theta)}\sin(\frac{2\pi h}{\lambda}\sin\theta)\mathrm{e}^{-\mathrm{j}\frac{1}{2}kl(1-\cos\theta)}\mathrm{e}^{-\mathrm{j}kr}$

$$f(\theta,\varphi)=\frac{\sin[\frac{\pi}{2}(1-\cos\theta)]}{\frac{\pi}{2}(1-\cos\theta)}\sin(\frac{2\pi h}{\lambda}\sin\theta)\sin\theta$$

8.35 $h=\frac{d}{2}=\frac{1}{2}\frac{\alpha}{k\cos\beta}=\frac{\lambda}{2}$

8.36 E面的方向性因子 $f=\frac{\cos(\frac{\pi}{2}\cos\theta)}{\sin\theta}\cos(kh\cos\theta)$

H面方向性因子 $f(\theta=\frac{\pi}{2})=1$

8.39 $P_\mathrm{r}=P_\mathrm{t}G_\mathrm{t}G_\mathrm{r}\left(\frac{\lambda}{4\pi R}\right)^2=6.3\ \mathrm{mW}$

8.40 $P_\mathrm{t}=\frac{P_\mathrm{r}}{G_\mathrm{t}G_\mathrm{r}\left(\frac{\lambda}{4\pi d}\right)^2}=398\ \mathrm{W}$

参考文献

[1] 谢处方,饶克谨.电磁场与电磁波[M].4版.北京:高等教育出版社,2006.

[2] 杨儒贵.电磁场与电磁波[M].2版.北京:高等教育出版社,2007.

[3] 冯慈璋,马西奎.工程电磁场导论[M].北京:高等教育出版社,2000.

[4] GURU B S,HIZIROGL H R.电磁场与电磁波[M].周克定,等译.北京:机械工业出版社,2003.

[5] CHENG D K. Field and Wave Electromagnetics[M]. 2nd ed.影印本.北京:清华大学出版社,2007.

[6] KRAUS J D,FLEISCH D A. Electromagnetics with Applications[M].影印本.北京:清华大学出版社,2001.

[7] DEMAREST K R. Engineering Electromagnetics[M]. 影印本.北京:科学出版社,2000.

[8] RAMO S,WHINNERY J R,VAN DUZER T. Field and Wave in Communication Electronics [M]. 2nd ed. New York: John Wiley & Sons,1984.